微積分 第十一版

Applied Calculus

For Business, Economics, and the Social and Life Sciences
EXPANDED Eleventh Edition

Laurence Hoffmann
Morgan Stanley Smith Barney

Gerald Bradley
Claremont McKenna College

Dave Sobecki
Miami University of Ohio

Michael Price
University of Oregon

著

喻奉天
國立臺灣科技大學工業管理系
譯

Mc Graw Hill Education

國家圖書館出版品預行編目資料

微積分 / Laurence Hoffmann 等作 ; 喻奉天譯. -- 四版. –
臺北市 : 麥格羅希爾, 2013.05
面 ; 公分. -- (數學叢書 ; MA017)
譯自 : Applied calculus for business, economics, and the social and life sciences, expanded 11th ed.
ISBN 978-986-157-975-7(平裝附光碟)

1.微積分

314.1 102008283

數學叢書 MA017

微積分 第十一版

作 者	Laurence Hoffmann, Gerald Bradley, Dave Sobecki, Michael Price
譯 者	喻奉天
執行編輯	胡天慈
特約編輯	張文惠
企劃編輯	陳佩狄
業務行銷	李本鈞 陳佩狄 曹書毓
業務副理	黃永傑
出 版 者	美商麥格羅・希爾國際股份有限公司台灣分公司
地 址	台北市 100 中正區博愛路 53 號 7 樓
網 址	http://www.mcgraw-hill.com.tw
讀者服務	E-mail: tw_edu_service@mheducation.com TEL: (02) 2311-3000 FAX: (02) 2388-8822
法律顧問	惇安法律事務所盧偉銘律師、蔡嘉政律師
總經銷(台灣)	臺灣東華書局股份有限公司
地 址	10045 台北市重慶南路一段 147 號 3 樓 TEL: (02) 2311-4027 FAX: (02) 2311-6615 郵撥帳號：00064813
網 址	http://www.tunghua.com.tw
門 市 一	10045 台北市重慶南路一段 77 號 1 樓 TEL: (02) 2371-9311
門 市 二	10045 台北市重慶南路一段 147 號 1 樓 TEL: (02) 2382-1762
出版日期	2013 年 5 月（四版一刷）

Original title: Applied Calculus for Business, Economics, and the Social and Life Sciences, EXPANDED Eleventh Edition ISBN: 978-0-07-353237- 0

ISBN：978-986-157-975-7

譯者序

由 Hoffmann 等四人所著的《微積分》(*Applied Calculus for Business, Economics, and the Social and Life Sciences*, Expanded Eleventh Edition) 一書以簡單、易懂的方式介紹微積分，完整地陳述主要問題及應用的動機與結果，並盡可能地由直覺或幾何的觀點來闡釋觀念與原理，使讀者更容易理解及應用微積分。讀者在研讀本書後，將能夠對微積分的基本概念有紮實且直觀的理解。此外，本書針對微積分在商業、生命科學及社會科學領域的應用，作了廣泛且深入的介紹，為這些領域的讀者提供充分的微積分知識及技巧，有利其後續的學習及研究。《微積分》已成功地達成這些目標，這可以從許多大學都持續地使用本書而獲得證實。

本書針對繁瑣的計算及應用問題，提供詳細的解決方法。第十一版新增許多應用例題，篩選並捨棄過時的內容。透過例題闡述各種問題的解決技巧及步驟，清楚地說明每個主題，並藉由色塊文字來強調重要觀念及原理。另一方面，第十一版增加了許多新的習題，並根據其應用領域加以分類，例行性的問題可確保讀者得到足夠的練習，藉以熟悉基本技巧；而新增的應用問題則更擴展了全書內容的實用性。

譯者感謝麥格羅．希爾出版公司邀約翻譯這本好書，讓更多的讀者受惠。此外，譯者亦感謝麥格羅．希爾工作團隊的配合及協助，使本書得以順利完成。本譯書計畫的執行時間緊迫，譯者雖力求完善，但恐仍有疏忽與不足之處，尚祈各方先進能不吝指正，謝謝！

喻奉天
國立臺灣科技大學工業管理系副教授

前言

第十一版總覽

針對商業、經濟、社會與生命科學領域的學生，《微積分》(*Applied Calculus for Business, Economics, and the Social and Life Sciences*, Expanded Eleventh Edition) 提供了學生所需的紮實且直覺易懂的基本觀念。由於作者應用與實務導向的概念、解題方法、直接簡明的寫作方式及完整的習題題組，讓學生能因使用本書而獲致成功。全世界已有超過 10 萬名學生使用過本書！

本版的改進處

修訂內容

內文的每一節均經過仔細的分析和深入的評估，以確保最好的呈現方式。為了使內容更清楚、明確，本版新增了更多必要的步驟及定義方塊，插圖也作了必要的修訂，討論及介紹也經過新增或重寫，以改善內容的呈現。

強化主題涵蓋範圍

隨著科技的進步，三角函數對所有的應用主題愈來愈重要，因此本版將三角函數放在第 8 章（請見隨書光碟），與大部分微積分課程的授課時程一致，並且強調三角函數對未來學習的重要性。本書較後面的章節中，將指出及整合三角函數，讓課程中包括三角函數的教授們能夠指派與討論過的主題相關的問題，同時也讓沒有學過三角函數的學生能夠容易地跳過這些內容。

7.3 節增加了二元函數的極值性質以及在封閉有界區域上求極值的內容，這完成了與單變數函數的對比，並且讓學生能夠對未來學習統計和有限數學作出更好的準備。

改善習題題組

本版在原有豐富且大量的問題題組上，擴增了大約 250 個新的例行性及應用習題。本版增加了許多新的應用問題以幫助呈現內容的實用性，原有的應用也經過更新。習題題組已被重新編排，依照主題（商業 / 經濟、生命與社會科學及其他）將應用問題分類。

新的教學設計元素

本文中的例題均已加上主題，每一節的一開始都特別說明學習目標，例題的主題能讓學生和教師快速地找到有興趣的題目。這些教學上的改進使得主旨更清晰、完整，也讓學生更容易理解，有利於組織想法及幫助學生及教授複習及評量。

本書的重要特色

學習目標

1. 指出函數的定義域及由方程式計算函數。
2. 熟悉分段定義的函數。
3. 介紹及示範經濟學上使用的函數。
4. 於應用問題中建立及使用合成函數。

學習目標

每節一開始都列出該節的學習目標，不但可以讓學生了解將要學習的內容，也幫助學生組織學習資訊並複習及連結所學的主題。

例題 2.4.1　應用連鎖律

若 $y=(x^2+2)^3-3(x^2+2)^2+1$，求出 $\frac{dy}{dx}$。

■ 解

令 $u=x^2+2$，則 $y=u^3-3u^2+1$。因此，

$$\frac{dy}{du}=3u^2-6u \quad 和 \quad \frac{du}{dx}=2x$$

根據連鎖律，得到

$$\begin{aligned}\frac{dy}{dx}&=\frac{dy}{du}\frac{du}{dx}=(3u^2-6u)(2x) && 以\ u\ 代換\ x^2+2\\ &=[3(x^2+2)^2-6(x^2+2)](2x)\\ &=6x^5+12x^3\end{aligned}$$

應用

全書盡量確保在介紹該主題後，很快地將其應用於實際問題，並提供處理例行性計算與應用問題的方法。本書在應用例題中說明這些解題方法與策略，並透過習題題組加以練習。

解決最佳化問題的原則

步驟 1. 首先要決定所要最大化或最小化的對象，然後指定所有變數的名稱。選擇可以代表變數的角色或其本身的涵義的字母可能會有幫助，例如以「R」代表「營收」(revenue)。

步驟 2. 在指定變數後，將變數間的關係以等式或不等式來表示，圖形可能也有幫助。

步驟 3. 只用一個變數（自變數）來表示希望最佳化（最大化或最小化）的量，要做到這點，可能需要用到一個或多個由步驟 2 所得的方程式，來消去其他變數，同時找出對此自變數的所有必要的限制。

步驟 4. 若 $f(x)$ 是要被最佳化的量，則求出 $f'(x)$ 以及 f 的所有臨界數，接著使用 3.4 節的方法（利用極值定理或絕對極值的二階導函數測試），求出所要的極大值或極小值。注意，你有可能需要檢驗區間端點的 $f(x)$ 值。

步驟 5. 利用適當的物理、幾何或經濟學上的數量，來解釋結果。

步驟化例題和摘要色塊

藉由許多步驟化的例題和摘要色塊，提供步驟化的解題技巧，以仔細清楚地呈現每個新的主題。

連鎖律 ■ 若 $y = f(u)$ 是 u 的可微分函數，而 $u = g(x)$ 是 x 的可微分函數，則合成函數 $y = f(g(x))$ 是 x 的可微分函數，其導函數為以下的乘積：

$$\frac{dy}{dx} = \frac{dy}{du}\frac{du}{dx}$$

或等於

$$\frac{dy}{dx} = f'(g(x))g'(x)$$

定義

以色塊標示出定義和重要觀念，方便學生參考。

即時複習

注意，對所有的 $0 \le x \le 1$，$x^2 \ge x^3$。例如，

$$\left(\frac{1}{3}\right)^2 > \left(\frac{1}{3}\right)^3$$

這說明了在 $x = 0$ 與 $x = 1$ 之間，$y = x^2$ 的圖形在 $y = x^3$ 的圖形上方。

即時複習

這些參考資料位於頁面邊緣，以即時提醒學生，需要在例題和複習中用到的一些大學代數或微積分先修課程中的重要觀念。

習題 ■ 2.5

第 1 題到第 6 題，$C(x)$ 是生產某產品 x 單位的總成本，而 $p(x)$ 是銷售 x 單位產品的價格。假設 $C(x)$ 和 $p(x)$ 皆是以元為單位。

(a) 求出邊際成本與邊際營收。

(b) 利用邊際成本估計生產第 21 個單位的成本。生產第 21 個單位的實際成本為何？

(c) 利用邊際營收估計銷售第 21 個單位的營收。銷售第 21 個單位產品的實際營收。

1. $C(x) = \frac{1}{5}x^2 + 4x + 57; p(x) = \frac{1}{4}(48 - x)$

2. $C(x) = \frac{1}{4}x^2 + 3x + 67; p(x) = \frac{1}{5}(45 - x)$

商業與經濟應用問題

11. **企業管理** 蕾媞絲管理一家公司，該公司每週生產且售出 q 單位，其總營收為

$$R(q) = 240q - 0.05q^2$$

元。目前，該公司每週生產且售出 80 單位。

a. 利用邊際分析，蕾媞絲估計生產並售出第 81 單位可帶來的額外營收。她發現了什麼？根據此結果，她應該建議增加生產量嗎？

b. 為了檢查她的結果，蕾媞絲利用營收函數計算第 81 單位的生產和銷售所產生的實際額外營收。她由邊際分析所得的結果之正確性如何？

習題題組

新增了大約 250 個新的問題，以改善原本即已廣受好評的習題題組。在需要的地方增加例行性題目，以確保學生有充分的練習以熟悉基本技巧，而各類型的應用問題則有助於示範本書內容的實用性。

a. 在開始接受治療後的前 3 天中，該患者的 LDL 含量改變多少？

b. 若在開始接受治療時，該患者的 LDL 含量是 120，求出 $L(t)$。

c. 建議的「安全」LDL 含量是 100，需要經過多少天，該患者的 LDL 含量才能降低到「安全」含量。

26. **團體會員** 某新成立的團體有 10,000 名創始會員，假設加入該團體 t 年後，仍然維持會員身份的比例是 $S(t) = e^{-0.03t}$，且在時間 t 時，新會員增加的速度是每年 $R(t) = 10e^{0.017t}$ 人，則從現在起 5 年後，該團體將有多少會員？

c. 若年利率固定在 5%，連續複利，則在該油田的運作期限 $0 \le t \le T$ 間，連續收入流 $V = 112P'(t)$ 的現值是多少？

d. 若油田的擁有者在油田運作的第 1 天就決定賣出油田，你覺得 (c) 小題所得的現值是合理的要價嗎？說明你的理由。

34. **能源消耗** 在習題 33 中，若油田的石油生產速度是每年 $P'(t) = 1.5e^{0.03t}$（十億桶），石油蘊藏量是 16（十億桶）。假設石油價格維持在每桶 112 元不變，且年利率是 5%，重作該題。

35. **能源消耗** 在習題 33 中，若油田的石油生產速度是每年 $P'(t) = 1.2e^{0.02t}$（十億桶），石

寫作習題

寫作圖示的習題挑戰學生的批判性思考，並鼓勵學生自行研究主題。

計算機習題

計算機圖示的習題包含在各小節中，只能使用工程計算機來計算。

目錄

CHAPTER 1

供應和需求決定股票和其他商品的價格。

函數、圖形與極限
Functions, Graphs, and Limits

1.1 節　函數

學習目標

1. 指出函數的定義域及由方程式計算函數。
2. 熟悉分段定義的函數。
3. 介紹及示範經濟學上使用的函數。
4. 於應用問題中建立及使用合成函數。

在對話中，函數經常與扮演某種角色有關，例如在 Google 搜尋「是……的函數」，可以得到以下詞句：

即時複習

附錄 A.1 和 A.2 包含微積分所需代數性質的簡要回顧。

「智慧是經驗的函數。」
「人口數量是食物供應量的函數。」
「自由是經濟的函數。」

這些語句的共同點在於一些量或特性（智慧、人口數量、自由）取決於另一個量或特性（經驗、食物供應量、經濟），這是函數的數學概念的基本。

簡單來說，函數包含兩個集合與一個規則，藉由規則將一個集合中的元素對應到另一個集合中的元素。例如，欲了解特定 iPod 的售價對在該售價的銷售量的影響，必須要知道消費者可以接受的價格範圍、可能銷售量的集合及每一個價格與特定銷售量的關聯。以下是函數的定義。

函數 ■ **函數 (function)** 是將集合 A 中的每一個物件，對應到集合 B 中的一個物件的規則。集合 A 稱為此函數的**定義域 (domain)**，對應到的物件的集合 B 稱為**值域 (range)**。

本書中所用到的函數，其定義域及值域皆為實數的集合，而函數本身則以字母 f 表示。函數 f 將其定義域中的數字 x 對應到值域的一個值，表示為 $f(x)$。函數通常以一個方程式表示，例如 $f(x) = x^2 + 4$。

你可以把函數當作是一種將集合 A 的數字對應到集合 B 的數字的對應關係（圖 1.1a），或是視為一部機器，它從集合 A 中取出一個給定的數字，經過函數規則的處理，轉換成集合 B 中的一個特定數字（圖 1.1b）。因此，函數 $f(x) = x^2 + 4$ 可以視為一部 f 的機器，它接收輸入值 x 後，將其平方後再加上 4，產生 $y = x^2 + 4$ 的輸出。

不論如何想像函數關係，必須牢記一個重要的觀念，即每一個定義域內的值（輸入），必會對應到一個且唯一的一個函數值（輸出）。例題 1.1.1 說明函數符號的便利性。

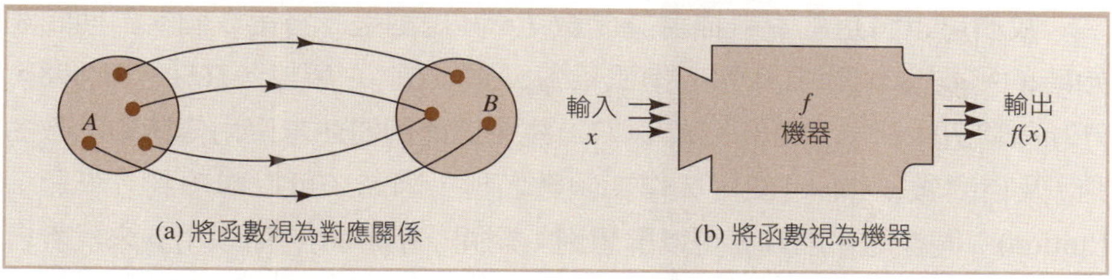

圖 1.1　函數 $f(x)$ 的解釋。

例題 1.1.1　計算函數

若 $f(x) = x^2 + 4$，化簡並計算 $f(-3)$。

■ 解

$f(-3)$ 代表「以 –3 取代函數 f 的公式內所有的 x」，因此可寫成

$$f(-3) = (-3)^2 + 4 = 13$$

注意到函數符號的方便性。在例題 1.1.1 中，精簡的方程式 $f(x) = x^2 + 4$ 完整地定義出該函數，並可簡單地用 $f(-3) = 13$ 表示此函數 –3 對應到唯一的數字 13。

通常用方程式 $y = f(x)$ 來表示函數關係非常方便，其中 x 和 y 稱為**變數 (variable)**。因為 y 取決於 x，我們稱 x 為**自變數 (independent variable)**，而稱 y 為**應變數 (dependent variable)**。不一定要使用 x 和 y 這兩個符號，例如，函數 $y = x^2 + 4$ 也可以表示成 $s = t^2 + 4$ 或 $w = u^2 + 4$。這些公式都是相等的，因為這些函數都把自變數平方，再加上 4，以得到應變數的值。

函數也可以用來呈現表列的資料。例如，表 1.1 列出 1973 年到 2008 年，私立 4 年制大學的平均學雜費，間隔為 5 年。

表 1.1　私立 4 年制大學的平均學雜費

學年結束於	期間 p	學雜費 T
1973	1	\$1,898
1978	2	\$2,700
1983	3	\$4,639
1988	4	\$7,048
1993	5	\$10,448
1998	6	\$13,785
2003	7	\$18,273
2008	8	\$25,177

我們可以將這些資料描述為函數 T，其規則是「將第 p 個 5 年期間開始時的平均學雜費 $T(p)$ 元，指派給每一個 p 值」。所以，$T(1) = \$1,898$，$T(2) = \$2,700$，. . .，$T(8) = \$25,177$。注意到此例題並未使用傳統的函數名稱 f 及自變數 x，而是使用 T 作為函數名稱，因為 T 可以聯想到「學費」(tuition)；同樣地，因為 p 可以聯想到「期間」(period)，所以用 p 來代表自變數。

如果沒有其他的規定或限制，我們將假設函數 f 的定義域是所有使 $f(x)$ 有定義的數字之集合。因此，例題 1.1.1 中的函數之定義域是所有實數的集合，因為任何數字 x 都可以被平方再加上 4。而表 1.1 中的大學學雜費函數 T 的定義域是數字的集合 $\{1, 2, . . . , 8\}$，因為只有當輸入 $p = 1, 2, 3, . . . , 8$ 時，$T(p)$ 才有給定的值（有定義）。以下是定義域的慣用方式。

定義域的慣用方式 ■ 除非另有說明，假設 f 的定義域為將 $f(x)$ 定義為實數的所有實數 x。此稱為函數 f 的**自然定義域 (natural domain)**。

要找出一個函數的自然定義域，通常是排除使分母出現 0 或取負值的平方根的輸入，如例題 1.1.2 和 1.1.3 所示。

例題 1.1.2 找出函數的定義域

找出下列函數的定義域。

a. $f(x) = \dfrac{1}{x - 3}$ **b.** $g(t) = \dfrac{\sqrt{3 - 2t}}{t^2 + 4}$

■ **解**

a. 除了 0 以外，分母可以是任何數，所以函數 f 的定義域為所有使得 $x - 3 \neq 0$ 的實數，亦即 $x \neq 3$。

b. $g(t)$ 的分母 $t^2 + 4$ 永遠為正，所以不需擔心分母會是 0。不過定義域不可包含任何使 $3 - 2t < 0$ 的數，以免取負值的平方根。因此，定義域是所有使 $3 - 2t \geq 0$ 的實數 t，亦即 $t \leq 3/2$。

即時複習

記得，若 a 與 b 為正整數，則 $x^{a/b} = \sqrt[b]{x^a}$。例題 1.1.3 是 $a = 1$、$b = 2$ 時的例子；$x^{1/2}$ 是 $\sqrt{x}$ 的另一種表示方式。

例題 1.1.3 計算應用函數

某衛星電視公司的研究發現，其客服中心每小時可以服務的顧客人數的函數是 $N(w) = 30(w - 1)^{1/2}$，其中 w 是中心的員工人數。求解 $N(5)$、$N(17)$、$N(1)$ 及 $N(0)$，並解釋計算結果。

■ **解**

首先將函數改寫為 $N(w) = 30\sqrt{w-1}$（分數形式的指數參見附錄 A.1），則

$$\begin{aligned} N(5) &= 30\sqrt{5-1} = 30\sqrt{4} = 30(2) = 60 \\ N(17) &= 30\sqrt{17-1} = 30\sqrt{16} = 30(4) = 120 \\ N(1) &= 30\sqrt{1-1} = 30(0) = 0 \end{aligned}$$

不過因為 $30\sqrt{0-1} = 30\sqrt{-1}$，而負數沒有實數的平方根，所以 $N(0)$ 沒有定義。

由結果可知，當客服中心有 5 名員工時，每小時可以服務 60 位顧客，有 17 名員工時，每小時可以服務 120 位顧客，有 1 名員工時，每小時可以服務 0 位顧客，而此函數不接受客服中心有 0 名員工的輸入。

函數經常使用一個以上的公式來定義，每一個公式分別描述在定義域的某一個子集合上的函數值。以此方式所定義的函數，稱為**分段定義函數 (piecewise-defined function)**，經常可以在商業、生物學及物理學上看到。例題 1.1.4 應用分段定義函數描述銷售量。

例題 1.1.4　計算分段定義函數

假設我們要應用函數建立德克斯戶外用品公司的股價隨著時間變化的模型，該公司生產流行的 Ugg 皮靴，雖然 Ugg 皮靴在 1979 年就已經上市，但是在 2003 年，Ugg 皮靴的銷售量有特別大的增長，所以股價也有同樣的大幅增長。因此在建構股價模型時，應該分別使用兩個公式表示該公司在 2003 年以前和之後的股價。令 $S(t)$ 代表德克斯戶外用品公司在 2000 年 1 月 1 日之後 t 年的股價，則

$$S(t) = \begin{cases} 8.1 - 1.7t & \text{當 } t < 3 \\ 6t^2 - 36t + 57 & \text{當 } t \geq 3 \end{cases}$$

求解 $S(2)$、$S(3)$ 和 $S(7.5)$ 並作出解釋。

■ 解

因為 $t = 2$ 滿足 $t < 3$，可使用第一個公式來計算函數值，得到 $S(2) = 8.1 - 1.7(2) = 4.7$。這表示可以預測在 2002 年 1 月 1 日時，德克斯戶外用品公司的每股股價是 4.70 元。

$t = 3$ 和 $t = 7.5$ 都滿足 $t \geq 3$，所以可以使用第二個公式來計算 $S(3)$ 和 $S(7.5)$，得到

$$S(3) = 6(3)^2 - 36(3) + 57 = 3$$

和

$$S(7.5) = 6(7.5)^2 - 36(7.5) + 57 = 124.5$$

因此，可以預測在 2003 年 1 月 1 日時，每股股價是 3 元，而在 2007 年 7 月 1 日時，亦即 2000 年 1 月 1 日的 7.5 年後，每股股價是 124.50 元。

經濟學上的函數

我們將學習幾個與產品行銷相關的函數：

- 商品的**需求函數 (demand function)** $D(x)$ 是銷售（需要）x 單位產品時，產品的單位售價 $p = D(x)$。
- 商品的**供給函數 (supply function)** $S(x)$ 是生產者願意供應 x 單位產品至市場的單位售價 $p = S(x)$。
- 銷售 x 單位產品所得的**營收 (revenue)** $R(x)$ 是以下的乘積：

$$\begin{aligned} R(x) &= (\text{售出的單位數})(\text{每單位的售價}) \\ &= xp(x) \end{aligned}$$

- **成本函數 (cost function)** $C(x)$ 是生產 x 單位產品的成本。
- **利潤函數 (profit function)** $P(x)$ 是銷售 x 單位產品的利潤，可由以下的差得到：

$$\begin{aligned} P(x) &= \text{收入} - \text{成本} \\ &= R(x) - C(x) = xp(x) - C(x) \end{aligned}$$

- **平均成本函數 (average cost function)** 是 $AC(x) = \dfrac{C(x)}{x}$，同理平均營收函數 $AR(x)$ 與平均利潤函數 $AP(x)$ 是

$$AR(x) = \frac{R(x)}{x} \quad \text{和} \quad AP(x) = \frac{P(x)}{x}$$

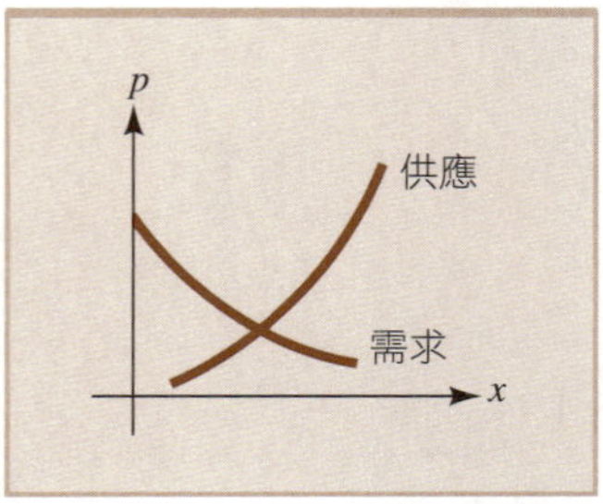

一般而言，單位售價愈高，需求單位數愈少；反之亦然。同理，增加單位售價會導致更多的供應單位數。因此，需求函數通常是遞減的（由左至右「下降」），而供應函數是遞增的（「上升」），如左圖所示。例題 1.1.5 將應用這幾個特殊的經濟函數。

例題 1.1.5　研究生產過程

市場調查指出，當某種咖啡機的單位售價為

$$p(x) = -0.27x + 51$$

元時，消費者將購買 x 千單位。而 x 千單位的生產成本為

$$C(x) = 2.23x^2 + 3.5x + 85$$

千元。

a. 生產 4,000 個咖啡機的平均成本為何？

b. 生產 x 千單位的咖啡機所得之營收 $R(x)$ 及利潤 $P(x)$ 為何？

c. x 的值為多少時，生產此咖啡機可以獲利？

■ **解**

a. 生產 4,000 個咖啡機時，$x = 4$（因為 x 的單位是 1,000 單位），所對應的平均成本為

$$AC(4) = \frac{C(4)}{4} = \frac{2.23(4)^2 + 3.5(4) + 85}{4}$$
$$= \frac{134.68}{4} = 33.67 \text{ 千元 / 千單位}$$

所以生產每個咖啡機的平均成本是 33.67 元。

b. 營收是價格 $p(x)$ 與單位數 x 的乘積：

$$R(x) = xp(x) = -0.27x^2 + 51x$$

千元。而利潤是營收減去成本：

$$\begin{aligned} P(x) &= R(x) - C(x) \\ &= -0.27x^2 + 51x - (2.23x^2 + 3.5x + 85) \\ &= -2.5x^2 + 47.5x - 85 \end{aligned}$$

千元。

c. 當利潤為正，亦即 $P(x) > 0$ 時，生產才可獲利，首先因式分解利潤函數：

$$\begin{aligned} P(x) &= -2.5x^2 + 47.5x - 85 \\ &= -2.5(x^2 - 19x + 34) \\ &= -2.5(x - 2)(x - 17) \end{aligned}$$

因為 -2.5 為負，只有當乘積 $(x - 2)(x - 17)$ 為負時，利潤 $P(x) = -2.5(x - 2)(x - 17)$ 才會為正，所以 $(x - 2)$ 和 $(x - 17)$ 必須是一正一負。因為沒有 x 值可使 $x - 2 < 0$ 且 $x - 17 > 0$，所以 $x - 2 > 0$ 且 $x - 17 < 0$，亦即 $2 < x < 17$。所以當生產量在 2000 到 17000 單位之間時，可以獲得利潤。

即時複習

兩數如果同號，其乘積為正；如果異號，則其乘積為負。亦即若 $a > 0$ 且 $b > 0$ 或 $a < 0$ 且 $b < 0$，則 $ab > 0$；若 $a < 0$ 且 $b > 0$ 或 $a > 0$ 且 $b < 0$，則 $ab < 0$。

例題 1.1.6 提供另一個函數符號在實務上的應用。同樣地，函數和自變數所用的符號與它們代表的量相關。

例題 1.1.6 估計成本函數

假設製造 m 部跑步機的總成本函數為 $C(m) = m^3 - 30m^2 + 500m + 200$ 元。

a. 計算製造 10 部跑步機的總成本。生產這些跑步機的平均成本為何？

b. 計算製造第 10 部跑步機的成本。

■ **解**

a. 製造 10 部跑步機的總成本是當 $m = 10$ 時的總成本函數之值，因此，

$$\begin{aligned}10\text{ 部跑步機的成本} &= C(10)\\ &= (10)^3 - 30(10)^2 + 500(10) + 200\\ &= 3{,}200\end{aligned}$$

生產 10 部跑步機的平均成本是

$$AC(10) = \frac{C(10)}{10} = \frac{3{,}200}{10} = 320$$

所以生產 10 部跑步機的總成本是 3,200 元，而平均成本是每部跑步機 320 元。

b. 製造第 10 部跑步機的成本等於製造 10 部跑步機的總成本減掉製造 9 部跑步機的總成本，因此：

$$\text{第 10 部跑步機的成本} = C(10) - C(9) = 3{,}200 - 2{,}999 = 201\text{ 元。}$$

函數的合成

在許多情況下，一個量可以表示成一個變數的函數，而此變數又可以表示為另一個變數的函數。藉由適當地組合函數，可以將原來的量表示成第二個變數的函數，這個過程稱為**函數的合成 (composition of function 或 functional composition)**。

舉例來說，考慮某個生產 GPS 的工廠，生產量由可用的原料數量所決定，而可用的原料數量又取決於投資於原料的資金。所以整體而言，生產量是由投資於原料的資金所決定。以下是函數的合成之定義。

函數的合成 ■ 給定函數 $f(u)$ 與 $g(x)$，則合成函數 $f(g(x))$ 是 x 的函數，它是將 $f(u)$ 中的 u 以 $u = g(x)$ 代換所得的結果。

注意，只有在 f 函數的定義域包含 $g(x)$ 的值域時，合成函數 $f(g(x))$ 才有意義。如圖 1.2 所示，將合成函數的定義視為一條生產線，一開始的輸入 x，先被轉換成過渡產品 $g(x)$，成為 f 機器的輸入而生產出 $f(g(x))$。

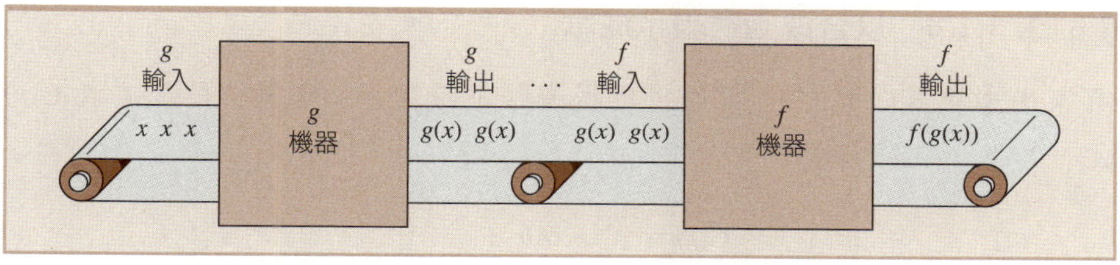

圖 1.2　將合成函數 $f(g(x))$ 視為一條生產線。

例題 1.1.7 示範如何建構合成函數。

例題 1.1.7　建構合成函數

若 $f(u) = u^2 + 3u + 1$ 且 $g(x) = x + 1$，求合成函數 $f(g(x))$。

■ 解

將方程式 $f(u)$ 中變數 u 以 $x + 1$ 代換，可得

$$\begin{aligned} f(g(x)) &= (x + 1)^2 + 3(x + 1) + 1 \\ &= (x^2 + 2x + 1) + (3x + 3) + 1 \\ &= x^2 + 5x + 5 \end{aligned}$$

注意　如果把合成函數定義中的 f 函數與 g 函數之角色對換，可以定義出合成函數 $g(f(x))$。$f(g(x))$ 和 $g(f(x))$ 兩個合成函數的值，通常不會相等。例如，將例題 1.1.7 中的函數寫成

$$g(w) = w + 1 \quad 和 \quad f(x) = x^2 + 3x + 1$$

然後以 $x^2 + 3x + 1$ 取代 w，可得

$$\begin{aligned} g(f(x)) &= (x^2 + 3x + 1) + 1 \\ &= x^2 + 3x + 2 \end{aligned}$$

這與例題 1.1.7 中所得的 $f(g(x)) = x^2 + 5x + 5$ 有很大的不同。事實上，只有在

$$\begin{aligned} x^2 + 5x + 5 &= x^2 + 3x + 2 \\ 2x &= -3 \\ x &= -\frac{3}{2} \end{aligned}$$

時，才可以得到 $f(g(x)) = g(f(x))$。■

例題 1.1.7 可以更精簡地表示如下：若 $f(x) = x^2 + 3x + 1$，求合成函數 $f(x + 1)$。例題 1.1.8 將更進一步地說明此表示法。

例題 1.1.8　以合成函數表示成本

某家小型家具公司的老闆尼爾發現，每小時生產 r 座躺椅的成本為 $C(r)$ 元，其中

$$C(r) = r^3 - 50r + \frac{1}{r+1}$$

假設生產量滿足 $r = 4 + 0.3w$，其中 w 是工人每小時的工資。

a. 將生產成本表示成每小時工資的合成函數。

b. 如果工人每小時的工資是 20 元，尼爾應預期生產成本為何？

■ **解**

a. 將 $C(r)$ 的公式中每一個 r 代換成 $4 + 0.3w$，以得到所求之合成函數。先將 C 以比較自然的寫法表示，可能會有幫助，例如

$$C(\square) = (\square)^3 - 50(\square) + \frac{1}{\square + 1}$$

其中每個方格都要填入 $4 + 0.3w$ 。因此可得到

$$C(r(w)) = C([4 + 0.3w]) = [4 + 0.3w]^3 - 50[4 + 0.3w] + \frac{1}{[(4 + 0.3w)] + 1}$$

b. 每小時工資為 20 元代表 $w = 20$，其對應之成本是

$$C(r(20)) = [4 + 0.3(20)]^3 - 50[4 + 0.3(20)] + \frac{1}{[4 + 0.3(20)] + 1}$$
$$= 500.091$$

所以如果工人每小時的工資是 20 元，生產成本約為 500.09 元。

有時候必須分解給定的合成函數 $g(h(x))$，以得到外函數 $g(u)$ 和內函數 $h(x)$，例題 1.1.9 示範此過程。

例題 1.1.9　求出組成合成函數之函數

假設 $f(x) = \dfrac{5}{x-2} + 4(x-2)^3$，求出使得函數 $f(x) = g(h(x))$ 的函數 $g(u)$ 和 $h(x)$。

■ **解**

給定的函數可以表示為

$$f(x) = \frac{5}{\square} + 4(\square)^3$$

其中每個方格都包含 $x-2$。因此，$f(x)=g(h(x))$，其中

$$\underbrace{g(u)=\frac{5}{u}+4u^3}_{\text{外函數}} \quad 和 \quad \underbrace{h(x)=x-2}_{\text{內函數}}$$

實際上，在例題 1.1.9 中，有無限多對可以使得給定函數 $f(x)=g(h(x))$ 的外函數 $g(u)$ 和內函數 $h(x)$，例如另一對為

$$g(u)=\frac{5}{u+1}+4(u+1)^3 \quad 和 \quad h(x)=x-3$$

例題 1.1.9 所選擇的那一對是最自然的，可以清楚地反應出原函數的結構。

例題 1.1.10 是合成函數的應用，將某社區的空氣污染程度表示為時間的合成函數。

例題 1.1.10　應用合成函數研究空氣污染

一份環境研究調查指出，當某社區的人口數為 p 千人時，空氣中的一氧化碳含量為 $c(p)=0.5p+1$ ppm。預計 t 年之後，該社區的人口數會成長到 $p(t)=10+0.1t^2$ 千人。

a. 將空氣中的一氧化碳含量表示為時間的函數。

b. 何時一氧化碳的含量會達到 6.8 ppm？

■ 解

a. 因為一氧化碳的含量和變數 p 的關係式為

$$c(p)=0.5p+1$$

且變數 p 和變數 t 的關係式為

$$p(t)=10+0.1t^2$$

因此，可得到將空氣中的一氧化碳含量表示為變數 t 的合成函數

$$c(p(t))=c(10+0.1t^2)=0.5(10+0.1t^2)+1=6+0.05t^2$$

b. 將 $c(p(t))$ 的值設為 6.8，並求解 t，可得

$$\begin{aligned} 6+0.05t^2 &= 6.8 && \text{兩邊同減 6} \\ 0.05t^2 &= 0.8 && \text{兩邊同除以 0.05} \\ t^2 &= \frac{0.8}{0.05}=16 && \text{兩邊同時取平方根} \\ t &= \sqrt{16}=4 && t=-4 \text{ 不合} \end{aligned}$$

因此 4 年後空氣中的一氧化碳的含量會達到 6.8 ppm。

函數 $f(x)$ 的**差商 (difference quotient)** 是指形式為

$$\frac{f(x+h)-f(x)}{h}$$

的合成函數，其中 h 是常數。第 2 章將應用差商來計算平均變化率及切線的斜率，並定義微積分中的主要觀念——**導數 (derivative)**，例題 1.1.11 示範如何計算差商。

例題 1.1.11 計算差商

求出 $f(x)=x^2-3x$ 的差商。

■ 解

利用所給的形式，可以將 $f(x)$ 的差商寫成

$$\begin{aligned}\frac{f(x+h)-f(x)}{h} &= \frac{[(x+h)^2-3(x+h)]-[x^2-3x]}{h} && \text{展開分子}\\ &= \frac{[x^2+2xh+h^2-3x-3h]-[x^2-3x]}{h} && \text{合併分子的同類項}\\ &= \frac{2xh+h^2-3h}{h} && \text{分子分母同除以 } h\\ &= 2x+h-3\end{aligned}$$

習題 ■ 1.1

第 1 題到第 7 題，求出下列函數值。

1. $f(x)=3x+5;\ f(0), f(-1), f(2)$
2. $f(x)=3x^2+5x-2;\ f(0), f(-2), f(1)$
3. $g(x)=x+\frac{1}{x};\ g(-1), g(1), g(2)$
4. $h(t)=\sqrt{t^2+2t+4};\ h(2), h(0), h(-4)$
5. $f(t)=(2t-1)^{-3/2};\ f(1), f(5), f(13)$
6. $f(x)=x-|x-2|;\ f(1), f(2), f(3)$
7. $h(x)=\begin{cases}-2x+4 & \text{當 } x\le 1\\ x^2+1 & \text{當 } x>1\end{cases};$
   $h(3), h(1), h(0), h(-3)$

第 8 題和第 9 題，檢驗函數的定義域是否為實數 R 的集合。

8. $g(x)=\frac{x}{1+x^2}$
9. $f(t)=\sqrt{1-t}$

第 10 題到第 12 題，求出函數的定義域。

10. $g(x)=\frac{x^2+5}{x+2}$
11. $f(x)=\sqrt{2x+6}$
12. $f(t)=\frac{t+2}{\sqrt{9-t^2}}$

第 13 題到第 16 題，求出合成函數 $f(g(x))$。

13. $f(u)=3u^2+2u-6,\ g(x)=x+2$
14. $f(u)=(u-1)^3+2u^2,\ g(x)=x+1$
15. $f(u)=\frac{1}{u^2},\ g(x)=x-1$
16. $f(u)=\sqrt{u+1},\ g(x)=x^2-1$

第 17 題到第 19 題，求出函數 f 的差商，亦即 $\frac{f(x+h)-f(x)}{h}$。

17. $f(x) = 4 - 5x$

18. $f(x) = 4x - x^2$

19. $f(x) = \frac{x}{x+1}$

第 20 題和第 21 題，先求出合成函數 $f(g(x))$ 和 $g(f(x))$，再求出所有使得 $f(g(x)) = g(f(x))$ 的 x 值。

20. $f(x) = \sqrt{x}, g(x) = 1 - 3x$

21. $f(x) = \frac{2x+3}{x-1}, g(x) = \frac{x+3}{x-2}$

第 22 題到第 25 題，求出所指定的合成函數。

22. $f(x-2)$，其中 $f(x) = 2x^2 - 3x + 1$

23. $f(x-1)$，其中 $f(x) = (x+1)^5 - 3x^2$

24. $f(x^2 + 3x - 1)$，其中 $f(x) = \sqrt{x}$

25. $f(x+1)$，其中 $f(x) = \frac{x-1}{x}$

第 26 題到第 28 題，求出函數 $h(x)$ 和 $g(u)$，使得 $f(x) = g(h(x))$。

26. $f(x) = (x-1)^2 + 2(x-1) + 3$

27. $f(x) = \frac{1}{x^2+1}$

28. $f(x) = \sqrt[3]{2-x} + \frac{4}{2-x}$

商業與經濟應用問題

29. 製造成本 假設製造某產品 q 單位的總成本是 $C(q)$ 千元，其總成本函數為

$$C(q) = 0.01q^2 + 0.9q + 2$$

a. 求出製造 10 單位產品的成本及平均成本。

b. 求出製造第 10 單位產品的成本。

30. 工作效率 一項有關工作效率的研究顯示，從早上 8 點開始組裝，平均每位員工 x 小時可以組裝 $f(x) = -x^3 + 6x^2 + 15x$ 台電視。

a. 到早上 10 點時，員工可組裝多少台電視？（提示：早上 10 點時，以 $x = 2$ 代入。）

b. 員工從早上 9 點到早上 10 點間，能組裝多少台電視？

31. 消費需求 巴西咖啡進口商估計，本地消費者每週大約會購買 $Q(p) = \frac{4,374}{p^2}$ 公斤的咖啡，其中 p 是每公斤的價格（元）。根據估計，從現在起的第 t 週之咖啡價格為每公斤 $p(t) = 0.04t^2 + 0.2t + 12$ 元。

a. 以 t 來表示每週咖啡的需求函數。

b. 從現在起的第 10 週，消費者將購買幾公斤的咖啡？

c. 什麼時候消費者對咖啡的需求將達到 30.375 公斤？

生命與社會科學應用問題

32. 免疫接種 假設在一次抵抗新型流感的全民性疫苗接種計畫中，公共衛生部門發現 x% 的人口接種疫苗所需要的費用為 $C(x) = \frac{150x}{200-x}$ 百萬元。

a. 函數 C 的定義域為何？

b. 本題中 x 的值應為多少，$C(x)$ 才會有意義？

c. 前 50% 人口接種疫苗的費用是多少？

d. 後 50% 人口接種疫苗的費用是多少？

e. 在花費 37.5 百萬元時，有多少百分比的人口已經接種過疫苗了？

33. 溫度變化 假設午夜經過 t 小時後，邁阿密的溫度為攝氏 $C(t) = -\frac{1}{6}t^2 + 4t + 10$ 度。

a. 當凌晨 2 點時，溫度是幾度？

b. 晚上 6 點至 9 點之間，溫度增加或減少幾度？

34. 人口成長 預估從現在起至 t 年時，郊區居民的人口數會是 $P(t) = 20 - \frac{6}{t+1}$ 千人。

a. 經過 9 年後，郊區居民的人口數變為多少？

b. 在第 9 年時，郊區居民的人口數成長多少？

c. 當 t 愈來愈大時，$P(t)$ 會變為如何？

35. 血液流動 生物學家發現，動脈血管中血液流動的速度是血液至動脈中心軸之距離的函數。依據 Poiseuille 定律，距離動脈中心軸 r 公分處血液流動的速度（公分 / 秒）為 $S(r) =$

$C(R^2 - r^2)$，其中 C 為定值，R 為動脈血管的半徑。假設動脈血管中的 $C = 1.76 \times 10^5$ 和 $R = 1.2 \times 10^{-2}$ 公分。

a. 計算在動脈血管中心軸中，血液流動的速度為何？

b. 計算從動脈血管中心軸到血管管壁兩者之間，血液流動的速度為何？

36. **島嶼生態學** 根據觀察顯示，在島上每 A 平方英哩的土地上平均會有 $s(A) = 2.9\sqrt[3]{A}$ 種動物物種。

a. 就平均而言，在島上 8 平方英哩的土地上會有多少種動物物種？

b. 若 s_1 為 A 平方英哩土地上的平均物種數，s_2 為 $2A$ 平方英哩土地上的平均物種數，請求出 s_1 和 s_2 的關係式為何？

c. 島上的土地必須要多大才能容納平均 100 種的動物物種？

37. **空氣污染** 某郊區的社區之環境研究報告指出，當人口為 p 千人時，空氣中的一氧化碳濃度為 $c(p) = 0.4p + 1$ ppm。估計從現在起 t 年後，社區人口為 $p(t) = 8 + 0.2t^2$ 千人。

a. 以時間函數表示空氣中一氧化碳的濃度。

b. 2 年後，一氧化碳的濃度是多少？

c. 何時一氧化碳的濃度會達到 6.2 ppm ？

其他問題

38. **物體移動的位置** 一顆球從一棟建築物頂樓落下。經過 t 秒後，球的高度為 $H(t)$ 英呎，其中 $H(t) = -16t^2 + 256$。

a. 經過 2 秒後，球落下的高度為何？

b. 球落下第 3 秒時，球離頂樓的距離為何？

c. 這棟建築物的高度是多少？

d. 經過幾秒後，球會抵達地面？

39. 函數 $f(x) = \dfrac{4x^2 - 3}{2x^2 + x - 3}$ 的定義域為何？

40. 假設函數 $f(x) = 2\sqrt{x-1}$、$g(x) = x^3 - 1.2$，求出函數 $f(g(2.3))$，並求至小數第二位。

1.2 節 函數的圖形

學習目標

1. 複習直角座標系統。
2. 描繪幾種函數。
3. 學習圖形的交點、垂直線測試及截距。
4. 於應用問題中描繪及利用二次函數的圖形。

圖形具有視覺上的效果，並且可以顯示在文字敘述或代數式中可能並不明顯的資訊，圖 1.3 中的兩個圖形顯示實際的相關性。

圖 1.3a 描述某國家 4 年內總工業生產量的變化。注意到圖形的最高點出現在第 3 年快結束時，表示生產量在該時間達到最大。圖 1.3b 呈現當環境因素形成人口數量上限時的人口成長情況。圖形中之人口成長速率在一開始是遞增的，之後當人口數愈來愈靠近上限，成長速率開始遞減。

直角座標系統

欲在平面中呈現圖形，我們將使用**直角座標系統 (rectangular coordi-**

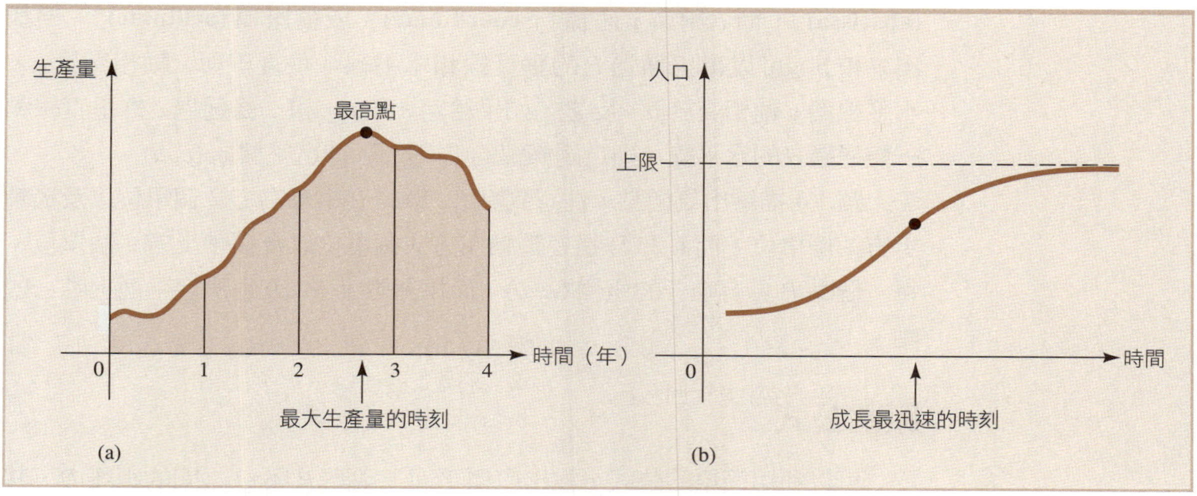

圖 1.3　(a) 生產函數；(b) 受限的人口成長。

nate system)，也稱為**笛卡兒座標系統 (Cartesian coordinate system)** 以紀念其發明者：17 世紀的法國數學與哲學家 Rene Descartes。要建構這個系統，首先選擇兩條在其原點處相交的垂直數線。為了方便起見，其中一條線畫成水平的，稱為 ***x* 軸 (*x* axis)**，其右邊為正向；另一條線是垂直的，稱為 ***y* 軸 (*y* axis)**，其上方為正向。兩個座標軸的刻度通常是不同的，根據這兩個變數所代表的量而定。兩條座標軸將平面區分成四個部分，稱為**象限 (quadrants)**，以逆時針的方向將其編號為一至四，如圖 1.4 所示。

平面上任何一點 P 可以與唯一的一組有序數對 (a, b) 相連結，稱為 P 的**座標 (coordinates)**。具體地說，a 稱為 ***x* 座標 (*x* coordinate)**（或**橫座標**

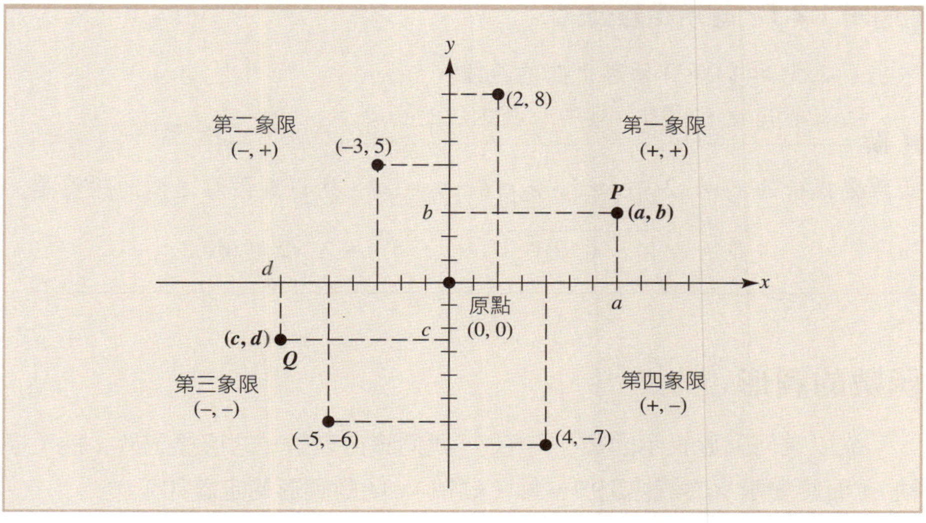

圖 1.4　直角座標系統。

(abscissa)），而 b 稱為 **y 座標 (y coordinate)**（或**縱座標 (ordinate)**）。要找出 a 和 b，可以畫出通過 P 的垂直線和水平線，垂直線與 x 軸相交於 a，水平線與 y 軸相交於 b。反之，如果給定 c 和 d，畫一條通過 c 的垂直線和一條通過 d 的水平線，則這兩條線的唯一交點 Q 之座標為 (c, d)。

圖 1.4 描繪出幾個點，注意到點 (2, 8) 是在縱軸右方 2 個單位以及橫軸上方 8 個單位，而 (–3, 5) 是在縱軸左方 3 個單位以及橫軸上方 5 個單位。每一個點 P 具有唯一的座標 (a, b)，而每對數字 (c, d) 也決定平面上唯一的點。

距離公式

可以利用簡單的公式，找出座標平面上兩點 P 與 Q 之間的距離 D，其中 P 座標是 (x_1, y_1)，而 Q 的座標是 (x_2, y_2)。注意到圖 1.5 中，x 座標的差距（$x_2 - x_1$）和 y 座標的差距（$y_2 - y_1$）代表直角三角形兩股的長度，而斜邊的長度則是所求的 P 和 Q 兩點之間的距離 D。因此，由畢氏定理可知距離公式為 $D = \sqrt{(x_2 - x_1)^2 + (y_2 - y_1)^2}$。雖然圖 1.5 只顯示了 Q 在 P 的右上方的特殊情況，不過距離公式可以應用到平面上所有其他的點。總結如下：

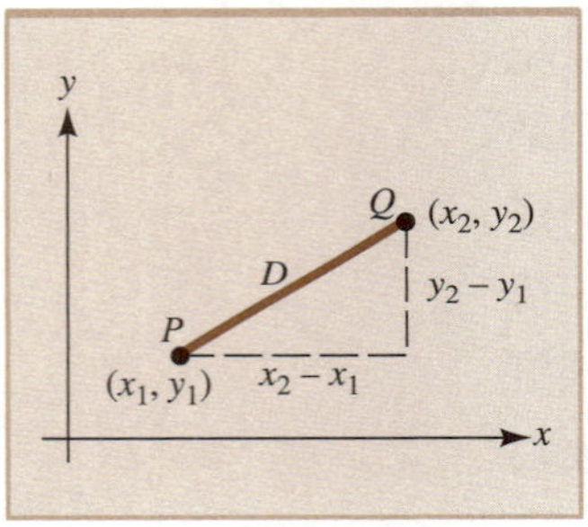

圖 1.5 距離公式 $D = \sqrt{(x_2 - x_1)^2 + (y_2 - y_1)^2}$。

> **距離公式** ■ (x_1, y_1) 和 (x_2, y_2) 兩點之間的距離為
>
> $$D = \sqrt{(x_2 - x_1)^2 + (y_2 - y_1)^2}$$

例題 1.2.1 應用距離公式

求出 (–2, 5) 和 (4, –1) 兩點之間的距離。

■ **解**

距離公式中的 $x_1 = -2$、$y_1 = 5$、$x_2 = 4$、$y_2 = -1$，所以這兩點之間的距離是

$$D = \sqrt{[4 - (-2)]^2 + (-1 - 5)^2} = \sqrt{72} = 6\sqrt{2}$$

函數的圖形

欲以幾何圖形表示函數 $y = f(x)$，我們將自變數 x 的值標記於 x 軸（橫軸），而應變數 y 的值標記於 y 軸（縱軸）。函數圖形的定義如下：

> **函數的圖形** ■ 函數 f 的圖形包含所有的點 (x, y)，其中 x 在函數 f 的定義域內，且 $y = f(x)$；亦即，所有形式為 $(x, f(x))$ 的點。

在第 3 章中，你將可以學到有效的微積分技巧，可以用來描繪精確的函數圖形。然而，有很多函數圖形可以藉由描繪一些點來畫出不錯的圖形，如例題 1.2.2 所示。

例題 1.2.2　利用描點繪圖

描繪函數 $f(x) = x^2$。

■ 解

先建立下列表格：

x	-3	-2	-1	$-\frac{1}{2}$	0	$\frac{1}{2}$	1	2	3
$y = x^2$	9	4	1	$\frac{1}{4}$	0	$\frac{1}{4}$	1	4	9

接著描繪出表中的點 (x, y)，再以平滑曲線連接各點，如圖 1.6 所示。

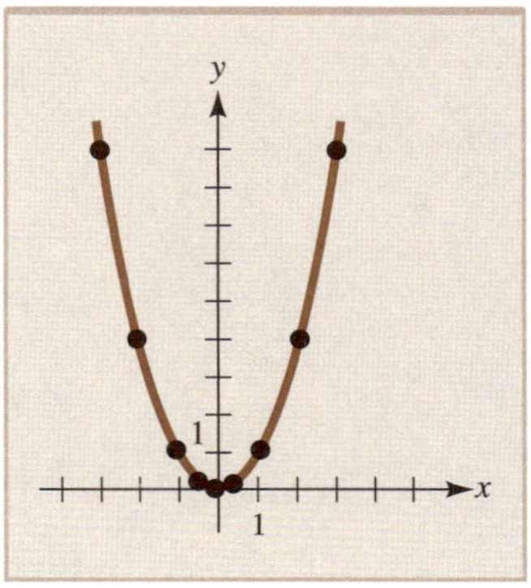

圖 1.6　$y = x^2$ 的圖形。

注意　由例題 1.2.2 中的點可以描繪出許多不同的圖形，如圖 1.7 所示。沒有方法可以保證我們繪製出來的曲線是函數 f 的正確圖形。不過一般來說，所描的點數量愈多，描繪出來的圖形會愈正確。■

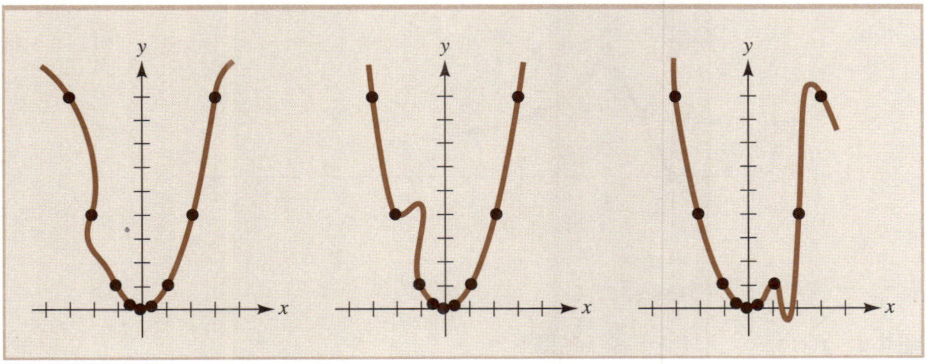

圖 1.7　通過例題 1.2.2 中所描的點之其他圖形。

例題 1.2.3 說明如何描繪由多個方程式所定義之函數的圖形。

例題 1.2.3　描繪分段定義的函數

描繪出下列函數的圖形。

$$f(x) = \begin{cases} 2x & \text{當 } 0 \le x < 1 \\ \dfrac{2}{x} & \text{當 } 1 \le x < 4 \\ 3 & \text{當 } x \ge 4 \end{cases}$$

■ **解**

在列出函數值的表格時，記得根據不同範圍的 x 值，使用適當的公式。當 $0 \le x < 1$ 時，使用 $f(x) = 2x$；當 $1 \le x < 4$ 時，使用 $f(x) = \dfrac{2}{x}$；當 $x \ge 4$ 時，使用 $f(x) = 3$，可得到下表：

x	0	$\frac{1}{2}$	1	2	3	4	5	6
$f(x)$	0	1	2	1	$\frac{2}{3}$	3	3	3

描繪上表的點 $(x, f(x))$ 並畫出如圖 1.8 的圖形。注意 $0 \le x < 1$ 和 $1 \le x < 4$ 兩段曲線在點 (1, 2) 相交，而 $x \ge 4$ 的部分和圖形的其他部分分開。〔位於 $(4, \frac{1}{2})$ 的「空心點」表示圖形很接近這個點，但實際上此點並不在圖形上。〕

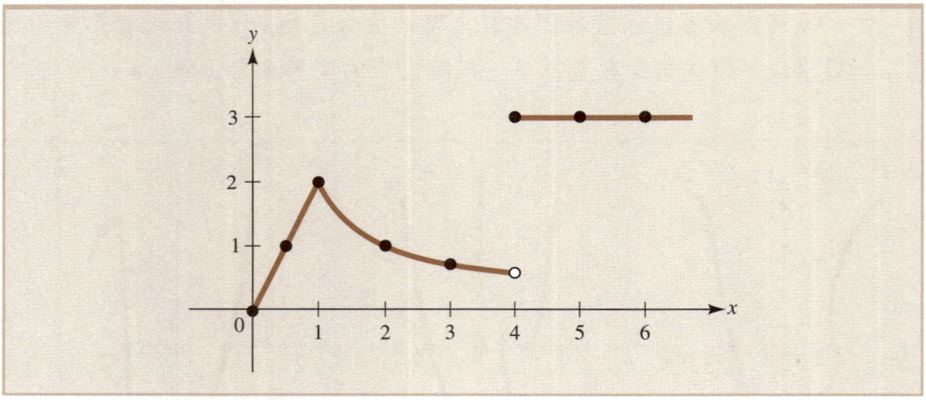

圖 1.8 $f(x) = \begin{cases} 2x & 0 \le x < 1 \\ \dfrac{2}{x} & 1 \le x < 4 \\ 3 & x \ge 4 \end{cases}$ 的圖形。

圖形的交點

有時候必須判斷兩個函數何時會相等。例如，經濟學家可能希望計算出何時消費者對某商品的需求量會等於供應量；政治分析師可能希望預測需要多久，挑戰者的聲望會與現任者相同。1.4 節將討論這些應用。

從幾何學來說，使得兩個函數 $f(x)$ 和 $g(x)$ 相等的 x 值，是這兩個函數圖形交點的 x 座標。在圖 1.9 中，$y = f(x)$ 與 $y = g(x)$ 的圖形相交於兩點，分別標示為 P 和 Q。欲以代數方法求得此兩點的座標，可以假設 $f(x)$ 和 $g(x)$ 相等並求解 x。此方法將於例題 1.2.4 說明。

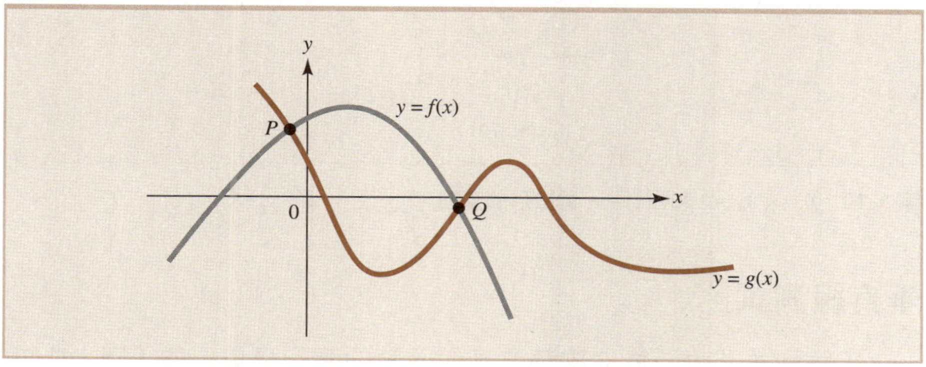

圖 1.9　$y = f(x)$ 和 $y = g(x)$ 的圖形相交於 P 和 Q。

即時複習

函數 $f(x)$ 的**零 (zero)** 或**根 (root)** 是 f 的定義域中，使得函數值為零的值。求解零是微積分的一個重要主題。要求解 $f(x)$ 的零，先令函數公式等於零，再求解方程式中的 x。

例題 1.2.4　求解交點

求出 $f(x) = 3x + 2$ 和 $g(x) = x^2$ 的圖形的所有交點。

■ **解**

必須先求解方程式 $x^2 = 3x + 2$，將其整理為 $x^2 - 3x - 2 = 0$，再運用二次公式得到

$$x = \frac{-(-3) \pm \sqrt{(-3)^2 - 4(1)(-2)}}{2(1)} = \frac{3 \pm \sqrt{17}}{2}$$

其解為

$$x = \frac{3 + \sqrt{17}}{2} \approx 3.56 \quad 和 \quad x = \frac{3 - \sqrt{17}}{2} \approx -0.56$$

（以上是以計算機計算，並將結果四捨五入至小數點後第二位。）

由方程式 $y = x^2$ 計算對應的 y 座標，可知交點約為 (3.56, 12.67) 和 (–0.56, 0.31)。（由於經過四捨五入，將兩交點座標代入函數 $y = 3x + 2$ 後，會有少許的誤差。）圖形和交點如圖 1.10 所示。

即時複習

二次公式 (guadratic formula) 可以應用到如例題 1.2.4 中，形式為 $Ax^2 + Bx + C = 0$ 的方程式，此公式解的形式為

$$r_1 = \frac{-B + \sqrt{B^2 - 4AC}}{2A}$$

或

$$r_2 = \frac{-B - \sqrt{B^2 - 4AC}}{2A}$$

若 $B^2 - 4AC$ 之值為負，則沒有實數解。附錄 A.2 有更多二次公式的複習內容。

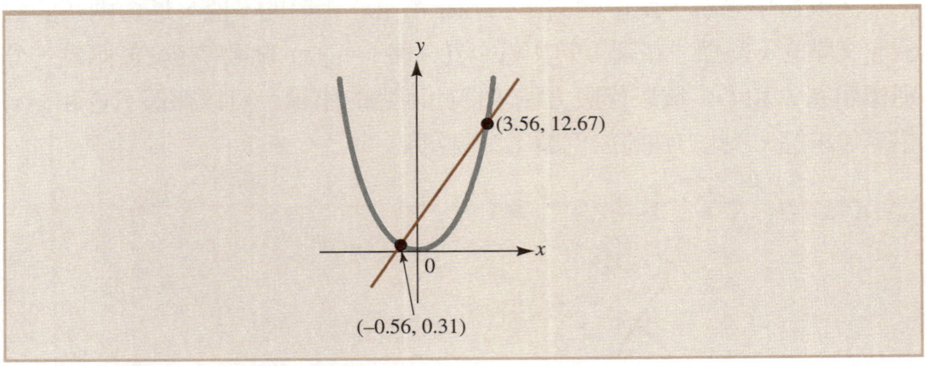

圖 1.10 $f(x) = 3x + 2$ 和 $g(x) = x^2$ 的圖形的交點。

垂直線測試

了解到並非每一條曲線都是某個函數的圖形是重要的（圖 1.11）。例如，假設一圓 $x^2 + y^2 = 5$ 是某個函數 $y = f(x)$ 的圖形。因為點 (1, 2) 和 (1, –2) 都在圓上，所以 $f(1) = 2$ 且 $f(1) = -2$，但這違反函數的要求，亦即函數將其定義域中的每一個數字，對應到一個且是唯一的值。幾何上來說，這是因為垂直線 $x = 1$ 與圓的圖形相交超過一次。**垂直線測試 (vertical line test)** 是一個判斷曲線是否為函數圖形的幾何方法。

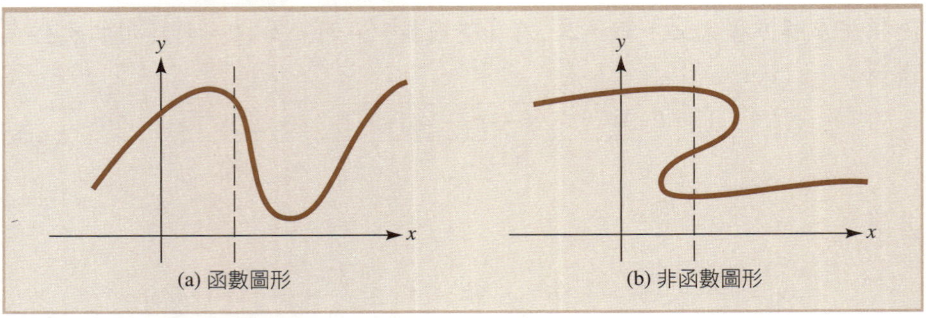

圖 1.11 垂直線檢驗。

> **垂直線測試** ■ 曲線是函數圖形若且唯若沒有垂直線與該圖形相交超過一次。

截距

圖形與 x 軸相交時的點稱為 **x 截距 (x intercept)**，同理，圖形與 y 軸相交時的點稱為 **y 截距 (y intercept)**。函數圖形可以有許多個 x 截距，但最多

只能有一個 y 截距，因為根據垂直線測試，函數圖形最多只能通過垂直線 $x = 0$（y 軸）一次。截距是圖形的重要特性之一，能利用代數或一些技巧，配合以下準則求出。

如何求出 x 截距和 y 截距？ ■ 要求出圖形的 x 截距，令 $y = 0$ 並求解 x；要求出 y 截距，令 $x = 0$ 並求解 y。函數 f 唯一的 y 截距是 $y_0 = f(0)$，但是要求出 x 截距可能會比較困難。

例題 1.2.5　求圖形的截距

求出以下函數圖形的截距：

a. $f(x) = -x^2 + x + 2$

b. $g(x) = x\sqrt{x^2 - 1}$

■ 解

a. 因為 $f(0) = 2$，$f(x)$ 圖形的 y 截距是 $(0, 2)$。要找出 x 截距，則需求解 $f(x) = 0$。利用因式分解，可得到

$$\begin{aligned} -x^2 + x + 2 &= 0 && \text{因式分解} \\ -(x + 1)(x - 2) &= 0 && uv = 0 \text{ 若且唯若 } u = 0 \text{ 或 } v = 0 \\ x = -1, x &= 2 \end{aligned}$$

因此，x 截距是 $(-1, 0)$ 和 $(2, 0)$。

b. 函數 $g(x) = x\sqrt{x^2 - 1}$ 在 $-1 < x < 1$ 上沒有定義，因為方根內的 $x^2 - 1$ 在這個區間內之值為負。由於 0 在這個被排除的區間內，$g(0)$ 沒有定義，所以 y 截距不存在。要得到 x 截距，令 $g(x) = 0$，可得到解 $x = 0, x = 1$ 和 $x = -1$。同樣地，由於函數在 $x = 0$ 沒有定義，所以 $g(x)$ 只有兩個 x 截距 $(1, 0)$ 和 $(-1, 0)$。

注意　例題 1.2.5 的因式分解相當直接，但是在解其他問題時，可能需要參考附錄 A.2 來複習因式分解的方法。■

冪函數、多項式與有理函數

冪函數 (power function) 的形式為 $f(x) = x^n$，其中 n 為實數。例如 $f(x) = x^2$、$f(x) = x^{-3}$、$f(x) = x^{1/2}$ 等都是冪函數。$f(x) = \dfrac{1}{x^2}$ 和 $f(x) = \sqrt[3]{x}$ 也是冪函數，因為它們分別可以表示為 $f(x) = x^{-2}$ 和 $f(x) = x^{1/3}$。

多項式 (polynomial) 的形式為

$$p(x) = a_n x^n + a_{n-1} x^{n-1} + \cdots + a_1 x + a_0$$

其中 n 為非負整數，而 a_0、a_1、. . .、a_n 為常數。若 $a_n \neq 0$，則整數 n 稱為此多項式的**次數 (degree)**。例如，$f(x) = 3x^5 - 6x^2 + 7$ 的次數為 5。可以證明次數為 n 的多項式之圖形是連續的曲線，且與 x 軸最多交叉 n 次。圖 1.12 利用 3 次多項式來解釋一些可能的情況。

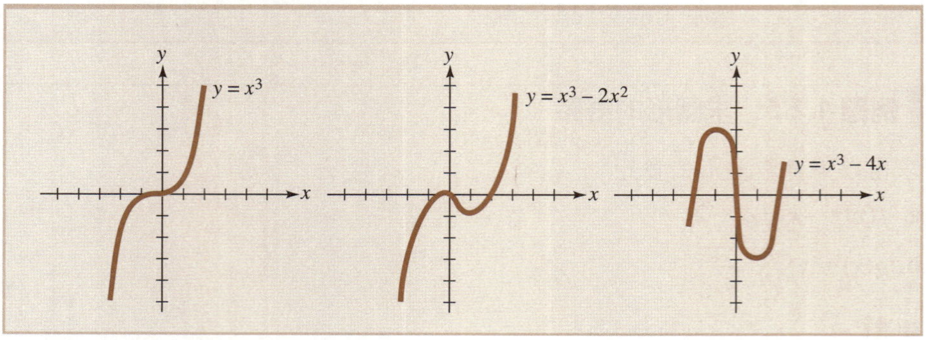

圖 1.12 三個 3 次多項式。

兩個多項式 $p(x)$ 和 $q(x)$ 的商 $\frac{p(x)}{q(x)}$ 稱為**有理函數 (rational function)**，這種函數將會在本書的例題或習題中經常出現。圖 1.13 描繪了三個有理函數的圖形。在 3.3 節中，將會學習到如何描繪這種圖形。

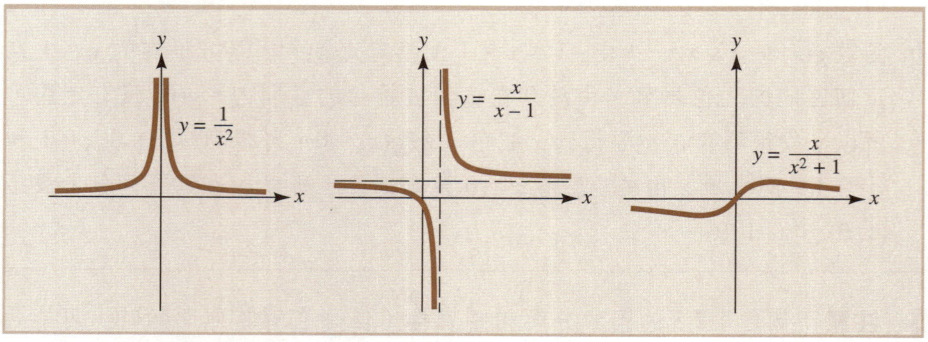

圖 1.13 三個有理函數的圖形。

描繪及應用二次函數的圖形

次數為 2 的多項式稱為**二次函數 (quadratic function)**，其通式為 $f(x) = Ax^2 + Bx + C$，其中 $A \neq 0$，其圖形稱為**拋物線 (parabola)**。二次函數經常出現在一些可以透過圖形進行分析的應用中，因此能夠快速描繪出這類函數圖形的方法相當有用。

所有的拋物線都呈現如圖 1.14 的 U 形，但是當 $A > 0$ 時，U 形的開口

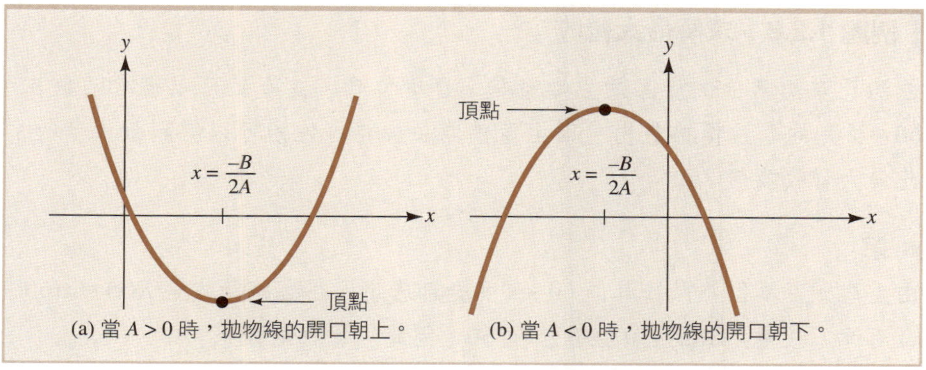

圖 1.14　拋物線 $y = Ax^2 + Bx + C$ 的圖形。

朝上（圖 1.14a），而當 $A < 0$ 時，U 形的開口朝下（圖 1.14b）。拋物線的「峰頂」或「谷底」，稱為**頂點 (vertex)**，發生在 $x = \frac{-B}{2A}$ 的地方。

要描繪出拋物線 $y = Ax^2 + Bx + C$，只需要兩個資訊：

1. 頂點的位置（其中 $x = -B/2A$）
2. 任意兩個位於拋物線上的其他點（通常是截距）

例如，拋物線 $y = -x^2 + x + 2$ 的開口向下，因為 $A = -1$ 為負值。其頂點（最高點）位於

$$x = \frac{-B}{2A} = \frac{-1}{2(-1)} = \frac{1}{2}$$

的地方，所以頂點為 $\left(\frac{1}{2}, \frac{9}{4}\right)$。由例題 1.2.5a 已知其 x 截距是 $(-1, 0)$ 和 $(2, 0)$。利用這些資訊，可以描繪出 $y = -x^2 + x + 2$ 的圖形，如圖 1.15 所示。

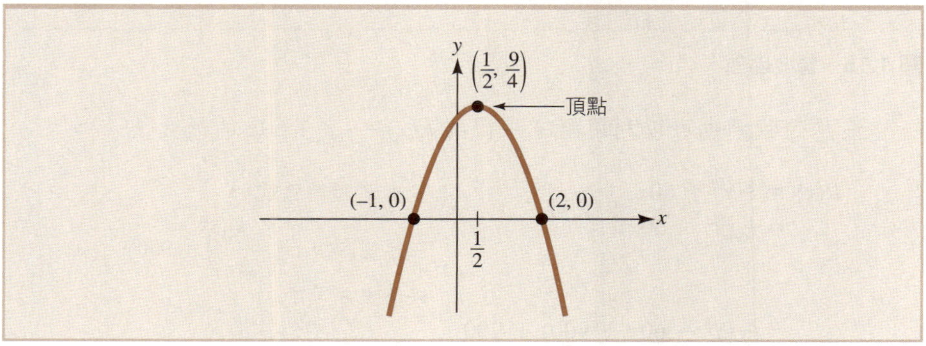

圖 1.15　$y = -x^2 + x + 2$ 的圖形。

例題 1.2.6 應用我們對拋物線的了解最佳化二次營收函數。

例題 1.2.6 求解最大營收

佐治已確認當他的產品的生產量是 x 百單位時，該產品可以需求函數 $p = 60 - x$ 元的單位價格售出，則生產量為多少時，佐治可以得到最大營收？此最大營收為何？

■ **解**

由生產 x 百單位並以每單位 $60 - x$ 元全部售出所得之總營收是 $R(x) = x(60 - x)$ 百元。注意到 $R(x) \geq 0$ 且 $0 \leq x \leq 60$。因此，營收函數

$$R(x) = x(60 - x) = -x^2 + 60x$$

的圖形為開口向下的拋物線（因為 $A = -1 < 0$），且其最高點（頂點）位於

$$x = \frac{-B}{2A} = \frac{-60}{2(-1)} = 30$$

的地方，如圖 1.16 所示。因此，當生產量 $x = 30$ 百（即 3,000）單位時，可得到最大營收

$$R(30) = 30(60 - 30) = 900$$

百（即 90,000）元。佐治應該生產 3,000 單位的產品，而且預期可獲得最大營收為 90,000 元。

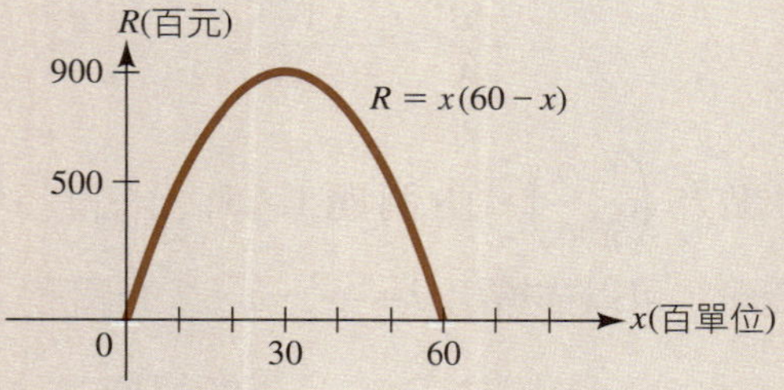

圖 1.16 營收函數。

即時複習

附錄 A.2 複習配方法，並示範於例題 A.2.12 和例題 A.2.13。

注意到我們也可以利用配方法得到 $R(x) = -x^2 + 60x$ 的最大值：

$$\begin{aligned} R(x) &= -x^2 + 60x && \text{提出 } x^2 \text{ 項的係數 } -1 \\ &= -(x^2 - 60x) && \text{在括號內加上 } \left(\frac{-60}{2}\right)^2 = 900\text{，以便配方} \\ &= -(x^2 - 60x + \underset{\uparrow \atop -900}{900}) + \underset{\uparrow \atop +900}{900} \\ &= (x - 30)^2 + 900 \end{aligned}$$

因此，$R(30) = 0 + 900 = 900$，若將 c 代入任何非 30 的數值，則

$$R(c) = -(c - 30)^2 + 900 < 900 \quad \text{因為 } -(c - 30)^2 < 0$$

所以當 $x = 30$（3,000 單位）時，可得到最大營收 90,000 元。

習題 ■ 1.2

第 1 題到第 6 題，在直角座標平面上標出下列各點。

1. (4, 3)　　**2.** (−2, 7)

3. (5, −1)　　**4.** (−1, −8)

5. (0, −2)　　**6.** (3, 0)

第 7 題到第 10 題，求出所給兩點之間的距離。

7. (3, −1) 和 (7, 1)　　**8.** (4, 5) 和 (−2, −1)

9. (7, −3) 和 (5, 3)　　**10.** $\left(0, \frac{1}{2}\right)$ 和 $\left(-\frac{1}{5}, \frac{3}{8}\right)$

第 11 題和第 12 題，將下列函數歸類為「多項式函數」、「冪函數」或「有理函數」。若無法歸為以上三類，則標示「其他」。

11. **a.** $f(x) = x^{1.4}$
b. $f(x) = -2x^3 - 3x^2 + 8$
c. $f(x) = (3x - 5)(4 - x)^2$
d. $f(x) = \dfrac{3x^2 - x + 1}{4x + 7}$

12. **a.** $f(x) = -2 + 3x^2 + 5x^4$
b. $f(x) = \sqrt{x} + 3x$
c. $f(x) = \dfrac{(x - 3)(x + 7)}{-5x^3 - 2x^2 + 3}$
d. $f(x) = \left(\dfrac{2x + 9}{x^2 - 3}\right)^3$

第 13 題到第 20 題，畫出下列函數的圖形，包括所有 x 軸和 y 軸的截距。

13. $f(x) = x$

14. $f(x) = \sqrt{x}$

15. $f(x) = 2x - 1$

16. $f(x) = x(2x + 5)$

17. $f(x) = -x^2 - 2x + 15$

18. $f(x) = x^3$

19. $f(x) = \begin{cases} x - 1 & \text{當 } x \le 0 \\ x + 1 & \text{當 } x > 0 \end{cases}$

20. $f(x) = \begin{cases} x^2 + x - 3 & \text{當 } x < 1 \\ 1 - 2x & \text{當 } x \ge 1 \end{cases}$

第 21 題到第 23 題，求出每對曲線的交點，並畫出圖形。

21. $y = 3x + 5$ 和 $y = -x + 3$

22. $y = x^2$ 和 $y = 3x - 2$

23. $3y - 2x = 5$ 和 $y + 3x = 9$

第 24 題到第 27 題，根據所給的函數 $f(x)$ 圖形，分別求出：

(a) y 軸截距。
(b) 所有 x 軸截距。
(c) $f(x)$ 的最大值，以及出現最大值時的 x。
(d) $f(x)$ 的最小值，以及出現最小值時的 x。

24.

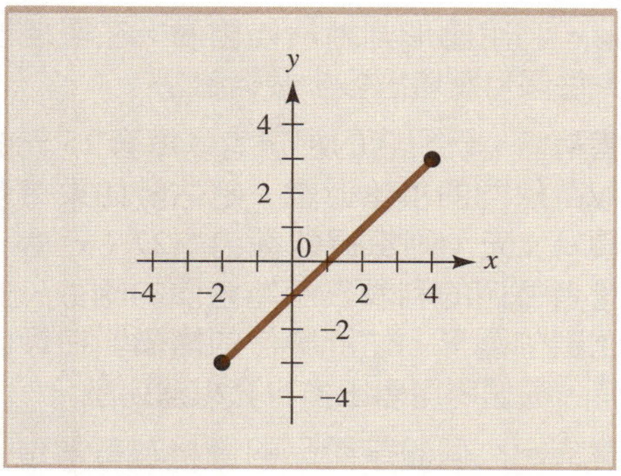

25.

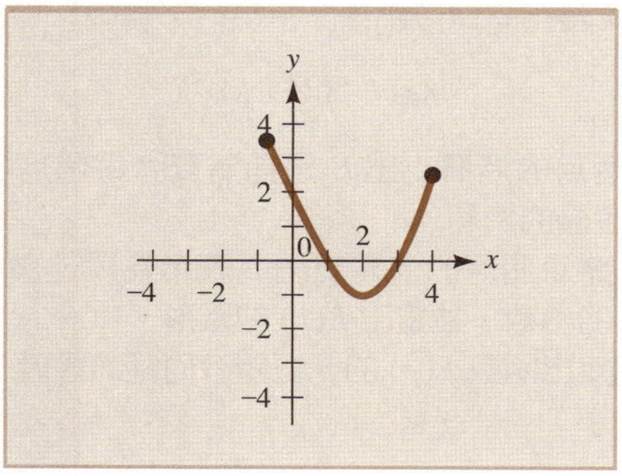

26.

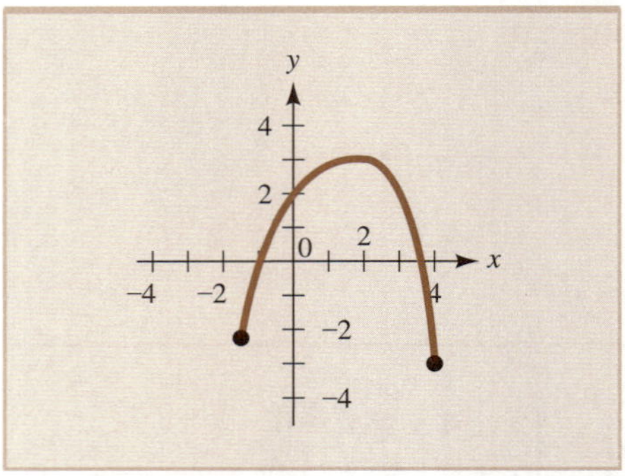

27.

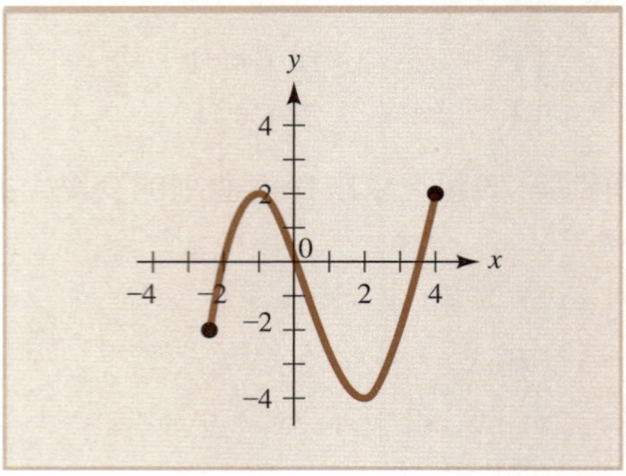

商業與經濟應用問題

28. **製造成本** 某製造商生產一個輪胎的成本是 20 元，預估每個輪胎售價 p 元時，消費者每個月會購買 1,560 − 12p 個輪胎。將製造商每月的利潤表示為售價的函數，並畫出函數的圖形，利用圖形判斷最佳售價。在最佳售價時，每個月將售出多少個輪胎？

29. **零售銷售** 玩具店的經營者以每套 15 元的成本取得熱門的棋盤遊戲。她估計如果每套的售價為 x 元，則每週能銷售 $5(27 - x)$ 套。將經營者每週的利潤表示為售價的函數，並畫出函數的圖形，估計最佳的售價。在最佳售價時，每週將可售出多少套棋盤遊戲？

30. **消費支出** 假設某產品的價格為每單位 p 元時，每個月可以銷售 x 千單位，其中

$$p(x) = 5(24 - x)$$

每個月的消費支出 E 是指消費者每個月所花費金額的總和。

a. 將每個月的消費支出 E 表示為單位價格 p 的函數，並畫出 $E(p)$ 的圖形。

b. 支出函數 $E(p)$ 的 p 截距有何經濟意義？

c. 利用 (a) 小題所繪的圖形，判斷產生每個月最大消費支出時的單位價格。在最佳售價時，每個月將可銷售多少單位的產品？

31. **利潤** 假設某商品的單位價格為每個 p 元時，消費者會願意購買 x 百個商品，其中 $p = -0.05x + 38$。製造 x 百個的成本是 $C(x) = 0.02x^2 + 3x + 574.77$ 百元。

a. 將售出 x 百個商品時的利潤 P 表示為 x 的函數，並畫出利潤函數的圖形。

b. 當單位價格是 37 元時，平均利潤 AP 為何？

c. 利用 (a) 小題所得的利潤曲線，判斷生產量 x 為多少時可得到最大利潤？此時單位價格 p 為何？

生命與社會科學應用問題

32. **血液流動** 回想 1.1 節習題 35，距離動脈血管的中心軸 r 公分處，血液流動的速度（公分／秒）函數為 $S(r) = C(R^2 - r^2)$，其中 C 為定值，R 為動脈血管的半徑。這個函數的定義域為何？請描繪 $S(r)$ 的圖形。

33. **不動產** 尤利管理 150 間公寓，所有的公寓都可以每月 1,200 元的租金租出，但是每月租金每增加 100 元，就會增加五間空房。

a. 將每月出租公寓所得之營收 R 表示成每間公寓每月租金 p 的函數。

b. 描繪 (a) 小題所得之營收函數的圖形。

c. 尤利應將每月租金訂為多少，才能最大化總營收？最大總營收是多少？

34. **道路安全** 當汽車以每小時 v 英哩行進時，一般駕駛員的視線需要 D 英呎的能見度才能安全地停止汽車，其中 $D(v) = 0.065v^2 + 0.148v$，請畫出 $D(v)$ 的圖形。

其他問題

35. **導彈的運行** 一枚導彈從地下碉堡垂直向上發射，在發射 t 秒後，導彈距離地面 s 英呎，其中

$$s(t) = -16t^2 + 800t - 15$$

a. 地下碉堡的深度為何？

b. 描繪 $s(t)$ 的圖形。

c. 利用 (b) 小題所繪的圖形，判斷導彈何時

到達最高點，其最大高度為何？

36. a. 繪製函數 $y = x^2$ 和 $y = -x^2$ 的圖形。此兩圖形的相關性為何？

b. 假設函數 $g(x) = -f(x)$。函數 f 和函數 g 的圖形之相關性為何？請解釋。

37. 描繪 $f(x) = \dfrac{8x^2 + 9x + 3}{x^2 + x - 1}$ 的圖形，並求出使 $f(x)$ 有定義的 x 值。

38. 描繪 $g(x) = -3x^3 + 7x + 4$ 的圖形，並求出 x 截距。

39. 利用距離公式證明，圓心為 (a, b) 且半徑為 R 的圓形，其方程式為

$$(x - a)^2 + (y - b)^2 = R^2$$

40. 應用第 39 題的結果求解下列問題。

a. 求出圓心為 $(2, -3)$ 且半徑為 4 的圓形之方程式。

b. 求出方程式為 $x^2 + y^2 - 4x + 6y = 11$ 的圓形之圓心和半徑。

c. 描述所有滿足 $x^2 + y^2 + 4y = 2x - 10$ 的點 (x, y) 所成的集合。

1.3 節　直線與線性函數

學習目標

1. 複習直線的性質：斜率、水平線、垂直線和直線方程式的形式。
2. 求解與線性方程式有關的應用問題。
3. 學習平行線和垂直線。
4. 應用最小平方線近似資料。

線性函數 (linear function) 的形式為 $f(x) = mx + b$，其圖形是直線。線性函數在許多實際應用上扮演著重要的角色。本節稍後將會討論幾個這類的問題，不過我們將先簡單介紹一些直線的重要性質。

直線的斜率

一位量測員可能會說，若一座小山丘，每前進 1 英呎，會上升 2 英呎，則其**斜率 (slope)** 為

$$m = \frac{\text{上升的距離}}{\text{前進的距離}} = \frac{2}{1} = 2$$

使用相同的方式，可以斜率來估計直線陡峭的程度。假設 (x_1, y_1) 和 (x_2, y_2) 兩點落在同一條直線上（如圖 1.17 所示）。在這兩點之間，x 的變化量是 $x_2 - x_1$，而 y 的變化量則是 $y_2 - y_1$，則斜率為

$$\text{斜率} = \frac{y\text{ 的變化量}}{x\text{ 的變化量}} = \frac{y_2 - y_1}{x_2 - x_1}$$

為了方便起見，有時會使用符號 Δy 來代替 $y_2 - y_1$，以表示 y 的變化。

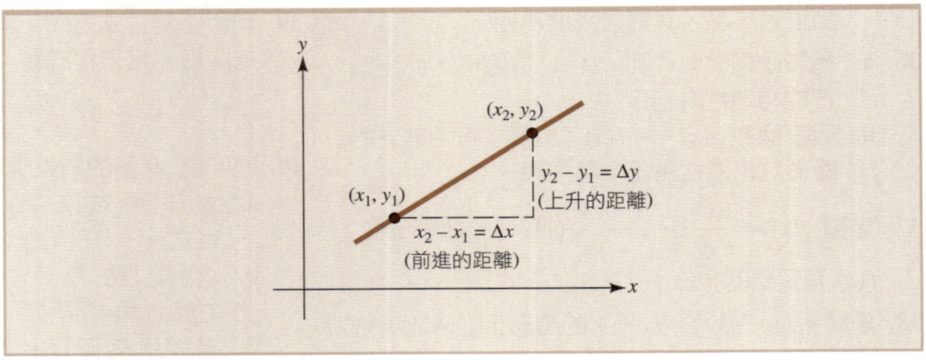

圖 1.17 斜率 $= \dfrac{y_2 - y_1}{x_2 - x_1} = \dfrac{\Delta y}{\Delta x}$。

相同地，以 Δx 來代替 $x_2 - x_1$，以表示 x 的變化。

直線的斜率 ■ 通過 (x_1, y_1) 和 (x_2, y_2) 兩點的非垂直直線之斜率為

$$\text{斜率} = \frac{\Delta y}{\Delta x} = \frac{y_2 - y_1}{x_2 - x_1}$$

例題 1.3.1 求直線的斜率

求出通過點 $(-2, 5)$ 和 $(3, -1)$ 之直線的斜率。

■ **解**

$$\text{斜率} = \frac{\Delta y}{\Delta x} = \frac{-1 - 5}{3 - (-2)} = \frac{-6}{5}$$

此直線呈現於圖 1.18。

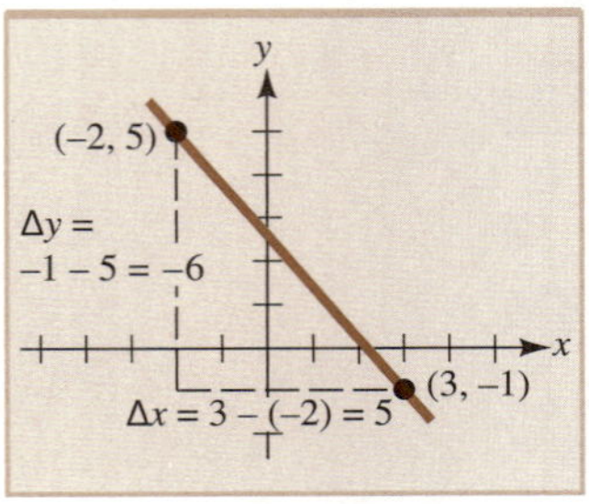

圖 1.18 通過 $(-2, 5)$ 和 $(3, -1)$ 兩點的直線。

直線斜率的正負號和其值大小，分別表示直線的方向和陡峭程度。當斜率為正時，表示當 x 座標值增加，直線的高度也會隨之增加；斜率為負時，則相反。斜率的絕對值愈大，表示直線愈陡峭。反之，斜率的絕對值愈小，直線愈趨平緩，如圖 1.19 所示。

水平線與垂直線

水平線和垂直線（圖 1.20a 和圖 1.20b）的方程式非常簡單。水平線上所有點的 y 座標都相同，所以水平線是形式為 $y = b$ 的函數之圖形，其中 b 為常數。水平線的斜率為 0，因為即使 x 值改變，y 值仍然不變。

垂直線上所有點的 x 座標都相同，所以形式為 $x = c$ 的函數之圖形即為

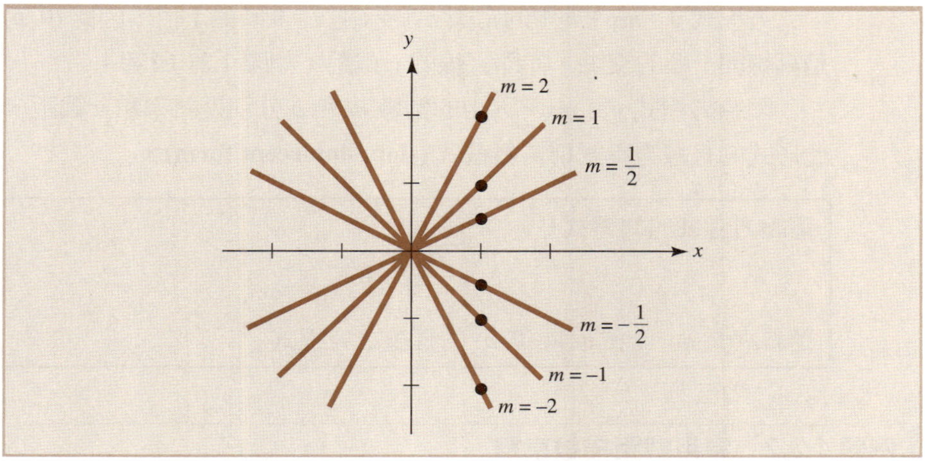

圖 1.19　直線的方向和陡峭程度。

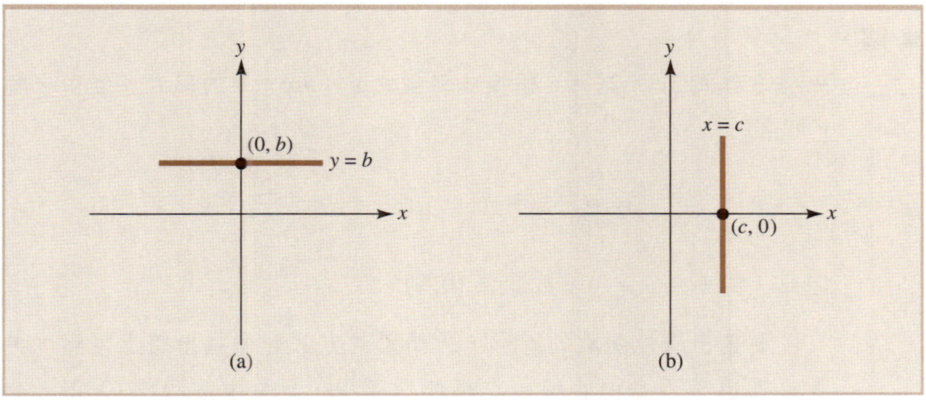

圖 1.20　水平線與垂直線。

垂直線，其中 c 為常數。垂直線的斜率無法定義，因為在垂直線上的點，只有 y 座標可以改變，所以商 $\left(\dfrac{y\text{ 的變化量}}{x\text{ 的變化量}}\right)$ 的分母為 0。

直線方程式的形式

非垂直直線的方程式 $y = mx + b$ 中之常數 m 和 b 有其幾何意義。係數 m 表示直線的斜率。要證明此點，假設 (x_1, y_1) 和 (x_2, y_2) 是直線 $y = mx + b$ 上的兩點，則 $y_1 = mx_1 + b$ 和 $y_2 = mx_2 + b$，因此

$$\begin{aligned}\text{斜率} &= \frac{y_2 - y_1}{x_2 - x_1} = \frac{(mx_2 + b) - (mx_1 + b)}{x_2 - x_1} \\ &= \frac{mx_2 - mx_1}{x_2 - x_1} = \frac{m(x_2 - x_1)}{x_2 - x_1} = m\end{aligned}$$

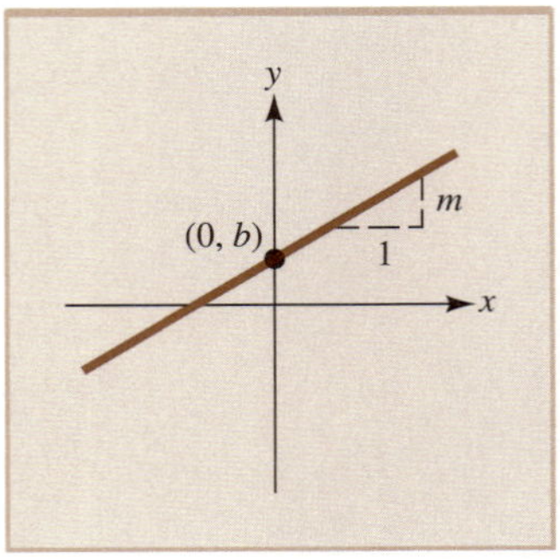

圖 1.21 直線 $y=mx+b$ 的斜率與 y 截距。

方程式 $y=mx+b$ 中的常數 b 表示在 $x=0$ 時的 y 值，因此 $(0, b)$ 是直線與 y 軸的交點，亦即直線的 y 截距，如圖 1.21 所示。

因為方程式 $y=mx+b$ 中的常數 m 和 b 分別是斜率和 y 截距，此形式的直線方程式稱為**斜截式 (slope-intercept form)**。

> **直線方程式的斜截式** ■ 方程式
>
> $$y=mx+b$$
>
> 是斜率為 m、y 截距為 $(0, b)$ 的直線之方程式。

例題 1.3.2 利用截距描繪直線

求出直線 $3y+2x=6$ 的斜率和 y 截距，並畫出圖形。

■ **解**

先將方程式 $3y+2x=6$ 轉換成斜截式 $y=mx+b$ 的形式，經由求解 y 可得到

$$3y=-2x+6 \quad \text{或} \quad y=-\frac{2}{3}x+2$$

因此，斜率為 $-\frac{2}{3}$，y 截距為 $(0, 2)$。

要畫出線性函數的圖形，最簡單的方法是先找出線上兩點，再畫出通過這兩點的直線。在這個例題中，已知 y 截距是 $(0, 2)$，令 $3y+2x=6$ 中之 $y=0$，可以得到 $x=3$，所以 x 截距是 $(3, 0)$。畫出通過 $(0, 2)$ 和 $(3, 0)$ 的直線，可得直線的圖形，如圖 1.22 所示。

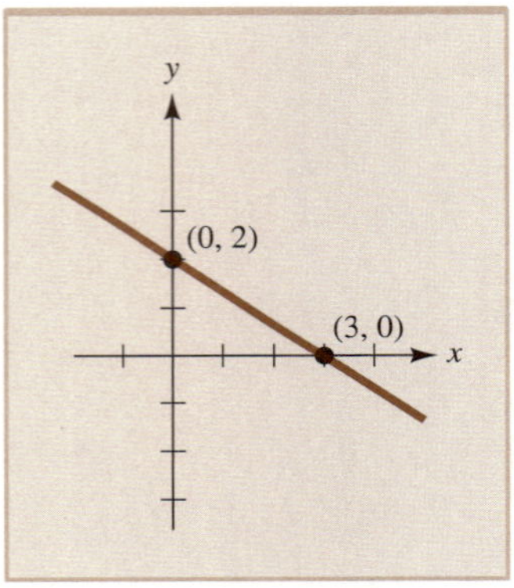

圖 1.22 直線 $3y+2x=6$。

如果已知某直線的方程式，想要知道其斜率及截距時，直線方程式的斜截式特別有用。在實際應用上，比較可能的情況是獲得一些資訊，可以用來找出直線的斜率及其上一點。在這種情況下，可以應用以下公式找出直線的方程式。

> **直線方程式的點斜式** ■ 方程式
>
> $$y-y_0=m(x-x_0)$$
>
> 是通過點 (x_0, y_0)、斜率為 m 的直線之方程式。

直線方程式的點斜式 (point-slope form) 其實只是斜率的公式。要了解此點，假設點 (x, y) 在通過給定點 (x_0, y_0) 且斜率為 m 的直線上，利用點

(x, y) 和 (x_0, y_0) 計算斜率，可得到

$$\frac{y - y_0}{x - x_0} = m$$

將兩邊同乘以 $x - x_0$，可以得到點斜式

$$y - y_0 = m(x - x_0)$$

例題 1.3.3 是點斜式的應用。

例題 1.3.3　求直線的斜率

求出通過點 (5, 1)，且斜率為 $\frac{1}{2}$ 的直線方程式。

■ **解**

利用公式 $y - y_0 = m(x - x_0)$，代入 $(x_0, y_0) = (5, 1)$ 和 $m = \frac{1}{2}$，可得到

$$y - 1 = \frac{1}{2}(x - 5)$$

此式可以改寫成

$$y = \frac{1}{2}x - \frac{3}{2}$$

圖形如圖 1.23 所示。

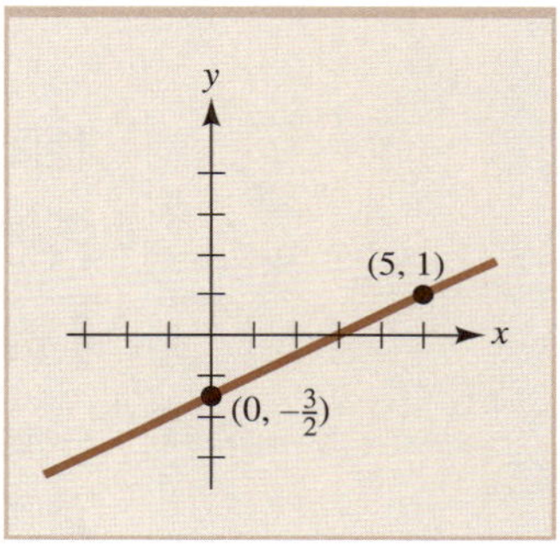

圖 1.23　直線 $y = \frac{1}{2}x - \frac{3}{2}$。

在第 2 章中，將大量運用點斜式於求解函數圖形在某定點的切線方程式。此公式另一個有用的應用是：求解通過兩點的直線方程式，如例題 1.3.4 所示。

例題 1.3.4　求直線的方程式

求出通過點 (3, −2) 和 (1, 6) 的直線方程式。

■ **解**

首先計算斜率：

$$m = \frac{6 - (-2)}{1 - 3} = \frac{8}{-2} = -4$$

將點 (1, 6) 視為已知點 (x_0, y_0) 代入點斜式中，可得

$$y - 6 = -4(x - 1) \qquad \text{或} \qquad y = -4x + 10$$

注意到如果不使用點 (1, 6)，而使用點 (3, −2)（自行練習），所得到的方程式是相同的，圖形如圖 1.24 所示。

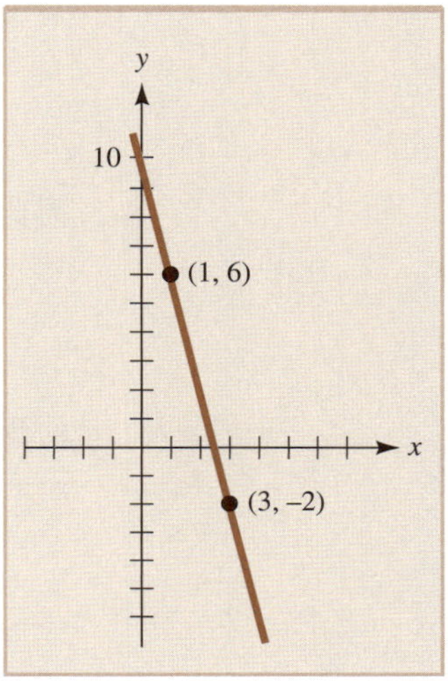

圖 1.24　直線 $y = -4x + 10$。

注意 直線方程式的通式為 $Ax+By+C=0$，其中 A、B、C 皆為常數，且 A 和 B 不能同時為 0。若 $B=0$，此直線為垂直線；若 $B\neq 0$，方程式 $Ax+By+C=0$ 可改寫為

$$y=\left(\frac{-A}{B}\right)x+\left(\frac{-C}{B}\right)$$

比較此式與斜截式 $y=mx+b$，可以看出直線斜率是 $m=-\frac{A}{B}$，而 y 截距是 $\left(0,-\frac{C}{B}\right)$。當 $A=0$，則表示此直線為水平線（斜率為 0）。■

線性函數的應用

如果一個量 y 隨著另一個量 x 變化，且變化率為常數時，可以利用線性函數 $y=f(x)=mx+b$，來表示這兩個量的關係。例題 1.3.5 和 1.3.6 應用到線性函數的這個特性。

例題 1.3.5 寫出線性成本函數

一個製造商的總成本包括固定成本 200 元以及每單位 50 元的生產成本，將總成本表示成生產單位數量的函數，並繪出其圖形。

■ **解**

令 x 為生產單位數量，$C(x)$ 表示對應之總成本，則

$$總成本=(單位成本)(單位數量)+固定成本$$

其中

$$單位成本=50$$
$$單位數量=x$$
$$固定成本=200$$

因此，

$$C(x)=50x+200$$

圖 1.25 呈現此線性成本函數的圖形，其斜率 $m=50$ 等於單位生產成本的固定增加率，而 y 截距 (0, 200) 是固定成本。

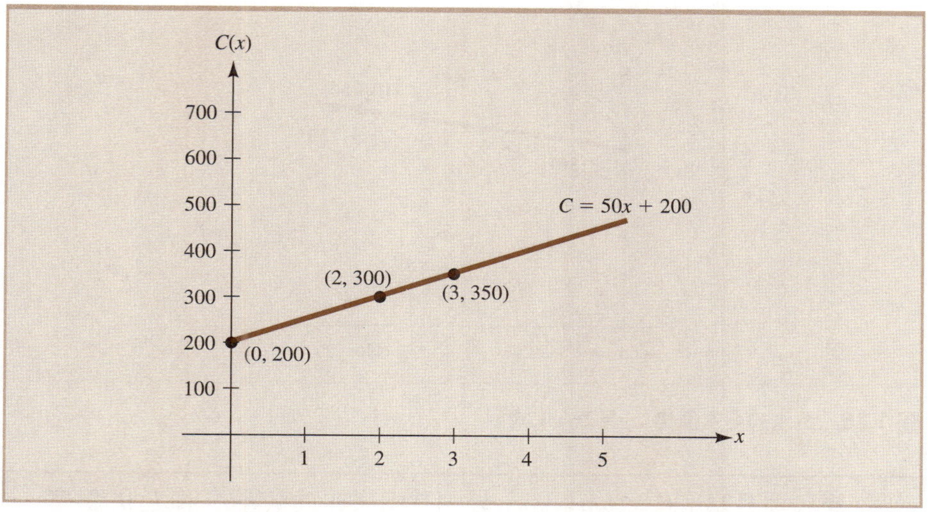

圖 1.25　成本函數 $C(x) = 50x + 200$。

例題 1.3.6　寫出線性價格函數

從年初開始，地方超市的瓶裝汽水售價以每個月 2 分的固定速率上漲。到了 11 月 1 日時，其售價為每瓶 1.56 元。將汽水的售價表示成時間的函數，並求出年初時的售價。

■ **解**

令 x 為從年初開始時所經過的月數，y 為每瓶汽水的售價（單位為分）。因為 y 以固定速率相對於 x 變化，所以表示 y 和 x 的關係之函數必為線性，其圖形為直線。每當 x 增加 1，售價 y 會上升 2，所以此直線的斜率必為 2。從年初開始經過 10 個月（11 月 1 日），售價為 156 分（1.56 元），表示此直線通過點 (10, 156)。我們可以使用點斜式將 y 表示成 x 的函數：

$$y - y_0 = m(x - x_0)$$

將 $m = 2$、$x_0 = 10$、$y_0 = 156$ 代入上式，可得

$$y - 156 = 2(x - 10) \quad 或 \quad y = 2x + 136$$

對應的直線如圖 1.26 所示。注意到 y 截距是 (0, 136)，表示年初的汽水售價為每瓶 1.36 元。

平行線與垂直線

在應用中，知道兩條線是否互相平行或垂直經常是必要或有用的。垂直線只會與其他垂直線平行，並且會與任何水平線垂直。非垂直線的情況可以利用以下的法則判斷。

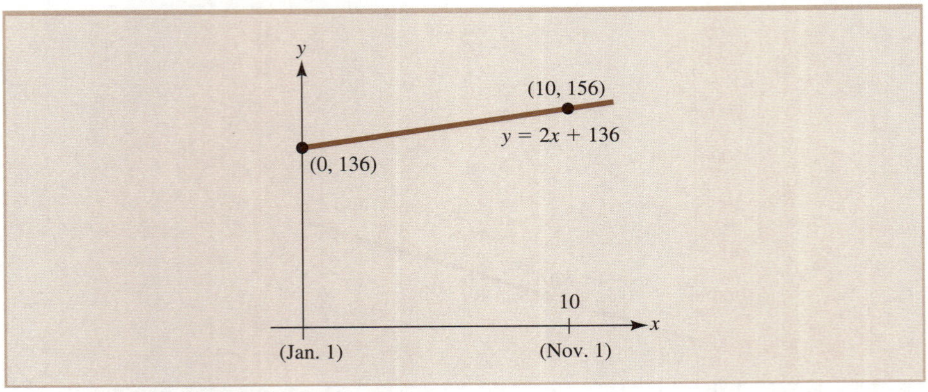

圖 1.26 汽水的上漲價格：$y = 2x + 136$。

平行線和垂直線 ■ 令 m_1 和 m_2 分別為兩條非垂直線 L_1 和 L_2 的斜率，則

L_1 和 L_2 **平行 (parallel)** 若且唯若 $m_1 = m_2$。

L_1 和 L_2 **垂直 (perpendicular)** 若且唯若 $m_2 = \dfrac{-1}{m_1}$。

這個法則如圖 1.27 所示。例題 1.3.7 說明此法則的一種用法。

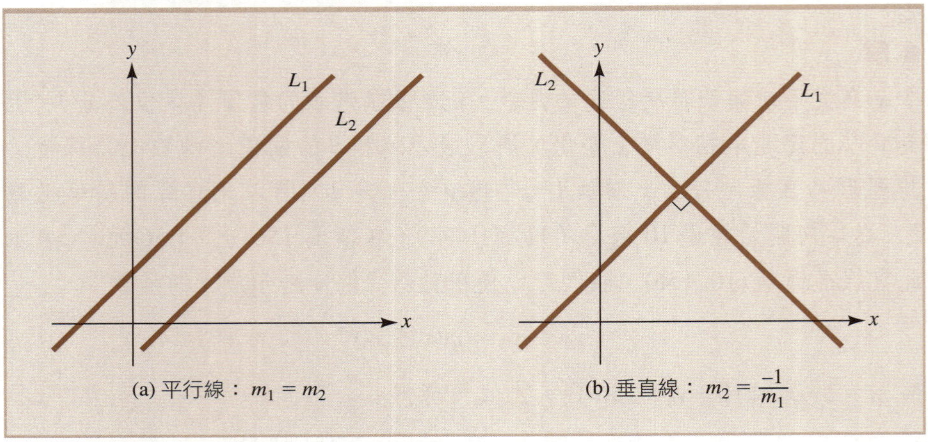

圖 1.27 平行線與垂直線的斜率準則。

例題 1.3.7 求平行線與垂直線

令 L 為直線 $4x + 3y = 3$。

a. 求出平行於 L 且通過點 $(-1, 4)$ 之直線 L_1 的直線方程式。

b. 求出垂直於 L 且通過點 $(2, -3)$ 之直線 L_2 的直線方程式。

■ **解**

將方程式 $4x + 3y = 3$ 改寫成斜截式 $y = -\frac{4}{3}x + 1$ 的形式，可看出直線 L 的斜率是 $m_L = -\frac{4}{3}$。

a. 任何平行於 L 的直線之斜率是 $m = -\frac{4}{3}$，所求直線通過點 $(-1, 4)$，所以利用點斜式，可得到

$$y - 4 = -\frac{4}{3}(x + 1)$$
$$y = -\frac{4}{3}x + \frac{8}{3}$$

b. 任何垂直於 L 的直線之斜率是 $m = -\frac{1}{m_L} = \frac{3}{4}$，因為所求直線 L_2 通過點 $(2, -3)$，可得到

$$y + 3 = \frac{3}{4}(x - 2)$$
$$y = \frac{3}{4}x - \frac{9}{2}$$

直線 L 及所求之直線 L_1 和 L_2 的圖形如圖 1.28 所示。

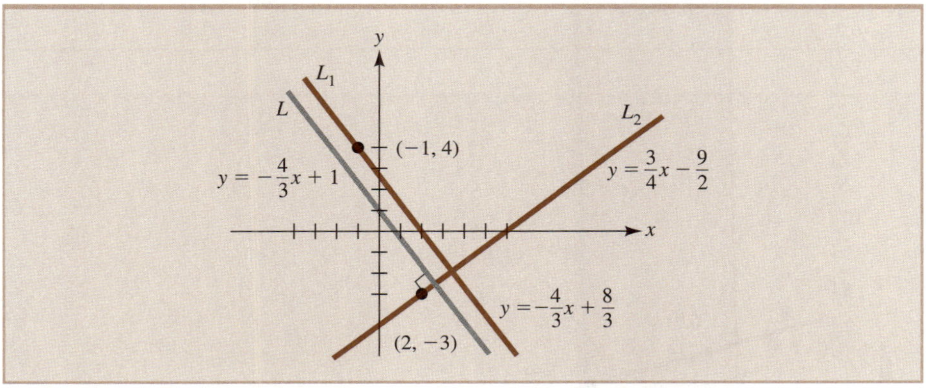

圖 1.28　直線 L 的平行線與垂直線。

資料的最小平方線性近似預習

假設某研究者在座標平面上畫出一組兩個變數的資料，並觀察到資料大致有線性關係。對此研究者而言，如果有能表示出 x 和 y 的關係的線性公式可能是有用的。但是因為資料只是大致有線性關係，所以無法利用本節已討論過的代數方法得到這個公式。

資料的最小平方線性近似 (least-squares linear approximation of data)

方法可以找出一條直線，使得資料點與直線的垂直距離之平方和最小。7.4 節將介紹最小平方法，現在我們僅利用最小平方的概念，用計算機找出及應用最配適一組給定資料的直線。例題 1.3.8 說明這個方法。

例題 1.3.8 求最配適直線

表 1.2 列出 1991 年至 2000 年間的失業率。以 x 軸標示時間（1991 年後經過的年數），y 軸標示失業率，繪出失業率的圖形。這些點是否有一種明顯的模式？根據這些資料，2005 年的失業率預期為何？

表 1.2 1991 年至 2000 年的民眾失業率

年	1991 年後經過的年數	失業率
1991	0	6.8
1992	1	7.5
1993	2	6.9
1994	3	6.1
1995	4	5.6
1996	5	5.4
1997	6	4.9
1998	7	4.5
1999	8	4.2
2000	9	4.0

資料來源：U.S. Bureau of Labor Statistics, Bulletin 2307; and *Employment and Earnings*, monthly.

■ 解

失業資料如圖 1.29 所示，注意到除了起始點 (0, 6.8) 外，資料的分佈大致呈現線性關係。利用計算機的最小平方線功能，可得到「最配適直線」的方程式 $y = -0.389x + 7.338$，將 $x = 14$（2005 年）代入方程式 $f(x) = -0.389x + 7.338$，可得到

$$f(14) = -0.389(14) + 7.338 = 1.892$$

因此，利用資料的最小平方近似可預測 2005 年的失業率約為 1.9%。

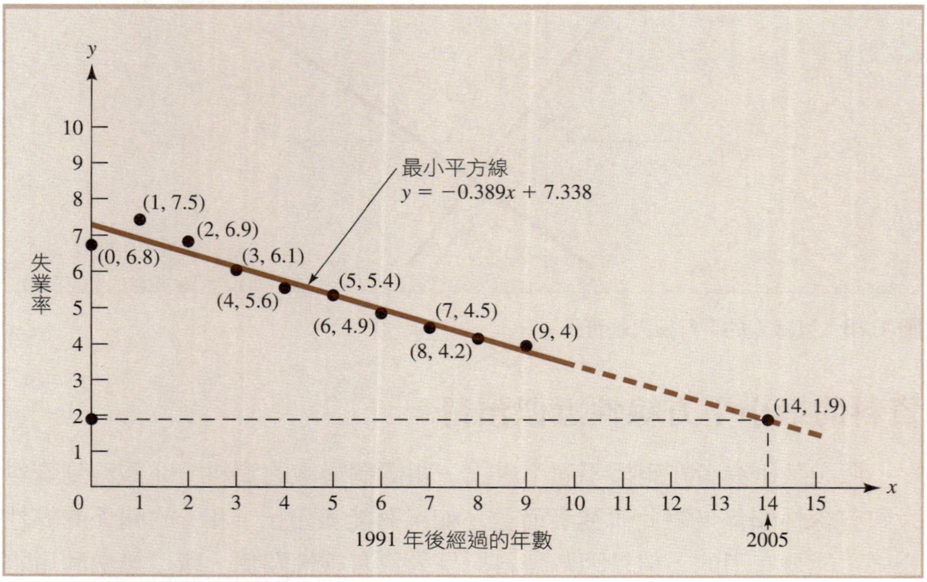

圖 1.29 1991 年至 2000 年美國的失業率。

注意 根據有限個已知數據使用外插法來預測時，必須非常小心，尤其是像例題 1.3.8 數據很少的時候。實際上，在 2000 年後經濟開始衰退，但圖 1.29 的最小平方線卻預測失業率會穩定的下降，這合理嗎？■

習題 ■ 1.3

第 1 題到第 8 題，求出通過兩點之直線的斜率。

1. (2, –3) 和 (0, 4)
2. (–1, 2) 和 (2, 5)
3. (2, 0) 和 (0, 2)
4. (5, –1) 和 (–2, –1)
5. (2, 6) 和 (2, –4)
6. $\left(\frac{2}{3}, -\frac{1}{5}\right)$ 和 $\left(-\frac{1}{7}, \frac{1}{8}\right)$
7. $\left(\frac{1}{7}, 5\right)$ 和 $\left(-\frac{1}{11}, 5\right)$
8. (–1.1, 3.5) 和 (–1.1, –9)

第 9 題到第 12 題，求出所給直線的斜率與截距，並求出直線方程式。

9.

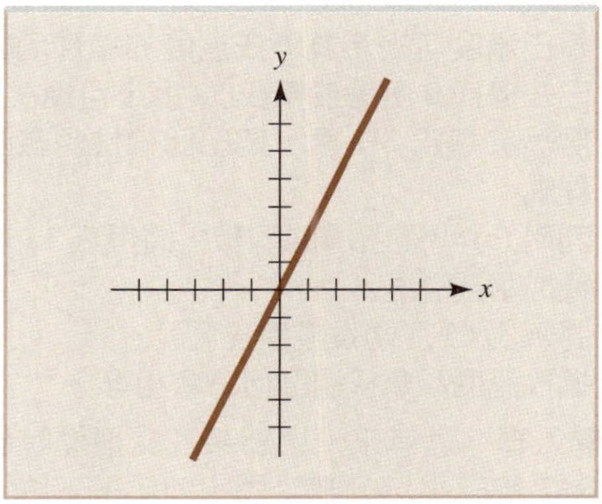

10.

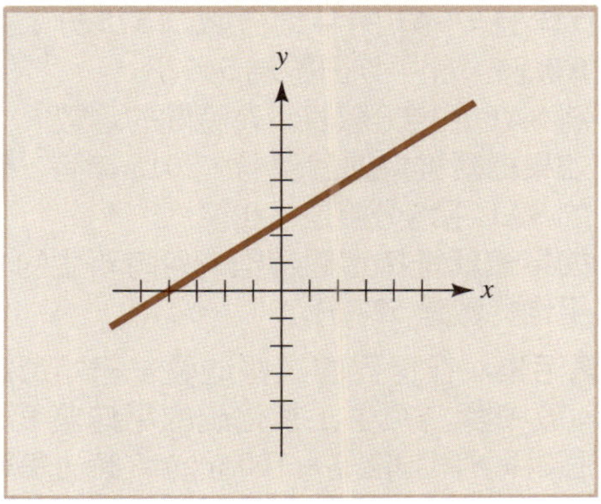

11.

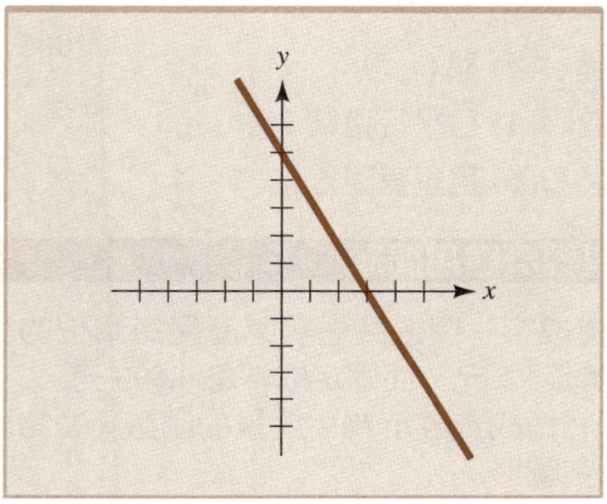

12.

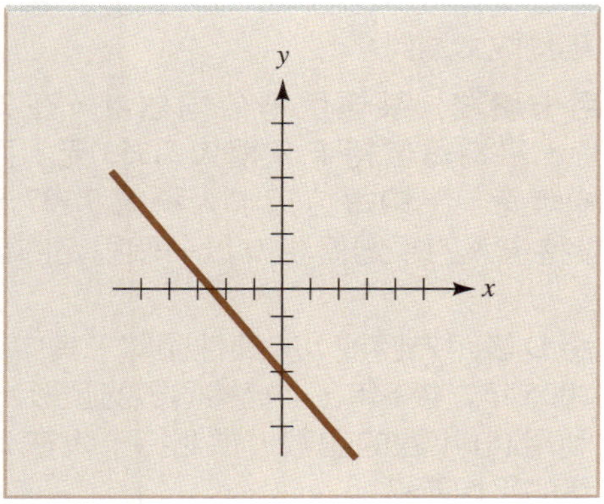

第 13 題到第 20 題，求出所給方程式的斜率與截距，並畫出直線的圖形。

13. $x = 3$
14. $y = 5$
15. $y = 3x$
16. $y = 3x - 6$
17. $3x + 2y = 6$
18. $5y - 3x = 4$
19. $\frac{x}{2} + \frac{y}{5} = 1$
20. $\frac{x+3}{-5} + \frac{y-1}{2} = 1$

第 21 題到第 31 題，根據所給的條件，求出符合條件的直線方程式。

21. 通過 (2, 0) 且斜率為 1

22. 通過 (–1, 2) 且斜率為 $\frac{2}{3}$

23. 通過 (5, –2) 且斜率為 $-\frac{1}{2}$

24. 通過 (0, 0) 且斜率為 5

25. 通過 (2, 5) 且平行於 x 軸

26. 通過 (2, 5) 且平行於 y 軸

27. 通過 (1, 0) 和 (0, 1)

28. 通過 $\left(-\frac{1}{5}, 1\right)$ 和 $\left(\frac{2}{3}, \frac{1}{4}\right)$

29. 通過 (1, 5) 和 (3, 5)

30. 通過 (4, 1) 且平行直線 $2x + y = 3$

31. 通過 (3, 5) 且垂直直線 $x + y = 4$

商業與經濟應用問題

32. **製造成本** 製造商估計某產品每單位的生產成本是 75 元，而固定成本是 4,500 元。

a. 將總成本表示為生產量的函數，並繪出函數圖形。

b. 求出平均成本函數 $AC(x)$。生產 50 單位的平均成本為何？

33. **信用卡債務** 某信用卡公司估計，在 2005 年時，平均每位持卡人積欠 7,853 元；而在 2010 年時，平均每位持卡人積欠 9,127 元。假設持卡人的平均債務 D 以一個固定的比率成長。

a. 將 D 表示為時間 t 的線性函數，其中 t 是 2005 年之後 t 年，並描繪函數的圖形。

b. 利用 (a) 小題的函數，預測持卡人在 2015 年的平均債務。

c. 大約在何時，持卡人的平均債務將會是 2005 年的平均債務的兩倍？

生命與社會科學應用問題

34. **註冊時間** 某州立大學的學生可以在暑假期間利用郵寄信件預先註冊，沒有預先註冊的學生必須在 9 月時親自註冊。在 9 月份的註冊期間，註冊組每小時可完成 35 位學生的註冊。假設在 9 月開始的 4 小時後，總共有 360 位學生已經完成註冊（包含在暑假時已經預先註冊的學生）。

a. 將完成註冊的學生人數表示成時間的函數，並描繪其圖形。

b. 開始註冊的 3 小時後，共有多少學生完成註冊？

c. 有多少學生在暑假時已經預先註冊？

35. **孩童的成長** 假設年紀為 A 歲的兒童，其平均身高可以線性函數 $H = 6.5A + 50$ 公分估計，請用此公式回答下列問題：

a. 7 歲兒童的平均身高是多少公分？

b. 幾歲的兒童之平均身高是 150 公分？

c. 新生兒的平均身高是多少公分？這個答案合理嗎？

d. 20 歲成人的平均身高是多少公分？這個答案合理嗎？

36. **水的消耗量** 從某月初開始，當地水庫的水量以一個固定的比率流失。在該月的第 12 日，水庫仍有 200 百萬加侖的水；而至第 21 日時，只剩下 164 百萬加侖的水。

a. 將水庫的水量表示為時間的函數，並畫出其圖形。

b. 在該月的第 8 天時，水庫有多少水？

37. **溫度轉換**

a. 華氏溫度可表示為攝氏溫度的線性函數，已知攝氏 0 度等於華氏 32 度，且攝氏 100 度等於華氏 212 度，寫出此線性函數的方程式。

b. 利用 (a) 小題所得的函數，將攝氏 15 度轉換成華氏溫度。

c. 將華氏 68 度轉換成攝氏溫度。

d. 攝氏溫度和華氏溫度何時會相等？

38. **大學入學** 近年來，東部某家文理學院新生的 SAT 數學平均分數以固定的比率下降。在 2005 年時，SAT 的平均分數為 575 分；而在 2010 年時，此平均分數為 545 分。

a. 將 SAT 平均分數表示為時間的函數。

b. 如果繼續維持這個趨勢，2015 年時，新生的 SAT 平均分數是多少？

c. 如果繼續維持這個趨勢，何時新生的 SAT 平均分數是 527 分？

39. **空氣污染** 在世界的某些地區，已知每週死亡人數 N 與空氣中二氧化硫的平均濃度 x 成線性關係。假設當 $x = 100$ mg/m^3 時，每週死亡人數為 97 人，且當 $x = 500$ mg/m^3 時，每週

死亡人數為 110 人。

a. N 和 x 的函數關係為何？

b. 請利用 (a) 小題的函數，試求出當 $x = 300$ mg/m^3 時的每週死亡人數。當二氧化硫濃度是多少時，每週死亡人數為 100 人？

其他問題

40. 古代寓言　在伊索寓言中有一則關於烏龜和兔子的比賽，烏龜沿途緩慢爬行，從起跑點至終點皆維持固定的速度。兔子一開始的步伐快速，但半途卻停下來睡覺。最後，當兔子醒來後，看見烏龜已經接近終點，牠拚命地以原來快速的步伐追趕，卻還是功虧一簣。將烏龜和兔子各自與起跑點的距離視為時間的函數，描繪在同一個座標平面上。

1.4 節　函數的模型

學習目標

1. 學習一般建模過程。
2. 學習各種應用模型。
3. 學習經濟學上的市場平衡與損益平衡分析。

商業、經濟、物理及生命科學上的實務問題通常太過複雜，以致於很難用簡單的函數來精確地描述，而我們的基本目標之一，就是發展一些數學方法來處理這類的問題。為此，我們將使用**數學建模 (mathematical modeling)** 方法，此法可以用四個步驟來描述，如圖 1.30 所示。

步驟 1（建立模型）：對於實際的問題（例如，美國貿易逆差、AIDS 的傳染、全球氣候模式），作出足夠的假設，將問題簡化成數學公式。這可能需要蒐集與分析資料，並應用各個不同領域的知識，以定義關鍵變數及建立這些變數的關係方程式。這個數學公式稱為**數學模型 (mathematical model)**。

步驟 2（分析模型）：使用數學的方法來分析或「求解」數學模型。在本書中，微積分是主要的分析工具；但實際上，有許多工具可應用於特定的模型，例如代數、統計、數值分析和資訊科學。

步驟 3（解釋）：在分析數學模型後，將所得結論應用到原來的實際問題，以評估模型的正確性及預測。例如，某企業模型的分析可以預測生產某產品 200 單位時的利潤將會最大。

步驟 4（測試與調整）：最後蒐集新的資料，檢驗由分析所得的預測之正確性，以測試模型。如果預測與新資料不符，需要調整模型的假設，再重複建模的過程。例如步驟 3 的企業範例，可能會發現在生產量遠少於 200 個單位時，利潤即開始衰退，這表示模型需要調整。

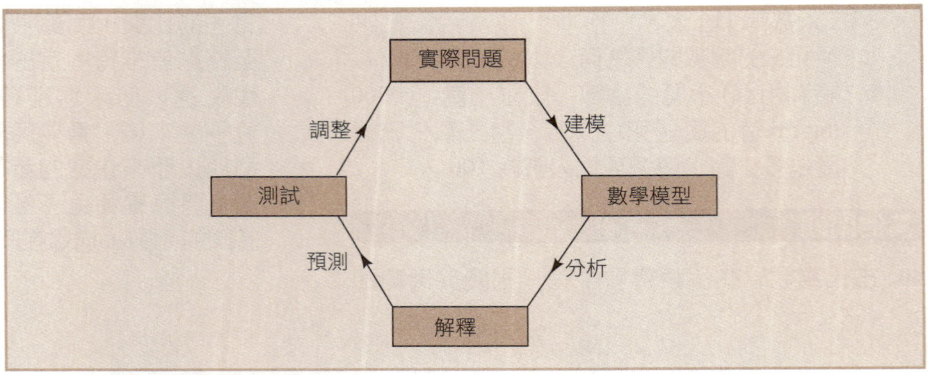

圖 1.30 數學建模過程的流程圖。

一個好的模型將實際問題適當地理想化，以便使用數學分析，但又不致於忽略實際狀況的基本性質。例如，假設天氣的模式是有絕對的週期性，每 10 天會下雨，所得的數學模型將相對容易分析，但是也明顯地無法反映實際狀況。

在前面幾節中，已經看過幾個表示數量的模型，例如製造成本、價格和需求、空氣污染程度、人口數量，本書後續將會介紹更多模型。

建立和分析數學模型是由微積分中所學到的重要技巧之一，本節中你將會學到一些建立與求解各種問題模型的技巧。由例題 1.4.1 的最佳化問題開始，解法將對照數學建模的四個步驟呈現。

例題 1.4.1　求解最大利潤

某製造商以每令 2 元的成本製造印表紙，而以每令 5 元的價格賣出，消費者每月依此價格購買 4,000 令。該製造商計畫提高印表紙的售價，並且估計售價每提升 1 元，每月的銷售量將會減少 400 令，則售價是多少時可以得到最大利潤？此最大利潤為何？

■ 解

建立模型：

首先以文字敘述所需的關係式：

利潤 =（售出的令數）（每令的利潤）

因為目標是將利潤表示為售價的函數，自變數是售價，而應變數是利潤。令 x 代表每令的售價，而 $P(x)$ 表示對應的每月利潤。（通常我們會用 p 來表示售價，不過如此一來，用 $P(p)$ 表示利潤可能會造成誤解。）

接著將每月賣出的令數以變數 x 表示。已知售價是 5 元時，每月賣出 4,000

令。且若每令提高 1 元，銷售量將會減少 400 令，因為增加的 1 元是新、舊售價的差額 $x-5$，所以

$$\begin{aligned}\text{銷售令數} &= 4{,}000 - 400\,(\text{增加的差額})\\ &= 4{,}000 - 400(x-5)\\ &= 6{,}000 - 400x\end{aligned}$$

每令的利潤 $x-2$ 是定價 x 和成本 2 元的差額，因此，總利潤是

$$\begin{aligned}P(x) &= (\text{售出的令數})(\text{每令的利潤})\\ &= (6{,}000 - 400x)(x-2)\\ &= -400x^2 + 6{,}800x - 12{,}000\end{aligned}$$

分析模型：

$P(x)$ 的圖形是一個開口向下的拋物線，如圖 1.31 所示，最大利潤將發生於對應到利潤圖形最高點的 x 值，這是拋物線的頂點，我們已知會發生在

$$x = \frac{-B}{2A} = \frac{-(6{,}800)}{2(-400)} = 8.5$$

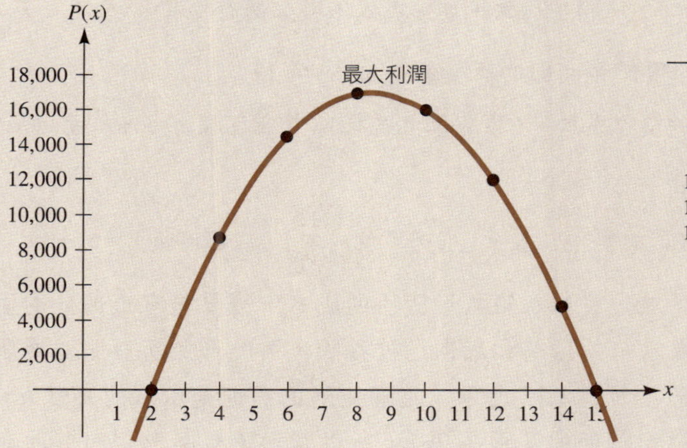

x	$P(x)$
2	0
4	8,800
6	14,400
8	16,800
10	16,000
12	12,000
14	4,800

圖 1.31　利潤函數 $P(x) = (6{,}000 - 400x)(x-2)$。

解釋：

可以歸納出當每令售價是 8.5 元時，利潤最大，而在此價格，每月的最大利潤是

$$\begin{aligned}P_{\max} &= P(8.5) = -400(8.5)^2 + 6{,}800(8.5) - 12{,}000\\ &= \$16{,}900\end{aligned}$$

注意到如果製造商將每令的價格定在低於 2 元或高於 15 元時，利潤函數 $P(x)$ 會變為負值，所以製造商會有損失。這個情況可以由圖 1.31 的利潤

曲線中，低於 x 軸的部分看出。

測試與調整：

根據以上分析，製造商可以將每令紙的售價提高到 8.5 元，並預期得到最大利潤 16,900 元。如果銷售開始停滯或增強，需要調整模型的假設，並重複以上的分析。

在許多應用問題中，我們想要用一個變數表示一個超過一個變數的量，最常用的作法是利用附加條件，如例題 1.4.2 所示。

例題 1.4.2　建立製作成本的模型

阿孟要為他的農場製作一個容積為 11,000 立方英呎的圓柱形水箱，其頂部使用的材料成本是每平方英呎 3 元，而底部及弧形側面的材料成本是每平方英呎 5 元。將阿孟的水箱的總製作成本表示為水箱半徑的函數。

■ 解

令 r 為圓形的頂部和底部的半徑，且 h 為水箱的高度，則總製作成本為

$$C = \text{頂部成本} + \text{底部成本} + \text{弧形側面成本}$$

因為水箱之圓形頂部和底部的面積都是 πr^2，可得

$$\text{頂部的製作成本} = (\text{頂部單位成本})(\text{頂部面積}) = 3\pi r^2 \text{ 元}$$

且

$$\text{底部的製作成本} = (\text{底部單位成本})(\text{底部面積}) = 5\pi r^2 \text{ 元}$$

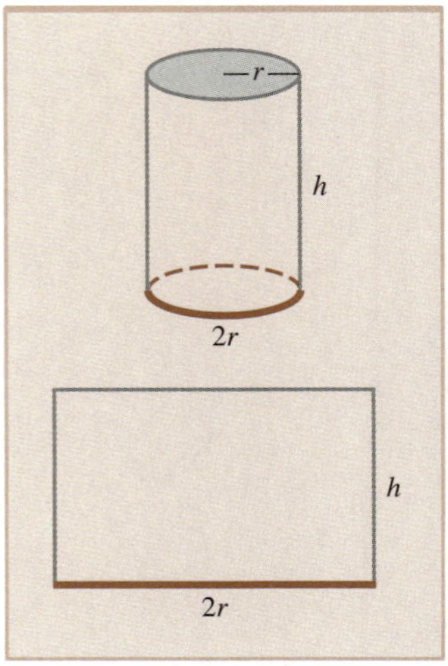

圖 1.32　例題 1.4.2 中的圓柱形水箱。

為了求出製作水箱弧形側面的成本，需要先有這部分的面積公式。想像水箱的頂部和底部已被移除，將弧形側面剪開並展開成為一個矩形，如圖 1.32 所示。這個矩形的高度是水箱的高度 h，長度是水箱圓形剖面的圓周長 $2\pi r$，所以矩形（即圓形側面）的面積是 $2\pi rh$ 平方英呎。因此

$$\begin{aligned}\text{弧形側面的製作成本} &= (\text{側面單位成本})(\text{側面面積})\\ &= 5(2\pi rh) \text{ 元}\end{aligned}$$

將水箱頂部、底部及側面的製作成本加總，可得總成本為

$$C = 3\pi r^2 + 5\pi r^2 + 5(2\pi rh) = 8\pi r^2 + 10\pi rh$$

因為目的只是將成本表示成半徑的函數，必須消去公式裡的 h，因此需要一個變數 h 和 r 的關係式。要得到這個公式，記得剖面面積是 πr^2、高度是 h 的圓柱體之容積是 $V = \pi r^2 h$，且因圓柱形水箱的容積須為 11,000 立方英

呎，所以

$$h = \frac{11{,}000}{\pi r^2}$$

因此，將 h 的表示式代入總成本 C 的公式，可得

$$C(r) = 8\pi r^2 + 10\pi rh = 8\pi r^2 + 10\pi r\left(\frac{11{,}000}{\pi r^2}\right)$$
$$= 8\pi r^2 + \frac{110{,}000}{r}$$

成本函數 $C(r)$ 的圖形如圖 1.33 所示。注意到在曲線的最低點發生在半徑 $r \approx 13$ 時，所以阿孟可以用最小化成本製作半徑約為 13 英呎的水箱。在第 3 章中，你將學到如何用微積分更精確地找出此最佳半徑。

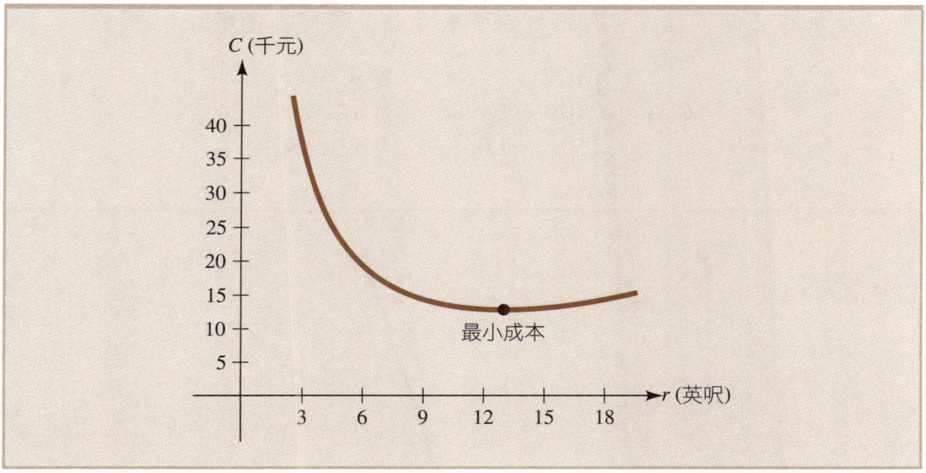

圖 1.33 成本函數 $C(r) = 8\pi r^2 + \dfrac{110{,}000}{r}$。

例題 1.4.3 示範如何利用應用問題的建模定義分段定義函數。

例題 1.4.3 建立分段定義函數的模型

在乾旱期間，加州馬林郡的居民面臨嚴重的缺水問題。為了避免過度用水，該縣的供水區域開始實施旱季價格調漲。四人家庭每個月的水費如下：開始的 1,200 立方英呎為每 100 立方英呎 1.22 元；接下來的 1,200 立方英呎為每 100 立方英呎 10 元；之後的部分為每 100 立方英呎 50 元。將四人家庭每個月的水費表示成用水量的函數。

■ **解**

令此家庭每月的用水量為 x（100 立方英呎），而所對應的水費為 $C(x)$ 元。

當 $0 \leq x \leq 12$ 時，水費為單位價格乘以單位數量：

$$C(x) = 1.22x$$

當 $12 < x \leq 24$ 時，前 12 個單位的水費是每單位 1.22 元，所以其總水費是 $1.22(12) = 14.64$ 元，而剩下的 $x - 12$ 個單位的水費是每單位 10 元，所以其總水費是 $10(x - 12)$ 元，相加後可得 x 單位的水費為

$$C(x) = 14.64 + 10(x - 12) = 10x - 105.36$$

當 $x > 24$ 時，前 12 個單位的水費是 $1.22(12) = 14.64$ 元，之後的 12 個單位的水費是 $10(12) = 120$ 元，而剩下的 $x - 24$ 個單位的水費是 $50(x - 24)$ 元，加總後可得 x 單位的水費為

$$C(x) = 14.64 + 120 + 50(x - 24) = 50x - 1{,}065.36$$

合併這三個方程式，可將總水費表示為分段定義函數

$$C(x) = \begin{cases} 1.22x & \text{當 } 0 \leq x \leq 12 \\ 10x - 105.36 & \text{當 } 12 < x \leq 24 \\ 50x - 1{,}065.36 & \text{當 } x > 24 \end{cases}$$

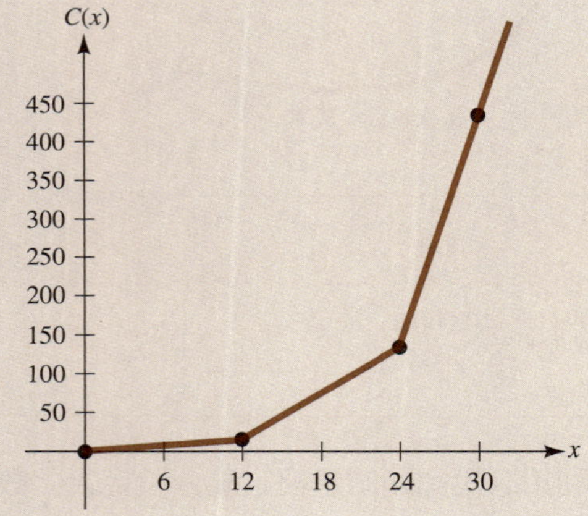

x	$C(x)$
0	0
12	14.64
24	134.64
30	434.64

圖 1.34 馬林郡的水費。

此函數圖形如圖 1.34 所示，注意到圖形包含三段直線，每一段都比前一段陡峭。這種逐漸陡峭的直線反映出什麼實際狀況？

比例性

在建構數學模型時，考慮變數間的比例性通常是重要的。以下定義三種重要的比例性：

比例性 ■ 一個量 Q 稱為
與 x 成**正比 (directly proportional)**，當 $Q = kx$ 時，其中 k 為常數
與 x 成**反比 (inversely proportional)**，當 $Q = k/x$ 時，其中 k 為常數
與 x、y 成**聯合比例 (jointly proportional)**，當 $Q = kxy$ 時，其中 k 為常數

例題 1.4.4 是比例性於生物學模型的應用。

例題 1.4.4 應用比例性建模

當環境因素形成人口數量的上限時，人口成長速率和目前的人口數量及其與上限的差距成聯合比例。將人口成長速率表示為人口數量的函數。

■ **解**

令 p 為人口數量，$R(p)$ 為對應的人口成長速率，b 為環境因素所形成的人口數量上限，則

$$\text{人口數量和上限的差值} = b - p$$

因此
$$R(p) = kp(b - p)$$

其中 k 為比例常數。

這個公式的圖形如圖 1.35 所示。在第 3 章中，你將用微積分來計算人口成長速率最高時的人口數量。

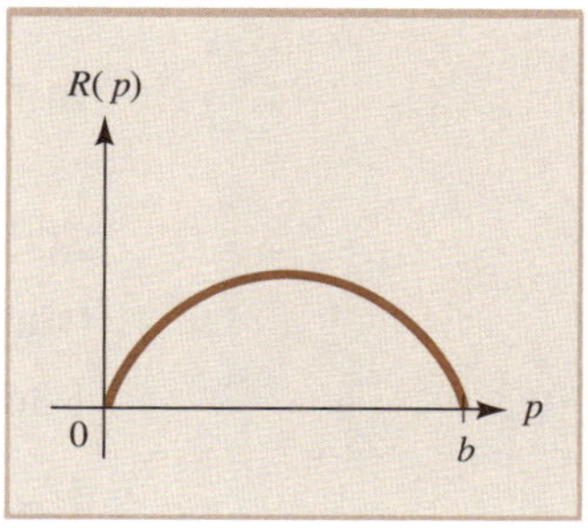

圖 1.35 受限人口數量的成長速率 $R(p) = kp(b - p)$。

市場平衡

回憶 1.1 節中所提過的，某產品的**需求函數 (demand function)** $D(x)$ 表示生產數量 x 與將全部 x 單位的產品在市場售出的單位售價 $p = D(x)$ 之關係。相同地，**供給函數 (supply function)** $S(x)$ 表示生產者願意供應 x 單位產品至市場時的單位售價 $p = S(x)$。通常，當產品價格增加，產品供應量也會增加，而需求量會降低。同樣地，當生產數量 x 增加時，供應價格 $p = S(x)$ 也會增加，但需求價格 $p = D(x)$ 則會降低。這表示典型的供給曲線是遞增的，而需求曲線則是遞減的，如圖 1.36 所示。

根據**供給和需求法則 (law of supply and demand)**，在一個競爭的市場環境中，供給會趨向與需求相等。當兩者相等時，稱此市場處於**平衡 (equilibrium)**。因此，市場平衡恰好發生在生產量 x_e 使得 $S(x_e) = D(x_e)$ 的時候，而對應的單位售價 p_e 稱為**平衡價格 (equilibrium price)**，亦即：

$$p_e = D(x_e) = S(x_e)$$

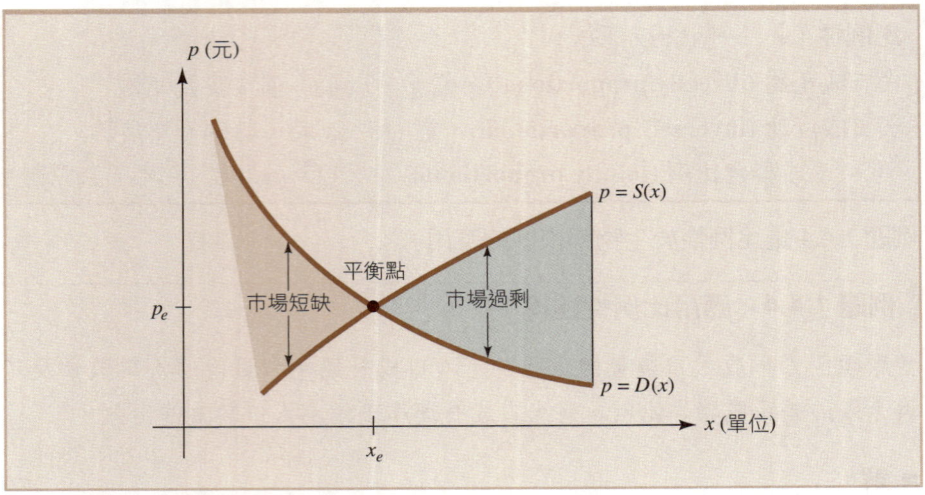

圖 1.36 當供給等於需求時，達到市場平衡。

當市場未達到平衡狀態，若需求大於供給 $[D(x) > S(x)]$，則稱為**市場短缺 (shortage)**；若供給大於需求 $[S(x) > D(x)]$，則稱為**市場過剩 (surplus)**。圖 1.36 和例題 1.4.5 說明這個專門用語。

例題 1.4.5　建立市場平衡模型

市場調查指出，製造商在某產品單位售價為 $p = S(x)$ 元時，願意提供 x 單位至市場，消費者在單位售價為 $p = D(x)$ 元時也需要相同單位的該產品，其中供給函數和需求函數分別為

$$S(x) = x^2 + 14 \qquad 和 \qquad D(x) = 174 - 6x$$

a. 生產量 x 和單位售價 p 在多少時會達到市場平衡？

b. 在同一個圖上繪出供給曲線 $p = S(x)$ 和需求曲線 $p = D(x)$，並作解釋。

■ **解**

a. 市場平衡會發生在

$$\begin{aligned} S(x) &= D(x) \\ x^2 + 14 &= 174 - 6x && \text{兩邊同減 } 174 - 6x \\ x^2 + 6x - 160 &= 0 && \text{因式分解} \\ (x - 10)(x + 16) &= 0 \\ x = 10 \quad 或 \quad x &= -16 \end{aligned}$$

因為生產量 x 只有在正值時才有意義，所以 $x = -16$ 不合，所以市場平衡將會發生在 $x_e = 10$ 的時候。將 $x = 10$ 代入供給函數或需求函數可以得到對應的平衡價格。因此，

$$p_e = D(10) = 174 - 6(10) = 114$$

b. 供給曲線是拋物線，而需求曲線為直線，如圖 1.37 所示。注意，當單位售價低於 14 元時，沒有任何產品會供應到市場；而當售價是 0 的時候，需求量是 29 單位。在 $0 \leq x < 10$ 時，供給曲線低於需求曲線，所以市場呈現短缺的狀態。供給曲線在平衡點 (10, 114) 越過需求曲線，且在 $10 < x \leq 29$ 時，市場呈現過剩的狀態。

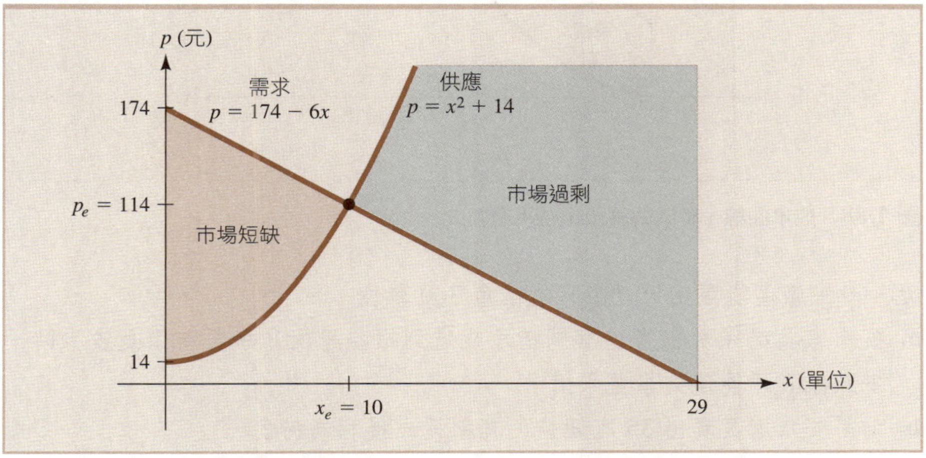

圖 1.37　例題 1.4.5 中的供給、需求與平衡點。

損益平衡分析

商業中的**損益平衡分析 (break-even analysis)** 會使用到圖形的交點。在一個典型的情況下，製造商想要知道需要賣出多少數量的某產品，才可以使得總營收等於總成本。假設 x 為生產和賣出的產品數量，而 $C(x)$ 和 $R(x)$ 分別表示對應的總成本和總營收，其成本和收入的曲線如圖 1.38 所示。

因為固定成本的關係，總成本的曲線在一開始時會比總營收的曲線高，因此當生產量較低時，製造商會有一些虧損；然而當生產量較高的時候，總營收的曲線比總成本的曲線高，所以製造商可以獲利。這兩條曲線的交點，稱為**損益平衡點 (break-even point)**，因為當總營收等於總成本時，製造商達到損益平衡，亦即沒有虧損，也沒有獲利。例題 1.4.6 說明損益平衡分析。

例題 1.4.6　損益平衡分析

當安默家具生產及售出 x 單位（座）的豪華躺椅時，單位售價為 $p = 1{,}500 - 3x$ 元，此產品的總成本包含固定成本 66,500 元，以及每單位的成本 20

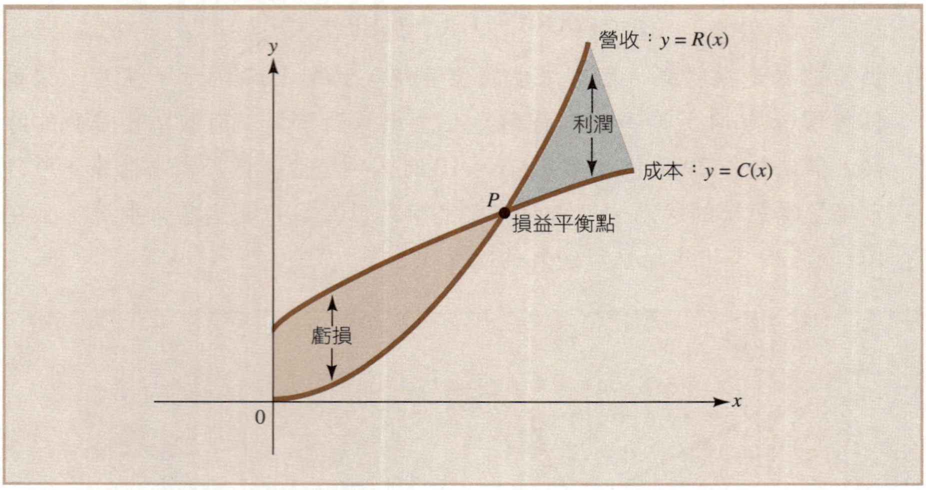

圖 1.38 成本曲線、營收曲線及損益平衡點 P。

元。受工廠產能限制，至多只能生產 300 單位。

a. 安默家具必須賣出多少座躺椅才能達到損益平衡？單位售價是多少時，安默家具才能達到損益平衡？

b. 如果安默家具賣出 35 座躺椅，其虧損或獲利為何？

c. 安默家具必須賣出多少座躺椅，才能獲得 120,000 元的利潤？

■ **解**

a. 需求函數是 $p = 1{,}500 - 3x$，而銷售 x 座躺椅所帶來的總營收是 $R(x) = (1{,}500 - 3x)x$ 元，所以總成本是

$$C(x) = \underbrace{66{,}500}_{\text{固定成本}} + \underbrace{20x}_{\text{變動成本}}$$

所以當

$$(1{,}500 - 3x)x = 66{,}500 + 20x$$

或

$$-3x^2 + 1{,}480x - 66{,}500 = 0$$

時，安默家具可以達到損益平衡。應用二次公式，可得

$$x = \frac{-1{,}480 \pm \sqrt{(1{,}480)^2 - 4(-3)(66{,}500)}}{2(-3)}$$
$$= 50 \text{ 或 } 443.33$$

所以當售出 50 或 443 座躺椅時，安默家具可以達到損益平衡。但是因

為受限於工廠產能，$0 \le x \le 300$，所以損益平衡點發生在生產和銷售 50 座躺椅時（見圖 1.39），對應之單位售價為

$$p(50) = 1{,}500 - 3(50) = 1{,}350 \text{ 元}$$

b. 利潤 $P(x)$ 等於營收減掉成本，亦即

$$\begin{aligned} P(x) &= R(x) - C(x) = (1{,}500 - 3x)x - (66{,}500 + 20x) \\ &= -3x^2 + 1{,}480x - 66{,}500 \end{aligned}$$

所以，賣出 35 座躺椅的利潤為

$$P(35) = -3(35)^2 + 1{,}480(35) - 66{,}500 = -18{,}375$$

負號表示利潤為負值，這是可以預期的，因為只賣出 35 座躺椅，少於達到損益平衡所需售出的 50 座躺椅。所以當銷售量是 35 座躺椅時，安默家具將虧損金額為 18,375 元。

c. 要知道售出多少座躺椅才可獲得 120,000 元的利潤，令利潤函數 $P(x)$ 等於 120,000，再求解 x，可得

$$-3x^2 + 1{,}480x - 66{,}500 = 120{,}000$$

或

$$-3x^2 + 1{,}480x - 186{,}500 = 0$$

因為判斷式

$$(1{,}480)^2 - 4(-3)(-186{,}500) = -47{,}600$$

為負值，上式沒有實數解，所以安默家具不可能獲得 120,000 元的利潤。

例題 1.4.7 將說明如何應用損益平衡分析於決策分析。

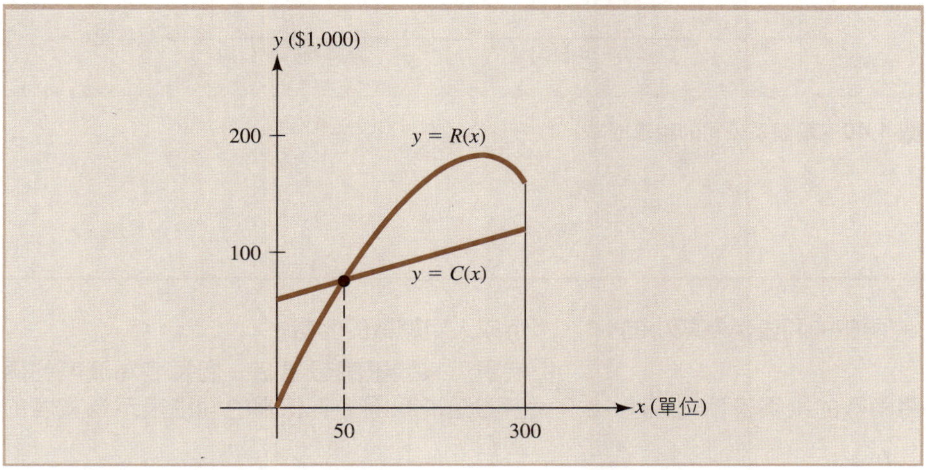

圖 1.39　營收 $R(x) = (1{,}500 - 3x)x$ 與成本 $C(x) = 66{,}500 + 20x$。

例題 1.4.7　比較成本分析

某租車公司的收費為 25 元，每英哩再加收 0.6 元。另一家租車公司的收費為 30 元，每英哩再加收 0.5 元。哪一家租車公司的收費較便宜？

■ 解

答案取決於車輛行駛的里程數。短程旅行時，第一家較第二家便宜；而長程旅行時，第二家較便宜。損益平衡分析可以用來求出兩家公司收費相等時的里程數。

假設車輛將行駛 x 英哩，第一家公司的收費為 $C_1(x) = 25 + 0.60x$，而第二家公司的收費為 $C_2(x) = 30 + 0.5x$。如果令兩式相等，可得

$$25 + 0.60x = 30 + 0.50x$$

所以

$$0.1x = 5 \quad 或 \quad x = 50$$

因此當車輛行駛 50 英哩時，兩家公司的收費相等。里程數小於 50 英哩時，第一家較便宜；而里程數大於 50 英哩時，第二家較便宜。圖 1.40 呈現此狀況。

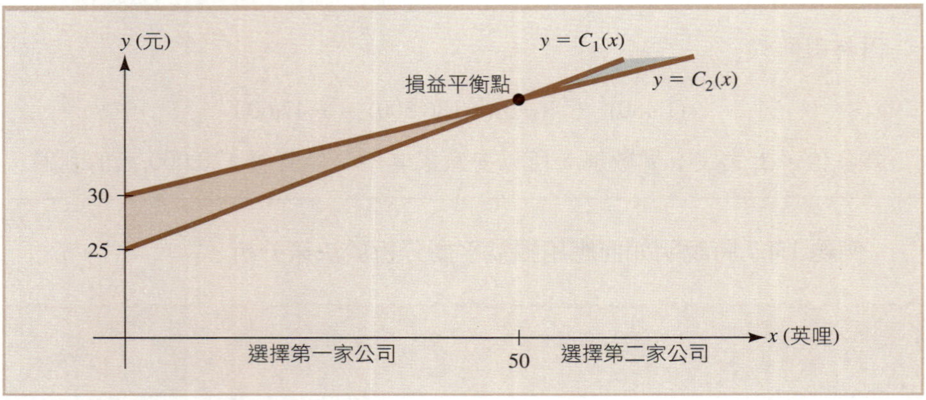

圖 1.40　兩競爭公司的租車成本。

習題 ■ 1.4

1. 兩數的乘積是 318，將兩數的和表示為較小的數字的函數。
2. 兩數的總和是 18，將兩數的乘積表示為較小的數字的函數。
3. **人口成長**　在沒有環境限制的情況下，人口成長率和人口總數成正比。將人口成長率表示成人口總數的函數。
4. **造景**　某造景師想建造一個長度為寬度的兩倍的矩形花園，將花園的面積表示為寬度的函數。
5. **圍籬**　某農夫希望用 1,000 英呎的圍籬，將一塊矩形的草地包圍起來。如果草地的一個較

長的邊緊靠著一條河流（不需要圍籬），將所圍成的草地面積表示成其寬度的函數。

6. **面積** 有一矩形的周長為 320 公尺，以此矩形的其中一個邊長來表示面積的函數，請繪出此函數圖形，並估計矩形面積可能的最大值是多少？

7. **包裝** 有一個底部是正方形的密封盒子，其表面積為 4,000 平方公分。將其體積表示成底部的邊長的函數。

8. **政治貪污** 政府弊案中，被指控人數的增加率與已被指控的人數及參與弊案但尚未被指控的人數成聯合比例，將此增加率表示為已被指控人數的函數。

9. **製造成本** 在某工廠裡，設置成本與使用機器數量成正比，而運作成本與使用機器數量成反比。將總成本表示為使用機器數量的函數。

10. **運輸成本** 僱用一部卡車把貨物由工廠運送到倉庫。卡車司機的工資是以小時計算，因此與卡車的行駛速度成反比。汽油的成本與行駛速度成正比。將卡車運輸的總成本表示成行駛速度的函數。

商業與經濟應用問題

11. **生產利潤** 羅孚估計某產品的單位生產成本為 14 元，而售價為每單位 23 元。生產該產品的固定成本為 1,200 元。
    - **a.** 將成本函數 $C(x)$ 和營收函數 $R(x)$ 表示為生產並售出的單位數 x 之函數。
    - **b.** 當生產該產品 $x = 2{,}000$ 單位時，可以獲得多少利潤？生產量是 $x = 100$ 單位時呢？至少需要生產多少單位，羅孚的公司才能獲利？
    - **c.** 平均利潤函數 $AP(x)$ 為何？當生產量是 2,500 單位時，平均利潤為何？

12. **生產利潤** 某製造商估計某產品每單位能以比該產品的生產成本多出 3 元的價格出售。生產該產品的相關固定成本為 17,000 元。
    - **a.** 將總利潤 $P(x)$ 表示為生產量 x 的函數。
    - **b.** 當生產 $x = 5{,}000$ 單位時，利潤（或損失）是多少？當生產 $x = 20{,}000$ 單位時，又是如何呢？至少需要售出多少單位，該產品的生產才能獲利？
    - **c.** 求出平均利潤函數 $AP(x)$。當生產量是 10,000 單位時，平均利潤為何？

13. **銷售收入** 當生產某奢侈產品 x 單位時，該產品全部皆能以每單位 p 千元售出，其中 $p = -6x + 100$。
    - **a.** 將營收函數 $R(x)$ 表示成 x 的函數。當生產 $x = 15$ 單位時，營收是多少？
    - **b.** 求出平均營收函數 $AR(x)$。當生產量是 10 單位時，平均營收為何？

14. **零售銷售** 一家書店從出版商進貨，某本書的單位成本為 3 元，該書的售價為每本 15 元，在此價格下，每月可賣出 200 本。若該書店打算降低售價來刺激銷售量，並預估當每本書的價格下降 1 元，每月將會多賣出 20 本書。將該書店每月由銷售此書所得的利潤表示成售價的函數，請畫出此函數圖形，並估計最佳售價。

15. **收成** 7 月 1 日時，每蒲式耳 (bushel) 的馬鈴薯可以賣 8 元，接下來每天每蒲式耳的馬鈴薯價格會下降 5 分。在 7 月 1 日當天，某農夫田裡有 140 蒲式耳的馬鈴薯，並估計馬鈴薯數量每天會增加 1 蒲式耳。將該農夫銷售馬鈴薯所得的營收表示成採收時間的函數，畫出此函數的圖形，並估計農夫應於何時採收馬鈴薯，以得到最大營收。

16. **拍賣買家酬金** 通常在拍賣中買到商品時，除了支付得標價格外，還需要支付拍賣商一筆買家酬金。某拍賣商的買家酬金計算方式是，當得標價格不超過 50,000 元時，買家酬金為得標價格的 17.5%；高於 50,000 元時，前 50,000 元的買家酬金仍以 17.5% 計算，而超過的部分則以 10% 計算。
    - **a.** 買家的得標價格是 1,000 元、25,000 元及 100,000 元時，其需支付的總金額（包含得標價格及買家酬金）為何？
    - **b.** 以這家拍賣商為例，將商品的總購買價格表示成得標價格的函數，並畫出此函數的圖形。

17. **門票** 某自然歷史博物館團體門票的收費標準為：50 人以下的團體每人收費 3.5 元；50 人（含）以上的團體每人收費 3 元。

a. 將一個團體的門票費用表示成該團體人數的函數，並畫出此函數的圖形。
b. 一個 49 人的團體，若再找 1 人湊成 50 人，該團體的門票費用會節省多少？

18. **支票帳戶** 某銀行的支票帳戶維護費為每月 12 元，並且每開出一張支票需支付手續費 10 分。其競爭對手銀行的支票帳戶維護費為每月 10 元，並且每開出一張支票需支付手續費 14 分。找出一個準則來決定哪一家銀行的費用較低。

市場平衡 在第 19 題到第 22 題，某商品的供應函數 $S(x)$ 和需求函數 $D(x)$ 表示為生產量 x 的函數，回答下列問題：
(a) 求出平衡時的 x_e 值以及對應的平衡價格 p_e。
(b) 在同一張圖上描繪出供應曲線 $p = S(x)$ 與需求曲線 $p = D(x)$ 的圖形。
(c) x 值為何時有市場短缺？何時有市場過剩？

19. $S(x) = 4x + 200$ 和 $D(x) = -3x + 480$
20. $S(x) = 3x + 150$ 和 $D(x) = -2x + 275$
21. $S(x) = x^2 + x + 3$ 和 $D(x) = 21 - 3x^2$
22. $S(x) = 2x + 7.43$ 和 $D(x) = -0.21x^2 - 0.84x + 50$

23. **供給和需求** 當某商品的單位價格為 $p = S(x)$ 元時，製造商將會提供 x 單位的該商品到市場；當價格為 $p = D(x)$ 元時，消費者的需求為 x 單位，其中

$$S(x) = 2x + 15 \qquad 和 \qquad D(x) = \frac{385}{x + 1}$$

a. 求出平衡生產量 x_e 以及平衡價格 p_e。
b. 在同一張圖上畫出供給和需求曲線。
c. 供給曲線在何處通過 y 軸？說明此點在經濟上的重要性。

24. **建築成本** 某公司計畫在一塊寬為 100 公尺、長為 120 公尺的矩形土地上，建造一棟新大樓及停車場。該大樓的高為 20 公尺，底部為周長 320 公尺的矩形，如下圖所示。
a. 將該大樓的體積 $V(x)$ 表示為其長邊長度 x 的函數。
b. 描繪 (a) 小題中的體積函數的圖形，並在符合要求的條件下，求出該大樓體積最大時的規格。
c. 假設該公司決定建造體積最大的大樓。如果建造大樓的成本為每立方公尺 75 元，而建造停車場的成本為每平方公尺 50 元，則總建築成本為何？

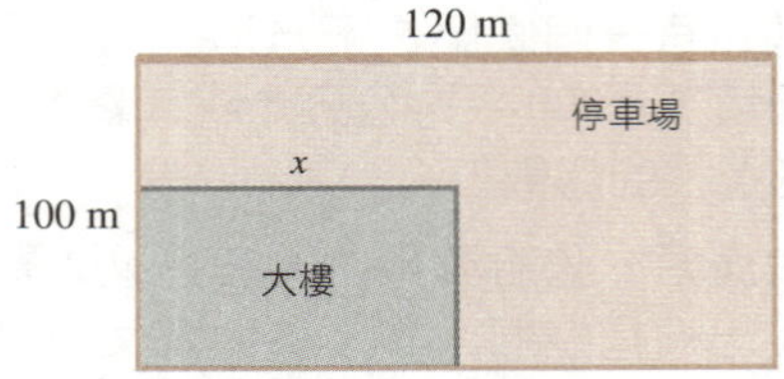

習題 24

生命與社會科學應用問題

25. **預期壽命** 1900 年時，新生兒的預期壽命為 46 歲；到了 2000 年，預期壽命已增加到 77 歲。在同一世紀中，65 歲的人之預期壽命從 76 歲成長到 83 歲。這兩個預期壽命在 1900 年和 2000 年之間，皆隨時間呈線性成長。
a. 求出在 1900 年之後 t 年之新生兒的預期壽命函數 $B(t)$，以及 65 歲的人之預期壽命函數 $E(t)$。
b. 繪製 $E(t)$ 和 $B(t)$ 的圖形。判斷新生兒和 65 歲的人皆預期可以存活的年齡 A。

26. **腫瘤體積** 腫瘤的形狀大約是球形，其體積為 $V = \frac{4}{3}\pi r^3$，其中 r 是半徑，單位為公分。
a. 當第一次觀察到時，腫瘤半徑為 0.73 公分，而 45 天後，半徑變成 0.95 公分。在這段期間，腫瘤的體積增加多少？
b. 經過化療後，腫瘤的半徑減少了 23%。化療所減少的腫瘤體積百分比為何？

其他問題

27. **包裝** 某封閉圓柱體罐子的表面積為 120π 平方英吋，將罐子的體積表示為其半徑的函數。

28. **空中旅行** 有兩架飛機分別從紐約飛往洛杉磯，前後相隔 30 分鐘。第一架飛機的飛行速度為每小時 550 英哩，第二架飛機的飛行速度為每小時 650 英哩。請問第二架飛機何時會超越第一架飛機？

1.5 節　極限

學習目標

1. 學習極限的觀念與一般性質。
2. 應用各種技巧計算極限。
3. 學習與無限大有關的極限。

在之後的章節，你將會發現微積分是一種非常有力的數學方法，並有大量的應用，包括最佳化函數、分析變化率、描繪曲線、計算面積和機率等。微積分的強大能力及其與代數方法的區別，源自於極限的觀念。本節的目的是介紹這個重要的觀念，我們將採用比較直覺、非正式的方法，這裡說明的觀念是後續更嚴謹推導定理與方法的基礎，並且在現代數學中扮演核心的角色。

極限的直觀介紹

簡單地說，求極限的過程需要檢查當 x 接近某數 c（c 不一定在函數 $f(x)$ 的定義域）時，函數 $f(x)$ 的行為。極限的行為發生在各種不同的實際情況，例如，絕對零度，即所有分子活動停止時的溫度 T_c，實際上只能接近，無法真的達到這個溫度。同樣地，當經濟學家談論到理想狀態下的利潤，或當工程師定義新引擎的理想規格時，事實上都是在處理極限的行為。

要說明求極限的過程，假設某房地產公司的管理者知道，從現在開始 t 年以後，某個區域的銷售量大約是 S 單位，其中

$$S(t) = \frac{-2t^3 + 19t^2 - 8t - 9}{-t^2 + 8t - 7}$$

則可預期一年後的銷售量為何？

你的第一個直覺可能是簡單地計算 $t = 1$ 時的 $S(t)$ 值，但是計算後只會得到一個無意義的分數 $\frac{0}{0}$。然而，我們還是可以完成所需的計算。作法是計算出 t 值非常接近於 1 年時的 $S(t)$ 值，包括快要到 1 年時 $(t < 1)$，以及剛剛過 1 年時 $(t > 1)$。下表列出一些這樣的計算：

t	0.95	0.98	0.99	0.999	1	1.001	1.01	1.1	1.2
$S(t)$	3.859	3.943	3.972	3.997	無法定義	4.003	4.028	4.285	4.572

由表的第二列數值可以看出，當 t 愈來愈接近 1 時，$S(t)$ 會愈來愈接近數值 4，所以可以合理地預期從現在開始一年以後，該區域的銷售量是 4。

這個例子中的函數行為可以描述為「當 t 趨近於 1 時，$S(t)$ 的極限值是 4」，或寫成

$$\lim_{t \to 1} S(t) = 4$$

一般而言，當 x 趨近於數值 c 時，$f(x)$ 的極限可以非正式地定義如下：

函數的極限 ■ 當 x 從左右兩邊愈來愈接近於 c 時，如果 $f(x)$ 也愈來愈接近於某個數值 L，則 L 是當 x 趨近於 c 時，$f(x)$ 的**極限 (limit)**。此行為可表示為

$$\lim_{x \to c} f(x) = L$$

幾何上來說，極限 $\lim_{x \to c} f(x) = L$ 表示當 x 趨近於 c 時，圖形的高度 $y = f(x)$ 趨近於 L，如圖 1.41 所示。在例題 1.5.1 中，我們利用列表方式計算極限來解釋這個說法。

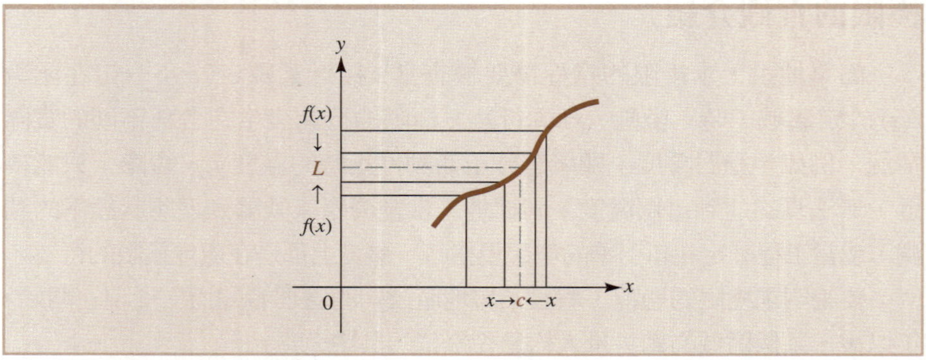

圖 1.41　若 $\lim_{x \to c} f(x) = L$，表示當 x 趨近於 c 時，f 的圖形之高度趨近於 L。

例題 1.5.1　使用表格估計極限

使用表格估計極限

$$\lim_{x \to 1} \frac{\sqrt{x} - 1}{x - 1}$$

■ **解**

令

$$f(x) = \frac{\sqrt{x} - 1}{x - 1}$$

並計算 x 從左右兩邊接近 1 時的 $f(x)$ 值，如下表所示：

$x \to 1 \leftarrow x$

x	0.99	0.999	0.9999	1	1.00001	1.0001	1.001
$f(x)$	0.50126	0.50013	0.50001	╳	0.499999	0.49999	0.49988

由表的第二列可知，當 x 趨近於 1 時，$f(x)$ 趨近於 0.5，亦即

$$\lim_{x \to 1} \frac{\sqrt{x} - 1}{x - 1} = 0.5$$

$f(x)$ 的圖形如圖 1.42 所示。由極限計算方法可知，當 x 趨近於 1，$y = f(x)$ 的圖形高度趨近於 $L = 0.5$。這對應到 $f(x)$ 圖形上，在點 (1, 0.5) 處的「洞」。例題 1.5.6 將用代數的方法計算同一個極限。

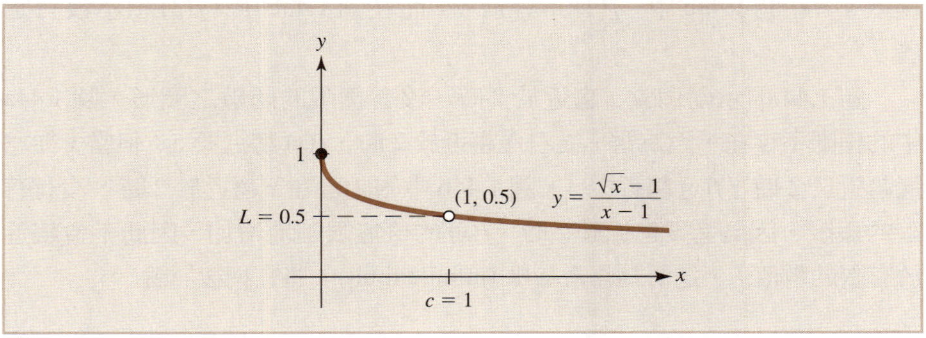

圖 1.42　當 x 趨近於 $c = 1$，函數 $f(x) = \frac{\sqrt{x} - 1}{x - 1}$ 趨近於 $L = 0.5$。

記住，極限是描述函數在接近於某個特定點，不一定是在該點本身時的行為，如圖 1.43 的說明。圖中的三個函數在當 x 趨近於 3 時，$f(x)$ 的極限都等於 4，但它們在 $x = 3$ 時的行為並不相同。在圖 1.43a 中，$f(3)$ 等於

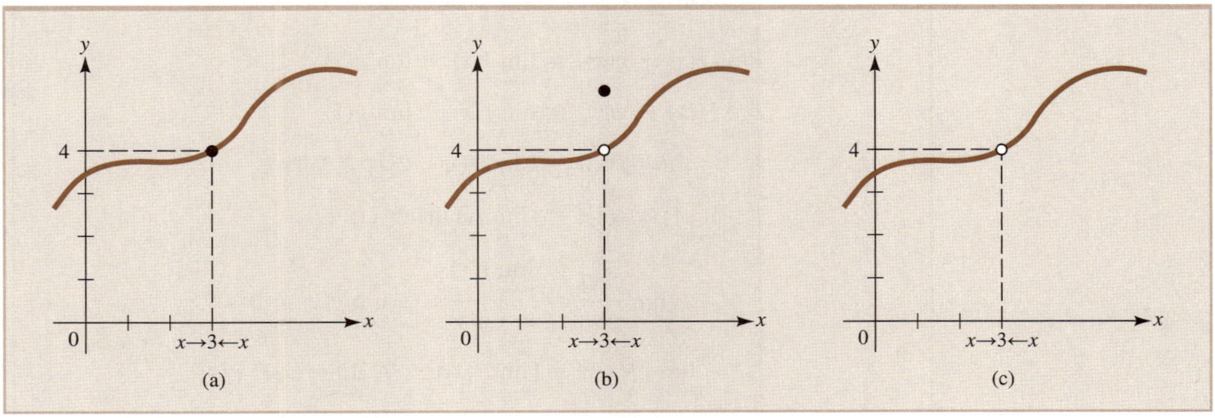

圖 1.43　三個 $\lim_{x \to 3} f(x) = 4$ 的函數。

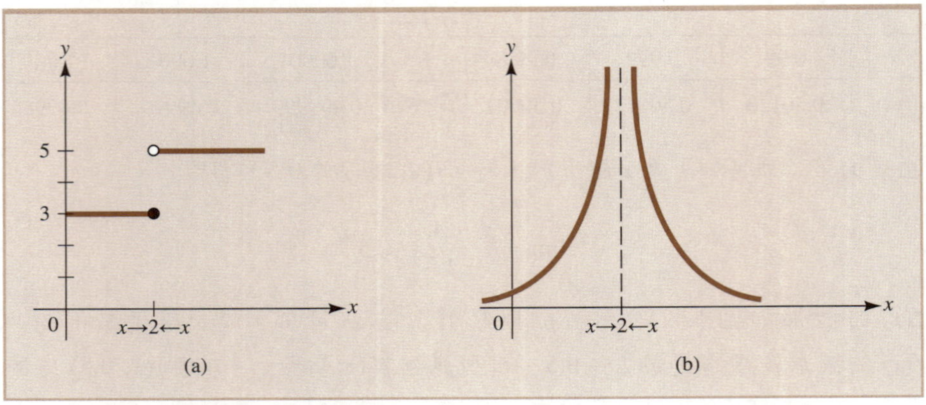

圖 1.44 兩個 $\lim_{x\to 2} f(x)$ 不存在的函數。

極限 4；在圖 1.43b 中，$f(3)$ 不等於 4；而在圖 1.43c 中，$f(3)$ 根本沒有定義。

圖 1.44 顯示兩個當 x 趨近於 2 時，沒有極限的函數之圖形。圖 1.44a 中的極限不存在，因為當 x 從右邊趨近於 2 時，$f(x)$ 趨近於 5；但當 x 從左邊趨近於 2 時，$f(x)$ 趨近於 3。圖 1.44b 中的函數在 x 趨近於 2 時，沒有有限的極限，因為當 x 趨近於 2 時，$f(x)$ 的值無限制地增加，因此不會趨近於有限的數值 L，這稱為*無窮極限* (infinite limit)，將在稍後討論。

極限的性質

極限遵守某些代數法則，可以用來簡化其計算。這些法則在比較理論的課程中會有正式的證明，在非正式的定義極限的基礎上，似乎也是合理的。

極限的代數性質 ■ 若極限 $\lim_{x\to c} f(x)$ 與 $\lim_{x\to c} g(x)$ 存在，則

$$\lim_{x\to c}[f(x)+g(x)] = \lim_{x\to c} f(x) + \lim_{x\to c} g(x)$$

$$\lim_{x\to c}[f(x)-g(x)] = \lim_{x\to c} f(x) - \lim_{x\to c} g(x)$$

$$\lim_{x\to c}[kf(x)] = k\lim_{x\to c} f(x) \quad \text{對任意常數 } k$$

$$\lim_{x\to c}[f(x)g(x)] = [\lim_{x\to c} f(x)][\lim_{x\to c} g(x)]$$

$$\lim_{x\to c}\frac{f(x)}{g(x)} = \frac{\lim_{x\to c} f(x)}{\lim_{x\to c} g(x)} \quad \text{若} \lim_{x\to c} g(x) \neq 0$$

$$\lim_{x\to c}[f(x)]^p = [\lim_{x\to c} f(x)]^p \quad \text{若} [\lim_{x\to c} f(x)]^p \text{ 存在}$$

亦即，只要公式有定義，函數的和、差、倍數、乘積、商或冪次的極限也存在，並且等於各個極限的函數的和、差、倍數、乘積、商或冪次。

以下是兩個基本的極限，我們將用以下的這兩個極限與極限公式計算更複雜的極限。

兩個線性函數的極限 ■ 對任意常數 k，

$$\lim_{x\to c} k = k \quad \text{且} \quad \lim_{x\to c} x = c$$

亦即，常數的極限值為常數本身，而且當 x 趨近於 c 時，$f(x) = x$ 的極限為 c。

這些敘述如圖 1.45 所示。注意到極限 $\lim_{x\to c} x = c$ 表示當 x 趨近於 c 時，線性函數 $f(x) = x$ 的圖形高度趨近於 c。

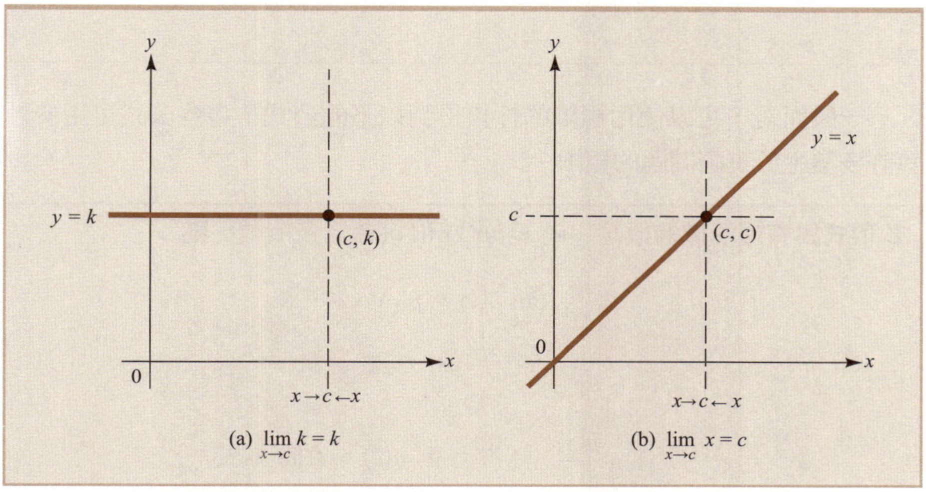

圖 1.45 兩個線性函數的極限。

極限的計算

例題 1.5.2 至 1.5.6 將說明如何利用極限的性質來計算代數函數的極限。在例題 1.5.2 中，你將看到如何求解多項式的極限。

例題 1.5.2　求解多項式的極限

求解 $\lim_{x\to -1}(3x^3 - 4x + 8)$。

■ 解

應用極限的性質，可得

$$\begin{aligned}\lim_{x\to -1}(3x^3 - 4x + 8) &= 3(\lim_{x\to -1} x)^3 - 4(\lim_{x\to -1} x) + \lim_{x\to -1} 8 \\ &= 3(-1)^3 - 4(-1) + 8 = 9\end{aligned}$$

在例題 1.5.3 中，你將看到如何求解分母不趨近於零之有理函數的極限。

例題 1.5.3 求解有理函數的極限

求解 $\lim_{x\to1}\frac{3x^3-8}{x-2}$。

■ **解**

因為 $\lim_{x\to1}(x-2)\neq0$，可以利用極限的商的公式得到

$$\lim_{x\to1}\frac{3x^3-8}{x-2}=\frac{\lim_{x\to1}(3x^3-8)}{\lim_{x\to1}(x-2)}=\frac{3\lim_{x\to1}x^3-\lim_{x\to1}8}{\lim_{x\to1}x-\lim_{x\to1}2}=\frac{3-8}{1-2}=5$$

一般而言，可以使用極限的性質得到以下的公式，這些公式可用於計算許多發生於實際問題的極限。

多項式與有理函數的極限 ■ 若 $p(x)$ 和 $q(x)$ 為多項式，則

$$\lim_{x\to c}p(x)=p(c)$$

而且，

$$\lim_{x\to c}\frac{p(x)}{q(x)}=\frac{p(c)}{q(c)}\quad 當\ q(c)\neq0\ 時$$

這些公式非常重要，因為它們提供了一種簡單的方法來計算所有的多項式和大部分的有理函數的極限：只要計算函數趨近於變數值時的值，如果結果是實數，就是所求的極限。

例題 1.5.4 中的有理函數的分母趨近於零，但分子不趨近於零，這種商的絕對值將無限制地增加，所以不會趨近於任何一個有限的數值，在這種情況下，可以判斷極限不存在。

例題 1.5.4 極限不存在的情況

求解 $\lim_{x\to2}\frac{x+1}{x-2}$。

■ **解**

極限的商的公式並不適用於此問題，因為分母的極限為

$$\lim_{x\to2}(x-2)=0$$

因為分子的極限是 $\lim_{x \to 2} (x + 1) = 3$，並不等於 0，所以可以判斷這個商的極限不存在。

圖 1.46 是函數 $f(x) = \dfrac{x+1}{x-2}$ 的圖形，可以幫助你更了解此例題的實際情況。注意到當 x 從右邊趨近於 2 時，$f(x)$ 無限制地增加；而當 x 從左邊趨近於 2 時，$f(x)$ 無限制地減少。

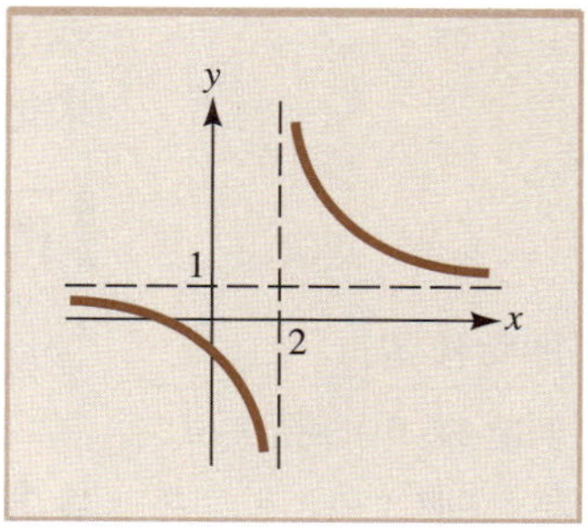

圖 1.46　$f(x) = \dfrac{x+1}{x-2}$ 的圖形。

例題 1.5.5 中的有理函數之分母與分子的極限都趨近於 0，在這種情況下，應該試著用代數的方法化簡函數，再利用若對於所有的 $x \neq c$，$f(x) = g(x)$，則 $\lim_{x \to c} f(x) = \lim_{x \to c} g(x)$ 這個性質。換句話說，x 趨近於 c 時的極限只與接近 c 時的情形有關，而與在 c 時的情形無關。

例題 1.5.5　應用代數方法求極限

求解 $\lim_{x \to 1} \dfrac{x^2 - 1}{x^2 - 3x + 2}$。

■ 解

當 x 趨近於 1 時，分子和分母都趨近於 0，無法判斷商的大小。可以看出所給函數只有在 $x = 1$ 時沒有定義，可以對分子和分母同時提出公因式 $(x - 1)$ 而得到

$$\frac{x^2 - 1}{x^2 - 3x + 2} = \frac{\cancel{(x-1)}(x+1)}{\cancel{(x-1)}(x-2)} = \frac{x+1}{x-2} \qquad x \neq 1$$

（因為 $x \neq 1$，所以並非同除以 0。）現在取 x 趨近於（但不等於）1 時的極限，可得

$$\lim_{x \to 1} \frac{x^2 - 1}{x^2 - 3x + 2} = \frac{\lim_{x \to 1} (x + 1)}{\lim_{x \to 1} (x - 2)} = \frac{2}{-1} = -2$$

函數 $f(x) = \dfrac{x^2 - 1}{x^2 - 3x + 2}$ 的圖形如圖 1.47 所示。注意到此圖形類似於圖 1.46 中的圖形，但在點 (1, –2) 有一個洞。

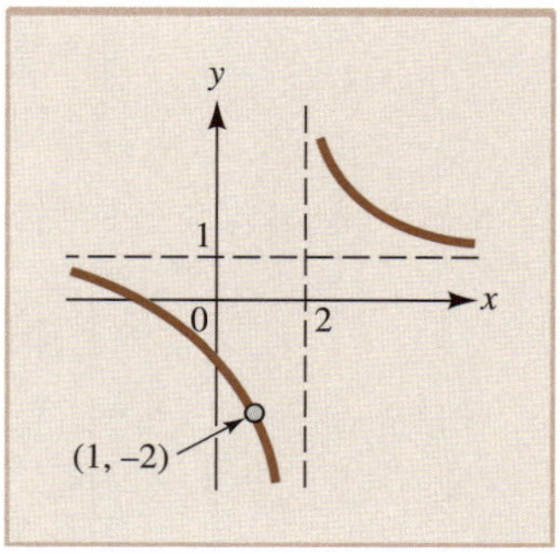

圖 1.47　$f(x) = \dfrac{x^2 - 1}{x^2 - 3x + 2}$ 的圖形。

一般而言，如果當 x 趨近於 c 時，商的分子和分母都趨近於 0，可以用代數方法化簡此商（如例題 1.5.5，消去 $x - 1$）。在大部分的情況下，除了 $x = c$ 以外，化簡後的商的值和原來的分數的值是一樣的。因為現在只關心接近 $x = c$ 時的商的行為，而非在 $x = c$ 時的行為，可以使用化簡後的形

式來計算極限。例題 1.5.6 將使用這種技巧來得到例題 1.5.1 中用列表方法求得的極限。

即時複習

例題 1.5.6 利用恆等式
$(a-b)(a+b)=a^2-b^2$
來計算乘積
$(\sqrt{x}-1)(\sqrt{x}+1)$
$=x-1$
其中 a 為 $\sqrt{x}$，b 為 1。

例題 1.5.6 應用代數方法求極限

求解 $\lim_{x\to 1}\frac{\sqrt{x}-1}{x-1}$。

■ 解

當 x 趨近於 1 時，分子和分母都趨近於 0。要化簡這個商，首先將分子有理化（亦即將分子和分母同乘以 $\sqrt{x}+1$）而得到

$$\frac{\sqrt{x}-1}{x-1}=\frac{(\sqrt{x}-1)(\sqrt{x}+1)}{(x-1)(\sqrt{x}+1)}=\frac{x-1}{(x-1)(\sqrt{x}+1)}=\frac{1}{\sqrt{x}+1}\qquad x\neq 1$$

取極限後可得

$$\lim_{x\to 1}\frac{\sqrt{x}-1}{x-1}=\lim_{x\to 1}\frac{1}{\sqrt{x}+1}=\frac{1}{2}$$

涉及無限大的極限

商業、經濟、物理和生命科學皆對「長期」的行為感到興趣。例如，生物學家可能想知道細菌菌落或果蠅族群經過無限期間的繁殖後的總數；公司管理者可能想知道無限制增加生產量對某特定產品的平均成本所造成的影響。

在數學上，無限符號∞用來表示不受限制的增加或其結果，以下涉及無限值的極限定義，將會用於研究長期行為。

無窮遠處的極限 (limit at infinity) ■ 如果當 x 無限制地增加時，函數 $f(x)$ 的值趨近於一個數 L，可以表示成

$$\lim_{x\to +\infty} f(x)=L$$

同樣地，如果當 x 無限制地減少時，函數 $f(x)$ 的值趨近於一個數 M，可以表示成

$$\lim_{x\to -\infty} f(x)=M$$

注意 「x 無限制地減少」表示函數的輸入 x 之絕對值愈來愈大，但仍為負數。■

幾何上來說，極限的定義 $\lim_{x \to +\infty} f(x) = L$ 表示當 x 無限制地增加，$f(x)$ 的圖形趨近於水平線 $y = L$；而 $\lim_{x \to -\infty} f(x) = M$ 表示當 x 無限制地減少，$f(x)$ 的圖形趨近於水平線 $y = M$。其中的兩條水平線 $y = L$ 和 $y = M$ 稱為 $f(x)$ 圖形的**水平漸近線 (horizontal asymptote)**。圖形在許多種情況下會有水平漸近線，圖 1.48 所示是其中一種。在第 3 章討論利用微積分繪圖時，會有更多關於漸近線的討論。

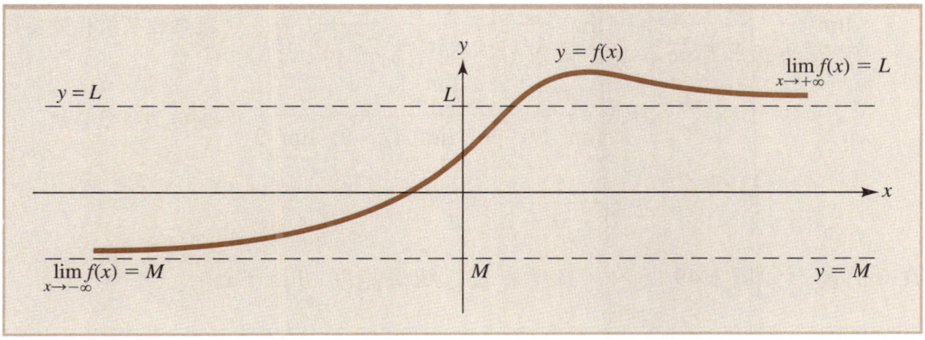

圖 1.48　無窮遠處的極限與水平漸近線的圖形。

本節先前所列出的極限的代數性質，也適用於無窮遠處的極限。此外，因為對所有的 $k > 0$，當 x 無限制地增加或減少時，任何冪次函數的倒數 $1/x^k$ 的絕對值會愈來愈小，所以可得到以下的公式。

倒數的極限公式 ■ 若 A 和 k 皆為常數，其中 $k > 0$ 且 x^k 對所有的 x 都有定義，則

$$\lim_{x \to +\infty} \frac{A}{x^k} = 0 \quad \text{和} \quad \lim_{x \to -\infty} \frac{A}{x^k} = 0$$

例題 1.5.7 將說明這些公式的用法。

例題 1.5.7　求解無窮遠處的極限

求解 $\lim_{x \to +\infty} \frac{x^2}{1 + x + 2x^2}$。

■ **解**

要了解這個極限的行為，將 $x = 100$、1,000、10,000 和 100,000 代入函數

$$f(x) = \frac{x^2}{1 + x + 2x^2}$$

並將結果記錄在下表中：

$x \to +\infty$

x	100	1,000	10,000	100,000
$f(x)$	0.49749	0.49975	0.49997	0.49999

由表中最後一列的函數值可知，當 x 愈來愈大時，$f(x)$ 趨近於 0.5。要證明這個觀察，將 $f(x)$ 的每一項除以分母 $1 + x + 2x^2$ 中的最高次數項，亦即除以 x^2，就可以使用冪次函數的倒數公式求得極限值如下：

$$\lim_{x\to+\infty} \frac{x^2}{1 + x + 2x^2} = \lim_{x\to+\infty} \frac{x^2/x^2}{1/x^2 + x/x^2 + 2x^2/x^2} \quad \text{幾個極限的代數性質}$$

$$= \frac{\lim\limits_{x\to+\infty} 1}{\lim\limits_{x\to+\infty} 1/x^2 + \lim\limits_{x\to+\infty} 1/x + \lim\limits_{x\to+\infty} 2} \quad \text{倒數的極限公式}$$

$$= \frac{1}{0 + 0 + 2} = \frac{1}{2}$$

$f(x)$ 的圖形如圖 1.49 所示。請讀者自行練習證明 $\lim\limits_{x\to-\infty} f(x) = \dfrac{1}{2}$。

以下說明計算有理函數在無窮遠處的極限之步驟。

計算 $f(x) = p(x)/q(x)$ 在無窮遠處的極限之步驟

步驟 1. 將 $f(x)$ 中的每一項除以分母多項式 $q(x)$ 中的最高次數 x^k。

步驟 2. 利用極限的代數性質及冪次函數的倒數公式，計算 $\lim\limits_{x\to+\infty} f(x)$ 或 $\lim\limits_{x\to-\infty} f(x)$。

例題 1.5.8 和 1.5.9 示範如何計算及應用無窮遠處的極限。

例題 1.5.8　計算無窮遠處的極限

求解 $\lim\limits_{x\to+\infty} \dfrac{2x^2 + 3x + 1}{3x^2 - 5x + 2}$。

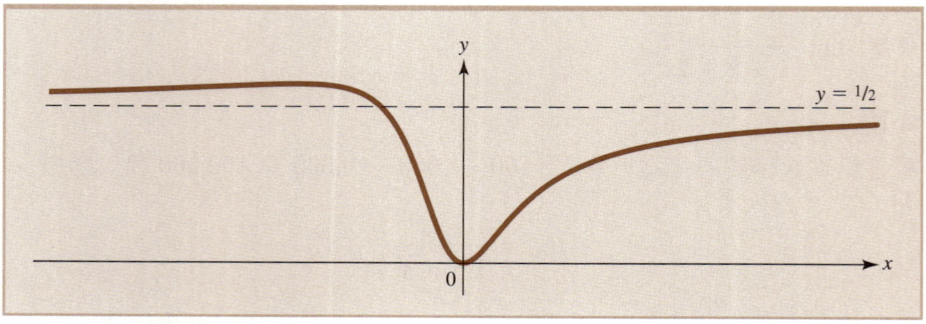

圖 1.49　$f(x) = \dfrac{x^2}{1 + x + 2x^2}$ 的圖形。

■ **解**

分母中的最高次數為 x^2，將分子和分母都除以 x^2，可得

$$\lim_{x \to +\infty} \frac{2x^2 + 3x + 1}{3x^2 - 5x + 2} = \lim_{x \to +\infty} \frac{2 + 3/x + 1/x^2}{3 - 5/x + 2/x^2} = \frac{2 + 0 + 0}{3 - 0 + 0} = \frac{2}{3}$$

例題 1.5.9　應用無窮遠處的極限

如果將某農作物種在氮濃度為 N 的土壤中，農作物的產量 Y 可以表示為 Michaelis-Menten 函數：

$$Y(N) = \frac{AN}{B + N} \qquad N \geq 0$$

其中 A 和 B 皆為正的常數。若氮的濃度無限制地增加時，對農作物的產量有何影響？

■ **解**

所求為

$$\begin{aligned} \lim_{N \to +\infty} Y(N) &= \lim_{N \to +\infty} \frac{AN}{B + N} && \text{分子和分母同除以 } N \\ &= \lim_{N \to +\infty} \frac{AN/N}{B/N + N/N} \\ &= \lim_{N \to +\infty} \frac{A}{B/N + 1} = \frac{A}{0 + 1} \\ &= A \end{aligned}$$

所以，當氮濃度 N 無限制地增加時，農作物的產量會趨近於一個定值 A。因此，A 稱為**最大可獲產量** (maximum attainable yield)。

當 x 趨近於 c 時，若函數值 $f(x)$ 會無限制地增加或減少，則技術上來說，$\lim_{x \to c} f(x)$ 並不存在。不過，使用下列符號可以更精確地描述這種情況下的函數行為，如例題 1.5.10 所示。

無窮極限 ■　若當 x 趨近於 c 時，$f(x)$ 會無限制地增加或減少，稱此極限 $\lim_{x \to c} f(x)$ 為**無窮極限 (infinite limit)**。若當 x 趨近於 c 時，$f(x)$ 會無限制地增加，則將其表示為

$$\lim_{x \to c} f(x) = +\infty$$

若當 x 趨近於 c 時，$f(x)$ 會無限制地減少，則將其表示為

$$\lim_{x \to c} f(x) = -\infty$$

注意 「當 x 趨近於 c 時，$f(x)$ 會無限制地減少」表示當 x 趨近於數值 c 時，函數的輸出 $f(x)$ 變成負值，且其絕對值愈來愈大。■

例題 1.5.10 應用無窮極限計算平均利潤

某製造商發現當生產並售出某產品 x 百單位時，利潤將是 $P(x) = 4x - \sqrt{x}$ 千元，當生產量很小時，平均利潤為何？

■ **解**

每 100 單位的平均利潤是

$$AP(x) = \frac{4x - \sqrt{x}}{x} = 4 - \frac{1}{\sqrt{x}}$$

千元。要知道生產量很小時的情況，檢驗當 $x \to 0$ 時，$AP(x)$ 的極限：

$$\lim_{x \to 0} AP(x) = \lim_{x \to 0} \frac{4x - \sqrt{x}}{x} = \lim_{x \to 0} 4 - \frac{1}{\sqrt{x}} = -\infty$$

$4 - 1/\sqrt{x}$ 變成負值，且其絕對值愈來愈大

這個極限可以解釋為當生產量愈來愈少時，生產每一單位的所獲得的平均利潤，事實上是極大的虧損，因為當只生產很少的單位時，固定成本遠高於銷售所得的營收，所以這是合理的。

習題 ■ 1.5

第 1 題到第 6 題，求出 $\lim_{x \to a} f(x)$ 的值（如果存在）。

1. **2.** **3.**

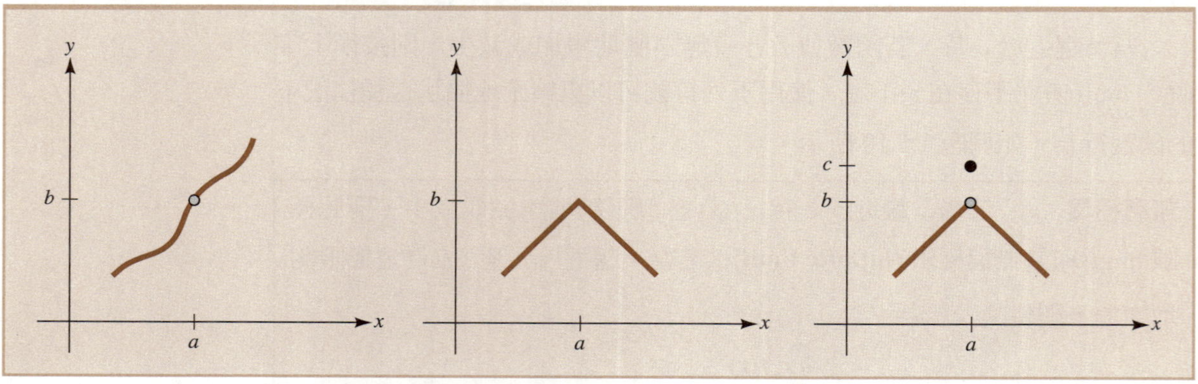

4.

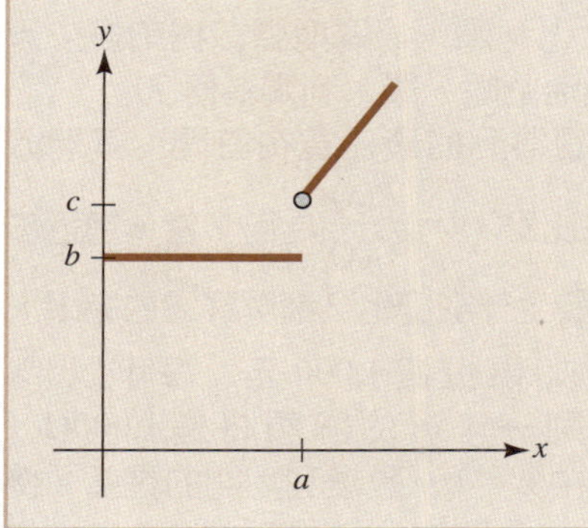

5.

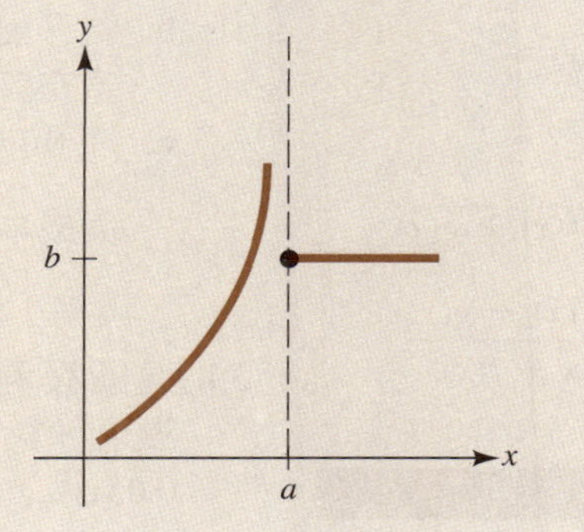

6.

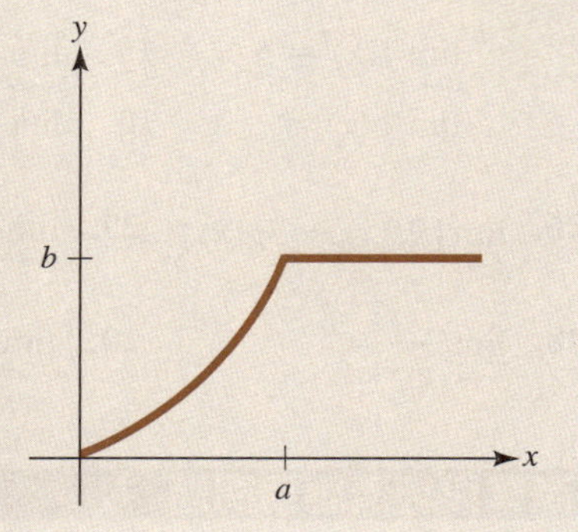

第 7 題到第 16 題，求出極限值（如果存在）。

7. $\lim_{x\to 2}(3x^2 - 5x + 2)$

8. $\lim_{x\to 0}(x^5 - 6x^4 + 7)$

9. $\lim_{x\to 3}(x - 1)^2(x + 1)$

10. $\lim_{x\to 1/3}\dfrac{x + 1}{x + 2}$

11. $\lim_{x\to 5}\dfrac{x + 3}{5 - x}$

12. $\lim_{x\to 1}\dfrac{x^2 - 1}{x - 1}$

13. $\lim_{x\to 5}\dfrac{x^2 - 3x - 10}{x - 5}$

14. $\lim_{x\to 4}\dfrac{(x + 1)(x - 4)}{(x - 1)(x - 4)}$

15. $\lim_{x\to -2}\dfrac{x^2 - x - 6}{x^2 + 3x + 2}$

16. $\lim_{x\to 4}\dfrac{\sqrt{x} - 2}{x - 4}$

第 17 題到第 21 題，求出 $\lim_{x\to +\infty} f(x)$ 與 $\lim_{x\to -\infty} f(x)$ 的值。如果極限值為無窮大，指出是 $+\infty$ 或 $-\infty$。

17. $f(x) = x^3 - 4x^2 - 4$

18. $f(x) = (1 - 2x)(x + 5)$

19. $f(x) = \dfrac{x^2 - 2x + 3}{2x^2 + 5x + 1}$

20. $f(x) = \dfrac{2x + 1}{3x^2 + 2x - 7}$

21. $f(x) = \dfrac{3x^2 - 6x + 2}{2x - 9}$

第 22 題和第 23 題，根據所提供的函數 $f(x)$ 圖形，求出 $\lim_{x\to +\infty} f(x)$ 與 $\lim_{x\to -\infty} f(x)$ 的值。

22.

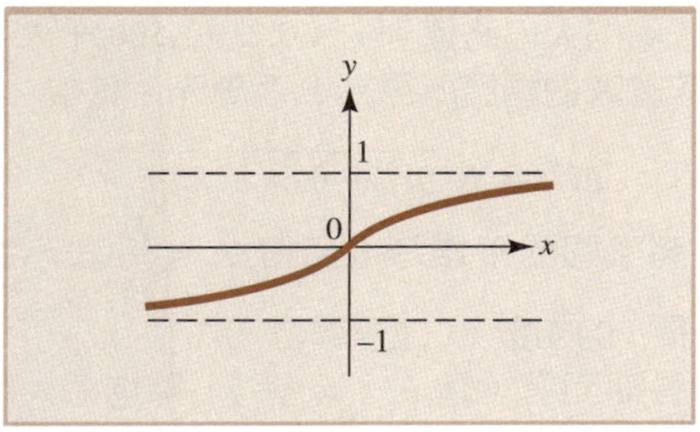

23.

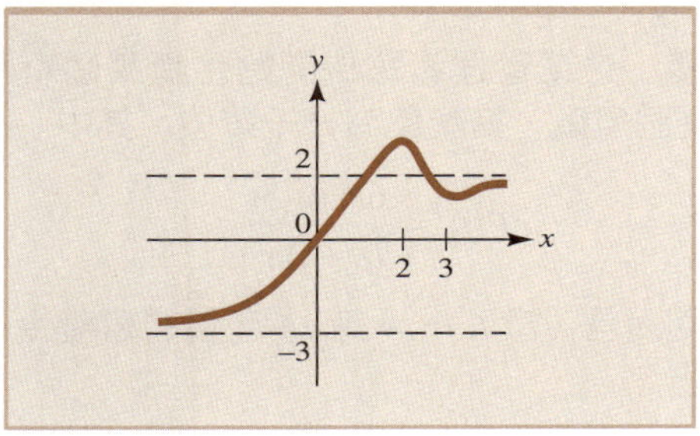

第 24 題和第 25 題，計算所給 x 值的 $f(x)$ 值，以完成表格，再利用表格估計所給的極限或證明該極限不存在。

24. $f(x) = x^2 - x$; $\lim_{x\to 2} f(x)$

x	1.9	1.99	1.999	2	2.001	2.01	2.1
$f(x)$				╳			

25. $f(x) = \dfrac{x^3 + 1}{x - 1}$; $\lim_{x\to 1} f(x)$

x	0.9	0.99	0.999	1	1.001	1.01	1.1
$f(x)$				╳			

第 26 題到第 29 題，利用以下已知之 $f(x)$ 與 $g(x)$ 的極限，求出所給之極限，或證明該極限不存在。

$$\lim_{x\to c} f(x) = 5 \quad \text{和} \quad \lim_{x\to\infty} f(x) = -3$$
$$\lim_{x\to c} g(x) = -2 \quad \text{和} \quad \lim_{x\to\infty} g(x) = 4$$

26. $\lim_{x\to c}[2f(x) - 3g(x)]$ **27.** $\lim_{x\to c}\sqrt{f(x) + g(x)}$

28. $\lim_{x\to c}\frac{f(x)}{g(x)}$ **29.** $\lim_{x\to\infty}\frac{2f(x) + g(x)}{x + f(x)}$

商業與經濟應用問題

30. **平均每人所得** 研究指出，從現在起 t 年後，某國家的人口將達到 $p = 0.2t + 1{,}500$ 千人，並且該國家的國民所得為 E 百萬元，其中

$$E(t) = \sqrt{9t^2 + 0.5t + 179}$$

a. 將該國的平均每人所得 $P = \frac{E}{p}$ 表示為時間 t 的函數。(注意單位。)

b. 長期而言（當 $t \to \infty$ 時），平均每人所得將有什麼樣的變化？

31. **生產** 企業管理者發現開始生產某個新產品的 t 個月後，其產量為 P 千單位，其中

$$P(t) = \frac{6t^2 + 5t}{(t + 1)^2}$$

長期而言（當 $t \to \infty$ 時），產量將會發生什麼變化？

32. **平均成本** 企業管理者發現生產某特定商品 x 單位之總成本函數為

$$C(x) = 7.5x + 120{,}000 \text{（元）}$$

平均成本為 $A(x) = \frac{C(x)}{x}$。求出 $\lim_{x\to+\infty} A(x)$，並解釋你的答案。

33. **營收** 某運動賽事的主辦人湯瑪斯估計，如果這項活動提前 x 天宣布，營收將是 $R(x)$ 千元，其中

$$R(x) = 400 + 120x - x^2$$

該活動 x 天的廣告費用是 $C(x)$ 千元，其中

$$C(x) = 2x^2 + 300$$

a. 求出利潤函數 $P(x) = R(x) - C(x)$，並繪出其圖形。

b. 為了最大化利潤，湯瑪斯應該提前多少天宣布該項活動呢？最大利潤為何？

c. 在 (b) 小題得到的最佳宣布時間，其營收與成本之比 $Q(x) = \frac{R(x)}{C(x)}$ 為何？當 x 趨近於 0 時，會發生什麼變化？請解釋這些結果。

34. **連續複利** 如果投資 1,000 元，每年以 5% 複利 n 次，則一年後的餘額將是 $1{,}000(1 + 0.05x)^{1/x}$，其中 $x = 1/n$ 是複利期間的長度。例如，如果 $n = 4$，則複利期間就是 1/4 年。當複利期間的長度趨近於 0，稱為*連續複利*，則一年後的餘額為下列極限

$$B = \lim_{x\to 0} 1{,}000(1 + 0.05x)^{1/x}$$

完成下表的第二列以估計這個極限：

x	1	0.1	0.01	0.001	0.0001
$1{,}000(1 + 0.05x)^{1/x}$					

生命與社會科學應用問題

35. **人口** 史考特是一位城市規劃師，他估計從現在起 t 年後，某社區的人口數 $P(t)$（千人）為

$$P(t) = \frac{40t}{t^2 + 10} - \frac{50}{t + 1} + 70$$

a. 該社區目前的人口數為何？

b. 在第 3 年內，人口數的變化量是多少？在這段期間內，人口數是遞增還是遞減？

c. 長期而言（當 $t \to \infty$ 時），史考特應以何人口數進行規劃？

36. **藥物的濃度** 藥物在注射進入病人的血液 t 小時後，其在血液中的濃度 $C(t)$（毫克／毫升）為

$$C(t) = \frac{0.4}{t^{1.2} + 1} + 0.013$$

a. 在剛注射時（當 $t = 0$ 時），藥物的濃度為何？

b. 在注射後的第 5 個小時內，藥物濃度的變化量是多少？在這段期間內，藥物濃度是增加還是減少？

c. 藥物的殘留濃度為何？也就是長期而言（當 $t \to \infty$ 時）殘留在血液中的藥物濃度。

37. **實驗心理學**　為了研究動物的學習率，某心理系學生進行一個實驗，讓一隻老鼠重複地穿越實驗迷宮。假設老鼠第 n 次穿越迷宮所需的時間大約為

$$T(n) = \frac{5n + 17}{n}$$

分鐘，當穿越次數 n 無限制地增加，穿越迷宮的時間會發生什麼變化？請解釋你的答案。

38. **劇增和滅絕**　有兩個物種共存於同一個生態系統。t 年後，物種 I 的總數為 $P(t)$ 千隻，而物種 II 的總數為 $Q(t)$ 千隻，其中 P 和 Q 的函數為

$$P(t) = \frac{30}{3 + t} \qquad \text{和} \qquad Q(t) = \frac{64}{4 - t}$$

對於所有 $t \geq 0$，兩個物種的總數皆非負值。

a. 每個物種的初始總數為何？

b. 當 t 增加時，$P(t)$ 會發生什麼變化？$Q(t)$ 會發生什麼變化？

c. 繪出 $P(t)$ 和 $Q(t)$ 的圖形。

39. **動物行為**　某些動物物種，其攝取食物的量會受餵食時該動物的警覺性影響。基本上，當注意著可能吃掉自己的掠食者時，很難放心地進食。在一個模型中，如果該動物在食物大小為 S 的樹上覓食，其攝取食物的速度函數 $I(S)$ 的形式為

$$I(S) = \frac{aS}{S + c}$$

其中 a 和 c 為正的常數。當食物大小 S 無限制地增加時，攝取食物的速度 $I(S)$ 會發生什麼樣的變化？

其他問題

40. 計算極限

$$\lim_{x \to +\infty} \frac{a_n x^n + a_{n-1}x^{n-1} + \cdots + a_1 x + a_0}{b_m x^m + b_{m-1}x^{m-1} + \cdots + b_1 x + b_0}$$

在下列情況中之值，其中 $a_0, a_1, \ldots, a_n$ 和 $b_0, b_1, \ldots, b_m$ 為常數。

a. $n < m$

b. $n = m$

c. $n > m$（注意：根據 a_n 和 b_m 的符號，有兩個可能的答案。）

41. 將一條線水平地拉長，如下圖所示。在實驗中，將不同重量的物體掛在金屬線的中心，並測量對應的垂直位移。當掛上過大的重量時，金屬線會突然折斷。根據下表的測量紀錄，你認為這種線的最大可能位移是多少？

重量 W (ℓb)	15	16	17	18	17.5	17.9	17.99
位移 y (in.)	1.7	1.75	1.78	突然折斷	1.79	1.795	突然折斷

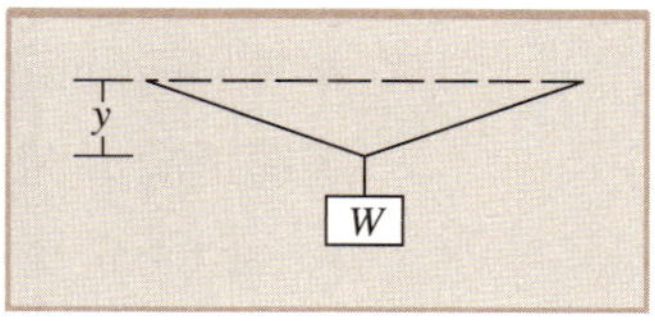

習題 41

1.6 節 單邊極限與連續性

學習目標

1. 計算及應用單邊極限。
2. 了解連續性的觀念及檢驗一些函數的連續性。
3. 學習中間值性質。

字典定義的**連續性 (continuity)** 為「沒有被中斷或打斷的連接」。連續的行為無疑是生活中重要的一部分。例如，樹木的成長、火箭的運行和注入浴缸的水流等，都是連續的。本節將討論函數的連續性，並學習一些連續函數的重要性質。

單邊極限

一般來說，連續函數是其圖形可以一筆畫完成的函數（圖 1.50a）。並非所有的函數都具有這種性質，但是具有這種特性的函數在微積分中扮演著特別的角色。圖形有洞或是缺口的函數不是連續的（圖 1.50b）。但是圖形的「洞」或是「缺口」的真正意義為何？要從數學上描述這個特性，需要函數的**單邊極限 (one-sided limit)** 的觀念，亦即從右邊或是從左邊趨近的極限，而非 1.5 節所介紹的，需要從兩邊趨近的雙邊極限。

例如，圖 1.51 顯示某公司的存貨水準 I 為時間 t 之函數的圖形，每當存貨下降至某個最小水準 L_2 時，立即重新補貨至 L_1 的水準，這稱為*及時存貨* (just-in-time inventory)。假設第一次補貨的時間是 $t = t_1$，則當 t 從左邊趨近於 t_1 時，$I(t)$ 的極限值是 L_2，但是如果從右邊趨近，極限值就是 L_1。

以下是單邊極限行為的表示法。

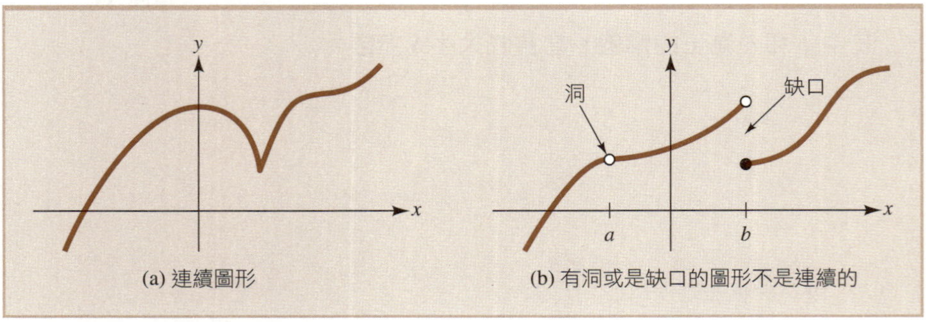

圖 1.50 連續性和不連續性。

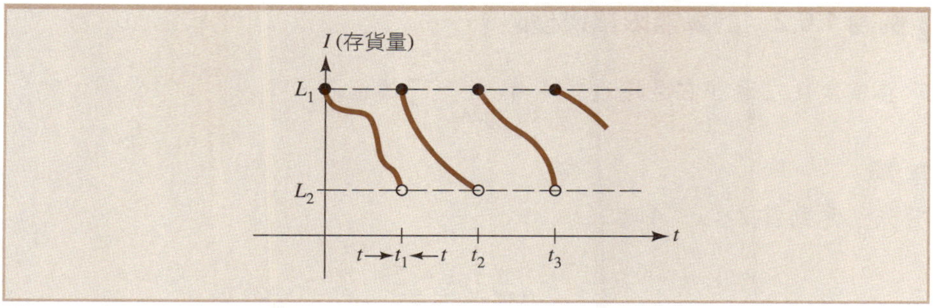

圖 1.51　及時存貨例子中的單邊極限。

單邊極限 ■ $\lim_{x \to c^-} f(x) = L$ 表示當 x 從左邊趨近於 c 時（$x < c$），$f(x)$ 趨近於 L；同理，$\lim_{x \to c^+} f(x) = M$ 表示當 x 從右邊趨近於 c 時（$x > c$），$f(x)$ 趨近於 M。

如果將這種表示法應用於存貨問題的例子，可以寫成

$$\lim_{t \to t_1^-} I(t) = L_2 \qquad 和 \qquad \lim_{t \to t_1^+} I(t) = L_1$$

例題 1.6.1 和 1.6.2 說明如何計算單邊極限。

例題 1.6.1　計算單邊極限

計算函數

$$f(x) = \begin{cases} 1 - x^2 & 當\ 0 \le x < 2 \\ 2x + 1 & 當\ x \ge 2 \end{cases}$$

的單邊極限 $\lim_{x \to 2^-} f(x)$和 $\lim_{x \to 2^+} f(x)$。

■ **解**

$f(x)$ 的圖形如圖 1.52 所示。因為當 $0 \le x < 2$ 時，$f(x) = 1 - x^2$，可得

$$\lim_{x \to 2^-} f(x) = \lim_{x \to 2^-} (1 - x^2) = -3$$

同樣地，當 $x \ge 2$ 時，$f(x) = 2x + 1$，所以

$$\lim_{x \to 2^+} f(x) = \lim_{x \to 2^+} (2x + 1) = 5$$

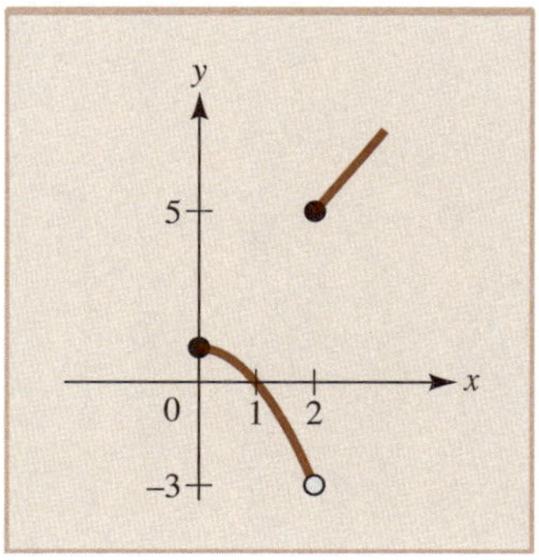

圖 1.52

$$f(x) = \begin{cases} 1 - x^2 & 當 0 \le x < 2 \\ 2x + 1 & 當 x \ge 2 \end{cases}$$

的圖形。

例題 1.6.2 計算無限單邊極限

計算當 x 從左邊和右邊趨近於 4 時，$\frac{x-2}{x-4}$ 的極限。

解

首先注意到當 $2<x<4$ 時，

$$f(x)=\frac{x-2}{x-4}$$

之值為負，所以當 x 從左邊趨近於 4 時，分母趨近於 0，而 $f(x)$ 無限制地減少，這可以表示成

$$\lim_{x\to 4^-}\frac{x-2}{x-4}=-\infty$$

相同地，當 x 從右邊趨近於 4 時（$x>4$），$f(x)$ 無限制地增加，可以表示成

$$\lim_{x\to 4^+}\frac{x-2}{x-4}=+\infty$$

f 的圖形如圖 1.53 所示。

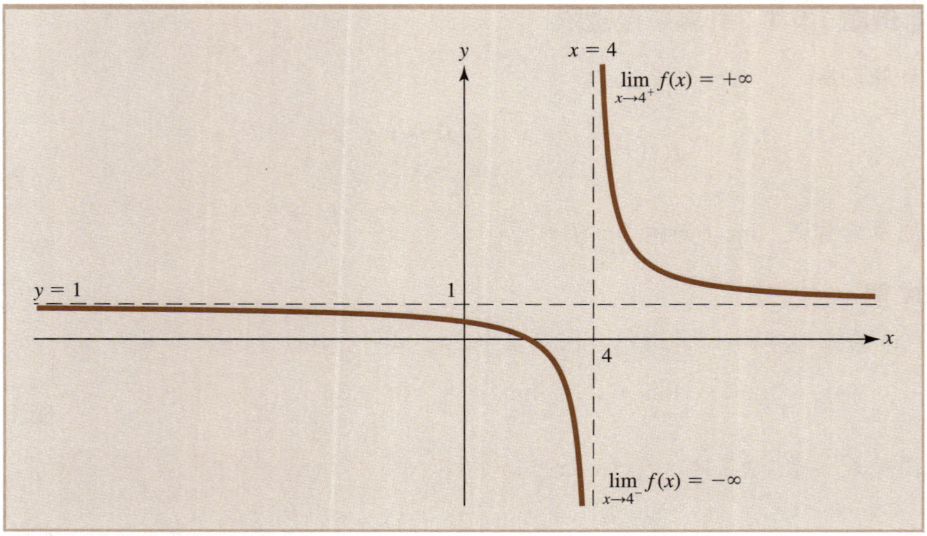

圖 1.53 $f(x)=\frac{x-2}{x-4}$ 的圖形。

注意到例題 1.6.2 中的函數 $f(x)$ 的雙邊極限 $\lim_{x\to 4} f(x)$ 不存在，因為當 x 從左邊或右邊趨近於 4 時，函數值 $f(x)$ 不會趨近於唯一的值 L。一般而言，以下法則在判斷極限是否存在時相當有用。

極限的存在 ■ 雙邊極限 $\lim_{x \to c} f(x)$ 存在，若且唯若兩個單邊極限 $\lim_{x \to c^-} f(x)$ 和 $\lim_{x \to c^+} f(x)$ 都存在且相等，亦即

$$\lim_{x \to c} f(x) = \lim_{x \to c^-} f(x) = \lim_{x \to c^+} f(x)$$

例題 1.6.3 利用單邊極限求解雙邊極限

判斷 $\lim_{x \to 1} f(x)$ 是否存在，其中

$$f(x) = \begin{cases} x + 1 & \text{當 } x < 1 \\ -x^2 + 4x - 1 & \text{當 } x \geq 1 \end{cases}$$

■ **解**

計算當 $x = 1$ 時的單邊極限值，可得

$$\lim_{x \to 1^-} f(x) = \lim_{x \to 1^-} (x + 1) = (1) + 1 = 2$$ 因為當 $x < 1$ 時，$f(x) = x + 1$

和

$$\lim_{x \to 1^+} f(x) = \lim_{x \to 1^+} (-x^2 + 4x - 1) = -(1)^2 + 4(1) - 1 = 2$$ 因為當 $x \geq 1$ 時，$f(x) = -x^2 + 4x - 1$

因為兩個單邊極限相等，所以 $f(x)$ 在 $x = 1$ 的雙邊極限存在，且可得

$$\lim_{x \to 1} f(x) = \lim_{x \to 1^-} f(x) = \lim_{x \to 1^+} f(x) = 2$$

$f(x)$ 的圖形如圖 1.54 所示。

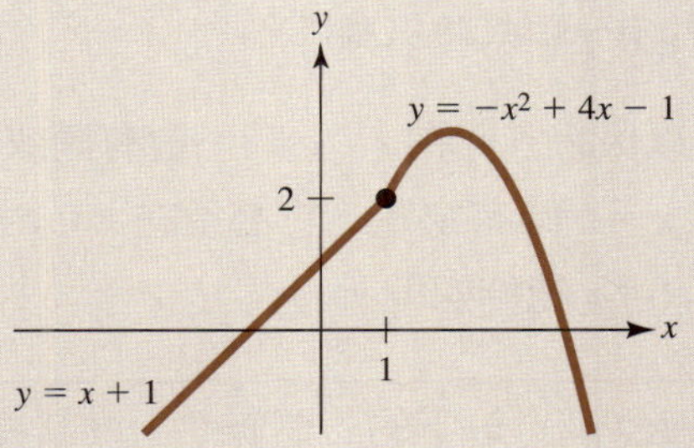

圖 1.54 $f(x) = \begin{cases} x + 1 & \text{當 } x < 1 \\ -x^2 + 4x - 1 & \text{當 } x \geq 1 \end{cases}$ 的圖形。

連續性

在本節一開始時，我們觀察到連續函數的圖形沒有洞或缺口。在幾種情況下，在 $x = c$ 會有一個洞，其中三種如圖 1.55 所示。

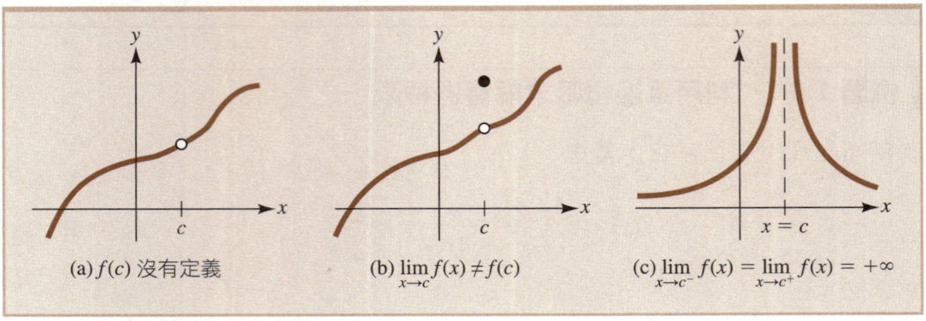

圖 1.55 函數圖形在 $x = c$ 有一個洞的三種情況。

如果兩個單邊極限 $\lim_{x\to c^-} f(x)$ 和 $\lim_{x\to c^+} f(x)$ 不相等，$f(x)$ 的圖形在 $x = c$ 時會有缺口，圖 1.56 顯示三種發生的方式。

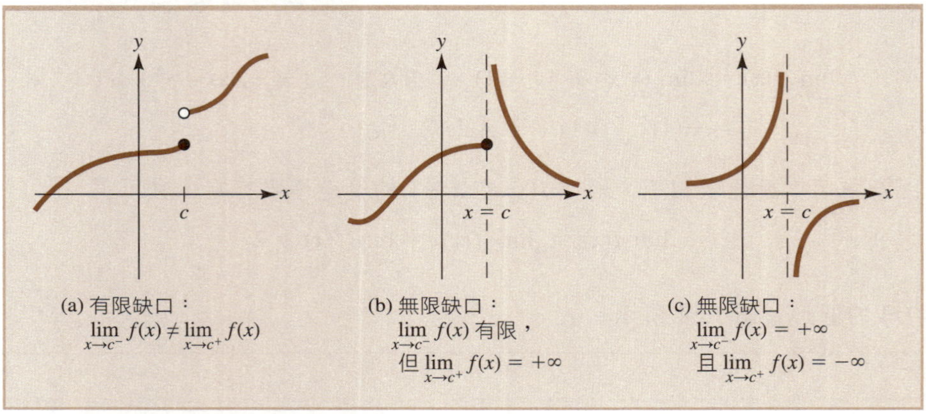

y
x
c
x = c
(a) 有限缺口：
$\lim_{x\to c^-} f(x) \neq \lim_{x\to c^+} f(x)$
(b) 無限缺口：
$\lim_{x\to c^-} f(x)$ 有限，
但 $\lim_{x\to c^+} f(x) = +\infty$
(c) 無限缺口：
$\lim_{x\to c^-} f(x) = +\infty$
且 $\lim_{x\to c^+} f(x) = -\infty$

圖 1.56 函數圖形在 $x = c$ 有一個缺口的三種情況。

所以什麼性質可以保證 $f(x)$ 在 $x = c$ 時不會有洞或缺口呢？答案其實非常簡單，函數必須在 $x = c$ 時有定義，它必須在 $x = c$ 時有有限的兩邊極限且 $\lim_{x\to c} f(x)$ 必須等於 $f(c)$，總結如下。

連續性 ■ 如果函數 f 滿足以下的三個條件，則其在 $x = c$ 處**連續 (continuous)**：

a. $f(c)$ 有定義。

b. $\lim_{x\to c} f(x)$ 存在。

c. $\lim_{x\to c} f(x) = f(c)$。

如果 $f(x)$ 在 $x = c$ 處不是連續的，則稱其在該處**不連續 (discontinuous)**。

多項式與有理函數的連續性

記得如果 $p(x)$ 和 $q(x)$ 都是多項式，則

$$\lim_{x \to c} p(x) = p(c)$$

和

$$\lim_{x \to c} \frac{p(x)}{q(x)} = \frac{p(c)}{q(c)} \quad 當\ q(c) \neq 0$$

這些極限值公式可以解釋成多項式或有理函數在任何有定義的地方都是連續的，這將於例題 1.6.4 到 1.6.7 說明。

例題 1.6.4　證明多項式是連續的

證明多項式 $p(x) = 3x^3 - x + 5$ 在 $x = 1$ 時是連續的。

■ **解**

檢查是否滿足連續性的三個條件。$p(1)$ 顯然是有定義的；事實上，$p(1) = 7$。此外，$\lim_{x \to 1} p(x)$ 存在，而且 $\lim_{x \to 1} p(x) = 7$。因此，

$$\lim_{x \to 1} p(x) = 7 = p(1)$$

所以 $p(x)$ 在 $x = 1$ 時是連續的。

例題 1.6.5　證明有理函數是連續的

證明有理函數 $f(x) = \dfrac{x + 1}{x - 2}$ 在 $x = 3$ 時是連續的。

■ **解**

注意到 $f(3) = \dfrac{3 + 1}{3 - 2} = 4$。因為 $\lim_{x \to 3} (x - 2) \neq 0$，可得

$$\lim_{x \to 3} f(x) = \lim_{x \to 3} \frac{x + 1}{x - 2} = \frac{\lim_{x \to 3} (x + 1)}{\lim_{x \to 3} (x - 2)} = \frac{4}{1} = 4 = f(3)$$

所以 $f(x)$ 在 $x = 3$ 時是連續的。

例題 1.6.6　判斷函數是否連續

討論下列函數的連續性：

a. $f(x) = \dfrac{1}{x}$　　**b.** $g(x) = \dfrac{x^2 - 1}{x + 1}$　　**c.** $h(x) = \begin{cases} x + 1 & 當\ x < 1 \\ 2 - x & 當\ x \geq 1 \end{cases}$

■ **解**

(a) 小題和 (b) 小題中的函數都是有理函數，因此它們在任何有定義之處（亦即所有使得分母不為零之處）皆為連續。

a. $f(x) = \frac{1}{x}$ 在 $x = 0$ 之外的任何地方都有定義，因此 $f(x)$ 在所有 $x \neq 0$ 的地方都是連續的（圖 1.57a）。

b. 因為 $g(x)$ 只有在 $x = -1$ 的地方沒有定義，所以除了在 $x = -1$ 的地方，$g(x)$ 都是連續（圖 1.57b）。

c. 這個函數分成兩段定義。首先檢查在分段點 $x = 1$ 處的連續性，可以發現 $\lim_{x \to 1} h(x)$ 不存在，因為從左邊趨近時，$h(x)$ 趨近於 2，而從右邊趨近時，$h(x)$ 趨近於 1，所以 $h(x)$ 在 $x = 1$ 處不連續（圖 1.57c）。不過由於多項式 $x + 1$ 和 $2 - x$ 在所有的 x 值處都是連續的，所以除了在 $x = 1$ 處，$h(x)$ 在其他所有的 x 值處都是連續的。

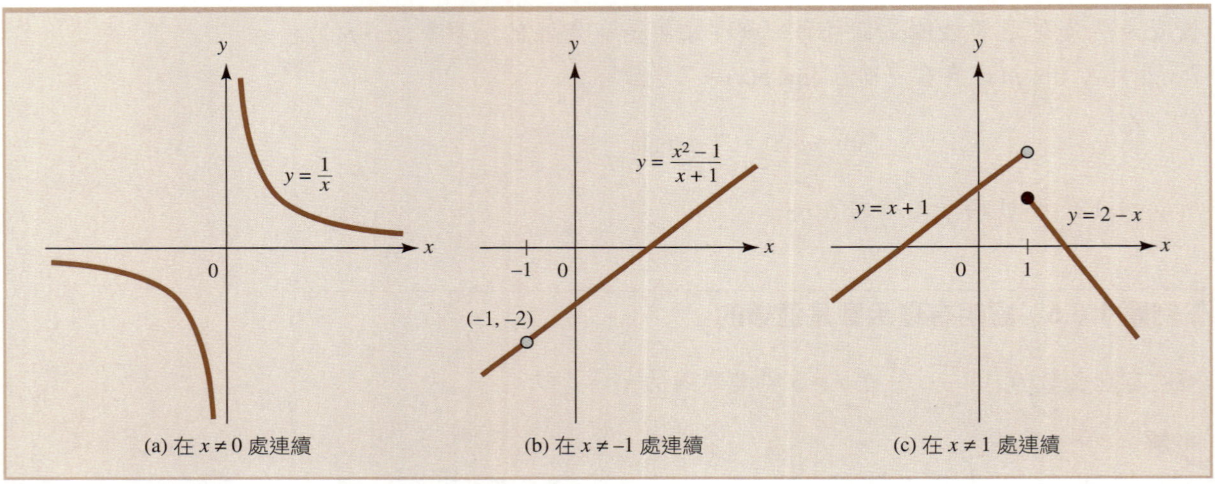

圖 1.57 例題 1.6.6 中的函數。

例題 1.6.7 使分段定義函數連續

常數 A 要等於多少才會使得以下函數在所有的實數 x 處都連續？

$$f(x) = \begin{cases} Ax + 5 & \text{當} x < 1 \\ x^2 - 3x + 4 & \text{當} x \geq 1 \end{cases}$$

■ **解**

因為 $Ax + 5$ 和 $x^2 - 3x + 4$ 都是多項式，所以除了在 $x = 1$ 處可能不連續之外，$f(x)$ 在其他地方都會連續。此外，x 從左邊趨近於 1 時，$f(x)$ 趨近於 $A + 5$；而 x 從右邊趨近於 1 時，$f(x)$ 趨近於 2。因此，若 $\lim_{x \to 1} f(x)$ 存在，則

$A + 5 = 2$ 或是 $A = -3$ 必須成立，此時

$$\lim_{x \to 1} f(x) = 2 = f(1)$$

因此，當 $A = -3$ 時，f 對所有的 x 都是連續的。

區間上的連續性

在許多微積分的應用中，開區間和閉區間上的連續性定義是很有幫助的。

區間上的連續性 ■ 若函數 $f(x)$ 在開區間 $a < x < b$ 內的任一點 $x = c$ 都是連續的，則稱 f 在開區間 $a < x < b$ 上是連續的。

此外，若函數 $f(x)$ 在開區間 $a < x < b$ 上是連續的，而且

$$\lim_{x \to a^+} f(x) = f(a) \qquad \text{和} \qquad \lim_{x \to b^-} f(x) = f(b)$$

則稱 f 在閉區間 $a \le x \le b$ 上是連續的。

換言之，區間上的連續性表示 f 的圖形在此區間內是「一體」(one-piece) 的。例題 1.6.8 說明如何判斷開區間上的函數之連續性。

例題 1.6.8 判斷函數在何處連續

討論函數

$$f(x) = \frac{x + 2}{x - 3}$$

在開區間 $-2 < x < 3$ 和閉區間 $-2 \le x \le 3$ 上的連續性。

■ **解**

有理函數 $f(x)$ 在 $x = 3$ 之外的所有點都是連續的，因此它在開區間 $-2 < x < 3$ 上是連續的；而在閉區間 $-2 \le x \le 3$ 上是不連續的，因為它在端點 $x = 3$ 處不連續（在此處分母為 0）。函數 f 的圖形如圖 1.58 所示。

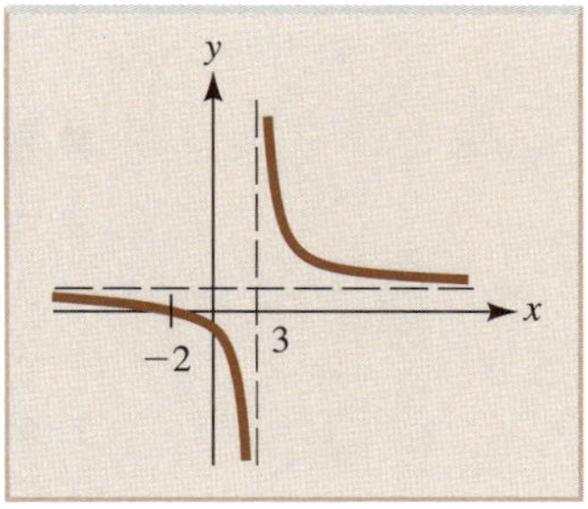

圖 1.58 $f(x) = \dfrac{x + 2}{x - 3}$ 的圖形。

中間值性質

連續函數的一個重要特性是**中間值性質 (intermediate value property)**，若函數 $f(x)$ 在區間 $a \le x \le b$ 上連續，且 L 是介於 $f(a)$ 與 $f(b)$ 之間的數值，則存在一個介於 a 與 b 之間的數值 c，使得 $f(c) = L$（見圖 1.59）。換言之，連續函數可以得到任何介於它的任意兩個值之間的值。例如，一名出

生時體重是 5 磅，12 歲時體重是 100 磅的女孩，必定在這 12 年中某個時間其體重是 50 磅，因為她的體重是時間的連續函數。

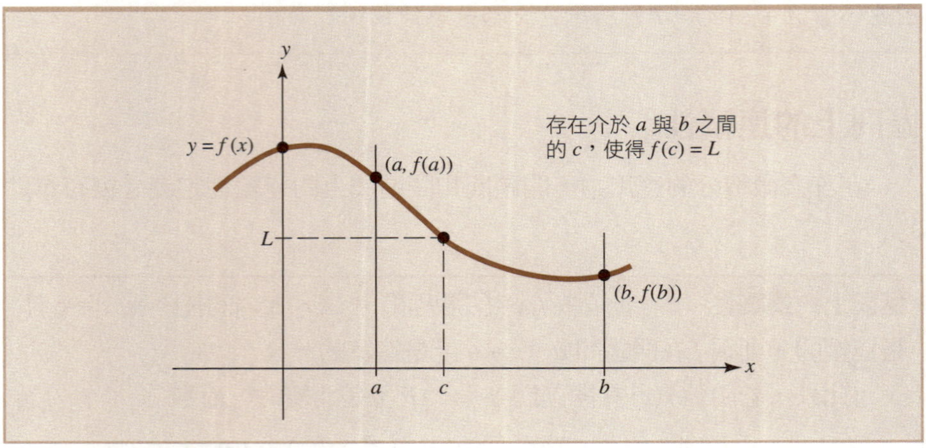

圖 1.59 中間值性質。

中間值性質有很多應用，例題 1.6.9 將介紹如何將其應用於估計生產過程中的損益平衡分析。

例題 1.6.9 應用中間值於損益平衡分析

馬丁可以用每單位 $p = 400 - 3x^2$ 元的價格，售出 x 百單位的泳池用水底吸塵器，其總生產成本是 120,000 元的固定成本加上每單位 7 元的生產成本。證明馬丁在某個小於 500 單位的生產量時，可以達到損益平衡。

■ 解

生產 x 百單位所得到的營收是

$$R(x) = 100xp(x) = 100x(400 - 3x^2)$$

且總成本是

$$C(x) = 120{,}000 + 7(100x)$$

生產過程要達到損益平衡，營收必須等於成本，亦即

$$\underbrace{100x(400 - 3x^2)}_{R(x)} = \underbrace{120{,}000 + 700x}_{C(x)}$$

若以利潤函數表示，可寫成 $P(x) = R(x) - C(x)$，

$$\begin{aligned} P(x) &= 100x(400 - 3x^2) - (120{,}000 + 700x) \quad \text{合併同類項並提出 100} \\ &= 100(-3x^3 + 393x - 1{,}200) \\ &= 0 \end{aligned}$$

注意到 $P(x)$ 是多項式，所以是連續的。當生產 $x = 0$ 單位時，可得到 $P(0) = -120{,}000 < 0$，而當 $x = 5$ 時，利潤為 $P(5) = 39{,}000 > 0$。因為 $P(x)$ 在 $x = 0$ 與 $x = 5$ 之間由負值變成正值，所以由中間值性質可知，區間 $0 < x < 5$ 之中的某個 x 值會使得 $P(x) = 0$。亦即，在某個小於 500 單位的生產量 $(x < 5)$ 時，馬丁的公司可以達到損益平衡。

習題 ■ 1.6

第 1 題到第 4 題，由 f 函數的圖形求出 $\lim_{x \to 2^-} f(x)$ 與 $\lim_{x \to 2^+} f(x)$ 的單邊極限，並判斷 $\lim_{x \to 2} f(x)$ 是否存在。

1.

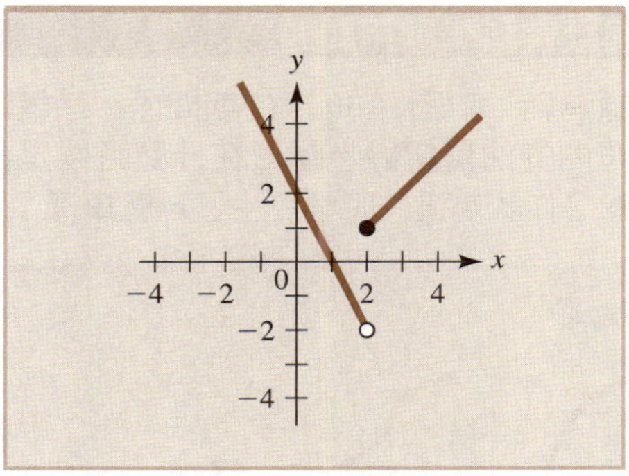

2.

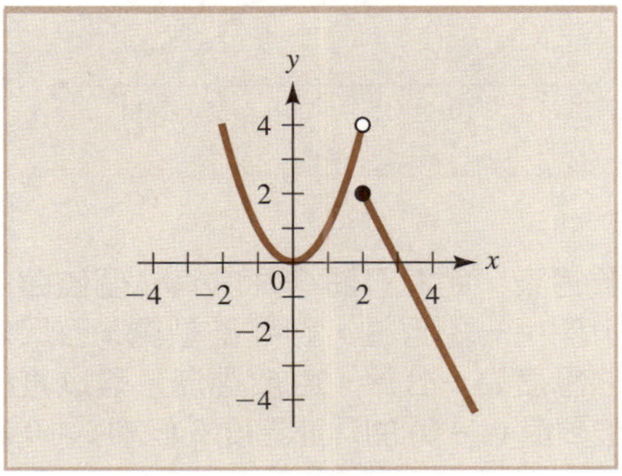

3.

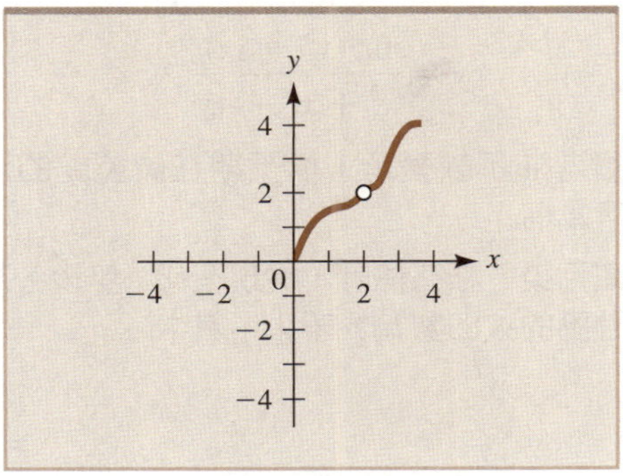

4.

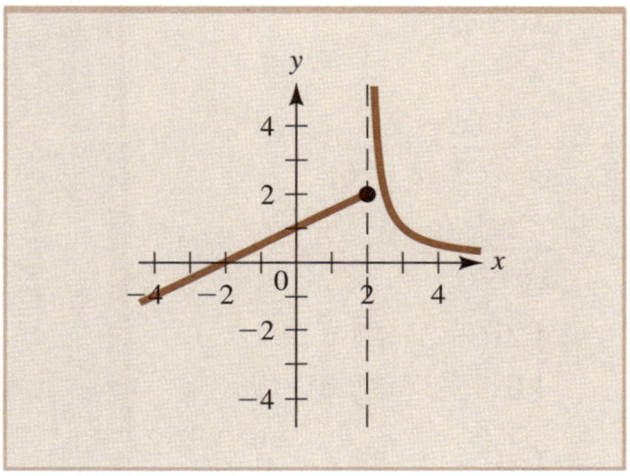

第 5 題到第 10 題，求出單邊極限。如果極限值為無窮大，指出是 $+\infty$ 或 $-\infty$。

5. $\lim_{x \to 4^+} (3x^2 - 9)$

6. $\lim_{x \to 3^+} \sqrt{3x - 9}$

7. $\lim_{x \to 2^-} \dfrac{x + 3}{x + 2}$

8. $\lim_{x \to 0^+} (x - \sqrt{x})$

9. $\lim_{x \to 3^+} \dfrac{\sqrt{x + 1} - 2}{x - 3}$

10. $\lim_{x \to 3^-} f(x)$ 和 $\lim_{x \to 3^+} f(x)$,

其中 $f(x) = \begin{cases} 2x^2 - x & \text{當 } x < 3 \\ 3 - x & \text{當 } x \geq 3 \end{cases}$

第 11 題到第 16 題，判斷所給函數在指定的點 x 處是否連續。

11. $f(x) = 5x^2 - 6x + 1$　指定 $x = 2$

12. $f(x) = \dfrac{x + 2}{x + 1}$　指定 $x = 1$

13. $f(x) = \dfrac{x + 1}{x - 1}$　指定 $x = 1$

14. $f(x) = \dfrac{\sqrt{x} - 2}{x - 4}$　指定 $x = 4$

15. $f(x) = \begin{cases} x+1 & 當\ x \leq 2 \\ 2 & 當\ x > 2 \end{cases}$ 指定 $x = 2$

16. $f(x) = \begin{cases} x^2+1 & 當\ x \leq 3 \\ 2x+4 & 當\ x > 3 \end{cases}$ 指定 $x = 3$

第 17 題到第 23 題，列出函數 f 的所有不連續點 x。

17. $f(x) = 3x^2 - 6x + 9$

18. $f(x) = \dfrac{x+1}{x-2}$

19. $f(x) = \dfrac{3x+3}{x+1}$

20. $f(x) = \dfrac{3x-2}{(x+3)(x-6)}$

21. $f(x) = \dfrac{x}{x^2 - x}$

22. $f(x) = \begin{cases} 2x+3 & 當\ x \leq 1 \\ 6x-1 & 當\ x > 1 \end{cases}$

23. $f(x) = \begin{cases} 3x-2 & 當\ x < 0 \\ x^2+x & 當\ x \geq 0 \end{cases}$

商業與經濟應用問題

24. **成本管理**　一企業管理者認為，當使用了公司工廠 x% 的產能時，其營運的總成本為 C 十萬元，其中

$$C(x) = \frac{8x^2 - 636x - 320}{x^2 - 68x - 960}$$

a. 求出 $C(0)$ 和 $C(100)$。

b. 請解釋為何 (a) 小題的結果無法運用中間值性質來說明？例如當使用某一比例的工廠產能時，營運成本剛好是 700,000 元。

25. **成本效益分析**　在某種情況下，追求某目標的利益和成本需要進行權衡。例如，假設為了降低 x% 的石油洩漏污染，其成本為 C 千元，其中

$$C(x) = \frac{12x}{100 - x}$$

a. 降低 25% 石油污染的成本是多少？降低 50% 的成本又是多少？

b. 繪出成本函數的圖形。

c. 當 $x \to 100^-$ 時，會發生什麼事？是否有可能完全解決石油污染問題？

26. **庫存**　下圖為 2 年以來某企業的產品庫存數量。什麼時候是不連續的？你認為此時發生了什麼事情？

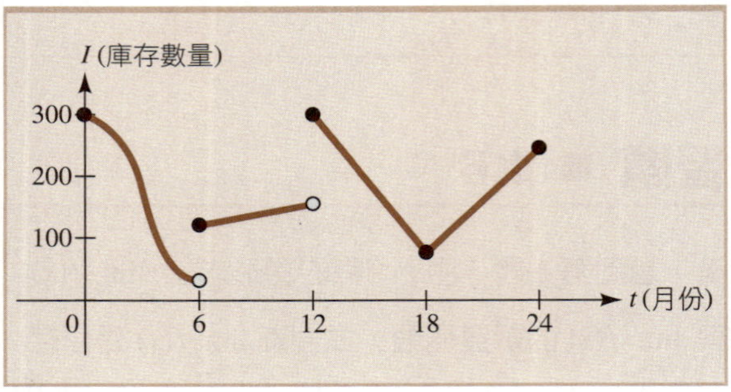

習題 26

生命與社會科學應用問題

27. **能源消耗**　下圖為 30 天的期間內，某輛汽車油箱內的油量紀錄。圖形在什麼時候是不連續的？你認為這些時候發生了什麼事情？

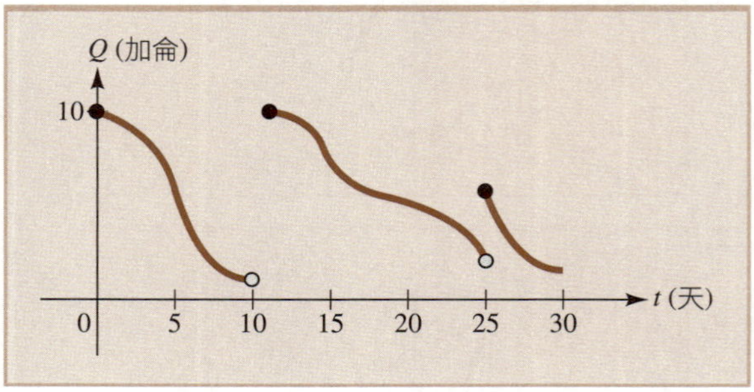

習題 27

28. **水質污染**　北海石油鑽井處有一個破裂的油管，產生一層浮油，距離破裂處 x 公尺處的浮油厚度為 y 公尺。由於亂流，難以直接衡量破裂處 $(x = 0)$ 的浮油厚度，但當 $x > 0$ 時，可知

$$y = \frac{0.5(x^2 + 3x)}{x^3 + x^2 + 4x}$$

假設浮油不斷蔓延，你預期在破裂處的浮油厚度為何？

29. **空氣污染**　根據估計，從現在起 t 年後，某郊區社區的人口數為 p 千人，其中

$$p(t) = 20 - \frac{7}{t+2}$$

一份環境研究指出，當人口為 p 千人時，空氣中一氧化碳的平均濃度是 c ppm，其中

$$c(p) = 0.4\sqrt{p^2 + p + 21}$$

長期而言（當 $t \to \infty$ 時），空氣污染的程度 c 將是多少？

30. **天氣**　假設某日的氣溫為華氏 30 度，則速度為 v 英哩 / 小時 (mph) 的風所造成的相等風冷 (windchill) 溫度（華氏），可以下列函數表示：

$$W(v) = \begin{cases} 30 & \text{當} 0 \le v \le 4 \\ 1.25v - 18.67\sqrt{v} + 62.3 & \text{當} 4 < v < 45 \\ -7 & \text{當} v \ge 45 \end{cases}$$

a. 當 $v = 20$ mph 時，風冷溫度是多少？當 $v = 50$ mph 時又是多少？

b. 風速為多少時會使得風冷溫度為華氏 0 度？

c. 當 $v = 4$ mph 時，風冷函數 $W(v)$ 是否為連續函數？當 $v = 45$ mph 時，又是如何？

其他問題

31. **電場強度**　如果將半徑為 R 的中空球體充入 1 單位的靜電，則距離球體中心 x 單位的 P 點處之電場強度 $E(x)$ 為：

$$E(x) = \begin{cases} 0 & \text{當} 0 < x < R \\ \dfrac{1}{2x^2} & \text{當} x = R \\ \dfrac{1}{x^2} & \text{當} x > R \end{cases}$$

繪出 $E(x)$ 的圖形。在 $x > 0$ 時，$E(x)$ 是否連續？

32. **郵資**　在 2010 年時，郵寄重量為 x 盎司的信件之郵資 $p(x)$（單位為分）是

$$p(x) = \begin{cases} 44 & \text{當} 0 < x \le 1 \\ 61 & \text{當} 1 < x \le 2 \\ 78 & \text{當} 2 < x \le 3.5 \end{cases}$$

畫出當 $0 < x \le 3.5$ 時，$p(x)$ 的圖形。當 $0 < x \le 3.5$ 時，哪些 x 值使得 $p(x)$ 不連續？

33. 討論函數 $f(x) = x\left(1 + \frac{1}{x}\right)$ 在開區間 $0 < x < 1$ 及閉區間 $0 \le x \le 1$ 上之連續性。

第 34 題和第 35 題，求出使得函數 $f(x)$ 對所有 x 皆連續的常數 A 之值。

34. $f(x) = \begin{cases} 1 - 3x & \text{當} x < 4 \\ Ax^2 + 2x - 3 & \text{當} x \ge 4 \end{cases}$

35. $f(x) = \begin{cases} Ax - 3 & \text{當} x < 2 \\ 3 - x + 2x^2 & \text{當} x \ge 2 \end{cases}$

36. 證明方程式 $\sqrt[3]{x-8} + 9x^{2/3} = 29$ 在區間 $0 \le x \le 8$ 上，至少有一個解。

37. 證明方程式 $\sqrt[3]{x} = x^2 + 2x - 1$ 在區間 $0 \le x \le 1$ 上，至少有一個解。

38. 解釋為什麼在你的一生中，你的體重的磅數與你的身高的英吋數，一定會在某個時間相等。

39. 解釋為什麼時鐘的時針和分針每小時都會有一次重疊。

40. 蜜雪樂在 15 歲時的身高，是她 5 歲弟弟春安的身高的 2 倍，但在春安的 21 歲生日時，他比蜜雪樂高 6 英吋。解釋為何他們的身高一定會在某個時間相同。

CHAPTER 2

移動物體的加速度可由微分其速度求得。

微分：基本概念
Differentiation: Basic Concepts

2.1 節 導函數

學習目標

1. 檢驗切線的斜率及變化率。
2. 定義導函數並學習其基本性質。
3. 利用定義計算及解釋各種導函數。
4. 學習可微分性與連續性的關係。

微積分是關於變化的數學，而**微分 (differentiation)** 方法是研究此變化的主要工具。本節將會介紹此方法及其一些應用，尤其是變化率的計算。本節和往後的章節中，將會學習一些變化率，例如速度、加速度、相對於勞動力與資本投入的生產率、人口成長率、流行病的傳染率，以及許多其他的應用。

微積分是由牛頓 (Issac Newton, 1642-1727)、萊布尼茲 (G. W. Leibniz, 1646-1716) 所推導出來的，其他一些學者也有一些貢獻，他們試圖解決兩個幾何問題：

- **切線問題 (tangent problem)**：找出給定曲線在某特定點的切線。
- **面積問題 (area problem)**：找出在給定曲線下的區域面積。

面積的問題牽涉到**積分 (integration)** 的技巧，其中一些數量可以利用某種特殊的極限和計算出來，例如面積、平均值、收入流的現值以及血液的流動速率等。這方法將會在第 5 章與第 6 章介紹。切線問題與變化率有密切的關係，我們將從檢驗此相關性開始介紹微積分。

斜率與變化率

回想 1.3 節，線性函數 $L(x) = mx + b$ 相對於自變數 x 的變化率為常數 m。也就是說，$L(x)$ 的變化率是由斜率或直線 $y = mx + b$ 圖形的陡峭程度來決定（圖 2.1a）。非線性函數 $f(x)$ 的變化率不是常數，而是隨著 x 變化。更具體地說，當 $x = c$ 時，變化率決定於 $f(x)$ 的圖形在座標為 $(c, f(c))$ 的點 P 處之陡峭程度，這可以藉由量測圖形在 P 點上的切線斜率得知（圖 2.1b）。變化率和斜率的關係將於例題 2.1.1 中加以說明。

例題 2.1.1 估計變化率

圖 2.2 顯示失業率 U 和通貨膨脹率 I 的關係，利用此圖估計，當失業率在 3% 和 10% 時，I 相對於 U 的變化率。

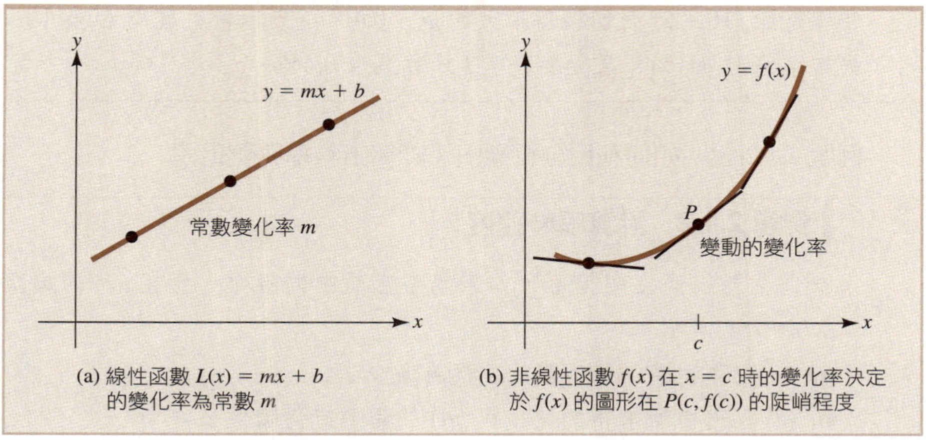

圖 2.1　變化率可由斜率衡量。

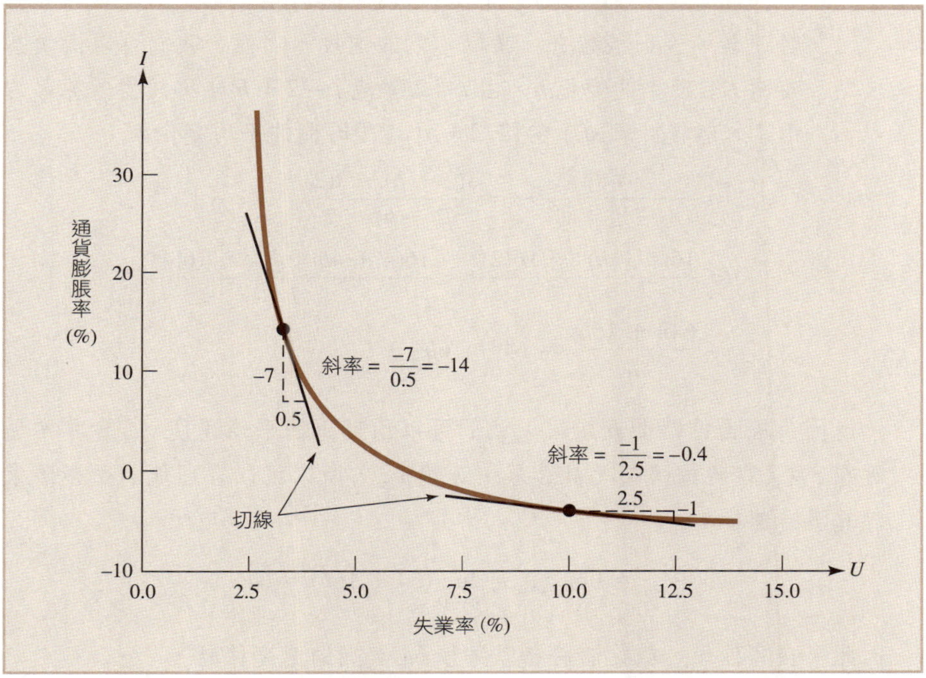

圖 2.2　通貨膨脹率表示為失業率的函數。

資料來源：取自 Robert Eisner, *The Misunderstood Economy: What Counts and How to Count It*, Boston, MA: Harvard Business School Press, 1994, p. 173.

■ 解

由圖可估計，當 $U = 3$ 時，在座標點 (3, 14) 之切線斜率的近似值約為 −14；這表示當失業率為 3% 時，失業率 U 每增加 1%，通貨膨脹率 I 會減少 14%。

在座標點 (10, –5) 之切線斜率大約是 – 0.4，這表示當失業率 U 為 10% 時，失業率每增加 1%，通貨膨脹率 I 只會減少 0.4%。

例題 2.1.2 說明如何利用分析極限，計算出斜率與變化率。

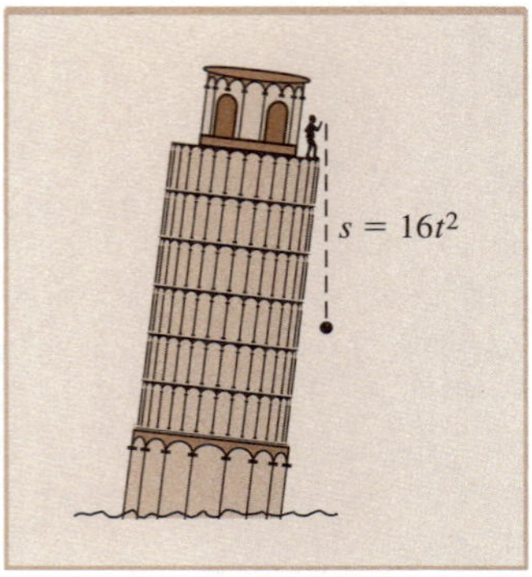

即時複習

為了方便討論，我們有時候會用符號 $P(a, b)$ 表示座標為 (a, b) 的點 P。小心不要與函數符號混淆。

例題 2.1.2 計算瞬時速度

一個物體從高空中掉落，如果忽略空氣中的阻力，會在 t 秒內掉落 $s(t) = 16t^2$ 英呎。

a. 在 $t = 2$ 秒後，該物體的速度為多少？

b. (a) 小題中所求得的速度與 $s(t)$ 的圖形有何關係？

■ 解

a. 2 秒後的速度就是 $s(t)$ 在 $t = 2$ 秒時的瞬時變化率。除非物體裝有計速器，否則很難去「讀取」它的速度。然而，我們可以衡量當時間 t 有極小的變化 h，由 $t = 2$ 變成 $t = 2 + h$ 時，該物體掉落的距離，然後計算 $s(t)$ 在 $[2, 2 + h]$ 這段時間的平均變化率：

$$v_{\text{ave}} = \frac{\text{掉落距離}}{\text{經過時間}} = \frac{s(2 + h) - s(2)}{(2 + h) - 2}$$

$$= \frac{16(2 + h)^2 - 16(2)^2}{h} = \frac{16(4 + 4h + h^2) - 16(4)}{h}$$

$$= \frac{64h + 16h^2}{h} = 64 + 16h$$

因為經過的時間 h 很短，我們可以預期這個平均速度 v_{ave} 會非常逼近在 $t = 2$ 秒時的瞬時（計速器）速度 v_{ins}，所以可以合理地利用極限來計算瞬時速度：

$$v_{\text{ins}} = \lim_{h \to 0} v_{\text{ave}} = \lim_{h \to 0} (64 + 16h) = 64$$

因此，在 2 秒後，該物體將會以每秒 64 英呎的速度移動。

b. (a) 小題的作法的幾何圖示如圖 2.3。圖 2.3a 呈現 $s(t) = 16t^2$ 在 $P(2, 64)$ 和 $Q(2 + h, 16(2 + h)^2)$ 兩點之間的圖形。連接 P 點和 Q 點的直線稱為圖形 $s(t)$ 的割線 (secant line)，其斜率為

$$m_{\text{sec}} = \frac{16(2 + h)^2 - 64}{(2 + h) - 2} = 64 + 16h$$

如圖 2.3b 所示，當選擇愈來愈小的 h 值時，對應的割線 PQ 會愈來愈趨近於 $s(t)$ 圖形在 P 點的切線。所以我們可以用 m_{sec} 在 h 趨近於 0 時的極限來計算切線的斜率 m_{tan}，也就是

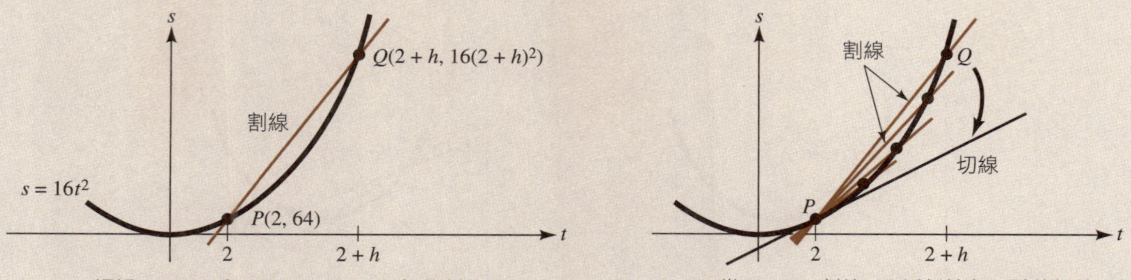

(a) 通過 $P(2, 64)$ 和 $Q(2 + h, 16(2 + h)^2)$ 的割線

(b) 當 $h \to 0$，割線 PQ 近似於在 P 點的切線

圖 2.3　計算 $s = 16t^2$ 在 $P(2, 64)$ 之切線斜率。

$$m_{\tan} = \lim_{h \to 0} m_{\sec} = \lim_{h \to 0} (64 + 16h) = 64$$

所以，$s(t) = 16t^2$ 的圖形在 $t = 2$ 這一點的切線斜率和 $s(t)$ 在 $t = 2$ 這一點的瞬時變化率是相等的。

例題 2.1.2 用來求取掉落物體速度的方法，可用於求取其他變化率。假設要求出 $f(x)$ 在 $x = c$ 時相對於 x 的變化率，可先求 $f(x)$ 從 $x = c$ 到 $x = c + h$ 的**平均變化率 (average rate of change)**

$$\text{變化率}_{\text{ave}} = \frac{f(x)\text{ 的變化}}{x\text{ 的變化}} = \frac{f(c+h) - f(c)}{(c+h) - c} = \frac{f(c+h) - f(c)}{h}$$

在幾何上，這個變化率可以解釋成由 $P(c, f(c))$ 到 $Q(c + h, f(c + h))$ 之割線的斜率，如圖 2.4a 所示。

我們接著藉由求出當 h 趨近於 0 時平均變化率的極限，計算 $f(x)$ 在 $x = c$ 時的瞬時變化率，亦即

$$\text{變化率}_{\text{ins}} = \lim_{h \to 0} \text{變化率}_{\text{ave}} = \lim_{h \to 0} \frac{f(c+h) - f(c)}{h}$$

此極限也是曲線 $y = f(x)$ 在 $P(c, f(c))$ 的切線斜率，如圖 2.4b 所示。

導函數

數學式

$$\frac{f(x+h) - f(x)}{h}$$

稱為函數 $f(x)$ 的**差商 (difference quotient)**，先前討論過的變化率和斜率，

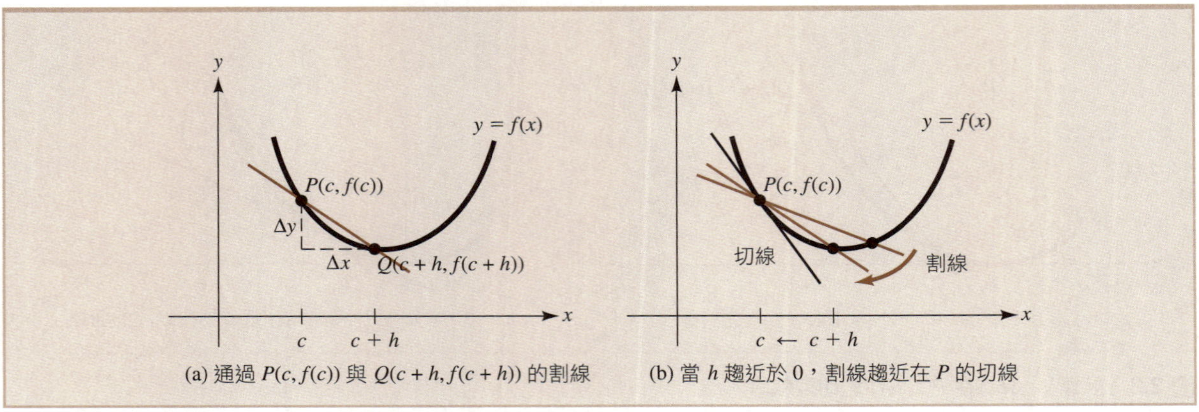

圖 2.4 割線近似於切線。

皆可藉由計算當 h 趨近於 0 時的差商極限而求得。為了使有關取差商極限的內容和其他應用一致，在此將介紹一些術語和符號。

> **函數的導函數** ■ 函數 $f(x)$ 相對於 x 的**導函數 (derivative)** 表示為 $f'(x)$，其定義如下：
>
> $$f'(x) = \lim_{h \to 0} \frac{f(x+h) - f(x)}{h}$$
>
> 計算導函數的過程稱為**微分 (differentiation)**。如果 $f'(c)$ 存在，則稱 $f(x)$ 在 $x = c$ 是**可微分的 (differentiable)**；也就是說，在 $x = c$ 時，定義 $f'(x)$ 的極限是存在的。

注意 我們以「h」表示自變數在差商中的增量，以簡化代數計算。然而，若要強調變數 x 有增加，則以 Δx 表示增量。同樣地，我們以 Δt 和 Δs 表示變數 t 和 s 的微小（增）變化量。這種符號也廣泛地應用於 2.5 節中。■

例題 2.1.3 求導函數

求出函數 $f(x) = 16x^2$ 的導函數。

■ 解

$f(x)$ 的差商為

$$\frac{f(x+h) - f(x)}{h} = \frac{16(x+h)^2 - 16x^2}{h} \qquad \text{取 } (x+h) \text{ 的平方}$$

$$= \frac{16(x^2 + 2hx + h^2) - 16x^2}{h} \qquad \text{展開並合併同類項}$$

$$= \frac{32hx + 16h^2}{h} \qquad \text{消去公因式 } h$$
$$= 32x + 16h$$

因此，函數 $f(x) = 16x^2$ 的導函數為

$$f'(x) = \lim_{h\to 0} \frac{f(x+h) - f(x)}{h} = \lim_{h\to 0} (32x + 16h)$$
$$= 32x$$

一旦計算出函數 $f(x)$ 的導函數，可將其用於簡化任何涉及當 h 趨近於 0 時，$f(x)$ 的差商極限的計算。例如，注意到例題 2.1.3 中的函數，基本上和例題 2.1.2 物體掉落問題中的距離函數 $s = 16t^2$ 是一樣的。利用例題 2.1.3 的結果，在時間 $t = 2$ 時，物體掉落的速度可以藉由簡單地將 $t = 2$ 代入導函數 $s'(t)$ 中求得：

$$\text{速度} = s'(2) = 32(2) = 64$$

相同地，$s(t)$ 圖形在 $P(2, 64)$ 的切線斜率為

$$\text{斜率} = s'(2) = 64$$

要更進一步地了解，可以將瞬時變化率和斜率總結成微分的表示法，如下所示。

斜率為導函數 ■ 曲線 $y = f(x)$ 在點 $(c, f(c))$ 的切線斜率為 $m_{\tan} = f'(c)$。

瞬時變化率為導函數 ■ 當 $x = c$ 時，$f(x)$ 相對於 x 的變化率為 $f'(c)$。

在例題 2.1.4 中，我們將求出函數切線的方程式。在例題 2.1.5 中，將探討有關於變化率的商業應用問題。

例題 2.1.4　利用導函數求斜率

首先計算 $f(x) = x^3$ 的導函數，然後利用它求出曲線 $y = x^3$ 在 $x = -1$ 時的切線斜率。通過此點的切線方程式為何？

■ 解

由導函數的定義可知

$$f'(x) = \lim_{h\to 0} \frac{f(x+h) - f(x)}{h} = \lim_{h\to 0} \frac{(x+h)^3 - x^3}{h}$$
$$= \lim_{h\to 0} \frac{(x^3 + 3x^2h + 3xh^2 + h^3) - x^3}{h} = \lim_{h\to 0} (3x^2 + 3xh + h^2)$$
$$= 3x^2$$

即時複習

回想起 $(a + b)^3 = a^3 + 3a^2b + 3ab^2 + b^3$，這是二項式定理中指數為 3 的特例，可以用來將例題 2.1.4 中之差商的分子展開。

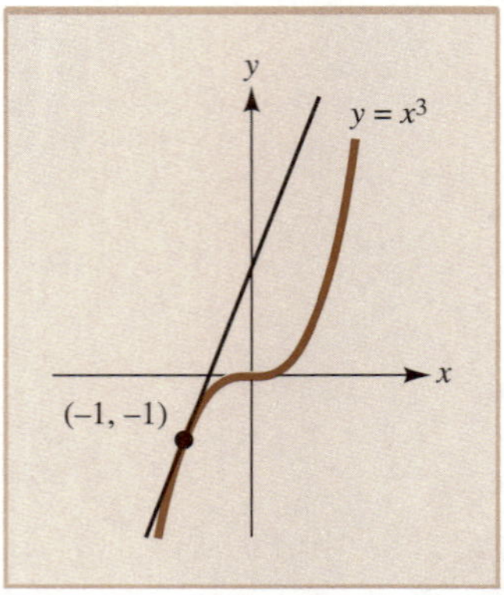

圖 2.5 $y = x^3$ 的圖形。

因此，在 $x = -1$ 時，曲線 $y = x^3$ 的切線斜率為 $f'(-1) = 3(-1)^2 = 3$（圖 2.5）。要求出切線方程式，同時也需要切點的 y 座標，即 $y = (-1)^3 = -1$。因此，該切線通過點 $(-1, -1)$ 且切線斜率為 3。應用點斜式可得

$$y - (-1) = 3[x - (-1)]$$

或

$$y = 3x + 2$$

例題 2.1.5 利潤的變化率

高登擁有一個小型的製造公司，他發現當生產並售出其產品 x 千單位時，所產生的利潤是

$$P(x) = -400x^2 + 6{,}800x - 12{,}000$$

當產品生產量為 9,000 單位時，高登可預期利潤相對於生產量 x 的變化率是多少？在此生產量時，利潤是在增加還是減少？

■ **解**

我們可以求出

$$\begin{aligned}
P'(x) &= \lim_{h \to 0} \frac{P(x+h) - P(x)}{h} \\
&= \lim_{h \to 0} \frac{[-400(x+h)^2 + 6{,}800(x+h) - 12{,}000] - (-400x^2 + 6{,}800x - 12{,}000)}{h} \\
&= \lim_{h \to 0} \frac{-400h^2 - 800hx + 6{,}800h}{h} \\
&= \lim_{h \to 0} (-400h - 800x + 6{,}800) \\
&= -800x + 6{,}800
\end{aligned}$$

因此，當生產量是 $x = 9$（9,000 單位）時，利潤的變化率是每一千單位

$$P'(9) = -800(9) + 6{,}800 = -400$$

元。

因為 $P'(9) = -400$ 為負值，在 $x = 9$ 的 Q 點處，利潤曲線 $y = P(x)$ 的切線之斜率為負值，所以在 Q 點處的切線向下傾斜，如圖 2.6 所示。這表示利潤曲線本身在 Q 點是下降的，所以當生產 9,000 單位後，利潤必定會減少。

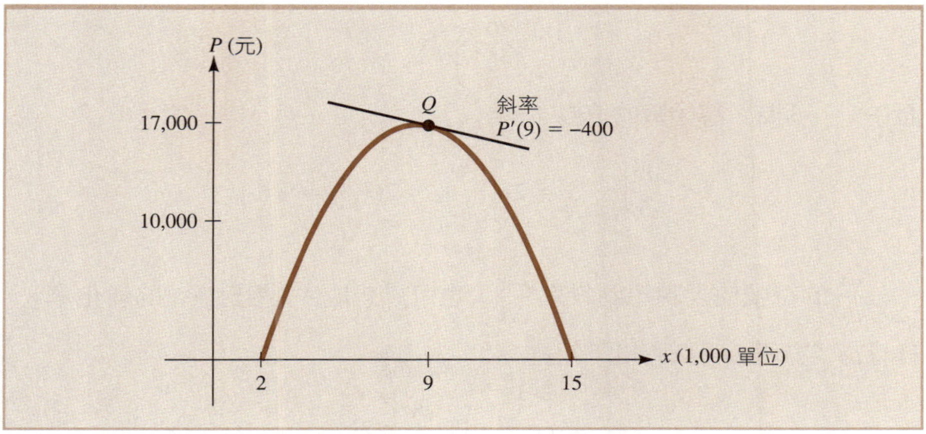

圖 2.6　利潤函數 $P(x) = -400x^2 + 6{,}800x - 12{,}000$ 的圖形。

導函數的正負之涵義總結於下方的定義與圖 2.7 中。在第 3 章中，將會探討許多有關於曲線形狀和導函數正負之間的關係，也會詳細闡述描繪曲線的通用方法。

導函數 $f'(x)$ 正負的涵義 ■ 若函數 f 在 $x = c$ 是可微分的，則

當 $f'(c) > 0$ 時，f 在 $x = c$ 是**遞增的 (increasing)**

當 $f'(c) < 0$ 時，f 在 $x = c$ 是**遞減的 (decreasing)**

導函數的符號

$y = f(x)$ 的導函數 $f'(x)$ 有時可以寫成 $\frac{dy}{dx}$ 或 $\frac{df}{dx}$。在此符號中，當 $x = c$ 時，導函數的值（即 $f'(c)$）可以寫成

$$\left.\frac{dy}{dx}\right|_{x=c} \quad 或 \quad \left.\frac{df}{dx}\right|_{x=c}$$

例如，若 $y = x^2$，則

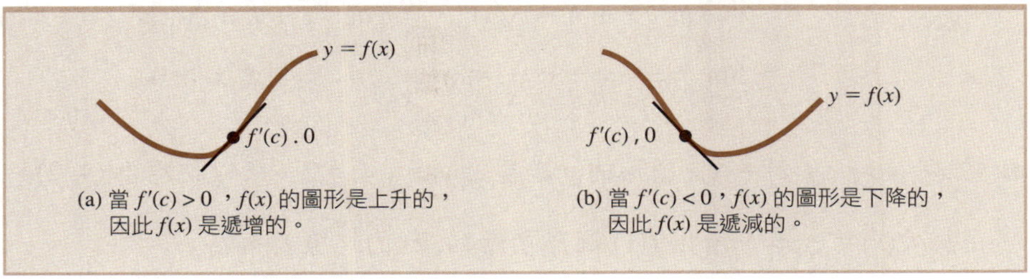

y = f(x)
f′(c) . 0
(a) 當 f′(c) > 0，f(x) 的圖形是上升的，因此 f(x) 是遞增的。
y = f(x)
f′(c) , 0
(b) 當 f′(c) < 0，f(x) 的圖形是下降的，因此 f(x) 是遞減的。

圖 2.7　導函數 $f'(c)$ 正負的涵義。

$$\frac{dy}{dx} = 2x$$

而在 $x = -3$ 時，導函數的值為

$$\left.\frac{dy}{dx}\right|_{x=-3} = 2x\Big|_{x=-3} = 2(-3) = -6$$

$\frac{dy}{dx}$ 的符號使人聯想到斜率 $\frac{\Delta y}{\Delta x}$，也可以想成「$y$ 相對於 x 的變化率」。有時為了方便，可以將以下敘述

「當 $y = x^2$，則 $\frac{dy}{dx} = 2x$」

簡寫成

$$\frac{d}{dx}(x^2) = 2x$$

讀作「x^2 對 x 的導函數為 $2x$」。

例題 2.1.6 說明如何使用不同的導函數符號。

例題 2.1.6 求斜率及變化率

首先計算 $f(x) = \sqrt{x}$ 的導函數，然後用它來計算：

a. 曲線 $y = \sqrt{x}$ 在 $x = 4$ 的切線方程式。

b. 在 $x = 1$ 時，$y = \sqrt{x}$ 相對於 x 的變化率。

■ 解

曲線 $y = \sqrt{x}$ 對 x 的導函數為

$$\begin{aligned}
\frac{d}{dx}(\sqrt{x}) &= \lim_{h\to 0}\frac{f(x+h)-f(x)}{h} = \lim_{h\to 0}\frac{\sqrt{x+h}-\sqrt{x}}{h} \\
&= \lim_{h\to 0}\frac{(\sqrt{x+h}-\sqrt{x})(\sqrt{x+h}+\sqrt{x})}{h(\sqrt{x+h}+\sqrt{x})} \\
&= \lim_{h\to 0}\frac{x+h-x}{h(\sqrt{x+h}+\sqrt{x})} = \lim_{h\to 0}\frac{h}{h(\sqrt{x+h}+\sqrt{x})} \\
&= \lim_{h\to 0}\frac{1}{\sqrt{x+h}+\sqrt{x}} = \frac{1}{2\sqrt{x}} \qquad \text{當 } x > 0
\end{aligned}$$

a. 當 $x = 4$ 時，$f(x) = \sqrt{x}$ 圖形的 y 座標為 $y = \sqrt{4} = 2$，所以切點為 $(4, 2)$。

由於 $f'(x) = \frac{1}{2\sqrt{x}}$，所以 $f(x)$ 圖形在點 $(4, 2)$ 的切線斜率為

$$f'(4) = \frac{1}{2\sqrt{4}} = \frac{1}{4}$$

代入點斜式，可以求得在點 (4, 2) 的切線方程式為

$$y - 2 = \frac{1}{4}(x - 4)$$

或

$$y = \frac{1}{4}x + 1$$

b. 當 $x = 1$ 時，$y = \sqrt{x}$ 的變化率為

$$\left.\frac{dy}{dx}\right|_{x=1} = \frac{1}{2\sqrt{1}} = \frac{1}{2}$$

注意 在例題 2.1.6 中，函數 $f(x) = \sqrt{x}$ 在 $x = 0$ 時有定義，但其導函數 $f'(x) = \dfrac{1}{2\sqrt{x}}$ 則沒有定義。由這個例題可知，函數和其導函數的定義域不一定相同。■

可微分性與連續性

若函數 $f(x)$ 在 $x = c$ 時是可微分的，則 $y = f(x)$ 在座標為 $(c, f(c))$ 的點 P 和所有圖形上靠近 P 的點皆有一非垂直的切線。由於圖形在 P 點有一切線，P 點上不會有洞或缺口，故可以預期此函數在 $x = c$ 時為連續。

可微分函數的連續性 ■ 若函數 $f(x)$ 在 $x = c$ 時是可微分的，則此函數在 $x = c$ 時必為連續。

請注意，這裡並未表示連續函數一定是可微分的。事實上，若在 $x = c$ 時，$f'(x)$ 為無窮大，或 $f(x)$ 圖形在點 $(c, f(c))$ 處有一「尖」點，亦即曲線的方向在這一點突然改變，則函數 $f(x)$ 在 $x = c$ 不可微分。若 $f(x)$ 在 $x = c$ 是連續的，但 $f'(c)$ 為無窮大時，則 f 的圖形在點 $(c, f(c))$ 上可能會有一條垂直切線（圖 2.8a）或是尖點（圖 2.8b）。絕對值函數 $f(x) = |x|$ 在所有的 x 皆為連續，但在原點 (0, 0) 有一尖點（圖 2.8c）。圖 2.8d 顯示另一種有尖點的圖形。

一般而言，本書中的函數幾乎在所有的點都是可微分的。事實上，多項式函數到處都可微分，而有理數函數在其有定義的地方也都是可微分的。

一個並非永遠可微分的連續函數的實例是人體的血液循環 *。一般認

---

* 這個實例取自 F. C. Hoppensteadt and C. S. Peskin, *Mathematics in Medicine and the Life Sciences*, New York: Springer-Verlag, 1992, p.131.

為血液是以固定速度規律地流經動脈和靜脈，但事實上，血液是由心臟經由離散的跳動注入動脈。這會產生*動脈脈搏*，可以藉由在可觸及的動脈（例如手腕處）上施壓，來量測心跳率。動脈脈搏的血壓圖形如圖 2.9 所示。注意在最小壓力（舒張壓）時，曲線快速地改變方向，當血液因心臟收縮而注入動脈時，造成血壓快速上升，直到達到最大壓力（收縮壓），而當血液經由動脈分布到組織後，壓力逐漸下降。此血壓函數是連續的，但在 $t = 0.75$ 秒，即血液開始注入時，血壓函數是不可微分的。

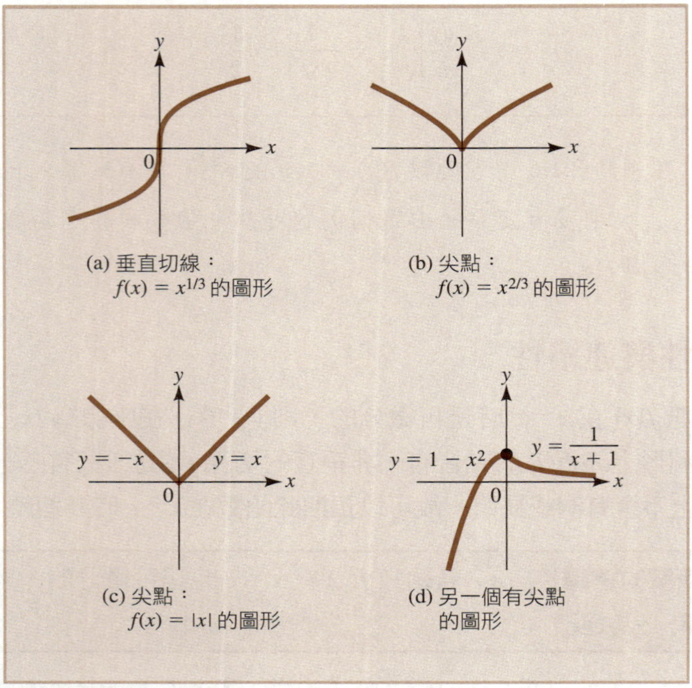

圖 2.8 四個在 $x = 0$ 不可微分的連續函數圖形。

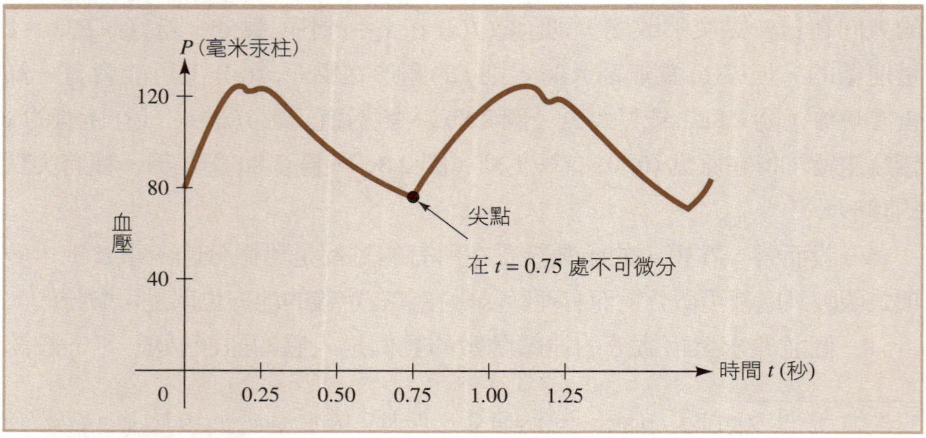

圖 2.9 動脈脈搏的血壓圖形。

習題 ■ 2.1

第 1 題到第 12 題，求出所給函數的導函數，並根據給定的自變數值，求出圖形切線的斜率。

1. $f(x) = 4; x = 0$
2. $f(x) = -3; x = 1$
3. $f(x) = 5x - 3; x = 2$
4. $f(x) = 2 - 7x; x = -1$
5. $f(x) = 2x^2 - 3x - 5; x = 0$
6. $f(x) = x^2 - 1; x = -1$
7. $f(x) = x^3 - 1; x = 2$
8. $f(x) = -x^3; x = 1$
9. $g(t) = \frac{2}{t}; t = \frac{1}{2}$
10. $f(x) = \frac{1}{x^2}; x = 2$
11. $H(u) = \frac{1}{\sqrt{u}}; u = 4$
12. $f(x) = \sqrt{x}; x = 9$

第 13 題到第 24 題，求出函數的導函數，並根據給定的值求出當 $x = c$ 時的切線方程式。

13. $f(x) = 2; c = 13$
14. $f(x) = 3; c = -4$
15. $f(x) = 7 - 2x; c = 5$
16. $f(x) = 3x; c = 1$
17. $f(x) = x^2; c = 1$
18. $f(x) = 2 - 3x^2; c = 1$
19. $f(x) = \frac{-2}{x}; c = -1$
20. $f(x) = \frac{3}{x^2}; c = \frac{1}{2}$
21. $f(x) = 2\sqrt{x}; c = 4$
22. $f(x) = \frac{1}{\sqrt{x}}; c = 1$
23. $f(x) = \frac{1}{x^3}; c = 1$
24. $f(x) = x^3 - 1; c = 1$

第 25 題到第 32 題，求出當 $x = x_0$ 時的變化率 $\frac{dy}{dx}$。

25. $y = 3; x_0 = 2$
26. $y = -17; x_0 = 14$
27. $y = 3x + 5; x_0 = -1$
28. $y = 6 - 2x; x_0 = 3$
29. $y = x(1 - x); x_0 = -1$
30. $y = x^2 - 2x; x_0 = 1$
31. $y = x - \frac{1}{x}; x_0 = 1$
32. $y = \frac{1}{2 - x}; x_0 = -3$

33. 令 $f(x) = 2x - x^2$。
    a. 計算連接 $f(x)$ 圖形上 $x = 0$ 和 $x = \frac{1}{2}$ 兩點之割線的斜率。
    b. 運用微積分來計算 $f(x)$ 的圖形在 $x = 0$ 時之切線的斜率，並與 (a) 小題所得的斜率進行比較。

34. 令 $f(x) = x^3$。
    a. 計算連接 $f(x)$ 圖形上 $x = 1$ 和 $x = 1.1$ 兩點之割線的斜率。
    b. 運用微積分來計算 $f(x)$ 的圖形在 $x = 1$ 時之切線的斜率，並與 (a) 小題所得的斜率進行比較。

商業與經濟應用問題

35. **利潤**　製造商指出，當製造某產品 x 百單位時，利潤為

$$P(x) = 4{,}000(15 - x)(x - 2) \text{ 元}$$

    a. 求出 $P'(x)$。
    b. 計算何時 $P'(x) = 0$。當 $P'(x) = 0$ 時，x_m 有何意義？

36. **利潤**　某製造商生產數位錄音機，每台成本為 50 元。根據估計，如果每台錄音機的售價為 p 元，消費者每個月會購買 $q = 120 - p$ 台。
    a. 將製造商的利潤 P 表示成 q 的函數。
    b. 當產量從 $q = 0$ 增加到 $q = 20$ 時，利潤的平均變化率是多少？
    c. 當產量 $q = 20$ 時，利潤的變化率是多少？在此產量下，利潤會遞增或是遞減？

37. **生產成本**　馬力克是某生產嵌地式戶外按摩浴缸的公司的經理，他認為生產 x 單位的按摩浴缸之成本為 C 千元，其中

$$C(x) = 0.04x^2 + 2.1x + 60$$

    a. 如果馬力克決定將按摩浴缸之生產量由 $x = 10$ 增加到 $x = 11$ 單位，成本的平均變化率為何？
    b. 馬力克接著計算出成本相對於生產量 x 的瞬時變化率。當 $x = 10$ 時，此瞬時變化率為何？其與 (a) 小題所得之平均成本之比

較結果為何？當生產量由 $x = 10$ 增加時，馬力克可預期成本會增加或減少？

38. 製造產出 假設某工廠確定當僱用的人力為 L 工時的時候，預期產出為 Q 單位，其中

$$Q(L) = 3{,}100\sqrt{L}$$

a. 求出當僱用的人力由 $L = 3{,}025$ 工時增加至 3,100 工時的時候，產出的平均變化率。

b. 利用微積分求出當 $L = 3{,}025$ 時，產出相對於人力的瞬時變化率。

生命與社會科學應用問題

39. 再生資源 附圖呈現樹木內的木材體積 V 隨著時間 t（樹木的年齡）的變化。利用此圖來估計當 $t = 30$ 年時，木材體積 V 相對於時間的變化率。如果 t 無限制地增加（也就是長期而言），木材體積 V 的變化率會如何改變？

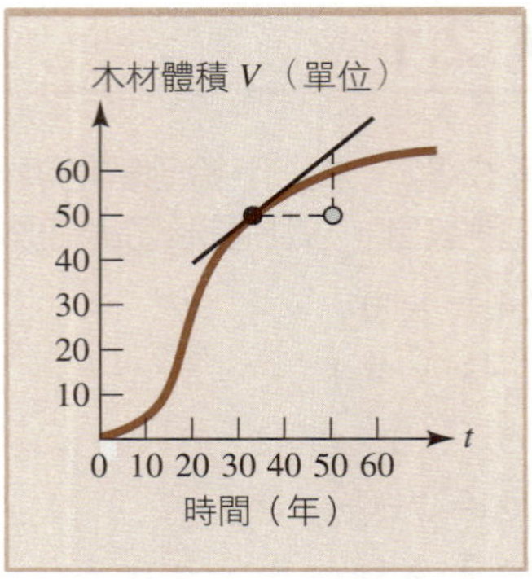

習題 39 顯示樹木內的木材體積如何隨著時間 t 變化的圖形。

資料來源：Adapted from Robert H. Frank, *Microeconomics and Behavior*, 2nd ed., New York: McGraw-Hill, 1994, p. 623.

其他問題

40. 令 f 為絕對值函數，亦即

$$f(x) = \begin{cases} x & \text{當 } x \geq 0 \\ -x & \text{當 } x < 0 \end{cases}$$

證明

$$f'(x) = \begin{cases} 1 & \text{當 } x > 0 \\ -1 & \text{當 } x < 0 \end{cases}$$

並解釋為什麼 f 在 $x = 0$ 時是不可微分的。

2.2 節　微分的技巧

學習目標

1. 利用常數倍數公式、和的公式與冪次公式求導函數。
2. 求出相對變化率與百分比變化率。
3. 學習直線運動及拋物體的運動。

如果每次要計算導函數時，就得使用極限的定義，將會使得微積分的應用非常冗長且困難。幸運地，這並非必要，在本節和下一節中，將會探討相當簡單的微分方法。我們首先由常數的導函數開始。

常數公式 ■ 對於任何常數 c，

$$\frac{d}{dx}[c] = 0$$

即常數的導函數為零。

常數函數 $f(x) = c$ 的圖形是一條水平直線（見圖 2.10）。因為在這條線上所有點的斜率皆為 0，所以 $f'(x) = 0$。以下是利用極限的定義所作的證明：

$$f'(x) = \lim_{h\to 0}\frac{f(x+h)-f(x)}{h} \quad \text{因為對所有的 } x \text{ 及任意的 } h\text{，} f(x+h)=c$$
$$= \lim_{h\to 0}\frac{c-c}{h} = 0$$

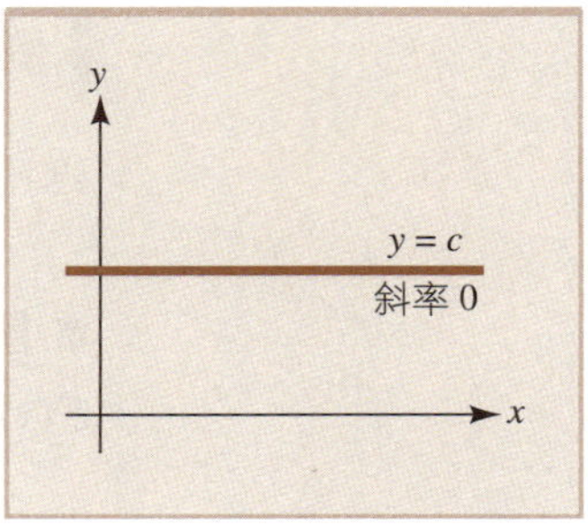

圖 2.10 $f(x) = c$ 的圖形。

例題 2.2.1 求常數函數的導函數

微分常數函數 $f(x) = -15$。

■ **解**

$$\frac{d}{dx}[-15] = 0$$

下一個公式是最有用的公式之一，因為它會告訴你如何求得任意冪函數 $f(x) = x^n$ 的導函數。注意，這個公式並非只能用在形式如 $f(x) = x^5$ 的函數，也可以用於形式如 $g(x) = \sqrt[5]{x^4} = x^{4/5}$ 和 $h(x) = \dfrac{1}{x^3} = x^{-3}$ 的函數。

冪次公式 ■ 對任何實數 n，

$$\frac{d}{dx}[x^n] = nx^{n-1}$$

以文字敘述就是，要求 x^n 的導函數，先乘以原本的指數 n，再把 x 的指數減 1。

根據冪次公式，$y = x^3$ 的導函數是 $\dfrac{d}{dx}(x^3) = 3x^2$，與 2.1 節的例題 2.1.4 的結果相符。冪次公式可以用於微分根號和倒數函數，只要先將這些函數分別轉換成指數為分數和負數的冪次函數即可（指數的符號參見書末之附錄 A.1）。例如，因為 $\sqrt{x} = x^{1/2}$，所以 $y = \sqrt{x}$ 的導函數為

$$\frac{d}{dx}(\sqrt{x}) = \frac{d}{dx}(x^{1/2}) = \frac{1}{2}x^{-1/2} = \frac{1}{2\sqrt{x}}$$

這與 2.1 節的例題 2.1.6 的結果相符。例題 2.2.2 將驗證冪次函數之倒數的冪次公式。

例題 2.2.2 驗證指數為負值的冪次公式

證明函數 $F(x)=\dfrac{1}{x^2}=x^{-2}$ 的導函數為 $F'(x)=-2x^{-3}$，以驗證冪次公式。

■ 解

$F(x)$ 的導函數為

$$
\begin{aligned}
F'(x) &= \lim_{h\to 0}\frac{F(x+h)-F(x)}{h} = \lim_{h\to 0}\frac{\dfrac{1}{(x+h)^2}-\dfrac{1}{x^2}}{h} && \text{將分子中的各項通分}\\
&= \lim_{h\to 0}\frac{\dfrac{x^2-(x+h)^2}{x^2(x+h)^2}}{h} && \text{簡化複雜的分數}\\
&= \lim_{h\to 0}\frac{x^2-(x^2+2hx+h^2)}{x^2h(x+h)^2} && \text{合併分子中的同類項}\\
&= \lim_{h\to 0}\frac{-2xh-h^2}{x^2h(x+h)^2} && \text{消去公因式 } h\\
&= \lim_{h\to 0}\frac{-2x-h}{x^2(x+h)^2}\\
&= \frac{-2x}{x^2(x^2)}\\
&= \frac{-2}{x^3} = -2x^{-3}
\end{aligned}
$$

與冪次公式所得結果相符。

即時複習

簡化複雜分數的公式如下：

$$\frac{A/B}{C/D}=\frac{A}{B}\cdot\frac{D}{C}=\frac{AD}{BC}$$

即時複習

當 n 是正整數時，$x^{-n}=\dfrac{1}{x^n}$；當 a 和 b 是正整數時，$x^{a/b}=\sqrt[b]{x^a}$。

以下是一些其他冪次公式的應用：

$$
\begin{aligned}
\frac{d}{dx}(x^7) &= 7x^{7-1} = 7x^6\\
\frac{d}{dx}(\sqrt[3]{x^2}) &= \frac{d}{dx}(x^{2/3}) = \frac{2}{3}x^{2/3-1} = \frac{2}{3}x^{-1/3}\\
\frac{d}{dx}\left(\frac{1}{x^5}\right) &= \frac{d}{dx}(x^{-5}) = -5x^{-5-1} = -5x^{-6}\\
\frac{d}{dx}(x^{1.3}) &= 1.3x^{1.3-1} = 1.3x^{0.3}
\end{aligned}
$$

常數公式和冪次公式提供了求某些重要函數之導函數的簡單公式，但若要微分更複雜的函數，則需要運用代數技巧來處理導函數。以下兩個公式指出函數的倍數與函數的和之導函數分別為對應之導函數的倍數與和。

常數倍數公式 ■ 若 c 為常數，且 $f(x)$ 為可微分函數，則 $cf(x)$ 亦可微分，且

$$\frac{d}{dx}[cf(x)] = c\frac{d}{dx}[f(x)]$$

或

$$(cf)' = cf'$$

也就是說，函數的倍數的導函數是其導函數的倍數。

例題 2.2.3　應用常數倍數公式

求 $f(x) = 3x^4$ 與 $g(x) = \frac{-7}{\sqrt{x}}$ 的導函數。

■ 解

$$\frac{d}{dx}(3x^4) = 3\frac{d}{dx}(x^4) = 3(4x^3) = 12x^3$$

$$\frac{d}{dx}\left(\frac{-7}{\sqrt{x}}\right) = \frac{d}{dx}(-7x^{-1/2}) = -7\left(\frac{-1}{2}x^{-3/2}\right) = \frac{7}{2}x^{-3/2}$$

和的公式 ■　若 $f(x)$ 和 $g(x)$ 皆可微分，則其和 $f(x) + g(x)$ 亦可微分，且其導函數為

$$\frac{d}{dx}[f(x) + g(x)] = \frac{d}{dx}[f(x)] + \frac{d}{dx}[g(x)]$$

或

$$(f + g)' = f' + g'$$

也就是說，函數之和的導函數是各個函數的導函數之和。

例題 2.2.4　應用和的公式

微分以下函數：

a. $f(x) = x^{-2} + 7$

b. $g(x) = 2x^5 - 3x^{-7}$

■ 解

a. $\frac{d}{dx}[x^{-2} + 7] = \frac{d}{dx}[x^{-2}] + \frac{d}{dx}[7] = -2x^{-3} + 0 = -2x^{-3}$

b. $\frac{d}{dx}[2x^5 - 3x^{-7}] = 2\frac{d}{dx}(x^5) + (-3)\frac{d}{dx}(x^{-7}) = 2(5x^4) + (-3)(-7x^{-8})$

$= 10x^4 + 21x^{-8}$

同時運用冪次公式、常數倍數的公式以及和的公式，可以微分任何多項式，示範於例題 2.2.5 和 2.2.6。

例題 2.2.5 微分多項式

微分多項式 $y = 5x^3 - 4x^2 + 12x - 8$。

■ **解**

將和逐項微分，可得

$$\begin{aligned}\frac{dy}{dx} &= \frac{d}{dx}[5x^3] + \frac{d}{dx}[-4x^2] + \frac{d}{dx}[12x] + \frac{d}{dx}[-8] \\ &= 5[3x^2] - 4[2x] + 12[1] - 8[0] \\ &= 15x^2 - 8x + 12\end{aligned}$$

例題 2.2.6 應用導函數研究人口變化

根據估計，從現在起，經過 x 個月之後，某社區的人口數將是 $P(x) = x^2 + 20x + 8{,}000$。

a. 從現在起，經過 15 個月之後，人口數相對於時間的變化率為多少？

b. 在第 16 個月中，人口數的實際變化量為多少？

■ **解**

a. 人口數相對於時間的變化率是人口數函數的導函數，亦即

$$\text{變化率} = P'(x) = 2x + 20$$

從現在起，15 個月之後的人口數變化率是每月

$$P'(15) = 2(15) + 20 = 50 \text{ 人}$$

b. 在第 16 個月中，人口數的實際變化量是在第 16 個月月底的人口數與在第 15 個月月底的人口數之差，亦即

$$\text{人口數的變化量} = P(16) - P(15) = 8{,}576 - 8{,}525 = 51 \text{ 人}$$

注意 在例題 2.2.6，(b) 小題中的第 16 個月人口數的實際變化量與 (a) 小題中的月初的人口數變化率不同，因為變化率在該月中隨時會改變。若人口數的變化率保持不變，則 (a) 小題中的瞬時變化率可以視為第 16 個月的人口數變化量。■

相對變化率與百分比變化率

在許多實際情況下，一個數量 Q 的變化率並不如其相對變化率來得重要。相對變化率可定義成

$$\text{相對變化率} = \frac{Q\text{ 的變化量}}{Q\text{ 的大小}}$$

例如，在一個有 500 萬人口的城市中，500 人的年變化量是一個可忽略的相對變化率：

$$\frac{500}{5,000,000} = 0.0001$$

或者是 0.01%；而相同的變化量對於 2,000 人口的城鎮而言，其相對變化率為

$$\frac{500}{2,000} = 0.25$$

或者是 25%，此結果對這個城鎮而言將會是個巨大的衝擊。

由於數量 $Q(x)$ 的變化率是由 $Q'(x)$ 決定，可以下列方式表示相對變化率和其對應的百分比變化率。

相對變化率與百分比變化率 ■ 數量 $Q(x)$ 對 x 的**相對變化率 (relative rate of change)** 為

$$Q(x)\text{ 的相對變化率} = \frac{Q'(x)}{Q(x)}$$

對應的 $Q(x)$ 對 x 的**百分比變化率 (percentage rate of change)** 為

$$Q(x)\text{ 的百分比變化率} = \frac{100\,Q'(x)}{Q(x)}$$

例題 2.2.7　求百分比變化率

某一個國家的國內生產毛額 (gross domestic product, GDP) 在 2000 年後的第 t 年為 $N(t) = t^2 + 5t + 106$（十億元）。

a. 在 2010 年時，GDP 相對於時間的變化率為何？

b. 在 2010 年時，GDP 相對於時間的百分比變化率為何？

■ 解

a. GDP 的變化率是導函數 $N'(t) = 2t + 5$。2010 年的變化率為 $N'(10) = 2(10)$

$+ 5 = 25$（十億元／年）。

b. 在 2010 年時，GDP 的百分比變化率為

$$100\frac{N'(10)}{N(10)} = 100\frac{25}{256} \approx 9.77 \qquad (9.77\%\text{／年})$$

例題 2.2.8 求百分比成長率

根據實驗，在海洋中某特定區域內的某魚種之數量為 $Q(t)$，其變化率為

$$\frac{dQ}{dt} = rQ\left(1 - \frac{Q}{a}\right)$$

其中 r 是該魚種的自然成長率，a 是常數*。求出此魚種的百分比成長率。若該魚種數量滿足 $Q(t) > a$，其成長率有什麼特性？

■ **解**

$Q(t)$ 的百分比變化率為

$$\frac{100\,Q'(t)}{Q(t)} = \frac{100\,rQ\left(1 - \frac{Q}{a}\right)}{Q} = 100r\left(1 - \frac{Q}{a}\right)$$

注意，當 Q 增加時，其百分比變化率會減少；當 $Q = a$ 時，百分比變化率為 0；若 $Q > a$，則百分比變化率為負值，代表該魚種數量正在減少中。

直線運動

物體沿著一條直線運動稱為直線運動。例如，火箭在一開始飛行時，可以視為是直線運動。當研究直線運動時，我們將假設物體沿著一條座標軸運動，若在時間 t 時，該物體位置的函數是 $s(t)$，則 $s(t)$ 相對於 t 的變化率就是它的速度 $v(t)$，而速度相對於 t 的導函數就是它的加速度 $a(t)$。亦即，$v(t) = s'(t)$ 和 $a(t) = v'(t)$。

當 $v(t) > 0$ 時，我們稱物體正在前進；當 $v(t) < 0$ 時，我們稱物體正在後退；當 $v(t) = 0$ 時，物體不是在前進也不是在後退，而是靜止，如圖 2.11 所示。最後，當 $a(t) > 0$ 時，物體正在加速；當 $a(t) < 0$ 時，物體正在減速。

---

* 取材自 W. R. Derrick and S. I. Grossman, *Introduction to Differential Equations*, 3rd ed., St. Paul, MN: West Publishing, 1987, p. 52, problem 20. 該作者指出此問題原來是 *Mathematical Bioeconomics*, by C. W. Clark (Wiley-Interscience, 1976) 書中所介紹的許多模型之一。

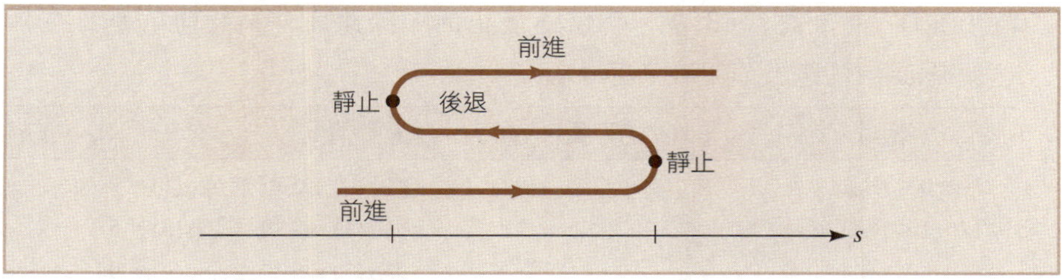

圖 2.11　直線運動示意圖。

直線運動 ■ 如果物體沿著一條直線運動，且其在時間 t 時的**位置 (position)** 是 $s(t)$，則物體的

$$\textbf{速度 (velocity)} \quad v(t) = s'(t) = \frac{ds}{dt}$$

和

$$\textbf{加速度 (acceleration)} \quad a(t) = v'(t) = \frac{dv}{dt}$$

其中，當 $v(t) > 0$ 時，物體正在**前進 (advancing)**；當 $v(t) < 0$ 時，物體正在**後退 (retreating)**；當 $v(t) = 0$ 時，物體是**靜止的 (stationary)**。當 $a(t) > 0$ 時，物體正在**加速 (accelerating)**；當 $a(t) < 0$ 時，物體正在**減速 (decelerating)**。

如果位置的單位是公尺，時間的單位是秒，則速度的單位是公尺／秒 (m/sec)，而加速度的單位是公尺／平方秒（寫成 m/sec^2）。同樣地，如果位置的單位是英呎，則速度的單位是英呎／秒 (ft/sec)，而加速度的單位是英呎／平方秒 (ft/sec^2)。

例題 2.2.9　物體的直線運動

某物體沿著一條直線運動，在時間 t 時，其位置為 $s(t) = t^3 - 6t^2 + 9t + 5$。

a. 求出物體的速度，並討論物體在時間 $t = 0$ 到 $t = 4$ 之間的運動情形。

b. 求出物體在時間 $t = 0$ 到 $t = 4$ 之間的總運動距離。

c. 求出物體的加速度。物體在時間 $t = 0$ 到 $t = 4$ 時，何時正在加速？何時正在減速？

■ **解**

a. 速度 $v(t) = \dfrac{ds}{dt} = 3t^2 - 12t + 9$。當

$$v(t) = 3t^2 - 12t + 9 = 3(t-1)(t-3) = 0$$

時，亦即 $t=1$ 或 $t=3$ 時，物體是靜止的。除此之外，物體不是正在加速就是正在減速，如下表所示。

區間	$v(t)$ 的正負	運動情況
$0<t<1$	+	從 $s(0)=5$ 前進至 $s(1)=9$
$1<t<3$	−	從 $s(1)=9$ 後退至 $s(3)=5$
$3<t<4$	+	從 $s(3)=5$ 前進至 $s(4)=9$

該物體的運動情形總結於圖 2.12 中。

b. 物體由 $s(0)=5$ 運動至 $s(1)=9$，接著後退至 $s(3)=5$，最後運動至 $s(4)=9$。因此，其總運動距離為

$$D=\underbrace{|9-5|}_{0<t<1}+\underbrace{|5-9|}_{1<t<3}+\underbrace{|9-5|}_{3<t<4}=12$$

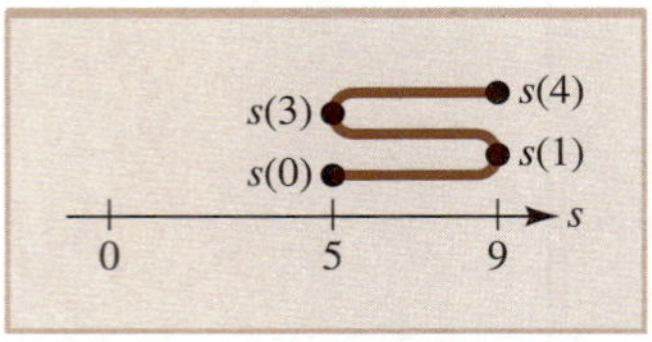

圖 2.12 物體的運動：$s(t)=t^3-6t^2+9t+5$。

c. 物體的加速度為

$$a(t)=\frac{dv}{dt}=6t-12=6(t-2)$$

當 $2<t<4$ 時，該物體正在加速 $[a(t)>0]$；當 $0<t<2$ 時，該物體正在減速 $[a(t)<0]$。

注意 正在加速的物體其速度不一定會「愈來愈快」，而正在減速的物體其速度也不一定會「愈來愈慢」。例如，例題 2.2.9 的物體在 $2<t<3$ 時，其速度為負值，但卻是正在加速。亦即，在該段時間內，速度正在增加；也就是說，負值變得比較不負。換言之，物體的運動實際上是在變慢。■

拋物體的運動

拋物體的運動是一種重要的直線運動。假設一物體被以某種方式垂直拋出（例如丟擲、發射或掉落），使其只受到地心引力影響，而有一固定不變的向下的加速度 g。在海平面附近，g 近似於 32 ft/sec^2（或 9.8 m/sec^2）。可以證明在時間 t 時，物體的高度為

$$H(t)=-\frac{1}{2}gt^2+V_0t+H_0$$

其中 H_0 和 V_0 分別是物體的初始高度和初始速度。例題 2.2.10 說明如何應用此公式。

例題 2.2.10　拋物體運動

假設某人站在高度為 112 英呎的建築物頂端，以每秒 96 英呎的初始速度垂直往上丟擲一顆球（見圖 2.13）。

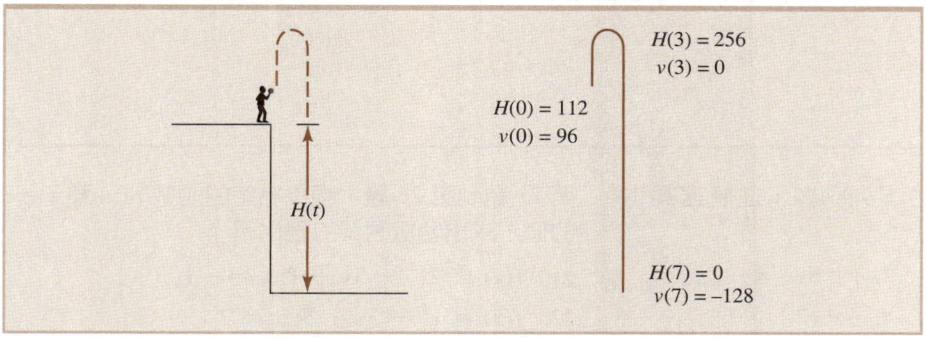

圖 2.13　將球從建築物頂端垂直往上丟擲的運動。

a. 求出該球在時間 t 時的高度和速度。

b. 該球在何時會碰到地面？當時的速度是多少？

c. 何時該球的速度為 0？這個時間的涵義為何？

d. 球在飛行途中所移動的距離為何？

■ 解

a. 因為 $g = 32$，$v_0 = 96$ 及 $H_0 = 112$，在時間 t 時，該球距離地面的高度為

$$H(t) = -16t^2 + 96t + 112 \text{ 英呎}$$

所以在時間 t 時的速度為

$$v(t) = \frac{dH}{dt} = -32t + 96 \text{ 英呎／秒}$$

b. 當 $H = 0$ 時，球會碰到地面。因此求解方程式 $16t^2 + 96t + 112 = 0$，可得知這會發生在 $t = 7$ 及 $t = -1$ 時（請自行驗證）。在此不考慮 $t = -1$，因為這對本問題而言是沒有意義的，故結論為該球在 $t = 7$ 秒時會碰到地面，此時其速度為

$$v(7) = -32(7) + 96 = -128 \text{ 英呎／秒}$$

（負號代表在碰到地面的瞬間，球是往下落的。）

c. 當 $v(t) = 32t + 96 = 0$，球的速度是零，這發生在 $t = 3$ 時。當 $t < 3$ 時，速度是正值，表示球是上升的；當 $t > 3$ 時，速度是負值，表示球是下降的（見圖 2.13）。因此，當 $t = 3$ 時，球到達最高點。

d. 該球由 $H(0) = 112$ 英呎處開始移動，上升至最大高度 $H(3) = 256$ 英呎，

再降落到地面。因此，

$$\text{總移動距離} = \underbrace{(256 - 112)}_{\text{上升}} + \underbrace{256}_{\text{下降}} = 400 \text{ 英呎}$$

習題 ■ 2.2

第 1 題到第 14 題，微分下列函數，並將答案化簡。

1. $y = -2$
2. $y = 5x - 3$
3. $y = x^{-4}$
4. $y = x^{3.7}$
5. $y = \pi r^2$
6. $y = \sqrt{2x}$
7. $y = \dfrac{9}{\sqrt{t}}$
8. $y = x^2 + 2x + 3$
9. $f(x) = x^9 - 5x^8 + x + 12$
10. $f(x) = -0.02x^3 + 0.3x$
11. $y = \dfrac{1}{t} + \dfrac{1}{t^2} - \dfrac{1}{\sqrt{t}}$
12. $f(x) = \sqrt{x^3} + \dfrac{1}{\sqrt{x^3}}$
13. $y = -\dfrac{x^2}{16} + \dfrac{2}{x} - x^{3/2} + \dfrac{1}{3x^2} + \dfrac{x}{3}$
14. $y = \dfrac{x^5 - 4x^2}{x^3}$（提示：先作除法。）

第 15 題到第 17 題，根據給定的函數和座標點，求出該函數圖形上通過該點的切線方程式。

15. $y = -x^3 - 5x^2 + 3x - 1;\ (-1, -8)$
16. $y = 1 - \dfrac{1}{x} + \dfrac{2}{\sqrt{x}};\ \left(4, \dfrac{7}{4}\right)$
17. $y = (x^2 - x)(3 + 2x);\ (-1, 2)$

第 18 題到第 20 題，根據給定的函數和 $x = c$ 的值，求出該函數圖形上通過點 $(c, f(c))$ 的切線方程式。

18. $f(x) = -2x^3 + \dfrac{1}{x^2};\ x = -1$
19. $f(x) = x - \dfrac{1}{x^2};\ x = 1$
20. $f(x) = -\dfrac{1}{3}x^3 + \sqrt{8x};\ x = 2$

第 21 題到第 26 題，根據給定的函數 $f(x)$ 和 $x = c$ 的值，求出函數對 x 的變化率。

21. $f(x) = 2x^4 + 3x + 1;\ x = -1$
22. $f(x) = x^3 - 3x + 5;\ x = 2$
23. $f(x) = x - \sqrt{x} + \dfrac{1}{x^2};\ x = 1$
24. $f(x) = \sqrt{x} + 5x;\ x = 4$
25. $f(x) = \dfrac{x + \sqrt{x}}{\sqrt{x}};\ x = 1$
26. $f(x) = \dfrac{2}{x} - x\sqrt{x};\ x = 1$

第 27 題到第 30 題，根據給定的函數 $f(x)$ 和 $x = c$ 的值，求出函數對 x 的相對變化率。

27. $f(x) = 2x^3 - 5x^2 + 4;\ c = 1$
28. $f(x) = x + \dfrac{1}{x};\ c = 1$
29. $f(x) = x\sqrt{x} + x^2;\ c = 4$
30. $f(x) = (4 - x)x^{-1};\ c = 3$

商業與經濟應用問題

31. **年收入**　某公司自 2008 年成立以來的 t 年後，其年收入總額為 $A(t) = 0.1t^2 + 10t + 20$ 千元。
    a. 在 2012 年時，該公司年收入總額相對於時間的成長率是多少？
    b. 在 2012 年時，該公司年收入總額相對於時間的百分比成長率是多少？
32. **房屋稅**　根據紀錄顯示，從 2008 年起 x 年後，在某社區有三房的房子之平均房屋稅為 $T(x) = 20x^2 + 40x + 600$ 元。
    a. 在 2008 年，該社區的房屋稅相對於時間的變化率為多少？

b. 從 2008 年到 2012 年間，房屋稅的變化量為多少？

33. **廣告**　某摩托車製造商估計，如果花費 x 千元於廣告上，則銷售量為

$$M(x) = 2{,}300 + \frac{125}{x} - \frac{517}{x^2} \text{ 輛} \quad 3 \le x \le 18$$

當廣告支出是 9,000 元時，銷售量的變化率是多少？在這個廣告支出下，銷售量會增加或減少？

34. **報紙發行量**　根據估計，t 年後，本地報紙的發行量為 $C(t) = 100t^2 + 400t + 5{,}000$。
   a. 推導出 t 年後報紙的發行量相對於時間的變化率公式。
   b. 5 年後，報紙的發行量相對於時間的變化率是多少？此時報紙的發行量是增加或減少？
   c. 在第 6 年中，報紙發行量的實際變化量是多少？

生命與社會科學應用問題

35. **教育測驗**　根據預測，從現在起的 x 年後，東部某文理學院新生的 SAT 數學平均成績為 $f(x) = -6x + 582$。
   a. 推導出 x 年後 SAT 平均成績相對於時間的變化率公式。
   b. 若 (a) 小題的結果是常數，有何涵義？若該常數為負數，又有何涵義？

36. **大眾運輸**　x 週後，新捷運系統的使用人數大約是 $N(x) = 6x^3 + 500x + 8{,}000$。
   a. 8 週後，該系統的使用人數相對於時間的變化率是多少？
   b. 在第 8 週中，該系統的使用人數之變化量是多少？

37. **人口成長**　根據預測，從現在起 x 月後，某鎮的人口數將為 $P(x) = 2x + 4x^{3/2} + 5{,}000$ 人。
   a. 從現在起 9 個月後，該鎮的人口數相對於時間的變化率是多少？
   b. 從現在起 9 個月後，該鎮的人口數相對於時間的百分比變化率是多少？

38. **傳染病的擴散**　某醫療研究團隊指出，當某種傳染病發生 t 天後，將會有 $N(t) = 10t^3 + 5t + \sqrt{t}$ 個人受感染，其中 $0 \le t \le 20$。在第九天受感染人口的成長率是多少？

39. **空氣污染**　某環境研究指出，從現在起 t 年後，某郊區社區空氣中的一氧化碳平均濃度為 $Q(t) = 0.05t^2 + 0.1t + 3.4$ ppm。
   a. 從現在起 1 年後，空氣中一氧化碳濃度相對於時間的變化率是多少？
   b. 今年空氣中的一氧化碳濃度的變化量是多少？
   c. 在未來的 2 年期間，空氣中一氧化碳濃度的變化量是多少？

其他問題

40. **拋物體的運動**　一塊石頭從 144 英呎的高度落下。
   a. 石頭何時會碰到地面？
   b. 石頭碰到地面時的速度是多少？

2.3 節　積與商的公式；高階導函數

學習目標

1. 應用積與商的公式求導函數。
2. 定義及學習二階導函數及更高階的導函數。

根據你在 2.2 節所學到的常數倍數與和的公式，你可能會覺得函數乘積的導函數就是各項函數之導函數的乘積，但是可以很容易地證明這個推測是錯的。例如，若 $f(x) = x^2$ 且 $g(x) = x^3$，則 $f'(x) = 2x$ 且 $g'(x) = 3x$，因此

$$f'(x)g'(x) = (2x)(3x^2) = 6x^3$$

但是 $f(x)g(x) = x^2x^3 = x^5$ 且

$$[f(x)g(x)]' = (x^5)' = 5x^4$$

所以 $(fg)' \neq f'g'$。但是如果乘積的導函數通常不等於個別導數的乘積，你可以用什麼公式來微分乘積呢？答案如下。

積的公式 ■ 若 $f(x)$ 和 $g(x)$ 在 x 可微分，其乘積為 $f(x)g(x)$ 也在 x 可微分，且

$$\frac{d}{dx}[f(x)g(x)] = f(x)\frac{d}{dx}[g(x)] + g(x)\frac{d}{dx}[f(x)]$$

或

$$(fg)' = fg' + gf'$$

也就是說，乘積 fg 的導函數是 f 乘以 g 的導函數加上 g 乘以 f 的導函數。

將積的公式應用在一開始的例子，可以得到

$$\begin{aligned}(x^2x^3)' &= x^2(x^3)' + (x^3)(x^2)' \\ &= (x^2)(3x^2) + (x^3)(2x) = 3x^4 + 2x^4 = 5x^4\end{aligned}$$

此結果與直接計算的結果

$$(x^2x^3)' = (x^5)' = 5x^4$$

是一樣的。例題 2.3.1 和 2.3.2 是積的公式的兩個應用。

例題 2.3.1 應用積的公式

利用以下作法，微分乘積 $P(x) = (x-1)(3x-2)$。

a. 展開 $P(x)$。

b. 積的公式。

■ 解

a. 展開後可得 $P(x) = 3x^2 - 5x + 2$，所以 $P'(x) = 6x - 5$。

b. 由積的公式可得到

$$\begin{aligned}P'(x) &= (x-1)\frac{d}{dx}[3x-2] + (3x-2)\frac{d}{dx}[x-1] \\ &= (x-1)(3) + (3x-2)(1) = 6x - 5\end{aligned}$$

例題 2.3.2　曲線的切線

給定曲線 $y=(2x+1)(2x^2-x-1)$：

a. 求出 y'。

b. 求出曲線在 $x=1$ 的切線方程式。

c. 求出在曲線上且切線是水平直線的所有點。

■ 解

a. 使用積的公式，可得

$$\begin{aligned} y' &= (2x+1)\frac{d}{dx}[2x^2-x-1]+(2x^2-x-1)\frac{d}{dx}[2x+1] \\ &= (2x+1)(4x-1)+(2x^2-x-1)(2) \end{aligned}$$

b. 當 $x=1$ 時，對應的 y 值為

$$y(1)=[2(1)+1][2(1)^2-1-1]=0$$

所以切點為 $(1, 0)$。在 $x=1$ 時的切線斜率為

$$y'(1)=[2(1)+1][4(1)-1]+[2(1)^2-1-1](2)=9$$

代入點斜式，得知在點 $(1, 0)$ 的切線方程式為

$$y-0=9(x-1)$$

或

$$y=9x-9$$

c. 水平切線的斜率為 0，即 $y'=0$。將導函數展開並合併同類項，可得

$$y'=(2x+1)(4x-1)+(2x^2-x-1)(2)=12x^2-3$$

求解 $y'=0$，可得

$$\begin{aligned} y' &= 12x^2-3=0 && \text{兩邊同加 3，再除以 12} \\ x^2 &= \frac{3}{12}=\frac{1}{4} && \text{兩邊同時取平方根} \\ x &= \frac{1}{2} \quad \text{和} \quad x=-\frac{1}{2} \end{aligned}$$

將 $x=\frac{1}{2}$ 與 $x=-\frac{1}{2}$ 代入 y 的公式，可得 $y\left(\frac{1}{2}\right)=-2$ 與 $y\left(-\frac{1}{2}\right)=0$，故水平切線發生在曲線上的點 $\left(\frac{1}{2}, -2\right)$ 與 $\left(-\frac{1}{2}, 0\right)$。

例題 2.3.3 將積的公式用於經濟上的應用。

例題 2.3.3 求營收的變化率

某製造商發現在某種新產品推出 t 個月後，可以生產並售出該產品 $x(t) = t^2 + 3t$ 百單位，其售價為每單位 $p(t) = -2t^{3/2} + 30$ 元。

a. 將該產品的營收 $R(t)$ 表示為時間 t 的函數。

b. 在 4 個月後，營收相對於時間的變化率是多少？此時營收是正在增加或是正在減少？

■ 解

a. 營收為

$$R(t) = x(t)p(t) = (t^2 + 3t)(-2t^{3/2} + 30)\text{ 百元}$$

b. 營收 $R(t)$ 相對於時間的變化率為導函數 $R'(t)$，可以從積的公式求得：

$$\begin{aligned} R'(t) &= (t^2 + 3t)\frac{d}{dt}[-2t^{3/2} + 30] + (-2t^{3/2} + 30)\frac{d}{dt}[t^2 + 3t] \\ &= (t^2 + 3t)\left[-2\left(\frac{3}{2}t^{1/2}\right)\right] + (-2t^{3/2} + 30)[2t + 3] \end{aligned}$$

在時間 $t = 4$ 時，營收的變化率為

$$\begin{aligned} R'(4) &= [(4)^2 + 3(4)][-3(4)^{1/2}] + [-2(4)^{3/2} + 30][2(4) + 3] \\ &= -14 \end{aligned}$$

因此，在 4 個月後，營收的變化率是每月 1,400 元，因為 $R'(4)$ 是負的，所以營收正在減少。

積的公式之證明將留到本節最末。能夠微分函數的商也相當重要，為此，我們介紹以下的公式。

小心：常犯的錯誤是以為 $\left(\frac{f}{g}\right)' = \frac{f'}{g'}$。

商的公式 ■ 若 $f(x)$ 和 $g(x)$ 都是可微分函數，則商 $Q(x) = \frac{f(x)}{g(x)}$ 亦可微分，且

$$\frac{d}{dx}\left[\frac{f(x)}{g(x)}\right] = \frac{g(x)\frac{d}{dx}[f(x)] - f(x)\frac{d}{dx}[g(x)]}{[g(x)]^2} \quad \text{當 } g(x) \neq 0$$

或

$$\left(\frac{f}{g}\right)' = \frac{gf' - fg'}{g^2}$$

注意　截至目前為止，商的公式可能是本書所介紹最複雜的公式。注意，商的公式與積的公式很類似，差別在於其含有負號，因此分子中各項的順序很重要。首先將分母 g 平方，然後將 g 複製到分子，這樣分子的順序就對了。之後再參考積的公式形式，就可以把分子剩下的部分寫出來。不要忘記插入負號，如果不是有負號，商的公式不會這麼難記。以下是商的公式的趣味版，可以幫助你記憶商的公式：

$$d\left[\frac{\text{hi}}{\text{ho}}\right] = \frac{\text{ho}\ d(\text{hi}) - \text{hi}\ d(\text{ho})}{\text{ho ho}}$$ ■

例題 2.3.4　應用商的公式

以指定的作法微分 $Q(x) = \dfrac{x^2 - 5x + 7}{2x}$。

a. 先作除法。

b. 使用商的公式。

■ **解**

a. 除以分母 $2x$，可得

$$Q(x) = \frac{1}{2}x - \frac{5}{2} + \frac{7}{2}x^{-1}$$

因此

$$Q'(x) = \frac{1}{2} - 0 + \frac{7}{2}(-x^{-2}) = \frac{1}{2} - \frac{7}{2x^2}$$

b. 使用商的公式，可得

$$Q'(x) = \frac{(2x)\dfrac{d}{dx}[x^2 - 5x + 7] - (x^2 - 5x + 7)\dfrac{d}{dx}[2x]}{(2x)^2}$$

$$= \frac{(2x)(2x - 5) - (x^2 - 5x + 7)(2)}{4x^2} = \frac{2x^2 - 14}{4x^2} = \frac{1}{2} - \frac{7}{2x^2}$$

即時複習

回想

$$\frac{A + B}{C} = \frac{A}{C} + \frac{B}{C}$$

但是

$$\frac{A}{B + C} \neq \frac{A}{B} + \frac{A}{C}$$

例題 2.3.5　細菌數量的變化

生物學家琳達正在研究毒素對細菌菌落的影響，她發現在投入毒素 t 小時後，菌落的細菌數量將是 P 百萬，其中

$$P(t) = \frac{t + 1}{t^2 + t + 4}$$

a. 當琳達投入毒素時（時間 $t = 0$），細菌數量相對於時間的變化率為何？

此時數量是正在增加或是正在減少？

b. 琳達對何時細菌數量達到最高點並開始減少特別感興趣，這會發生在什麼時候？在細菌數量開始減少之前，增加了多少細菌？

■ **解**

a. 細菌數量相對於時間的變化率是導函數 $P'(t)$，可以使用商的公式計算：

$$P'(t) = \frac{(t^2+t+4)\frac{d}{dt}[t+1]-(t+1)\frac{d}{dt}[t^2+t+4]}{(t^2+t+4)^2}$$
$$= \frac{(t^2+t+4)(1)-(t+1)(2t+1)}{(t^2+t+4)^2}$$
$$= \frac{-t^2-2t+3}{(t^2+t+4)^2}$$

在 $t=0$ 時投入毒素，此時細菌數量的變化率為

$$P'(0) = \frac{0+0+3}{(0+0+4)^2} = \frac{3}{16} = 0.1875$$

所以，一開始細菌數量的變化率是每小時 0.1875 百萬（187,500）。因為 $P'(0)>0$，此時細菌數量是遞增的。

b. 當 $P'(t)<0$ 時，細菌數量開始遞減。因為 $P'(t)$ 的分子可以因式分解為

$$-t^2-2t+3 = -(t^2+2t-3) = -(t-1)(t+3)$$

可以寫成

$$P'(t) = \frac{-(t-1)(t+3)}{(t^2+t+4)^2}$$

對所有 $t\geq 0$，分母 $(t^2+t+4)^2$ 和分子中的因式 $t+3$ 皆為正數，這表示

當 $0\leq t<1$ 時，$P'(t)>0$ 且 $P(t)$ 為遞增

當 $t>1$ 時，$P'(t)<0$ 且 $P(t)$ 為遞減

因此，在 1 小時後細菌數量開始減少。

細菌一開始的數量為

$$P(0) = \frac{0+1}{0+0+4} = \frac{1}{4} \text{ 百萬}$$

而 1 小時後的細菌數量為

$$P(1) = \frac{1+1}{1+1+4} = \frac{1}{3} \text{ 百萬}$$

因此，在開始減少前，增加的細菌數量為

$$P(1) - P(0) = \frac{1}{3} - \frac{1}{4} = \frac{1}{12} \text{ 百萬}$$

亦即大約是 83,333 隻細菌。

商的公式有點麻煩，所以若非必要時，不要使用。參閱例題 2.3.6。

例題 2.3.6　應用冪次公式於商

微分函數 $y = \dfrac{2}{3x^2} - \dfrac{x}{3} + \dfrac{4}{5} + \dfrac{x+1}{x}$。

■ 解

你可以使用商的公式，不過更快且更簡單的方法是將函數改寫為

$$y = \frac{2}{3}x^{-2} - \frac{1}{3}x + \frac{4}{5} + 1 + x^{-1}$$

然後逐項使用冪次公式，可得

$$\begin{aligned}\frac{dy}{dx} &= \frac{2}{3}(-2x^{-3}) - \frac{1}{3} + 0 + 0 + (-1)x^{-2} \\ &= -\frac{4}{3}x^{-3} - \frac{1}{3} - x^{-2} \\ &= -\frac{4}{3x^3} - \frac{1}{3} - \frac{1}{x^2}\end{aligned}$$

二階導函數

在實際應用上，可能會需要計算本身就是變化率的函數之變化率。例如，車子的加速度是速度相對於時間的變化率，而速度又是位置相對於時間的變化率。若位置的單位是英哩，時間的單位是小時，則速度（位置的變化率）的單位就是英哩／小時，而加速度（速度的變化率）的單位就是英哩／平方小時。

變化率的變化率在經濟學上相當常見，例如，在通貨膨脹期間，政府的經濟專家會對全國保證，雖然物價在上漲，但是上漲的速度正在減緩。換句話說，物價雖然還是在上漲，但不像以往漲得那麼快。

函數 $f(x)$ 相對於 x 的變化率是導函數 $f'(x)$。相同地，函數 $f'(x)$ 相對於 x 的變化率是導函數 $(f'(x))'$。這個符號看起來有點奇怪，所以我們將 $f(x)$ 的導函數的導函數寫成 $f''(x)$，稱為 $f(x)$ 的**二階導函數**。若 $y = f(x)$，則 y 對 x 的二階導函數寫成 y'' 或 $\dfrac{d^2y}{dx^2}$。以下整理二階導函數所用的專有名詞及符號。

二階導函數 ■ 一個函數的二階導函數是其導函數的導函數，若 $y = f(x)$，則二階導函數表示為

$$f''(x) \quad 或 \quad \frac{d^2y}{dx^2}$$

二階導函數代表原函數的變化率的變化率。

注意 導函數 $f'(x)$ 有時被稱為**一階導函數 (first derivative)**，以與**二階導函數 (second derivative)** $f''(x)$ 區別。■

欲求二階導函數時，不需要用到任何新的公式，只要求出一階導函數，再微分一次即可。

例題 2.3.7 求二階導函數

求出函數 $f(x) = 5x^4 - 3x^2 - 3x + 7$ 的二階導函數。

■ 解

一階導函數為

$$f'(x) = 20x^3 - 6x - 3$$

接著再微分一次，可得到二階導函數為

$$f''(x) = 60x^2 - 6$$

例題 2.3.8 求二階導函數

求出 $y = x^2(3x + 1)$ 的二階導函數。

■ 解

由積的公式可得

$$\begin{aligned}\frac{d}{dx}[x^2(3x+1)] &= x^2\frac{d}{dx}[3x+1] + (3x+1)\frac{d}{dx}[x^2] \\ &= x^2(3) + (3x+1)(2x) \\ &= 9x^2 + 2x\end{aligned}$$

因此，二階導函數為

$$\begin{aligned}\frac{d^2y}{dx^2} &= \frac{d}{dx}[9x^2 + 2x] \\ &= 18x + 2\end{aligned}$$

注意　在計算二階導函數前，應該先盡量化簡一階導函數。一階導函數愈複雜，二階導函數的計算就會愈麻煩。■

3.2 節將應用二階導函數於求出圖形的形狀，3.4 節和 3.5 節則將其應用於最佳化問題。例題 2.3.9 解釋二階導函數是變化率的變化率。

例題 2.3.9　求生產率的變化率

針對某工廠早班工人所作的工作效率研究指出，一般在早上 8 點上班的工人，在 t 小時後將生產

$$Q(t) = -t^3 + 6t^2 + 24t \text{ 單位}$$

a. 計算工人在早上 11 點時的生產率。

b. 在早上 11 點時，工人的生產率相對於時間的變化率為何？

■ 解

a. 工人的生產率為生產量 $Q(t)$ 的一階導函數

$$R(t) = Q'(t) = -3t^2 + 12t + 24$$

在早上 11 點（$t = 3$）時的生產率為

$$R(3) = Q'(3) = -3(3)^2 + 12(3) + 24 = 33$$
$$= 33 \text{ 單位 / 小時}$$

b. 工人的生產率的變化率為產出函數的二階導函數

$$R'(t) = Q''(t) = -6t + 12$$

在早上 11 點時，此變化率為

$$R'(3) = Q''(3) = -6(3) + 12$$
$$= -6 \text{ 單位 / 平方小時}$$

負號代表工人的生產率正逐漸減少，亦即工人的生產速度正在變慢。在早上 11 點時，工作效率的減少速率為 6 單位 / 平方小時。

回想 2.2 節中，一個物體沿著一條直線運動的**加速度 (acceleration)** $a(t)$ 是速度 $v(t)$ 的導函數，而速度又是位置 $s(t)$ 的導函數，所以加速度可以想成是位置的二階導函數，亦即

$$a(t) = \frac{d^2s}{dt^2}$$

這個符號將應用於例題 2.3.10 之中。

例題 2.3.10 求速度及加速度

若一個物體沿著一條直線運動，其在時間 t 時的位置是 $s(t) = t^3 - 3t^2 + 4t$，求出其速度及加速度。

■ **解**

此物體的速度為

$$v(t) = \frac{ds}{dt} = 3t^2 - 6t + 4$$

其加速度為

$$a(t) = \frac{dv}{dt} = \frac{d^2s}{dt^2} = 6t - 6$$

高階導函數

如果將函數 $f(x)$ 的二階導函數 $f''(x)$ 再微分一次，會得到三階導函數，記為 $f'''(x)$。若再微分一次，會得到四階導函數，記為 $f^{(4)}(x)$，因為原本的表示法 $f''''(x)$ 難以書寫。一般而言，將 $f(x)$ 微分 n 次所得到的導函數稱為 $f(x)$ 的**第 n 次導函數 (nth derivative)** 或 **n 階導函數 (derivative of order n)**，記為 $f^{(n)}(x)$。

n 階導函數 ■ 對任何正整數 n，一個函數的 n 階導函數是將該函數連續微分 n 次所得到的函數。若原函數為 $y = f(x)$，則 n 階導函數記為

$$f^{(n)}(x) \quad 或 \quad \frac{d^ny}{dx^n}$$

例題 2.3.11 求高階導函數

求出下列函數的五階導函數：

a. $f(x) = 4x^3 + 5x^2 + 6x - 1$

b. $y = \dfrac{1}{x}$

■ **解**

a.
$$\begin{aligned} f'(x) &= 12x^2 + 10x + 6 \\ f''(x) &= 24x + 10 \\ f'''(x) &= 24 \\ f^{(4)}(x) &= 0 \\ f^{(5)}(x) &= 0 \end{aligned}$$

b. $$\frac{dy}{dx} = \frac{d}{dx}(x^{-1}) = -x^{-2} = -\frac{1}{x^2}$$
$$\frac{d^2y}{dx^2} = \frac{d}{dx}(-x^{-2}) = 2x^{-3} = \frac{2}{x^3}$$
$$\frac{d^3y}{dx^3} = \frac{d}{dx}(2x^{-3}) = -6x^{-4} = -\frac{6}{x^4}$$
$$\frac{d^4y}{dx^4} = \frac{d}{dx}(-6x^{-4}) = 24x^{-5} = \frac{24}{x^5}$$
$$\frac{d^5y}{dx^5} = \frac{d}{dx}(24x^{-5}) = -120x^{-6} = -\frac{120}{x^6}$$

推導積的公式

積的公式和商的公式並不容易證明。兩者的關鍵點皆在於以 f 和 g 的差商來表示該表示式（積為 fg，商為 $\frac{f}{g}$）的差商。以下是積的公式的證明。

要證明 $\frac{d}{dx}(fg) = f\frac{dg}{dx} + g\frac{df}{dx}$，一開始先適當的寫出 $f(x)g(x)$ 的差商，再將分子分別加上和減去 $f(x+h)g(x)$，以得到 $f(x)$ 和 $g(x)$ 的差商如下：

$$\begin{aligned}\frac{d}{dx}(fg) &= \lim_{h\to 0}\frac{f(x+h)g(x+h) - f(x)g(x)}{h}\\ &= \lim_{h\to 0}\left[\frac{f(x+h)g(x+h) - f(x+h)g(x)}{h} + \frac{f(x+h)g(x) - f(x)g(x)}{h}\right]\\ &= \lim_{h\to 0}\left(f(x+h)\left[\frac{g(x+h) - g(x)}{h}\right] + g(x)\left[\frac{f(x+h) - f(x)}{h}\right]\right)\end{aligned}$$

此時令 h 趨近於 0，因為

$$\lim_{h\to 0}\frac{f(x+h) - f(x)}{h} = \frac{df}{dx}$$
$$\lim_{h\to 0}\frac{g(x+h) - g(x)}{h} = \frac{dg}{dx}$$

且 $$\lim_{h\to 0} f(x+h) = f(x) \qquad f(x) \text{ 的連續性}$$

所以 $$\frac{d}{dx}(fg) = f\frac{dg}{dx} + g\frac{df}{dx}$$

習題 ■ 2.3

第 1 題到第 9 題，微分下列函數。

1. $f(x) = (2x + 1)(3x - 2)$
2. $y = 10(3u + 1)(1 - 5u)$
3. $f(x) = \frac{1}{3}(x^5 - 2x^3 + 1)\left(x - \frac{1}{x}\right)$
4. $y = \frac{x + 1}{x - 2}$
5. $f(t) = \frac{t}{t^2 - 2}$
6. $y = \frac{3}{x + 5}$
7. $f(x) = \frac{x^2 - 3x + 2}{2x^2 + 5x - 1}$
8. $f(x) = (2 + 5x)^2$
9. $g(t) = \frac{t^2 + \sqrt{t}}{2t + 5}$

第 10 題到第 12 題，求出給定的曲線在 $x = x_0$ 時的切線方程式。

10. $y = (5x - 1)(4 + 3x);\ x_0 = 0$
11. $y = \frac{x}{2x + 3};\ x_0 = -1$
12. $y = (3\sqrt{x} + x)(2 - x^2);\ x_0 = 1$

第 13 題到第 16 題，求出給定函數的圖形上，所有有水平切線的點。

13. $f(x) = (x - 1)(x^2 - 8x + 7)$
14. $f(x) = (x + 1)(x^2 - x - 2)$
15. $f(x) = \frac{x^2 + x - 1}{x^2 - x + 1}$
16. $f(x) = \frac{x + 1}{x^2 + x + 1}$

第 17 題和第 18 題，求出當 $x = x_0$ 時的變化率 $\frac{dy}{dx}$。

17. $y = (x^2 + 3)(5 - 2x^3);\ x_0 = 1$
18. $y = x + \frac{3}{2 - 4x};\ x_0 = 0$

在 $y = f(x)$ 的曲線上，通過座標 $(x_0, f(x_0))$ 的點 P 的法線是指與通過該點之切線垂直的直線。第 19 題和第 20 題，求出通過給定座標點的法線方程式。

19. $y = \frac{2}{x} - \sqrt{x};\ (1, 1)$
20. $y = \frac{5x + 7}{2 - 3x};\ (1, -12)$
21. **a.** 利用商的公式來微分函數 $y = \frac{2x - 3}{x^3}$。
    b. 將函數改寫成 $y = x^{-3}(2x - 3)$，利用積的公式進行微分。
    c. 將函數改寫成 $y = 2x^{-2} - 3x^{-3}$，進行微分。
    d. 證明 (a)、(b)、(c) 小題的答案一致。

第 22 題到第 27 題，求出所給函數的二階導函數。在每一題中，使用適當的符號表示二階導函數，並化簡你的答案。(別忘了在計算二階導函數前，先盡量化簡一階導函數。)

22. $f(x) = 5x^{10} - 6x^5 - 27x + 4$
23. $f(x) = \frac{2}{5}x^5 - 4x^3 + 9x^2 - 6x - 2$
24. $y = 5\sqrt{x} + \frac{3}{x^2} + \frac{1}{3\sqrt{x}} + \frac{1}{2}$
25. $y = \frac{2}{3x} - \sqrt{2x} + \sqrt{2}x - \frac{1}{6\sqrt{x}}$
26. $y = (x^2 - x)\left(2x - \frac{1}{x}\right)$
27. $y = (x^3 + 2x - 1)(3x + 5)$

商業與經濟應用問題

28. **銷售** 珠寶行的經理發現銷售函數為

$$S(t) = \frac{2{,}000t}{4 + 0.3t}$$

其中 t 是從 2010 年起經過的時間（年），S 的單位為千元。

a. 在 2012 年，銷售的變化率是多少？
b. 長期而言（即 $t \to +\infty$），銷售會發生什麼變化？

29. **工作效率** 針對某工廠早班進行的工作效率研究指出，工人平均在早上 8 點上班，並在 t 小時後生產 $Q(t) = -t^3 + 8t^2 + 15t$ 單位。

a. 求出工人的生產率 $R(t) = Q'(t)$。

b. 在早上 9 點時，工人的生產率相對於時間的變化率為何？

生命與社會科學應用問題

30. **污染控制** 研究指出，在污染控制上所花的金錢是有效的，但是有其上限，最後會變成浪費。假設已知在污染控制上花費 x 百萬元，移除污染的百分比為

$$P(x) = \frac{100\sqrt{x}}{0.03x^2 + 9}$$

a. 當花費 16 百萬元時，移除污染的百分比 $P(x)$ 之變化率為何？此時百分比會增加或減少？

b. 當 $P(x)$ 增加時，x 的範圍為何？當 $P(x)$ 減少時，x 的範圍為何？

31. **細菌族群** 某細菌菌落在引進毒素 t 小時後，估計其總數為

$$P(t) = \frac{24t + 10}{t^2 + 1} \text{ 百萬隻}$$

a. 引進毒素 1 小時 ($t = 1$) 後，細菌總數的變化率是多少？此時總數是正在增加或減少？

b. 什麼時候總數會開始減少？

32. **人口成長** 根據估計，t 年後，某一郊區社區的人口數為 $P(t) = 20 - \dfrac{6}{t + 1}$ 千人。

a. 導出 t 年後，人口數相對於時間的變化率之公式。

b. 1 年後，人口成長率是多少？

c. 在第二年期間，人口實際上的增加量是多少？

d. 9 年後，人口成長率是多少？

e. 長期而言，人口成長率會發生什麼變化？

其他問題

第 33 題和第 34 題，$s(t)$ 為一個沿著直線運動的物體的位置。

(a) 求出該物體的速度 $v(t)$ 和加速度 $a(t)$。

(b) 求出使得加速度為 0 的所有時間 t。

33. $s(t) = 3t^5 - 5t^3 - 7$

34. $s(t) = -t^3 + 7t^2 + t + 2$

35. **速度** 一個物體沿著直線運動，在 t 分鐘後，它的位置與出發點的距離為 $D(t) = 10t + \dfrac{5}{t + 1} - 5$ 公尺。

a. 在第 4 分鐘結束時，該物體的速度是多少？

b. 在第 5 分鐘內，該物體實際上移動了多遠？

36. **加速度** 在一個 8 小時的旅途中，經過 t 小時後，車子已經行進了 $D(t) = 64t + \dfrac{10}{3}t^2 - \dfrac{2}{9}t^3$ 公里。

a. 將車子的加速度表示為時間的函數。

b. 在第 6 小時結束時，車子的速度相對於時間的變化率是多少？此時速度是正在增加或減少？

c. 在第 7 小時內，車子速度的實際變化量是多少？

37. 若 $f(x) = x^5 - 2x^4 + x^3 - 3x^2 + 5x - 6$，求出 $f^{(4)}(x)$。

38. 若 $y = \sqrt{x} - \dfrac{1}{2x} + \dfrac{x}{\sqrt{2}}$，求出 $\dfrac{d^3y}{dx^3}$。

39. a. 證明

$$\frac{d}{dx}[fgh] = fg\frac{dh}{dx} + fh\frac{dg}{dx} + gh\frac{df}{dx}$$

（提示：使用兩次積的公式。）

b. 若 $y = (2x + 1)(x - 3)(1 - 4x)$，求出 $\dfrac{dy}{dx}$。

40. a. 結合積的公式與商的公式，求出 $\dfrac{d}{dx}\left[\dfrac{fg}{h}\right]$。

b. 若 $y = \dfrac{(2x + 7)(x^2 + 3)}{3x + 5}$，求出 $\dfrac{dy}{dx}$。

2.4 節　連鎖律

學習目標

1. 討論連鎖律。
2. 使用連鎖律以求出及應用導函數。

在很多實際情況下，一個數量的變化率可以表示成其他變化率的乘積。例如，若車輛在某個時間的速度是每小時 50 英哩，且此時的汽油消耗速率是每英哩 0.1 加侖，則欲知每小時消耗的汽油量，你可以把兩個變化率相乘，得到

（0.1 加侖／英哩）（50 英哩／小時）＝（5 加侖／小時）

或者，假設某工廠的總生產成本是生產量的函數，而生產量是工廠運作時間的函數。若 C、q 和 t 分別代表成本、生產量和時間，則

$$[\text{成本相對於生產量的變化率}] = \frac{dC}{dq} \text{ 元 / 單位}$$

及

$$[\text{生產量相對於時間的變化率}] = \frac{dq}{dt} \text{ 單位 / 小時}$$

這兩個變化率的乘積是成本相對於時間的變化率，亦即

$$\frac{dC}{dt} = \frac{dC}{dq}\frac{dq}{dt} \quad \text{（元 / 小時）}$$

在微積分中有一個重要的結果，稱為**連鎖律 (chain rule)**，而這個式子是連鎖律的一個特例。

連鎖律 ■　若 $y = f(u)$ 是 u 的可微分函數，而 $u = g(x)$ 是 x 的可微分函數，則合成函數 $y = f(g(x))$ 是 x 的可微分函數，其導函數為以下的乘積：

$$\frac{dy}{dx} = \frac{dy}{du}\frac{du}{dx}$$

或等於

$$\frac{dy}{dx} = f'(g(x))g'(x)$$

注意　一種有助於記憶連鎖律的方法是假裝 $\frac{dy}{du}$ 和 $\frac{du}{dx}$ 皆為分數，並且消去 du，亦即

$$\frac{dy}{dx} = \frac{dy}{du}\frac{du}{dx}$$ ■

為了說明連鎖律的用法，假設欲微分函數 $y = (3x + 1)^2$，靠直覺「猜想」，導函數可能是

$$\begin{aligned}\frac{dy}{dx} &= \frac{d}{dx}[(3x + 1)^2] = 2(3x + 1)\\ &= 6x + 2\end{aligned}$$

但這個猜測是錯的，因為展開 $(3x + 1)^2$ 後再微分可得到

$$\frac{dy}{dx} = \frac{d}{dx}[(3x + 1)^2] = \frac{d}{dx}[9x^2 + 6x + 1] = 18x + 6$$

其結果是猜測結果 $6x + 2$ 的 3 倍。然而，若將 $y = (3x + 1)^2$ 寫成 $y = u^2$，其中 $u = 3x + 1$，則

$$\frac{dy}{du} = \frac{d}{du}[u^2] = 2u \qquad \text{和} \qquad \frac{du}{dx} = \frac{d}{dx}[3x + 1] = 3$$

由連鎖律可知

$$\begin{aligned}\frac{dy}{dx} &= \frac{dy}{du}\frac{du}{dx} = (2u)(3)\\ &= 6(3x + 1) = 18x + 6\end{aligned}$$

此結果與之前先展開 $(3x + 1)^2$ 所得的正確答案相符。例題 2.4.1 和 2.4.2 中說明連鎖律的各種使用方法。

例題 2.4.1　應用連鎖律

若 $y = (x^2 + 2)^3 - 3(x^2 + 2)^2 + 1$，求出 $\frac{dy}{dx}$。

■ 解

令 $u = x^2 + 2$，則 $y = u^3 - 3u^2 + 1$。因此，

$$\frac{dy}{du} = 3u^2 - 6u \quad \text{和} \quad \frac{du}{dx} = 2x$$

根據連鎖律，得到

$$\begin{aligned}\frac{dy}{dx} &= \frac{dy}{du}\frac{du}{dx} = (3u^2 - 6u)(2x) \qquad \text{以 } u \text{ 代換 } x^2 + 2\\ &= [3(x^2 + 2)^2 - 6(x^2 + 2)](2x)\\ &= 6x^5 + 12x^3\end{aligned}$$

在 2.1 節至 2.3 節中，你已經學到一些需要計算在某個特定的自變數值的導函數之應用（例如斜率和變化率）。當以連鎖律計算導函數時，這有兩種基本方法。

例如，假設在例題 2.4.1 中，我們想要計算當 $x = -1$ 時，$\frac{dy}{dx}$ 的值，一種方法是簡單地將 $x = -1$ 代入導函數：

$$\left.\frac{dy}{dx}\right|_{x=-1} = 6x^5 + 12x^3\Big|_{x=-1} = 6(-1)^5 + 12(-1)^3 = -18$$

另一種方法是先計算 $u(-1) = (-1)^2 + 2 = 3$，再直接代入公式 $\frac{dy}{dx} = (3u^2 - 6u)(2x)$，得到

$$\left.\frac{dy}{dx}\right|_{x=-1} = (3u^2 - 6u)(2x)\Big|_{\substack{x=-1\\u=3}} = [3(3)^2 - 6(3)][2(-1)] = (9)(-2) = -18$$

兩種方法都可以得到正確答案，但是因為直接代入數字計算比代數表示式容易，所以除非因為某種原因，你需要以 x 來表示 $\frac{dy}{dx}$，通常第二種（數值）方法是比較好的選擇。例題 2.4.2 將會使用計算連鎖律所得的導函數值的數值方法，求出切線的斜率。

例題 2.4.2 利用連鎖律求切線斜率

考慮函數 $y = \frac{u}{u+1}$，其中 $u = 3x^2 - 1$。

a. 使用連鎖律求出以 x 和 u 表示的 $\frac{dy}{dx}$。

b. 求出 $y(x)$ 的圖形在 $x = 1$ 處的切線方程式。

解

a. 先求出

$$\frac{dy}{du} = \frac{(u+1)(1) - u(1)}{(u+1)^2} = \frac{1}{(u+1)^2} \quad \text{商的公式}$$

和

$$\frac{du}{dx} = 6x$$

根據連鎖律，可得到

$$\frac{dy}{dx} = \frac{dy}{du}\frac{du}{dx} = \left[\frac{1}{(u+1)^2}\right](6x) = \frac{6x}{(u+1)^2}$$

b. 欲求 $y(x)$ 的圖形在 $x = 1$ 處的切線方程式，需要先求出切點的 y 值和斜率。由於

$$u(1) = 3(1)^2 - 1 = 2$$

當 $x = 1$，y 值為

$$y(1) = \frac{(2)}{(2)+1} = \frac{2}{3} \qquad \text{以 } u(1) = 2 \text{ 代入 } u$$

且斜率為

$$\left.\frac{dy}{dx}\right|_{\substack{x=1\\u=2}} = \frac{6(1)}{(2+1)^2} = \frac{6}{9} = \frac{2}{3} \qquad \text{代入 } x = 1\text{，並以 } u(1) = 2 \text{ 代入 } u$$

所以，應用直線方程式的點斜式，可知 $y(x)$ 的圖形在 $x = 1$ 處的切線方程式為

$$y - \frac{2}{3} = \frac{2}{3}(x - 1)$$

或者表示成 $y = \frac{2}{3}x$。

在許多實際問題中，一個數量被表示為一個變數的函數，而這個變數又可以寫成第二個變數的函數，且目的是在求原始數量相對於第二個變數的變化率，這類問題可以藉由連鎖律來求解，如例題 2.4.3 所示。

例題 2.4.3　求成本的變化率

生產某一產品 x 單位的成本為 $C(x) = \frac{1}{3}x^2 + 4x + 53$ 元，而開始生產某批量 t 小時後的生產量為 $x(t) = 0.2t^2 + 0.03t$ 單位。在 4 小時後，成本相對於時間的變化率為何？

■ 解

依題目所述，可得

$$\frac{dC}{dx} = \frac{2}{3}x + 4 \qquad \text{和} \qquad \frac{dx}{dt} = 0.4t + 0.03$$

根據連鎖律，可得

$$\frac{dC}{dt} = \frac{dC}{dx}\frac{dx}{dt} = \left(\frac{2}{3}x + 4\right)(0.4t + 0.03)$$

當 $t=4$ 時，生產量為

$$x(4) = 0.2(4)^2 + 0.03(4) = 3.32 \text{ 單位}$$

將 $t=4$ 及 $x=3.32$ 代入 $\frac{dC}{dt}$ 的公式，可得到

$$\left.\frac{dC}{dt}\right|_{\substack{t=4 \\ x=3.32}} = \left[\frac{2}{3}(3.32) + 4\right][0.4(4) + 0.03] = 10.1277$$

因此，在 4 小時後，成本每小時約增加 10.13 元。

有時候在面對合成函數 $y=f(g(x))$ 時，將 f 想像成「外」函數，而 g 為「內」函數，可能會有所幫助，如下所示：

外函數
$$y = f(g(x))$$
內函數

則連鎖律

$$\frac{dy}{dx} = f'(g(x))g'(x)$$

表示 $y=f(g(x))$ 對 x 的導函數，是外函數對內函數的導函數乘上內函數的導函數。例題 2.4.4 在應用連鎖律計算導函數時，以方格□指出內函數的位置與角色，以強調以上的解釋。

例題 2.4.4 應用連鎖律於根式函數

微分函數 $f(x) = \sqrt{x^2 + 3x + 2}$。

■ 解

函數的形式為

$$f(x) = (\square)^{1/2}$$

其中□代表 x^2+3x+2，則

$$(\square)' = (x^2 + 3x + 2)' = 2x + 3$$

根據連鎖律，合成函數 $f(x)$ 的導函數為

$$\begin{aligned} f'(x) &= \frac{1}{2}(\square)^{-1/2}(\square)' \\ &= \frac{1}{2}(\square)^{-1/2}(2x+3) \\ &= \frac{1}{2}(x^2 + 3x + 2)^{-1/2}(2x+3) = \frac{2x+3}{2\sqrt{x^2+3x+2}} \end{aligned}$$

一般冪次公式

在 2.2 節中學到的微分冪次函數的公式為

$$\frac{d}{dx}[x^n] = nx^{n-1}$$

將此公式與連鎖律結合，可以得到以下的公式，以微分一般形式的函數 $[h(x)]^n$。

> **一般冪次公式** ■ 對任何實數 n 與可微分函數 h，
>
> $$\frac{d}{dx}[h(x)]^n = n[h(x)]^{n-1}\frac{d}{dx}[h(x)]$$

要推導一般冪次公式，將 $[h(x)]^n$ 視為合成函數

$$[h(x)]^n = g[h(x)] \quad 其中 g(u) = u^n$$

則

$$g'(u) = nu^{n-1} \qquad 和 \qquad h'(x) = \frac{d}{dx}[h(x)]$$

根據連鎖律，可得到

$$\frac{d}{dx}[h(x)]^n = \frac{d}{dx}g[h(x)] = g'[h(x)]h'(x) = n[h(x)]^{n-1}\frac{d}{dx}[h(x)]$$

例題 2.4.5 和 2.4.6 將說明一般冪次公式的用法。

例題 2.4.5　應用一般冪次公式

微分函數 $f(x) = (2x^4 - x)^3$。

■ 解

求解此問題的方法之一是將函數展開，改寫成

$$f(x) = 8x^{12} - 12x^9 + 6x^6 - x^3$$

接著將多項式逐項微分以得到

$$f'(x) = 96x^{11} - 108x^8 + 36x^5 - 3x^2$$

這個方法所用到的代數比較複雜，如果是使用一般冪次公式就會簡單很多：

$$f'(x) = [3(2x^4 - x)^2]\frac{d}{dx}[2x^4 - x] = 3(2x^4 - x)^2(8x^3 - 1)$$

此方法不只比較簡單，連答案也是因式分解後的形式。

例題 2.4.6 應用一般冪次公式於倒數冪次函數

微分函數 $f(x) = \dfrac{1}{(2x+3)^5}$。

■ **解**

雖然可以使用商的公式求解，不過比較簡單的作法是先將函數改寫成

$$f(x) = (2x+3)^{-5}$$

再應用一般冪次公式以得到

$$f'(x) = [-5(2x+3)^{-6}]\frac{d}{dx}[2x+3] = -5(2x+3)^{-6}(2) = -\frac{10}{(2x+3)^6}$$

連鎖律時常和 2.2 節和 2.3 節中所學到的公式一起使用，例題 2.4.7 是與積的公式一起使用。

例題 2.4.7 求水平切線

微分函數 $f(x) = (3x+1)^4(2x-1)^5$，並化簡答案。再找出所有使得 $f(x)$ 的圖形在 $(c, f(c))$ 有水平切線的 $x = c$ 之值。

■ **解**

先應用積的公式以得到

$$f'(x) = (3x+1)^4\frac{d}{dx}[(2x-1)^5] + (2x-1)^5\frac{d}{dx}[(3x+1)^4]$$

再應用一般冪次公式於每一項：

$$\begin{aligned} f'(x) &= (3x+1)^4[5(2x-1)^4(2)] + (2x-1)^5[4(3x+1)^3(3)] \\ &= 10(3x+1)^4(2x-1)^4 + 12(2x-1)^5(3x+1)^3 \end{aligned}$$

最後，利用因式分解化簡答案：

$$\begin{aligned} f'(x) &= 2(3x+1)^3(2x-1)^4[5(3x+1) + 6(2x-1)] \\ &= 2(3x+1)^3(2x-1)^4[15x+5+12x-6] \\ &= 2(3x+1)^3(2x-1)^4(27x-1) \end{aligned}$$

當 $f'(c) = 0$ 時，$f(x)$ 的圖形在點 $(c, f(c))$ 有水平切線。求解

$$f'(x) = 2(3x+1)^3(2x-1)^4(27x-1) = 0$$

可知 $f'(c) = 0$ 發生在

$$3c+1=0 \quad 或 \quad 2c-1=0 \quad 或 \quad 27c-1=0$$

亦即 $c=-\frac{1}{3}$、$\frac{1}{2}$ 及 $\frac{1}{27}$。

有時候必須重複使用連鎖律，例題 2.4.8 使用兩次連鎖律，以求得根式函數的導函數。

例題 2.4.8　使用兩次連鎖律

求出函數 $f(x)=\sqrt{(x^2-4)^5+2x}$ 的二階導函數。

■ 解

首先將函數寫成以下形式

$$f(x)=[(x^2-4)^5+2x]^{1/2}$$

再應用一般冪次公式兩次以到導函數：

$$\begin{aligned}
f(x)&=[(x^2-4)^5+2x]^{1/2} && \text{一般冪次公式}\\
f'(x)&=\frac{1}{2}[(x^2-4)^5+2x]^{-1/2}\frac{d}{dx}[(x^2-4)^5+2x] && \text{再次使用冪次公式}\\
&=\frac{1}{2}[(x^2-4)^5+2x]^{-1/2}\left[5(x^2-4)^4\frac{d}{dx}(x^2-4)+2\right] && \text{冪次公式}\\
&=\frac{1}{2}[(x^2-4)^5+2x]^{-1/2}[5(x^2-4)^4(2x)+2] && \text{合併同類項並化簡 0}\\
&=\frac{5x(x^2-4)^4+1}{\sqrt{(x^2-4)^5+2x}}
\end{aligned}$$

連鎖律經常被用來計算高階導函數，例題 2.4.9 應用一般冪次公式求解有理函數的二階導函數，以說明一般的使用步驟。

例題 2.4.9　應用一般冪次公式求解二階導函數

求出函數 $f(x)=\frac{3x-2}{(x-1)^2}$ 的二階導函數。

■ 解

使用商的公式及一般冪次公式（應用於 $(x-1)^2$），可得

$$\begin{aligned}
f'(x)&=\frac{(x-1)^2(3)-(3x-2)[2(x-1)(1)]}{(x-1)^4} && \text{提出公因式 }(x-1)\\
&=\frac{(x-1)[3(x-1)-2(3x-2)]}{(x-1)^4} && \text{消去 }(x-1)\text{ 並將分子展開}\\
&=\frac{3x-3-6x+4}{(x-1)^3}\\
&=\frac{1-3x}{(x-1)^3}
\end{aligned}$$

再次使用商的公式，不過這次一般冪次公式應用於 $(x-1)^3$，可得

$$\begin{aligned} f''(x) &= \frac{(x-1)^3(-3)-(1-3x)[3(x-1)^2(1)]}{(x-1)^6} \\ &= \frac{-3(x-1)^2[(x-1)+(1-3x)]}{(x-1)^6} \\ &= \frac{-3(-2x)}{(x-1)^4} = \frac{6x}{(x-1)^4} \end{aligned}$$

例題 2.4.10 和 2.4.11 說明連鎖律的應用。

例題 2.4.10　求需求量的變化率

喬飛管理某家電器製造公司，他發現當果汁機的單價為 p 元時，每月的銷售量為

$$D(p) = \frac{8{,}000}{p}$$

此外，他估計從現在起 t 個月後，果汁機的單價將是 $p(t) = 0.06t^{3/2} + 22.5$ 元，則喬飛可以預期從現在起 25 個月後，果汁機每月的需求量 $D(p)$ 之變化率為何？此時需求量是正在增加還是正在減少？

■ 解

我們想要求出當 $t = 25$ 時的 $\frac{dD}{dt}$。已知

$$\frac{dD}{dp} = \frac{d}{dp}\left[\frac{8{,}000}{p}\right] = -\frac{8{,}000}{p^2}$$

以及

$$\frac{dp}{dt} = \frac{d}{dt}[0.06t^{3/2} + 22.5] = 0.06\left(\frac{3}{2}t^{1/2}\right) = 0.09t^{1/2}$$

所以根據連鎖律，可得

$$\frac{dD}{dt} = \frac{dD}{dp}\frac{dp}{dt} = \left[-\frac{8{,}000}{p^2}\right](0.09t^{1/2})$$

當 $t = 25$ 時，此產品的單價為

$$p(25) = 0.06(25)^{3/2} + 22.5 = 30\text{元}$$

因此，

$$\left.\frac{dD}{dt}\right|_{\substack{t=25\\p=30}} = \left[-\frac{8{,}000}{30^2}\right][0.09(25)^{1/2}] = -4$$

也就是從現在起 25 個月後，果汁機需求量的變化率將是每個月 4 單位，因為 $\frac{dD}{dt}$ 為負值，所以需求量正在減少。

例題 2.4.11 求空氣污染物的變化率

根據針對某郊區社區所作的環境研究指出，當人口數是 p 千人時，平均每日的一氧化碳濃度是 $c(p) = \sqrt{0.5p^2 + 17}$。根據估計，從現在起 t 年後，該社區的人口數將會是 $p(t) = 3.1 + 0.1t^2$ 千人。從現在起 3 年後，一氧化碳濃度相對於時間的變化率為何？

■ **解**

目標是求得當 $t = 3$ 時的 $\frac{dc}{dt}$。因為

$$\frac{dc}{dp} = \frac{1}{2}(0.5p^2 + 17)^{-1/2}[0.5(2p)] = \frac{1}{2}p(0.5p^2 + 17)^{-1/2}$$

和

$$\frac{dp}{dt} = 0.2t$$

根據連鎖律，可得

$$\frac{dc}{dt} = \frac{dc}{dp}\frac{dp}{dt} = \frac{1}{2}p(0.5p^2 + 17)^{-1/2}(0.2t) = \frac{0.1pt}{\sqrt{0.5p^2 + 17}}$$

當 $t = 3$ 時，

$$p(3) = 3.1 + 0.1(3)^2 = 4$$

將 $t = 3$ 及 $p = 4$ 代入 $\frac{dc}{dt}$ 的公式，可得

$$\begin{aligned}\frac{dc}{dt} &= \frac{0.1(4)(3)}{\sqrt{0.5(4)^2 + 17}}\\ &= \frac{1.2}{\sqrt{25}} = \frac{1.2}{5} = 0.24 \text{ ppm/ 年}\end{aligned}$$

習題 ■ 2.4

第 1 題到第 6 題，使用連鎖律求出導函數 $\frac{dy}{dx}$，並化簡答案。

1. $y = u^2 + 1; u = 3x - 2$
2. $y = \sqrt{u}; u = x^2 + 2x - 3$
3. $y = \frac{1}{u^2}; u = x^2 + 1$
4. $y = \frac{1}{u - 1}; u = x^2$
5. $y = u^2 + 2u - 3; u = \sqrt{x}$
6. $y = u^2 + u - 2; u = \frac{1}{x}$

第 7 題到第 10 題，使用連鎖律，根據給定的 x 值計算導函數 $\frac{dy}{dx}$ 之值。

7. $y = u^2 - u; u = 4x + 3$，當 $x = 0$
8. $y = 3u^4 - 4u + 5; u = x^3 - 2x - 5$，當 $x = 2$
9. $y = \sqrt{u}; u = x^2 - 2x + 6$，當 $x = 3$
10. $y = \frac{1}{u}; u = 3 - \frac{1}{x^2}$，當 $x = \frac{1}{2}$

第 11 題到第 19 題，微分給定的函數，並化簡答案。

11. $f(x) = (2x + 3)^{1.4}$
12. $f(x) = (2x + 1)^4$
13. $f(x) = (x^5 - 4x^3 - 7)^8$
14. $f(t) = \frac{1}{5t^2 - 6t + 2}$
15. $g(x) = \frac{1}{\sqrt{4x^2 + 1}}$
16. $f(x) = \frac{3}{(1 - x^2)^4}$
17. $h(s) = (1 + \sqrt{3s})^5$
18. $f(x) = (x + 2)^3(2x - 1)^5$
19. $f(x) = \frac{(x + 1)^5}{(1 - x)^4}$

第 20 題到第 23 題，根據給定的函數和 x 值，求出通過該點的切線方程式。

20. $f(x) = \sqrt{3x + 4}; x = 0$
21. $f(x) = (3x^2 + 1)^2; x = -1$
22. $f(x) = \frac{1}{(2x - 1)^6}; x = 1$
23. $f(x) = \sqrt[3]{\frac{x}{x + 2}}; x = -1$

第 24 題到第 26 題，求出 $f(x)$ 的圖形上，使得在點 $(c, f(c))$ 之切線為水平線的所有 $x = c$ 之值。

24. $f(x) = (x^2 + x)^2$
25. $f(x) = \frac{x}{(3x - 2)^2}$
26. $f(x) = \sqrt{x^2 - 4x + 5}$

第 27 題和第 28 題，利用兩種方法微分函數，先使用一般冪次公式，再使用積的公式。證明所得到的兩個答案是相同的。

27. $f(x) = (3x + 5)^2$
28. $f(x) = (7 - 4x)^2$

第 29 題到第 31 題，求出給定函數的二階導函數。

29. $f(x) = (3x + 1)^5$
30. $h(t) = (t^2 + 5)^8$
31. $f(x) = \sqrt{1 + x^2}$
32. 若 $h(x) = \sqrt{5x^2 + g(x)}$，其中 $g(0) = 4$，且 $g'(0) = 2$，求 $h'(0)$。
33. 若 $h(x) = \left[3x + \frac{1}{g(x)}\right]^{3/2}$，其中 $g(1) = g'(1) = 1$，求 $h'(-1)$。

商業與經濟應用問題

34. **年收入** 某一家公司成立於 2010 年 1 月，t 年後，該公司的年收入總額為 $f(t) = \sqrt{10t^2 + t + 229}$ 千元。

a. 在 2015 年 1 月，該公司年收入總額的成長率是多少？

b. 在 2015 年 1 月，該公司年收入總額的百分比成長率是多少？

35. 製造成本　某工廠製造 q 單位的總成本為 $C(q) = 0.2q^2 + q + 900$ 元。已知在某個製程的前 t 小時期間，生產量是 $q(t) = t^2 + 100t$ 單位。在開始製造的 1 小時後，總製造成本相對於時間的變化率是多少？

36. 消費者需求　某巴西咖啡進口商估計，當咖啡的價格是每磅 p 元時，當地的消費者每週會購買大約 $D(p) = \dfrac{4{,}374}{p^2}$ 磅的咖啡。該進口商也估計在 t 週後，咖啡的價格是每磅 $p(t) = 0.02t^2 + 0.1t + 6$ 元。

a. 當咖啡的價格是每磅 9 元時，咖啡的需求量相對於價格的變化率為多少？

b. 從現在起 10 週後，咖啡的需求量相對於時間的變化率為多少？此時的需求量是遞增或遞減？

37. 消費者需求　當某產品的價格為每單位 p 元時，消費者每個月會購買 $D(p) = \dfrac{40{,}000}{p}$ 單位。根據估計，從現在起 t 個月後，產品的價格為每單位 $p(t) = 0.4t^{3/2} + 6.8$ 元。從現在起 4 個月後，消費者每個月對此產品之需求量相對於時間的變化率為多少？

38. 生產　當資本支出是 K 千元時，某商品的生產量將是 Q 單位，其中

$$Q(K) = 500K^{2/3}$$

假設資本支出會隨著時間改變，從現在起 t 個月後，資本支出將為 $K(t)$ 千元，其中

$$K(t) = \frac{2t^4 + 3t + 149}{t + 2}$$

a. 從現在起 3 個月後，資本支出將為多少？此時生產量是多少？

b. 從現在起 5 個月後，生產量相對於時間的變化率是多少？此時生產量是遞增或是遞減？

生命與社會科學應用問題

39. 哺乳動物的成長　根據觀察，西伯利亞虎從鼻子到尾巴尖端的身長為 L 公釐 (mm)，可以用公式 $L = 0.25w^{2.6}$ 估計，其中 w 是老虎的體重，其單位是公斤 (kg)。此外，當老虎的年紀小於 6 個月時，可以由其年紀 A（天）來推估其體重為 $w = 3 + 0.21A$ (kg)。

a. 當西伯利亞虎的體重是 60 公斤時，其身長相對於體重的增加率是多少？

b. 年紀為 100 天的西伯利亞虎之身長是多少？在此年紀時，其身長相對於時間的增加率是多少？

其他問題

40. 假設 $L(x)$ 為一函數且 $L'(x) = \dfrac{1}{x}$。利用連鎖律求出下列函數的導函數，並化簡你的答案。

a. $f(x) = L(x^2)$　　b. $f(x) = L\left(\dfrac{1}{x}\right)$

c. $f(x) = L\left(\dfrac{2}{3\sqrt{x}}\right)$　　d. $f(x) = L\left(\dfrac{2x + 1}{1 - x}\right)$

2.5 節　邊際分析與利用增量近似

學習目標

1. 學習經濟上的邊際分析。
2. 利用增量與微分近似導函數。

微積分是經濟學的重要工具。我們在第 1 章曾簡單討論過銷售與生產，介紹一些經濟的觀念，例如成本、營收、利潤以及供應、需求和市場平衡等。在本節中，我們將會利用導函數探討涉及經濟數量的變化率。

邊際分析

在經濟學上*，運用導函數去近似多生產 1 單位所造成的數量變化，稱為**邊際分析 (marginal analysis)**。例如，假設 $C(x)$ 是生產某產品 x 單位的總成本。若現在生產 x_0 單位的產品，則導函數

$$C'(x_0) = \lim_{h \to 0} \frac{C(x_0 + h) - C(x_0)}{h}$$

稱為生產 x_0 單位的**邊際成本 (marginal cost)**。注意到如果令 $h = 1$，$C(x)$ 的差商將是

$$\frac{C(x_0 + 1) - C(x_0)}{1} = C(x_0 + 1) - C(x_0)$$

這是生產第 $(x_0 + 1)$ 單位的成本。當相對於 $h = 1$ 而言，x_0 是一個極大的值時，這個差商大約等於導函數 $C'(x_0)$，亦即

$$C'(x_0) \approx \text{生產第 } (x_0 + 1) \text{ 單位的成本}$$

總結如下：

邊際成本 ■ 若 $C(x)$ 是生產某產品 x 單位的總成本，則生產 x_0 單位的**邊際成本 (marginal cost)** 是導函數 $C'(x_0)$。

當 x_0 足夠大時，邊際成本 $C'(x_0)$ 可以用來估計當生產量從 x_0 增加到 $x_0 + 1$ 時，所產生的額外成本 $C(x_0 + 1) - C(x_0)$。

邊際成本 $C'(x_0)$ 和額外成本 $C(x_0 + 1) - C(x_0)$ 的幾何關係如圖 2.14 所示。

以上的討論不只可以應用在成本上，也可以用在其他經濟數量。以下總結邊際營收和邊際利潤的意義，以及如何應用這些邊際數量來估計營收和利潤上 1 單位的變化。

---

* 經濟學家和企業管理者對此議題的觀點有些許不同。經濟學家的觀點可參見 J. M. Henderson and R. E. Quandt, *Microeconomic Theory*, New York: McGraw-Hill, 1986. 企業管理者的觀點可參見 D. Salvatore, *Management Economics*, New York: McGraw-Hill, 1989，該書有豐富的實務應用及個案研究。

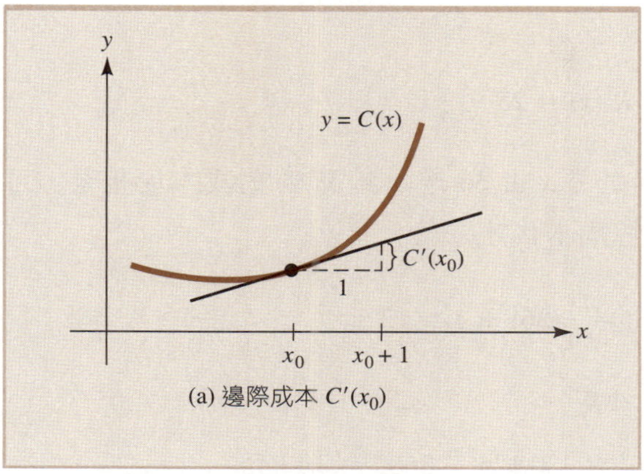

(a) 邊際成本 $C'(x_0)$

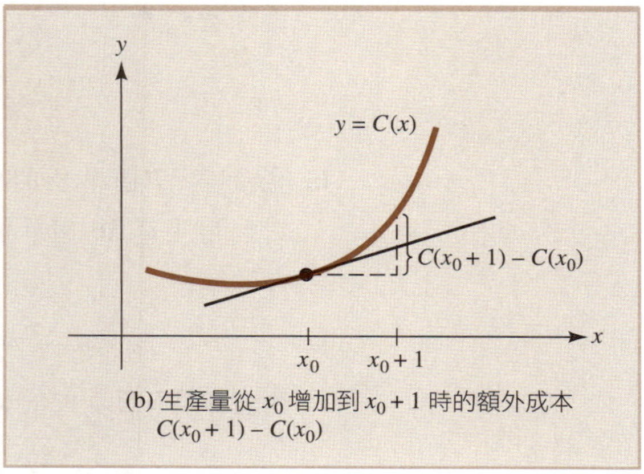

(b) 生產量從 x_0 增加到 $x_0 + 1$ 時的額外成本 $C(x_0 + 1) - C(x_0)$

圖 2.14　邊際成本 $C'(x_0)$ 近似 $C(x_0 + 1) - C(x_0)$。

邊際營收與邊際利潤 ■　假設 $R(x)$ 是生產某產品 x 單位時的收入，$P(x)$ 是對應的利潤。當生產 $x = x_0$ 單位時，則：

邊際營收 (marginal revenue) 為 $R'(x_0)$，近似於多生產 1 單位所產生的額外營收 $R(x_0 + 1) - R(x_0)$。

邊際利潤 (marginal profit) 為 $P'(x_0)$，近似於多生產 1 單位所產生的額外利潤 $P(x_0 + 1) - P(x_0)$。

例題 2.5.1　研究邊際成本與邊際營收

某製造商估計，當生產某產品 x 單位時，總成本為 $C(x) = \frac{1}{8}x^2 + 3x + 98$ 元，此外，當價格為每單位 $p(x) = \frac{1}{3}(75 - x)$ 元時，所有 x 單位的產品將會售罄。

a. 求出邊際成本與邊際營收。

b. 使用邊際成本估計生產第 37 個單位的成本。生產第 37 個單位的實際成本為何？

c. 使用邊際營收估計售出第 37 個單位的營收。售出第 37 個單位的實際營收為何？

■ **解**

a. 邊際成本為 $C'(x) = \frac{1}{4}x + 3$。由於 x 單位的產品是以 $p(x) = \frac{1}{3}(75 - x)$ 元的價格售出，所以總營收為

$$\begin{aligned} R(x) &= (\text{售出的單位數})(\text{每單位的價格}) \\ &= xp(x) = x\left[\frac{1}{3}(75 - x)\right] = 25x - \frac{1}{3}x^2 \end{aligned}$$

邊際營收為

$$R'(x) = 25 - \frac{2}{3}x$$

b. 生產第 37 個單位的成本等於當 x 由 36 增加到 37 時的成本變化量，可以利用生產 36 個單位的邊際成本估計：

$$C'(36) = \frac{1}{4}(36) + 3 = 12 \text{ 元}$$

生產第 37 個單位的實際成本為

$$C(37) - C(36) = 380.125 - 368 \approx 12.13 \text{ 元}$$

因此，邊際成本 $C'(36) = 12$ 元的估計值相當接近實際成本。

c. 售出第 37 個單位的營收，可以利用 $x = 36$ 時的邊際營收估計：

$$R'(36) = 25 - \frac{2}{3}(36) = 1 \text{ 元}$$

售出第 37 個單位產品的實際營收為

$$R(37) - R(36) = 468.67 - 468 = 0.67$$

亦即 67 分，大約等於邊際營收 $R'(36) = 1$ 元。

例題 2.5.2 應用邊際經濟數量於分析生產過程。

例題 2.5.2 應用邊際分析於企業決策

昆丁是某數位相機製造商的企業經理人。他發現當生產 x 百台的相機時，總利潤是 P 元，其中

$$P(x) = -0.0035x^3 + 0.07x^2 + 25x - 200$$

昆丁打算利用邊際利潤來決定未來的生產。

a. 邊際利潤函數為何？

b. 目前的生產量是 $x = 10$（1,000 台相機）。根據此生產量時的邊際利潤，昆丁應建議增加還是減少生產量，以增加利潤？

c. 若目前的生產量是 $x = 50$（5,000 台相機），昆丁應作何決策？若 $x = 80$（目前生產 8,000 台相機），昆丁又應作何決策呢？

■ **解**

a. 邊際利潤為導函數

$$\begin{aligned} P'(x) &= -0.0035(3x^2) + 0.07(2x) + 25 \\ &= -0.0105x^2 + 0.14x + 25 \end{aligned}$$

b. 可求出 $P'(10) = 25.35$。這表示生產量由 10 百台增加 1 單位至 11 百台相機時，利潤大約增加 25.35 千元（25,350 元），因此在目前的生產量下，昆丁不應該增加生產量。

c. 當 $x = 50$ 時的邊際利潤是 $P'(50) = 5.75$，所以當生產量從 50 單位增加到 51 單位時（5,000 台相機到 5,100 台），利潤只會增加 5,750 元，因此改變生產量帶給昆丁的利益很小。

生產量是 80 單位時，邊際利潤 $P'(80) = -31$ 為負值，所以增加 1 單位的生產量時（從 8,000 單位增加到 8,100 單位），利潤實際上會減少大約 31,000 元。此時，昆丁可能會想要減少生產量。

利用增量近似

邊際分析是一般近似步驟的重要範例，由於

$$f'(x_0) = \lim_{h \to 0} \frac{f(x_0 + h) - f(x_0)}{h}$$

對於小的 h 值，導函數 $f'(x_0)$ 大約等於差商

$$\frac{f(x_0 + h) - f(x_0)}{h}$$

我們把這個近似寫成

$$f'(x_0) \approx \frac{f(x_0 + h) - f(x_0)}{h}$$

或

$$f(x_0 + h) - f(x_0) \approx f'(x_0)h$$

為了強調這是變數 x 的增量變化，我們將其寫成 $h = \Delta x$。增量近似的公式總結如下。

增量近似 ■ 若函數 $f(x)$ 在 $x = x_0$ 是可微分的，且 Δx 是 x 的微小變化量，則

$$f(x_0 + \Delta x) \approx f(x_0) + f'(x_0)\Delta x$$

或者，若 $\Delta f = f(x_0 + \Delta x) - f(x_0)$，則

$$\Delta f \approx f'(x_0)\Delta x$$

例題 2.5.3 說明如何使用近似公式於經濟。

例題 2.5.3 應用導函數估計成本的變化

假設生產某產品 q 百單位的總成本是 C 千元，其中 $C(q)=3q^2+5q+10$ 元。如果現在的生產量是 4,000 單位，估計生產 4,050 單位時，總成本有何變化。

■ 解

在此例題中，目前的生產量是 $q=40$（4,000 單位），而生產量的變化量是 $\Delta q=0.5$（增加 50 單位）。由近似公式，可得知對應的成本變化量為

$$\Delta C = C(40.5) - C(40) \approx C'(40)\Delta q = C'(40)(0.5)$$

因為

$$C'(q) = 6q + 5 \qquad \text{和} \qquad C'(40) = 6(40) + 5 = 245$$

所以

$$\Delta C \approx [C'(40)](0.5) = 245(0.5) = 122.50$$

亦即，成本的變化量是 122.5 千元（122,500 元）。

練習計算生產量由 40 單位增加到 40.5 單位的實際成本變化量，並將你的答案與近似值作比較，此近似值好嗎？

假設你想要用公式 $Q(x)$ 計算數量 Q，如果計算時所使用的 x 值不精確，則誤差將會傳遞到計算所得的 Q 值。例題 2.5.4 說明如何估計這種**傳遞誤差 (propagated error)**。

例題 2.5.4 估計測量誤差

在某治療過程中，藉由量測直徑和使用公式 $V=\frac{4}{3}\pi R^3$ 計算體積，來估計某個形狀接近圓球體的腫瘤之大小。如果測量出該腫瘤的直徑為 2.5 公分，且最大誤差為 2%，則此體積量測的正確性為何？

■ 解

半徑為 R、直徑為 $x=2R$ 的圓球體之體積為

$$V = \frac{4}{3}\pi R^3 = \frac{4}{3}\pi\left(\frac{x}{2}\right)^3 = \frac{1}{6}\pi x^3$$

所以，利用估計的直徑 2.5 公分所得到的體積為

$$V = \frac{1}{6}\pi(2.5)^3 \approx 8.181 \text{ cm}^3$$

當實際直徑為 2.5 + Δx 時，以直徑 2.5 來計算體積所造成的誤差為

$$V = V(2.5 + \Delta x) - V(2.5) \approx V'(2.5)\Delta x$$

因為直徑的量測誤差不會大於 2%，亦即任何方向的誤差都在 0.02(2.5) = 0.05 公分之內，所以直徑的最大誤差是 $\Delta x = \pm 0.05$，對應的體積計算最大誤差為

$$\text{最大體積誤差} = \Delta V \approx [V'(2.5)](\pm 0.05)$$

因為

$$V'(x) = \frac{1}{6}\pi(3x^2) = \frac{1}{2}\pi x^2 \qquad \text{和} \qquad V'(2.5) = \frac{1}{2}\pi(2.5)^2 \approx 9.817$$

所以

$$\text{最大體積誤差} = (9.817)(\pm 0.05) \approx \pm 0.491$$

因此，在最壞的情況下，計算出的體積 8.181 立方公分之誤差是 0.491 立方公分，所以實際體積 V 必定滿足

$$7.690 \le V \le 8.672$$

在例題 2.5.5 中，已經給定所想要的函數變化量，目的是要估計所需之變數變化量。

例題 2.5.5 估計勞動力需求的變化

某工廠每天產出 $Q(L) = 900L^{1/3}$ 單位，其中 L 是勞動力的數量，其單位是工時。目前每天的勞動力為 1,000 工時，利用微積分估計，若每天的產出要增加 15 單位，應增加多少工時？

■ 解

使用近似公式

$$\Delta Q \approx Q'(L)\Delta L$$

求解 ΔL，代入 $\Delta Q = 15 \qquad L = 1{,}000 \qquad \text{和} \qquad Q'(L) = 300L^{-2/3}$

可得

$$15 \approx 300(1{,}000)^{-2/3}\Delta L$$

所以

$$\Delta L \approx \frac{15}{300}(1{,}000)^{2/3} = \frac{15}{300}(10)^2 = 5 \text{ 工時}$$

在某些應用中，我們對數量 $Q(x)$ 的實際變化量 $\Delta Q = Q(x_0 + \Delta x) - Q(x_0)$ 的興趣比不上**相對變化量 (relative change)**

$$\frac{\Delta Q}{Q} = \frac{Q'(x)\Delta x}{Q(x)}$$

或**百分比變化量 (percentage change)**

$$100\frac{\Delta Q}{Q} = 100\frac{Q'(x)\Delta x}{Q(x)}$$

這些公式也可以量測使用不精確的值 $x = x_0$，而非精確的值 $x_0 + \Delta x$，來計算數量 $Q(x)$ 時，所造成的**相對誤差 (relative error)** 與**百分比誤差 (percentage error)**。例題 2.5.6 說明百分比變化量在經濟上的應用。

例題 2.5.6 估計 GDP 的百分比變化量

某國家在 2005 年之後 t 年的 GDP 為 $N(t) = t^2 + 5t + 200$（十億元）。利用微積分估計 2013 年第一季的 GDP 之百分比變化量。

■ **解**

運用公式

$$N\text{ 的百分比變化量} \approx 100\frac{N'(t)\Delta t}{N(t)}$$

代入 $t = 8 \quad \Delta t = 0.25$ 和 $N'(t) = 2t + 5$

可得

$$\begin{aligned} N\text{ 的百分比變化量} &\approx 100\frac{N'(8)0.25}{N(8)} \\ &= 100\frac{[2(8) + 5](0.25)}{(8)^2 + 5(8) + 200} \\ &\approx 1.73\% \end{aligned}$$

差分

有時候，增量 Δx 也稱為 x 的差分，可以寫成 dx，則近似公式可寫成 $df \approx f'(x)\,dx$。若 $y = f(x)$，則 y 的差分定義為 $dy = f'(x)\,dx$。總結如下：

> **差分** ■ ***x* 的差分 (differential of *x*)** 是 $dx = \Delta x$，且若 $y = f(x)$ 是可微分函數，則 $dy = f'(x)$ 是 **y 的差分 (differential of y)**。

例題 2.5.7 求差分

求出下列各小題中 $y = f(x)$ 的差分。

a. $f(x) = x^3 - 7x^2 + 2$

b. $f(x) = (x^2 + 5)(3 - x - 2x^2)$

■ **解**

a. $dy = f'(x)\,dx = [3x^2 - 7(2x)]\,dx = (3x^2 - 14x)\,dx$

b. 使用積的公式，可得到

$$dy = f'(x)dx = [(x^2+5)(-1-4x) + (2x)(3-x-2x^2)]\,dx$$

圖 2.15 顯示以差分 dy 近似 Δy 的幾何意義。注意到因為在 $(x, f(x))$ 之切線的斜率為 $f'(x)$，所以差分 $dy = f'(x)\,dx$ 是 x 增加到 $x + \Delta x$ 時，切線高度的變化量。而 Δy 是相對於 x 的變化量之曲線高度變化量，所以用差分 dy 近似 Δy，與用切線高度的變化量近似曲線高度的變化量是相同的。若 Δx 很小，可以合理地預期這是很好的近似。

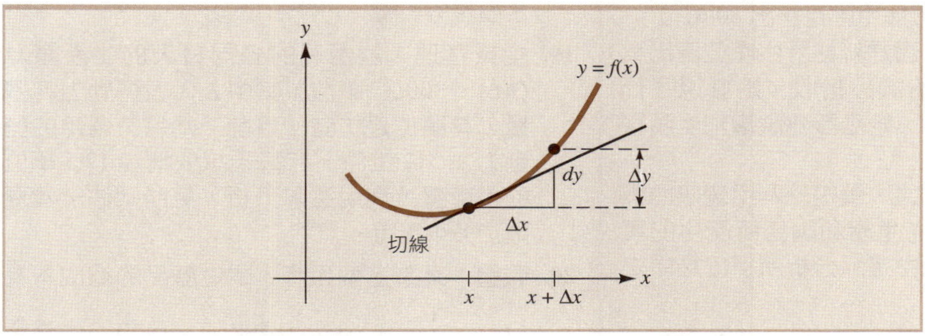

圖 2.15　以差分 dy 近似 Δy。

習題 ■ 2.5

第 1 題到第 6 題，$C(x)$ 是生產某產品 x 單位的總成本，而 $p(x)$ 是銷售 x 單位產品的價格。假設 $C(x)$ 和 $p(x)$ 皆是以元為單位。

(a) 求出邊際成本與邊際營收。

(b) 利用邊際成本估計生產第 21 個單位的成本。生產第 21 個單位的實際成本為何？

(c) 利用邊際營收估計銷售第 21 個單位的營收。銷售第 21 個單位產品的實際營收。

1. $C(x) = \frac{1}{5}x^2 + 4x + 57;\ p(x) = \frac{1}{4}(48 - x)$

2. $C(x) = \frac{1}{4}x^2 + 3x + 67;\ p(x) = \frac{1}{5}(45 - x)$

3. $C(x) = \frac{1}{3}x^2 + 2x + 39;\ p(x) = -x^2 - 10x + 4{,}000$

4. $C(x) = \frac{5}{9}x^2 + 5x + 73;\ p(x) = -2x^2 - 15x + 6{,}000$

5. $C(x) = \frac{1}{4}x^2 + 43;\ p(x) = \frac{3 + 2x}{1 + x}$

6. $C(x) = \frac{2}{7}x^2 + 65;\ p(x) = \frac{12 + 2x}{3 + x}$

第 7 題到第 10 題，利用增量計算所欲求的估計值。

7. 估計當 x 從 5 增加到 5.3 時，函數 $f(x) = x^2 - 3x + 5$ 的變化量為何？

8. 估計當 x 從 4 減少到 3.8 時，函數 $f(x) = \frac{x}{x+1} - 3$ 的變化量為何？

9. 估計當 x 從 4 增加到 4.3 時，函數 $f(x) = x^2 + 2x - 9$ 的百分比變化率為何？

10. 估計當 x 從 5 減少到 4.6 時，函數 $f(x) = 3x + \frac{2}{x}$ 的百分比變化率為何？

商業與經濟應用問題

11. **企業管理** 蕾媞絲管理一家公司，該公司每週生產且售出 q 單位，其總營收為

$$R(q) = 240q - 0.05q^2$$

元。目前，該公司每週生產且售出 80 單位。

a. 利用邊際分析，蕾媞絲估計生產並售出第 81 單位可帶來的額外營收。她發現了什麼？根據此結果，她應該建議增加生產量嗎？

b. 為了檢查她的結果，蕾媞絲利用營收函數計算第 81 單位的生產和銷售所產生的實際額外營收。她由邊際分析所得的結果之正確性如何？

12. **邊際分析** 某製造商的總成本為 $C(q) = 0.001q^3 - 0.05q^2 + 40q + 4{,}000$ 元，其中 q 是生產量。

a. 使用邊際分析估計生產第 251 個單位的成本。

b. 計算生產第 251 個單位的實際成本。

13. **邊際分析** 假設製造 q 單位產品的總成本為 $C(q) = 3q^2 + q + 500$ 元。

a. 使用邊際分析估計生產第 41 個單位的成本。

b. 計算生產第 41 個單位的實際成本。

14. **製造** 某製造商生產 q 千單位時的總成本為 $C(q) = 0.1q^3 - 0.5q^2 + 500q + 200$ 元。目前的生產量是 4,000 單位 ($q = 4$)，而製造商計畫將生產量增加至 4,100 單位。利用邊際分析，估計這個變化對總成本的影響？

15. **製造** 某製造商每月生產 q 百單位時的總營收為 $R(q) = 240q - 0.05q^2$ 元。目前該製造商每月生產 8,000 單位，並計畫將每月生產量減少 65 單位。估計每個月的營收會有什麼變化？

16. **效率** 針對某工廠早班的效率研究指出，員工平均早上 8 點開始工作，x 小時後將組裝 $f(x) = -x^3 + 6x^2 + 15x$ 單位。在 9 點至 9 點 15 分之間，員工大約能組裝多少單位？

17. **生產** 某工廠每天生產 $Q(K) = 600K^{1/2}$ 單位的產品，其中 K 是資本投資，其單位為 1,000 元。目前的資本投資為 900,000 元。當資本投資增加 800 元時，估計其對工廠每天產出的影響。

18. **生產** 某工廠每天的生產量為 $Q(L) = 60{,}000L^{1/3}$ 單位，其中 L 代表勞動力的數量，其單位是工時。目前每天的勞動力為 1,000 工時。如果勞動力減少至 940 工時，估計其對生產量的影響。

19. **企業管理** 歐蕾莉的公司每天的生產量為 $Q(L) = 300L^{2/3}$ 單位，其中 L 代表勞動力的數量，其單位是工時。目前，她每天僱用的勞動力為 512 工時。若每天想要增加 12.5 單位的生產量，利用邊際分析，幫助她估計需要增加多少工時。

20. **製造** 某製造商生產 q 單位產品的總成本為 $C(q) = \frac{1}{6}q^3 + 642q + 400$ 元。目前的生產量是 4 單位，估計該製造商必須減少多少生產量，才能使總成本減少 130 元？

21. **房屋稅** 根據 2005 年 1 月份所做的預測，在 x 年後，某社區的三房房屋的房屋稅為 $T(x) = 60x^{3/2} + 40x + 1{,}200$ 元。估計在 2013 年上半年，房屋稅增加的百分比變化為何？

生命與社會科學應用問題

22. **報紙發行量** 某報社預測從現在起 t 年後，當地報紙發行量將為 $C(t) = 100t^2 + 400t + 5{,}000$ 份。估計在未來 6 個月內，發行量將增加多少？

23. **空氣污染** 某社區的環境研究報告指出，從現在起 t 年後，空氣中一氧化碳的平均濃度將為 $Q(t) = 0.05t^2 + 0.1t + 3.4$ ppm。在未來的 6 個月內，一氧化碳濃度的變化量大概是多少？

24. **人口成長** 人口趨勢的 5 年預測指出，從現在起 t 年後，某社區的人口數將是 $P(t) = -t^3 +$

$9t^2 + 48t + 200$ 千人。

a. 求出人口數相對於時間 t 的變化率 $R(t) = P'(t)$。

b. 人口成長率 $R(t)$ 相對於時間的變化率是多少？

c. 利用增量估計，第四年的第一個月中，$R(t)$ 的變化量是多少？在這段期間，$R(t)$ 的實際變化量是多少？

25. **細胞生長**　某細胞的外形為球狀。細胞表面積和體積的公式分別為 $S = 4\pi r^2$ 和 $V = \frac{4}{3}\pi r^3$。估計半徑 r 增加 1% 對 S 和 V 的影響。

2.6 節　隱函數微分與相對變化率

學習目標

1. 使用隱函數微分求斜率及變化率。
2. 學習涉及相對變化率的應用問題。

至目前為止，我們所學過的函數都是 $y = f(x)$ 的形式，亦即使用右邊的自變數 x 的公式明顯地表示出左邊的應變數 y，這種形式的函數稱為**顯式 (explicit form)** 的函數。例如，下列函數

$$y = x^2 + 3x + 1 \qquad y = \frac{x^3 + 1}{2x - 3} \qquad \text{和} \qquad y = \sqrt{1 - x^2}$$

都是顯式的函數。

然而某些 x 和 y 的函數，例如

$$x^2y^3 - 6 = 5y^2 + x \qquad \text{或} \qquad x^2y + 2y^3 = 3x + 2y$$

無法明顯地或不容易以自變數 x 表示 y。有時候對變數加上一些適當的限制，可以用這種方程式來定義一個或多個隱式的函數，例如方程式 $x^2 + y^2 = 16$ 可以產生兩個隱式的函數：

$$\text{當 } y \geq 0 \text{ 時，} y = \sqrt{16 - x^2} \qquad \text{和} \qquad \text{當 } y < 0 \text{ 時，} y = -\sqrt{16 - x^2}$$

然而，沒有實數函數 $y = f(x)$ 可以滿足方程式 $x^2 + y^2 = -16$。(為什麼？)

假設有一個方程式，以隱式將 y 定義為 x 的函數，而你想求出導函數 $\frac{dy}{dx}$。例如，如果方程式表示某商品的成本 C 與其生產量 x 的關係，你可能想求出邊際成本 $C'(x)$。如果方程式不易求解，而無法明顯地將 y 表示為 x 的函數，你應該怎麼作呢？答案是利用**隱微分 (implicit differentiation)**，此方法先將定義的方程式兩邊同時對 x 微分，再以代數方法求解 $\frac{dy}{dx}$。例題 2.6.1 說明此方法的應用。

例題 2.6.1　求隱式定義函數的導函數

假設 $y=f(x)$ 是 x 的可微分函數，並滿足方程式 $x^2y+y^2=x^3$，求導函數 $\frac{dy}{dx}$。

■ 解

將給定方程式兩邊同時對 x 微分，為了不要忘記 y 實際上是 x 的函數，暫時用 $f(x)$ 取代 y，並將函數重寫為

$$x^2f(x) + (f(x))^2 = x^3$$

現在將方程式兩邊同時對 x 微分：

$$\frac{d}{dx}[x^2f(x) + (f(x))^2] = \frac{d}{dx}[x^3] \quad \text{積的公式與一般冪次公式}$$

$$\underbrace{\left[x^2\frac{df}{dx} + f(x)\frac{d}{dx}(x^2)\right]}_{\frac{d}{dx}[x^2f(x)]} + \underbrace{2f(x)\frac{df}{dx}}_{\frac{d}{dx}[(f(x))^2]} = \underbrace{3x^2}_{\frac{d}{dx}(x^3)}$$

因此可得

$$x^2\frac{df}{dx} + f(x)(2x) + 2f(x)\frac{df}{dx} = 3x^2 \quad \text{將所有的 } \frac{df}{dx} \text{ 項移到等式的一邊}$$

$$x^2\frac{df}{dx} + 2f(x)\frac{df}{dx} = 3x^2 - 2xf(x) \quad \text{提出公因式 } \frac{df}{dx}$$

$$[x^2 + 2f(x)]\frac{df}{dx} = 3x^2 - 2xf(x) \quad \text{求解 } \frac{df}{dx}$$

$$\frac{df}{dx} = \frac{3x^2 - 2xf(x)}{x^2 + 2f(x)}$$

最後，以 y 取代 $f(x)$，得到

$$\frac{dy}{dx} = \frac{3x^2 - 2xy}{x^2 + 2y}$$

注意　從現在開始，在所有含有隱微分的例題和習題中，你可以假設所給的方程式將 y 定義為 x 的可微分隱函數。

例題 2.6.1 中以 $f(x)$ 暫時取代 y，這在說明隱函數微分的過程時，是個有用的工具，不過一旦你習慣了使用這個技巧後，試著省略這個多餘的步驟，直接微分方程式。只要記住 y 實際上是 x 的函數，並且記得在適當的時候使用連鎖律即可。■

以下是隱微分的步驟。

隱微分 ■ 假設方程式將 y 定義為 x 的可微分隱函數，欲求 $\frac{dy}{dx}$：

1. 將方程式兩邊同時對 x 微分，記住 y 實際上是 x 的函數，並使用連鎖律微分含有 y 的項。
2. 利用代數方法求解，以 x 和 y 表示 $\frac{dy}{dx}$。

利用隱微分計算切線的斜率

例題 2.6.2 和 2.6.3 示範如何利用隱微分求出切線的斜率。

例題 2.6.2 求隱函數的切線斜率

求出圓 $x^2+y^2=25$ 在點 $(3, 4)$ 及 $(3, -4)$ 的切線斜率。

■ 解

將方程式 $x^2+y^2=25$ 的兩邊同時對 x 微分，可得

$$2x + 2y\frac{dy}{dx} = 0$$
$$\frac{dy}{dx} = -\frac{x}{y}$$

在點 $(3, 4)$ 的切線斜率是當 $x=3$ 和 $y=4$ 時的導函數之值：

$$\left.\frac{dy}{dx}\right|_{(3,\,4)} = \left.-\frac{x}{y}\right|_{\substack{x=3\\y=4}} = -\frac{3}{4}$$

同樣地，在點 $(3, -4)$ 的切線斜率是當 $x=3$ 和 $y=-4$ 時的 $\frac{dy}{dx}$ 之值：

$$\left.\frac{dy}{dx}\right|_{(3,\,-4)} = \left.-\frac{x}{y}\right|_{\substack{x=3\\y=-4}} = -\frac{3}{-4} = \frac{3}{4}$$

此圓的圖形與其在點 $(3, 4)$ 和 $(3, -4)$ 的切線，如圖 2.16 所示。

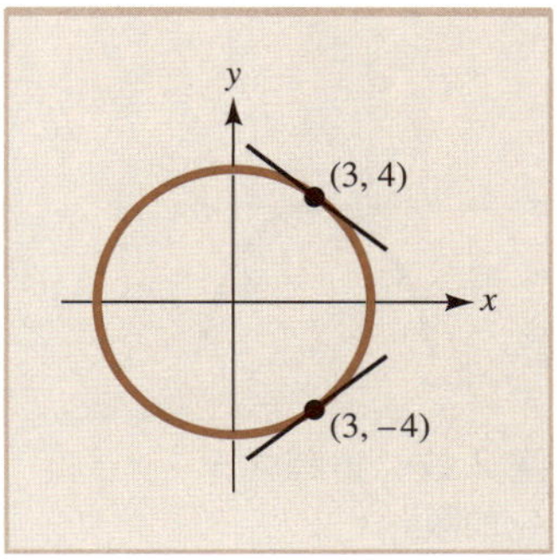

圖 2.16 圓 $x^2+y^2=25$ 的圖形。

例題 2.6.3 利用隱微分求水平切線

求出在方程式 $x^2-y^2=2x+4y$ 的圖形上，所有有水平切線的點。該圖形是否有垂直的切線？

■ 解

將方程式的兩邊同時對 x 微分，可得

$$2x - 2y\frac{dy}{dx} = 2 + 4\frac{dy}{dx}$$
$$\frac{dy}{dx} = \frac{2x-2}{4+2y}$$

圖形上每一個使得切線斜率為 0 的點都有水平切線，也就是當 $\frac{dy}{dx}$ 的分子 $2x-2$ 是 0 時：

$$2x - 2 = 0$$
$$x = 1$$

要求出對應的 y 值，將 $x = 1$ 代入所給的方程式，再利用二次公式（或計算機）求解，得到

$$1 - y^2 = 2(1) + 4y$$
$$y^2 + 4y + 1 = 0$$
$$y = -0.27, -3.73$$

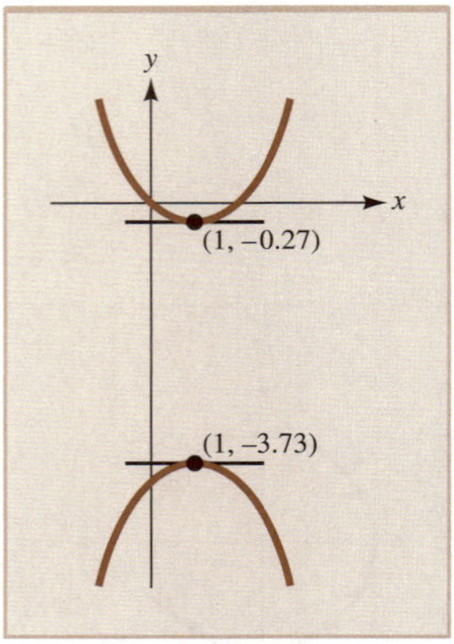

圖 2.17　方程式 $x^2 - y^2 = 2x + 4y$ 的圖形。

因此，圖形在點 (1, – 0.27) 和 (1, 3.73) 有水平切線。

由於垂直切線的斜率是無定義的，所給圖形只有在 $\frac{dy}{dx}$ 的分母 $4 + 2y$ 為 0 時有垂直切線：

$$4 + 2y = 0$$
$$y = -2$$

要求出對應的 x 值，將 $y = -2$ 代入所給的方程式：

$$x^2 - (-2)^2 = 2x + 4(-2)$$
$$x^2 - 2x + 4 = 0$$

但此二次方程式沒有實數解，這表示所給圖形沒有垂直切線。圖形如圖 2.17 所示。

經濟學上的應用

隱微分經常用於經濟學上的實務與理論，在 4.3 節它將被應用於推導一些理論上的關係。例題 2.6.4 是隱微分更實際的應用，這也是 7.1 節中，兩變數函數之等高線的討論之預習。

例題 2.6.4　利用邊際分析於勞動力管理

黛玉管理某間工廠，工廠每日之產出為 $Q = 2x^3 + x^2y + y^3$ 單位，其中 x 是所使用的技術人力的工作時數，y 是一般人力的工作時數。目前的勞動力為

技術人力 30 小時和一般人力 20 小時。黛玉想要在維持目前每日產出的前提下，增加 1 小時的技術人力，她如何利用微積分來估計一般人力需求的變化量，以推行此方案？

■ 解

目前的產出是當 $x = 30$ 和 $y = 20$ 時的 Q 值，亦即

$$Q = 2(30)^3 + (30)^2(20) + (20)^3 = 80{,}000 \text{ 單位}$$

若要維持相同的產出，則技術人力的工作時數 x 和一般人力的工作時數 y 之間的關係為方程式

$$80{,}000 = 2x^3 + x^2y + y^3$$

此式定義 y 為 x 的隱函數。

目標是要求出當 x 和 y 滿足此關係式時，若 x 增加 1 單位，對應的 y 之變化量。如同在 2.5 節中所學到的，x 增加 1 個單位時，所造成的 y 的變化量近似於導函數 $\frac{dy}{dx}$。利用隱微分可求出此導函數（記住左邊的常數項 80,000 的導函數是 0）。

$$\begin{aligned}
0 &= 6x^2 + x^2\frac{dy}{dx} + y\frac{d}{dx}(x^2) + 3y^2\frac{dy}{dx} \\
0 &= 6x^2 + x^2\frac{dy}{dx} + 2xy + 3y^2\frac{dy}{dx} \\
-(x^2 + 3y^2)\frac{dy}{dx} &= 6x^2 + 2xy \\
\frac{dy}{dx} &= -\frac{6x^2 + 2xy}{x^2 + 3y^2}
\end{aligned}$$

現在計算當 $x = 30$ 和 $y = 20$ 時的導函數值，可得

$$y \text{ 的變化量} \approx \left.\frac{dy}{dx}\right|_{\substack{x=30\\y=20}} = -\frac{6(30)^2 + 2(30)(20)}{(30)^2 + 3(20)^2} \approx -3.14 \text{小時}$$

也就是，欲維持目前的產出，一般人力應減少大約 3.14 小時，以抵消增加的 1 小時技術人力。

注意　一般而言，如果 $Q(x, y)$ 表示投入某種資源 x 單位與另一種資源 y 單位時的生產量，則形式為 $Q(x, y) = C$ 的方程式稱為**等產量 (isoquant)**，其中 C 為常數。經濟學家利用這種方程式來探討，可以產生相同的生產量的各種不同 x 和 y 的組合。在此情況下，通常用隱函數來求得比率 $\frac{dy}{dx}$，如例題 2.6.4 所示，這個比率也稱為**邊際技術替代率 (marginal rate of technical substitution, MRTS)**。

相對變化率

在某些實際問題上，x 和 y 的關係為一方程式，而且可以視為第三個變數 t 的函數，t 通常代表時間。因此，隱微分可以用於表示 $\frac{dx}{dt}$ 和 $\frac{dy}{dt}$ 的關係。這種問題稱為**相對變化率 (related rate)**，下列是分析相對變化率問題的一般步驟。

> **求解相對變化率問題的步驟**
>
> **1.** 畫圖（如果可能的話）並指定變數。
>
> **2.** 求出變數的關係方程式。
>
> **3.** 利用隱微分求出變化率的關係。
>
> **4.** 將任何已知的數值資訊代入步驟 3 的方程式，以求出所需的變化率。

例題 2.6.5 到 2.6.8 說明幾種應用中的相對變化率。

例題 2.6.5 求成本的相對變化率

某公司的管理者指出，生產某產品 q 百單位的總成本是 C 千元，其中 $C^2 - 3q^3 = 4{,}275$。當生產 1,500 單位時，生產量以每週 20 單位的速度增加。此時的總成本為何？總成本的變化率為何？

■ 解

欲求當 $q = 15$（1,500 單位）和 $\frac{dq}{dt} = 0.2$（每週 20 單位，而 q 以百單位計）時的 $\frac{dC}{dt}$。將方程式 $C^2 - 3q^3 = 4{,}275$ 對時間 t 作隱微分，可得

$$2C\frac{dC}{dt} - 3\left[3q^2\frac{dq}{dt}\right] = 0$$

因此

$$2C\frac{dC}{dt} = 9q^2\frac{dq}{dt}$$

和

$$\frac{dC}{dt} = \frac{9q^2}{2C}\frac{dq}{dt}$$

當 $q = 15$ 時，成本 C 滿足

$$C^2 - 3(15)^3 = 4{,}275$$
$$C^2 = 4{,}275 + 3(15)^3 = 14{,}400$$
$$C = 120$$

將 $q = 15$、$C = 120$ 和 $\frac{dq}{dt} = 0.2$ 代入 $\frac{dC}{dt}$ 的公式，得到

$$\frac{dC}{dt} = \left[\frac{9(15)^2}{2(120)}\right](0.2) = 1.6875$$

千元（1,687.50 元）/ 週。結論是生產 1,500 單位的成本為 120,000 元（$C = 120$），在此生產量時，總成本是以每週 1,687.50 元的速度增加。

即時複習

記住在相對變化率問題中，必須先以隱微分求得所有的導函數，再代入任何數值資訊。

例題 2.6.6　應用相對變化率研究石油外漏

海上的暴風雨造成油井受損，石油以 60 立方英呎 / 分鐘的速率由裂縫中流出，形成 3 英吋厚的圓形浮油。

a. 當半徑是 70 英呎時，浮油半徑的增加率是多少？

b. 假設裂縫被修補好時，石油馬上停止流出。如果當石油停止流出時，浮油的半徑正以 0.2 英呎 / 分鐘的速率增加，則外漏至海上的浮油總體積為何？

■ **解**

可以將浮油視為半徑 r 英呎、厚度 $h = \frac{3}{12} = 0.25$ 英呎的圓柱體，此圓柱體的體積為

$$V = \pi r^2 h = 0.25\pi r^2 \text{ 立方英呎}$$

將上式對時間 t 作隱微分，可得

$$\frac{dV}{dt} = 0.25\pi\left(2r\frac{dr}{dt}\right) = 0.5\pi r\frac{dr}{dt}$$

因為漏油速率全程皆是 $\frac{dV}{dt} = 60$，可以得到變化率的關係式

$$60 = 0.5\pi r\frac{dr}{dt}$$

a. 欲求出當 $r = 70$ 時的 $\frac{dr}{dt}$。代入剛剛得到的變化率關係，可得

$$60 = 0.5\pi(70)\frac{dr}{dt}$$

所以

$$\frac{dr}{dt} = \frac{60}{(0.5)\pi(70)} \approx 0.55$$

因此，當半徑為 70 英呎時，增加率約為 0.55 英呎 / 分鐘。

b. 假如知道當石油停止流出瞬間時的浮油半徑，就可以計算外漏的浮油總體積。因為在該瞬間，$\frac{dr}{dt} = 0.2$，可得

$$60 = 0.5\pi r(0.2)$$

而且半徑為

$$r = \frac{60}{0.5\pi(0.2)} \approx 191\text{英呎}$$

因此外漏浮油的總體積為

$$V = 0.25\pi(191)^2 \approx 28{,}652\text{立方英呎}$$

（大約為 214,332 加侖。）

例題 2.6.7　應用相對變化率研究魚種數量

某湖受到岸邊某工廠排放的廢棄物污染，生態學者推測，當污染程度為 x ppm 時，湖泊中某魚種之數量為

$$F = \frac{32{,}000}{3 + \sqrt{x}}$$

當湖中有 4,000 隻魚時，污染程度是以每年 1.4 ppm 的速率增加，此時魚種數量的變化率是多少？

■ 解

我們欲求當 $F = 4{,}000$ 和 $\frac{dx}{dt} = 1.4$ 時的 $\frac{dF}{dt}$。當湖泊中有 4,000 隻魚時，污染程度為 x，滿足

$$\begin{aligned} 4{,}000 &= \frac{32{,}000}{3 + \sqrt{x}} \\ 4{,}000(3 + \sqrt{x}) &= 32{,}000 \\ 3 + \sqrt{x} &= 8 \\ \sqrt{x} &= 5 \\ x &= 25 \end{aligned}$$

因為

$$\frac{dF}{dx} = \frac{32{,}000(-1)}{(3+\sqrt{x})^2}\left(\frac{1}{2}\frac{1}{\sqrt{x}}\right) = \frac{-16{,}000}{\sqrt{x}(3+\sqrt{x})^2}$$

根據連鎖律，

$$\frac{dF}{dt} = \frac{dF}{dx}\frac{dx}{dt} = \left[\frac{-16{,}000}{\sqrt{x}(3+\sqrt{x})^2}\right]\frac{dx}{dt}$$

代入 $x = 25$ 和 $\frac{dx}{dt} = 1.4$，得到

$$\frac{dF}{dt} = \left[\frac{-16{,}000}{\sqrt{25}(3+\sqrt{25})^2}\right](1.4) = -70$$

因此，魚種數量是以每年 70 隻的速率在減少。

例題 2.6.8　應用相對變化率研究供應量

當某產品的價格是每單位 p 元時，生產者願意供應 x 千單位，其中

$$x^2 - 2x\sqrt{p} - p^2 = 31$$

當價格為每單位 9 元並且以每週 20 分的速率增加時，供應量的變化率為何？

■ 解

已知當 $p = 9$ 時，$\frac{dp}{dt} = 0.20$，欲求此時的 $\frac{dx}{dt}$。首先，注意到當 $p = 9$ 時，可得

$$\begin{aligned} x^2 - 2x\sqrt{9} - 9^2 &= 31 \\ x^2 - 6x - 112 &= 0 \\ (x+8)(x-14) &= 0 \\ x &= 14 \quad (x = -8 \text{ 不合}) \end{aligned}$$

接著，將供應量方程式的兩邊同時對時間 t 作隱微分，可得

$$2x\frac{dx}{dt} - 2\left[\left(\frac{dx}{dt}\right)\sqrt{p} + x\left(\frac{1}{2}\frac{1}{\sqrt{p}}\frac{dp}{dt}\right)\right] - 2p\frac{dp}{dt} = 0$$

最後，將 $x = 14$、$p = 9$ 和 $\frac{dp}{dt} = 0.20$ 代入這個變化率方程式中，然後求所需的變化率，可得

$$2(14)\frac{dx}{dt} - 2\left[\sqrt{9}\frac{dx}{dt} + 14\left(\frac{1}{2}\frac{1}{\sqrt{9}}\right)(0.20)\right] - 2(9)(0.20) = 0$$

$$[28 - 2(3)]\frac{dx}{dt} = 2(14)\left(\frac{1}{2\sqrt{9}}\right)(0.20) + 2(9)(0.20)$$

$$\frac{dx}{dt} = \frac{14\left(\frac{1}{3}\right)(0.20) + 18(0.20)}{22}$$

$$\approx 0.206$$

由於供應量是以千單位計算，所以供應量是以每週 0.206 (1,000) = 206 單位的速率增加。

習題 ■ 2.6

第 1 題到第 8 題，使用下列兩種方式求出 $\frac{dy}{dx}$：

(a) 隱微分。

(b) 微分 y 的顯式函數。

證明兩種方式的答案一致。

1. $2x + 3y = 7$
2. $5x - 7y = 3$
3. $x^3 - y^2 = 5$
4. $x^2 + y^3 = 12$
5. $xy = 4$
6. $x + \frac{1}{y} = 5$
7. $xy + 2y = 3$
8. $xy + 2y = x^2$

第 9 題到第 15 題，利用隱微分求出 $\frac{dy}{dx}$。

9. $x^2 + y^2 = 25$
10. $x^3 + y^3 = xy$
11. $y^2 + 2xy^2 - 3x + 1 = 0$
12. $\sqrt{x} + \sqrt{y} = 1$
13. $xy - x = y + 2$
14. $(2x + y)^3 = x$
15. $(x^2 + 3y^2)^5 = 2xy$

第 16 題到第 19 題，求出下列曲線在給定點的切線方程式。

16. $x^2 = y^3$; (8, 4)
17. $xy = 2$; (2, 1)
18. $xy^2 - x^2y = 6$; (2, −1)
19. $(1 - x + y)^3 = x + 7$; (1, 2)

第 20 題到第 25 題，求出給定函數在 (a) 水平切線及 (b) 垂直切線的切點座標。

20. $x + y^2 = 9$
21. $x^2 + xy + y = 3$
22. $xy = 16y^2 + x$
23. $\frac{y}{x} - \frac{x}{y} = 5$
24. $x^2 + xy + y^2 = 3$
25. $x^2 - xy + y^2 = 3$

第 26 題和第 27 題，利用隱微分求出二階導函數 $\frac{d^2y}{dx^2}$。

26. $x^2 + 3y^2 = 5$
27. $xy + y^2 = 1$

商業與經濟應用問題

28. 製造　某種農作物每天的產量是 $Q = 0.08x^2 + 0.12xy + 0.03y^2$ 單位，其中 x 是技術人力的工作時數，而 y 是一般人力的工作時數。目前有一群人員照顧該農作物，其中技術人力每天共花 80 小時，一般人力每天共花 200 小時。利用微積分來計算，當每天的技術人力工作時數增加 1 小時，若要維持相同的產量，則一般人力每天的工作時數應如何改變？

29. 供應率　當某產品的單位價格為 p 元時，製造商將提供 x 百單位，其中

$$3p^2 - x^2 = 12$$

當價格為每單位 4 元並且以每個月 87 分的速率增加時，供應量 x 的變化率為何？

30. 需求率　當某產品的單位價格為 p 元時，消費者的需求量是 x 百單位，其中

$$x^2 + 3px + p^2 = 79$$

當價格為每單位 5 元並且以每個月 30 分的速率減少時，需求量 x 的變化率為何？

31. 製造　某工廠的產量 Q 與投入生產的因素 u 和 v 的關係式為

$$Q = 3u^2 + \frac{2u + 3v}{(u + v)^2}$$

如果目前的投入為 $u = 10$ 和 $v = 25$，使用微積分來估計，當投入 u 減少 0.7 單位時，投入 v 的變化量應為多少，才能讓產量維持在目前的水準？

32. 生產　某工廠的產量為 $Q = 60K^{1/3}L^{2/3}$ 單位，其中 K 是資本投資（單位為千元），L 是投入的勞動力（單位為工時）。當 $K = 8$，$L = 1{,}000$，且 L 以每週 25 工時的速率增加時，若該工廠的產量維持不變，則資本投入的變化率為何？

生命與社會科學應用問題

33. 污染控制　某社區的一份環境報告指出，當人口數為 p 千人時，空氣中的有害污染物為 $Q(p) = p^2 + 4p + 900$ 單位。如果目前的人口數是 50,000 人，且以每年 1,500 人的比率增加，則污染物的增加率是多少？

34. 腫瘤的成長　腫瘤的形狀大約像半徑為 R 的圓球，若目前的腫瘤半徑是 $R = 0.54$，且其增加率是每月 0.13 公分，則對應之體積 $V = \frac{4}{3}\pi R^3$ 之變化率為何？

35. 水污染　圓形浮油擴散的方式使其半徑以 20 英呎／小時的比率增加。當浮油的半徑是 200 英呎時，其面積的變化率為何？

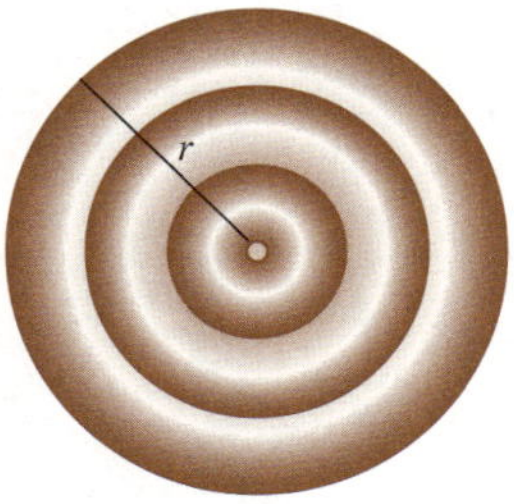

習題 35

36. 基礎代謝率　基礎代謝率 (basal metabolic rate) 是動物在每單位時間產生熱量的比率。觀察指出，體重 w 公斤的溫血動物，其基礎代謝率為

$$V = \frac{4}{3}\pi R^3 \text{大卡／天}$$

a. 一頭 80 公斤的美洲獅，若其每天的體重增加 0.8 公斤，則其基礎代謝率的變化率為何？

b. 一隻 50 公斤的鴕鳥，若其每天的體重減少 0.5 公斤，則其基礎代謝率的變化率為何？

37. 蜥蜴的速度　爬蟲學家建議以公式 $s = 1.1w^{0.2}$，來估計體重為 w（公克）的蜥蜴之最大奔跑速度 s（公尺／秒）。某隻重量為 11 公克的蜥蜴，若其成長率是每天 0.02 公克，則其最大奔跑速度的增加率為何？

其他問題

38. 一位步行中的 6 英呎高男子，其遠離路燈的速率是每秒 4 英呎，該路燈距離地面 12 英呎。當他距離路燈 20 英呎時，其影子長度的變化率是多少？

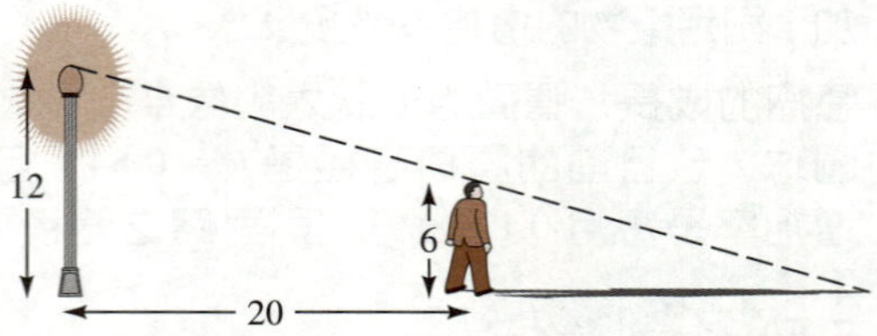

習題 38

39. 證明曲線

$$\frac{x^2}{a^2} + \frac{y^2}{b^2} = 1$$

在點 (x_0, y_0) 的切線方程式為

$$\frac{x_0 x}{a^2} + \frac{y_0 y}{b^2} = 1$$

CHAPTER 3

求出裝配線工作效率的高峰期是導函數的應用之一。

導函數的進階應用

Additional Applications of the Derivative

3.1 節 遞增函數與遞減函數；相對極值

學習目標

1. 討論遞增函數與遞減函數。
2. 定義臨界點與相對極值。
3. 利用一階導函數測試研究相對極值及描繪圖形。

圖 3.1 的圖形顯示美國在 2000 年至 2009 年間，聯邦預算的盈餘或虧損，其中正值代表盈餘，而負值代表虧損。注意到這些值在 2000 年至 2004 年間穩定地減少，然後開始增加，直到 2007 年以後又大幅地減少。借用以上敘述中的名詞，如果函數 $f(x)$ 的圖形是由左至右上升的，我們稱函數是*遞增*的，如果圖形是下降的，則增此函數是*遞減*的。

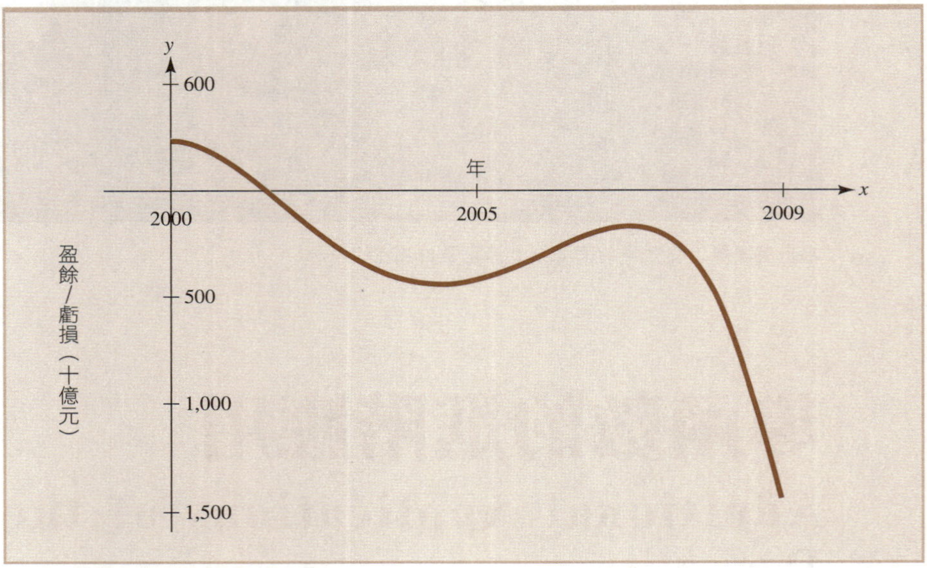

圖 3.1 美國預算的盈餘與虧損。

以下是一項對遞增函數與遞減函數更正式的定義，並以圖 3.2 的圖形加以說明。

遞增函數與遞減函數 ■ 假設函數 $f(x)$ 在區間 $a < x < b$ 上有定義，且 x_1 和 x_2 兩點位在此區間內，則

當 $x_2 > x_1$，若 $f(x_2) > f(x_1)$，則 $f(x)$ 為**遞增 (increasing)**；

當 $x_2 > x_1$，若 $f(x_2) < f(x_1)$，則 $f(x)$ 為**遞減 (decreasing)**。

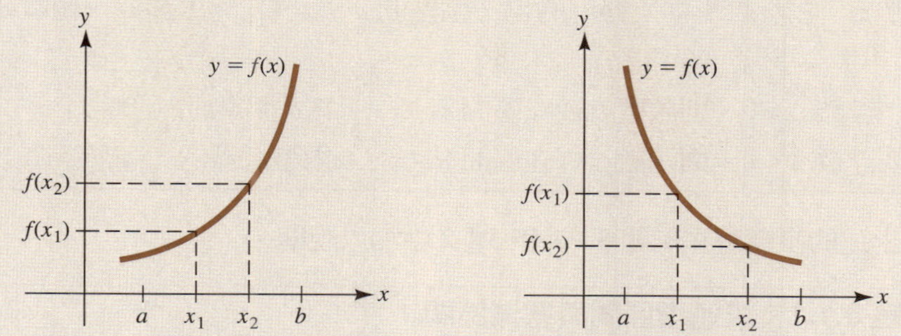

(a) $f(x)$ 在 $a < x < b$ 上遞增。　(b) $f(x)$ 在 $a < x < b$ 上遞減。

圖 3.2　遞增與遞減的區間。

如圖 3.3a 所示，如果函數 $f(x)$ 的圖形在區間 $a < x < b$ 中，所有切線的斜率均為正，則圖形將會上升且 $f(x)$ 在此區間內也會遞增。因為每一條切線的斜率都可由導函數 $f'(x)$ 得到，因此，$f(x)$ 在 $f'(x) > 0$ 的區間上是遞增的（圖形上升）；同理，$f(x)$ 在 $f'(x) < 0$ 的區間上是遞減的（曲線下降）（圖 3.3b）。

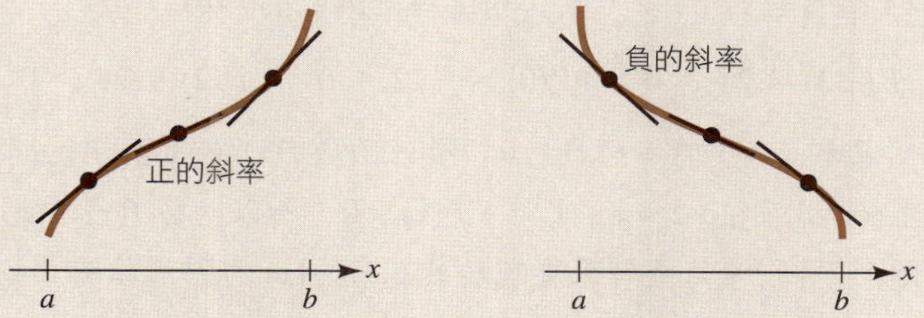

(a) 在 $a < x < b$，$f'(x) > 0$，所以 $f(x)$ 是遞增的。　(b) 在 $a < x < b$，$f'(x) < 0$，所以 $f(x)$ 是遞減的。

圖 3.3　遞增與遞減函數的導函數準則。

由中間值性質（1.6 節）可知，一個連續的函數不可能直接由正變為負且不通過 0。這表示如果將 $f'(x)$ 不連續或 $f'(x) = 0$ 的位置標記在數線上，則此數線將被分割成一些區間，而且每一區間內的 $f'(x)$ 皆不會變號。因此，如果在各個區間選擇一個數 c，若 $f'(c) > 0$，則對於此區間內的任何 x，$f'(x) > 0$ 且 $f(x)$ 在整個區間必為遞增（曲線上升）；同理，若 $f'(c) < 0$，則 $f(x)$ 在整個區間為遞減（曲線下降）。這些觀察可以總結如下。

利用導函數判斷函數 f 的遞增區間與遞減區間之步驟

步驟 1.　求出所有使得 $f'(x) = 0$ 或 $f'(x)$ 不連續的 x 值，然後將這些值標記在數線上，將數線分成數個區間。

步驟 2. 在步驟 1 中所得到的每一個區間 $a<x<b$ 內，選擇一個數 c，並計算 $f'(c)$：

若 $f'(c)>0$，則函數 $f(x)$ 在區間 $a<x<b$ 內是遞增的（圖形上升）。

若 $f'(c)<0$，則函數 $f(x)$ 在區間 $a<x<b$ 內是遞減的（圖形下降）。

上述的步驟將在例題 3.1.1 和 3.1.2 中加以說明。

例題 3.1.1 求遞增區間與遞減區間

求出函數 $f(x)=2x^3+3x^2-12x-7$ 的遞增區間與遞減區間。

■ 解

$f(x)$ 的導函數為

$$f'(x)=6x^2+6x-12=6(x+2)(x-1)$$

這是一個到處連續的函數，而且在 $x=1$ 和 $x=-2$ 時，$f'(x)=0$，所以 -2 和 1 將 x 軸分成三個區間，分別是 $x<-2$、$-2<x<1$ 和 $x>1$。從中各選擇一個測試數 c，例如在 $x<-2$ 區間選擇 $c=-3$，在 $-2<x<1$ 區間選擇 $c=0$，以及在 $x>1$ 區間選擇 $c=2$，並計算這些測試數的 $f'(c)$：

$$f'(-3)=24>0 \qquad f'(0)=-12<0 \qquad f'(2)=24>0$$

因為在 $x<-2$ 和 $x>1$ 時，$f'(x)>0$，所以函數 $f(x)$ 在這兩個區間內是遞增的（圖形上升）；而在 $-2<x<1$ 時，$f'(x)<0$，所以函數 $f(x)$ 在此區間內是遞減的（圖形下降）。這些結果整理於表 3.1，$f(x)$ 的圖形如圖 3.4 所示。

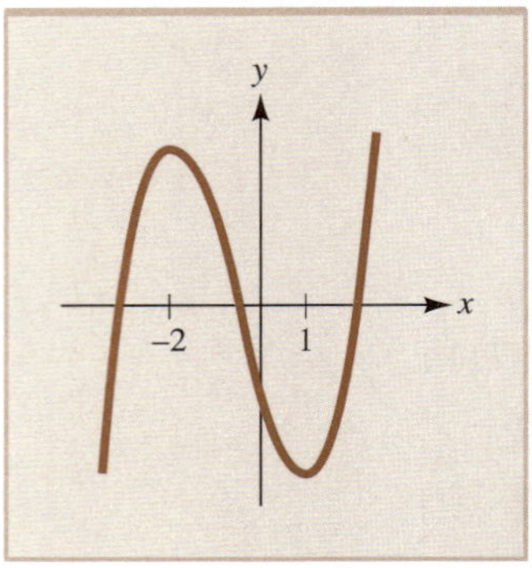

圖 3.4 $f(x)=2x^3+3x^2-12x-7$ 的圖形。

表 3.1 $f(x)=2x^3+3x^2-12x-7$ 的遞增區間與遞減區間

區間	測試數 c	$f'(c)$	結論	圖形方向
$x<-2$	-3	$f'(-3)>0$	f 遞增	上升
$-2<x<1$	0	$f'(0)<0$	f 遞減	下降
$x>1$	2	$f'(2)>0$	f 遞增	上升

注意 之後將以一個「向上的箭頭」(↗) 表示 $f(x)$ 在區間內遞增；若 $f(x)$ 為遞減，則以一個「向下的箭頭」(↘) 表示。因此，例題 3.1.1 的結果可以箭頭圖形表示如下：

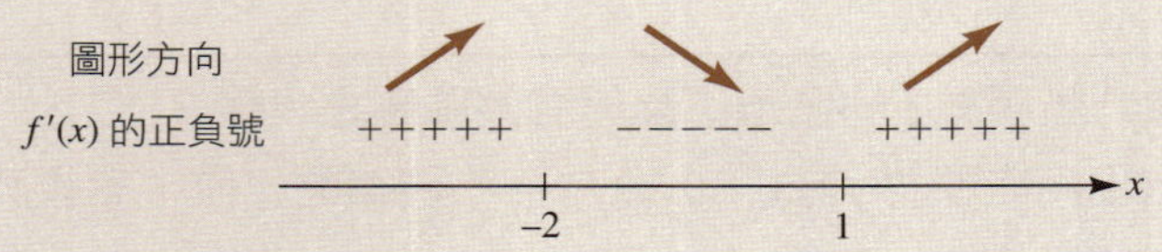

■

例題 3.1.2　求遞增區間與遞減區間

求出函數 $f(x) = \dfrac{x^2}{x-2}$ 的遞增區間與遞減區間。

■ **解**

此函數在 $x \neq 2$ 處皆有定義，其導函數為

$$f'(x) = \frac{(x-2)(2x) - x^2(1)}{(x-2)^2} = \frac{x(x-4)}{(x-2)^2}$$

此導函數在 $x = 2$ 時是不連續的，而且在 $x = 0$ 和 $x = 4$ 時，$f'(x) = 0$。因此總共有四個正負號不變的區間：$x < 0$，$0 < x < 2$，$2 < x < 4$ 和 $x > 4$。在這些區間中各取一個測試數（例如 –2、1、3 和 5），可得到

$$f'(-2) = \frac{3}{4} > 0 \qquad f'(1) = -3 < 0 \qquad f'(3) = -3 < 0 \qquad f'(5) = \frac{5}{9} > 0$$

由此可知 $f(x)$ 在 $x < 0$ 和 $x > 4$ 內是遞增的，而在 $0 < x < 2$ 和 $2 < x < 4$ 內是遞減的，將這些結果以下列箭頭圖形來表示（垂直的虛線表示 $f(x)$ 在 $x = 2$ 處沒有定義）。

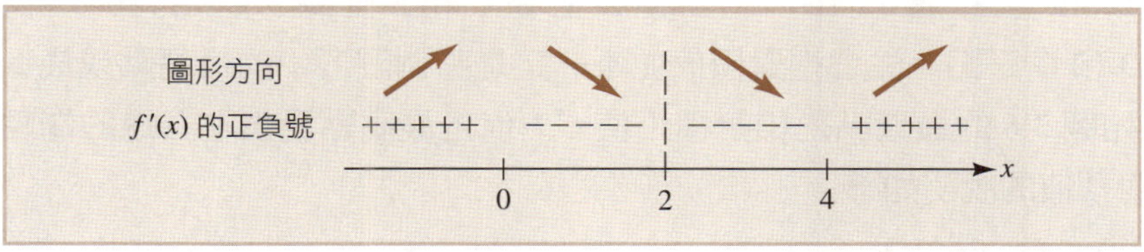

$f(x) = \dfrac{x^2}{x-2}$ 的遞增區間與遞減區間

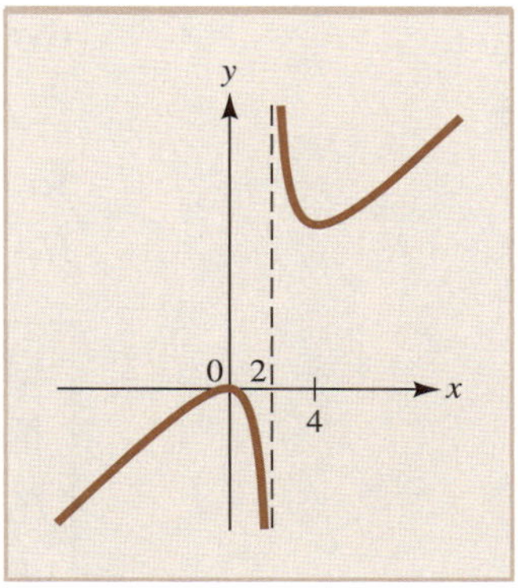

圖 3.5　$f(x) = \dfrac{x^2}{x-2}$ 的圖形。

$f(x)$ 的圖形如圖 3.5 所示，注意，當 x 趨近 2 時，曲線趨近於垂直線 $x = 2$，這表示 $x = 2$ 是 $f(x)$ 圖形的垂直漸近線。我們將在 3.3 節中討論漸近線。

相對極值

由於圖 3.4 和圖 3.5 的圖形太過簡單，反而可能會產生誤解。一般的圖形如圖 3.6 所示，注意峰點發生在 C 和 E，而谷底發生在 B、D 和 G；在 B、C、D 和 G 的切線是水平的，而「尖點」E 則沒有切線。此外，F 處有一水平切線，但是它既不是峰點也不是凹點。在本節與 3.2 節中將會探討如何應用微積分的方法來定義這些圖形的峰點和谷底，這些是描繪曲線步驟和最佳化方法的基礎。

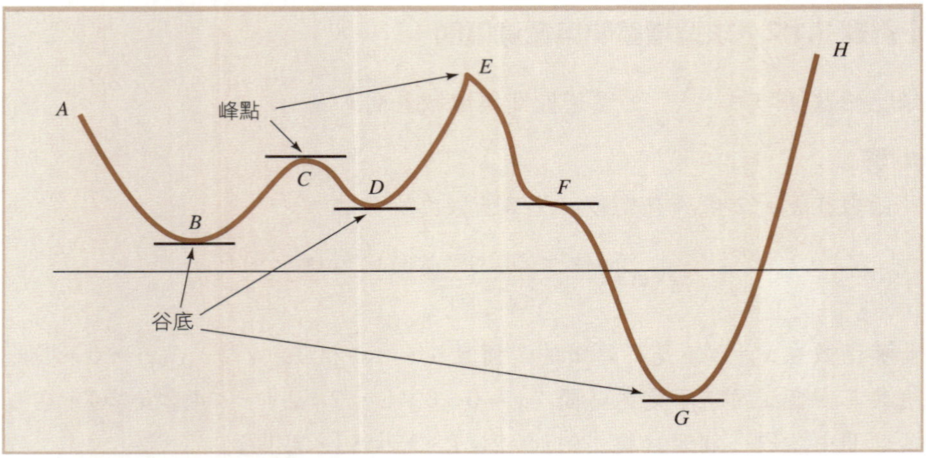

圖 3.6 有各種不同類型的峰點和谷底的圖形。

一般來說，函數 f 圖形上的峰點是 f 的**相對極大值**（**relative maximum**），而谷底則是**相對極小值**（**relative minimum**）。因此，相對極大值是函數 f 的圖形中，高於任何鄰近點的點，而相對極小值則是函數 f 的圖形中，低於任何鄰近點的點。相對極大值和相對極小值統稱為**相對極值**（**relative extrema**）。在圖 3.6 中，相對極大值在 C 和 E 兩點，而相對極小值在 B、D 和 G 三點，注意相對極值並不一定是整個圖形中的最高點或最低點，例如圖 3.6 的最低點是相對極小值 G，但是最高點發生在右邊的端點 H。相對極值的說明如下：

相對極值 ■ 在包含 c 的區間 $a < x < b$，若對所有的 x，$f(c) \geq f(x)$，則稱函數 $f(x)$ 在 $x = c$ 處有相對極大值；若在同一個區間內，對所有的 x，$f(c) \leq f(x)$，則稱函數 $f(x)$ 在 $x = c$ 處有相對極小值。函數 f 全部的相對極大值和相對極小值，統稱為相對極值。

因為當 $f'(x) > 0$ 時函數 $f(x)$ 會遞增，而當 $f'(x) < 0$ 時函數 $f(x)$ 會遞減，因此函數 $f(x)$ 的相對極值只會發生在 $f'(x) = 0$ 或 $f'(x)$ 不存在的點。這些點相當重要，因此將給予它們一個特別的名稱。

臨界數與臨界點 ■ 假設 c 在 $f(x)$ 的定義域中，若 $f'(c) = 0$ 或 $f'(c)$ 不存在，則稱此 c 值為**臨界數 (critical number)**，而對應到的點 $(c, f(c))$ 稱為 $f(x)$ 的**臨界點 (critical point)**。相對極值只會發生在臨界點。

要注意的是，相對極值只會發生在臨界點，但並非所有的臨界點都會有相對極值。圖 3.7 顯示 $f'(c) = 0$ 的三種不同情況，在臨界點 $(c, f(c))$ 皆有水平切線。圖 3.7a 中的臨界點對應到的是相對極大值；圖 3.7b 中對應到的是相對極小值；但圖 3.7c 中對應到的不是相對極大值，也不是相對極小值。

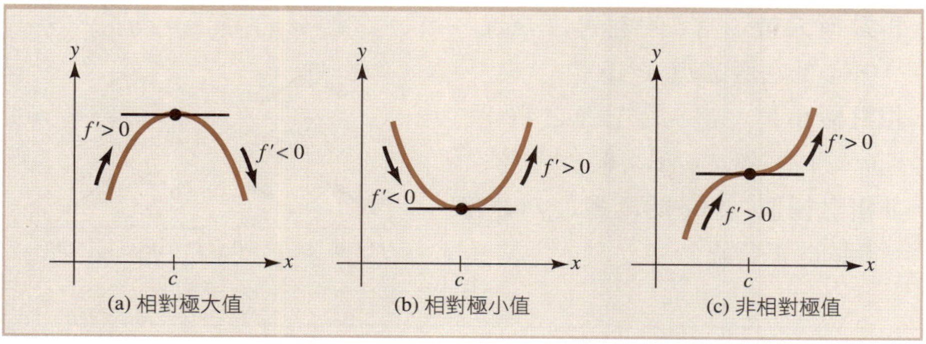

圖 3.7　使得 $f'(c)=0$ 的三種臨界點 $(c, f(c))$。

圖 3.8 中的三個函數，其臨界點的導函數無法定義。在圖 3.8c 中，在 $(c, f(c))$ 的切線為垂直線，所以斜率 $f'(c)$ 無法定義。在圖 3.8a 和圖 3.8b 中，在「尖」點 $(c, f(c))$ 上沒有（唯一的）切線。

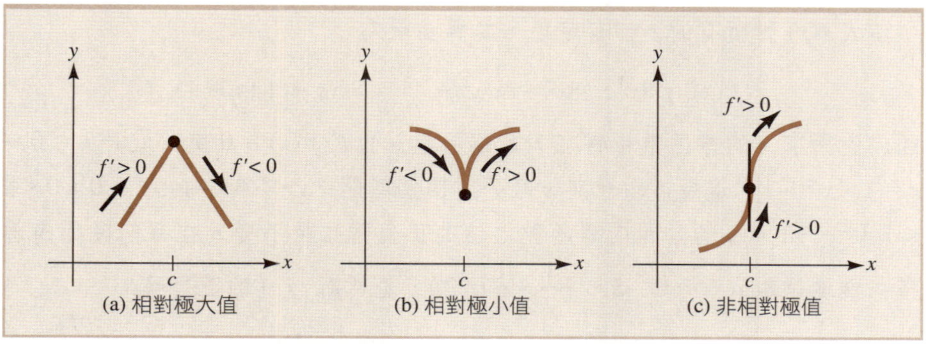

圖 3.8　使得 $f'(c)$ 沒有定義的三種臨界點 $(c, f(c))$。

相對極值的一階導函數測試

圖 3.7 和圖 3.8 說明了一個方法，就是使用導函數的正負號來分類臨界點，例如相對極大值、相對極小值或者都不是。假設 c 是函數 f 的臨界數，在 c 點左邊 $f'(x)>0$，右邊 $f'(x)<0$。幾何上，這表示函數 f 的圖形在座標為 $(c, f(c))$ 的臨界點 P 之前是上升的，然後是下降的，意味著 P 點是相對極大值。相同地，在 c 點左邊 $f'(x)<0$，右邊 $f'(x)>0$，幾何上，表示函數 f 的曲線在 P 點之前是下降的，然後是上升的，意味著 P 點是相對極小值。換言之，若在 c 點兩邊的導函數相同，曲線通過 P 點仍然持續上升或下降，則表示此處沒有相對極值。這些觀察可整理如下：

相對極值的一階導函數測試 ■ 假設 c 是 $f(x)$ 的臨界數（亦即，$f(c)$ 有定義，且 $f'(c)=0$ 或 $f'(c)$ 不存在），則此臨界點 $(c, f(c))$ 為

相對極大值　當 c 的左邊之 $f'(x)>0$，c 的右邊之 $f'(x)<0$

相對極小值　當 c 的左邊之 $f'(x)<0$，c 的右邊之 $f'(x)>0$

非相對極值　當 c 的兩邊之 $f'(x)$ 有相同的正負號

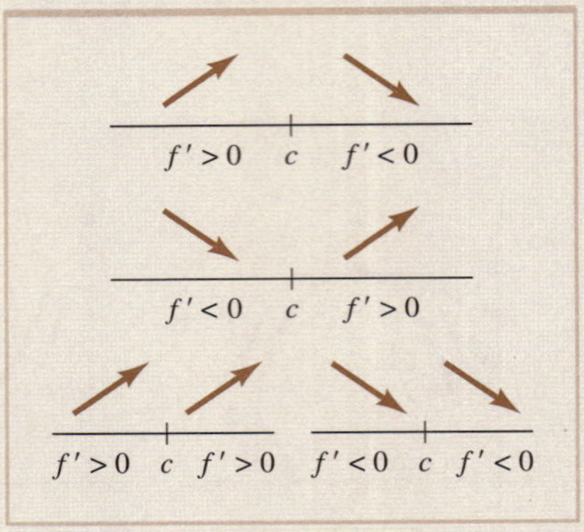

例題 3.1.3　求臨界數並分類

求出函數 $f(x) = 2x^4 - 4x^2 + 3$ 的所有臨界數，並指出每個臨界點是相對極大值、相對極小值或者都不是。

■ 解

多項式 $f(x)$ 對所有的 x 都有定義，其導函數為

$$f'(x) = 8x^3 - 8x = 8x(x^2 - 1) = 8x(x-1)(x+1)$$

因為對所有 x 的導函數皆存在，其臨界數只位於 $f'(x)=0$ 處，就是 $x=0$、$x=1$、$x=-1$。這幾個數會將 x 軸分成四個區間：$x<-1$、$-1<x<0$、$0<x<1$ 和 $x>1$，每個區間內導函數之值的正負號維持不變。在每個區間內選擇一個測試數 c（例如 -5、$-\frac{1}{2}$、$\frac{1}{4}$ 及 2），並判斷 $f'(c)$ 的正負號：

$$f'(-5) = -960 < 0 \quad f'\left(-\frac{1}{2}\right) = 3 > 0 \quad f'\left(\frac{1}{4}\right) = -\frac{15}{8} < 0 \quad f'(2) = 48 > 0$$

可知函數 f 的圖形在 $x<-1$ 和 $0<x<1$ 時下降，在 $-1<x<0$ 和 $x>1$ 時上升，因此在 $x=0$ 時是相對極大值，在 $x=-1$ 和 $x=1$ 是相對極小值，如以下的箭頭圖形所示。

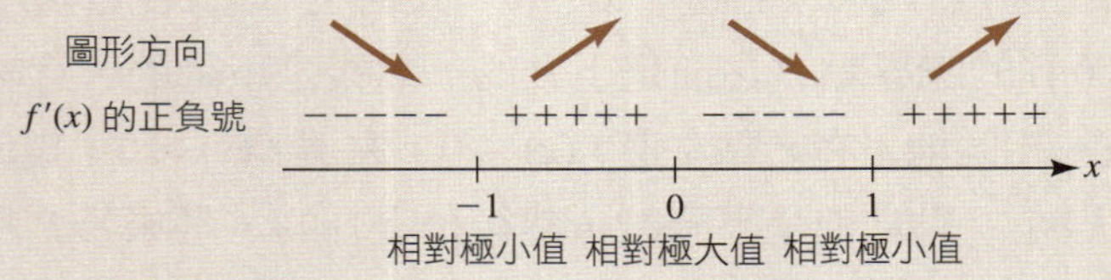

應用

一旦決定函數 f 在區間內是遞增或遞減，並且求出相對極值時，便能大略描繪出函數圖形。以下是運用導函數 $f'(x)$ 來描繪連續函數 $f(x)$ 的圖形之步驟，在 3.3 節中，我們會將此步驟延伸至 $f(x)$ 不連續的情況。

運用導函數 $f'(x)$ 來描繪在其定義域連續的函數 $f(x)$ 的圖形之步驟

步驟 1. 決定 $f(x)$ 的定義域，畫出只包含其定義域內的數之數線。

步驟 2. 求出 $f'(x)$，並標示出步驟 1 所得範圍內的臨界數，再分析每個區間內導函數的正負號，以判斷 $f(x)$ 在數線上的遞增區間及遞減區間。

步驟 3. 對每一個臨界數 c，求出 $f(c)$ 並在座標平面上標出臨界點 $(c, f(c))$，若為相對極大值（↗↘），標示一個「帽子」（⌒）的形狀；若為相對極小值（↘↗），則標示一個「杯子」（⌣）的形狀。描繪出截距和其他容易找到的關鍵點。

步驟 4. 使用平滑的曲線通過這些臨界點來描繪函數 f 的圖形，使得當 $f'(x) > 0$ 時圖形上升；當 $f'(x) < 0$ 時圖形下降；而當 $f'(x) = 0$ 時有水平切線。

例題 3.1.4 利用導函數描繪圖形

描繪函數 $f(x) = x^4 + 8x^3 + 18x^2 - 8$ 的圖形。

■ 解

由於 $f(x)$ 是一個多項式，其對所有的 x 皆有定義。其導函數為

$$f'(x) = 4x^3 + 24x^2 + 36x = 4x(x^2 + 6x + 9) = 4x(x + 3)^2$$

因為對所有的 x 而言，導函數皆存在，所以臨界數只發生在 $f'(x) = 0$ 時，也就是在 $x = 0$ 和 $x = -3$ 時。這些數將 x 軸分成三個區間：$x < -3$、$-3 < x < 0$ 和 $x > 0$，每個區間內導函數 $f'(x)$ 之值的正負號不變。在每個區間內選擇一個測試數 c（例如 -5、-1 和 1），並判斷 $f'(c)$ 的正負號：

$$f'(-5) = -80 < 0 \qquad f'(-1) = -16 < 0 \qquad f'(1) = 64 > 0$$

因此，f 的圖形在 x 為 -3 和 0 時有水平切線，在區間 $x < -3$ 和 $-3 < x < 0$ 時圖形為下降（f 為遞減），在 $x > 0$ 時則圖形為上升（f 為遞增），如以下的箭頭圖形所示：

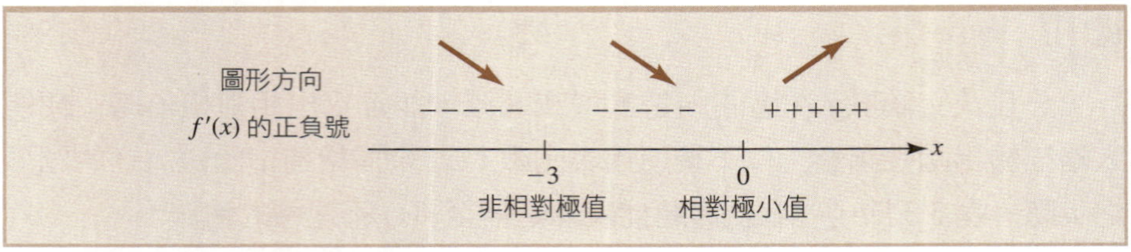

根據這個圖，可以發現在 $x = -3$ 時，圖形下降至一水平切線，然後再繼續下降，到 $x = 0$ 時，則有相對極小值，然後無限地上升。經由計算可得 $f(-3) = 19$ 和 $f(0) = -8$。在開始描繪前，先在臨界點 $(0, -8)$ 畫上一個「杯子」(⌣)，代表此處有相對極小值（若是相對極大值則畫上一個「帽子」(⌢)）；之後在 $(-3, 19)$ 畫上一個「扭曲」(∼)，代表此處的下降曲線有一水平切線。這個初步的圖形如圖 3.9a 所示，然後將這些片段以平滑曲線，依照箭頭所示方向，連接成完整的圖形，如圖 3.9b 所示。

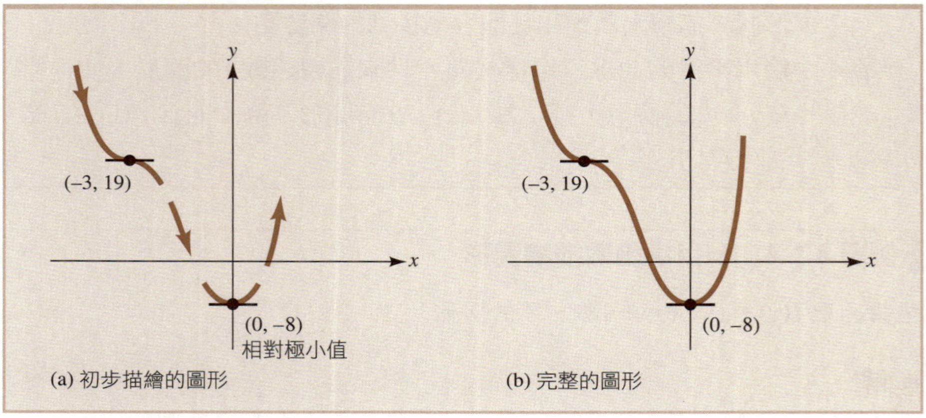

圖 3.9 $f(x) = x^4 + 8x^3 + 18x^2 - 8$ 的圖形。

例題 3.1.5 利用導函數描繪圖形

求出函數 $g(t) = \sqrt{3 - 2t - t^2}$ 的相對極值、遞增區間和遞減區間，並描繪其圖形。

■ 解

由於 $\sqrt{u}$ 只有在 $u \geq 0$ 時才有定義，因此 g 的定義域是所有符合 $3 - 2t - t^2 \geq 0$ 之 t 的集合。將 $3 - 2t - t^2$ 因式分解，得到

$$3 - 2t - t^2 = (3 + t)(1 - t)$$

注意到當 $t \geq -3$ 時，$3 + t \geq 0$；當 $t \leq 1$ 時，$1 - t \geq 0$。當 $(3 + t)$ 和 $(1 - t)$ 皆非負數時，$(3 + t)(1 - t) \geq 0$，也就是 $t \geq -3$ 且 $t \leq 1$ 時，或寫成 $-3 \leq t \leq 1$

時；當 $3+t\le 0$ 且 $1-t\le 0$ 時，也可得到 $(-3+t)(1-t)\ge 0$，但這不可能。（你知道為什麼嗎？）因此，$g(t)$ 只在 $-3\le t\le 1$ 時有定義。

即時複習

當 $a\ge 0$ 且 $b\ge 0$ 或 $a\le 0$ 且 $b\le 0$ 時，乘積 ab 才會滿足 $ab\ge 0$。若 a 和 b 的正負號相反，則其乘積之值為負。

接著使用連鎖律，計算 $g(t)$ 的導函數：

$$g'(t)=\frac{1}{2}\frac{1}{\sqrt{3-2t-t^2}}(-2-2t)$$
$$=\frac{-1-t}{\sqrt{3-2t-t^2}}$$

注意，在 $g(t)$ 的定義域的端點 $t=-3$ 和 $t=1$ 時，$g'(t)$ 不存在；$g'(t)=0$ 只發生在當 $t=-1$ 時。接著在包含 g 的定義域（$-3\le t\le 1$）之數線上標出這三個臨界數，然後判斷 $g'(t)$ 在子區間 $-3<t<-1$ 和 $-1<t<1$ 內的正負號，則可得到如圖 3.10a 所示的箭頭圖形。最後計算出 $g(-3)=g(1)=0$ 和 $g(-1)=2$，此箭頭圖形顯示出在 $(-1, 2)$ 有一個相對極大值，完整的圖形如圖 3.10b 所示。

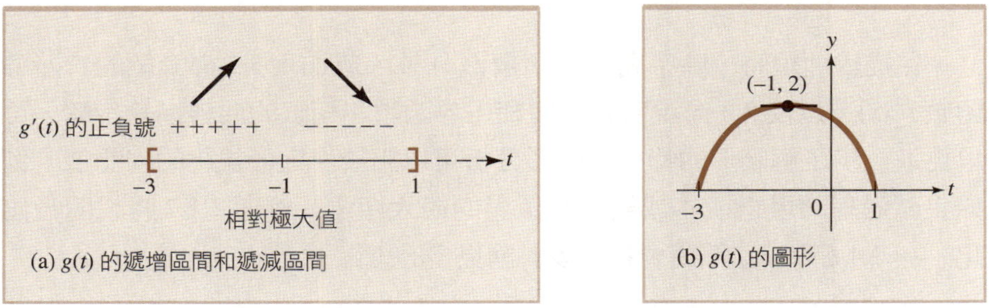

圖 3.10　描繪 $g(t)=\sqrt{3-2t-t^2}$ 的圖形。

有時候 $f(x)$ 的圖形是已知的，而其導函數 $f'(x)$ 的正負號和遞增、遞減區間可以用來判斷其導函數 $f'(x)$ 圖形的一般形狀，如例題 3.1.6 的說明。

例題 3.1.6　利用 f 的圖形來描繪導函數 $f'(x)$ 的圖形

函數 $f(x)$ 的圖形如下所示，描繪導函數 $f'(x)$ 的可能圖形。

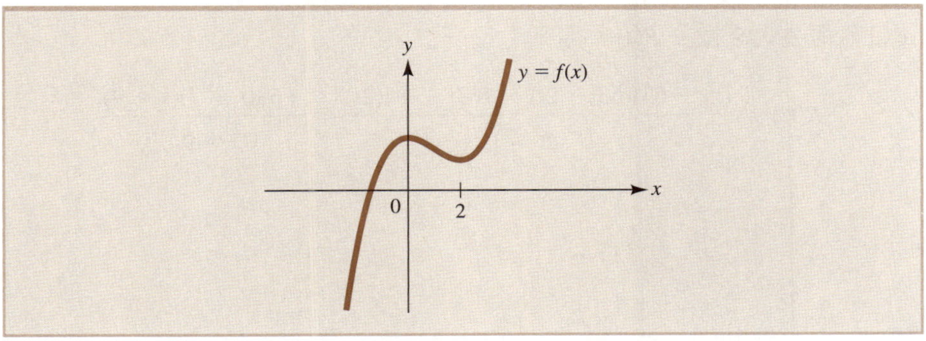

■ **解**

因為 $f(x)$ 的圖形在 $0 < x < 2$ 時下降，可知在此區間內 $f'(x) < 0$，即 $f'(x)$ 在此區間的圖形位於 x 軸下方。類似地，$f(x)$ 的圖形在 $x < 0$ 和 $x > 2$ 時上升，所以在這兩個區間內 $f'(x) > 0$，即 $f'(x)$ 的圖形會在 x 軸上方。$f(x)$ 的圖形在 $x = 0$ 和 $x = 2$ 是「平的」(水平切線)，所以 $f'(0) = f'(2) = 0$，即 $x = 0$ 和 $x = 2$ 會是 $f'(x)$ 在 x 軸的截距。以下是一個滿足上述條件的圖形：

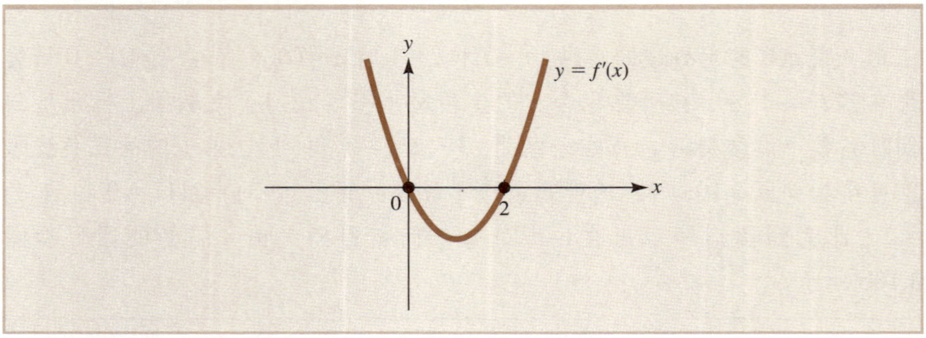

在描繪曲線時，除了利用導函數 $f'(x)$ 外，若加入 3.2 節介紹的二階導函數 $f''(x)$，以及 3.3 節說明的一個利用導函數和極限的曲線描繪步驟，可以更進一步了解圖形的特徵。圖形分析可以用於決定最佳化的理想值，例如生產過程的最低成本或鮭魚養殖場的最大產量。例題 3.1.7 將說明最佳化，在 3.4 節和 3.5 節將會進一步討論更多的細節。

例題 3.1.7　求最大營收

一種新型電動滑板在問市後 t 週的銷售收入為

$$R(t) = \frac{63t - t^2}{t^2 + 63} \text{ 百萬元} \quad 0 \le t \le 63$$

何時會有最大營收？最大營收為何？

■ **解**

使用商的公式來微分 $R(t)$，得到

$$R'(t) = \frac{(t^2 + 63)(63 - 2t) - (63t - t^2)(2t)}{(t^2 + 63)^2} = \frac{-63(t - 7)(t + 9)}{(t^2 + 63)^2}$$

令 $R'(t)$ 的分子等於 0，可得知 $t = 7$ 是 $R'(t) = 0$ 在區間 $0 \le t \le 63$ 內的唯一解，因此也是 $R(t)$ 在定義域中唯一的臨界數。此臨界數將定義域 $0 \le t \le 63$ 分成兩個區間，分別是 $0 \le t < 7$ 和 $7 < t \le 63$。計算在每個區間的測試數（例如 $t = 1$ 和 $t = 9$）的 $R'(t)$ 值，可得到以下的箭頭圖形：

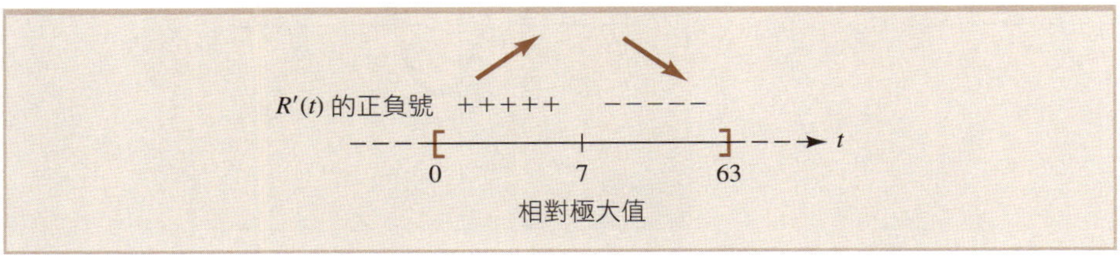

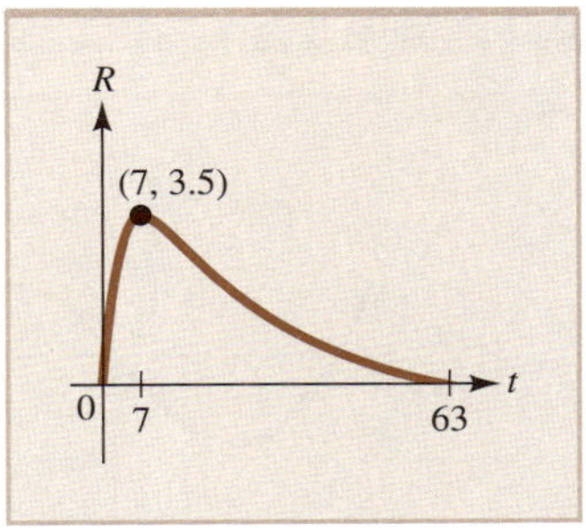

圖 3.11 當 $0 \le t \le 63$ 時，$R(t) = \dfrac{63t - t^2}{t^2 + 63}$ 的圖形。

箭頭圖形指出，營收會增加，直到 $t = 7$ 時到達最大值，然後開始下降。在發生最大值的 $t = 7$ 時之營收為

$$R(7) = \frac{63(7) - (7)^2}{(7)^2 + 63} = 3.5 \text{ 百萬元}$$

營收函數 $R(t)$ 的圖形如圖 3.11 所示。該圖形顯示電動滑板在問市後隨即十分熱銷，只在 7 週後便達到 3.5 百萬元的最大收入。不過之後其受歡迎程度就開始衰退。在 63 週後，收入完全歸零，此時滑板下架並被其他新產品取代。若一個產品的銷售收入是這種模式，大量增加然後穩定地衰退到 0，便稱為「一時的流行」(fad)。

習題 ■ 3.1

第 1 題到第 4 題，說明給定函數的導函數在哪些區間是正的？在哪些區間是負的？

1.

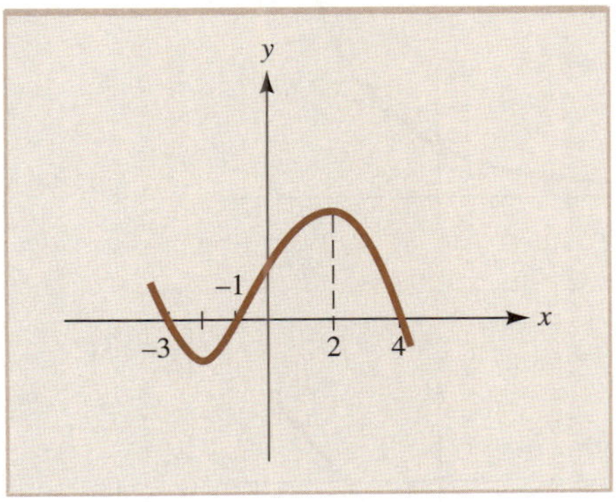

2.

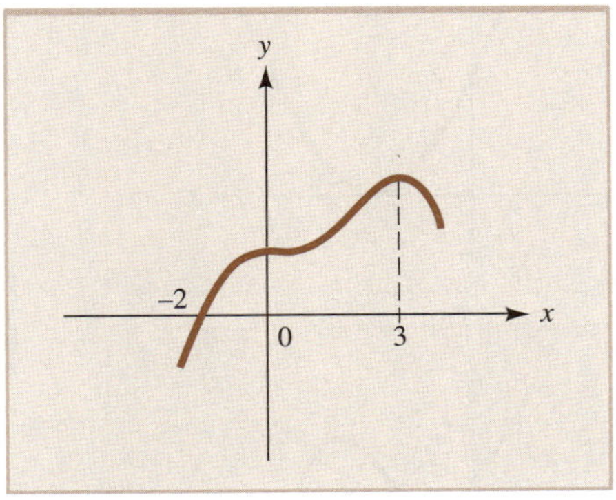

3.

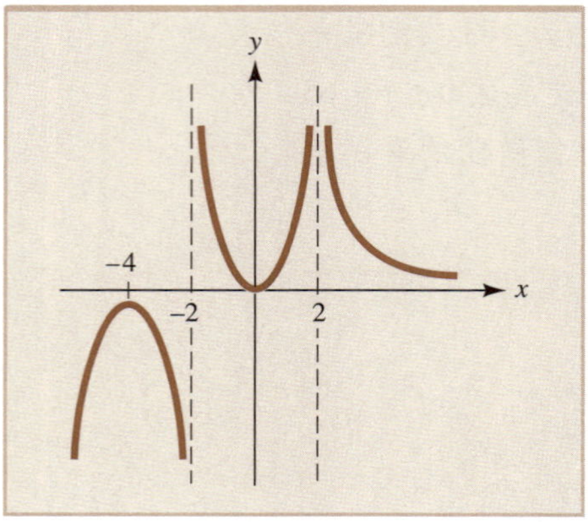

4.

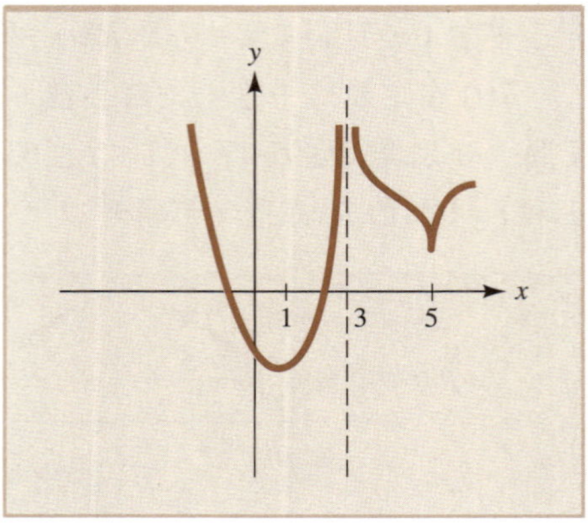

第 5 題到第 8 題，將給定函數的圖形與右欄的導函數圖形 A、B、C、D 配對。

5.

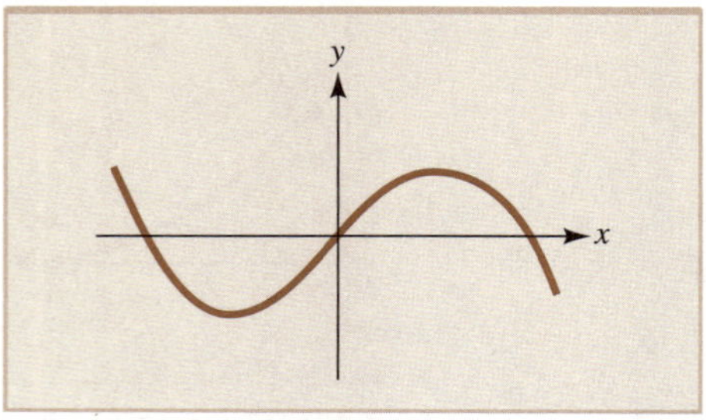

A

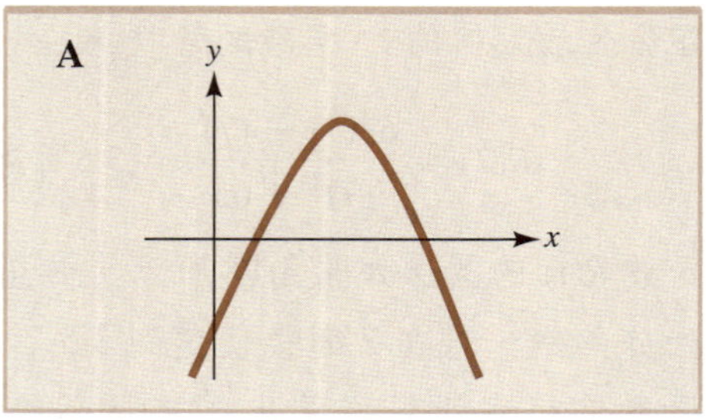

6.

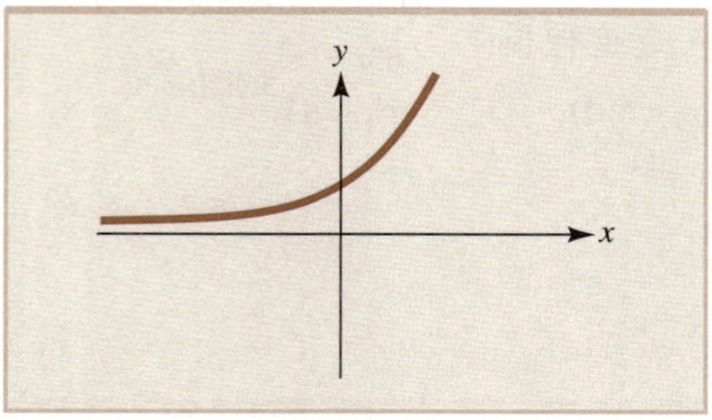

B

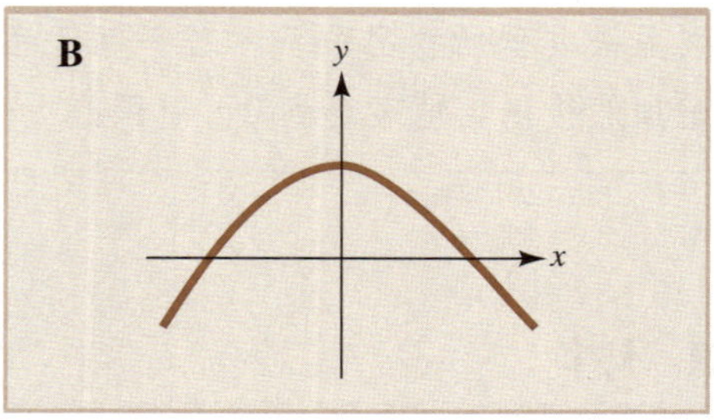

7.

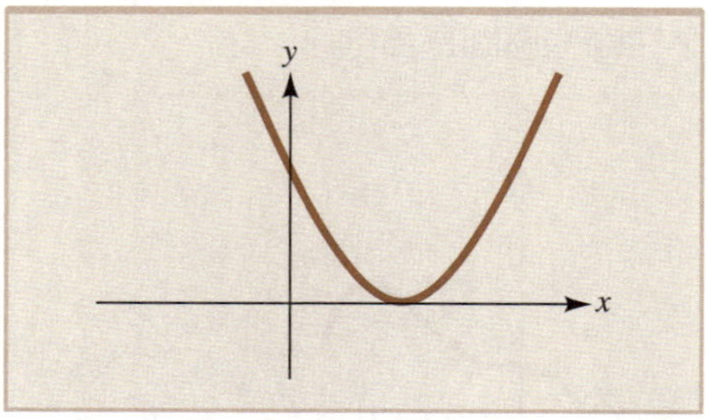

C

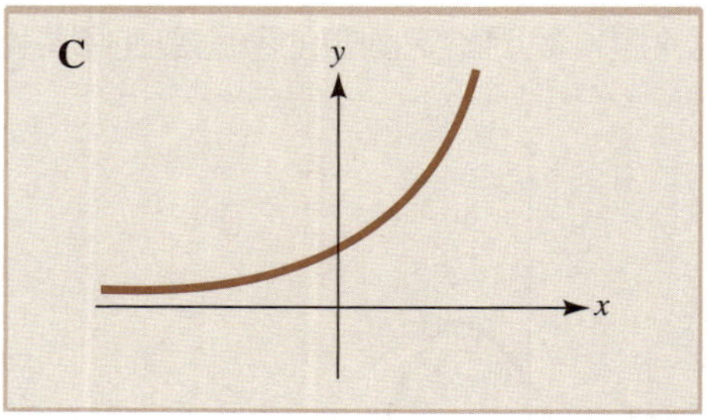

8.

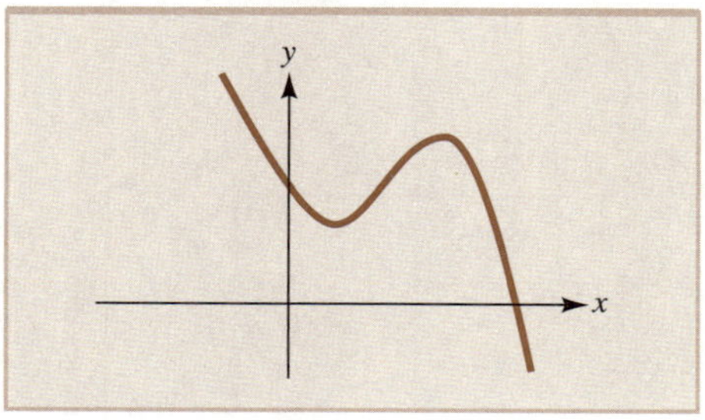

D

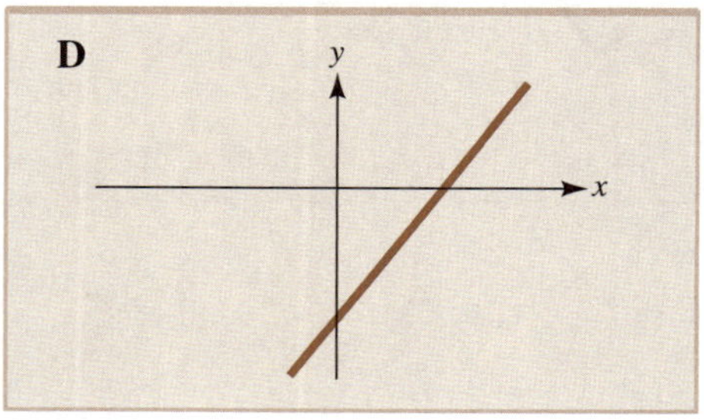

第 9 題到第 15 題，求出給定函數的遞增區間與遞減區間。

9. $f(x) = x^2 - 4x + 5$

10. $f(x) = x^3 - 3x - 4$

11. $g(t) = t^5 - 5t^4 + 100$

12. $f(t) = \dfrac{1}{4 - t^2}$

13. $h(u) = \sqrt{9 - u^2}$

14. $F(x) = x + \dfrac{9}{x}$

15. $f(x) = \sqrt{x} + \dfrac{1}{\sqrt{x}}$

第 16 題到第 21 題，求出給定函數的臨界數，並判斷其每個臨界點為相對極大值、相對極小值，或者都不是。

16. $f(x) = 3x^4 - 8x^3 + 6x^2 + 2$

17. $f(t) = 2t^3 + 6t^2 + 6t + 5$

18. $g(x) = (x - 1)^5$

19. $f(t) = \dfrac{t}{t^2 + 3}$

20. $h(t) = \dfrac{t^2}{t^2 + t - 2}$

21. $S(t) = (t^2 - 1)^4$

第 22 題到第 26 題，利用微積分描繪給定函數的圖形。

22. $f(x) = x^3 - 3x^2$

23. $f(x) = 3x^4 - 8x^3 + 6x^2 + 2$

24. $f(t) = 2t^3 + 6t^2 + 6t + 5$

25. $g(t) = \dfrac{t}{t^2 + 3}$

26. $f(x) = 3x^5 - 5x^3 + 4$

第 27 題和第 28 題，已知函數 $f(x)$ 的導函數，求出 $f(x)$ 的臨界數，並判斷其每個臨界點為相對極大值、相對極小值，或者都不是。

27. $f'(x) = x^2(4 - x^2)$

28. $f'(x) = \dfrac{(x + 1)^2(4 - 3x)^3}{(x^2 + 1)^2}$

第 29 題到第 32 題，已知函數 f 的圖形，描繪 f' 的可能圖形。

29.

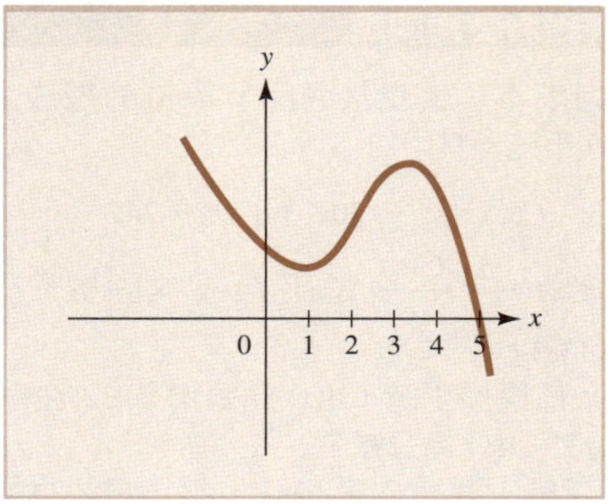

30.

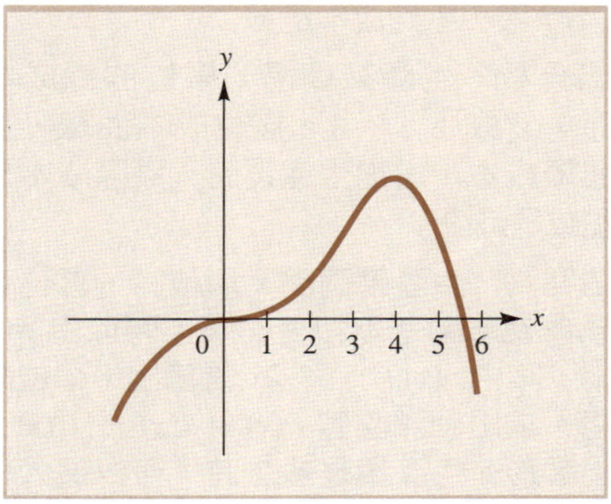

31.

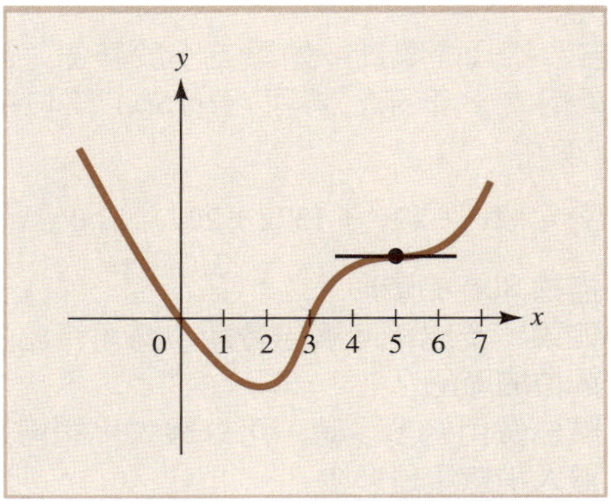

32.

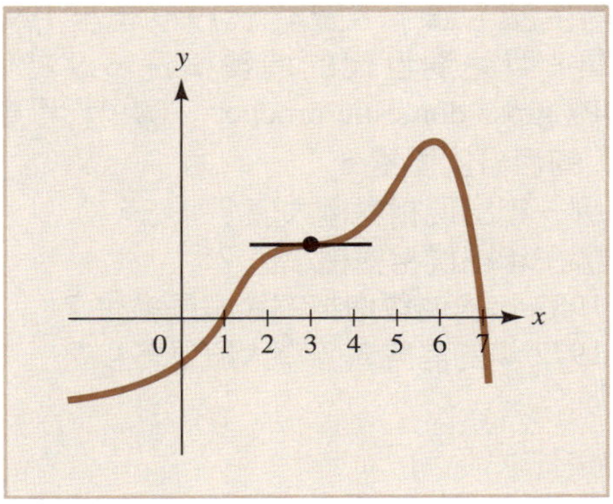

商業與經濟應用問題

33. 平均成本 生產某商品 x 單位的總成本為 $C(x)$ 千元，其中

$$C(x) = x^3 - 20x^2 + 179x + 242$$

a. 若 $A(x) = \frac{C(x)}{x}$ 是平均成本函數，求出 $A'(x)$。

b. x 值是多少時，$A(x)$ 為遞增？x 值是多少時，$A(x)$ 為遞減？

c. 產量 x 要達到多少時，平均成本才會最小？最小平均成本是多少？

34. 邊際分析 生產某商品 x 單位的總成本是 $C(x) = \sqrt{5x+2} + 3$。描繪成本曲線，並求出邊際成本。增加生產量時，邊際成本是會增加或是減少？

35. 寡佔利潤 生產某商品 x 單位時，寡佔者的總成本為 $C(x) = 2x^2 + 3x + 5$，營收為 $R(x) = xp(x)$，其中 $p(x) = 5 - 2x$ 是售出 x 單位時的價格。求出利潤函數 $P(x) = R(x) - C(x)$，並繪出圖形。生產量是多少時，可以最大化利潤？

36. 廣告 某公司認為，如果支出於廣告某產品的費用為 x 千元，將可售出 $S(x)$ 單位的產品，其中

$$S(x) = -2x^3 + 27x^2 + 132x + 207 \quad 當\ 0 \leq x \leq 17$$

a. 描繪 S(x) 的圖形。

b. 如果不支出任何廣告費用，將可售出多少單位的產品？

c. 廣告費用為多少時，可以最大化銷售量？最大銷售量是多少？

37. 國內生產毛額 下圖顯示 1970 年至 1997 年期間，嬰兒潮世代的消費情況，以其佔總 GDP（gross domestic product，國內生產毛額）的百分比衡量。

a. 哪一年出現相對極大值？

b. 哪一年出現相對極小值？

c. 1987 年的消費增加率大概是多少？

d. 1972 年的消費減少率大概是多少？

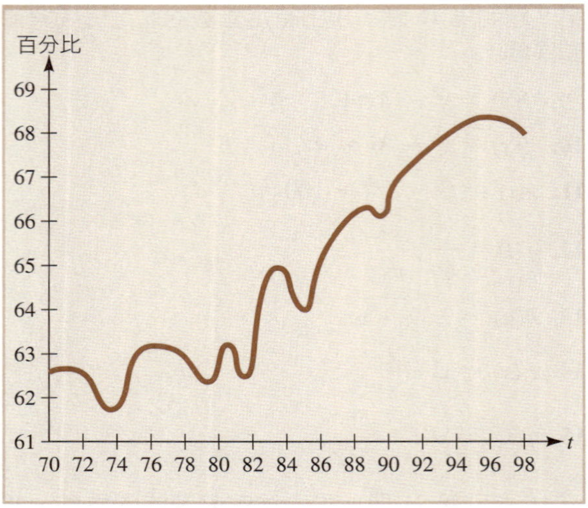

習題 37 以 GDP 的百分比表示嬰兒潮的消費情況。
資料來源：Bureau of Economic Analysis.

生命與社會科學應用問題

38. 藥物 注射到患者手臂的藥劑，經過 t 小時後的濃度函數為

$$C(t) = \frac{0.15t}{t^2 + 0.81}$$

描繪濃度函數的圖形。何時的濃度最高？

39. 物種的成長 在溫度 T（攝氏溫度）時，幼蛾卵孵化的百分比為

$$H(T) = -0.53T^2 + 25T - 209 \quad 當\ 15 \leq T \leq 30$$

描繪孵化函數 $H(T)$ 的圖形。在什麼溫度（$15 \leq T \leq 30$）時孵化百分比最大？最大的孵化百分比是多少？

其他問題

40. 描繪 $f(x) = (x-1)^{2/5}$ 的圖形。解釋為什麼 $f'(x)$ 在 $x = 1$ 沒有定義。

3.2 節　凹性與反曲點

學習目標

1. 討論凹性。
2. 利用二階導函數的正負號求凹性的區間。
3. 找出及檢驗反曲點。
4. 應用二階導函數測試求相對極值。

在 3.1 節中，我們學到如何利用導函數 $f'(x)$ 的正負號來判斷 $f(x)$ 在何處遞增、在何處遞減及其圖形在何處有相對極值。本節將介紹二階導函數 $f''(x)$ 能提供有關 $f(x)$ 圖形的有用資訊。以下以一段簡略的敘述，說明二階導函數可以用來分析產業的問題。

工廠工人在開始工作後 t 小時的生產量可以函數 $Q(t)$ 表示，其圖形如圖 3.12 所示。注意，圖形一開始不是非常陡峭，但是陡峭程度逐漸增加，直到圖形達到最大陡峭點之後開始減緩。這反映一個事實，就是剛開始時工人的生產率很低，隨後增加；不過當工人進入狀況後，生產率就會開始增加直到最大值。之後工人開始疲勞，所以生產率也就開始降低。當生產率達到最大值時，此點為 P，即是經濟學中的**報酬遞減點 (point of diminishing returns)**。

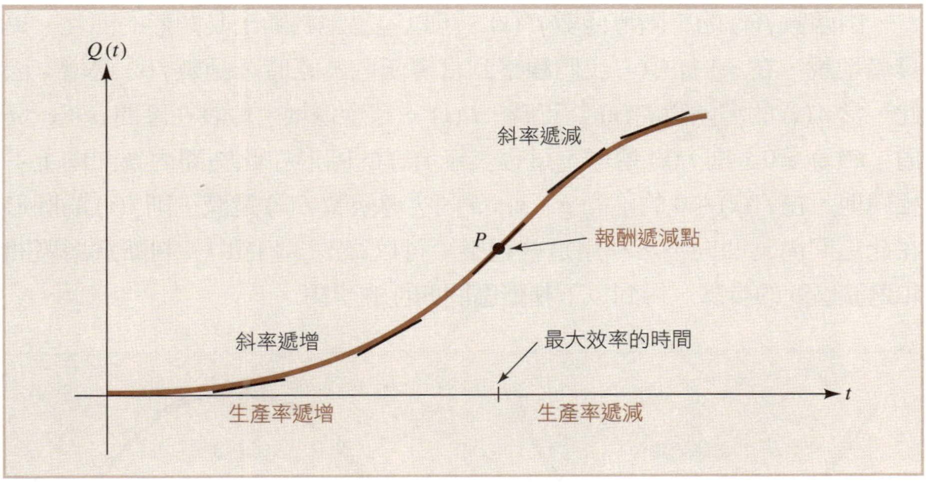

圖 3.12　某工廠工人開始工作 t 小時後的產出 $Q(t)$。

在這個例子中，工人的效率是生產率，可以用生產函數一階導函數衡量，所以效率的變化率可以用生產函數的二階導函數來衡量。效率的變化率在 P 點之前是遞增的，而在 P 點之後是遞減的。幾何上來說，這表示隨

著 t 的增加，在 P 點左邊的切線的斜率會隨之遞增；而在 P 點的右邊，則會隨之遞減，如圖 3.12 所示。本節稍後（例題 3.2.6）將會再回過頭來分析工人的工作效率。不過首先我們將檢驗這個二階導函數在幾何上的意義，並說明如何將其應用於描繪曲線和最佳化。

凹性

切線斜率的遞增和遞減可以一種圖形的特徵來描述，此特徵稱為**凹性 (concavity)**，下列是此定義的說明。

> **凹性** ■ 若函數 $f(x)$ 在區間 $a<x<b$ 可微分，
> 若 $f'(x)$ 在 $a<x<b$ 內遞增，則 f 的圖形稱為**凹向上 (concave upward)**；
> 若 $f'(x)$ 在 $a<x<b$ 內遞減，則 f 的圖形稱為**凹向下 (concave downward)**。

相同地，如果圖形在一區間內位於所有的切線之上，則圖形在此區間內是凹向上（圖 3.13a）；若圖形位於所有的切線之下，則圖形在此區間內是凹向下（圖 3.13b）。簡單地說，圖形凹向上的部分是「接水」的形狀，凹向下的部分則是「灑水」的形狀，如圖 3.14 所示。

應用 f'' 的正負號來判斷凹性的區間

由函數 $f(x)$ 的二階導函數 $f''(x)$，可以容易地判斷出其圖形的凹性。更具體地說，在 3.1 節中，我們觀察到當導函數為正時，函數 $f(x)$ 遞增；因此，當 $f'(x)$ 的導函數 $f''(x)$ 為正時，$f'(x)$ 一定會遞增。假設在區間 $a<x<b$ 內，$f''(x)>0$，則 $f'(x)$ 遞增，這也表示 $f(x)$ 的圖形在此區間內為凹向上；相同地，在 $f''(x)<0$ 的區間 $a<x<b$ 內，導函數 $f'(x)$ 遞減，則 $f(x)$ 的圖形在此區間內為凹向下。利用這些觀察，可以修改 3.1 節中，判斷遞增區間和遞減區間的步驟，得到以下判斷區間凹性的步驟。

(a) 凹向上的圖形：圖形在每一條切線的上方。

(b) 凹向下的圖形：圖形在每一條切線的下方。

圖 3.13 凹性。

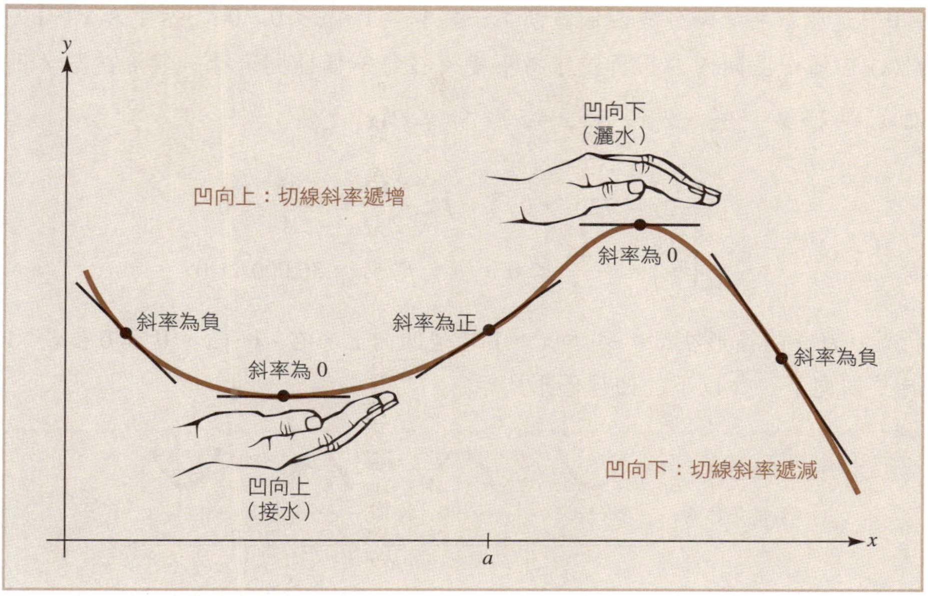

圖 3.14　凹性和切線斜率。

> **運用二階導函數判斷函數 f 的凹性區間之步驟**
>
> **步驟 1.**　求出所有使得 $f''(x) = 0$ 或 $f''(x)$ 不存在的 x 值，然後將這些數字標記在數線上，將數線分成數個開區間。
>
> **步驟 2.**　在步驟 1 所得到的每一個區間 $a < x < b$ 內選擇一個測試數 c，計算 $f''(c)$ 之值：
>
> 若 $f''(c) > 0$，則函數 $f(x)$ 的圖形在 $a < x < b$ 上是凹向上的。
>
> 若 $f''(c) < 0$，則函數 $f(x)$ 的圖形在 $a < x < b$ 上是凹向下的。

例題 3.2.1　求凹性區間

求出函數

$$f(x) = 2x^6 - 5x^4 + 7x - 3$$

的凹性區間。

■ 解

將函數微分可得到

$$f'(x) = 12x^5 - 20x^3 + 7$$

和

$$f''(x) = 60x^4 - 60x^2 = 60x^2(x^2 - 1) = 60x^2(x - 1)(x + 1)$$

二階導函數 $f''(x)$ 對所有的 x 皆連續，且在 $x = 0$、$x = 1$ 和 $x = -1$ 時，$f''(x)$

$=0$。這些數將 x 軸分成四個區間：$x<-1$、$-1<x<0$、$0<x<1$ 和 $x>1$，$f''(x)$ 在任一區間內的正負號維持不變。在每一個區間選擇一個測試數（例如 $x=-2$、$x=-\frac{1}{2}$、$x=\frac{1}{2}$ 和 $x=5$），計算 $f''(x)$ 之值：

$$f''(-2)=720>0 \qquad f''\left(\frac{-1}{2}\right)=-\frac{45}{4}<0$$
$$f''\left(\frac{1}{2}\right)=-\frac{45}{4}<0 \qquad f''(5)=36{,}000>0$$

因此，$f(x)$ 的圖形在 $x<-1$ 和 $x>1$ 時是凹向上，在 $-1<x<0$ 和 $0<x<1$ 時是凹向下，如以下的凹性圖形所示。

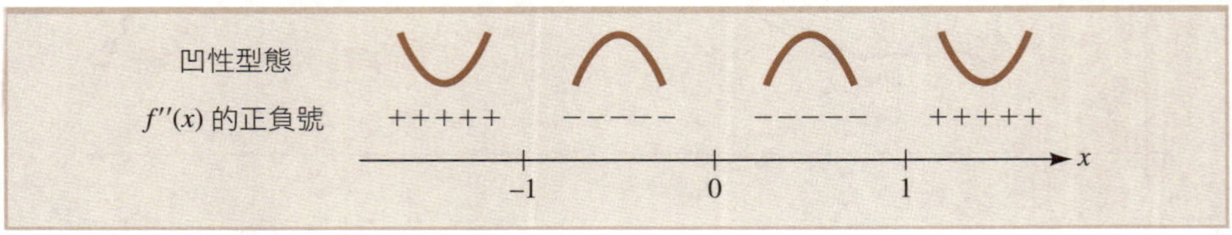

$f(x)=2x^6-5x^4+7x-3$ 的凹性區間

$f(x)$ 的圖形如圖 3.15 所示。

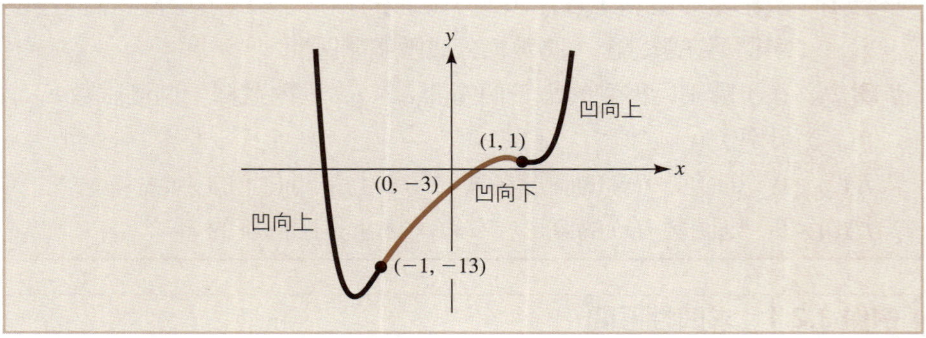

圖 3.15 $f(x)=2x^6-5x^4+7x-3$ 的圖形。

注意 不要將圖形的凹性與「方向」(上升或下降) 混淆。不論函數 f 的圖形在某區間上是凹向上或凹向下，它都可能是遞增的或是遞減的，圖 3.16 說明四種可能性。■

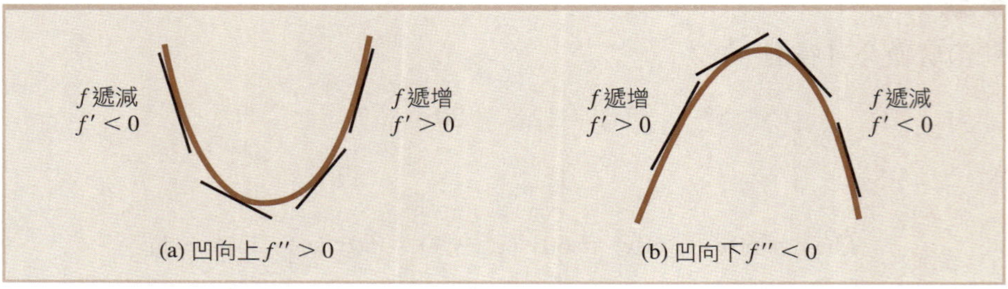

圖 3.16 遞增、遞減和凹性的可能組合。

反曲點

若函數 f 的圖形之凹性在點 P 改變，則點 P 稱為 f 的**反曲點 (inflection point)**；也就是說，f 的圖形在 P 點的一側是凹向上，而在另一側是凹向下。這種轉換點對 f 的圖形提供了有用的資訊。例如，例題 3.2.1 的函數 $f(x) = 2x^6 - 5x^4 + 7x - 3$ 的凹性圖形顯示，函數 f 的圖形在 $x = -1$ 時由凹向上變成凹向下，在 $x = 1$ 時由凹向下變成凹向上，所以圖形上對應的點 $(-1, -13)$ 和 $(1, 1)$ 是 f 的反曲點。反曲點在解釋函數 f 的數學模型時有其實用性，例如，圖 3.12 中生產曲線的報酬遞減點就是反曲點。

在函數 f 的反曲點 $(c, f(c))$ 處，f 的圖形可以不是凹向上（$f''(c) > 0$），也不是凹向下（$f''(c) > 0$），因此，若 $f''(c)$ 存在，則 $f''(c) = 0$。總結如下：

> **反曲點** ■ 函數 f 的反曲點是在其圖形上，使其連續且凹性改變的點 $(c, f(c))$。

注意到 $f(c)$ 在反曲點是有定義的，且 $f''(c) = 0$ 或沒有定義。但是在此點導函數 $f'(c)$ 可能存在或不存在。

> **求出函數 f 的反曲點之步驟**
>
> **步驟 1.** 求出 $f''(x)$，並求出在 f 的定義域中，$f''(c) = 0$ 或 $f''(c)$ 不存在的地方。
>
> **步驟 2.** 對步驟 1 所求出的每一個數 c，判斷 $f''(x)$ 在 $x = c$ 的左邊和右邊的正負號。若在 $x = c$ 的一邊的 $f''(x) > 0$，而在另一邊的 $f''(x) < 0$，則 $(c, f(c))$ 是 f 的反曲點。

例題 3.2.2 求反曲點

求出下列函數的所有反曲點：

a. $f(x) = 3x^5 - 5x^4 - 1$ **b.** $g(x) = x^{1/3}$

■ **解**

a. 注意到 $f(x)$ 對所有的 x 皆存在，而且

$$f'(x) = 15x^4 - 20x^3$$
$$f''(x) = 60x^3 - 60x^2 = 60x^2(x - 1)$$

因此，$f''(x)$ 對所有的 x 皆為連續，且當 $x = 0$ 和 $x = 1$ 時，$f''(x) = 0$。檢驗在 $x = 0$ 和 $x = 1$ 兩側 $f''(x)$ 的正負號（例如，選擇 $x = -1$、$\frac{1}{2}$ 和 2），得到

$$f''(-1) = -120 < 0 \qquad f''\left(\frac{1}{2}\right) = -\frac{15}{2} < 0 \qquad f''(2) = 240 > 0$$

由此可得到以下的凹性圖形：

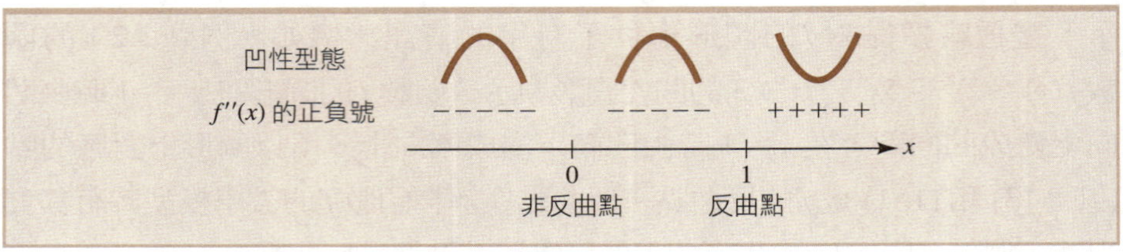

我們發現在 $x = 0$ 處凹性並未改變，但在 $x = 1$ 處由凹向下變成凹向上。因為 $f(1) = -3$，所以 $(1, -3)$ 為 f 的反曲點。f 的圖形如圖 3.17a 所示。

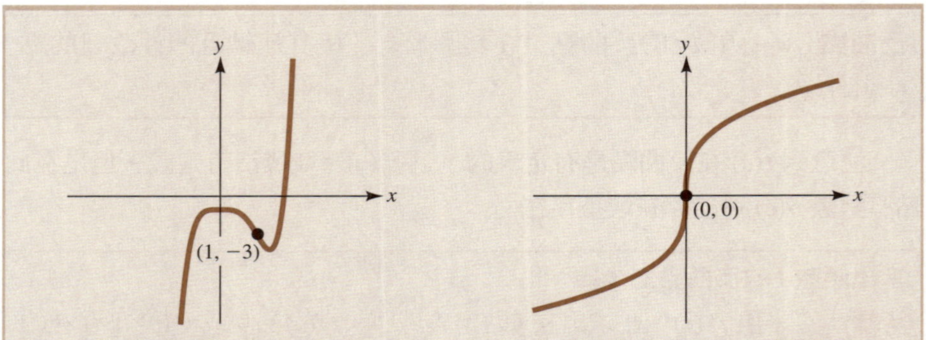

(a) $(1, -3)$ 是 $f(x) = 3x^5 - 5x^4 - 1$ 的圖形的反曲點。

(b) 原點 $(0, 0)$ 是 $g(x) = x^{1/3}$ 的圖形的反曲點。

圖 3.17 兩個反曲點的圖形。

b. 函數 $g(x)$ 對所有的 x 皆連續，而且因為

$$g'(x) = \frac{1}{3}x^{-2/3} \qquad \text{和} \qquad g''(x) = -\frac{2}{9}x^{-5/3}$$

可得知 $g''(x)$ 永遠不會為 0，但在 $x = 0$ 時不存在。檢驗 $x = 0$ 兩側 $g''(x)$ 的正負號，可得到以下的凹性圖形：

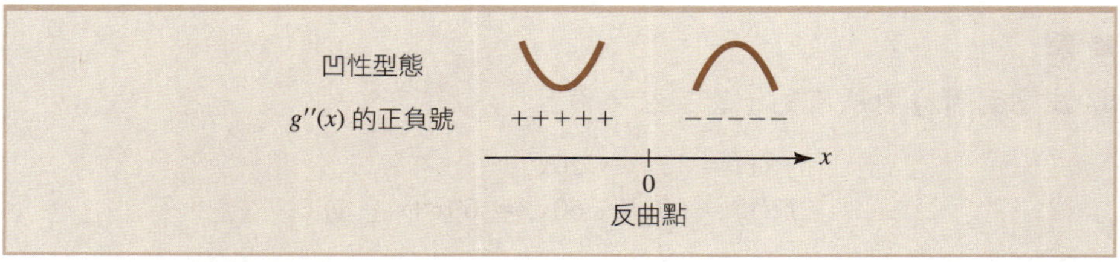

因為圖形的凹性在 $x = 0$ 時改變，而且 $g(0) = 0$，所以原點 $(0, 0)$ 是反曲點，g 的圖形如圖 3.17b 所示。

注意　函數只有在連續的地方才會有反曲點。若 $f(c)$ 沒有定義，即使 $f''(x)$ 在 $x = c$ 的兩邊變號，$x = c$ 處仍然不會有反曲點。例如，若 $f(x) = \frac{1}{x}$，則 $f''(x) = \frac{2}{x^3}$，所以在 $x < 0$ 時 $f''(x) < 0$，在 $x > 0$ 時 $f''(x) > 0$。在 $x = 0$ 時，凹性由向下變成向上（見圖 3.18a），但是因為 $f(0)$ 沒有定義，所以在 $x = 0$ 時並沒有反曲點。

此外，若只知 $f(c)$ 有定義且 $f''(c) = 0$，也不能保證 $(c, f(c))$ 就是反曲點。例如，若 $f(x) = x^4$，則 $f(0) = 0$ 且 $f''(x) = 12x^2$，故 $f''(0) = 0$。但是對任何的 $x \neq 0$，$f''(x) > 0$，所以 f 的圖形永遠是凹向上，因此 $(0, 0)$ 不是反曲點（見圖 3.18b）。

假設 $f(c)$ 有定義且 $f''(c) = 0$，那麼是否一定能在 $x = c$ 之處找到反曲點或相對極值？答案見習題 38。■

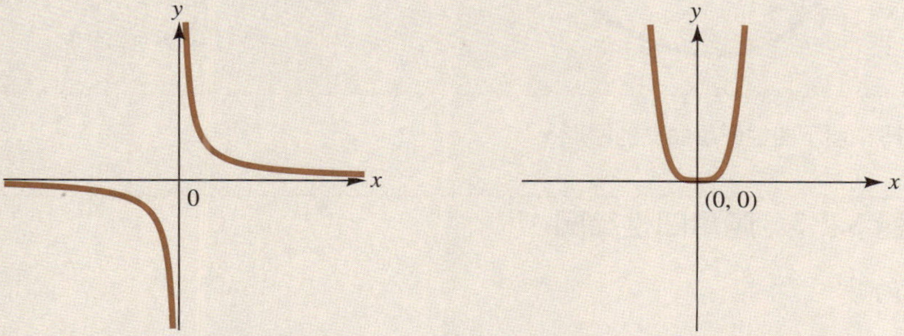

(a) $f(x) = \frac{1}{x}$ 的圖形。凹性在 $x = 0$ 處改變，但因為 $f(0)$ 沒有定義，所以沒有反曲點。

(b) $f(x) = x^4$ 的圖形永遠是凹向上，所以即使 $f''(0) = 0$，$(0, 0)$ 仍然不是反曲點。

圖 3.18　當 $f'' = 0$ 或 f'' 不存在時，圖形不一定有反曲點。

應用二階導函數描繪曲線

從幾何上來說，反曲點出現在圖形「扭轉」之處。以下總結圖形的可能性。

$f(x)$ 的圖形在 $x = c$ 時的反曲點 P 處的行為

圖形在 P 點上升 ($f'(c) > 0$)	在 P 點的圖形形狀
f'' 在 $x = c$ 時由正變負	
f'' 在 $x = c$ 時由負變正	

圖形在 P 點下降 ($f'(c) < 0$)	**在 P 點的圖形形狀**
f'' 在 $x = c$ 時由正變負	
f'' 在 $x = c$ 時由負變正	

圖 3.19 顯示圖形中各種可能產生反曲點的情況。

將 3.1 節所述的一階導函數測試加上凹性和反曲點的準則，可以更詳細地描繪出各種圖形，如例題 3.2.3 所示。

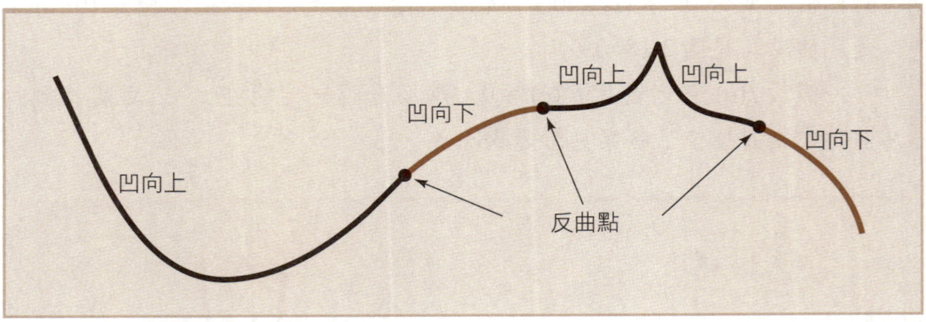

圖 3.19 顯示凹性與反曲點的圖形。

例題 3.2.3 應用凹性繪圖

判斷函數

$$f(x) = 3x^4 - 2x^3 - 12x^2 + 18x + 15$$

在何處是遞增？在何處是遞減？其圖形在何處是凹向上？在何處是凹向下？求出其所有的相對極值與反曲點，並描繪其圖形。

■ **解**

首先，注意到 $f(x)$ 為多項式，所以對所有的 x 皆連續，而 $f'(x)$ 和 $f''(x)$ 也是如此。$f(x)$ 的一階導函數為

$$f'(x) = 12x^3 - 6x^2 - 24x + 18 = 6(x - 1)^2(2x + 3)$$

且只有當 $x = 1$ 和 $x = -1.5$ 時，$f'(x) = 0$。計算 $f'(x)$ 在測試數（例如 –2、0、3）之值，可得到以下的箭頭圖形。注意到在 $x = -1.5$ 時有相對極小值，但在 $x = 1$ 時沒有相對極值。

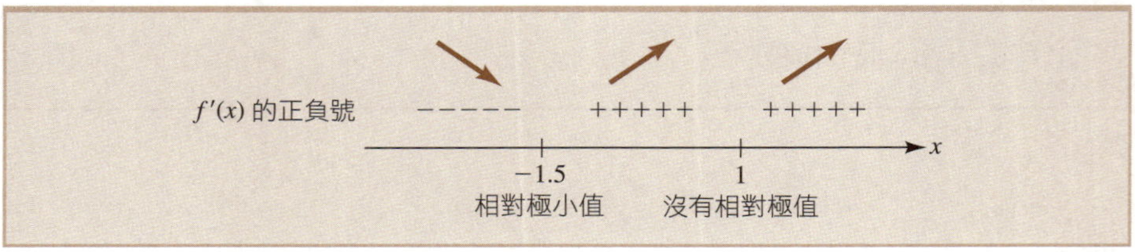

二階導函數為

$$f''(x) = 36x^2 - 12x - 24 = 12(x - 1)(3x + 2)$$

且只有當 $x = 1$ 和 $x = -\frac{2}{3}$ 時，$f''(x) = 0$。在 $x < -\frac{2}{3}$、$-\frac{2}{3} < x < 1$ 和 $x > 1$ 這些區間上，$f''(x)$ 皆不會變號。在各個區間內選擇一個測試數來計算 $f''(x)$ 的值，可以得到以下的凹性圖形。

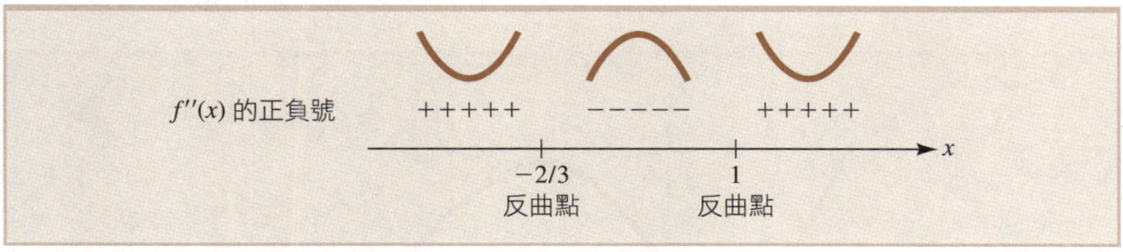

以上兩個圖形顯示在 $x = -1.5$ 處有相對極小值，在 $x = -\frac{2}{3}$ 和 $x = 1$ 處有反曲點（因為凹性在這兩點皆發生改變）。

在描繪圖形前，必須先求出

$$f(-1.5) = -17.06 \qquad f\left(-\frac{2}{3}\right) = -1.15 \qquad f(1) = 22$$

然後在 (–1.5, –17.06) 處畫一個杯子（◡），表示此處有一個相對極小值。同樣地，在 $(-\frac{2}{3}, -1.15)$ 處畫一個扭曲（∫），以及在 (1, 22) 處畫一個（⌐），表示在反曲點處附近的圖形形狀。運用箭頭圖形和凹性圖形，可以得到初步描繪的圖形，如圖 3.20a 所示。最後用平滑的曲線將相對極小值、反曲點和 y 截距 (0, 15) 連接成完整的圖形，如圖 3.20b 所示。

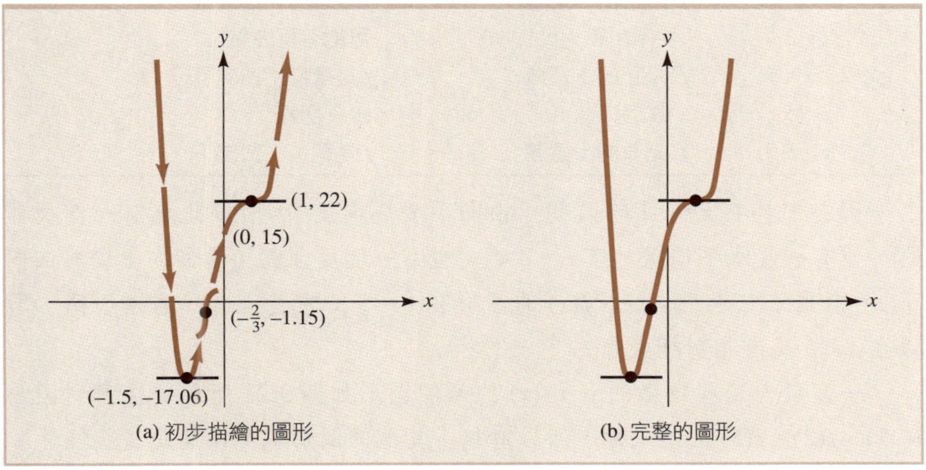

圖 3.20　$f(x) = 3x^4 - 2x^3 - 12x^2 + 18x + 15$ 的圖形。

有時會需要在已知一階導函數 $f'(x)$ 圖形的情況下，分析 $f(x)$ 的圖形。例如，已經知道生產 x 單位產品的邊際成本 $C'(x)$ 的製造商，會想要儘可能地了解總成本 $C(x)$。例題 3.2.4 說明進行這種分析的步驟。

例題 3.2.4 利用導函數 $f'(x)$ 的圖形描繪 f 的圖形

函數 $f(x)$ 之一階導函數 $f'(x)$ 的圖形如下，求出 $f(x)$ 的遞增、遞減和凹性區間，找出所有的相對極值和反曲點，並描繪具有這些特徵的曲線。

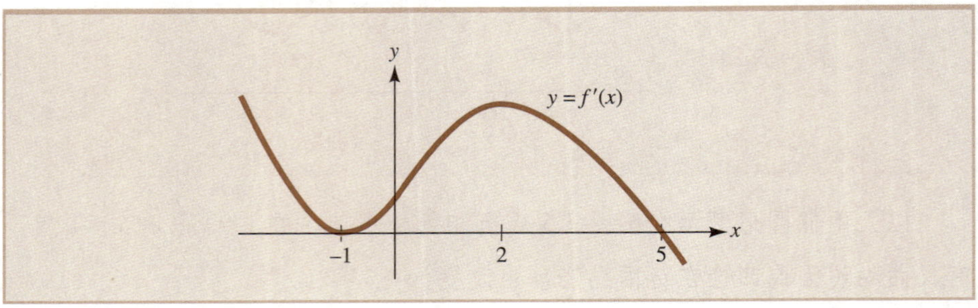

■ **解**

首先注意到，在 $x < -1$ 時，$f'(x)$ 的圖形在 x 軸之上，所以 $f'(x) > 0$，且 $f(x)$ 的圖形是上升的；而此區間內 $f'(x)$ 的圖形是下降的，表示 $f''(x) < 0$，所以 $f(x)$ 的圖形凹向下。其他的區間也可以用相同的方法來分析，所有的結果整理於下表。

x	$y = f'(x)$ 的特徵	$y = f(x)$ 的特徵
$x < -1$	f' 是正的；遞減	f 是遞增；凹向下
$x = -1$	x 截距；水平切線	水平切線；可能有反曲點 ($f'' = 0$)
$-1 < x < 2$	f' 是正的；遞增	f 是遞增；凹向上
$x = 2$	水平切線	可能有反曲點
$2 < x < 5$	f' 是正的；遞減	f 是遞增；凹向下
$x = 5$	x 截距	水平切線
$x > 5$	f' 是負的；遞減	f 是遞減；凹向下

因為凹性在 $x = -1$ 時改變（由向下變成向上），所以此處有一個反曲點，並有一條水平切線。在 $x = 2$ 時，也有一個反曲點（由凹向上變成凹向下），但是沒有水平切線。$f(x)$ 的圖形在 $x = 5$ 的左邊上升、右邊下降，所以在 $x = 5$ 處有相對極大值。

一個包含這些特徵的 $y = f(x)$ 的可能圖形如圖 3.21 所示，注意到因為 $f(-1)$、$f(2)$、$f(5)$ 的值未知，所以有很多其他的圖形也可以滿足這些條件。

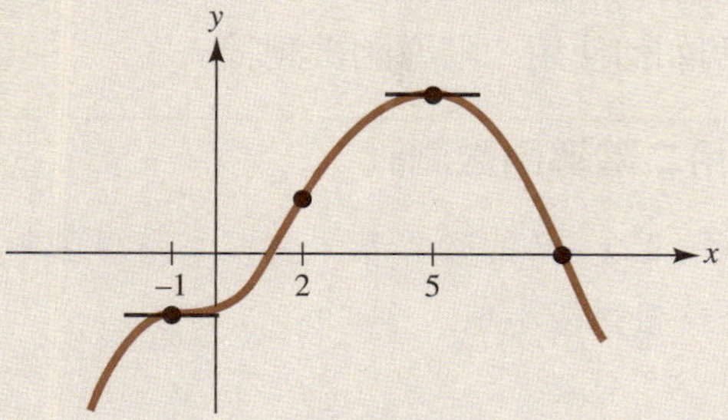

圖 3.21　例題 3.2.4 中，$y = f(x)$ 的一種可能圖形。

二階導函數測試

即時複習

開區間的形式如 $a < x < b$ 或 $x > a$，並不包括其端點。參見附錄 A.1 的區間名詞複習。

二階導函數也可以用來判斷函數的臨界點是相對極大值或相對極小值。以下是**二階導函數測試 (second derivative test)** 的步驟。

二階導函數測試 ■ 假設 $f''(x)$ 在一個包含 $x = c$ 的開區間內有定義，且 $f'(c) = 0$。

若 $f''(c) > 0$，則 f 在 $x = c$ 時有相對極小值。

若 $f''(c) < 0$，則 f 在 $x = c$ 時有相對極大值。

然而，若 $f''(c) = 0$ 或 $f''(c)$ 不存在，則此測試沒有結論，f 在 $x = c$ 時可能有相對極大值或相對極小值，也可能沒有相對極值。

要了解為何二階導函數測試是有用的，可以參考圖 3.22，圖中顯示 $f'(c) = 0$ 時的四種可能性。圖 3.22a 說明在相對極大值時，f 圖形必為凹向下，所以 $f''(c) < 0$；相同地，圖 3.22b 說明在相對極小值時，f 圖形必為凹向上，所以 $f''(c) > 0$；此外，如果 $f'(c) = 0$ 且 f''(c) 非正也非負，則此測試沒有結論。圖 3.22c 說明若 $f'(c) = 0$ 且 $f''(c) = 0$，則在 $x = c$ 處可能有反曲點。該處也可能會有相對極值。例如，$f(x) = x^4$ 在 $x = 0$ 處有相對極小值，

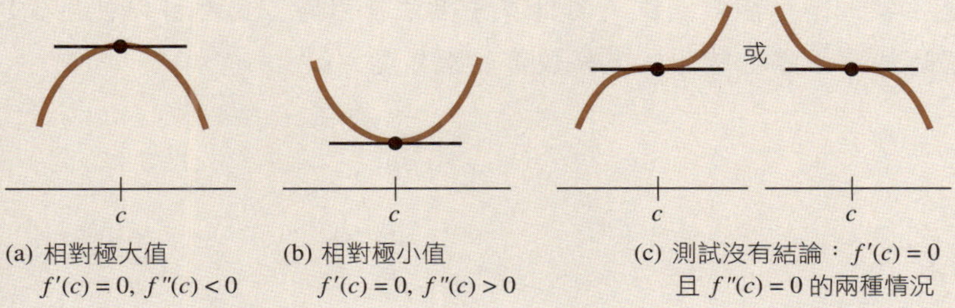

圖 3.22　二階導函數測試。

而 $g(x)=-x^4$ 則有相對極大值（見圖 3.24）。

例題 3.2.5 說明如何使用二階導函數測試。

例題 3.2.5　應用二階導函數測試

求出 $f(x)=2x^3+3x^2-12x-7$ 的臨界點，並以二階導函數測試將每個臨界點分類為相對極大值或相對極小值。

■ 解

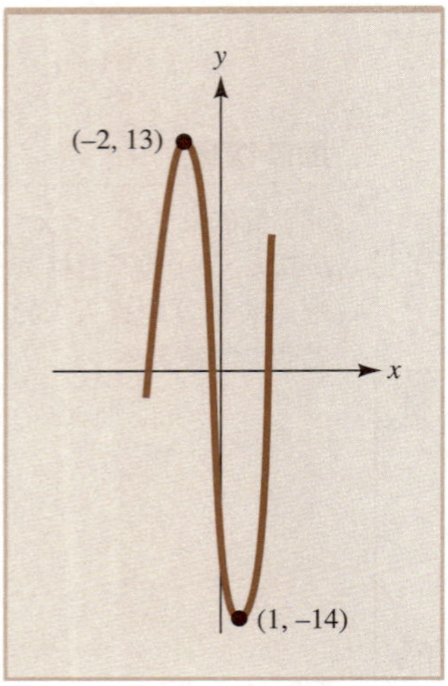

圖 3.23　$f(x)=2x^3+3x^2-12x-7$ 的圖形。

一階導函數為

$$f'(x) = 6x^2 + 6x - 12 = 6(x+2)(x-1)$$

當 $x=-2$ 和 $x=1$ 時，導函數之值為 0，對應點 (–2, 13) 與 (1, –14) 是 f 的臨界點。欲以二階導函數來測試這些點，先求出二階導函數：

$$f''(x) = 12x + 6$$

然後計算其在 $x=-2$ 和 $x=1$ 時的值。因為

$$f''(-2) = -18 < 0$$

所以臨界點 (–2, 13) 為相對極大值；因為

$$f''(1) = 18 > 0$$

所以臨界點 (1, –14) 為相對極小值。f 的圖形如圖 3.23 所示。

注意　雖然在例題 3.2.5 中，運用二階導函數測試來分類這些臨界點是很簡單的，但是這個測試還是有其限制。例如，某些函數的二階導函數的計算相當費時，使得此測試的吸引力大減。其次，這個測試只能應用於導函數等於 0 的臨界點，無法探討那些導函數沒有定義的點。最後，若 $f'(c)$ 和 $f''(c)$ 都等於 0，則二階導函數測試無法得知此臨界點的性質。圖 3.24 顯示三種在 $x=0$ 時，一階導函數和二階導函數皆為 0 的情況。當二階導函數測試不易計算或無法使用時，仍然可以使用 3.1 節所描述的一階導函數測試來分類這些臨界點。■

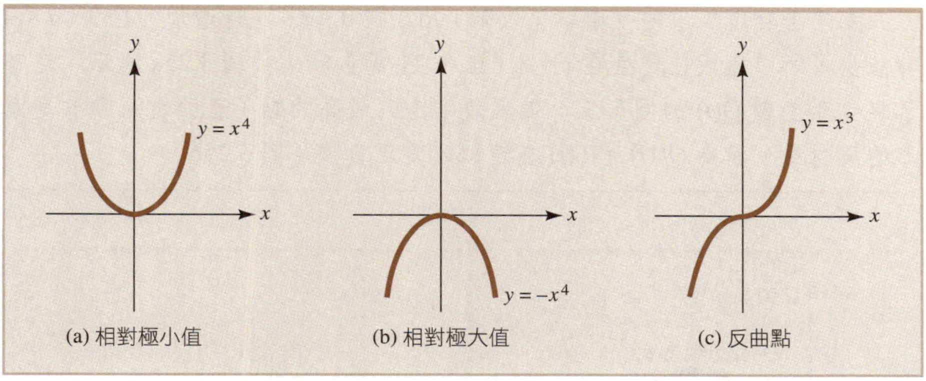

圖 3.24　三個一階及二階導函數在 $x = 0$ 時均為 0 的函數。

例題 3.2.6 將回到本節一開始時所提到的工人效率和報酬遞減點的問題，目標是使工人的生產率達到最大；生產率也就是工人生產量的導函數。因此，我們令生產量的二階導函數為 0，求出生產量函數的反曲點，這也就是生產量的報酬遞減點。

例題 3.2.6　求生產量的報酬遞減點

安尼士是某電子公司的效率專家，他對公司的某一間工廠的早班（上午 8 點到中午 12 點）進行工作效率研究，發現在上午 8 點上班的普通工人，在 t 小時後將生產 $Q(t) = -t^3 + 9t^2 + 12t$ 單位，則安尼士應預期，工人的生產量在早班的什麼時間會到達報酬遞減點呢？

■ **解**

工人的效率是生產量的變化率，可由產出 $Q(t)$ 的導函數得到，也就是

$$R(t) = Q'(t) = -3t^2 + 18t + 12$$

因為早班是從上午 8 點開始，直到中午，安尼士的目標是要求出在 $0 \le t \le 4$ 間的最大生產率 $R(t)$。此生產率函數的導函數為

$$R'(t) = Q''(t) = -6t + 18$$

其在 $t = 3$ 時為 0，在 $0 < t < 3$ 時為正，且在 $3 < t < 4$ 時為負，如下方的箭頭圖形所示。

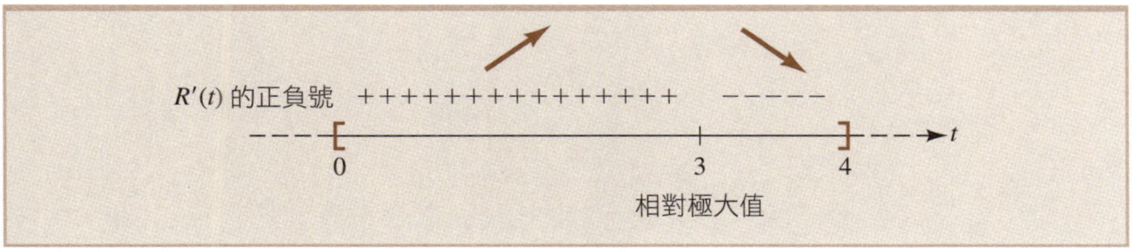

安尼士發現工人的生產率（效率）$R(t)$ 在 $0 < t < 3$ 時增加，在 $3 < t < 4$ 時減少，所以極大值發生在 $t = 3$（上午 11 點）時，如圖 3.25a 所示。這表示在生產函數 $Q(t)$ 的圖形上，工人效率達到最高的點（報酬遞減點）是圖形的反曲點，因為 $Q''(t) = R'(t)$ 在這裡改變正負號（圖 3.25b）。

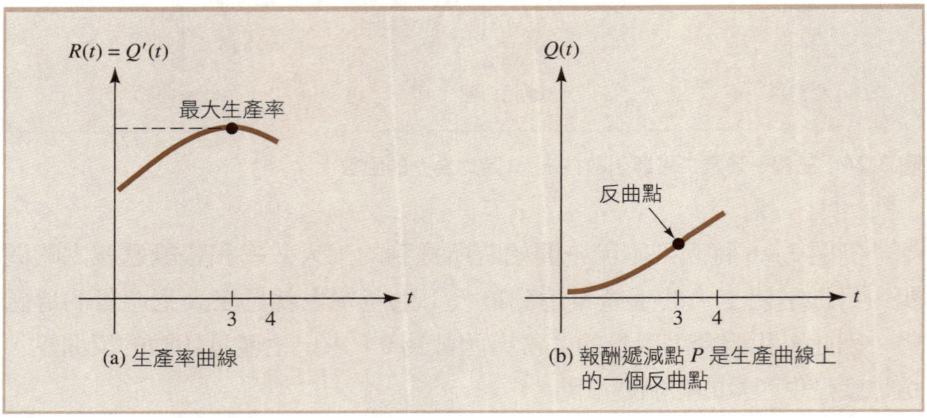

圖 3.25 普通工人的生產量。

習題 ■ 3.2

第 1 題到第 4 題，判斷函數的二階導函數在何處是正的？在何處是負的？

1.

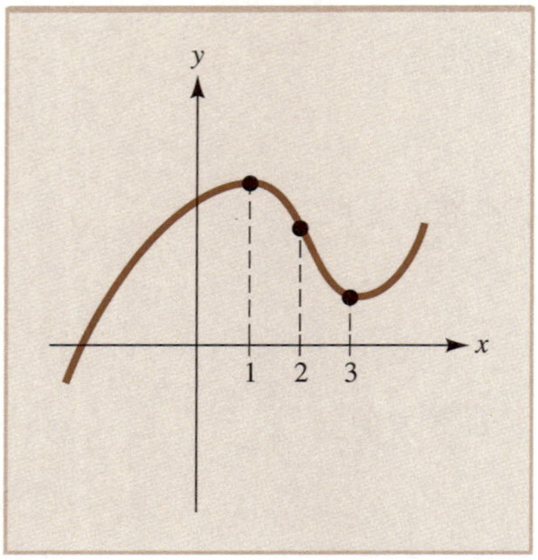

2.

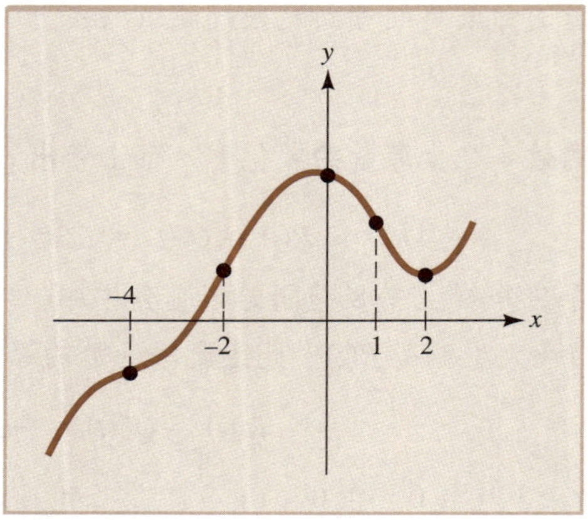

3.

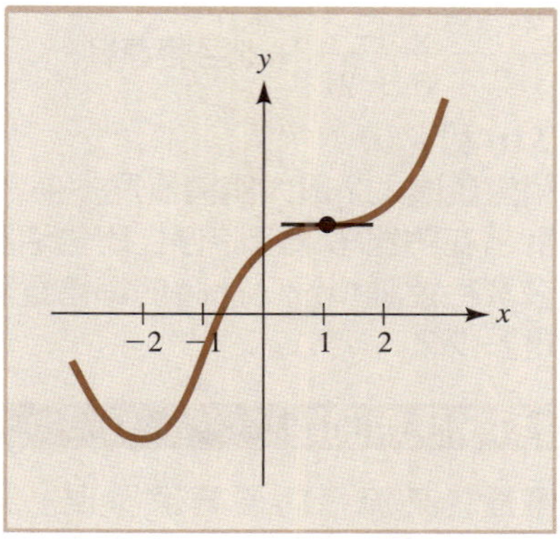

4.

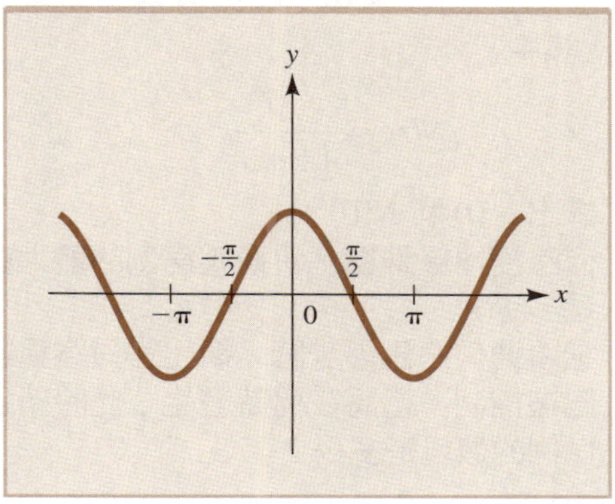

第 5 題到第 8 題，判斷給定函數的圖形在何處是凹向上的？在何處是凹向下的？求出所有反曲點的座標。

5. $f(x) = x^3 + 3x^2 + x + 1$

6. $f(x) = x(2x + 1)^2$

7. $g(t) = t^2 - \dfrac{1}{t}$

8. $f(x) = x^4 - 6x^3 + 7x - 5$

第 9 題到第 15 題，判斷給定函數在何處是遞增的？在何處是遞減的？圖形在何處是凹向上的？在何處是凹向下的？求出所有的相對極值與反曲點，並描繪函數的圖形。

9. $f(x) = \dfrac{1}{3}x^3 - 9x + 2$

10. $f(x) = x^4 - 4x^3 + 10$

11. $f(x) = (x - 2)^3$

12. $f(x) = (x^2 - 5)^3$

13. $f(s) = 2s(s + 4)^3$

14. $g(x) = \sqrt{x^2 + 1}$

15. $f(x) = \dfrac{1}{x^2 + x + 1}$

第 16 題到第 21 題，應用二階導函數測試，求出給定函數的相對極大值與相對極小值。

16. $f(x) = x^3 + 3x^2 + 1$

17. $f(x) = (x^2 - 9)^2$

18. $f(x) = 2x + 1 + \dfrac{18}{x}$

19. $f(x) = x^2(x - 5)^2$

20. $h(t) = \dfrac{2}{1 + t^2}$

21. $f(x) = \dfrac{(x - 2)^3}{x^2}$

第 22 題和第 23 題，已知函數的二階導函數 $f''(x)$，利用這些資訊，判斷 $f(x)$ 的圖形在何處是凹向上的？在何處是凹向下的？求出所有反曲點的 x 值。(不需要求出反曲點的 $f(x)$ 值或 y 座標。)

22. $f''(x) = x^2(x - 3)(x - 1)$

23. $f''(x) = (x - 1)^{1/3}$

第 24 題和第 25 題，已知函數的一階導函數 $f'(x)$：

(a) 求出函數 f 在哪些區間是遞增的？在哪些區間是遞減的？

(b) 求出函數 f 的圖形在哪些區間是凹向上的？在哪些區間是凹向下的？

(c) 求出函數 f 的所有相對極值與反曲點的 x 座標。

(d) 描繪函數 $f(x)$ 的可能圖形：

24. $f'(x) = x^2 - 4x$

25. $f'(x) = 5 - x^2$

26. 描繪符合以下特性的函數圖形。

a. 當 $x < -1$ 和 $x > 3$ 時，$f'(x) > 0$。

b. 當 $-1 < x < 3$ 時，$f'(x) < 0$。

c. 當 $x < 2$ 時，$f''(x) < 0$。

d. 當 $x > 2$ 時，$f''(x) > 0$。

商業與經濟應用問題

27. 邊際分析　每週生產某產品 x 單位的成本是

$$C(x) = 0.3x^3 - 5x^2 + 28x + 200$$

a. 求出邊際成本 $C'(x)$，並在同一座標平面上描繪函數 $C(x)$ 和 $C'(x)$ 的圖形。
b. 求出所有使得 $C''(x) = 0$ 的 x 值。這些生產量與邊際成本的圖形有何關係？

28. **邊際分析** 每年生產某產品 x 千單位所獲得的利潤為 $P(x)$ 元，其中

$$P(x) = -x^{9/2} + 90x^{7/2} - 5{,}000$$

a. 求出邊際利潤 $P'(x)$ 及所有使得 $P'(x) = 0$ 的 x 值。
b. 在同一座標平面上描繪函數 $P(x)$ 和邊際利潤的圖形。
c. 求出 $P''(x)$，並求出所有使得 $P''(x) = 0$ 的 x 值。這些生產量與邊際利潤的圖形有何關係？

29. **銷售** 某公司估計，若花費 x 千元於行銷某種產品，則每個月將能銷售 $S(x)$ 單位，其中

$$S(x) = -x^3 + 33x^2 + 60x + 1{,}000$$

a. 若未進行任何行銷，將能售出多少單位？
b. 描繪 $S(x)$ 的圖形。求出所有反曲點的 x 值。此行銷費用有何意義？

30. **生產的報酬遞減** 一份早班（早上 7 點到中午 12 點）的工作效率研究指出，對早上 7 點開始工作的工人來說，在工作 t 小時後會有 Q 單位的生產量，其中

$$Q(t) = -t^3 + \frac{9}{2}t^2 + 15t$$

a. 早班工人的生產何時達到報酬遞減點？
b. 早班工人的表現何時最沒有效率？

31. **房屋建造** 假設當 30 年期固定房屋貸款利率為 $r\%$ 時，在某社區將有 $M(r)$ 千棟新房屋建造，其中

$$M(r) = \frac{1 + 0.02r}{1 + 0.009r^2}$$

a. 求出 $M'(r)$ 和 $M''(r)$。
b. 繪出建造函數 $M(r)$ 的圖形。
c. 當利率 r 是多少時，新房屋的建造率最低？

32. **廣告** 美姬是 Footloose 涼鞋公司的經理，她發現在開始廣告活動的 t 個月後，將銷售

$$S(t) = \frac{3}{t + 2} - \frac{12}{(t + 2)^2} + 5 \text{ 百雙涼鞋}$$

a. 求出 $S'(t)$ 和 $S''(t)$。
b. 何時銷售量最大？最大銷售量是多少？
c. 美姬計畫在銷售率最低時停止廣告活動，何時會發生這種情況？此時的銷售量和銷售率是多少？

生命與社會科學應用問題

33. **流行病傳播** 某流行病學專家發現，某種流行病在發生 t 週後，將有 N 百個新通報病例，其中

$$N(t) = \frac{5t}{12 + t^2}$$

a. 求出 $N'(t)$ 和 $N''(t)$。
b. 何時疫情最嚴重？新通報病例的最大數目是多少？
c. 當新通報病例最少時，衛生官員宣稱疫情已被控制。這將在何時發生？此時新通報病例的數目是多少？

34. **人口成長** 一份 5 年的人口發展預測指出，t 年後，某社區的人口將是 $P(t) = -t^3 + 9t^2 + 48t + 50$ 千人。
a. 在這 5 年間，何時人口成長最快？
b. 在這 5 年間，何時人口成長最慢？
c. 人口成長率何時改變最快？

35. **散播謠言** 在一個人口數為 P 人的社區散播謠言，其散播速度與曾聽過此謠言的人數 N 和未聽過此謠言的人數成聯合比例。證明當有一半的人聽過該謠言時，其散播速度最為迅速。

36. **組織成長** 假設某組織在時間 t 時的培養面積是 $A(t)$，而且可能的最大培養面積為 M。根據細胞分裂的特性，可以合理地假設組織面積 A 的成長率與 $\sqrt{A(t)}$ 和 $M - A(t)$ 成聯合比例，也就是

$$\frac{dA}{dt} = k\sqrt{A(t)}[M - A(t)]$$

其中 k 為正的常數。
a. 定義 $R(t) = A'(t)$ 為組織的成長率。證明當 $A(t) = M/3$ 時，$R'(t) = 0$。

b. 當 $A(t) = M/3$ 時，組織的成長率是最快或最慢？（提示：利用一階導函數測試或二階導函數測試。）

c. 根據所給的資訊和 (a) 小題的結果，你對 $A(t)$ 的圖形有何看法？

其他問題

37. 以固定的速度將水倒入花瓶，如右圖所示。令 $h(t)$ 是花瓶在時間 t 時的水位高度（假設在 $t = 0$ 時，花瓶是空的）。繪製函數 $h(t)$ 的圖形。當水位達到花瓶的頸部時，會發生什麼事？

習題 37

38. 令 $f(x) = x^4 + x$。證明即使 $f''(0) = 0$，f 的圖形在 $x = 0$ 時，沒有相對極值，也沒有反曲點。描繪 $f(x)$ 的圖形。

39. 利用微積分證明二次函數 $y = ax^2 + bx + c$ 中的 a 是正數時，圖形為凹向上；a 是負數時，圖形為凹向下。

40. 假設 $f(x)$ 和 $g(x)$ 是連續函數，且 $f'(c) = 0$。若 f 和 g 在 $x = c$ 時皆有反曲點，則 $P(x) = f(x)g(x)$ 在 $x = c$ 時是否有反曲點？若是，證明之；若否，則舉出反例。

3.3 節　曲線的描繪

學習目標

1. 找出圖形的水平與垂直漸近線。
2. 討論及應用描繪圖形的一般步驟。

即時複習

記住，∞ 不是一個數字，它只是用來表示一個無限制地成長的過程或結果。

到目前為止，你已經了解如何使用導函數 $f'(x)$ 來定義 $f(x)$ 圖形的上升和下降，也學會如何使用二階導函數 $f''(x)$ 來判斷圖形的凹性。雖然這些工具已經足以找出圖形中的高點和低點及描繪其扭曲和轉折，不過有些圖形的其他特徵最好是利用極限來描述。

回想 1.5 節所述的極限形式，例如 $\lim_{x\to+\infty} f(x)$ 或 $\lim_{x\to-\infty} f(x)$，不論這些自變數 x 是無限制地增加或減少，皆稱為**無窮遠處的極限 (limit at infinity)**。另一方面，若在 x 趨近於一個數值 c 時，函數 $f(x)$ 的值無限制地增加，則我們稱 $f(x)$ 在 $x = c$ 處有**無窮極限 (infinite limit)**，若當 x 趨近於 c 時，$f(x)$ 無窮地增加，則寫成 $\lim_{x\to c} f(x) = +\infty$；若當 x 趨近於 c 時，$f(x)$ 無窮地減少，則寫成 $\lim_{x\to c} f(x) = -\infty$。無窮遠處的極限和無窮極限統稱為**涉及無窮大的極限 (limit involving infinity)**。本節的首要目標是要了解涉及無窮大的極限具有什麼樣的圖形特徵，接著將這個資訊和 3.1 節及 3.2 節的導函數方法結合，形成描繪圖形的步驟。

垂直漸近線

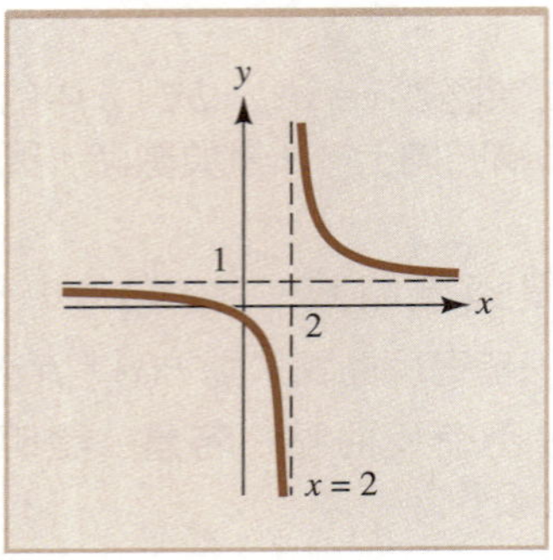

圖 3.26 $f(x) = \dfrac{x+1}{x-2}$ 的圖形。

涉及無窮大的極限可以用來描繪圖形的漸近線。例如，當 x 不論從右邊或左邊趨近於 c 時，$f(x)$ 值會無限制地增加或減少，則稱函數 $f(x)$ 的圖形在 $x = c$ 時有**垂直漸近線 (vertical asymptote)**。

例如，考慮下列的有理函數：

$$f(x) = \frac{x+1}{x-2}$$

當 x 從左邊趨近於 2 時（$x < 2$），函數值將會無限制地減少；但是當 x 從右邊趨近於 2 時（$x > 2$），函數值將會無限制地增加。這些行為整理如下表，圖形如圖 3.26 所示。

x	1.95	1.97	1.99	1.999	2	2.001	2.005	2.01
$f(x) = \dfrac{x+1}{x-2}$	−59	−99	−299	−2,999	未定義	3,001	601	301

這個例子中的行為可以運用 1.6 節所介紹的單邊極限表示法整理如下：

$$\lim_{x\to 2^-} \frac{x+1}{x-2} = -\infty \qquad 且 \qquad \lim_{x\to 2^+} \frac{x+1}{x-2} = +\infty$$

同樣地，我們運用極限符號來定義垂直漸近線的概念。

垂直漸近線 ■ 若

$$\lim_{x\to c^-} f(x) = +\infty\,(或 -\infty)$$

或

$$\lim_{x\to c^+} f(x) = +\infty\,(或 -\infty)$$

則直線 $x = c$ 是 $f(x)$ 圖形的垂直漸近線。

通常，對於一個有理函數 $R(x) = \dfrac{p(x)}{q(x)}$，只要 $q(c) = 0$ 且 $p(c) \neq 0$，就會有一條垂直漸近線 $x = c$。例題 3.3.1 是一個有垂直漸近線之函數的例題。

例題 3.3.1 求出垂直漸近線

求出函數

$$f(x) = \frac{x^2 - 9}{x^2 + 3x}$$

圖形的所有垂直漸近線。

■ **解**

令 $p(x) = x^2 - 9$ 和 $q(x) = x^2 + 3x$ 分別為 $f(x)$ 的分子和分母。當 $x = -3$ 和 $x = 0$ 時，$q(x) = 0$，然而，在 $x = -3$ 時，也得到 $p(-3) = 0$，且

$$\lim_{x \to -3} \frac{x^2 - 9}{x^2 + 3x} = \lim_{x \to -3} \frac{x - 3}{x} = 2$$

這表示 $f(x)$ 的圖形在點 $(-3, 2)$ 有一個洞，所以 $x = -3$ 不是圖形的垂直漸近線。

另一方面，已知 $q(0) = 0$，但 $p(0) \neq 0$，因此 y 軸（垂直線 $x = 0$）是 $f(x)$ 圖形的垂直漸近線。此漸近線的驗證如下：

$$\lim_{x \to 0^-} \frac{x^2 - 9}{x^2 + 3x} = +\infty \qquad \text{且} \qquad \lim_{x \to 0^+} \frac{x^2 - 9}{x^2 + 3x} = -\infty$$

$f(x)$ 的圖形如圖 3.27 所示。

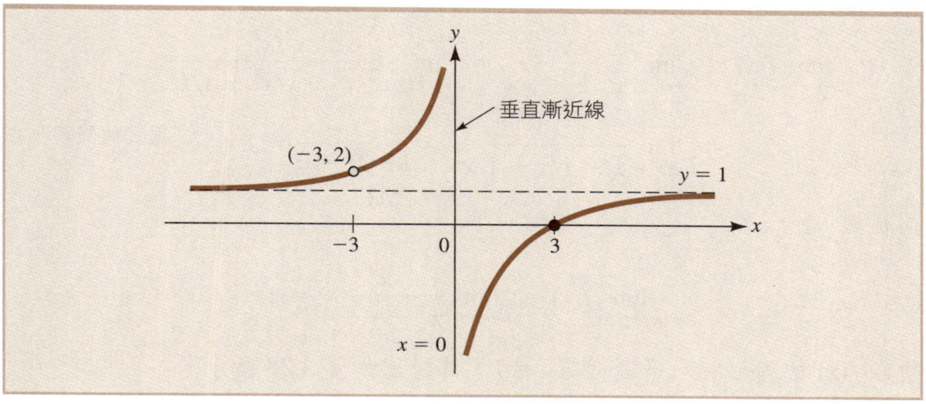

圖 3.27　$f(x) = \dfrac{x^2 - 9}{x^2 + 3x}$ 的圖形。

水平漸近線

在圖 3.27 中，注意到當 x 無限制地增加或減少時，圖形趨近於水平線 $y = 1$，也就是

$$\lim_{x \to -\infty} \frac{x^2 - 9}{x^2 + 3x} = 1 \qquad \text{且} \qquad \lim_{x \to +\infty} \frac{x^2 - 9}{x^2 + 3x} = 1$$

通常，若 x 無限制地增加或減少時，函數 $f(x)$ 會趨近於一個有限值 b，則水平線 $y = b$ 稱為 $f(x)$ 圖形的**水平漸近線 (horizontal asymptote)**，其定義如下。

水平漸近線 ■ 若

$$\lim_{x\to-\infty} f(x) = b \quad \text{或} \quad \lim_{x\to+\infty} f(x) = b$$

則稱水平線 $y = b$ 是 $y = f(x)$ 圖形的水平漸近線。

例題 3.3.2 求出水平漸近線

求出函數

$$f(x) = \frac{x^2}{x^2 + x + 1}$$

圖形的所有水平漸近線。

即時複習

回想冪次式的倒數公式（見 1.5 節）：

$$\lim_{x\to+\infty} \frac{A}{x^k} = 0$$

和

$$\lim_{x\to-\infty} \frac{A}{x^k} = 0$$

其中 A 和 k 為常數，且 $k > 0$，x^k 對所有的 x 皆有定義。

■ **解**

將有理函數 $f(x)$ 的分子與分母同除以 x^2（分母的最高冪次項），得到

$$\lim_{x\to+\infty} f(x) = \lim_{x\to+\infty} \frac{x^2}{x^2 + x + 1} = \lim_{x\to+\infty} \frac{x^2/x^2}{x^2/x^2 + x/x^2 + 1/x^2}$$

$$= \lim_{x\to+\infty} \frac{1}{1 + 1/x + 1/x^2} = \frac{1}{1 + 0 + 0} = 1 \qquad \text{冪次式的倒數公式}$$

同樣地，

$$\lim_{x\to-\infty} f(x) = \lim_{x\to-\infty} \frac{x^2}{x^2 + x + 1} = 1$$

所以 $f(x)$ 的圖形有水平漸近線 $y = 1$，其圖形如圖 3.28 所示。

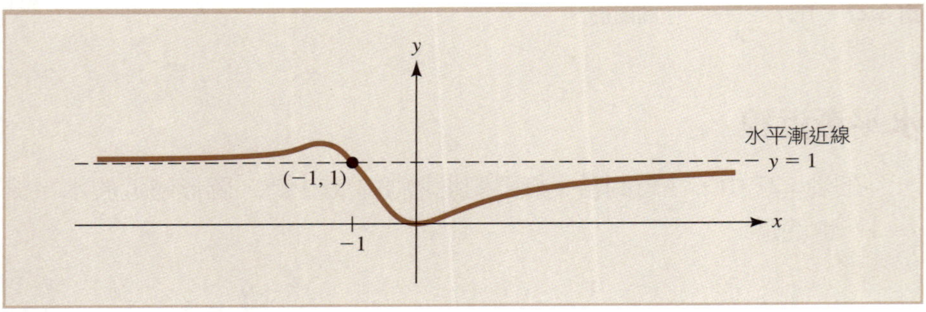

圖 3.28 $f(x) = \dfrac{x^2}{x^2 + x + 1}$ 的圖形。

注意 函數 $f(x)$ 的圖形永遠不會跨越垂直漸近線 $x = c$，因為單邊極限 $\lim_{x\to c^-} f(x)$ 和 $\lim_{x\to c^+} f(x)$ 中，至少有一個必定是無窮大；然而，一個圖形卻

有可能跨越水平漸近線。舉例而言，在例題 3.3.2 中，$y = \dfrac{x^2}{x^2 + x + 1}$ 的圖形在

$$\frac{x^2}{x^2 + x + 1} = 1$$
$$x^2 = x^2 + x + 1$$
$$x = -1$$

也就是在點 (1, 1) 時跨越漸近線 $y = 1$。■

一般繪圖的步驟

我們現在已經學會了描繪各種圖形所需的工具。

描繪 $f(x)$ 的圖形之一般步驟

步驟 1. 求出 $f(x)$ 的定義域（亦即 $f(x)$ 有定義的地方）。

步驟 2. 求出並標出所有的截距，y 截距（$x = 0$）通常是最容易求出的，而 x 截距（$f(x) = 0$ 處）可能需要使用計算機。

步驟 3. 決定圖形中的所有垂直漸近線和水平漸近線，將漸近線描繪在座標平面上。

步驟 4. 求出 $f'(x)$，然後用它來決定 $f(x)$ 的臨界數，以及遞增區間和遞減區間。

步驟 5. 決定所有的相對極值。在每個相對極大值處畫上一個帽子（⌒），在每個相對極小值處畫上一個杯子（⌣）。

步驟 6. 求出 $f''(x)$，然後用它來決定凹性區間和反曲點。在所有反曲點都畫上一個「扭轉」，來表示接近此點時的曲線形狀。

步驟 7. 現在已有了初步的圖形，其中包括漸近線、截距、箭頭指出圖形的方向及帽子、杯子、扭轉等表示圖形在關鍵點處的形狀。如果需要，可以再多描繪一些點，最後將這些點連接起來即可完成描繪圖形。記住，圖形不能跨越垂直漸近線。

以下例題將逐步分析一個有理函數的圖形。

例題 3.3.3 描繪有理函數的圖形

描繪下列函數的圖形：

$$f(x) = \frac{x}{(x + 1)^2}$$

■ **解**

步驟 1 和 2. 除了 $x=-1$，此函數對所有的 x 都有定義，且唯一的截距是原點 $(0, 0)$。

步驟 3. 直線 $x=-1$ 是 $f(x)$ 圖形的垂直漸近線，因為當 x 從任一邊趨近於 -1 時，$f(x)$ 的值無限制地減少；亦即

$$\lim_{x \to -1^-} \frac{x}{(x+1)^2} = \lim_{x \to -1^+} \frac{x}{(x+1)^2} = -\infty$$

此外，由於

$$\lim_{x \to -\infty} \frac{x}{(x+1)^2} = \lim_{x \to +\infty} \frac{x}{(x+1)^2} = 0$$

直線 $y=0$（x 軸）為水平漸近線，在座標平面上以虛線畫出漸近線 $x=-1$ 和 $y=0$。（在本例中，因為垂直線 $y=0$ 是座標軸，所以不一定要將其描繪成虛線。）

步驟 4. 利用商的公式計算 $f(x)$ 的導函數：

$$f'(x) = \frac{(x+1)^2(1) - x[2(x+1)(1)]}{(x+1)^4} = \frac{1-x}{(x+1)^3}$$

因為 $f'(1)=0$，所以 $x=1$ 為臨界數。注意，雖然 $f'(-1)$ 不存在，但是由於 $x=-1$ 不在 $f(x)$ 的定義域中，所以 $x=-1$ 並不是臨界數。在一條數線上標示出 $x=1$ 和 $x=-1$ 的位置，並在 $x=-1$ 處畫上垂直的虛線，以表示該處有垂直漸近線，然後計算 $f'(x)$ 在適當的測試數（例如 -2、0、3）的值，得到以下的箭頭圖形：

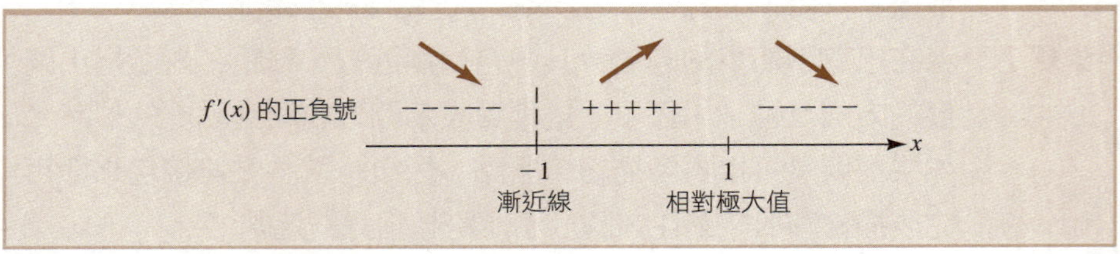

步驟 5. 由步驟 4 的箭頭圖形顯示，在 $x=1$ 時有相對極大值，因為 $f(1)=\frac{1}{4}$，所以在 $\left(1, \frac{1}{4}\right)$ 處畫上一個帽子。

步驟 6. 再次利用商的公式，得到

$$f''(x) = \frac{2(x-2)}{(x+1)^4}$$

因為在 $x=2$ 時，$f''(x)=0$，且在 $x=-1$ 時，$f''(x)$ 不存在，將 -1 和 2 畫在數線上，檢驗區間 $x<-1$、$-1<x<2$ 和 $x>2$ 內 $f''(x)$ 的正負號，得到以下的凹性圖形：

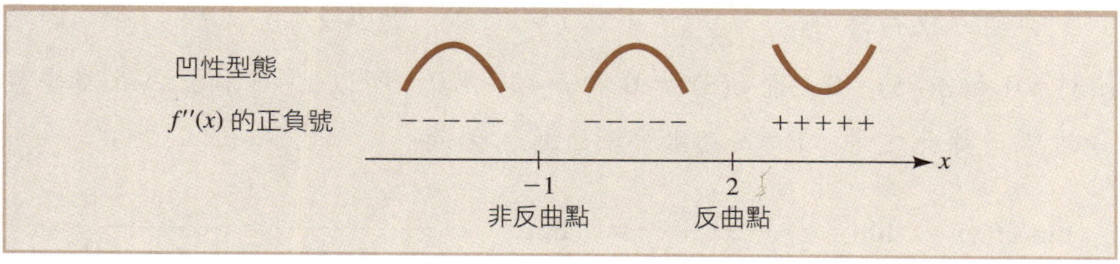

注意，凹性在 $x=2$ 處改變。因為 $f(2)=\dfrac{2}{9}$，所以在 $\left(2,\dfrac{2}{9}\right)$ 處畫上一個扭轉（⤵），表示此處有一個反曲點。

步驟 7. 初步的圖形如圖 3.29a 所示，注意垂直漸近線（虛線）將圖形分成兩部分，將各部分所有的特徵以平滑曲線連接，就可得到完整的圖形，如圖 3.29b 所示。

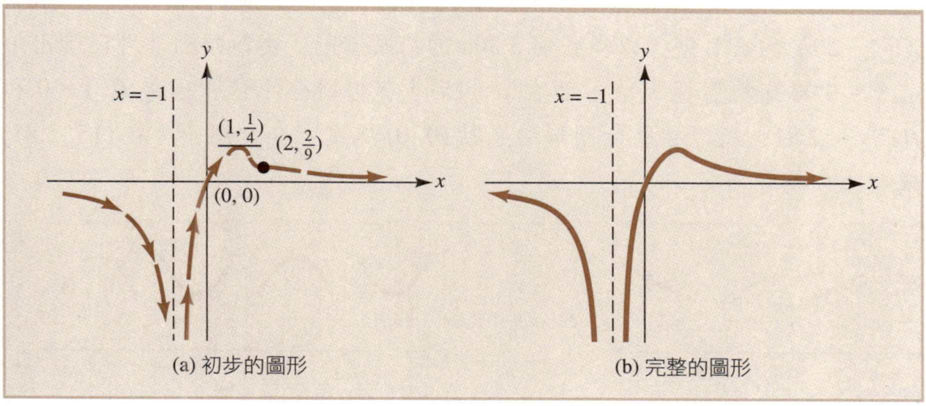

圖 3.29　$f(x)=\dfrac{x}{(x+1)^2}$ 的圖形。

例題 3.3.4 將描繪更複雜的有理函數圖形，同樣可使用例題 3.3.3 的方法，逐步來解題。

例題 3.3.4　有理函數圖形

描繪下列函數的圖形：

$$f(x)=\frac{3x^2}{x^2+2x-15}$$

■ **解**

因為 $x^2+2x-15=(x+5)(x-3)$，除了 $x=-5$ 和 $x=3$，函數 $f(x)$ 對所有的 x 都有定義，而唯一的截距是原點 (0, 0)。

若將 $f(x)$ 寫成 $f(x)=\dfrac{p(x)}{q(x)}$，其中 $p(x)=3x^2$ 和 $q(x)=x^2+2x-15$，因為 $q(3)=0$ 和 $q(-5)=0$，而 $p(3)\neq 0$ 和 $p(-5)\neq 0$，所以 $x=3$ 和 $x=-5$ 為垂直漸近線。除此之外，$y=3$ 為水平漸近線，因為

$$\lim_{x\to+\infty} f(x)=\lim_{x\to+\infty}\frac{3x^2}{x^2+2x-15}=\lim_{x\to+\infty}\frac{3}{1+2/x-15/x^2}=\frac{3}{1+0-0}=3$$

同樣地，$\lim_{x\to-\infty} f(x)=3$。要開始描繪初步的圖形，先在座標平面上以虛線畫出漸近線 $x=3$、$x=-5$ 和 $y=3$。

接著使用商的公式，得到

$$f'(x)=\frac{(x^2+2x-15)(6x)-(3x^2)(2x+2)}{(x^2+2x-15)^2}=\frac{6x(x-15)}{(x^2+2x-15)^2}$$

當 $x=0$ 和 $x=15$ 時，$f'(x)=0$，而且在 $x=-5$ 和 $x=3$ 時，$f'(x)$ 不存在。將 $x=-5$、0、3 和 15 標在數線上，判斷 $f'(x)$ 在適當的測試數（例如 -7、-1、2、5、20）的正負號，以得到圖 3.30a 的箭頭圖形。從箭頭圖形可以看出，在 $x=0$ 時有相對極大值，而在 $x=15$ 時有相對極小值。因為 $f(0)=0$ 和 $f(15)\approx 2.81$，所以在初步圖形的原點 (0, 0) 處畫上一個帽子，在 (15, 2.81) 處畫上一個杯子。

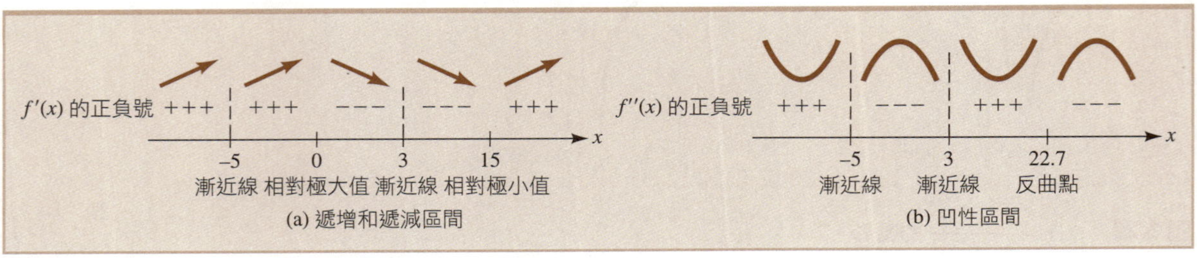

圖 3.30 $f(x)=\dfrac{3x^2}{x^2+2x-15}$ 的箭頭圖形與凹性圖形。

再次應用商的公式以得到

$$f''(x)=\frac{-6(2x^3-45x^2-225)}{(x^2+2x-15)^3}$$

在 $x=-5$ 和 $x=3$ 時 $f''(x)$ 不存在，而當

$$2x^3-45x^2-225=0$$
$$x\approx 22.7 \quad \text{利用計算機求解}$$

時，$f''(x) = 0$。將 $x = -5$、3 和 22.7 畫在一數線上，判斷 $f''(x)$ 在適當的測試數（例如 –6、0、4、25）的正負號，以得到如圖 3.30b 所示的凹性圖形。凹性在 $x = -5$、3 和 22.7 時改變，但只有在 $x = 22.7$ 才有反曲點，因為 $x = -5$ 和 $x = 3$ 都不在 $f(x)$ 的定義域內。因為 $f(22.7) \approx 2.83$，所以在 (22.7, 2.83) 處畫上一個扭轉（$\sim$）。

初步的圖形如圖 3.31a 所示。注意到兩條垂直漸近線將圖形分成三個部分，將各部分內的特徵以平滑曲線連接，以得到如圖 3.31b 所示的完整圖形。

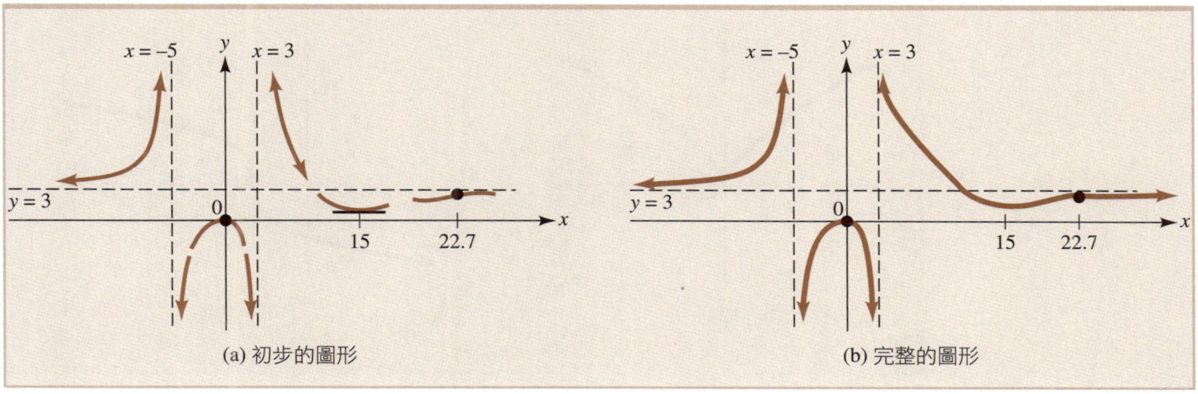

圖 3.31　$f(x) = \dfrac{3x^2}{x^2 + 2x - 15}$ 的圖形。

若 $x = c$ 在 $f(x)$ 的定義域中，而 $f'(c)$ 不存在，則點 $(c, f(c))$ 在 $f(x)$ 的圖形上有很多種可能性，例題 3.3.5 將檢驗兩種這類的情況。

例題 3.3.5　描繪有尖點和垂直切線的圖形

描繪 $f(x) = x^{2/3}$ 和 $g(x) = (x-1)^{1/3}$ 的圖形。

■ **解**

這兩個函數對所有的 x 都有定義。對於 $f(x) = x^{2/3}$，得知

$$f'(x) = \frac{2}{3}x^{-1/3} \quad \text{和} \quad f''(x) = -\frac{2}{9}x^{-4/3} \quad x \neq 0$$

唯一的臨界點為 (0, 0)，其遞增、遞減及凹性區間如以下所示：

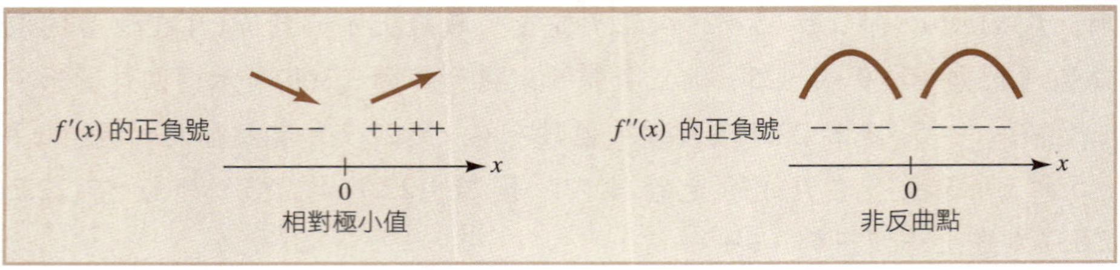

根據這些圖形，可推斷出 $f(x)$ 在所有的 $x \neq 0$ 處是凹向下，但是當 $x < 0$ 時圖形下降，當 $x > 0$ 時圖形上升，因此 $f(x)$ 的圖形在原點 (0, 0) 有一個相對極小值，而且在該處的形狀如 ∨，稱為尖點。$f(x)$ 的圖形如圖 3.32a 所示。

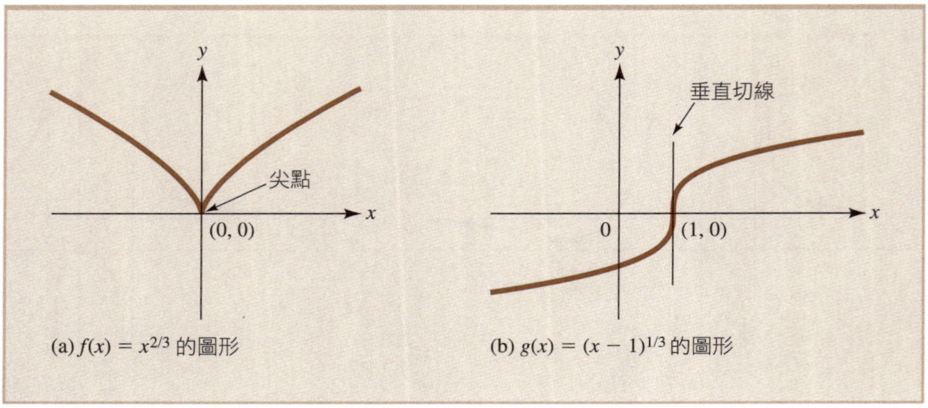

圖 3.32 有尖點的圖形與有垂直切線的圖形。

$g(x) = (x - 1)^{1/3}$ 的一階導函數和二階導函數分別為

$$g'(x) = \frac{1}{3}(x - 1)^{-2/3} \qquad \text{和} \qquad g''(x) = -\frac{2}{9}(x - 1)^{-5/3} \qquad x \neq 1$$

唯一的臨界點為 (1, 0)，所以可以得到遞增、遞減及凹性區間如下圖所示：

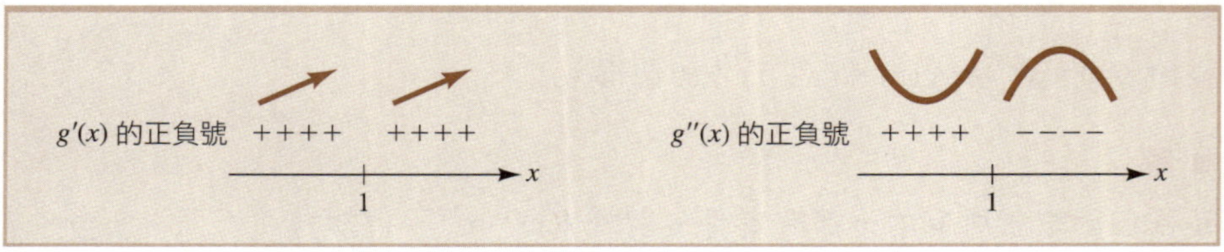

因此，$g(x)$ 的圖形在所有 $x \neq 1$ 處皆為上升，但是在 $x < 1$ 時是凹向上，而在 $x > 1$ 時是凹向下。這表示 (1, 0) 是反曲點，另外，注意到

$$\lim_{x \to 1^-} g'(x) = \lim_{x \to 1^+} g'(x) = +\infty$$

在幾何上，這表示當 x 從任一邊趨近於 0 時，在 $(x, g(x))$ 處的切線會變得愈來愈陡峭（斜率為正），這可以解釋成 $g(x)$ 的圖形在 $(1, 0)$ 時的切線斜率是「無窮大」，也就是**垂直切線 (vertical tangent)**，$g(x)$ 的圖形如圖 3.32b 所示。

有時以圖形的方式來呈現對數量的觀察是很有用的，如例題 3.3.6 的說明。

例題 3.3.6 以圖形呈現人口數

某社區的人口數在 1995 年時是 23 萬人，並且以變化率逐漸增加的方式成長 5 年，在 2000 年時達到 30 萬人。之後持續地以變化率逐漸減少的方式成長，直到在 2007 年達到最大人口數 35 萬人。之後的 3 年，人口數以變化率逐漸減少的方式下降至 32 萬人，接著人口數以變化率逐漸增加的方式下降，長久下來，人口數趨近於 28 萬人。以圖形的方式表示這些資訊。

■ 解

假設 $P(t)$ 為從 1995 年後第 t 年的社區人口數，其中 P 的單位為萬人。人口在 5 年內從 23 萬人增加到 30 萬人，因此 $P(t)$ 的圖形從 $(0, 23)$ 上升到 $(5, 30)$，並且在 $0 < t < 5$ 時是凹向上。接下來人口數持續增加到 2007 年，但是是以變化率逐漸減少的方式成長，直到達到極大值 35 萬人，亦即圖形從 $(5, 30)$ 連續上升到最高點 $(12, 35)$，但是圖形是凹向下。因為圖形的凹性在 $t = 5$ 時改變（由凹向上變成凹向下），所以 $(5, 30)$ 是一個反曲點。

接下來的 3 年，人口數以變化率逐漸減少的方式下降，所以 $P(t)$ 的圖形在 $12 < t < 15$ 時下降，並且是凹向下。人口數以變化率逐漸增加的方式持續減少到 2010 年時的 32 萬人，在 $t > 15$ 後，圖形由 $(15, 32)$ 繼續下降，但是是凹向上。凹性在 $t = 15$ 時改變（由凹向下變成凹向上），表示 $(15, 32)$ 是另一個反曲點。

在 $t > 15$ 時，「人口數以變化率逐漸增加的方式減少」的敘述表示，人口的變化率是負的，但是隨著時間的增加，負的愈來愈少。也就是說，2010 年以後，人口下降的趨勢「減緩」；再加上「長久下來，人口數趨近於 28 萬人」的人口數敘述，表示人口數的曲線 $y = P(t)$「變得平緩」，並且當 $t \to +\infty$ 時，人口數趨近於 28 萬人。

這些觀察整理於表 3.2 中，並且以圖形的方式表示於圖 3.33。

表 3.2 人口函數 $P(t)$ 的行為

期間	函數 $P(t)$ 是……	且 $P(t)$ 的圖形是……
$t = 0$	$P(0) = 23$	在點 (0, 23)
$0 < t < 5$	以變化率增加的方式增加	上升且凹向上
$t = 5$	$P(5) = 30$	在反曲點 (5, 30)
$5 < t < 12$	以變化率減少的方式增加	上升且凹向下
$t = 12$	$P(12) = 35$	在最高點 (12, 35)
$12 < t < 15$	以變化率減少的方式減少	下降且凹向下
$t = 15$	$P(15) = 32$	在反曲點 (15, 32)
$t > 15$	以變化率增加的方式減少並且漸漸趨近於 28	下降且凹向上，漸漸趨近於 $y = 28$

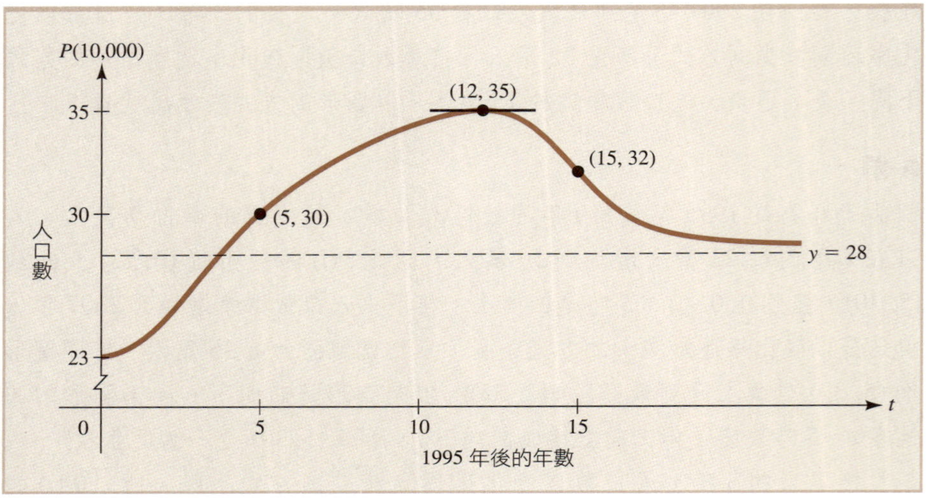

圖 3.33 人口函數的圖形。

習題 ■ 3.3

第 1 題到第 8 題，求出給定圖形的垂直漸近線與水平漸近線。

1.

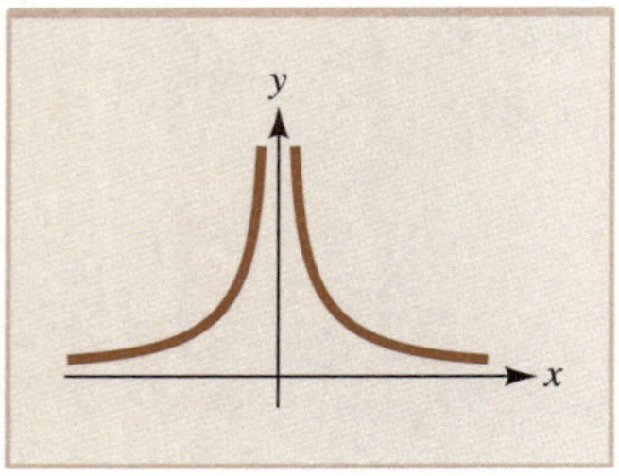

2.

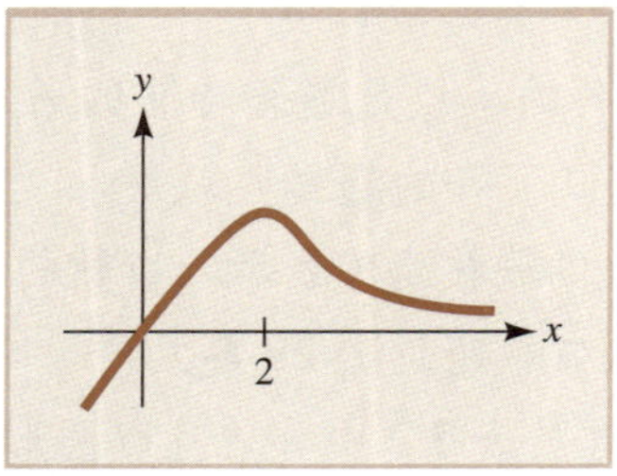

3.

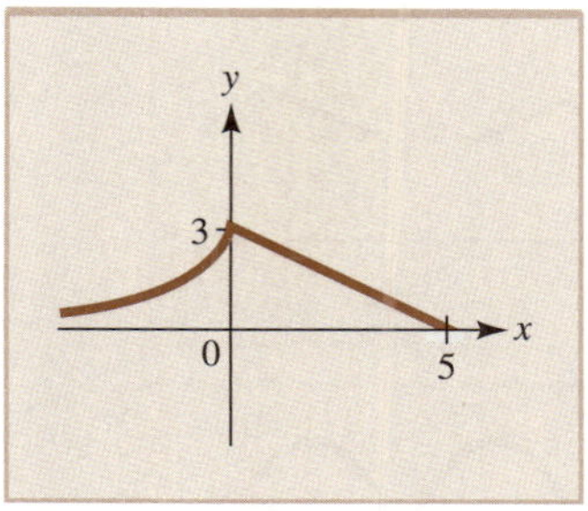

4.

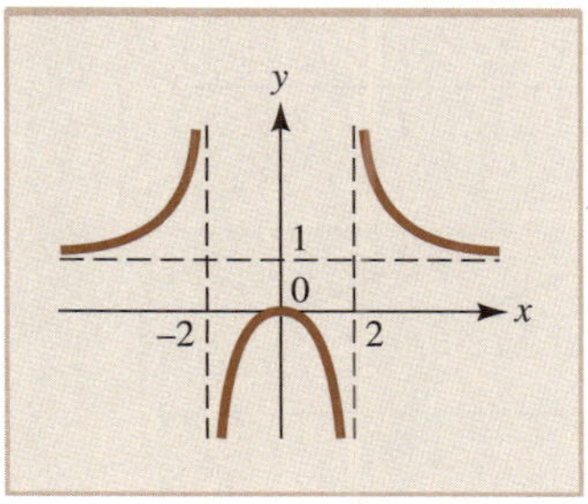

5.

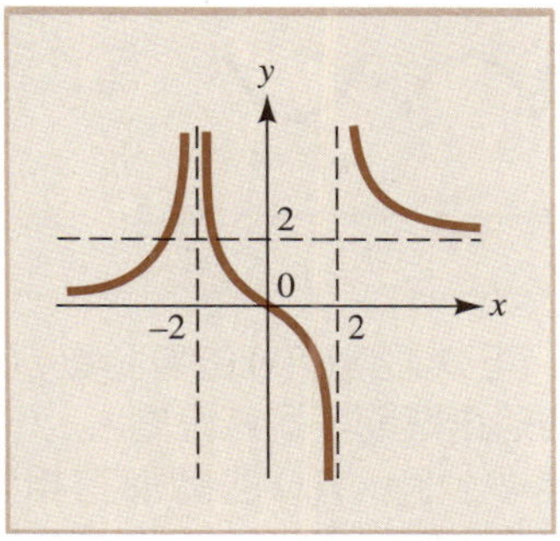

6.

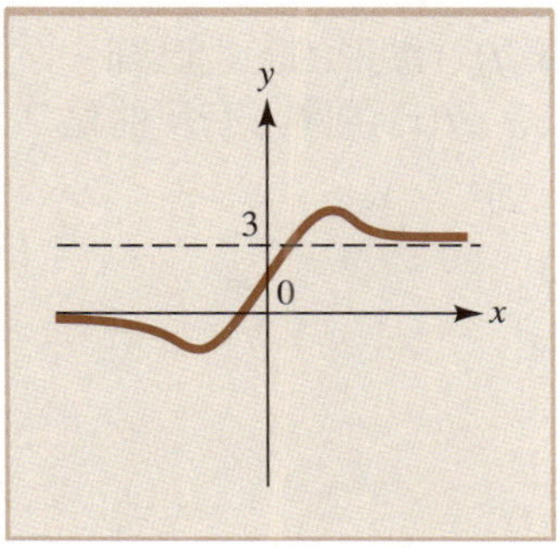

7.

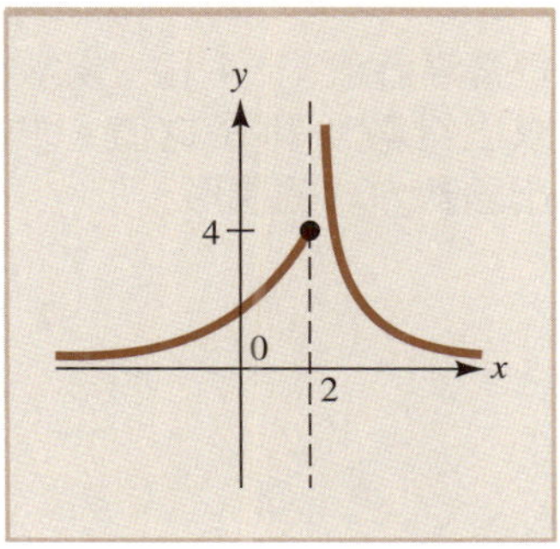

8.

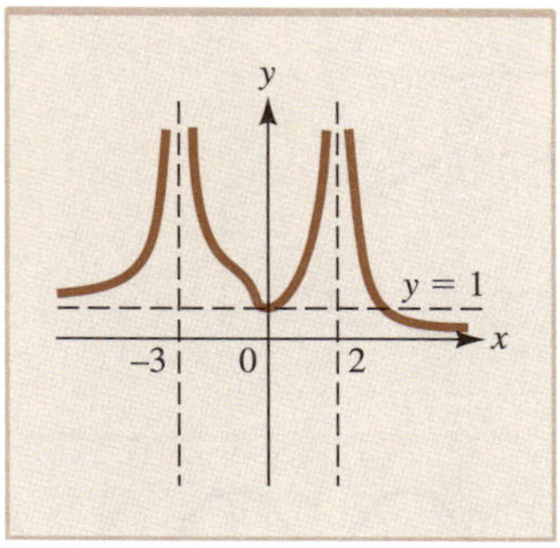

第 9 題到第 12 題，求出給定函數之圖形的垂直漸近線與水平漸近線。

9. $f(x) = \dfrac{3x - 1}{x + 2}$　　**10.** $f(x) = \dfrac{x^2 + 2}{x^2 + 1}$

11. $f(t) = \dfrac{t^2 + 3t - 5}{t^2 - 5t + 6}$　　**12.** $h(x) = \dfrac{1}{x} - \dfrac{1}{x - 1}$

第 13 題到第 20 題，描繪給定函數的圖形。

13. $f(x) = x^3 + 3x^2 - 2$

14. $f(x) = x^4 + 4x^3 + 4x^2$

15. $f(x) = (2x - 1)^2(x^2 - 9)$

16. $f(x) = \dfrac{1}{2x + 3}$　　**17.** $f(x) = x - \dfrac{1}{x}$

18. $f(x) = \dfrac{1}{x^2 - 9}$　　**19.** $f(x) = \dfrac{x^2 - 9}{x^2 + 1}$

20. $f(x) = x^{3/2}$

第 21 題到第 26 題，根據圖中所提供函數的遞增、遞減與凹性區間，描繪具有這些特徵的可能函數圖形。

21.

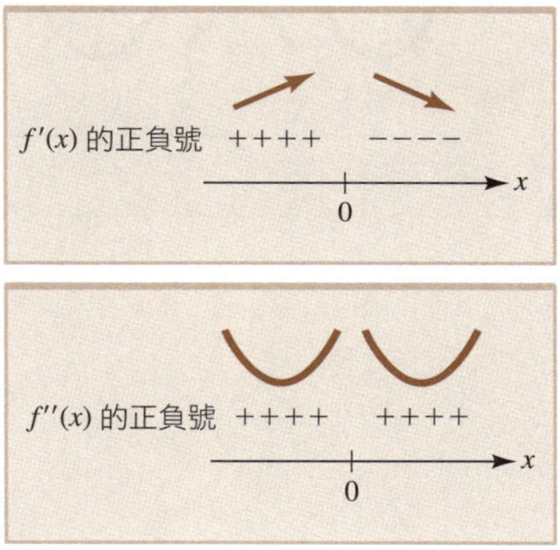

22.

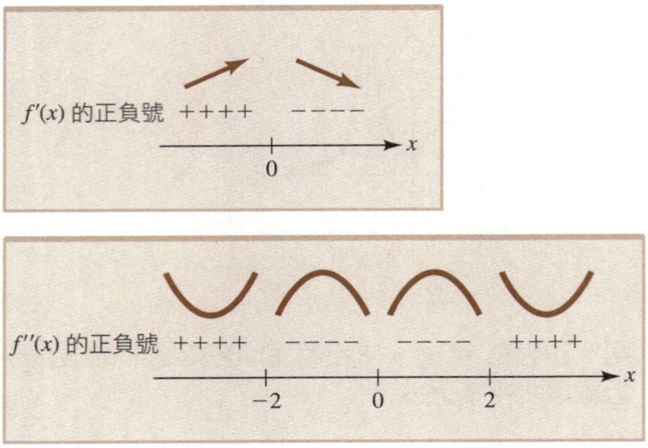

23.

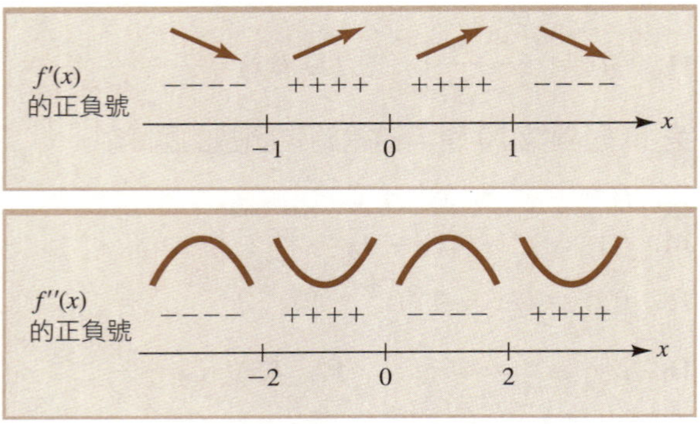

24.

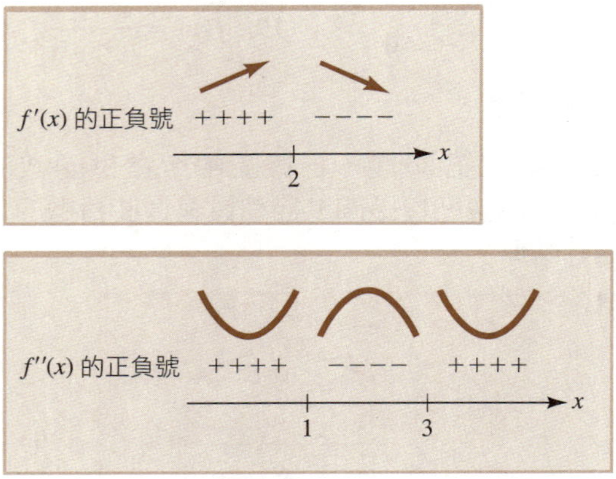

25.

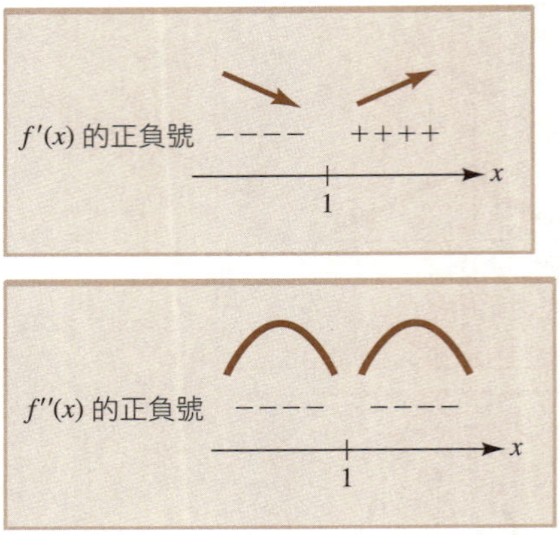

26.

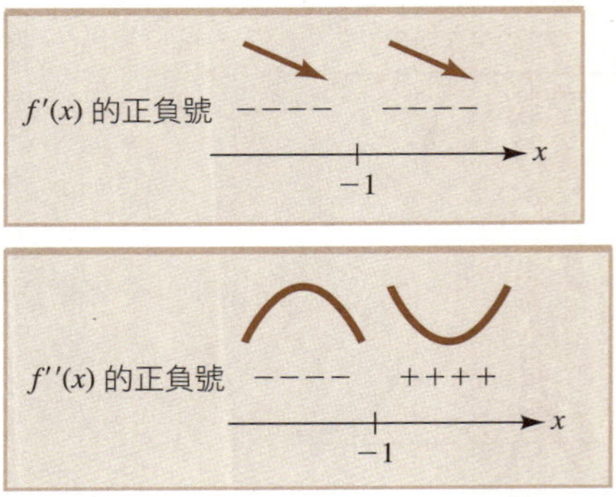

第 27 題和第 28 題，已知函數 $f(x)$ 的導函數 $f'(x)$，

(a) 求出 $f(x)$ 的遞增區間與遞減區間。

(b) 判斷 x 值是多少時，$f(x)$ 的圖形有相對極大值和相對極小值。

(c) 求出 $f''(x)$ 及 $f(x)$ 圖形的凹性區間。

(d) x 值是多少時，$f(x)$ 的圖形有反曲點？

27. $f'(x) = x^3(x - 2)^2$

28. $f'(x) = \dfrac{x + 3}{(x - 2)^2}$

29. 若函數

$$f(x) = \frac{Ax + 2}{8 - Bx}$$

的圖形有一條垂直漸近線 $x = 4$ 和一條水平漸近線 $y = -1$，求出常數 A 和 B 之值。求出 A 和 B 之後，繪出函數 $f(x)$ 的圖形。

商業與經濟應用問題

30. 平均成本　生產某產品 x 單位的成本是 C 千元，其中 $C(x) = 3x^2 + x + 48$，平均成本為

$$A(x) = \frac{C(x)}{x} = 3x + 1 + \frac{48}{x}$$

a. 求出 $A(x)$ 圖形的垂直漸近線與水平漸近線。

b. 當 x 愈來愈大時，函數 $A(x)$ 的 $\frac{48}{x}$ 之值會愈來愈小，由此可知平均成本曲線 $y = A(x)$ 與直線 $y = 3x + 1$ 的關係為何？

c. 描繪 $A(x)$ 的圖形，並將 (b) 小題的結果加入圖形中。（注意：直線 $y = 3x + 1$ 為此圖形的斜漸近線 (oblique asgmptote)。）

31. 配送　某社區配送新電話簿至 x% 家庭戶數，需要工作時數 W，其中

$$W(x) = \frac{200x}{100 - x}$$

a. 繪製 $W(x)$ 的圖形。

b. 假設只有 1,500 個工作時數可以配送新電話簿，則無法收到電話簿的家庭戶數百分比是多少？

32. 生產　某企業管理者決定，開始生產新產品的 t 個月後，每個月的產量為 P 百萬單位，其中

$$P(t) = \frac{t}{(t + 1)^2}$$

a. 求出 $P'(t)$ 和 $P''(t)$。

b. 描繪 $P(t)$ 的圖形。

c. 長期而言（$t \to \infty$），產量會發生什麼變化？

33. 銷售　某公司估計，如果某產品的行銷費用是 x 千元時，將可銷售 $Q(x)$ 千單位的商品，其中

$$Q(x) = \frac{7x}{27 + x^2}$$

a. 繪出銷售函數 $Q(x)$ 的圖形。

b. 行銷費用 x 是多少時，銷售量最大？最大銷售量是多少？

c. x 是多少時，銷售量最小？

34. 廣告　某摩托車製造商估計，若廣告支出為 x 千元，且 $x > 0$，則摩托車銷售量為

$$M(x) = 2{,}300 + \frac{125}{x} - \frac{500}{x^2}$$

a. 繪製銷售函數 $M(x)$ 的圖形。

b. 廣告支出為多少時，銷售量最大？最大銷售量是多少？

生命與社會科學應用問題

35. 政治民意調查　國會女議員莎拉斯特剛剛表達支持一個備受爭議的法案，民意調查顯示，在她表達支持該法案的 t 天後，她的支持者（在她宣布支持該法案前支持她的選民）仍然支持她的百分比為

$$S(t) = \frac{100(t^2 - 3t + 25)}{t^2 + 7t + 25}$$

選舉即將在她表達立場的 10 天後舉行。

a. 描繪 $S(t)$ 在 $0 \le t \le 10$ 時的圖形。

b. 該國會女議員的支持率何時會達到最低？最低的支持率是多少？

c. 導函數 $S'(t)$ 可以視為認可率。請問選舉當天，該國會女議員的認可率是正的或是負的？是遞增或遞減？解釋你的結果。

其他問題

36. 平均溫度　研究員發現某城市上午 6 點到下午 6 點的溫度 T（°C），可表示為函數

$$T(t) = \frac{-1}{36}t^3 + \frac{1}{8}t^2 + \frac{7}{3}t - 2 \qquad \text{當 } 0 \le t \le 12$$

其中 t 是指上午 6 點之後經過的小時數。

a. 描繪 $T(t)$ 的圖形。

b. 何時溫度最高？當天的最高溫度是幾度？

37. 令函數 $f(x) = x^{1/3}(x - 4)$。

a. 求出 $f'(x)$，並決定 $f(x)$ 的遞增區間和遞減區間。求出 $f(x)$ 圖形的所有相對極值。

b. 求出 $f''(x)$，並決定 $f(x)$ 的凹性區間。求出 $f(x)$ 圖形的所有反曲點。

c. 求出 $f(x)$ 圖形的所有截距。此圖形是否有漸近線？

d. 描繪 $f(x)$ 的圖形。

38. 令函數 $f(x) = \dfrac{x + 9.4}{25 - 1.1x - x^2}$，重作習題 37。

39. 令函數 $f(x) = \dfrac{x - 1}{x^2 - 1}$ 和 $g(x) = \dfrac{x - 1.01}{x^2 - 1}$。

a. 利用繪圖工具描繪 $f(x)$ 的圖形。在 $x = 1$ 時，會發生什麼事？

b. 利用繪圖工具描繪 $g(x)$ 的圖形。在 $x = 1$ 時，會發生什麼事？

40. 若函數

$$f(x) = Ax^3 + Bx^2 + C$$

的圖形在 (2, 11) 有一個相對極值，在 (1, 5) 有一個反曲點，求出常數 A、B 和 C 之值。描繪 f 的圖形。

3.4 節　最佳化；需求彈性

學習目標

1. 利用極值定理求絕對極值。
2. 計算應用問題中的極值。
3. 學習經濟學的最佳化原理。
4. 定義及檢驗需求的價格彈性。

你已經看過用微積分的方法來求函數的最大值和最小值的一些情況（例如，最大利潤及最小成本）。在很多這類的最佳化問題中，目的是要在相關的區間內找出一個特定函數的絕對極大值或絕對極小值。函數在區間內的絕對極大值是指函數在這個區間內的最大值，而絕對極小值則是函數在這個區間內的最小值。以下是絕對極值的定義。

函數的絕對極大值與絕對極小值 ■ 令 f 是一個定義在包含數值 c 的區間 I 內的函數，則

若對區間 I 內所有的 x，$f(c) \geq f(x)$，則 $f(c)$ 是函數 f 在區間 I 的絕對極大值。

若對區間 I 內所有的 x，$f(c) \leq f(x)$，則 $f(c)$ 是函數 f 在區間 I 的絕對極小值。

綜言之，絕對極大值與絕對極小值統稱為*絕對極值*。

絕對極值經常是相對極值，但不一定永遠是。例如，在圖 3.34 中，區間 $a \leq x \leq b$ 內的絕對極大值和相對極大值是相同的，但是絕對極小值發生在左邊的端點 $x = a$ 處。

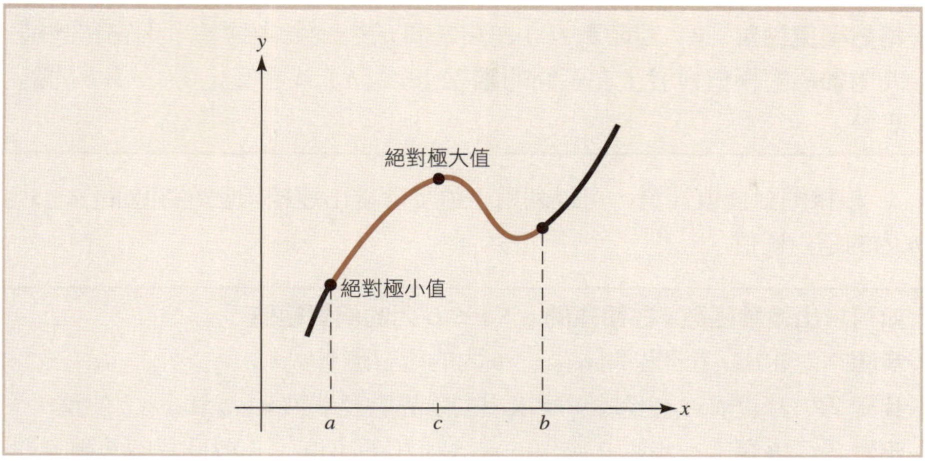

圖 3.34　絕對極值。

本節將探討如何求出函數在區間內的絕對極值。首先，從「閉」區間 $a \le x \le b$（包含兩端點 a 和 b）開始討論。可以證明在這種區間內連續的函數會有絕對極大值和絕對極小值。此外，每個絕對極值必定發生在區間的端點（a 或 b）或是在 a 和 b 之間的臨界數 c（圖 3.35）。總結如下：

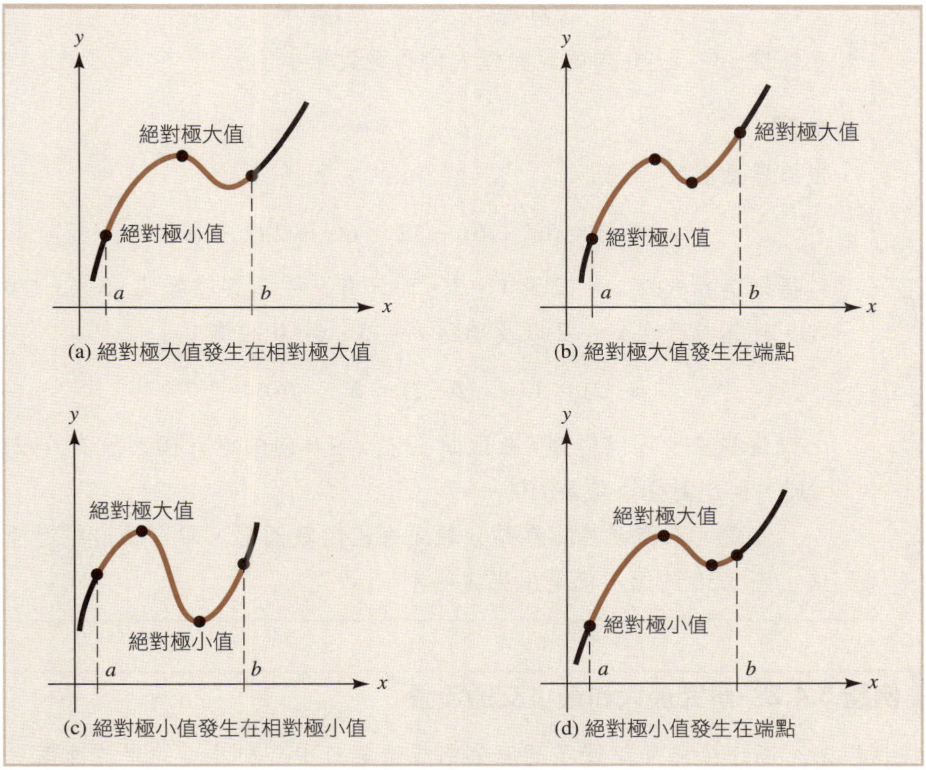

圖 3.35　在 $a \le x \le b$ 內連續的函數之絕對極值。

絕對極值性質 ■ 若函數 $f(x)$ 在閉區間 $a \le x \le b$ 內連續，則它在該區間內的絕對極值會發生在區間的端點（a 或 b）或在滿足 $a < c < b$ 的臨界數 c。

根據絕對極值性質，可以利用下述步驟求出連續函數在閉區間 $a \le x \le b$ 內的絕對極值。

如何求出連續函數 f 在閉區間 $a \le x \le b$ 內的絕對極值

步驟 1. 求出 f 在開區間 $a < x < b$ 內的所有臨界數。

步驟 2. 計算 $f(x)$ 在步驟 1 所求出的臨界數及端點 $x = a$ 和 $x = b$ 的值。

步驟 3. 解釋：在步驟 2 求出的最大值和最小值，分別是連續函數 $f(x)$ 在閉區間 $a \le x \le b$ 內的絕對極大值和絕對極小值。

此方法將在例題 3.4.1 至 3.4.3 說明。

例題 3.4.1 求絕對極值

求出函數

$$f(x) = 2x^3 + 3x^2 - 12x - 7$$

在區間 $-3 \le x \le 0$ 內的絕對極大值和絕對極小值。

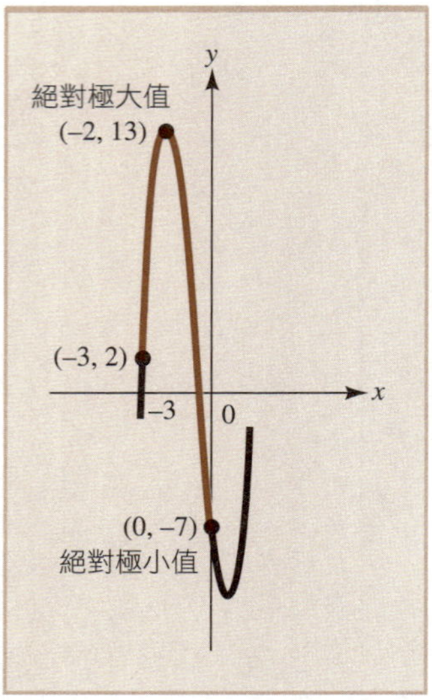

圖 3.36 $y = 2x^3 + 3x^2 - 12x - 7$ 在 $-3 \le x \le 0$ 內的絕對極值。

■ **解**

根據導函數

$$f'(x) = 6x^2 + 6x - 12 = 6(x + 2)(x - 1)$$

可得知臨界數為 $x = -2$ 及 $x = 1$，而只有 $x = -2$ 落在區間 $-3 \le x \le 0$ 內。計算 $f(x)$ 在 $x = -2$ 以及端點 $x = -3$、$x = 0$ 的值：

$$f(-2) = 13 \qquad f(-3) = 2 \qquad f(0) = -7$$

比較這些值，可以得知 f 在區間 $-3 \le x \le 0$ 內的絕對極大值為 $f(-2) = 13$，而絕對極小值為 $f(0) = -7$。

注意，不需要將臨界點分類或畫出函數圖形，即可求出絕對極值，圖 3.36 的圖形僅是用來說明。

例題 3.4.2 研究最大和最小交通流量

幾週以來，高速公路局記錄了高速公路經過某市中心交流道的車流速度。記錄資料顯示，在平日的下午 1 點到傍晚 6 點的車流速度大約為 $S(t) = t^3-$

$10.5t^2 + 30t + 20$ 英哩／小時，其中 t 是指自中午之後經過的小時數。在下午 1 點到傍晚 6 點之間，何時的車流速度最快？何時最慢？

■ **解**

目標是要求出 $S(t)$ 在區間 $1 \leq t \leq 6$ 內的絕對極值。根據導函數

$$S'(t) = 3t^2 - 21t + 30 = 3(t^2 - 7t + 10) = 3(t - 2)(t - 5)$$

可以得知臨界數為 $t = 2$ 及 $t = 5$，兩者皆落在區間 $1 \leq t \leq 6$ 之內。

計算 $S(t)$ 在這些臨界點及端點 $t = 1$、$t = 6$ 的函數值，可得

$$S(1) = 40.5 \qquad S(2) = 46 \qquad S(5) = 32.5 \qquad S(6) = 38$$

因為最大值為 $S(2) = 46$，最小值為 $S(5) = 32.5$，可以得知在下午 2 點的車流速度最快，為 46 英哩／小時；而下午 5 點的車流速度最慢，為 32.5 英哩／小時。S 的圖形可以參考圖 3.37。

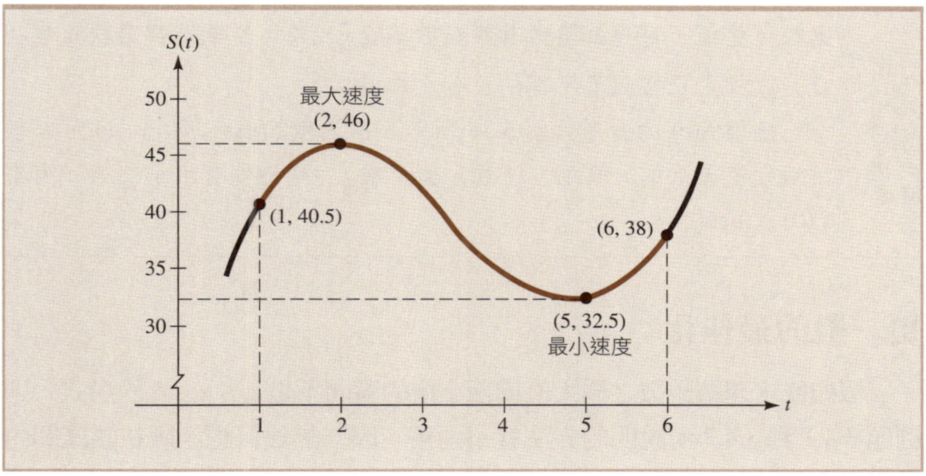

圖 3.37 車流速度 $S(t) = t^3 - 10.5t^2 + 30t + 20$。

例題 3.4.3 求咳嗽時的最大空氣流速

在咳嗽時，氣管的半徑會縮小而影響氣管中空氣的流速。若以 r_0 代表正常的氣管半徑，在咳嗽時，空氣流速 S 和氣管半徑 r 的關係式為 $S(r) = ar^2(r_0 - r)$，其中 a 為正的常數*，求出在空氣流速最大時的半徑 r 值。

■ **解**

* Philip M. Tuchinsky, "The Human Cough," *UMAP Modules 1976: Tools for Teaching*, Lexington, MA: Consortium for Mathematics and Its Application, Inc., 1977.

收縮的氣管半徑 r 不可能大於正常的半徑 r_0 或小於 0，所以目標是要求出 $S(r)$ 在區間 $0 \le r \le r_0$ 內的絕對極大值。

使用積的公式求出函數 $S(r)$ 的一階導函數，並因式分解（注意 a 和 r_0 皆為常數）如下：

$$S'(r) = -ar^2 + (r_0 - r)(2ar) = ar[-r + 2(r_0 - r)] = ar(2r_0 - 3r)$$

再令此式等於 0，可得臨界數為

$$ar(2r_0 - 3r) = 0$$
$$r = 0 \quad 或 \quad r = \frac{2}{3}r_0$$

這兩個 r 值都落在區間 $0 \le r \le r_0$ 內，其中 0 為區間的端點。計算 $S(r)$ 在這兩個數及另一個端點 $r = r_0$ 的值，得到

$$S(0) = 0 \qquad S\left(\frac{2}{3}r_0\right) = \frac{4a}{27}r_0^3 \qquad S(r_0) = 0$$

比較這些值，可得知當氣管半徑收縮至 $\frac{2}{3}r_0$ 時，空氣速度最快；也就是收縮至正常氣管半徑的三分之二時。

函數 $S(r)$ 的圖形如圖 3.38 所示。由函數 $S(r) = ar^2(r_0 - r)$ 可以很快地知道圖形的 r 截距。注意，圖形在 $r = 0$ 時也有水平切線，因為 $S'(0) = 0$。

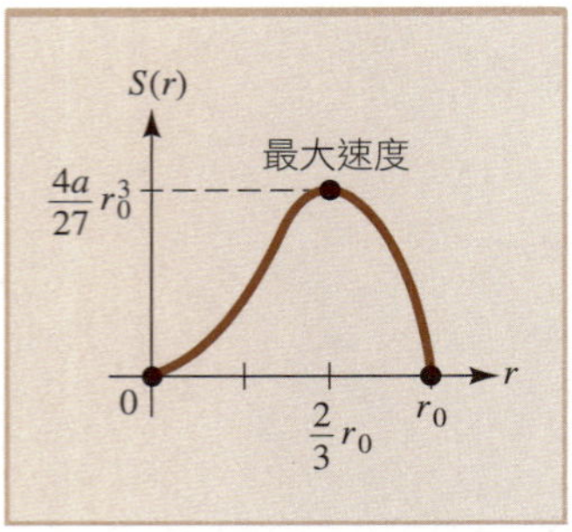

圖 3.38 咳嗽時的空氣流速 $S(r) = ar^2(r_0 - r)$。

更一般的最佳化

假如欲求連續函數之極大值或極小值的區間不是 $a \le x \le b$ 的形式，則例題 3.4.1 到 3.4.3 所說明的方法就不適用，因為無法保證函數在該區間內會有絕對極大值或絕對極小值。從另一方面來說，若絕對極值存在，且函數在區間內是連續的，則絕對極值仍會發生在相對極值或端點處。圖 3.39 顯示幾種函數在無界區間的可能情形。

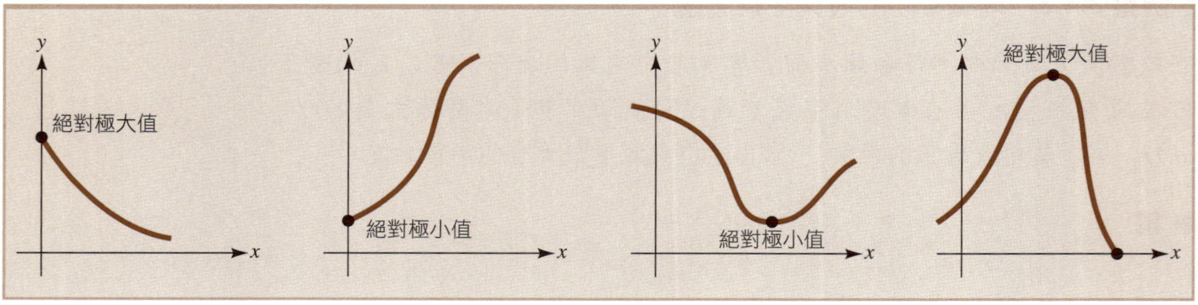

圖 3.39 定義於無界區間上的函數之極值。

要求出連續函數在非 $a \le x \le b$ 形式的區間內之絕對極值，仍需要計算該函數在該區間內所有臨界點和端點的值。然而，在作出任何最後的結論前，必須判斷函數在此區間內是否真的有相對極值，其中一種方法是用一階導函數來判斷函數在何處遞增以及在何處遞減，然後再描繪其圖形，例題 3.4.4 將說明此方法。

例題 3.4.4　在開區間內求絕對極值

若函數 $f(x) = x^2 + \dfrac{16}{x}$ 在區間 $x > 0$ 內有絕對極大值和絕對極小值，求出這些極值。

■ 解

此函數在區間 $x > 0$ 內是連續的，因為其唯一的不連續是發生在 $x = 0$ 處，其導函數為

$$f'(x) = 2x - \frac{16}{x^2} = \frac{2x^3 - 16}{x^2} = \frac{2(x^3 - 8)}{x^2}$$

當

$$x^3 - 8 = 0 \qquad x^3 = 8 \qquad \text{或} \qquad x = 2$$

時，其值為0。因為在 $0 < x < 2$ 時，$f'(x) < 0$，在 $x > 2$ 時，$f'(x) > 0$，f 的圖形在 $0 < x < 2$ 時遞減，在 $x > 2$ 時遞增，如圖 3.40 所示。因此，f 在區間 $x > 0$ 時沒有絕對極大值，但有絕對極小值

$$f(2) = 2^2 + \frac{16}{2} = 12$$

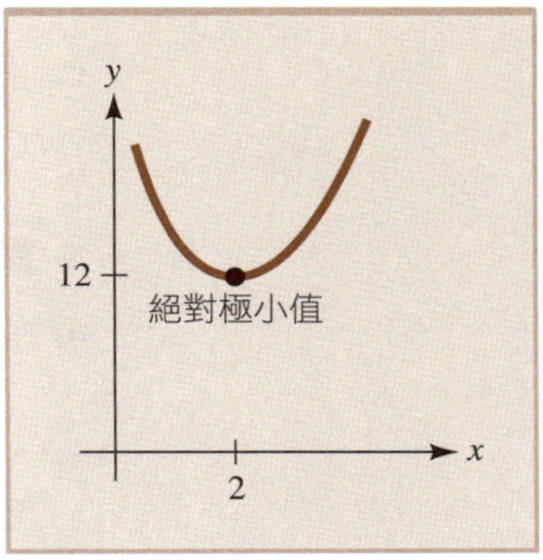

圖 3.40　區間 $x > 0$ 上的函數 $f(x) = x^2 + \dfrac{16}{x}$。

若函數 f 在區間 I 連續，而且只有唯一的臨界數 c，則無論是要找出函數 f 的最大值或最小值，皆可以使用例題 3.4.4 所說明的步驟。若 $f(x)$ 在 $x = c$ 時有相對極大（或極小）值，它也會是絕對極大（或極小）值。要說明為什麼，假設一個圖形在 $x = c$ 時有相對極小值，則此圖形總是在 c 之前下降，然後在 c 之後上升，因為要改變方向必須要有另一個臨界點（圖 3.41）。因此，相對極小值也會是絕對極小值。這個發現說明了在這種特殊情況下，任何相對極值的測試都可作為絕對極值的測試。以下說明絕對極值的二階導函數測試。

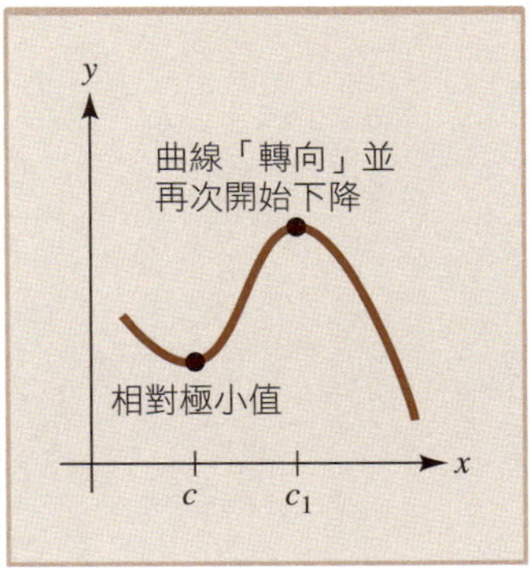

圖 3.41　相對極小值不是絕對極小值。

絕對極值的二階導函數測試 ■ 假設 $f(x)$ 在區間 I 是連續的，而 $x = c$ 是唯一的臨界數，且 $f'(c) = 0$，則
當 $f''(c) > 0$ 時，$f(x)$ 在區間 I 的絕對極小值為 $f(c)$；
當 $f''(c) < 0$ 時，$f(x)$ 在區間 I 的絕對極大值為 $f(c)$。

例題 3.4.5 將說明實務上如何運用二階導函數測試求絕對極值。

例題 3.4.5 最大化利潤與最小化平均成本

亞當估計每個月生產 q 千單位產品的總成本為 $C(q) = 0.4q^2 + 3q + 40$ 千元，而所有生產的產品可以每單位 $p(q) = 22.2 - 1.2q$ 元的售價賣出。

a. 亞當應生產多少產品，以最大化利潤？他可以預期最大利潤是多少？

b. 亞當應生產多少產品，以最小化每個單位的平均成本 $A(q) = \dfrac{C(q)}{q}$？最小平均成本是多少？

c. 亞當應生產多少產品，以保證每個單位的平均成本等於邊際生產成本 $C'(q)$？

■ 解

a. 營收為

$$R(q) = qp(q) = q(22.2 - 1.2q) = -1.2q^2 + 22.2q$$

千元，所以利潤為

$$\begin{aligned} P(q) = R(q) - C(q) &= -1.2q^2 + 22.2q - (0.4q^2 + 3q + 40) \\ &= -1.6q^2 + 19.2q - 40 \end{aligned}$$

千元。因此可得，當

$$\begin{aligned} P'(q) &= -1.6(2q) + 19.2 = -3.2q + 19.2 \\ &= 0 \end{aligned}$$

即

$$\begin{aligned} -3.2q + 19.2 &= 0 \\ q &= \frac{19.2}{3.2} = 6 \end{aligned}$$

因為 $q = 6$ 是 $P(q)$ 唯一的臨界點，可以應用二階導函數測試。$P''(q) = -3.2$，所以 $P''(6) < 0$，由二階導函數測試可知，最大利潤發生在 $q = 6$ 時，亦即生產 6,000 單位時。而最大利潤為

$$P(6) = -1.6(6)^2 + 19.2(6) - 40 = 17.6$$

千元（17,600 元）。利潤函數的圖形如圖 3.42a 所示。

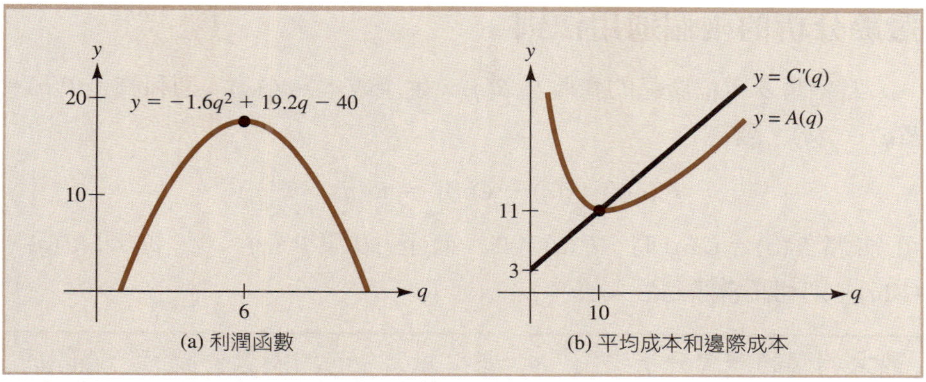

圖 3.42　例題 3.4.5 中的利潤、平均成本及邊際成本的圖形。

b. 平均成本為

$$A(q) = \frac{C(q)}{q} = \frac{0.4q^2 + 3q + 40}{q} \quad \frac{\text{千元}}{\text{千單位}}$$
$$= 0.4q + 3 + \frac{40}{q} \quad \frac{\text{元}}{\text{單位}}$$

其中 $q > 0$（生產量不可能為負或 0）。而

$$A'(q) = 0.4 - \frac{40}{q^2} = \frac{0.4q^2 - 40}{q^2}$$

當 $q > 0$，只有在 $q = 10$ 時其值為 0。利用商的公式，可得

$$A''(q) = \frac{80}{q^3} > 0 \quad \text{當 } q > 0$$

根據二階導函數測試，當 $q = 10$（千）單位時，平均成本 $A(q)$ 有最小值，而最小平均成本為

$$A(10) = 0.4(10) + 3 + \frac{40}{10} = 11 \quad \frac{\text{元}}{\text{單位}}$$

c. 邊際成本是 $C'(q) = 0.8q + 3$，當

$$0.8q + 3 = 0.4q + 3 + \frac{40}{q}$$
$$0.4q = \frac{40}{q}$$
$$0.4q^2 = 40$$
$$q = 10 \text{（千）單位}$$

時，它等於平均成本。此生產量與 (b) 小題所得之最佳生產量相等。邊際成本 $C'(q)$ 和平均成本 $A(q) = \dfrac{C(q)}{q}$ 的圖形如圖 3.42b 所示。

邊際分析的兩個通用法則

當銷售 q 單位產品的營收為 $R(q)$，生產成本為 $C(q)$，則利潤是 $P(q) = R(q) - C(q)$。因為

$$P'(q) = [R(q) - C(q)]' = R'(q) - C'(q)$$

可知當 $R'(q) = C'(q)$ 時，$P'(q) = 0$。而且如果 $P''(q) < 0$，亦即 $R''(q) < C''(q)$，則利潤會達到最大值。

最大利潤的邊際分析法則 ■ 當產量為 q 時的邊際營收等於邊際成本，而且邊際成本的變化率大於邊際營收的變化率時，亦即

$$R'(q) = C'(q) \quad \text{和} \quad R''(q) < C''(q)$$

時，可最大化利潤 $P(q) = R(q) - C(q)$。

舉例來說，在例題 3.4.5 中，其營收為 $R(q) = -1.2q^2 + 22.2q$，成本為 $C(q) = 0.4q^2 + 3q + 40$，所以邊際營收為 $R'(q) = -2.4q + 22.2$，而邊際成本為 $C'(q) = 0.8q + 3$。因此當

$$\begin{aligned} R'(q) &= C'(q) \\ -2.4q + 22.2 &= 0.8q + 3 \\ 3.2q &= 19.2 \\ q &= 6 \end{aligned}$$

時，邊際營收等於邊際成本，此生產量等於例題 3.4.5 的 (a) 小題中達到最大利潤時的生產量。注意，由於 $R'' = -2.4$ 和 $C'' = 0.8$，故 $R'' < C''$ 也會成立。

在例題 3.4.5 的 (c) 小題中，當生產量使得平均成本最小時，邊際成本等於平均成本，這並不意外。要知道為什麼，令 $C(q)$ 為生產某產品 q 單位的成本，則平均單位成本為 $A(q) = \dfrac{C(q)}{q}$，應用商的公式，可得

$$A'(q) = \frac{qC'(q) - C(q)}{q^2}$$

因此，當右邊的分子為 0 時，$A'(q) = 0$。也就是說，當

$$qC'(q) = C(q)$$

或可寫成

$$\underbrace{C'(q)}_{\text{邊際成本}} = \underbrace{\frac{C(q)}{q}}_{\text{平均成本}} = A(q)$$

要證明當平均成本等於邊際成本時，平均成本會最小，必須對總成本作一些合理的假設。

最小平均成本的邊際分析法則 ■ 當生產量使得平均成本等於邊際成本時，也就是 $A(q) = C'(q)$ 時，平均成本最小。

以下是常見於經濟學書籍中，對於平均成本和邊際成本之間的關係的非正式解釋。邊際成本 (marginal cost, MC) 大約是多生產一單位的成本。若增加的成本小於已生產的單位的平均成本 (average cost, AC)（即 MC < AC），則這個生產成本較低的單位將能降低平均成本。反之，若增加的成本大於已生產的單位的平均成本（即 MC > AC），則這個生產成本較高的單位會將平均成本拉高。然而，當多生產的單位的成本和已生產的單位的平均成本相等時（即 MC = AC），則平均成本不會增加或減少，亦即 (AC)′ = 0。

這個平均成本和邊際成本之間的關係可以延伸應用到任何一對平均量和邊際量。唯一可能改變的是當平均量和邊際量相等時的臨界點的性質。例如，當平均營收等於邊際營收時，平均營收通常是相對極大值（而非相對極小值）。

需求的價格彈性

當商品的價格增加時，消費者的反應通常是減少需求，但是反應的程度隨著商品的不同而異。例如，當牛奶、肥皂或電池的價格上漲時，其需求並不會受到太大的影響；但是房屋貸款成本的增加，可能會造成需求的減少，因為民眾會選擇租賃房屋，而不買房屋。

經濟學家使用函數 $E(p)$，稱為**需求的價格彈性 (price elasticity of demand)**，以衡量當某商品的單位價格 p 改變時，需求 q 的反應。彈性函數定義為需求量的百分比變化率與對應的價格的百分比變化率的比率的負數。這大約等於單位價格增加 1% 時，需求量減少的百分比。

在 2.2 節提到，可微分函數 $f(x)$ 相對於 x 的百分比變化率是比率 $100\dfrac{f'(x)}{f(x)}$，所以可得

$$[\,\text{量 } q \text{ 的百分比變化率}\,] = \frac{100\dfrac{dq}{dp}}{q}$$

和

$$[\text{價格 } p \text{ 的百分比變化率}] = \frac{100\dfrac{dp}{dp}}{p} = \frac{100}{p}$$

所以彈性函數是

$$E(p) = -\left[\frac{\text{量 } q \text{ 的百分比變化率}}{\text{價格 } p \text{ 的百分比變化率}}\right] = -\frac{\dfrac{100\dfrac{dq}{dp}}{q}}{\dfrac{100}{p}} = -\frac{p}{q}\frac{dq}{dp}$$

總結如下：

需求的價格彈性 ■ 若當某產品的單位價格為 p 時，市場的需求是 $q = D(p)$ 單位，其中 D 是可微分函數，則此產品的需求的價格彈性為

$$E(p) = -\frac{p}{q}\frac{dq}{dp}$$

可解釋為

$$E(p) \approx [\text{單位價格增加 } 1\% \text{ 時，需求量減少的百分比。}]$$

注意 你可能會懷疑為什麼 $E(p)$ 的定義裡需要有一個負號，因為價格增加時，需求通常會減少，所以需求量相對於價格的百分比變化率是負的。在 $E(p)$ 的公式裡加上負號後，可以保證需求的彈性是正值，比較容易處理，特別是在作比較時。■

例題 3.4.6 求需求的彈性

假設某產品的需求 q 和價格 p 之間的關係為線性方程式 $q = 240 - 2p$（其中 $0 \le p \le 120$）。

a. 將需求的彈性表示成 p 的函數。

b. 當價格 $p = 100$ 時，計算需求彈性，並加以解釋。

c. 當價格 $p = 50$ 時，計算需求彈性，並加以解釋。

d. 當價格為多少時，需求彈性等於 1？在經濟學上，這個售價有什麼涵義？

■ **解**

a. 因為 $q = 240 - 2p$，q 相對於 p 的導函數是 $\dfrac{dq}{dp} = -2$，且需求的彈性是

$$E(p) = -\frac{p}{q}\frac{dq}{dp} = -\frac{p}{q}(-2) = -\left[\frac{-2p}{240 - 2p}\right] = \frac{p}{120 - p}$$

b. 當 $p = 100$ 時，需求彈性為

$$E(100) = \frac{100}{120 - 100} = 5$$

也就是當價格 $p = 100$ 時，價格增加 1% 將會導致需求減少約 5%。

c. 當 $p = 50$ 時，需求彈性為

$$E(50) = \frac{50}{120 - 50} \approx 0.71$$

也就是當價格 $p = 50$ 時，價格增加 1% 將會導致需求減少約 0.71%。

d. 當

$$1 = \frac{p}{120 - p} \qquad 120 - p = p \qquad 2p = 120 \qquad \text{或} \qquad p = 60$$

時，需求彈性等於 1。在此價格時，價格增加 1% 將會導致需求減少大約相同的百分比。

根據 $E(p)$ 之值大於、小於或等於 1，需求彈性可以分為三種等級。以下是此三種彈性等級的描述，以及其在經濟學上的涵義。

彈性等級

$E(p) > 1$	**彈性需求 (elastic demand)**：需求減少的百分比變化率大於價格增加的百分比變化率，因此需求對於價格的變化比較敏感。
$E(p) < 1$	**非彈性需求 (inelastic demand)**：需求減少的百分比變化率小於價格增加的百分比變化率，此時需求對於價格的變化比較不敏感。
$E(p) = 1$	**單位彈性需求 (demand is of unit elasticity)**：需求減少的百分比變化率與價格增加的百分比變化率（大約）相等。

例如，在例題 3.4.6 的 (b) 小題中，$E(100) = 5 > 1$，所以當 $p = 100$ 時，需求對價格是彈性的；同樣地，在 (c) 小題中，$E(50) = 0.71 < 1$，所以當 $p = 50$ 時，需求為非彈性；最後，在 (d) 小題中，$E(60) = 1$，所以當 $p = 60$ 時，需求為單位彈性。

對於以單位價格 p 元，售出 q 單位產品所得的總營收 R，商品的需求彈性等級提供了很有用的資訊。假設需求 q 是單位價格 p 的可微分函數，則營收為 $R(p) = p \times q(p)$，對 p 作隱微分，可得

$$\frac{dR}{dp} = p\frac{dq}{dp} + q \quad \text{積的公式}$$

為了得到彈性 $E(p) = -\frac{p}{q}\frac{dq}{dp}$，將等式右邊乘以 $\frac{q}{q}$，得到

$$\frac{dR}{dp} = \frac{q}{q}\left(p\frac{dq}{dp} + q\right) = q\left(\frac{p}{q}\frac{dq}{dp} + 1\right) = q[-E(p) + 1]$$

例題 3.4.7 將利用此公式，研究生產過程所得的營收與需求彈性程度的關係。

例題 3.4.7　營收與需求彈性程度的關係

某間書店的管理者發現，當某新的平裝本小說的售價為每本 p 元時，每天的需求量為 $q = 300 - p^2$ 本，其中 $0 \le p \le \sqrt{300}$。

a. 當需求為彈性、非彈性和單位彈性時，售價為多少？

b. 將總營收表示為價格的函數，利用此函數的行為來解釋 (a) 小題的結果。

■ 解

a. 需求彈性為

$$E(p) = -\frac{p}{q}\frac{dq}{dp} = \frac{-p}{300 - p^2}(-2p) = \frac{2p^2}{300 - p^2}$$

因為 $0 \le p \le \sqrt{300}$，所以

$$E(p) = \frac{2p^2}{300 - p^2}$$

當 $E = 1$ 時，需求為單位彈性，此時的價格為

$$\begin{aligned}\frac{2p^2}{300 - p^2} &= 1\\ 2p^2 &= 300 - p^2\\ 3p^2 &= 300\\ p &= \pm 10\end{aligned}$$

其中只有 $p = 10$ 落在區間 $0 \le p \le \sqrt{300}$ 內。若 $0 \le p < 10$，則

$$E = \frac{2p^2}{300 - p^2} < \frac{2(10)^2}{300 - (10)^2} = 1$$

所以需求為非彈性。同樣地，若 $10 < p < \sqrt{300}$，則

$$E = \frac{2p^2}{300 - p^2} > \frac{2(10)^2}{300 - (10)^2} = 1$$

則需求為彈性的。

b. 回想之前對此問題的討論，營收函數 $R = pq$ 相對於 p 的導函數會滿足

$$R'(p) = q(p)[-E(p) + 1]$$

當 $0 \leq p < 10$ 時，需求為非彈性，所以 $E(p) < 1$ 且 $-E(p) + 1$ 之值為正，所以此時 $R'(p) > 0$ 且營收會增加。當價格在這個範圍內，價格增加時，需求減少的百分比將會小於價格增加的百分比，所以在將價格提高到每本書 10 元之前，價格增加會為該書店帶來更多的營收。

當價格範圍在 $10 < p \leq \sqrt{300}$ 時，需求為彈性，這表示 $E(p) > 1$ 且 $-E(p) + 1 < 0$，所以 $R'(p) < 0$ 且營收會減少。若書本的價格在此範圍內，當價格增加，需求減少的百分比將大於價格增加的百分比，所以當價格高於 10 元時，價格增加會減少營收。

最後，當 $R'(p) = 0$ 時，可得到最大營收。這發生於 $E(p) = 1$ 時，亦即 $p = 10$（單位彈性）時。需求函數和營收函數的圖形如圖 3.43 所示。

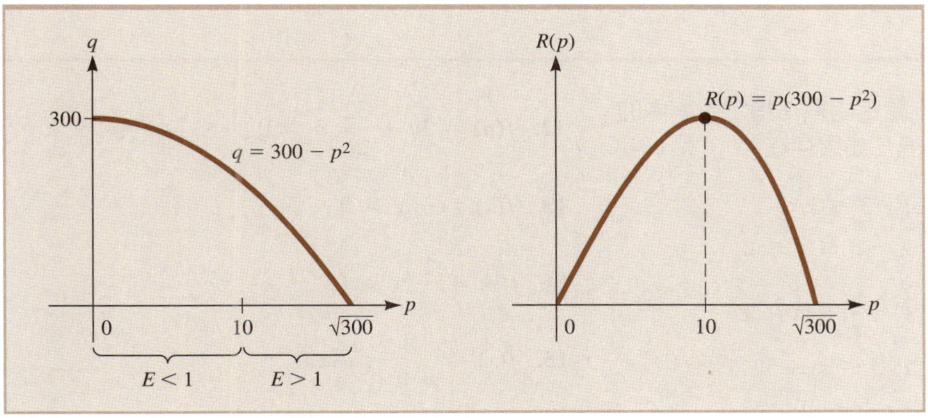

圖 3.43　例題 3.4.7 中的需求與營收曲線。

延伸例題 3.4.7b 的求解方法，可以總結營收與需求彈性程度的關係如下。

彈性的等級與其對營收的影響

若需求為**彈性 (elastic)**（$E(p) > 1$），當價格 p 增加時，營收 R 減少。

若需求為**非彈性 (inelastic)**（$E(p) < 1$），當價格 p 增加時，營收 R 增加。

若需求為**單位彈性 (unit elasticity)**（$E(p) = 1$），當價格 p 稍微改變時，營收 R 不受影響。

營收與價格的關係如圖 3.44 所示。注意，當需求為非彈性時，營收曲線上升；當需求為彈性時，曲線下降；而當需求為單位彈性時，有一水平切線。

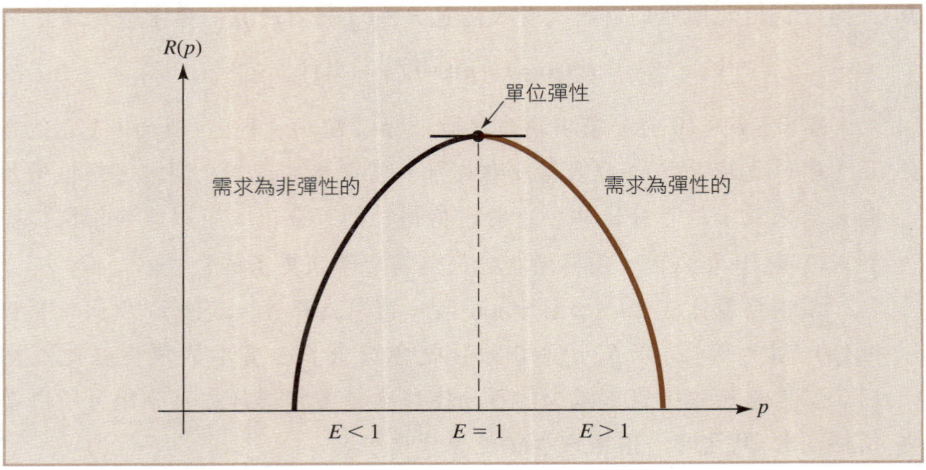

圖 3.44 將營收表示為價格的函數。

習題 ■ 3.4

第 1 題到第 15 題，求出給定函數在指定區間內的絕對極大值和絕對極小值（如果存在）。

1. $f(x) = x^2 + 4x + 5;\ -3 \le x \le 1$

2. $f(x) = x^3 + 3x^2 + 1;\ -3 \le x \le 2$

3. $f(x) = \frac{1}{3}x^3 - 9x + 2;\ 0 \le x \le 2$

4. $f(x) = x^5 - 5x^4 + 1;\ 0 \le x \le 5$

5. $f(t) = 3t^5 - 5t^3;\ -2 \le t \le 0$

6. $f(x) = 10x^6 + 24x^5 + 15x^4 + 3;\ -1 \le x \le 1$

7. $f(x) = (x^2 - 4)^5;\ -3 \le x \le 2$

8. $f(t) = \dfrac{t^2}{t-1};\ -2 \le t \le -\dfrac{1}{2}$

9. $g(x) = x + \dfrac{1}{x};\ \dfrac{1}{2} \le x \le 3$

10. $g(x) = \dfrac{1}{x^2 - 9};\ 0 \le x \le 2$

11. $f(u) = u + \dfrac{1}{u};\ u > 0$

12. $f(u) = 2u + \dfrac{32}{u};\ u > 0$

13. $f(x) = \dfrac{1}{x};\ x > 0$

14. $f(x) = \dfrac{1}{x^2};\ x > 0$

15. $f(x) = \dfrac{1}{x+1};\ x \ge 0$

最大利潤與最小平均成本　第 16 題到第 18 題，已知某產品的價格為 $p(q)$ 時，可以售出 q 單位，而生產 q 單位的總成本是 $C(q)$。

(a) 求出營收函數 $R(q)$、利潤函數 $P(q)$、邊際營收 $R'(q)$ 和邊際成本 $C'(q)$。在同一個座標平面上描繪 $P(q)$、$R'(q)$、$C'(q)$ 的圖形，並求出當 $P(q)$ 為最大值時，產量 q 值為何？

(b) 求出平均成本 $A(q) = \dfrac{C(q)}{q}$，並在同一個座標平面上描繪 $A(q)$ 和邊際成本 $C'(q)$ 的圖形。求出使得 $A(q)$ 最小的生產量 q 為何？

16. $p(q) = 49 - q; C(q) = \frac{1}{8}q^2 + 4q + 200$

17. $p(q) = 180 - 2q; C(q) = q^3 + 5q + 162$

18. $p(q) = 1.0625 - 0.0025q; C(q) = \frac{q^2 + 1}{q + 3}$

需求彈性　第 19 題到第 21 題，求出給定需求函數 $D(p)$ 的需求彈性，並判斷在指定價格 p 時，需求為彈性、非彈性或單位彈性。

19. $D(p) = -1.3p + 10; p = 4$

20. $D(p) = 200 - p^2; p = 10$

21. $D(p) = \frac{3{,}000}{p} - 100; p = 10$

商業與經濟應用問題

22. **平均利潤**　某製造商估計，生產某產品 q 單位所獲得的利潤為 $P(q) = -2q^2 + 68q - 128$ 千元。
    a. 求出平均利潤與邊際利潤函數。
    b. 生產量 $\bar{q}$ 為多少時，平均利潤會等於邊際利潤？
    c. 證明當生產量為 (b) 小題所得之 $\bar{q}$ 單位時，平均利潤最大。
    d. 在同一座標平面上描繪平均利潤函數與邊際利潤函數的圖形。

23. **邊際分析**　某製造商估計，生產某產品 x 單位的總成本為 $C(x) = x^3 - 24x^2 + 350x + 338$ 元。
    a. 當生產量為多少時，邊際成本 $C'(x)$ 最小？
    b. 當生產量為多少時，平均成本 $A(x) = \frac{C(x)}{x}$ 最小？

24. **需求彈性**　某商品每單位定價是 p 元，消費者需求為 q 單位，其中 p 和 q 的關係式為 $q^2 + 3pq = 22$。
    a. 求出此商品的需求彈性。
    b. 若單位價格為 3 元，其需求為彈性、非彈性或單位彈性？

25. **需求彈性**　一家電子商店的某品牌立體音響每組定價為 p 百元時，可以售出 q 組，其中 $q^2 + 2p^2 = 41$。
    a. 求出該立體音響的需求彈性。
    b. 單位價格為 $p = 4$（400 元）時，其需求為彈性、非彈性或單位彈性？

26. **藝術品需求**　一家畫廊出售某位知名藝術家的 50 幅版畫作品。假設每幅版畫的價格訂為 p 元時，預期將可售出 $q = 500 - 2p$ 幅。
    a. 價格 p 的可能範圍有何限制？
    b. 求出需求彈性。判斷 p 值為何時，需求為彈性、非彈性及單位彈性？
    c. 將總營收表示為售價 p 之函數，以其行為來解釋 (b) 小題的結果。
    d. 若你是畫廊的管理者，你會將每張版畫的價格訂為多少？說明你作此決定的原因。

27. **生產控制**　基娜管理一家玩具製造公司，她的公司生產一種便宜的 Floppsy 洋娃娃 x 百單位和一種昂貴的 Moppsy 洋娃娃 y 百單位。基娜發現可以用

$$y = \frac{82 - 10x}{10 - x}$$

的模式生產洋娃娃，其中 $0 \leq x \leq 8$，而且販售 Moppsy 洋娃娃的收入是 Floppsy 洋娃娃的兩倍。

基娜應建議每種洋娃娃各生產多少（包含 x 和 y），以最大化總營收？（你可以假設該公司能將生產的洋娃娃全部售出。）

28. **國民消費**　假定總國民消費函數為 $C(x)$，其中 x 是總國民所得。導函數 $C'(x)$ 稱為**邊際消費傾向 (marginal propensity to consume)**，則 $S = x - C$ 代表總國民儲蓄，$S'(x)$ 稱為**邊際儲蓄傾向 (marginal propensity to save)**。假設消費函數為 $C(x) = 8 - 0.8x - 0.8\sqrt{x}$，求出邊際消費傾向以及使得總儲蓄最小的 x 值。

29. **工作效率**　某工廠的早班工作效率研究指出，一位工人在早上 8 點開始工作，x 小時後將組裝 $f(x) = -x^3 + 6x^2 + 15x$ 單位。該研究更進一步指出，工人在經過 15 分鐘的休息

後，x 小時可以組裝 $g(x) = -\frac{1}{3}x^3 + x^2 + 23x$ 單位。根據這些結果，決定在早上 8 點和中午之間，應安排於何時休息 15 分鐘，工人才能在中午 12 點 15 分的午餐時間前，組裝最多單位。(提示：如果休息時間在上午 8 點後的 x 小時開始，則在休息後還剩下 $4 - x$ 小時的工作時間。)

30. 彈性與營收　假設某商品的需求為 $q = b - ap$，其中 a 和 b 是正的常數，且 $0 \le p \le \frac{b}{a}$。

a. 將需求彈性表示為 p 的函數。

b. 證明在區間 $0 \le p \le \frac{b}{a}$ 的中點 $p = \frac{b}{2a}$ 時，需求為單位彈性。

c. 當 p 值是多少時，需求為彈性？當 p 值是多少時，需求為非彈性？

31. 彈性　假設某商品的需求函數為 $q = \frac{a}{p^m}$，其中 a 和 m 是正的常數。證明對所有的 p 值，需求彈性都等於 m。解釋此結果。

32. 邊際分析　令 $R(x)$ 表示生產並售出某產品 x 單位的營收，且令 $C(x)$ 表示生產 x 單位的總成本。證明當營收的相對變化率等於成本的相對變化率時，比值 $Q(x) = \frac{R(x)}{C(x)}$ 為最佳值。你預期這個最佳值是最大值或最小值？

生命與社會科學應用問題

33. 團體會員　某全國消費者協會成立於 1998 年，假設在成立 x 年後，會員人數為 $P(x) = 100(2x^3 - 45x^2 + 264x)$ 人。

a. 在 2000 年到 2013 年間，何時會員人數最多？何時會員人數最少？

b. 在 2008 年到 2013 年間，會員人數最多是多少？會員人數最少是多少？

34. 物種的成長　當成蛹階段的溫度是 T (°C) 時，蘋果蠹蛾生存的百分比為 $P(T) = -1.42T^2 + 68T - 746$，其中 $20 \le T \le 30$。求出蘋果蠹蛾生存百分比最高時的溫度，和生存百分比最低時的溫度。

35. 血液循環　Poiseuille 定律指出，在半徑為 R 的動脈內，距離動脈中心軸 r 公分處的血液流動速度為 $S(r) = c(R^2 - r^2)$，其中 r 為正的常數。何處的血液流動速度最快？

36. 政治　一項民意調查指出，某候選人宣布競選公職後的 x 個月，她的選民支持率為

$S(x) = \frac{1}{29}(-x^3 + 6x^2 + 63x + 1{,}080)$，其中 $0 \le x \le 12$。

如果選舉在 11 月舉行，她應該何時宣布參選？如果她需要至少 50% 的選票才能當選，則她可以預期會贏得選舉嗎？

37. 學習　在某學習模型所作的一系列觀察中，每一觀察都可能有兩種反應 (A 和 B)。如果每一次觀察得到反應 A 的機率都是 p，則在一系列的 m 次觀察中恰好得到 n 次反應 A 的機率為 $F(p) = p^n(1 - p)^{m-n}$。**最大可能估計 (maximum likelihood estimate)** 即為最大化 $F(p)$ 的 p 值，其中 $0 \le p \le 1$，則此時 p 值應該是多少？

38. 投票模式　在總統選舉後，贏得總統選舉的候選人之政黨，獲得眾議院席次的比例 $h(p)$ 可以由立方公式來表示：

$$h(p) = \frac{p^3}{p^3 + (1 - p)^3} \quad \text{當 } 0 \le p \le 1$$

其中 p 是贏得總統選舉的候選人得到選民票數的比例。

a. 求出 $h'(p)$ 與 $h''(p)$。

b. 描繪 $h(p)$ 的圖形。

c. 在 1964 年，民主黨的 Lyndon Johnson 獲得選民選票的 61%。根據立方公式，預測民主黨在眾議院的席次百分比。(實際上，民主黨取得 72% 的席次。)

d. 自 1990 年起，立方公式在大多數情況下，能夠非常精確地預測總統選舉的結果。利用網際網路搜尋這幾次選舉的實際比例數據，並寫下你的發現。

其他問題

39. 電力　當 R 歐姆的電阻連接電力 E 伏特的電池和 r 歐姆的內電阻時，會有 I 安培的電流，產生 P 瓦特的電力，其中

$$I = \frac{E}{r+R} \quad 且 \quad P = I^2R$$

假設 r 是常數，則 R 值為何時會有最大電力？

40. 空氣動力 在設計飛機時有一個重要的因素是所謂的阻力係數，亦即是空氣施加於飛機的阻力。測量阻力的函數為

$$F(v) = Av^2 + \frac{B}{v^2}$$

其中 v 是飛機的速度，A 和 B 是常數。求出使得 $F(v)$ 最小的速度（以 A 和 B 表示）。證明你求出的是最小值，而非最大值。

3.5 節 最佳化的進階應用

學習目標

1. 條列及了解求解最佳化問題的原則。
2. 建立與分析各種最佳化問題的模型。
3. 學習存貨控制。

在 3.4 節中，我們討論許多由已知的方程式來決定是否有極大值或極小值的應用。實際上，通常並沒有那麼容易。首先必須要先整理資訊，之後再用適當的數學模型來計算和分析。

本節將探討如何結合 1.4 節的數學建模方法和 3.4 節的最佳化技巧。以下是處理這類問題的步驟。

解決最佳化問題的原則

步驟 1. 首先要決定所要最大化或最小化的對象，然後指定所有變數的名稱。選擇可以代表變數的角色或其本身的涵義的字母可能會有幫助，例如以「R」代表「營收」(revenue)。

步驟 2. 在指定變數後，將變數間的關係以等式或不等式來表示，圖形可能也有幫助。

步驟 3. 只用一個變數（自變數）來表示希望最佳化（最大化或最小化）的量，要做到這點，可能需要用到一個或多個由步驟 2 所得的方程式，來消去其他變數，同時找出對此自變數的所有必要的限制。

步驟 4. 若 $f(x)$ 是要被最佳化的量，則求出 $f'(x)$ 以及 f 的所有臨界數，接著使用 3.4 節的方法（利用極值定理或絕對極值的二階導函數測試），求出所要的極大值或極小值。注意，你有可能需要檢驗區間端點的 $f(x)$ 值。

步驟 5. 利用適當的物理、幾何或經濟學上的數量，來解釋結果。

這些步驟將以例題 3.5.1 中說明。

例題 3.5.1 最小化籬笆數量

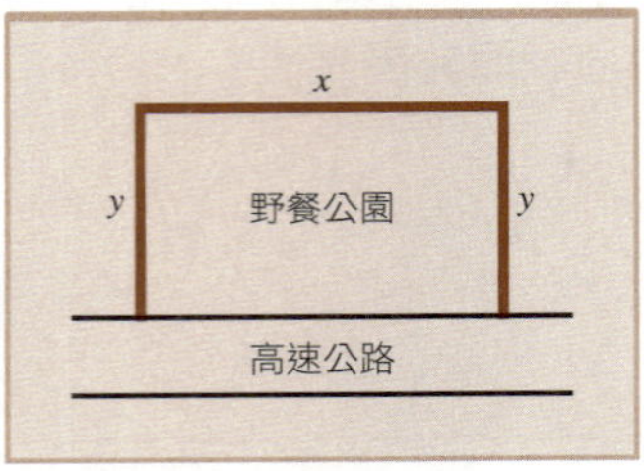

圖 3.45 矩形野餐公園。

高速公路局計畫要在一條主要的高速公路旁，興建一座野餐公園，這座公園為矩形且面積為 5,000 平方碼。除了靠高速公路的那面不圍籬笆，其他三面必須圍上籬笆，則最少需要多少籬笆？在以最少籬笆圍成的情況下，公園的長和寬各為多少？

■ 解

步驟 1. 畫出該野餐區域，如圖 3.45 所示，令公園的長為 x 碼（與高速公路平行的邊），而寬為 y 碼。

步驟 2. 因為公園的面積是 5,000 平方碼，所以可知 $xy = 5{,}000$。

步驟 3. 圍籬的長度為 $F = x + 2y$，其中 x 和 y 皆為正數，因為邊長不可為負數，否則就沒有公園。因為

$$xy = 5{,}000 \qquad \text{或} \qquad y = \frac{5{,}000}{x}$$

可將 F 的公式中之 y 消去，得到只含有 x 的公式：

$$F(x) = x + 2y = x + 2\left(\frac{5{,}000}{x}\right) = x + \frac{10{,}000}{x}\text{，對所有的 } x > 0$$

步驟 4. $F(x)$ 的導函數為

$$F'(x) = 1 - \frac{10{,}000}{x^2}$$

令 $F'(x) = 0$ 並求解 x，可得 $F(x)$ 的臨界數：

$$\begin{aligned} F'(x) = 1 - \frac{10{,}000}{x^2} &= 0 && \text{通分} \\ \frac{x^2 - 10{,}000}{x^2} &= 0 && \text{等同分子為 0} \\ x^2 &= 10{,}000 && \text{因為 } x > 0\text{，所以 } -100 \text{ 不合} \\ x &= 100 \end{aligned}$$

因為在區間 $x > 0$ 內，$x = 100$ 是唯一的臨界數，可應用絕對極值的二階導函數測試。$F(x)$ 的二階導函數是

$$F''(x) = \frac{20{,}000}{x^3}$$

所以 $F''(100) > 0$，則當 $x = 100$ 時，$F(x)$ 有絕對極小值。圖 3.46 為圍籬函數 $F(x)$ 的圖形。

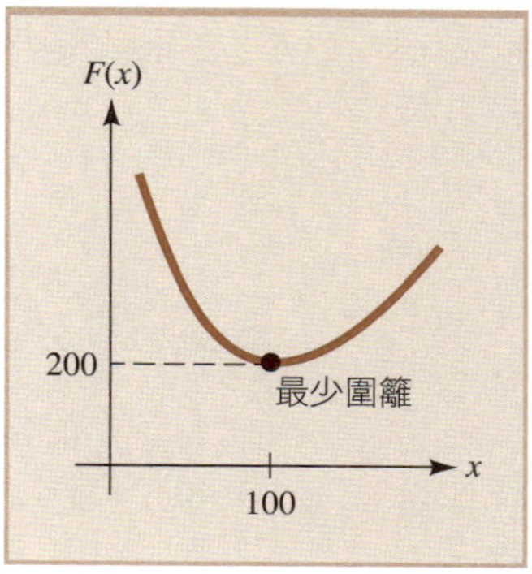

圖 3.46　$F(x) = x + \frac{10,000}{x}$，當 $x > 0$ 的圖形。

步驟 5.　我們已經得知最少的圍籬是

$$F(100) = 100 + \frac{10,000}{100} = 200 \quad \text{碼}$$

此時公園的長為 $x = 100$ 碼，而寬為

$$y = \frac{5,000}{100} = 50 \quad \text{碼}$$

在 1.4 節（例題 1.4.1）中，我們藉由檢驗一個利用拋物線的幾何性質來最大化利潤的問題，說明了建模的步驟。在例題 3.5.2 中，我們將分析一個類似的問題，但是這次將以微積分作為最佳化的工具。

例題 3.5.2　最大化利潤

馬特有一間製作紀念 T 恤的小公司，以每件 2 元的成本製造 T 恤，再將每件 T 恤以 5 元的價格售出。在此價格下，觀光客每月共買 4,000 件。馬特計畫提高 T 恤的價格，並且估計價格每增加 1 元時，每月的銷售量將減少 400 件。為了獲得最大利潤，馬特應將每件 T 恤的價格訂為多少？

■ 解

令 x 為 T 恤的新價格，$P(x)$ 表示對應的利潤，目標是要最大化利潤。先以文字描述利潤公式：

利潤 =（售出的 T 恤數量）（每件 T 恤的利潤）

因為當價格是 5 元時，每個月將售出 4,000 件，並且當價格每增加 1 元時，每月的銷售量將減少 400 件，因此可得

售出的 T 恤數量 = 4,000 – 400（價格增加 1 元的次數）

其中價格增加 1 元的次數即為新、舊售價的差距 $(x-5)$，因此

$$\begin{aligned} \text{T 恤的銷售量} &= 4,000 - 400(x - 5) \\ &= 400[10 - (x - 5)] \\ &= 400(15 - x) \end{aligned}$$

每件 T 恤的利潤為價格和成本 2 元的差，亦即

每件 T 恤的利潤 $= x - 2$

合併以上各式，可得到

$$P(x) = 400(15 - x)(x - 2)$$

目標是要找到利潤函數 $P(x)$ 的絕對極大值。在決定此問題的區間時，注意到新價格 x 至少要高於舊價格 5 元，因此可知 $x \geq 5$；另一方面，售出的 T 恤數量 $400(15 - x)$ 在 $x > 15$ 時為負值，如果你假設馬特不會將 T 恤的價格提高到沒有人想買 T 恤，則可將此最佳化問題限制在閉區間 $5 \leq x \leq 15$。

要找到臨界數，應用積的公式和常數倍數公式計算導函數，可得到

$$\begin{aligned} P'(x) &= 400[(15 - x)(1) + (x - 2)(-1)] \\ &= 400(15 - x - x + 2) = 400(17 - 2x) \end{aligned}$$

當

$$17 - 2x = 0 \qquad \text{或} \qquad x = 8.5$$

時，其值為 0。比較利潤函數在臨界數和區間端點的值：

$$P(5) = 12{,}000 \qquad P(8.5) = 16{,}900 \qquad \text{和} \qquad P(15) = 0$$

可以歸納出當價格是 8.5 元時，可獲得最大利潤 16,900 元。利潤函數的圖形如圖 3.47 所示。

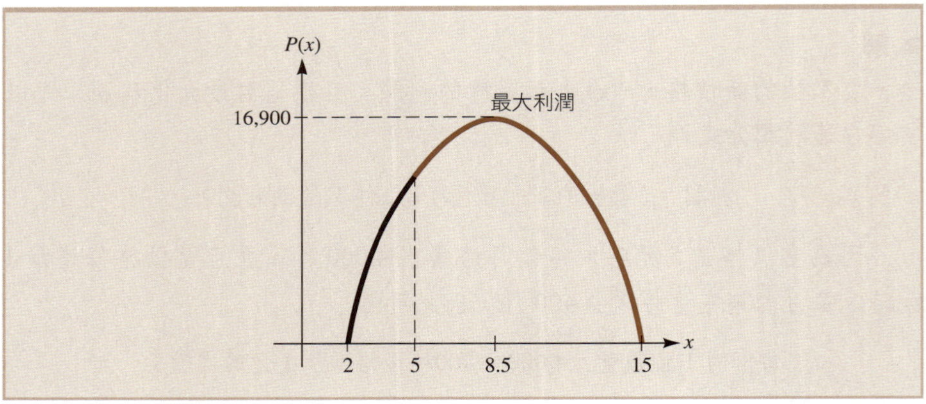

圖 3.47 利潤函數 $P(x) = 400(15 - x)(x - 2)$。

注意 例題 3.5.2 之最大利潤問題的另一種解法

在例題 3.5.2 中，售出的 T 恤數量是用價格每增加 1 元的次數 N 來描述，你可能會想以 N 為自變數來解題，而不是新的價格。若改為用此變數，你將發現

$$\text{T 恤售出的件數} = 4000 - 400N$$
$$\text{每件 T 恤的利潤} = (N+5) - 2 = N+3$$

因此總利潤為

$$P(N) = (4{,}000 - 400N)(N + 3) = 400(10 - N)(N + 3)$$

且相關的區間是 $0 \le N \le 10$。(你知道為什麼嗎？) 此時，絕對極大值發生在 $N = 3.5$ 時，就是當價格從 5 元增加到 $5 + 3.5 = 8.5$ 元。如同所預期的，結果會與例題 3.5.2 以新價格為自變數時相同。■

在例題 1.4.2 中，我們利用圖形來估計使得建造成本最小且具有特定容積的水箱之半徑。在例題 3.5.3 中，我們考慮一個類似的問題，這次我們應用微積分，利用代數方法求出半徑，以最小化具有特定容積的圓柱形罐子之製作成本。

例題 3.5.3　最小化製作成本

有一個圓柱形的罐子可以用來裝固定體積的液體，製作頂部和底部的材料成本為每平方英吋 3 分，而製作曲面側邊的材料成本為每平方英吋 2 分。利用微積分推導出當製造成本最小時，此罐子之半徑與其高度的簡單關係式。

■ **解**

令 r 為半徑，h 為高，C 為成本 (單位為分)，V 為 (固定的) 體積，目標是最小化總成本，其來源有三：

$$\text{成本} = \text{頂部成本} + \text{底部成本} + \text{側面成本}$$

而每一項的成本為

$$\text{成本} = (\text{每平方英吋的成本})(\text{面積})$$

因此，　$\text{頂部成本} = \text{底部成本} = 3(\pi r^2)$

且　$\text{側面成本} = 2(2\pi rh) = 4\pi rh$

所以總成本是

$$C = \underbrace{3\pi r^2}_{\text{頂部}} + \underbrace{3\pi r^2}_{\text{底部}} + \underbrace{4\pi rh}_{\text{側面}} = 6\pi r^2 + 4\pi rh$$

在開始應用微積分前，必須先將成本以單一變數表示。欲達到此目的，可以利用題目所提到的固定體積 V_0，並求解方程式 $V_0 = \pi r^2 h$ 中的 h，以得到

即時複習

半徑為 r、高度為 h 的圓柱體之側面 (曲面) 積 $A = 2\pi rh$，其體積 $V = \pi r^2 h$。

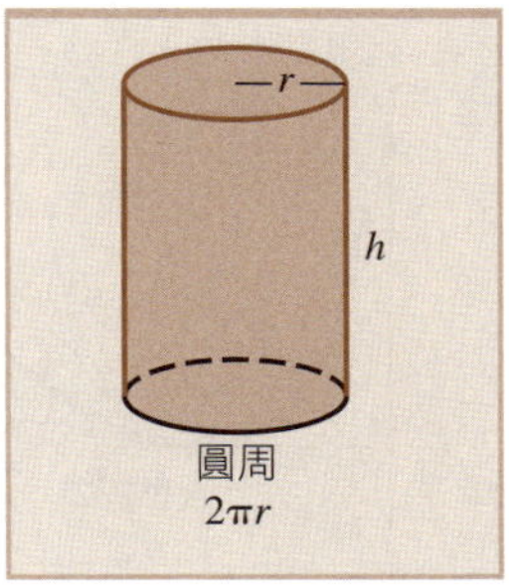

$$h = \frac{V_0}{\pi r^2}$$

再將 h 的表示式代入 C 的公式中，將成本項只以 r 表示：

$$C(r) = 6\pi r^2 + 4\pi r\left(\frac{V_0}{\pi r^2}\right) = 6\pi r^2 + \frac{4V_0}{r}$$

由於半徑 r 可以為任意的正數，所以目標是求出，$C(r)$ 在 $r > 0$ 時的絕對極小值。微分 $C(r)$，可得

$$C'(r) = 12\pi r - \frac{4V_0}{r^2}$$ 記住 V_0 是常數

因為對所有 $r > 0$，$C'(r)$ 皆存在，故任何臨界數 $r = R$ 必滿足 $C'(R) = 0$，亦即

$$C'(R) = 12\pi R - \frac{4V_0}{R^2} = 0$$

$$12\pi R = \frac{4V_0}{R^2}$$

$$R^3 = \frac{4V_0}{12\pi}$$

$$R = \sqrt[3]{\frac{V_0}{3\pi}}$$

若罐子半徑為 R 時所對應的高為 H，則 $V_0 = \pi r^2 H$。因為 R 必滿足

$$12\pi R = \frac{4V_0}{R^2}$$

可得

$$12\pi R = \frac{4(\pi R^2 H)}{R^2} = 4\pi H$$

或

$$H = \frac{12\pi R}{4\pi} = 3R$$

最後，注意到 $C(r)$ 的二階導函數滿足

$$對所有的\ r > 0，C''(r) = 12\pi + \frac{8V_0}{r^3} > 0$$

因為 $r = R$ 是 $C(r)$ 唯一的臨界數且 $C''(R) > 0$，根據絕對極值的二階導函數測試，可以確定當製作罐子的總成本最小時，罐子的高度為半徑的 3 倍。成本函數 $C(r)$ 的圖形如圖 3.48 所示。

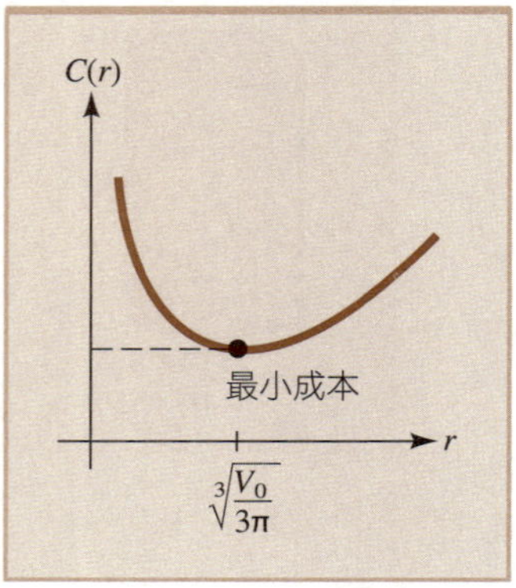

圖 3.48 當 $r > 0$ 時的成本函數 $C(r) = 6\pi r^2 + \frac{4V}{r}$。

在現代化的城市中，通常會在工業區附近發展出住宅區，因此小心地觀察及控制污染的逸散相當重要。例題 3.5.4 將探討如何以微積分來找出社區污染最小的地方。

例題 3.5.4　求最小化污染的位址

兩座工廠 A 和 B 相距 15 英哩，分別排放 75 ppm 和 300 ppm 的微粒。每座工廠周圍 1 英哩處不允許居住，而從每座工廠到達任一個其他點 Q 的污染濃度，會隨著兩者之間距離倒數的減少而減少。若兩座工廠之間有一條馬路連接，則房子應座落於此條馬路上的何處，其受到兩工廠的總污染最少？

■ 解

假設房子 H 座落在距離 A 工廠 x 英哩處，則其距離 B 工廠 $15-x$ 英哩，其中 $1 \le x \le 14$，因為工廠周圍 1 英哩不得居住（圖 3.49）。已知 H 處的污染濃度與其和工廠之間的距離成反比，所以來自於 A 工廠的污染濃度為 $\frac{75}{x}$，而來自於 B 工廠的污染濃度則為 $\frac{300}{15-x}$。因此，H 處的總污染濃度為

$$P(x) = \underbrace{\frac{75}{x}}_{\text{來自 A 的污染}} + \underbrace{\frac{300}{15-x}}_{\text{來自 B 的污染}}$$

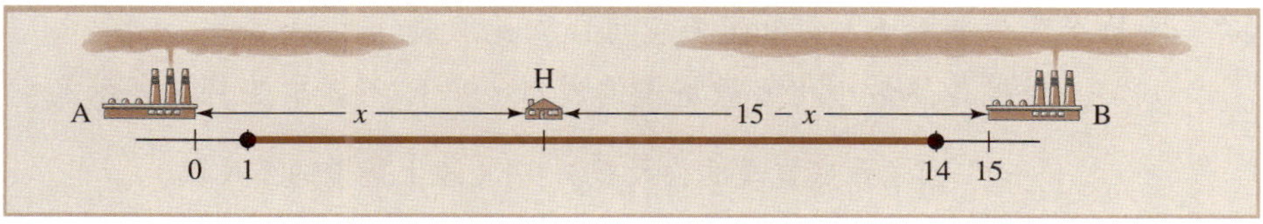

圖 3.49　位於兩工廠間的房屋之污染。

要最小化總污染 $P(x)$，首先求出 $P'(x)$，再求解 $P'(x)=0$。使用積的公式和連鎖律，可得到

$$P'(x) = \frac{-75}{x^2} + \frac{-300(-1)}{(15-x)^2} = \frac{-75}{x^2} + \frac{300}{(15-x)^2}$$

求解 $P'(x)=0$，得到

$$\frac{-75}{x^2} + \frac{300}{(15-x)^2} = 0$$

$$\frac{75}{x^2} = \frac{300}{(15-x)^2} \quad \text{交叉相乘}$$

即時複習

交叉相乘是指若

$$\frac{A}{B} = \frac{C}{D}$$

則

$$AD = CB$$

$$75(15-x)^2 = 300x^2 \quad \text{除以 75 並展開}$$
$$x^2 - 30x + 225 = 4x^2 \quad \text{合併同類項}$$
$$3x^2 + 30x - 225 = 0 \quad \text{因式分解}$$
$$3(x-5)(x+15) = 0$$
$$x = 5, x = -15$$

即時複習

≈ 符號代表「大約等於」，所以 $a \approx b$ 表示「a 大約等於 b」。

唯一落在允許區間 $1 \leq x \leq 14$ 內的臨界數為 $x = 5$。計算在 $x = 5$ 與區間兩端點（$x = 1$ 和 $x = 14$）的 $P(x)$ 值，得到

$$P(1) \approx 96.43 \text{ ppm}$$
$$P(5) = 45 \text{ ppm}$$
$$P(14) \approx 305.36 \text{ ppm}$$

所以當房子位於距離 A 工廠 5 英哩處時，總污染最小。

例題 3.5.5　最小化建造成本

要從 900 公尺寬的河流岸邊的發電廠，拉一條電纜到對岸下游 3,000 公尺處的工廠，在水底架設電纜的成本為每公尺 5 元，而在陸地上的成本為每公尺 4 元。如何架設電纜才能使成本最低？

■ **解**

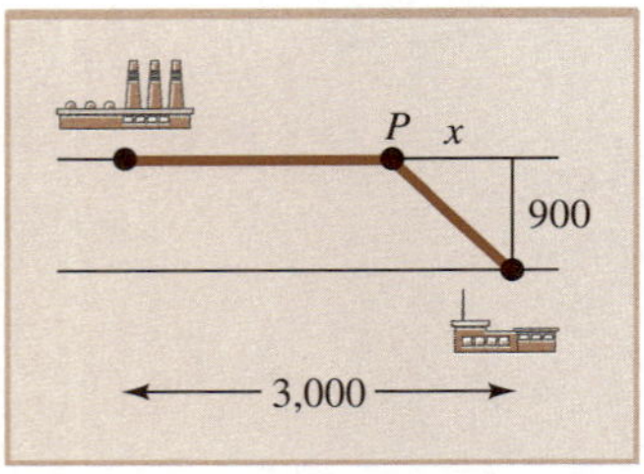

圖 3.50　工廠、河流及發電廠的相關位置。

為了有助於想像這個情況，可以先繪製示意圖，如圖 3.50 所示。（注意，在圖 3.50 中，我們已經假設電纜是從發電廠以直線的方式拉至對岸某點 P，你知道為何可以如此假設嗎？）

目標是要最小化架設電纜的成本。令 C 為成本並將其表示為：

$$C = 5\text{（水底電纜的公尺數）} + 4\text{（陸上電纜的公尺數）}$$

因為我們想要描述一個架設電纜的最佳路線，利用可以很容易地表示 P 點位置的變數會比較方便。圖 3.51 顯示變數 x 的兩種合理選擇。

即時複習

由畢氏定理得知直角三角形斜邊的平方等於其他兩股的平方和。

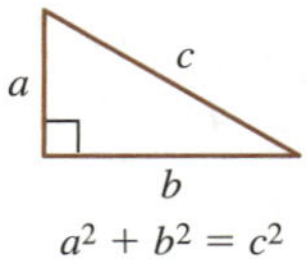

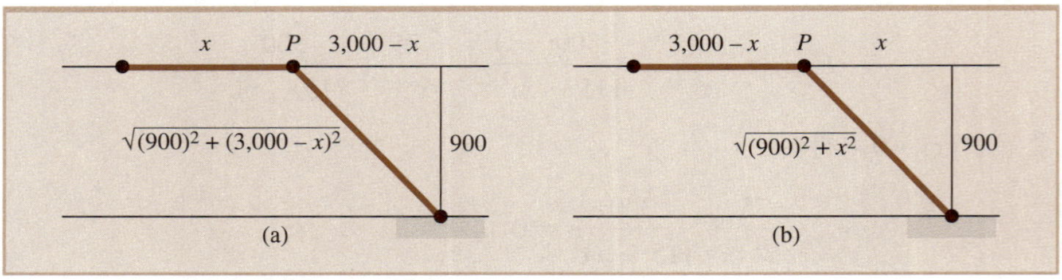

圖 3.51　變數 x 的兩種選擇。

在使用微積分前，要先決定選擇哪個變數較為有利。圖 3.51a 中，從發電廠跨越河流到 P 點的距離為 $\sqrt{(900)^2 + (3{,}000 - x)^2}$（畢氏定理），其所對應的總成本函數為

$$C(x) = 5\sqrt{(900)^2 + (3{,}000 - x)^2} + 4x$$

在圖 3.51b 中，跨越河流的距離為 $\sqrt{(900)^2 + x^2}$，而總成本函數為

$$C(x) = 5\sqrt{(900)^2 + x^2} + 4(3{,}000 - x)$$

第二個函數較容易計算，因為 $3{,}000 - x$ 這一項僅乘以 4，而第一個函數卻要先將其平方再取平方根，所以應該選擇圖 3.51b 的變數 x，總成本函數是

$$C(x) = 5\sqrt{(900)^2 + x^2} + 4(3{,}000 - x)$$

因為距離 x 和 $3{,}000 - x$ 不能為負值，所以相關的區間是 $0 \le x \le 3{,}000$，目標是在此閉區間內求出函數 $C(x)$ 的絕對極小值。要求出臨界數，先計算其導函數

$$C'(x) = \frac{5}{2}[(900)^2 + x^2]^{-1/2}(2x) - 4 = \frac{5x}{\sqrt{(900)^2 + x^2}} - 4$$

並令其為 0，得到

$$\frac{5x}{\sqrt{(900)^2 + x^2}} - 4 = 0 \qquad \text{或} \qquad \sqrt{(900)^2 + x^2} = \frac{5}{4}x$$

將兩邊平方再求解 x，可得到

$$(900)^2 + x^2 = \frac{25}{16}x^2 \qquad \text{兩邊同減 } \frac{25x^2}{16} \text{ 和 } (900)^2$$

$$x^2 - \frac{25}{16}x^2 = -(900)^2 \qquad \text{合併左邊的同類項}$$

$$-\frac{9}{16}x^2 = -(900)^2 \qquad \text{乘以 } -\frac{16}{9}$$

$$x^2 = \frac{16}{9}(900)^2 \qquad \text{兩邊同取平方根}$$

$$x = \pm\frac{4}{3}(900) = \pm 1{,}200$$

因為只有正值 $x = 1{,}200$ 會落在區間 $0 \le x \le 3{,}000$ 內，故僅需計算此臨界數和端點的 $C(x)$ 值。因為

$$C(0) = 5\sqrt{(900)^2 + 0} + 4(3{,}000 - 0) = 16{,}500$$
$$C(1{,}200) = 5\sqrt{(900)^2 + (1{,}200)^2} + 4(3{,}000 - 1{,}200) = 14{,}700$$
$$C(3{,}000) = 5\sqrt{(900)^2 + (3{,}000)^2} + 4(3{,}000 - 3{,}000) = 15{,}660$$

所以最小的架設成本為 14,700 元，此時電纜是由發電廠拉到對岸下游 1,200 公尺處。

在例題 3.5.6 中，要最大化的函數只有在自變數是整數時才有實質意義，然而，最佳化步驟所得的結果中，這個變數的值是分數，所以需要作進一步的分析以獲得有意義的答案。

例題 3.5.6 最大化輸入是整數的營收函數

遊覽車公司出租容量為 50 人的巴士給 35 人以上的團體，一個團體如果剛好有 35 人，則每個人需支付 60 元。在大型的團體中，超過 35 人多少人，每個人的票價就可減少多少元。則當團體的人數為多少時，遊覽車公司的營收最大？

■ 解

令 R 為遊覽車公司的營收，則

$$R = (\text{團體人數})(\text{每人票價})$$

我們可以選擇令 x 為團體人數，但若設 x 為超過 35 人的人數，在計算上會更方便，則

$$\text{團體人數} = 35 + x$$
$$\text{每人票價} = 60 - x$$

所以營收函數是

$$R(x) = (35 + x)(60 - x)$$

因為 x 表示超過 35 人，但少於 50 人的人數，所以目標是求出在區間 $0 \le x \le 15$ 內，使得 $R(x)$ 最大的正整數 x（圖 3.52a）。然而，要使用微積分的方法，需考慮定義於整個區間 $0 \le x \le 15$ 的連續函數 $R(x) = (35 + x)(60 - x)$（見圖 3.52b）。

導函數為

$$R'(x) = (35 + x)(-1) + (60 - x)(1) = 25 - 2x$$

當 $x = 12.5$ 時，導函數為 0。因為

$$R(0) = 2{,}100 \qquad R(12.5) = 2{,}256.25 \qquad R(15) = 2{,}250$$

所以 $R(x)$ 在區間 $0 \le x \le 15$ 內的絕對極大值發生在 $x = 12.5$ 時。

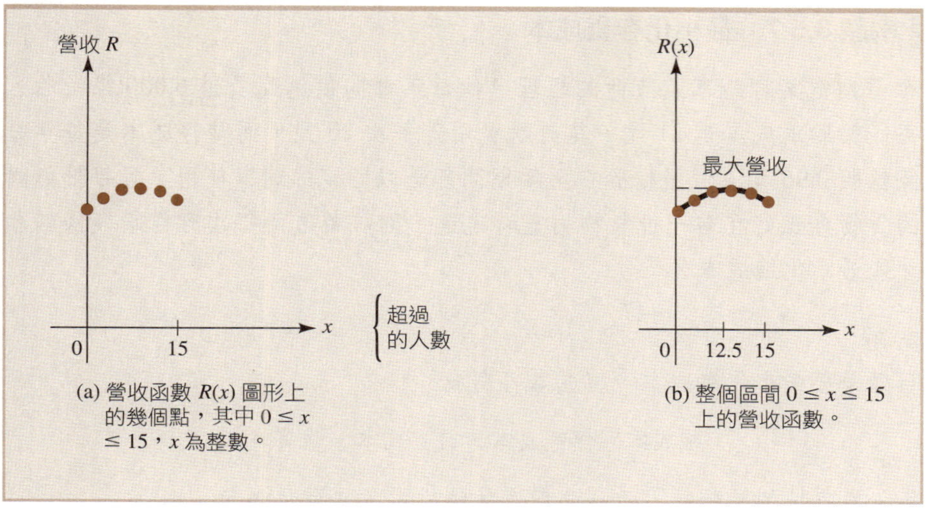

圖 3.52　**營收函數** $R(x) = (35 + x)(60 - x)$。

但是 x 表示的是人數，所以必須為整數，因此 $x = 12.5$ 不能成為這個實務上的最佳化問題的解。為了找出 x 的最佳整數值，觀察到 R 在 $0 < x < 12.5$ 時為遞增，在 $x > 12.5$ 時為遞減，如下圖所示（同時參考圖 3.52b）。

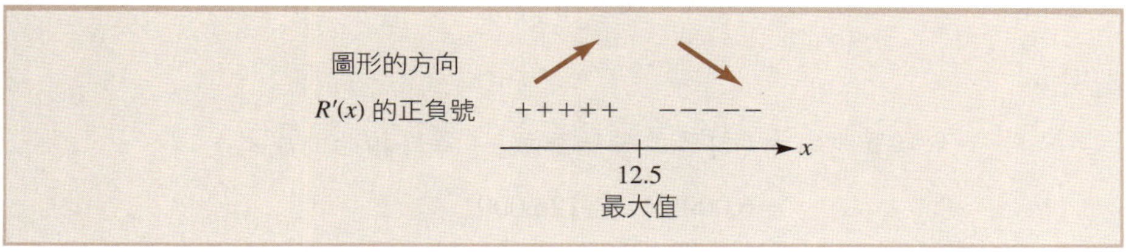

因此 x 的最佳整數值為 $x = 12$ 或 $x = 13$。因為

$$R(12) = 2{,}256 \qquad \text{和} \qquad R(13) = 2{,}256$$

可得知當團體人數超過 35 人的人數是 12 人或 13 人時，即團體人數為 47 人或 48 人時，遊覽車公司的營收最大，兩種情況時的營收皆為 2,256 元。

存貨控制

在商業上，存貨控制是一個很重要的考慮因素。對於每批次的原物料，製造商必須支付一筆處理和運輸所需的訂貨費用。當每批原物料送達時，必須先儲存起來，直到需要使用的時候再取出，這會產生儲存成本。如果每批原物料的量很大，只需要訂較少批次的原物料，所以訂貨費用較低，但是儲存成本會較高；另一方面，如果每批原物料的量很小，因為需要訂購較多批次的原物料，所以訂貨費用會較高，但是儲存成本會較低。例題 3.5.7 將說明如何應用微積分的方法來決定能最小化總成本的批量。

例題 3.5.7 最小化存貨成本

希爾頓是某腳踏車製造商的經理，他每年會向供應商買進 6,000 條輪胎，每條輪胎的成本是 21 元，其訂購費用是每次 20 元，而儲存成本是每年每條輪胎 0.96 元。假設輪胎在全年期間都是以固定的速率使用，且每批訂購的貨物會正好在前一批貨物用盡時送達，則該製造商每次應訂購幾條輪胎才能最小化總成本？

■ 解

目標是要最小化總成本，總成本可寫成

$$\text{總成本} = \text{儲存成本} + \text{訂貨成本} + \text{購買成本}$$

令 x 為每批的輪胎數，$C(x)$ 為對應的總成本，其單位為元。則

$$\text{訂貨成本} = (\text{每批的訂貨成本})(\text{訂購批次})$$

因為每年需要 6,000 條輪胎，而每批有 x 條輪胎，則批次為 $\dfrac{6{,}000}{x}$，所以

$$\text{訂貨成本} = 20\left(\frac{6{,}000}{x}\right) = \frac{120{,}000}{x}$$

此外，

$$\begin{aligned}\text{購買成本} &= (\text{訂購的輪胎總數})(\text{每條輪胎的成本})\\ &= 6{,}000(21) = 126{,}000\end{aligned}$$

儲存成本稍微複雜一點，當一批輪胎抵達時，所有的 x 條輪胎就會被儲藏起來，然後以固定的速率取出使用。存貨線性遞減至 0，此時下一批輪胎正好抵達。這種情況如圖 3.53a 所示，是**及時存貨管理 (just-in-time inventory management)** 的一個基本範例。

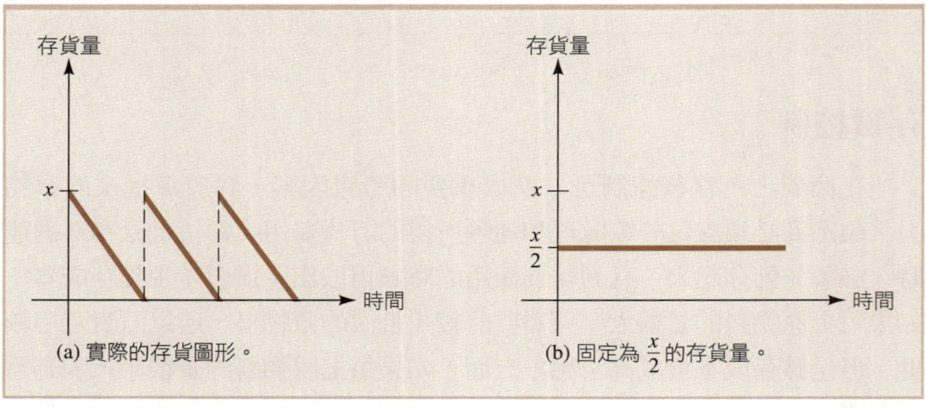

圖 3.53 存貨的圖形。

整年期間平均儲存的輪胎條數為 $\frac{x}{2}$，因此每年的儲存成本等於一整年維持儲存 $\frac{x}{2}$ 條輪胎的成本（圖 3.53b）。儘管這個論斷相當合理，但並不是很明顯易懂，你有充分的理由可以不相信它。在第 5 章中，你將學習如何以積分來證明此論斷為事實。因此，

儲存成本 =（平均儲存的輪胎條數）（每條輪胎的成本）

$= \frac{x}{2}(0.96) = 0.48x$ 加總所有的成本，可得到總成本為

$$C(x) = \underbrace{0.48x}_{\text{儲存成本}} + \underbrace{\frac{120{,}000}{x}}_{\text{訂貨成本}} + \underbrace{126{,}000}_{\text{購買成本}}$$

目標是要求出 $C(x)$ 在區間 $0 < x \le 6{,}000$ 內的絕對極小值。$C(x)$ 的導函數為

$$C'(x) = 0.48 - \frac{120{,}000}{x^2}$$

當

$$x^2 = \frac{120{,}000}{0.48} = 250{,}000 \qquad \text{或} \qquad x = \pm 500$$

時，此式為 0。因為 $x = 500$ 是在有關區間 $0 < x \le 6{,}000$ 內唯一的臨界數，可以運用絕對極值的二階導函數測試。成本函數的二階導函數是

$$C''(x) = \frac{240{,}000}{x^3}$$

當 $x > 0$ 時，二階導函數為正值。總成本 $C(x)$ 在區間 $0 < x \le 6{,}000$ 內的絕對極小值發生在 $x = 500$ 時，亦即製造商每次訂購 500 條輪胎時。總成本函數的圖形如圖 3.54 所示。

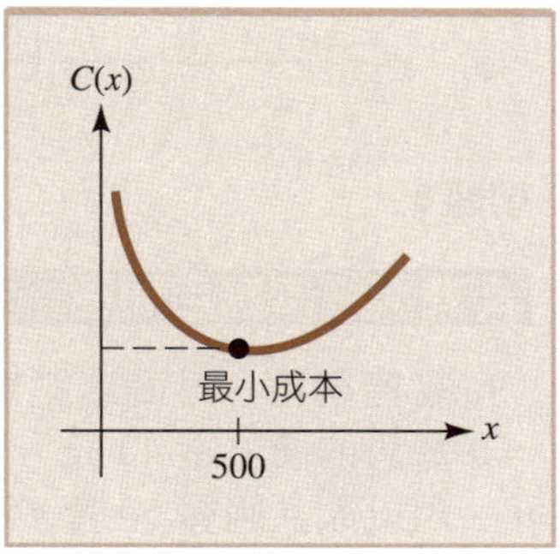

圖 3.54　總成本 $C(x) = 0.48x + \frac{120{,}000}{x} + 126{,}000$。

注意　在例題 3.5.7 中，因為固定的購買價格 126,000 元的導函數等於 0，總成本的這個部分對於最佳化問題並沒有影響。通常，經濟學家會區分**固定成本 (fixed cost)**（例如總購買成本）和**變動成本 (variable cost)**（例如儲存成本和訂貨成本）。要最小化總成本，最小化所有變動成本的總和就足夠了。■

習題 ■ 3.5

1. 何數大於其平方最多？（提示：求出最大化 $f(x) = x - x^2$ 的 x 值。）
2. 何數小於其平方根最多？
3. 求出兩個正數 x 及 y，使其和為 50，且其乘積最大。
4. 求出兩個正數 x 及 y，使其和為 30，且使得 xy^2 最大。
5. 某城市的休閒部門計畫建造一個面積為 3,600 平方公尺的矩形遊樂場，並在周圍圍上籬笆。應如何建造才能使得所用的籬笆最少？
6. 320 碼的籬笆可以用來圍出一個矩形的場地。應如何使用這些籬笆，才能圍出最大的場地？
7. 證明在所有周長相同的矩形中，正方形的面積最大。
8. 如下圖所示，直角三角形內接一矩形。如果三角形的三邊長分別是 5、12 和 13，則面積最大的內接矩形之長與寬是多少？

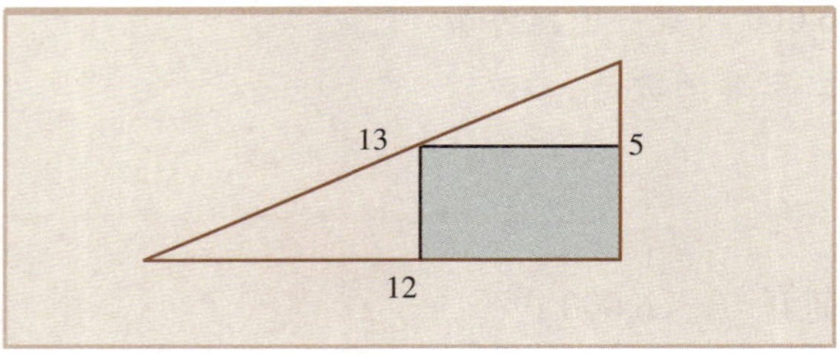

習題 8

商業與經濟應用問題

9. **零售銷售** 某商店銷售一種熱門電玩遊戲，每套的價格是 40 元，且在這個價格時，每個月玩家共購買 50 套。商店老闆希望提高遊戲的價格，並估計每套增加 1 元時，每個月的銷售量將減少 3 套。如果每套遊戲的成本為 25 元，該遊戲的價格應為多少，才能最大化利潤？
10. **農作物產量** 格南是佛羅里達州的柑橘農夫，他估計如果種植 60 棵橘子樹，平均每棵樹的產量將是 400 顆橘子。在同一塊土地上，每多種植 1 棵橘子樹，每棵樹的平均產量將會減少 4 顆橘子。格南應種植多少棵橘子樹，才能使總產量最大？
11. **收割** 在 7 月 1 日時，每蒲式耳的馬鈴薯能讓農夫獲得 8 元，之後，每天每蒲式耳的價格會下降 8 分。某農夫的農田在 7 月 1 日有 80 蒲式耳的馬鈴薯，並估計作物增加的速度為每天 1 蒲式耳。則農夫應在何時收割馬鈴薯，才能最大化營收？
12. **利潤** 某棒球卡商店以每張卡片 5 元的成本取得 Mel Schlabotnic 的新秀卡，再將此卡片以每張 10 元的價格出售。在此價格下，每個月可售出 25 張。該店正在計畫降低價格以刺激銷售量，並估計價格每降低 25 分，每個月將多售出 5 張。卡片的價格應該訂為多少，才能使得每個月的總利潤最大？
13. **利潤** 某製造商以每支 6 元的價格銷售手電筒，且在此價格下，消費者每個月會購買 3,000 支手電筒。該製造商希望將價格提高，並估計價格每提高 1 元，每個月的手電筒銷售量將會減少 1,000 支。已知製造商生產每支手電筒的成本為 4 元，則該製造商應該將每支手電筒的價格訂為多少，才能獲得最大利潤？
14. **生產成本** 某工廠的每一台機器每小時可以生產 50 單位。每台機器的設置成本為 80 元，且其每小時的運作成本為 5 元。應該使用多少台機器，才能使生產 8,000 單位的成本最小？（記住，你的答案必須是整數。）
15. **成本分析** 根據估計，建造 n 層樓高之辦公大樓的成本為 $C(n) = 2n^2 + 500n + 600$ 千元。應該建造幾層樓，才能使每層樓的平均成本最小？（記住，你的答案必須是整數。）
16. **最佳設置成本** 在某一工廠，設置成本和使用的機器數量 N 成正比，而運作成本則和 N 成反比。證明當總成本最小時，設置成本等於運作成本。

其他問題

17. 包裝　一圓柱形罐子能盛裝 4π 立方英吋的冷凍橘子汁。製造金屬頂部和底部的成本為製造紙板側面的 2 倍。製造成本最小的罐子之高與底部的半徑是多少？

18. 移動物體間的距離　一輛卡車在小汽車的正東方 300 英哩，並以每小時 30 英哩的固定速度往西前進。與此同時，小汽車以每小時 60 英哩的固定速度往北前進。什麼時候卡車和小汽車最接近？（提示：如果最小化小汽車與卡車間之距離的*平方*，而非距離本身，將可簡化計算。你可以解釋為什麼這樣的簡化是合理的嗎？）

19. 建造成本　卡拉是一個木匠，欲建造一個底部是正方形、體積是 250 立方公尺的封閉箱子。該箱子的頂部和底部的材料成本為每平方公尺 2 元，而側面的材料成本為每平方公尺 1 元。卡拉可以用低於 300 元的成本建造該箱子嗎？

20. 建造　維農是一個建築工人，他必須搬運一條水管通過一個轉角，如下圖所示，則維農可以搬運通過該轉角的水管之最大長度是多少？

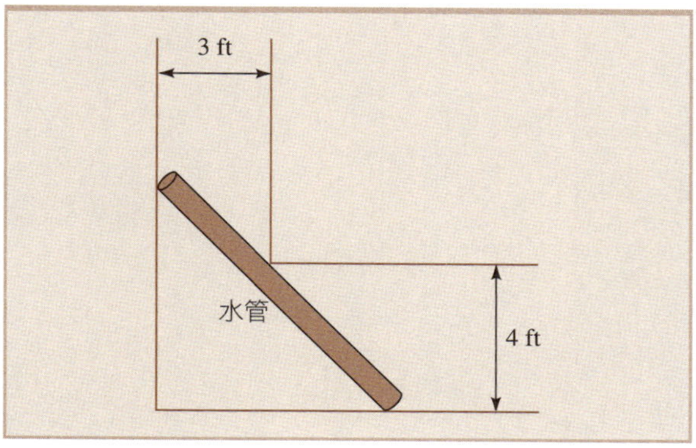

習題 20

CHAPTER 4

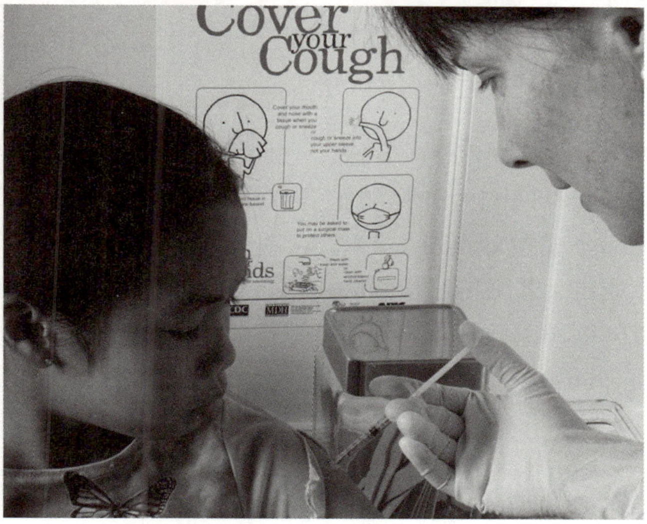

指數函數可以用來描述藥物治療的效果。

指數函數與對數函數
Exponential and Logarithmic Functions

4.1 節 指數函數；連續複利

學習目標

1. 定義指數函數。
2. 探討自然指數函數的性質。
3. 檢視涉及連續複利計息的投資。

每隔相等的時間測量人口數，若每一段時間區間結束時的人口數，皆是上一段時間區間結束時的人口數的固定倍數（大於 1），則稱人口 $Q(t)$ 呈**指數 (exponentially)** 成長。例如在 2000 年時，全球有 61 億的人口並以每年 1.4% 的速率成長。若維持這樣的成長率，則每年的人口數都會是前一年人口數的 1.014 倍，因此，若 $P(t)$ 是基準年 2000 年後 t 年的人口數，則人口數的成長如下：

$$\begin{array}{ll}
2000 & P(0) = 6.1 \\
2001 & P(1) = 6.1(1.014) = 6.185 \\
2002 & P(2) = 6.185(1.014) = [6.1(1.014)](1.014) = 6.1(1.014)^2 = 6.272 \\
2003 & P(3) = 6.272(1.014) = [6.1(1.014)^2](1.014) = 6.1(1.014)^3 = 6.360 \\
\vdots & \vdots \\
2000 + t & P(t) = 6.1(1.014)^t
\end{array}$$

$P(t)$ 的圖形如圖 4.1a 所示。注意，根據這個模型，人口在一開始會慢慢地成長，但是在大約 50 年後會變成 2 倍（在 2050 年增至 122.2 億）。

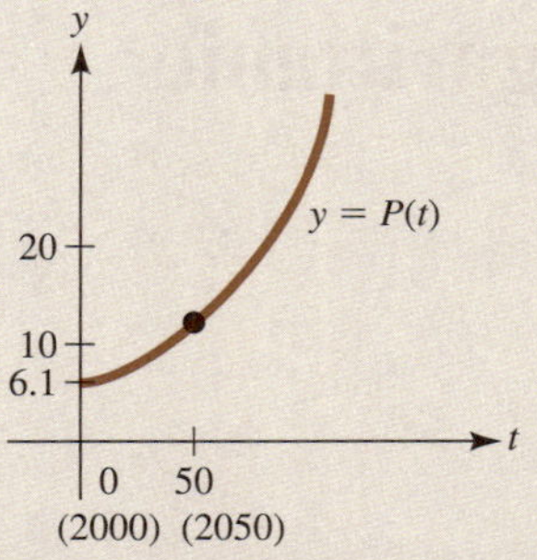

(a) 指數成長函數 $P(t) = 6.1(1.014)^t$ 的圖形

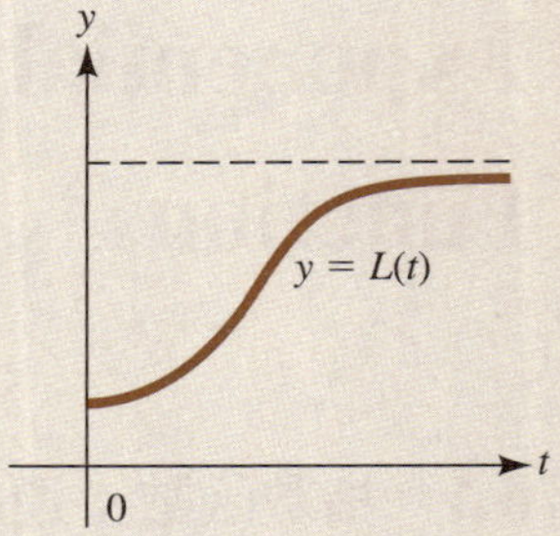

(b) 羅吉斯人口曲線

圖 4.1 兩種人口成長模型。

英國經濟學家馬爾薩斯 (Thomas Malthus, 1776-1834) 預測，假如食物的供應是以固定的速率增加，而人口呈指數成長，將會有大批民眾餓死，所以指數性的人口模型也被稱為*馬爾薩斯主義* (Malthusian)。幸運地，人口成長並未像馬爾薩斯所預期的繼續呈現指數成長，而考量多種成長率的限制之模型，可以更正確地預測人口數。這類模型之一即所謂的*羅吉斯模型*

(logistic model)，其所得的人口曲線如圖 4.1b 所示。注意到一開始時，羅吉斯成長曲線會如同指數曲線般地快速上升，但因為環境因素會減緩成長率，此成長曲線最終會反轉而漸趨平緩。我們將會在 4.4 節（例題 4.4.6）探討羅吉斯曲線，並於第 6 章進一步研究人口模型。

通式為 $f(x) = b^x$ 的函數（其中 b 為正數）稱為**指數函數 (exponential function)**。這種函數可以用來描述指數與羅吉斯成長，以及其他許多重要的數量。例如，指數函數可以用於人口統計學中的人口數量預測、財務學中的投資價值計算、考古學中的古物年代判定、心理學中的學習模式探討，以及在工業中產品的可靠性估計。

本節將探討指數函數的性質，並且介紹此種函數的一些基本模型，在往後的章節中將會探討一些其他的應用，例如羅吉斯模型。

在計算指數函數時，需要用到指數的表示法和代數運算公式，相關的例題和習題可以參考附錄 A.1。以下是指數的簡單摘要。

b^n 的定義，其中 n 為有理數且 $b > 0$ ■ 整數次方：若 n 為正整數，

$$b^n = \underbrace{b \cdot b \cdots b}_{n\text{ 項}}$$

分數次方：當 n 和 m 為正整數時，

$$b^{n/m} = (\sqrt[m]{b})^n = \sqrt[m]{b^n}$$

其中 $\sqrt[m]{b}$ 表示正 m 次方根。

負數次方：$b^{-n} = \dfrac{1}{b^n}$

零次方：$b^0 = 1$

例如，

$$3^4 = 3 \cdot 3 \cdot 3 \cdot 3 = 81 \qquad 3^{-4} = \frac{1}{3^4} = \frac{1}{81}$$

$$4^{1/2} = \sqrt{4} = 2 \qquad 4^{3/2} = (\sqrt{4})^3 = 2^3 = 8$$

$$4^{-3/2} = \frac{1}{4^{3/2}} = \frac{1}{8} \qquad 27^{-2/3} = \frac{1}{(\sqrt[3]{27})^2} = \frac{1}{3^2} = \frac{1}{9}$$

對於任意有理數 r，我們知道 b^r 所代表的意義，但是如果試著繪製 $y = b^x$ 的圖形，在每個 x 不是有理數的地方會有一個洞，例如 $x = \sqrt{2}$。然而，使用超出本書範疇的方法，能夠證明可以利用有理數趨近無理數，因此只會有一條連續的曲線通過所有座標為 (r, b^r) 的點，其中 r 是有理數。換言之，存在唯一的連續函數 $f(x)$，對所有實數 x 皆有定義，並在 r 為有理數時等於 b^r。我們將這個函數定義為 $f(x) = b^x$。

指數函數 ■ 若 b 是不為 1 的正數 ($b > 0, b \neq 1$)，則存在唯一的以 b 為底數的函數，稱為**指數函數**，其定義為

$$f(x) = b^x \qquad \text{對所有的實數 } x$$

要了解指數函數圖形的形狀，考慮例題 4.1.1。

例題 4.1.1 描繪指數函數

描繪 $y = 2^x$ 和 $y = \left(\frac{1}{2}\right)^x$ 的圖形。

■ **解**

一開始先建立 $y = 2^x$ 和 $y = \left(\frac{1}{2}\right)^x$ 的數值表：

x	−15	−10	−1	0	1	3	5	10	15
$y = 2^x$	0.00003	0.001	0.5	1	2	8	32	1,024	32,768
$y = \left(\frac{1}{2}\right)^x$	32,768	1,024	2	1	0.5	0.125	0.313	0.001	0.00003

由上表中的數值，可看出函數 $y = 2^x$ 和 $y = \left(\frac{1}{2}\right)^x$ 具有以下的特徵：

函數 $y = 2^x$	**函數 $y = \left(\frac{1}{2}\right)^x$**
永遠遞增	永遠遞減
$\lim_{x \to -\infty} 2^x = 0$	$\lim_{x \to -\infty} \left(\frac{1}{2}\right)^x = +\infty$
$\lim_{x \to +\infty} 2^x = +\infty$	$\lim_{x \to +\infty} \left(\frac{1}{2}\right)^x = 0$

利用這些資料，可以畫出如圖 4.2 所示的圖形。注意到兩個圖形的 y 截距都在座標點 (0, 1)，x 軸都是水平漸近線，而且對所有的 x，圖形均為凹向上。此外，這兩個函數圖形對稱於 y 軸，習題 39 將驗證這個觀察。

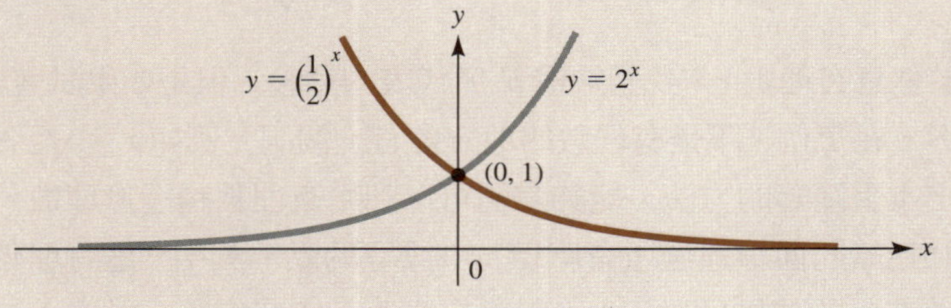

圖 4.2 $y = 2^x$ 和 $y = \left(\frac{1}{2}\right)^x$ 的圖形。

圖 4.3 顯示一群指數函數 $y = b^x$ 的圖形。注意，任何一個形式為 $y = b^x$ 的函數的圖形，若 $b > 1$，會類似於 $y = 2^x$ 的圖形；若 $0 < b < 1$，會類似於 $y = \left(\frac{1}{2}\right)^x$ 的圖形；在 $b = 1$ 的特殊情況下，函數 $y = b^x$ 即為常數函數 $y = 1$。

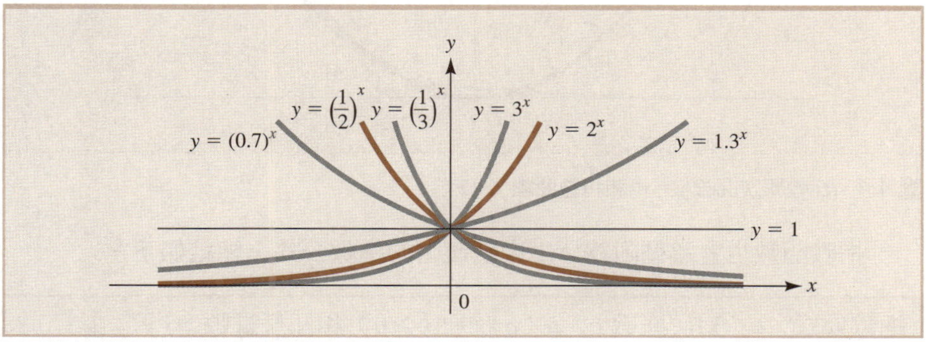

圖 4.3　指數形式 $y = b^x$ 的圖形。

指數函數的重要圖形和分析性質總結如下：

指數函數的性質 ■　指數函數 $f(x) = b^x$ 具有下列性質，其中 $b > 0$，$b \neq 1$：

1. 對所有的 x，指數函數皆有定義、連續且為正值（$b^x > 0$）。
2. x 軸是 f 的圖形的水平漸近線。
3. 圖形的 y 截距是 $(0, 1)$；沒有 x 截距。
4. 若 $b > 1$，則 $\lim_{x \to -\infty} b^x = 0$ 和 $\lim_{x \to +\infty} b^x = +\infty$。

   若 $0 < b < 1$，則 $\lim_{x \to -\infty} b^x = +\infty$ 和 $\lim_{x \to +\infty} b^x = 0$。
5. 對所有的 x，若 $b > 1$，則函數為遞增（圖形上升），若 $0 < b < 1$，則函數為遞減（圖形下降）。

注意　學生通常很容易搞混冪次函數 $p(x) = x^b$ 和指數函數 $f(x) = b^x$。記住，在 x^b 中，變數 x 為底數、指數 b 是常數；而在 b^x 中，底數 b 為常數、變數 x 是指數。$y = x^2$ 和 $y = 2^x$ 的圖形如圖 4.4 所示。注意，在交點 $(4, 16)$ 之後，指數曲線 $y = 2^x$ 上升的比冪次曲線 $y = x^2$ 更快。例如，當 $x = 10$ 時，冪次曲線的 y 值為 $y = 10^2 = 100$，而指數曲線的 y 值為 $y = 2^{10} = 1,024$。■

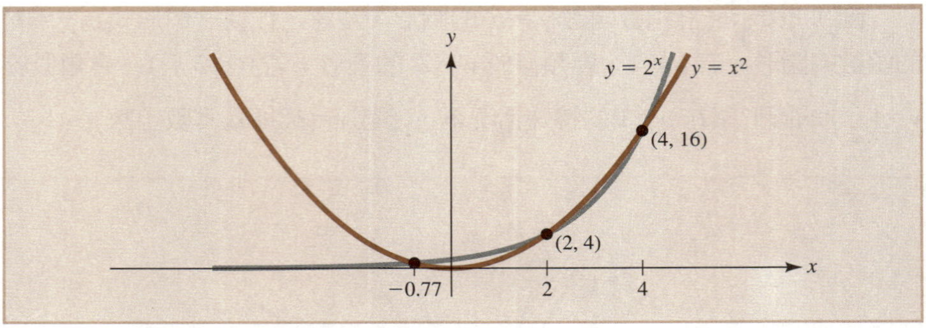

圖 4.4 比較冪次曲線 $y=x^2$ 和指數曲線 $y=2^x$。

指數函數也會遵循附錄 A.1 中所複習的指數公式，總結如下。

指數公式 ■ 對於底數 a、b（$a>0$，$b>0$）和任意實數 x、y：

等式公式：對於所有的 $b\neq 1$，$b^x=b^y$ 若且唯若 $x=y$

積的公式：$b^xb^y=b^{x+y}$

商的公式：$\dfrac{b^x}{b^y}=b^{x-y}$

冪次公式：$(b^x)^y=b^{xy}$

倍數公式：$(ab)^x=a^xb^x$

除式公式：$\left(\dfrac{a}{b}\right)^x=\dfrac{a^x}{b^x}$

例題 4.1.2 計算指數式之值

求出下列指數式的值：

a. $(3)^2(3)^3$ **b.** $(2^3)^2$ **c.** $(5^{1/3})(2^{1/3})$ **d.** $\dfrac{2^3}{2^5}$ **e.** $\left(\dfrac{4}{7}\right)^3$

■ **解**

a. $(3)^2(3)^3=3^{2+3}=3^5=243$

b. $(2^3)^2=2^{(3)(2)}=2^6=64$

c. $(5^{1/3})(2^{1/3})=[(5)(2)]^{1/3}=10^{1/3}=\sqrt[3]{10}$

d. $\dfrac{2^3}{2^5}=2^{3-5}=2^{-2}=\dfrac{1}{4}$

e. $\left(\dfrac{4}{7}\right)^3=\dfrac{4^3}{7^3}=\dfrac{64}{343}$

例題 4.1.3 求解指數方程式

若 $f(x)=5^{x^2+2x}$，求出所有滿足 $f(x)=125$ 的 x 值。

■ **解**

要滿足方程式 $f(x) = 125 = 5^3$，若且唯若

$$\begin{aligned} 5^{x^2+2x} &= 5^3 && \text{只有當 } x = y \text{ 時，} b^x = b^y \\ x^2 + 2x &= 3 \\ x^2 + 2x - 3 &= 0 && \text{因式分解} \\ (x-1)(x+3) &= 0 \\ x = 1,\ x &= -3 \end{aligned}$$

因此，$f(x) = 125$，若且唯若 $x = 1$ 或 $x = -3$。

自然底數 e

代數上經常會使用底數 $b = 10$ 或 $b = 2$，但在微積分上，則是使用一個寫成 e 的數字較為方便，而 e 之定義為極限

$$e = \lim_{n \to +\infty} \left(1 + \frac{1}{n}\right)^n$$

你可能會認為這個極限一定是 1，因為當 n 無止盡地增加時，$1 + \frac{1}{n}$ 會趨近於 1，而對於所有的 n，$1^n = 1$。但是事實並非如此，由下表可得知極限並非如此：

n	10	100	1,000	10,000	100,000	1,000,000
$\left(1 + \frac{1}{n}\right)^n$	2.59374	2.70481	2.71692	2.71815	2.71827	2.71828

e 是數學上最重要的數值之一，其值已被非常精確地計算出來，以下是其到小數點後第 12 位之值：

$$e = \lim_{n \to +\infty} \left(1 + \frac{1}{n}\right)^n = 2.718281828459\ldots$$

函數 $y = e^x$ 稱為**自然指數函數 (natural exponential function)**。對一個特定的數 N，要計算 e^N 的值，可以利用指數的數值表，或是使用計算機的「e^X」功能鍵。例如，要求 $e^{1.217}$ 的值，先按下 e^X 鍵，然後輸入數字 1.217，可得到 $e^{1.217} \approx 3.37704$。

例題 4.1.4　計算指數需求函數

莉媞亞是某小型家電製造公司的經理，她估計當生產某種電器 x 單位時，可以每單位 p 元的價格售出，其中 $p(x) = 200e^{-0.01x}$。當生產該電器 100 單位時，她會預期營收是多少？

■ **解**

由乘積（價格／單位）（售出的單位數量）可得到營收，亦即

$$R(x) = p(x)x = (200e^{-0.01x})x = 200xe^{-0.01x}$$

使用計算機，可以得知生產 $x = 100$ 單位所獲得的營收為

$$R(100) = 200(100)e^{-0.01(100)} \approx 7{,}357.59$$

大約是 7,357.59 元。

例題 4.1.5　計算指數人口函數

生物學家發現細菌培養的數量為

$$P(t) = 5{,}000e^{0.015t}$$

其中 t 是開始觀察之後經過的分鐘數。在第二個小時內，細菌數量的平均變化率為何？

■ **解**

在第二個小時內（即從 $t = 60$ 到 $t = 120$），細菌數量的變化為 $P(120) - P(60)$，所以在這段期間的平均變化率為

$$\begin{aligned} A &= \frac{P(120) - P(60)}{120 - 60} \\ &= \frac{[5{,}000e^{0.015(120)}] - [5{,}000e^{0.015(60)}]}{60} \\ &= \frac{30{,}248 - 12{,}298}{60} \\ &\approx 299 \end{aligned}$$

因此，在第二個小時內，細菌數量的平均增加率約為每分鐘增加 299 個。

連續複利

e 稱為「自然底數」，但是對你而言，它可能一點都不「自然」。我們以它來描述會計實務中的連續複利，以說明這個數字在實際情況中的作用。

首先複習複利的基本概念。假設投資一筆資金，並且只複利一次。若 P 為原始投資金額（本金），r 為利率，則加上利息之後的餘額 B 為

$$B = P + Pr = P(1 + r) \quad 元$$

也就是說，你可以把一開始時的餘額乘以 $1 + r$，得到在計息期間結束時的餘額。

大多數銀行的複利一年會計息超過一次。在一段計息期間加入帳戶的利息，其在下一段計息期間也會產生利息。若年利率為 r 且每年計息 k 次，則每年會被分成 k 個相等複利期間，在每個期間的利率為 r/k。因此，在第一個期間結束時的餘額為

$$P_1 = \underbrace{P}_{\text{本金}} + \underbrace{P\left(\frac{r}{k}\right)}_{\text{利息}} = P\left(1 + \frac{r}{k}\right)$$

第二個期間結束時的餘額為

$$\begin{aligned} P_2 &= P_1 + P_1\left(\frac{r}{k}\right) = P_1\left(1 + \frac{r}{k}\right) \\ &= \left[P\left(1 + \frac{r}{k}\right)\right]\left(1 + \frac{r}{k}\right) = P\left(1 + \frac{r}{k}\right)^2 \end{aligned}$$

一般而言，第 m 個期間結束時的餘額為

$$P_m = P\left(1 + \frac{r}{k}\right)^m$$

因為在一年中有 k 個期間，所以一年後的餘額為

$$P\left(1 + \frac{r}{k}\right)^k$$

在 t 年後，總共計息 kt 次，所以餘額是

$$B(t) = P\left(1 + \frac{r}{k}\right)^{kt}$$

也稱為投資的**未來價值 (future value)**。

當複利計息的頻率增加時，對應的餘額 $B(t)$ 也會增加。因此，複利計息較為頻繁的銀行，會比提供相同利率但計息次數較少的銀行更加吸引顧客。但是如果無止境地增加計息頻率，t 年後的餘額 $B(t)$ 會有什麼變化呢？更具體地說，若不是每年、不是每月、也不是每天複利，而是連續地複利，則在 t 年後的餘額 $B(t)$ 會是多少呢？若以數學式表示，這個問題等於是問當 k 無限制地增加，對 $P\left(1 + \frac{r}{k}\right)^{kt}$ 會有什麼影響？答案與 e 有關，如以下的說明。

為了簡化計算，令 $n = \frac{k}{r}$，所以 $k = nr$，因此

$$P\left(1 + \frac{r}{k}\right)^{kt} = P\left(1 + \frac{1}{n}\right)^{nrt} = P\left[\left(1 + \frac{1}{n}\right)^n\right]^{rt}$$

因為 n 和 k 一樣，會無止境地增加，而且當 n 無止境地增加時，$\left(1+\frac{1}{n}\right)^n$ 會趨近於 e，所以在 t 年後的餘額為

$$B(t)=\lim_{k\to+\infty}P\left(1+\frac{r}{k}\right)^{kt}=P\left[\lim_{n\to+\infty}\left(1+\frac{1}{n}\right)^n\right]^{rt}=Pe^{rt}$$

總結如下：

投資的未來價值 ■ 假設欲投資本金 P 元以累積**未來價值 (future value)** $B(t)$，若年利率在 t 年期間是 r，且每年複利計息 k 次，則

$$B(t)=P\left(1+\frac{r}{k}\right)^{kt}$$

且若以連續複利計息，則

$$B(t)=Pe^{rt}$$

例題 4.1.6 計算未來價值

假設投資 1,000 元 10 年，年利率為 6%，若以下列週期複利計息，則此投資的未來價值為何？

a. 每季 **b.** 每月 **c.** 每天 **d.** 連續複利

■ **解**

a. 若每季複利，使用公式 $B(t)=P\left(1+\frac{r}{k}\right)^{kt}$ 以計算 10 年後的餘額，其中 $t=10$，$P=1,000$，$r=0.06$ 和 $k=4$：

$$B(10)=1,000\left(1+\frac{0.06}{4}\right)^{40}\approx\$1,814.02$$

b. 此時取 $t=10$，$P=1,000$，$r=0.06$ 和 $k=12$，可得到

$$B(10)=1,000\left(1+\frac{0.06}{12}\right)^{120}\approx\$1,819.40$$

c. 取 $t=10$，$P=1,000$，$r=0.06$ 和 $k=365$，可得到

$$B(10)=1,000\left(1+\frac{0.06}{365}\right)^{3,650}\approx\$1,822.03$$

d. 連續複利時可以使用公式 $B(t)=Pe^{rt}$，其中 $t=10$，$P=1,000$，$r=0.06$：

$$B(10)=1,000e^{0.6}\approx\$1,822.12$$

此值 1,822.12 元是可能餘額的上限。無論複利計息多麼頻繁，以年利率 6% 投資的 1,000 元，不可能在 10 年內超過 1,822.12 元。

現值

有時候我們會想知道，在固定的複利利率下，希望在經過一段給定的時間 T，得到累積（未來）價值 B，則現在投資的金額 P 應該是多少？投資金額 P 稱為在 T 年後得到 B 元的**現值 (present value)**。現值可以視為一項投資的目前價值，經濟學家經常利用現值來比較不同的可能投資。

要推導現值的公式，只需要求解適當的未來價值式以得到 P。例如，若投資期間是 T 年，年利率是 r，並且每年以複利計息 k 次，則

$$B = P\left(1 + \frac{r}{k}\right)^{kT}$$

將等式的兩邊同乘以 $\left(1 + \frac{r}{k}\right)^{-kT}$，可得到在 T 年後 B 元的現值

$$P = B\left(1 + \frac{r}{k}\right)^{-kT}$$

同樣地，如果是連續複利，則

$$B = Pe^{rT}$$

現值為

$$P = Be^{-rT}$$

總結如下：

> **投資的現值** ■ 若年利率為 r，每年複利計息 k 次，在 T 年後可得到 B 元的投資之現值 $P(t)$ 之公式為
>
> $$P(T) = B\left(1 + \frac{r}{k}\right)^{-kT}$$
>
> 假如年利率 r 相同，在同樣的 T 年期間以連續複利計息，則現值為
>
> $$P(T) = Be^{-rT}$$

即時複習

若 $C \neq 0$，欲求解方程式

$$A = PC$$

中的 P，可將等式兩邊同乘以

$$\frac{1}{C} = C^{-1}$$

以得到

$$P = AC^{-1}$$

例題 4.1.7 求出現值

菲正要上大學，她計畫在 4 年後畢業時去歐洲旅行，估計要花費 5,000 元。若年利率是 7%，以下列週期複利計息，則她現在必須要投資多少錢，才有足夠的錢可以去旅行？

a. 每季 **b.** 連續複利

■ **解**

$T = 4$ 年後所需要的未來價值為 $B = 5{,}000$ 元，$r = 0.07$。

a. 假如每季複利計息，則 $k = 4$，現值為

$$P = 5{,}000\left(1 + \frac{0.07}{4}\right)^{-4(4)} = \$3{,}788.08$$

b. 若連續複利計息，則現值為

$$P = 5{,}000e^{-0.07(4)} = \$3{,}778.92$$

因此，若每季複利計息，則菲必須比連續複利計息多投資 9 元。

實際利率

下列何者較好？是每季複利 10%，或是每月複利 9.95%，還是連續複利 9.9%？回答此問題的方法之一是求出與每項投資等值的簡單年利率，這就是所謂的**實際利率 (effective interest rate)**，由複利公式可以很容易地得到。

假設年利率是 r，每年複利計息 k 次，這個利率稱為**名目利率 (nominal rate of interest)**，則一年結束後的餘額為

$$A = P(1 + i)^k \text{，其中 } i = \frac{r}{k}$$

另一方面，如果 x 是實際利率，則一年結束後的餘額為 $A = P(1 + x)$。令這兩個式子相等，可得到

$$P(1 + i)^k = P(1 + x) \quad \text{或} \quad x = (1 + i)^k - 1$$

若為連續複利，則

$$Pe^r = P(1 + x) \quad \text{所以} \quad x = e^r - 1$$

總結如下：

實際利率的公式 ■ 若名目利率為 r，以連續複利計息，則實際利率是指在一年後會產生相同利息的簡單年利率 r_e。若每年複利計息 k 次，則實際利率的公式為

$$r_e = (1 + i)^k - 1\text{，其中 } i = \frac{r}{k}$$

若為連續複利，則

$$r_e = e^r - 1$$

例題 4.1.8 回答本小節前言中所提出的問題。

例題 4.1.8　比較三種投資

下列何者較好？是每季複利 10%，或是每月複利 9.95%，還是連續複利 9.9% ？

■ 解

我們藉由比較三種投資的實際利率來回答這個問題。第一種投資的名目利率為 10% 且每季複利，因此 $r = 0.10$，$k = 4$，以及

$$i = \frac{r}{k} = \frac{0.10}{4} = 0.025$$

代入實際利率的公式，得到

$$\textbf{第一個實際利率} = (1 + 0.025)^4 - 1 = 0.10381$$

第二種投資的名目利率為 9.95% 且每月複利，因此 $r = 0.0995$，$k = 12$，以及

$$i = \frac{r}{k} = \frac{0.0995}{12} = 0.008292$$

可以得到

$$\textbf{第二個實際利率} = (1 + 0.008292)^{12} - 1 = 0.10417$$

最後，如果名目利率為 9.9% 且連續複利，則 $r = 0.099$，且實際利率為

$$\textbf{第三個實際利率} = e^{0.099} - 1 = 0.10407$$

實際利率分別是 10.38%、10.42% 及 10.41%，所以第二種投資較好。

習題 ■ 4.1

1. 使用計算機，計算 e 的指定次方（四捨五入至小數點後第三位）。

$$e^2, e^{-2}, e^{0.05}, e^{-0.05}, e^0, e, \sqrt{e}, \frac{1}{\sqrt{e}}$$

2. 在同一個座標平面上描繪曲線 $y = 3^x$ 和 $y = 4^x$ 的圖形。

第 3 題到第 6 題，計算下列各式。

3. a. $27^{2/3}$ b. $\left(\frac{1}{9}\right)^{3/2}$

4. a. $8^{2/3} + 16^{3/4}$ b. $\left(\frac{27+36}{121}\right)^{3/2}$

5. a. $(3^3)(3^{-2})$ b. $(4^{2/3})(2^{2/3})$

6. a. $(3^2)^{5/2}$ b. $(e^2e^{3/2})^{4/3}$

第 7 題到第 9 題，運用指數的性質來化簡下列各式。

7. a. $(27x^6)^{2/3}$ b. $(8x^2y^3)^{1/3}$

8. a. $\frac{(x+y)^0}{(x^2y^3)^{1/6}}$ b. $(x^{1.1}y^2)(x^2+y^3)^0$

9. a. $(t^{5/6})^{-6/5}$ b. $(t^{-3/2})^{-2/3}$

第 10 題到第 14 題，求出所有滿足給定方程式的實數 x。

10. $4^{2x-1} = 16$
11. $2^{3-x} = 4^x$
12. $(2.14)^{x-1} = (2.14)^{1-x}$
13. $10^{x^2-1} = 10^3$
14. $\left(\frac{1}{8}\right)^{x-1} = 2^{3-2x^2}$

第 15 題和第 16 題，使用繪圖計算機，描繪給定指數函數的圖形。

15. $y = 3^{1-x}$
16. $y = 4 - e^{-x}$
17. 求出使得 (2, 12) 和 (3, 24) 落在曲線 $y = Cb^x$ 上的常數 C 和 b 之值。
18. 假設投資 1,000 元，年利率為 7%，分別以下列週期計算複利，10 年後的未來價值分別為多少元？
   a. 每年
   b. 每季
   c. 每月
   d. 連續複利
19. 假設年利率為 7%，分別以下列週期計算複利，則 5 年後的 10,000 元之現值是多少元？
   a. 每年
   b. 每季
   c. 每日（假設每年有 365 日）
   d. 連續複利

第 20 題到第 22 題，求出給定投資的實際利率 r_e。

20. 年利率 6%，每季複利。
21. 年利率 8%，每日複利（取 $k = 365$）。
22. 名目年利率 5%，連續複利。

商業與經濟應用問題

23. **需求** 製造商估計，當生產某產品 x 單位時，市場價格 p（元／單位）是需求函數

$$p = 300e^{-0.02x}$$

   a. 當生產 $x = 100$ 單位時，對應的市場價格為何？
   b. 當生產該產品 100 單位時，可以獲得多少營收？
   c. 相較於生產 $x = 50$ 單位，當生產 $x = 100$ 單位時，收入會增加（或減少）多少？
24. **需求** 製造商估計，當生產某產品 x 單位時，市場價格 p（元／單位）是需求函數

$$p = 7 + 50e^{-x/200}$$

   a. 當生產 $x = 0$ 單位時，對應的市場價格為何？
   b. 當生產該產品 200 單位時，可以獲得多少營收？
   c. 相較於生產 $x = 50$ 單位，當生產 $x = 100$ 單位時，收入會增加（或減少）多少？

25. 投資排名 將下列名目利率根據實際利率由最低至最高排序：

a. 7.9%，每半年複利。

b. 7.8%，每季複利。

c. 7.7%，每月複利。

d. 7.65%，連續複利。

26. 投資排名 將下列名目利率根據實際利率由最低至最高排序：

a. 4.87%，每季複利。

b. 4.85%，每月複利。

c. 4.81%，每日（365 天）複利。

d. 4.79%，連續複利。

27. 通貨膨脹的影響 萊爾以 500 元購入一枚稀有的郵票，若通貨膨脹率為每年 4%，則他在 5 年後出售該郵票時，售價應訂為多少，才能達到損益平衡？

28. 通貨膨脹的影響 假設在通貨快速膨脹的 10 年期間，根據估計，物價膨脹率為每年 5%。若某種產品在此期間開始時的價格為 3 元，則 10 年後，你預期該產品的價格為何？

29. 廣告 靜妃是某大公司的行銷經理，她估計在某新產品的廣告活動結束 t 天後，銷售量將是 $S(t)$ 單位，其中

$$S(t) = 4{,}000e^{-0.015t}$$

a. 廣告結束時，售出多少單位？

b. 靜妃應預期廣告結束後 30 天後，她的公司售出多少單位？60 天後呢？

c. 在廣告結束後的三個月（90 天）期間，該產品銷售量的平均變化率為何？

30. 供應 當某產品的價格為每單位 x 元時，製造商將供應 $S(x) = 300e^{0.03x} - 310$ 單位。

a. 當價格為每單位 10 元時，製造商將供應多少單位？

b. 相較於每單位 80 元，當價格為每單位 100 元時，製造商會多供應多少單位？

生命與社會科學應用問題

31. 數量成長 細菌的數量 $P(t)$ 以每天 3.1% 的速率成長。若一開始時細菌的數量是 10,000，則 10 天後的細菌數量為何？（提示：將此題視為複利問題。）

32. 人口成長 根據預測，從現在起 t 年後，某國的人口數將是 $P(t) = 50e^{0.02t}$ 百萬人。

a. 現在的人口數是多少？

b. 從現在起 30 年後的人口數是多少？

33. 人口成長 根據估計，從 2005 年起 t 年後，某國的人口數將是 $P(t)$ 百萬人，其中

$$P(t) = 2 \cdot 5^{0.018t}$$

a. 2005 年的人口數是多少？

b. 2015 年的人口數是多少？

34. 藥物濃度 患者注射藥物 t 小時後，其血液中的藥物濃度為

$$C(t) = 3 \times 2^{-0.75t} \text{ mg/ml}$$

a. 當 $t = 0$ 時，藥物濃度為何？1 小時後，藥物濃度又為何？

b. 在第二個小時內，藥物濃度的平均變化率為何？

35. 藥物濃度 患者注射藥物 t 小時後，其血液中的藥物濃度為 $C(t) = Ae^{-0.87t}$ mg/ml，其中 A 為常數。1 小時後的藥物濃度為 4 mg/ml。

a. A 為多少？

b. 藥物的初始濃度為何（$t = 0$）？2 小時後的藥物濃度為何？

c. 在前兩個小時內，藥物濃度的平均變化率為何？

36. 細菌生長 根據某種培養細菌的方式，在 t 分鐘後，細菌數量為 $P(t) = A \times 2^{0.001t}$，其中 A 為常數。10 分鐘後的細菌數量是 10,000。

a. A 為多少？

b. 初始時有多少細菌（$t = 0$）？20 分鐘後有多少細菌？1 小時後呢？

c. 在第二個小時內，細菌數量的平均變化率為何？

37. 藥物濃度 某種藥物在注射 t 分鐘後，器官裡的藥物濃度為

$$C(t) = 0.065(1 + e^{-0.025t}) \text{ g/cm}^3$$

a. 該藥物的初始濃度為何（$t = 0$）？

b. 注射 20 分鐘後，藥物濃度為何？1 小時後呢？

c. 在第 1 分鐘內，藥物濃度的平均變化率是多少？

d. 長期而言（$t \to \infty$），藥物濃度會有什麼變化？

e. 描繪 $C(t)$ 的圖形。

38. 人口成長　根據估計，從 1995 年起 t 年後，某國家的人口數將是 $P(t)$ 百萬人，其中

$$P(t) = Ae^{0.03t} - Be^{0.005t}$$

而 A 和 B 是常數。已知 1997 年的人口數是 1 億人，而 2010 年的人口是 2 億人。

a. 利用所給的資訊求出 A 和 B。

b. 1995 年的人口數是多少？

c. 2015 年的人口數將是多少？

其他問題

39. 兩圖形 $y = f(x)$ 和 $y = g(x)$ 互為彼此相對於 y 軸的鏡像，如果每當 (a, b) 是其中一個圖形上的點，則 $(-a, b)$ 是另一個圖形上的點，如下圖所示。利用這個準則，證明 $y = b^x$ 和 $y = \left(\frac{1}{b}\right)^x$ 的圖形互為彼此相對於 y 軸的鏡像，其中 $b > 0$ 且 $b \neq 1$。

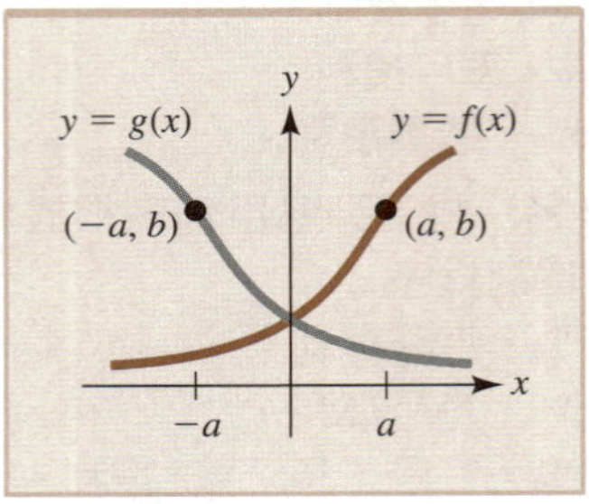

習題 39

40. $f(x) = \frac{1}{2}\left(\frac{1}{4}\right)^x$，完成下表。

x	−2.2	−1.5	0	1.5	2.3
$f(x)$					

4.2 節　對數函數

學習目標

1. 定義及探討對數函數及其性質。
2. 利用對數求解指數方程式。
3. 檢驗涉及對數的應用。

假設投資 1,000 元，以年利率 8% 連續複利，我們想知道需要多少時間，投資的金額才會變成原來的兩倍，即 2,000 元。根據 4.1 節的公式，t 年後投資金額將會變成 $1{,}000e^{0.08t}$，因此要求出投資金額變成兩倍的時間，必須求解下列函數中的 t 值

$$1{,}000e^{0.08t} = 2000$$

兩邊同除以 1,000，可得

$$e^{0.08t} = 2$$

例題 4.2.10 中將解答翻倍時間的問題，想求解這類指數方程式，需要用到對數，對數是把指數的過程逆轉過來。對數在許多應用中扮演相當重要的角色，例如，測量傳輸管道的容量，以及著名的用來測量地震強度的

芮氏規模。本節將討論對數函數的基本性質與一些應用，先從定義開始。

對數函數 ■ 若 x 為正數，則 x 對底數 b（$b > 0$，$b \neq 1$）的**對數 (logarithm)** 記為 $\log_b x$，它是使得 $b^y = x$ 的 y 值，亦即

對所有的 $x > 0$，　$y = \log_b x$　若且唯若　$b^y = x$

例題 4.2.1　計算對數

計算

a. $\log_{10} 1{,}000$　**b.** $\log_2 32$　**c.** $\log_5 \left(\frac{1}{125}\right)$

■ **解**

a. 因為 $10^3 = 1{,}000$，所以 $\log_{10} 1{,}000 = 3$。

b. 因為 $2^5 = 32$，所以 $\log_2 32 = 5$。

c. 因為 $5^{-3} = \frac{1}{125}$，所以 $\log_5 \frac{1}{125} = -3$。

例題 4.2.2　求解含有對數的方程式

求解下列方程式的 x：

a. $\log_4 x = \frac{1}{2}$　**b.** $\log_{64} 16 = x$　**c.** $\log_x 27 = 3$

■ **解**

a. 由定義可知，$\log_4 x = \frac{1}{2}$ 等同 $4^{1/2} = x$，所以 $x = 4^{1/2} = 2$。

b. $\log_{64} 16 = x$ 表示

$$64^x = 16$$
$$(2^6)^x = 2^4$$
$$2^{6x} = 2^4 \qquad \text{若 } b^m = b^n\text{，則 } m = n$$
$$6x = 4\text{，所以 } x = \frac{2}{3}$$

c. $\log_x 27 = 3$ 表示

$$x^3 = 27$$
$$x = (27)^{1/3} = 3$$

對數是在 17 世紀發明的計算工具，主要用途在於可以將含有積與商的數學式轉換成簡單很多、只含有和與差的數學式。以下是一些用來作這種

簡化的公式。

對數的公式 ■ 假設 b（$b>0$，$b \neq 1$）是任意對數的底數，則

$$\log_b 1 = 0 \quad 和 \quad \log_b b = 1$$

且若 u 和 v 為任意正數，可得

等式公式 $\log_b u = \log_b v$ 若且唯若 $u = v$

積的公式 $\log_b (uv) = \log_b u + \log_b v$

冪次公式 $\log_b u^r = r \log_b u$ 對任意實數 r

商的公式 $\log_b \left(\frac{u}{v}\right) = \log_b u - \log_b v$

反向公式 $\log_b b^u = u$

這些對數公式是依據指數公式而來，例如，

$$\log_b 1 = 0 \quad 因為\ b^0 = 1$$
$$\log_b b = 1 \quad 因為\ b^1 = b$$

欲證明等式公式，令

$$m = \log_b u \quad 且 \quad n = \log_b v$$

所以根據定義

$$b^m = u \quad 且 \quad b^n = v$$

因此，若

$$\log_b u = \log_b v$$

則 $m = n$，故

$$b^m = b^n \quad 指數的等式公式$$

亦即

$$u = v$$

如對數的等式公式所述。同樣地，欲證明積的公式，注意到

$$\begin{aligned} \log_b u + \log_b v &= m + n && 反向公式 \\ &= \log_b(b^{m+n}) && 指數的積的公式 \\ &= \log_b(b^m b^n) && 因為\ b^m = u\ 和\ b^n = v \\ &= \log_b(uv) \end{aligned}$$

冪次公式和商的公式留作練習（見習題 38）。表 4.1 呈現指數函數和對數函數的基本性質之對應關係。

表 4.1　指數與對數公式之比較

指數公式	對數公式
$b^x b^y = b^{x+y}$	$\log_b(xy) = \log_b x + \log_b y$
$\dfrac{b^x}{b^y} = b^{x-y}$	$\log_b\left(\dfrac{x}{y}\right) = \log_b x - \log_b y$
$b^{xp} = (b^x)^p$	$\log_b x^p = p \log_b x$

例題 4.2.3　應用對數公式

使用對數公式改寫下列各式，將其以 $\log_5 2$ 和 $\log_5 3$ 表示。

a. $\log_5\left(\dfrac{5}{3}\right)$　　**b.** $\log_5 8$　　**c.** $\log_5 36$

■ 解

a. $\log_5\left(\dfrac{5}{3}\right) = \log_5 5 - \log_5 3$　　使用商的公式

$= 1 - \log_5 3$　　因為 $\log_5 5 = 1$

b. $\log_5 8 = \log_5 2^3 = 3 \log_5 2$　　使用冪次公式

c. $\log_5 36 = \log_5 (2^2 3^2)$　　使用積的公式

$= \log_5 2^2 + \log_5 3^2$　　使用冪次公式

$= 2 \log_5 2 + 2 \log_5 3$

例題 4.2.4　應用對數公式

使用對數公式，展開下列各式。

a. $\log_3 (x^3 y^{-4})$　　**b.** $\log_2\left(\dfrac{y^5}{x^2}\right)$　　**c.** $\log_7(x^3\sqrt{1-y^2})$

■ 解

a. $\log_3(x^3y^{-4}) = \log_3 x^3 + \log_3 y^{-4}$　　積的公式

$= 3 \log_3 x + (-4) \log_3 y$　　冪次公式

$= 3 \log_3 x - 4 \log_3 y$

b. $\log_2\left(\dfrac{y^5}{x^2}\right) = \log_2 y^5 - \log_2 x^2$　　商的公式

$= 5 \log_2 y - 2 \log_2 x$　　冪次公式

c. $\log_7(x^3\sqrt{1-y^2}) = \log_7[x^3(1-y^2)^{1/2}]$　　使用積的公式

$= \log_7 x^3 + \log_7(1-y^2)^{1/2}$　　使用冪次公式

$= 3 \log_7 x + \dfrac{1}{2} \log_7(1-y^2)$　　因式分解 $1-y^2$

$= 3 \log_7 x + \dfrac{1}{2} \log_7[(1-y)(1+y)]$　　使用積的公式

$$= 3\log_7 x + \frac{1}{2}[\log_7(1-y) + \log_7(1+y)] \quad \text{將}\frac{1}{2}\text{乘入括號內}$$

$$= 3\log_7 x + \frac{1}{2}\log_7(1-y) + \frac{1}{2}\log_7(1+y)$$

對數函數的圖形

有一種簡單的方法，可以由指數函數 $y = b^x$ 的圖形得到對數函數 $y = \log_b x$ 的圖形。這個想法是因為 $y = \log_b x$ 相當於 $x = b^y$，所以當 x 和 y 互換時，$y = \log_b x$ 的圖形會等於 $y = b^x$ 的圖形，亦即，若座標點 (u, v) 在曲線 $y = \log_b x$ 上，則 $v = \log_b u$，相當於 $u = b^v$，這表示座標點 (v, u) 在 $y = b^x$ 的圖形上。如圖 4.5a 所示，座標點 (u, v) 和 (v, u) 在直線 $y = x$ 兩側互為鏡像（習題 39）。因此，簡單地將 $y = b^x$ 的圖形對直線 $y = x$ 作鏡射，即可得到 $y = \log_b x$ 的圖形，如圖 4.5b 所示，其中 $b > 1$。總結如下：

$y = \log_b x$ 和 $y = b^x$ 的圖形之關係 ■ $y = \log_b x$ 和 $y = b^x$ 的圖形在直線 $y = x$ 兩側互為鏡像，所以將 $y = b^x$ 的圖形對直線 $y = x$ 作鏡射，可以得到 $y = \log_b x$ 的圖形。

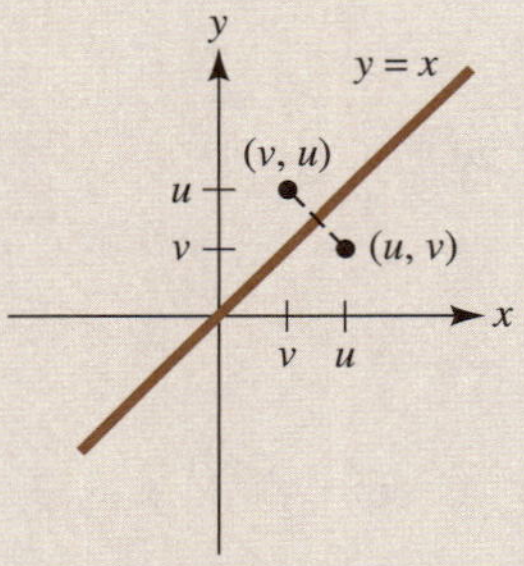

(a) 點 (v, u) 是點 (u, v) 相對於 $y = x$ 的鏡像。

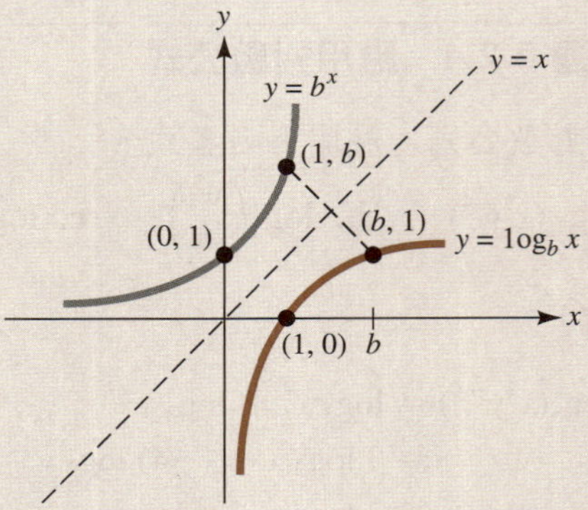

(b) $y = \log_b x$ 和 $y = b^x$ 的圖形互為相對於直線 $y = x$ 的反射。

圖 4.5 當 $b > 1$ 時，將 $y = b^x$ 的圖形對直線 $y = x$ 作鏡射，可以得到 $y = \log_b x$ 的圖形。

圖 4.5b 顯示了對數函數 $f(x) = \log_b x$ 在 $b > 1$ 時的一些重要性質，以下列出這些性質，以及當 $0 < b < 1$ 時的類似性質。

對數函數的性質 ■ 對數函數 $f(x) = \log_b x$（$b > 0$，$b \neq 1$）具有下列性質：

1. 對所有的 $x>0$，$f(x)$ 皆有定義且為連續。
2. y 軸為其垂直漸近線。
3. x 軸的截距是 $(1, 0)$；y 軸沒有截距。
4. 若 $b>1$，則 $\lim\limits_{x\to 0^+} \log_b x = -\infty$ 且 $\lim\limits_{x\to +\infty} \log_b x = +\infty$。
   若 $0<b<1$，則 $\lim\limits_{x\to 0^+} \log_b x = +\infty$ 且 $\lim\limits_{x\to +\infty} \log_b x = -\infty$。
5. 對所有的 $x>0$，若 $b>1$，則函數遞增（圖形上升）；若 $0<b<1$，則函數遞減（圖形下降）。

自然對數

在微積分中，最常用到的對數底數是 e。此時，對數 $\log_e x$ 稱為 x 的**自然對數 (natural logarithm)**，表示為 $\ln x$，當 $x>0$ 時，

$$y = \ln x \qquad \text{若且唯若} \qquad e^y = x$$

自然對數的圖形如圖 4.6 所示。

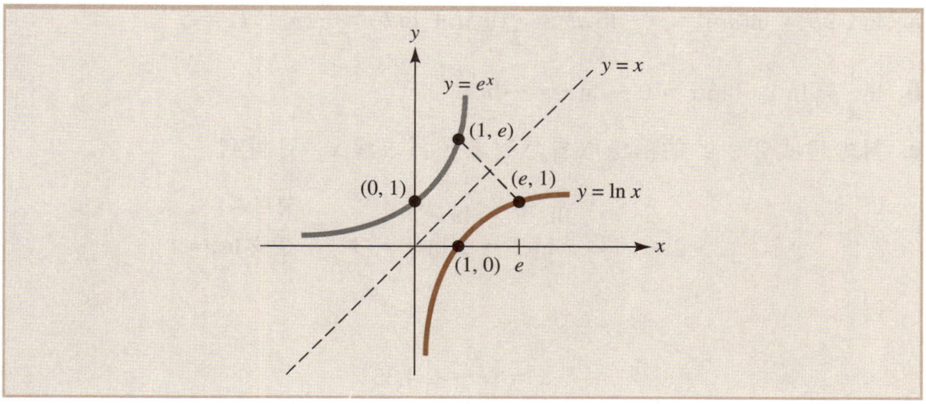

圖 4.6　$y = \ln x$ 的圖形。

要計算某數 $a>0$ 的 $\ln a$ 值，可以使用計算機上的 **LN** 鍵，例如，要計算 $\ln(2.714)$，先按 **LN** 鍵，再輸入數字 2.714，以得到

$$\ln(2.714) = 0.9984 \qquad \text{（至小數點後第四位）}$$

例題 4.2.5 是自然對數的計算範例。

例題 4.2.5　計算自然對數

計算

a. $\ln e$　　**b.** $\ln 1$　　**c.** $\ln\sqrt{e}$　　**d.** $\ln 2$

即時複習

記住任何底數的對數都只有在輸入是正數時才有定義，所以如 ln(–3) 的數量是沒有意義的。

■ **解**

a. 根據定義，$\ln e$ 是唯一使得 $e = e^c$ 的數 c。很明顯地，這個數是 $c = 1$，因此 $\ln e = 1$。

b. $\ln 1$ 是唯一使得 $1 = e^c$ 的數 c。因為 $e^0 = 1$，所以 $\ln 1 = 0$。

c. $\ln\sqrt{e} = \ln e^{1/2}$ 是唯一使得 $e^{1/2} = e^c$ 的數 c；亦即 $c = \frac{1}{2}$，故 $\ln\sqrt{e} = \frac{1}{2}$。

d. $\ln 2$ 是唯一使得 $2 = e^c$ 的數 c，其值無法直接看出，必須使用計算機求得 $\ln 2 \approx 0.69315$。

例題 4.2.6 應用自然對數的性質

a. 若 $\ln a = 3$ 和 $\ln b = 7$，求出 $\ln\sqrt{ab}$。

b. 證明 $\ln\frac{1}{x} = -\ln x$。

c. 若 $2^x = e^3$，求出 x。

■ **解**

a. $\ln\sqrt{ab} = \ln(ab)^{1/2} = \frac{1}{2}\ln ab = \frac{1}{2}(\ln a + \ln b) = \frac{1}{2}(3 + 7) = 5$

b. $\ln\frac{1}{x} = \ln 1 - \ln x = 0 - \ln x = -\ln x$

c. 對方程式 $2^x = e^3$ 的兩邊取自然對數，再求解 x，可得到

$$\ln 2^x = \ln e^3 \qquad \text{使用冪次公式}$$
$$x \ln 2 = 3 \ln e = 3 \qquad \text{因為 } \ln e = 1$$

因此，

$$x = \frac{3}{\ln 2} \approx 4.33$$

若函數 f 和 g 具有 $f(g(x)) = x$ 和 $g(f(x)) = x$ 的性質，只要兩個合成函數皆有定義，則稱 f 和 g 互為對方的**反函數 (inverse)**。這種反向關係存在於指數函數和對數函數之間。例如，我們已知

$$\ln e^x = x \ln e = x(1) = x \quad \text{對所有的 } x$$

同樣地，對所有的 $x > 0$，若 $y = e^{\ln x}$，則根據定義，$\ln y = \ln x$，所以 $y = x$；亦即

$$e^{\ln x} = y = x$$

這個自然指數和對數函數之間的反函數關係特別有用，總結如下，而例題 4.2.7 為其應用。

e^x 和 $\ln x$ 之間的反函數關係

$$e^{\ln x} = x \quad \text{對 } x > 0$$

$$\ln e^x = x \quad \text{對所有的 } x$$

例題 4.2.7　求解指數方程式與對數方程式

求解下列各方程式中的 x：

a. $3 = e^{20x}$　　**b.** $2 \ln x = 1$

解

a. 對方程式的兩邊取自然對數，得到

$$\ln 3 = \ln e^{20x} \quad \text{或} \quad \ln 3 = 20x$$

求解 x，並使用計算機求 $\ln 3$：

$$x = \frac{\ln 3}{20} \approx \frac{1.0986}{20} \approx 0.0549$$

b. 先將方程式兩邊同除以 2，使得等號左邊僅有 $\ln x$：

$$\ln x = \frac{1}{2}$$

對方程式的兩邊取自然指數，得到

$$e^{\ln x} = e^{1/2} \quad \text{或} \quad x = e^{1/2} = \sqrt{e} \approx 1.6487$$

例題 4.2.8 說明，如何使用對數求出符合某些特定資訊的指數函數。

例題 4.2.8　寫出指數人口函數

距離某城市中心 x 英哩處的人口密度函數為 $Q(x) = Ae^{-kx}$。若已知該城市中心的人口密度為每平方英哩 15,000 人，而距離中心 10 英哩處的人口密度為每平方英哩 9,000 人，求出此函數。

解

為了簡單起見，我們以每平方英哩 1,000 人為單位來表示密度。由 $Q(0) = 15$ 得知 $A = 15$。由 $Q(10) = 9$ 得知

$$9 = 15e^{-10k} \quad \text{所以} \quad \frac{3}{5} = e^{-10k}$$

對方程式的兩邊取對數，得到

$$\ln\frac{3}{5} = -10k \quad \text{所以} \quad k = -\frac{\ln 3/5}{10} \approx 0.051$$

因此，人口密度的指數函數為 $Q(x) = 15e^{-0.051x}$。

你已經知道如何使用 **LN** 鍵計算自然對數，而且大多數計算機也有 **LOG** 鍵以計算底數為 10 的對數，但是要如何計算其他底數不是 e 或 10 的對數呢？例如，若要計算對數 $c = \log_b a$，可利用

$$\begin{aligned} c &= \log_b a && \text{對數的定義} \\ b^c &= a && \text{兩邊同取自然對數} \\ \ln b^c &= \ln a && \text{使用冪次公式} \\ c \ln b &= \ln a \\ c &= \frac{\ln a}{\ln b} \end{aligned}$$

因此，對數 $\log_b a$ 可以藉由計算兩個自然對數 $\ln a$ 和 $\ln b$ 的比值求解，總結如下：

對數的轉換公式 ■ 若 a 和 b 為正數，其中 $b \neq 1$，則

$$\log_b a = \frac{\ln a}{\ln b}$$

例題 4.2.9 應用對數轉換公式

求出 $\log_5 3.172$。

■ 解

使用轉換公式，可得到

$$\log_5 3.172 = \frac{\ln 3.172}{\ln 5} \approx \frac{1.1544}{1.6094} \approx 0.7172$$

複利應用

在本節一開始的前言段落中，曾問過需要經過多少時間，某種投資的價值才會變成兩倍，這個問題將在例題 4.2.10 中解答。

例題 4.2.10 求出投資的翻倍時間

假設胡伯投資 1,000 元，以年利率 8% 連續複利計息，則需要經過多少時

間，他的投資才會變成原來的兩倍？若本金不是 1,000 元，則胡伯的投資之翻倍時間是否會改變？

■ 解

以 1,000 元為本金，在 t 年後的餘額為 $B(t) = 1{,}000e^{0.08t}$，所以當 $B(t) = 2{,}000$ 元時，投資會變成兩倍，亦即當

$$2000 = 1{,}000e^{0.08t}$$

時。兩邊同除以 1,000，再取自然對數，可得到

$$\begin{aligned} 2 &= e^{0.08t} \\ \ln 2 &= 0.08t \\ t &= \frac{\ln 2}{0.08} \approx 8.66 \text{ 年} \end{aligned}$$

若本金由 1,000 元變為 P_0 元，則其翻倍時間將滿足

$$\begin{aligned} 2P_0 &= P_0e^{0.08t} \\ 2 &= e^{0.08t} \end{aligned}$$

這與 P_0 為 1,000 元時的方程式完全一樣，所以翻倍時間仍為 8.66 年。

例題 4.2.10 的情形可以應用於任何數量 $Q(t) = Q_0e^{kt}$，其中 $k > 0$。此外，因為在時間 $t = 0$ 時，已知 $Q(0) = Q_0e^0 = Q_0$，當

$$\begin{aligned} 2Q_0 &= Q_0e^{kt} \\ 2 &= e^{kt} \\ \ln 2 &= kt \\ t &= \frac{\ln 2}{k} \end{aligned}$$

時，此數量會變成原來的兩倍。總結如下：

翻倍時間 ■ 數量 $Q(t) = Q_0e^{kt}$（$k > 0$）會在時間 $t = d$ 的時候變成兩倍，其中

$$d = \frac{\ln 2}{k}$$

在比較各種投資機會時，判斷要經過多少時間才能使投資變成兩倍，只是投資者必須解決的許多問題之一。例題 4.2.11 和例題 4.2.12 說明另外兩個問題。

例題 4.2.11　達到投資目標

若一項投資的年利率為 6%，則從 5,000 元成長至 7,000 元需要多少時間？根據下列複利週期計算：

a. 每季　　**b.** 連續複利

■ 解

a. 我們使用未來價值的公式 $B = P\left(1+\frac{r}{k}\right)^{kt}$。已知 $B = 7{,}000$，$P = 5{,}000$ 以及 $\frac{r}{k} = \frac{0.06}{4} = 0.015$，因為 $r = 0.06$，而每年複利 $k = 4$ 次。代入公式可得

$$7{,}000 = 5{,}000(1.015)^{4t}$$
$$(1.015)^{4t} = \frac{7{,}000}{5{,}000} = 1.4$$

方程式的兩邊同取自然對數，可得到

$$\ln(1.015)^{4t} = \ln 1.4$$ 使用冪次公式
$$4t \ln 1.015 = \ln 1.4$$
$$t = \frac{\ln 1.4}{4(\ln 1.015)} \approx 5.65$$

這表示因為每季複利計息，這項投資的價值將在第六年的第三季首次到達 7,000 元。

b. 因為是連續複利，我們使用公式 $B = Pe^{rt}$：

$$7{,}000 = 5{,}000e^{0.06t}$$
$$e^{0.06t} = \frac{7{,}000}{5{,}000} = 1.4$$

取對數可得到

$$\ln e^{0.06t} = \ln 1.4$$
$$0.06t = \ln 1.4$$
$$t = \frac{\ln 1.4}{0.06} = 5.61$$

所以，若為連續複利，只需要 5.61 年就能達到投資目標。

例題 4.2.12　計算利率

蜜莉目前有 1,500 元可用於投資，她希望這筆資金在 5 年後能增值至 2,000 元，若以連續複利計息，則投資的年利率 r 應為多少，才能實現她的目標？

■ **解**

若年利率為 r，則 1,500 元在 5 年後的未來價值為 $1{,}500e^{r(5)}$。這要等於 2,000 元，則必須滿足

$$1{,}500e^{r(5)} = 2{,}000$$
$$e^{5r} = \frac{2{,}000}{1{,}500} = \frac{4}{3}$$

方程式兩邊同取自然對數，可得到

$$\ln e^{5r} = \ln\frac{4}{3}$$
$$5r = \ln\frac{4}{3}$$

所以

$$r = \frac{1}{5}\ln\frac{4}{3} \approx 0.575$$

年利率大約為 5.75%。

放射性衰減與碳定年法

經由實驗得知，某放射性樣本的初始重量為 Q_0 克，在 t 年後將衰減為 $Q(t) = Q_0e^{-kt}$ 克。此式中的正的常數 k 是用來衡量衰減率，通常是以樣本衰減一半所需的時間 $t = h$ 表示。這個時間 h 稱為放射性物質的**半衰期 (half-life)**。例題 4.2.13 說明半衰期和 k 之間的關係。

例題 4.2.13 計算半衰期

若某放射性物質是根據公式 $Q(t) = Q_0e^{-kt}$ 而衰減，證明其半衰期 $h = \frac{\ln 2}{k}$。

■ **解**

目標是要求出當 $Q(h) = \frac{1}{2}Q_0$ 時的 t 值，亦即

$$\frac{1}{2}Q_0 = Q_0e^{-kh}$$

兩邊同除以 Q_0，並取自然對數，可得到

$$\ln\frac{1}{2} = -kh$$

因此，半衰期為

$$h = \frac{\ln\frac{1}{2}}{-k} \qquad \ln\frac{1}{2} = \ln 2^{-1} = -\ln 2$$
$$= \frac{-\ln 2}{-k} = \frac{\ln 2}{k}$$

即為所求。

在 1960 年，W. F. Libby 因為發明**碳定年法 (carbon dating)** 而獲得諾貝爾獎，碳定年法是判斷化石和古物年代的技術，以下為該技術的說明 *。

空氣中的二氧化碳含有放射性同位素 ^{14}C（碳 14）和穩定性同位素 ^{12}C（碳 12）。活的植物會從空氣中吸收二氧化碳，因此在活的植物（或是攝食植物的動物）體內 ^{14}C 和 ^{12}C 的比例，與空氣中 ^{14}C 和 ^{12}C 的比例相同。當植物或動物死亡後，將停止吸收二氧化碳，所以 ^{12}C 的量會維持和死亡時一樣，但 ^{14}C 的量會衰減，而且 ^{14}C 和 ^{12}C 的比例會呈指數性衰減。可以合理地假設空氣中 ^{14}C 和 ^{12}C 的比例 R_0 從過去到現在皆保持不變，因此樣本（例如化石或古物）中 ^{14}C 和 ^{12}C 的比例可以由函數 $R(t) = R_0e^{-kt}$ 得知。已知 ^{14}C 的半衰期是 5,730 年，藉由比較 $R(t)$ 和 R_0，考古學家可以估計出樣本的年代。例題 4.2.14 說明計算樣本年代的過程。

例題 4.2.14　應用碳定年法

某考古學家發現一化石，並且察覺該化石內 ^{14}C 和 ^{12}C 的比例是大氣中 ^{14}C 和 ^{12}C 的比例的 $\frac{1}{5}$，則此化石大約已有多少年？

■ 解

此化石的年齡是使得 $R(t) = \frac{1}{5}R_0$ 的 t 值，亦即

$$\frac{1}{5}R_0 = R_0e^{-kt}$$

同除以 R_0 並取對數，可得到

$$\frac{1}{5} = e^{-kt}$$
$$\ln\frac{1}{5} = -kt$$

---

* 例如，參見 Raymond J. Cannon, “Exponential Growth and Decay,” *UMAP Modules 1977: Tools for Teaching*, Lexington, MA: Consortium for Mathematics and Its Applications, Inc., 1978。更多進階定年法的過程請見 Paul J. Campbell, “How Old Is the Earth?” *UMAP Modules 1992: Tools for Teaching*, Lexington, MA: Consortium for Mathematics and Its Applications, Inc., 1993。

和

$$t = \frac{-\ln\frac{1}{5}}{k} = \frac{\ln 5}{k}$$

在例題 4.2.13 中，已知半衰期 h 滿足 $h = \frac{\ln 2}{k}$，又因為 ^{14}C 的半衰期 $h =$ 5,730 年，可得到

$$k = \frac{\ln 2}{h} = \frac{\ln 2}{5{,}730} \approx 0.000121$$

因此，化石的年齡是

$$t = \frac{\ln 5}{k} = \frac{\ln 5}{0.000121} \approx 13{,}300$$

也就是化石大約已經有 13,300 年之久。

習題 ■ 4.2

第 1 題和第 2 題，利用計算機計算給定的自然對數。

1. 求出 $\ln 1$、$\ln 2$、$\ln e$、$\ln 5$、$\ln\frac{1}{5}$ 和 $\ln e^2$。
   當你試著計算 ln 0 或 ln (–2) 時會發生什麼事？為什麼？
2. 求出 $\ln 7$、$\ln\frac{1}{3}$、$\ln e^{-3}$、$\ln\frac{1}{e^{2.1}}$ 和 $\ln\sqrt[5]{e}$。
   當你試著計算 ln (–7) 或 ln (–e) 時會發生什麼事？為什麼？

第 3 題到第 5 題，利用自然對數的性質計算下列各式。

3. $\ln e^3$
4. $e^{\ln 5}$
5. $e^{3\ln 2 - 2\ln 5}$

第 6 題和第 7 題，利用對數公式，將下列各式以 $\log_3 2$ 和 $\log_3 5$ 來表示。

6. $\log_3 270$
7. $\log_3 100$

第 8 題到第 11 題，利用對數公式化簡下列各式。

8. $\log_2(x^4y^3)$
9. $\ln\sqrt[3]{x^2 - x}$
10. $\ln\left[\frac{x^2(3-x)^{2/3}}{\sqrt{x^2+x+1}}\right]$
11. $\ln(x^3e^{-x^2})$

第 12 題到第 19 題，求解給定方程式中之 x。

12. $4^x = 53$
13. $\log_3(2x-1) = 2$
14. $2 = e^{0.06x}$
15. $3 = 2 + 5e^{-4x}$
16. $-\ln x = \frac{t}{50} + C$
17. $\ln x = \frac{1}{3}(\ln 16 + 2\ln 2)$
18. $3^x = e^2$
19. $\frac{25e^{0.1x}}{e^{0.1x}+3} = 10$

20. 若 $\log_2 x = 5$，則 $\ln x$ 是多少？

21. 若 $\log_5 (2x) = 7$，則 $\ln x$ 是多少？

22. 若 $\ln a = 2$ 和 $\ln b = 3$，求出 $\ln \dfrac{1}{\sqrt{ab^3}}$。

商業與經濟應用問題

23. **複利**　若投資以年利率 6% 連續複利，則本金成長為兩倍需時多久？

24. **三倍時間**　若投資以年利率 r 連續複利，則本金 A_0 要成長為三倍需時多久？

25. **投資**　莫樂家投資 10,000 元，在 5 年後增加至 12,000 元。若以下列週期計算複利，則年利率 r 為何？

a. 每季　**b.** 連續

26. **複利**　某銀行提供的利率為每年以 6% 複利，其競爭銀行則是連續複利計息。若兩家銀行所提供的實際利率相等，則競爭銀行所提供的名目利率為何？

27. **供給與需求**　某製造商發現某產品 x 單位的供應函數為 $S(x) = e^{0.02x}$，而對應的需求函數為 $D(x) = 3e^{-0.03x}$。

a. 求出生產量是 $x = 10$ 單位時的需求價格 $p = D(x)$。

b. 求出 $x = 12$ 單位時的供應價格 $p = S(x)$。

c. 求出達到市場均衡（供應＝需求）時的生產量和單位價格。

28. **供給與需求**　某製造商發現某產品 x 單位的供應函數為 $S(x) = \ln(x + 2)$，而對應的需求函數為 $D(x) = 10 - \ln(x + 1)$。

a. 求出生產量是 $x = 10$ 單位時的需求價格 $p = D(x)$。

b. 求出 $x = 100$ 單位時的供應價格 $p = S(x)$。

c. 求出市場均衡（供給＝需求）時的生產量和單位價格。

29. **國內生產毛額**　某經濟學家彙整某國的國內生產毛額 (GDP) 資料如下表：

年	1995	2005
GDP（十億元）	100	180

利用這些資料，預測 2015 年的國內生產毛額，假設國內生產毛額以下列方式成長：

a. 線性：$\text{GDP} = at + b$。

b. 指數：$\text{GDP} = Ae^{kt}$。

30. **投資**　某投資公司估計，其投資組合在 t 年後的價值為 A 百萬元，其中

$$A(t) = 300 \ln(t + 3)$$

a. 當 $t = 0$ 時，其投資組合之價值為何？

b. 投資組合之價值成長為初始價值的 2 倍需時多久？

c. 投資組合之價值成長至 10 億元需時多久？

生命與社會科學應用問題

31. **藥物濃度**　在時間 t（秒）時，病人腎臟裡的藥物濃度是每立方公分 C 克，其中

$$C(t) = 0.4(2 - 0.13e^{-0.02t})$$

a. 20 秒後的藥物濃度是多少？ 60 秒後呢？

b. 藥物濃度達到 0.75 g/cm^3 需時多久？

32. **考古學**　一位考古學家發現，某一化石中 ^{14}C 和 ^{12}C 的比例是大氣中比例的 $\frac{1}{3}$ 倍，則此化石的年齡大約是幾年？

33. **藝術贗品**　一張宣稱是由 Rembrandt 在 1640 年創作的贗品畫作，被發現其 ^{14}C 的含量為原始含量的 99.7%，則此贗品實際上是什麼時候畫的？如果它是真品，則原始 ^{14}C 的百分比含量應該是多少？

34. **人口成長**　根據某社區的人口成長方式，在 t 年後其人口數是 $P(t)$ 千人，其中

$$P(t) = 51 + 100 \ln(t + 3)$$

a. 當 $t = 0$ 時，其人口數為多少？

b. 其人口數成長為初始人口數的 2 倍需時多久？

c. 在前 10 年期間，人口數的平均成長率為何？

35. **細菌成長**　某醫學院學生研究培養皿中細菌數量的成長，記錄資料如下表：

時間（分鐘）	0	20
細菌的數量	6,000	9,000

根據這些資料，求出形式為 $Q(t) = Q_0e^{kt}$ 的指

數函數，以將培養皿中的細菌數量表示為時間的函數。1 個小時後，培養皿中會有多少細菌？

其他問題

36. 放射性衰減　鐳的半衰期是 1,690 年，則 50 克的鐳衰減到 5 克需時多久？

37. 空氣壓力　在海平面上方 s 公尺之處，空氣壓力是 $f(s) = e^{-0.000125s}$ 大氣壓。

a. 若某架飛機外的大氣壓力是 0.25 大氣壓，則此架飛機的高度為何？

b. 某登山者決定，一旦她到達海拔 7,000 公尺處，就要戴上氧氣罩。在此高度的大氣壓力是多少？

38. 利用指數公式證明以下的對數公式。

a. 商的公式：$\ln\frac{u}{v} = \ln u - \ln v$

b. 冪次公式：$\ln u^r = r \ln u$

39. 證明座標點 (a, b) 相對於直線 $y = x$ 的對稱點是 (b, a)。（提示：證明連接 (a, b) 與 (b, a) 的直線與 $y = x$ 垂直，而且 (a, b) 到直線 $y = x$ 的距離與直線 $y = x$ 到 (b, a) 的距離相等。）

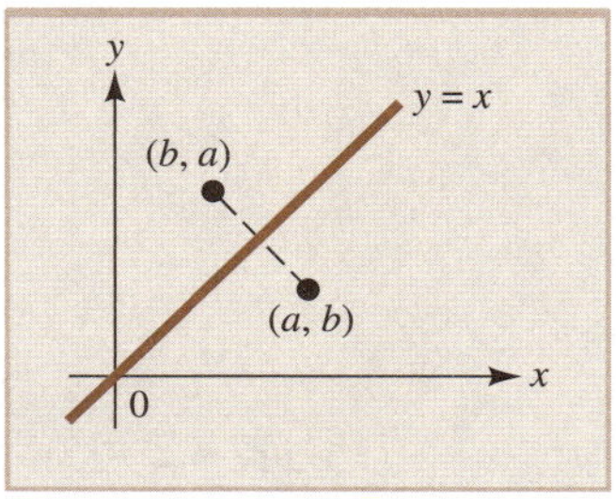

習題 39

第 40 題和第 41 題，求出 x。

40. $x = \ln(3.42 \times 10^{-8.1})$

41. $3{,}500e^{0.31x} = \dfrac{e^{-3.5x}}{1 + 257e^{-1.1x}}$

4.3 節　對數函數與指數函數的微分

學習目標

1. 微分指數函數與對數函數。
2. 檢視涉及指數導函數與對數導函數的應用。
3. 探討對數的微分。

在本章目前所介紹的例題和習題中，我們已經看到可以如何把指數函數應用於建立各種不同情況的模型，包括複利、人口數成長和放射性衰減。為了討論這些情況下的變化率及極值，我們還需要指數函數和對數函數的導函數公式。本節將推導一些公式，並檢視一些基本的應用，進一步的指數和對數模型將於 4.4 節探討。我們由自然指數函數開始，自然指數函數 $f(x) = e^x$ 的導函數等於它自己，此點非常重要。

e^x 的導函數　■　對任意實數 x，

$$\frac{d}{dx}(e^x) = e^x$$

要得到這個公式，令 $f(x)=e^x$，注意到

$$
\begin{aligned}
f'(x) &= \lim_{h\to 0}\frac{f(x+h)-f(x)}{h} \\
&= \lim_{h\to 0}\frac{e^{x+h}-e^x}{h} && e^{A+B}=e^Ae^B \\
&= \lim_{h\to 0}\frac{e^xe^h-e^x}{h} && \text{提出 } e^x \\
&= e^x\lim_{h\to 0}\frac{e^h-1}{h}
\end{aligned}
$$

由表 4.2 可知

$$\lim_{h\to 0}\frac{e^h-1}{h}=1$$

表 4.2

h	$\frac{e^h-1}{h}$
0.01	1.005017
0.001	1.000500
0.0001	1.000050
−0.00001	0.999995
−0.0001	0.999950

（正式驗證此極限式所需的方法，已超出本書範圍。）因此，我們可以得到所需的

$$
\begin{aligned}
f'(x) &= e^x\lim_{h\to 0}\frac{e^h-1}{h} \\
&= e^x(1) \\
&= e^x
\end{aligned}
$$

例題 4.3.1 將使用此導函數公式。

例題 4.3.1　微分指數函數

微分下列函數：

a. $f(x)=x^2e^x$　　　**b.** $g(x)=\dfrac{x^3}{e^x+2}$

■ 解

a. 使用積的公式，得到

$$
\begin{aligned}
f'(x) &= x^2\frac{d}{dx}(e^x)+\frac{d}{dx}(x^2)e^x && \text{冪次公式和指數公式} \\
&= x^2e^x+(2x)e^x && \text{提出 } x \text{ 和 } e^x \\
&= xe^x(x+2)
\end{aligned}
$$

b. 要微分此函數，我們使用商的公式：

$$
\begin{aligned}
g'(x) &= \frac{(e^x+2)\frac{d}{dx}(x^3)-x^3\frac{d}{dx}(e^x+2)}{(e^x+2)^2} && \text{冪次公式和指數公式} \\
&= \frac{(e^x+2)[3x^2]-x^3[e^x+0]}{(e^x+2)^2} && \text{分子提出 } x^2 \text{ 並合併同類項} \\
&= \frac{x^2(3e^x-xe^x+6)}{(e^x+2)^2}
\end{aligned}
$$

e^x 的導函數等於它自己，表示在 $y = e^x$ 曲線上的每一點 (c, e^c) 之切線斜率即為該點的 y 座標 e^c（圖 4.7）。這是在微積分上用 e 作為指數函數之底數的最重要理由之一。

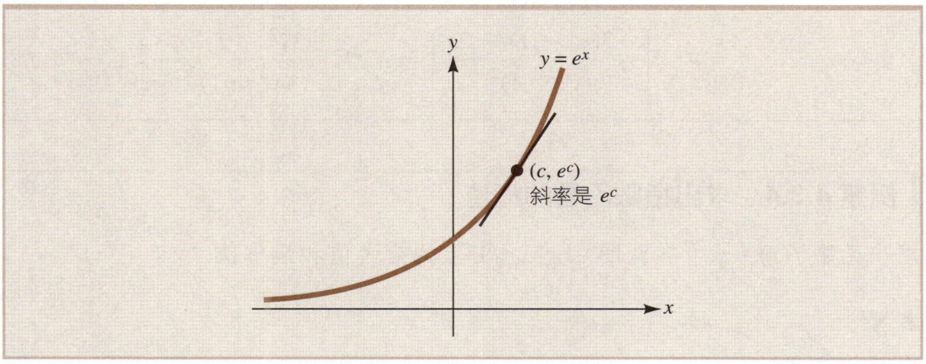

圖 4.7 $y = e^x$ 的圖形上每一點 (c, e^c) 之切線斜率等於 e^c。

結合連鎖律與微分公式

$$\frac{d}{dx}(e^x) = e^x$$

可得到一般指數函數的微分公式。

e^u 的連鎖律 ■ 若 $u(x)$ 是 x 的可微分函數，則

$$\frac{d}{dx}(e^{u(x)}) = e^{u(x)}\frac{du}{dx}$$

例題 4.3.2 應用 e^u 的連鎖律

微分函數 $f(x) = e^{x^2+1}$。

■ 解

利用連鎖律，令 $u = x^2 + 1$，可得到

$$f'(x) = e^{x^2+1}\left[\frac{d}{dx}(x^2 + 1)\right] = 2xe^{x^2+1}$$

例題 4.3.3 結合連鎖律和商的公式

微分函數

$$f(x) = \frac{e^{-3x}}{x^2 + 1}$$

■ **解**

利用連鎖律和商的公式，可得到

$$f'(x) = \frac{(x^2+1)(-3e^{-3x}) - (2x)e^{-3x}}{(x^2+1)^2}$$
$$= e^{-3x}\left[\frac{-3(x^2+1) - 2x}{(x^2+1)^2}\right] = e^{-3x}\left[\frac{-3x^2 - 2x - 3}{(x^2+1)^2}\right]$$

例題 4.3.4　求出指數函數的極值

求出函數 $f(x)=xe^{2x}$ 在區間 $-1\le x\le 1$ 上的最大值和最小值。

■ **解**

由積的公式，可得到

$$f'(x) = x\frac{d}{dx}(e^{2x}) + e^{2x}\frac{d}{dx}(x) = x(2e^{2x}) + e^{2x}(1) = (2x+1)e^{2x}$$

所以 $f'(x)=0$ 發生在

$$(2x+1)e^{2x} = 0 \quad \text{對所有的 } x，e^{2x}>0$$
$$2x+1 = 0$$
$$x = -\frac{1}{2}$$

計算 $f(x)$ 在臨界數 $x=-\dfrac{1}{2}$ 及區間端點 $x=-1$ 和 $x=1$ 的值，可得到

$$f(-1) = (-1)e^{-2} \approx -0.135$$
$$f\left(-\frac{1}{2}\right) = \left(-\frac{1}{2}\right)e^{-1} \approx -0.184 \quad \text{最小值}$$
$$f(1) = (1)e^2 \approx 7.389 \quad \text{最大值}$$

因此，在 $x=1$ 時，$f(x)$ 有最大值 7.389；在 $x=-\dfrac{1}{2}$ 時，$f(x)$ 有最小值 -0.184。

對數函數的導函數

自然對數函數的導函數公式如下。

ln *x* 的導函數 ■ 對所有的 $x>0$，

$$\frac{d}{dx}(\ln x) = \frac{1}{x}$$

習題 41 將利用導函數的定義證明此公式。此公式也可以使用隱微分來證明，說明如下。考慮方程式

$$e^{\ln x} = x$$

在方程式兩邊對 x 微分，得到

$$\frac{d}{dx}[e^{\ln x}] = \frac{d}{dx}[x] \quad e^u \text{ 的連鎖律}$$

$$e^{\ln x}\frac{d}{dx}[\ln x] = 1 \quad e^{\ln x} = x$$

$$x\frac{d}{dx}[\ln x] = 1 \quad \text{兩邊同除以 } x$$

所以可得證

$$\frac{d}{dx}[\ln x] = \frac{1}{x}$$

例題 4.3.5 至例題 4.3.7 將應用自然對數函數的導函數公式。

例題 4.3.5　微分對數函數

微分函數 $f(x) = x \ln x$。

■ 解

結合積的公式和 $\ln x$ 的導函數公式，可得到

$$f'(x) = x\left(\frac{1}{x}\right) + \ln x = 1 + \ln x$$

例題 4.3.6　微分對數函數

微分 $g(t) = (t + \ln t)^{3/2}$。

■ 解

此函數可表示為 $g(t) = u^{3/2}$，其中 $u = t + \ln t$，再應用一般的冪次公式，可得到

$$g'(t) = \frac{d}{dt}(u^{3/2}) = \frac{3}{2}u^{1/2}\frac{du}{dt}$$

$$= \frac{3}{2}(t + \ln t)^{1/2}\frac{d}{dt}(t + \ln t)$$

$$= \frac{3}{2}(t + \ln t)^{1/2}\left(1 + \frac{1}{t}\right)$$

利用對數公式可以簡化複雜公式的微分。在例題 4.3.7 中，我們先使用對數的冪次公式再微分。

例題 4.3.7 微分對數函數

微分 $f(x) = \dfrac{\ln \sqrt[3]{x^2}}{x^4}$。

■ 解

首先，因為 $\sqrt[3]{x^2} = x^{2/3}$，利用對數的冪次公式可將原式改寫成

$$f(x) = \frac{\ln \sqrt[3]{x^2}}{x^4} = \frac{\ln x^{2/3}}{x^4} = \frac{\frac{2}{3}\ln x}{x^4}$$

再利用商的公式，可得到

$$f'(x) = \frac{2}{3}\left[\frac{x^4 \dfrac{d}{dx}(\ln x) - \dfrac{d}{dx}(x^4)\ln x}{(x^4)^2}\right]$$

$$= \frac{2}{3}\left[\frac{x^4\left(\dfrac{1}{x}\right) - 4x^3 \ln x}{x^8}\right] \qquad \text{將每一項除以 } x^3$$

$$= \frac{2}{3}\left[\frac{1 - 4\ln x}{x^5}\right]$$

若 $f(x) = \ln u(x)$，其中 $u(x)$ 是 x 的可微分函數，則可由連鎖律產生下列的 $f'(x)$ 公式。

ln *u* 的連鎖律 ■ 若 $u(x)$ 是 x 的可微分函數，則

$$\frac{d}{dx}[\ln u(x)] = \frac{1}{u(x)}\frac{du}{dx} \qquad \text{對所有的 } u(x) > 0$$

例題 4.3.8 應用 ln *u* 的連鎖律

微分函數 $f(x) = \ln(2x^3 + 1)$。

■ 解

令 $f(x) = \ln u$，其中 $u(x) = 2x^3 + 1$。因此，

$$f'(x) = \frac{1}{u}\frac{du}{dx} = \frac{1}{2x^3+1}\frac{d}{dx}(2x^3+1)$$

$$= \frac{2(3x^2)}{2x^3+1} = \frac{6x^2}{2x^3+1}$$

例題 4.3.9　求出切線方程式

求出 $f(x) = x - \ln\sqrt{x}$ 的圖形在 $x = 1$ 處的切線方程式。

■ 解

當 $x = 1$ 時，可得到

$$y = f(1) = 1 - \ln(\sqrt{1}) = 1 - 0 = 1$$

所以切點為 (1, 1)。要求出在此點的切線斜率，先將函數改寫為

$$f(x) = x - \ln\sqrt{x} = x - \ln x^{1/2} = x - \frac{1}{2}\ln x \qquad \text{對數的冪次公式}$$

並計算出其導函數為

$$f'(x) = 1 - \frac{1}{2}\left(\frac{1}{x}\right) = 1 - \frac{1}{2x}$$

因此，在點 (1, 1) 的切線之斜率為

$$f'(1) = 1 - \frac{1}{2(1)} = \frac{1}{2}$$

且其方程式為

$$y - 1 = \frac{1}{2}(x - 1) \qquad \text{點斜式}$$

或等同於

$$y = \frac{1}{2}x + \frac{1}{2}$$

底數不是 e 的指數函數和對數函數的導函數公式與 $y = e^x$ 和 $y = \ln x$ 的導函數公式類似。這些公式列出如下。

b^x 與 $\log_b x$ 的導函數，其中底數 $b > 0$ 且 $b \neq 1$

$$\frac{d}{dx}(b^x) = (\ln b)b^x \qquad \text{對所有的 } x$$

和

$$\frac{d}{dx}(\log_b x) = \frac{1}{x\ln b} \qquad \text{對所有的 } x > 0$$

例如，要得到 $y = \log_b x$ 的導函數公式，回想

$$\log_b x = \frac{\ln x}{\ln b}$$

所以可得到

$$\frac{d}{dx}(\log_b x) = \frac{d}{dx}\left[\frac{\ln x}{\ln b}\right] = \frac{1}{\ln b}\frac{d}{dx}(\ln x)$$
$$= \frac{1}{x \ln b}$$

習題 40 將要求你推導出 $y = b^x$ 的導函數公式。

例題 4.3.10　應用 b^x 與 $\log_b x$ 的導函數公式

微分下列函數：

a. $f(x) = 5^{2x-3}$　　**b.** $g(x) = (x^2 + \log_7 x)^4$

■ **解**

利用連鎖律，可得到：

a. $f'(x) = [(\ln 5)5^{2x-3}]\frac{d}{dx}[2x - 3] = (\ln 5)5^{2x-3}(2) = (2\ln 5)5^{2x-3}$

b. $g'(x) = 4(x^2 + \log_7 x)^3 \frac{d}{dx}[x^2 + \log_7 x]$　一般冪次公式

$= 4(x^2 + \log_7 x)^3\left[2x + \frac{1}{x \ln 7}\right]$

應用

接著，我們將檢視幾個涉及指數函數和對數函數的微積分應用。在例題 4.3.11，我們將計算需求為對數函數之產品的邊際收入。

例題 4.3.11　利用邊際營收估計額外的營收

某製造商決定，當某產品的價格為每單位 $p(x) = 112 - x\ln(\sqrt{x})$ 百元時，將售出 x 單位。

a. 將營收與邊際營收表示為生產並售出的產品數量之函數。

b. 利用邊際分析，估計生產第 12 個單位的所獲得的營收。第 12 個單位所帶來的實際營收為何？

■ **解**

a. 營收為

$$R(x) = xp(x) = x(112 - x\ln(\sqrt{x})) = 112x - x^2\left(\frac{1}{2}\ln x\right)$$　對數的冪次公式

百元，且邊際營收為

$$R'(x) = 112 - \frac{1}{2}\left[x^2\left(\frac{1}{x}\right) + (2x)\ln x\right] = 112 - \frac{1}{2}x - x\ln x$$

b. 可以利用第 11 單位所產生的邊際營收，估計生產第 12 個單位所得到的額外營收，亦即

$$R'(11) = 112 - \frac{1}{2}(11) - (11)\ln(11) \approx 80.12$$

因此，由邊際分析可知，生產第 12 個單位可為製造商帶來大約為 80.12 百元（8,012 元）的額外營收。要檢驗這個估計的正確性，實際營收為

$$\begin{aligned} R(12) - R(11) &= \left[112(12) - (12)^2\left(\frac{1}{2}\ln 12\right)\right] - \left[112(11) - (11)^2\left(\frac{1}{2}\ln 11\right)\right] \\ &\approx 1{,}165.09 - 1{,}086.93 = 78.16 \end{aligned}$$

百元（7,816 元）。

在例題 4.3.12，我們檢視指數性的需求，並使用邊際分析來求出在此需求下能最大化營收的價格。此例題的一部分會涉及 3.4 節所介紹的需求彈性的概念。

例題 4.3.12　研究需求彈性

艾格是某製造公司的經理，他發現當產品價格為每單位 p 元時，市場需求為 $D(p) = 5{,}000e^{-0.02p}$ 單位。

a. 求出此產品的需求彈性。當 p 值是多少時，需求為彈性、非彈性和單位彈性？

b. 若艾格決定把價格由目前的 40 元增加 3%，可以預期需求會有何變化？

c. 求出以每單位 p 元的價格售出 $q = D(p)$ 單位所得到的營收 $R(p)$。當 p 值為何時，營收最大？

■ 解

a. 根據 3.4 節的公式，可知需求彈性為

$$\begin{aligned} E(p) &= -\frac{p}{q}\frac{dq}{dp} \\ &= -\left(\frac{p}{5{,}000e^{-0.02p}}\right)[5{,}000e^{-0.02p}(-0.02)] \\ &= -\frac{p[5{,}000(-0.02)e^{-0.02p}]}{5{,}000e^{-0.02p}} = 0.02p \end{aligned}$$

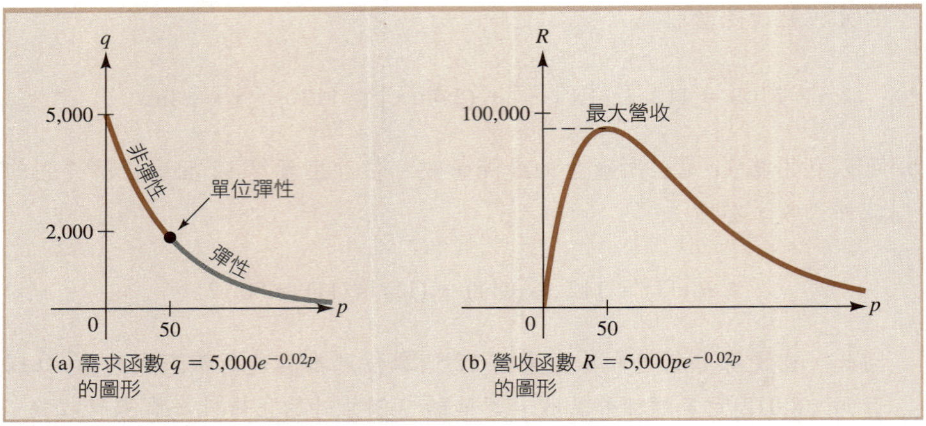

圖 4.8 例題 4.3.12 中的商品之需求曲線與營收曲線。

所以

當 $E(p) = 0.02p = 1$，也就是當 $p = 50$ 時，需求為單位彈性

當 $E(p) = 0.02p > 1$，也就是當 $p > 50$ 時，需求為彈性

當 $E(p) = 0.02p < 1$，也就是當 $p < 50$ 時，需求為非彈性

需求函數的圖形及彈性程度，如圖 4.8a 所示。

b. 當 $p = 40$，需求為

$$q(40) = 5{,}000e^{-0.02(40)} \approx 2{,}247 \text{ 單位}$$

需求彈性為

$$E(40) = 0.02(40) = 0.8$$

因此，當價格由 40 元上漲 1%，會導致需求數量大約減少 0.8%。所以，價格由 40 元上漲 3% 至 41.20 元時，會導致需求大約減少 $2{,}247[3(0.008)] = 54$ 單位，即從 2,247 單位減至 2,193 單位。

c. 對所有的 $p \geq 0$（在經濟學上，只有非負的價格才有意義），營收函數為

$$R(p) = pq = 5{,}000pe^{-0.02p}$$

其導函數為

$$\begin{aligned} R'(p) &= 5{,}000(-0.02pe^{-0.02p} + e^{-0.02p}) \\ &= 5{,}000(1 - 0.02p)e^{-0.02p} \end{aligned}$$

因為 $e^{-0.02p}$ 永遠為正，$R'(p) = 0$ 若且唯若

$$1 - 0.02p = 0 \quad \text{或} \quad p = \frac{1}{0.02} = 50$$

要驗證當 $p = 50$ 時確實有絕對極大值，注意到

$$R''(p) = 5{,}000(0.0004p - 0.04)e^{-0.02p}$$

所以

$$R''(50) = 5{,}000[0.0004(50) - 0.04]e^{-0.02(50)} \approx -37 < 0$$

因此，由二階導函數測試可得知，$R(p)$ 的絕對極大值確實發生在 $p = 50$ 時（圖 4.8b）。

對數微分

經常可以藉由先將函數取對數，簡化含有乘積、商或冪次的函數的微分，這個技巧稱為**對數微分 (logarithmic differentiation)**，說明於例題 4.3.13。

例題 4.3.13 應用對數微分

微分函數 $f(x) = \dfrac{\sqrt[3]{x+1}}{(1-3x)^4}$。

■ 解

這個問題可以使用商的公式和連鎖律去求解，但計算上會有些複雜。（不妨試試看！）

一個較有效率的方法是先將 f 的公式的兩邊取對數，再使用對數的商的公式和冪次公式：

$$\begin{aligned}\ln f(x) &= \ln\left[\frac{\sqrt[3]{x+1}}{(1-3x)^4}\right] = \ln\sqrt[3]{(x+1)} - \ln(1-3x)^4 \\ &= \frac{1}{3}\ln(x+1) - 4\ln(1-3x)\end{aligned}$$

注意，在取對數之後，會消去商、立方根和四次方。

現在使用對數的連鎖律，對函數的兩邊同時微分，以得到

$$\frac{f'(x)}{f(x)} = \frac{1}{3}\frac{1}{x+1} - 4\left(\frac{-3}{1-3x}\right) = \frac{1}{3}\frac{1}{x+1} + \frac{12}{1-3x} \qquad \frac{d}{dx}\ln f(x) = \frac{f'(x)}{f(x)}$$

所以

$$\begin{aligned}f'(x) &= f(x)\left[\frac{1}{3}\frac{1}{x+1} + \frac{12}{1-3x}\right] \\ &= \left[\frac{\sqrt[3]{x+1}}{(1-3x)^4}\right]\left[\frac{1}{3}\frac{1}{x+1} + \frac{12}{1-3x}\right]\end{aligned}$$

若 $Q(x)$ 是 x 的可微分函數，注意到

$$\frac{d}{dx}(\ln Q) = \frac{Q'(x)}{Q(x)}$$

其中右邊的比值是 $Q(x)$ 的相對變化率。也就是說，求出 $\ln Q$ 的導函數即可計算出數量 $Q(x)$ 的相對變化率。這種特殊類型的對數微分，可以用於簡化各種成長率的計算，如例題 4.3.14 所示。

例題 4.3.14　求出相對成長率

某國家出口小麥 (W)、鋼 (S)、油 (O) 三種貨物，假設在一特定時間 $t = t_0$，每一種貨物所帶來的營收（單位為十億元）為

$$W(t_0) = 4 \qquad S(t_0) = 7 \qquad O(t_0) = 10$$

而且 S 以 8% 成長，O 以 15% 成長，W 以 3% 衰減，則此時總出口營收的相對成長率是多少？

■ 解

令 $R = W + S + O$。在時間 $t = t_0$ 時，已知

$$R(t_0) = W(t_0) + S(t_0) + O(t_0) = 4 + 7 + 10 = 21$$

成長的百分比變化率可以表示為

$$\frac{W'(t_0)}{W(t_0)} = -0.03 \qquad \frac{S'(t_0)}{S(t_0)} = 0.08 \qquad \frac{O'(t_0)}{O(t_0)} = 0.15$$

所以

$$W'(t_0) = -0.03W(t_0) \qquad S'(t_0) = 0.08S(t_0) \qquad O'(t_0) = 0.15O(t_0)$$

因此，在 $t = t_0$ 時，R 的相對成長率為

$$\begin{aligned}
\frac{R'(t_0)}{R(t_0)} &= \frac{d(\ln R)}{dt} = \frac{d}{dt}[\ln(W + S + O)]\Big|_{t=t_0} \\
&= \frac{[W'(t_0) + S'(t_0) + O'(t_0)]}{[W(t_0) + S(t_0) + O(t_0)]} \\
&= \frac{-0.03W(t_0) + 0.08S(t_0) + 0.15O(t_0)}{W(t_0) + S(t_0) + O(t_0)} \\
&= \frac{-0.03W(t_0) + 0.08S(t_0) + 0.15O(t_0)}{R(t_0)} \\
&= \frac{-0.03W(t_0)}{R(t_0)} + \frac{0.08S(t_0)}{R(t_0)} + \frac{0.15O(t_0)}{R(t_0)} \\
&= \frac{-0.03(4)}{21} + \frac{0.08(7)}{21} + \frac{0.15(10)}{21} \\
&\approx 0.0924
\end{aligned}$$

也就是說，在時間 $t = t_0$ 時，出口三種貨物的所獲得的總營收是以 9.24% 的比率增加。

習題 ■ 4.3

第 1 題到第 19 題，微分給定函數。

1. $f(x) = e^{5x}$
2. $f(x) = xe^{x}$
3. $f(x) = 30 + 10e^{-0.05x}$
4. $f(x) = (x^2 + 3x + 5)e^{6x}$
5. $f(x) = (1 - 3e^{x})^2$
6. $f(x) = e^{\sqrt{3x}}$
7. $f(x) = \ln x^3$
8. $f(x) = x^2 \ln x$
9. $f(x) = \sqrt[3]{e^{2x}}$
10. $f(x) = \ln\left(\dfrac{x+1}{x-1}\right)$
11. $f(x) = e^{-2x} + x^3$
12. $g(s) = (e^s + s + 1)(2e^{-s} + s)$
13. $h(t) = \dfrac{e^t + t}{\ln t}$
14. $f(x) = \dfrac{e^x + e^{-x}}{2}$
15. $f(t) = \sqrt{\ln t + t}$
16. $f(x) = \ln(e^{-x} + x)$
17. $g(u) = \ln(u + \sqrt{u^2 + 1})$
18. $f(x) = \dfrac{2^x}{x}$
19. $f(x) = x \log_{10} x$

第 20 題到第 23 題，求出給定函數在給定的封閉有界區間內的極大值與極小值。

20. $f(x) = e^{1-x}$ 當 $0 \le x \le 1$
21. $f(x) = (3x - 1)e^{-x}$ 當 $0 \le x \le 2$
22. $g(t) = t^{3/2}e^{-2t}$ 當 $0 \le t \le 1$
23. $f(x) = \dfrac{\ln(x+1)}{x+1}$ 當 $0 \le x \le 2$

第 24 題到第 26 題，求出 $y = f(x)$ 在給定點的切線方程式。

24. $f(x) = xe^{-x}$；當 $x = 0$
25. $f(x) = \dfrac{e^{2x}}{x^2}$；當 $x = 1$
26. $f(x) = x^2 \ln\sqrt{x}$；當 $x = 1$

第 27 題和第 28 題，求出給定函數的二階導函數。

27. $f(x) = e^{2x} + 2e^{-x}$
28. $f(t) = t^2 \ln t$

第 29 題到第 32 題，利用對數微分，求出導函數 $f'(x)$。

29. $f(x) = (2x + 3)^2(x - 5x^2)^{1/2}$
30. $f(x) = \dfrac{(x+2)^5}{\sqrt[6]{3x - 5}}$
31. $f(x) = (x + 1)^3(6 - x)^2\sqrt[3]{2x + 1}$
32. $f(x) = 5^{x^2}$

第 33 題和第 34 題，某產品的需求函數 $q = D(p)$ 是 p 的函數，其中 p 是售出 q 單位產品的單位價格。在下列各題中，

(a) 求出需求彈性，並求出使得該產品的需求為彈性、非彈性及單位彈性的 p 值。
(b) 若價格從 15 元上漲 2%，對需求會有何影響？
(c) 求出以每單位 p 元的價格售出 q 單位所獲得的營收函數 $R(p)$。使得 $R(p)$ 最大的 p 值為何？

33. $D(p) = 3{,}000e^{-0.04p}$
34. $D(p) = 5{,}000(p + 11)e^{-0.1p}$

商業與經濟應用問題

35. **貶值** 某工業機器會貶值，在啟用 t 年後，其價值變成 $Q(t) = 20{,}000e^{-0.4t}$ 元。
   a. 5 年後，該機器的價值相對於時間的變化率為何？
   b. t 年後，該機器的價值相對時間的百分比變化率為何？此百分比變化率會隨著 t 變化或者會是常數？

36. **消費者支出** 當某商品的市價是每單位 p 元時，其需求是每個月 $D(p) = 3{,}000e^{-0.01p}$ 單位。

a. 消費者支出 $E(p) = pD(p)$ 相對於價格 p 的變化率為何？
b. 當價格是多少時，消費者支出停止增加並開始減少？
c. 當價格是多少時，消費者支出率開始增加？解釋這個答案。

生命與社會科學應用問題

37. 酒精濫用管制 假設喝酒 t 小時後，血液中的酒精濃度是

$$C(t) = 0.12te^{-t/2}$$

a. 在時間 t 時，血液中的酒精濃度變化率為多少？
b. 經過多久的時間，血液的酒精濃度開始減少？
c. 假設血液中酒精濃度的合法標準是 0.04%。經過多久的時間，血液中的酒精濃度才會達到這個標準？當酒精濃度達到合法標準時，血液中酒精濃度之減少率為何？

38. 人口成長 根據預測，從現在起 t 年後，某國的人口數將是 $P(t) = 50e^{0.02t}$ 百萬。

a. 10 年後，該國人口數相對於時間的變化率為何？
b. t 年後，該國人口數相對於時間的百分比變化率為何？此百分比變化率會隨著 t 變化或者會是常數？

39. 學習 某個測試學習的實驗以一系列的任務測試受測者，結果發現，實驗開始 t 分鐘後，成功完成任務的次數是

$$R(t) = \frac{15(1 - e^{-0.01t})}{1 + 1.5e^{-0.01t}}$$

a. t 值是多少時，學習函數 $R(t)$ 遞增？t 值是多少時，學習函數 $R(t)$ 遞減？
b. 何時學習函數 $R(t)$ 的變化率遞增？何時學習函數 $R(t)$ 的變化率遞減？解釋你的答案。

其他問題

40. 令底數 $b > 0$ 且 $b \neq 1$，證明

$$\frac{d}{dx}(b^x) = (\ln b)b^x$$

a. 利用 $b^x = e^{x \ln b}$。
b. 利用對數微分。

41. 完成下列步驟，以證明 $f(x) = \ln x$ 的導函數是 $f'(x) = \frac{1}{x}$。

a. 證明 $f(x)$ 的差商可表示為

$$\frac{f(x + h) - f(x)}{h} = \ln\left(1 + \frac{h}{x}\right)^{1/h}$$

b. 令 $n = \frac{x}{h}$，則 $x = nh$。證明 (a) 小題中的差商可重寫為

$$\ln\left[\left(1 + \frac{1}{n}\right)^n\right]^{1/x}$$

c. 證明當 $n \to \infty$ 時，(b) 小題中的公式之極限是 $\ln e^{1/x} = \frac{1}{x}$。〔提示：$\lim_{n\to\infty}\left(1 + \frac{1}{n}\right)^n$ 是什麼？〕
d. 求出當 $h \to \infty$ 時，(a) 小題中的差商之極限，以完成證明。（提示：這與你在 (c) 小題中所得到的極限有何關係？）

4.4 節　進階應用；指數模型

學習目標

1. 應用指數函數與對數函數的導函數於描繪曲線。
2. 檢視涉及指數模型的應用。

本章之前已經討論過如何利用指數函數，建立複利、放射性衰減和碳定年法的模型。本節介紹幾個不同領域的其他指數模型，包括商業與經濟學、生物學、心理學、人口統計學和社會學。我們先從兩個特別的例子開始說明，其起源於描繪指數圖形和對數圖形。

描繪曲線

在多項式函數或有理函數的作圖中，要描繪含有 e^x 或 $\ln x$ 的函數 $f(x)$ 之圖形，關鍵在於利用導函數 $f'(x)$ 求出遞增與遞減區間，然後利用二階導函數 $f''(x)$ 來決定凹性。

例題 4.4.1　描繪對數曲線的模型

描繪 $f(x) = x^2 - 8 \ln x$ 的圖形。

■ 解

函數 $f(x)$ 只有在 $x > 0$ 時才有定義，其導函數為

$$f'(x) = 2x - \frac{8}{x} = \frac{2x^2 - 8}{x}$$

因此 $f'(x) = 0$ 若且唯若 $2x^2 = 8$ 或 $x = 2$（因為 $x > 0$）。檢驗當 $0 < x < 2$ 和 $x > 2$ 時，$f'(x)$ 的正負號，可得到遞增和遞減區間，如下圖所示。

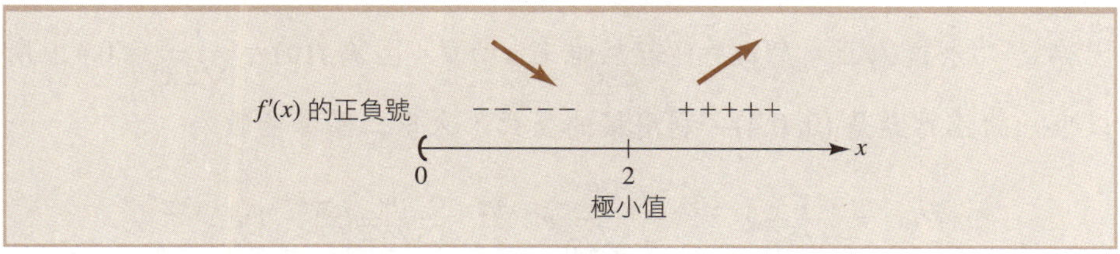

注意，箭頭圖形顯示在 $x = 2$ 時有相對極小值，又因為 $f(2) = 2^2 - 8 \ln 2 \approx -1.5$，所以極小值所在的點為 $(2, -1.5)$。

二階導函數為

$$f''(x) = 2 + \frac{8}{x^2}$$

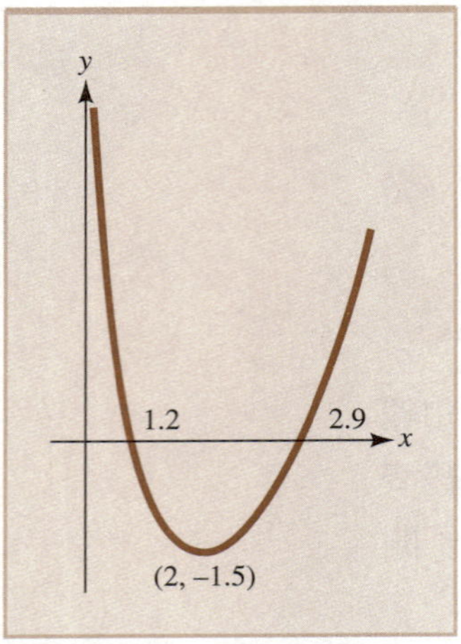

圖 4.9 $f(x) = x^2 - 8 \ln x$ 的圖形。

對所有 $x > 0$，$f''(x) > 0$，所以 $f(x)$ 的圖形永遠是凹向上，而且沒有反曲點。

檢查漸近線，可得到

$$\lim_{x\to 0}(x^2 - 8\ln x) = +\infty \quad \text{和} \quad \lim_{x\to +\infty}(x^2 - 8\ln x) = +\infty$$

故 y 軸（$x = 0$）為一垂直漸近線，但是沒有水平漸近線。使用計算機求解下列方程式以求出 x 截距：

$$x^2 - 8\ln x = 0$$
$$x \approx 1.2 \quad \text{和} \quad x \approx 2.9$$

總結如下：圖形會（從垂直漸近線往下）下降到極小值 (2, –1.5)，之後無限制地上升，其間皆維持凹向上的形狀。在下降的過程中會通過 x 截距 (1.2, 0)，在上升的途中會通過 (2.9, 0)，如圖 4.9 所示。

例題 4.4.2　描繪指數曲線

判斷函數

$$f(x) = \frac{1}{\sqrt{2\pi}} e^{-x^2/2}$$

在何處遞增？在何處遞減？圖形在何處為凹向上？何處為凹向下？求出相對極值和反曲點，並描繪其圖形。

■ **解**

一階導函數為

$$f'(x) = \frac{-x}{\sqrt{2\pi}} e^{-x^2/2}$$

因為 $e^{-x^2/2}$ 永遠為正，$f'(x) = 0$ 若且唯若 $x = 0$。因為 $f(0) = \dfrac{1}{\sqrt{2\pi}} \approx 0.4$，所以唯一的臨界點是 (0, 0.4)。利用積的公式，求出二階導函數為

$$f''(x) = \frac{x^2}{\sqrt{2\pi}} e^{-x^2/2} - \frac{1}{\sqrt{2\pi}} e^{-x^2/2} = \frac{1}{\sqrt{2\pi}}(x^2 - 1)e^{-x^2/2}$$

當 $x = \pm 1$ 時，二階導函數之值為零。因為

$$f(1) = \frac{e^{-1/2}}{\sqrt{2\pi}} \approx 0.24 \quad \text{和} \quad f(-1) = \frac{e^{-1/2}}{\sqrt{2\pi}} \approx 0.24$$

所以可能的反曲點為 (1, 0.24) 和 (–1, 0.24)。

標出臨界點，並在這些點的 x 座標所分割出的每個區間，檢驗一階導函數和二階導函數的正負號：

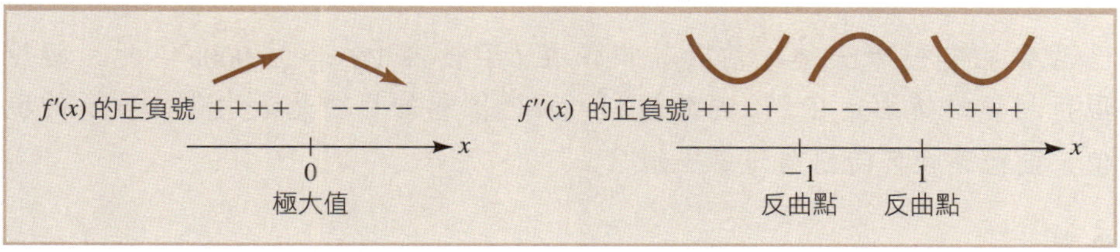

箭頭圖形顯示在 (0, 0.4) 有相對極大值；因為凹性變化發生在 $x = -1$（由向上變為向下）和 $x = 1$（由向下變為向上）處，所以 (1, 0.24) 和 (−1, 0.24) 都是反曲點。

將各區間的關鍵點以適當形狀的曲線連接起來以完成圖形，如圖 4.10 所示。注意到圖形中沒有 x 截距，因為 $e^{-x^2/2}$ 永遠為正，而且當 $|x|$ 無限制地增加時，$e^{-x^2/2}$ 趨近於 0，所以圖形逐漸趨近於 x 軸，亦即 x 軸為水平漸近線。

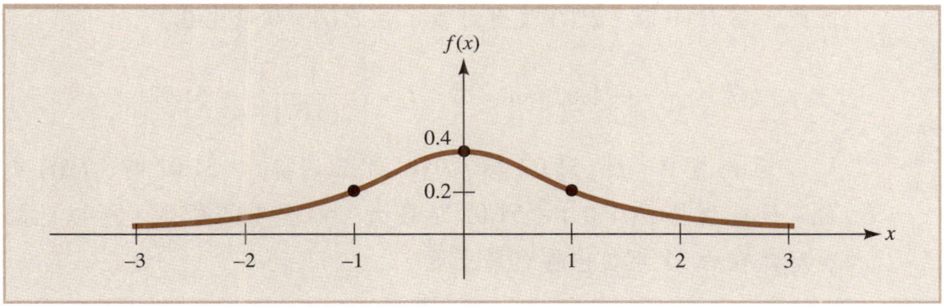

圖 4.10　標準常態機率密度函數：$f(x) = \dfrac{1}{\sqrt{2\pi}}e^{-x^2/2}$。

注意　例題 4.4.2 中所描繪的函數 $f(x) = \dfrac{1}{\sqrt{2\pi}}e^{-x^2/2}$，稱為**標準常態機率密度函數 (standard normal probability density function)**，在機率和統計學上扮演極為重要的角色。此有名的鐘形圖形，常被物理學家和社會學家應用，以描述 IQ 分數的分布、大規模生物族群的測量、氣體中粒子的速度以及許多其他的重要現象。■

最佳持有時間

假設你擁有一項價值會隨著時間增加的財產，當你持有該財產愈久，它就愈有價值，但有時候可能可以將其出售，再轉投資所得的資金，以獲得更大的利潤。經濟學家藉由最大化以現行利率連續複利時，此物品的現值，來決定最佳的出售時機。例題 4.4.3 說明這個準則的應用。

例題 4.4.3　求出最佳持有時間

巴圖魯擁有一筆土地，估計其市價在 t 年後為 $V(t) = 20{,}000e^{\sqrt{t}}$ 元。假設現行利率維持固定在 7% 連續複利，且巴圖魯的目標是最大化此投資的現值，則他應在何時出售這筆土地？

■ 解

t 年後土地的市價為 $V(t) = 20{,}000e^{\sqrt{t}}$ 元，利用 4.1 節的現值公式，可得到此投資的現值為

$$P(t) = V(t)e^{-0.07t} = 20{,}000e^{\sqrt{t}}e^{-0.07t} = 20{,}000e^{\sqrt{t}-0.07t}$$

目標是在 $t \geq 0$ 時，最大化 $P(t)$。P 的導函數為

$$P'(t) = 20{,}000e^{\sqrt{t}-0.07t}\left(\frac{1}{2\sqrt{t}} - 0.07\right)$$

因此，當 $t = 0$ 時，$P'(t)$ 沒有定義，且 $P'(t) = 0$ 發生在

$$\frac{1}{2\sqrt{t}} - 0.07 = 0 \quad \text{或} \quad t = \left[\frac{1}{2(0.07)}\right]^2 \approx 51.02$$

因為當 $0 < t < 51.02$ 時，$P'(t)$ 為正；當 $t > 51.02$ 時，$P'(t)$ 為負；因此現值 $P(t)$ 在 $t = 51.02$ 時最大，如圖 4.11 所示，所以巴圖魯應該在約 51 年後出售這筆土地。

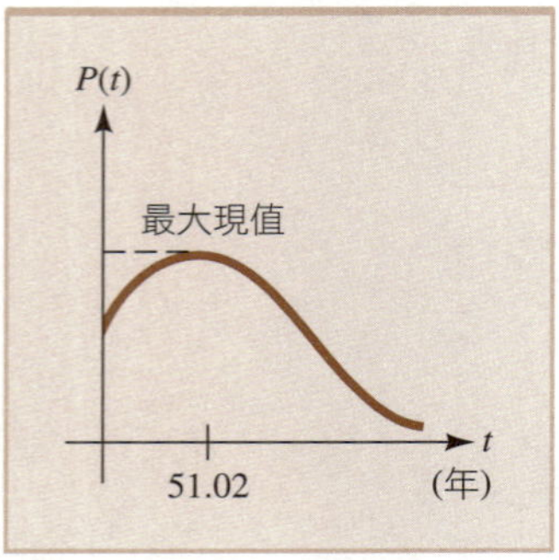

圖 4.11　現值 $P(t) = 20{,}000e^{\sqrt{t}-0.07t}$。

注意　例題 4.4.3 的最佳化準則並非決定最佳持有時間的唯一方法。例如，當財產價值的百分比成長率正好等於現行利率（在此例題中為 7%）時，你可能會決定將其售出。哪一個準則看起來比較合理呢？事實上，選擇這兩個準則的結果都一樣。■

指數成長與衰減

若 $Q(t) = Q_0e^{kt}$，其中 $k > 0$，則稱數量 $Q(t)$ 呈**指數成長 (exponential growth)**，若 $Q(t) = Q_0e^{-kt}$，則呈**指數衰減 (exponential decay)**。指數成長與衰減可以用來建立商業與經濟學、物理學、社會學和生命科學中的許多重要數量的模型。一項連續複利的投資之未來價值會呈指數成長，未受到限制的人口數也是。我們在 4.2 節曾討論過放射性物質的衰減，其他指數衰減的例子包括連續複利投資的現值、產品在廣告終止後的銷售量，以及患者血液中的藥物濃度。

指數成長與衰減 ■ 若 $Q(t) = Q_0e^{kt}$，其中 $k > 0$，則數量 $Q(t)$ 呈指數成長；若 $Q(t) = Q_0e^{-kt}$，其中 $k > 0$，則呈指數衰減。

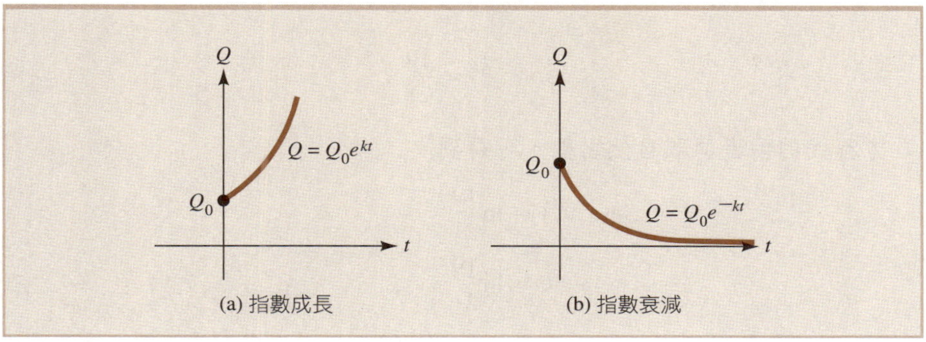

圖 4.12　指數性的變化。

典型的指數成長與指數衰減圖形如圖 4.12 所示。因為變數 t 在模型中通常代表時間，所以習慣上只會顯示 $t \geq 0$ 時的圖形。注意到 $Q(t) = Q_0e^{kt}$ 的圖形開始於縱軸的 Q_0，因為

$$Q(0) = Q_0e^{k(0)} = Q_0$$

另外，注意到 $Q(t) = Q_0e^{kt}$ 的圖形急遽上升，因為

$$Q'(t) = Q_0ke^{kt} = kQ(t)$$

這表示 $Q(t)$ 永遠以和現值成正比的速率增加，因此 Q 值愈大，斜率愈大。$Q(t) = Q_0e^{-kt}$ 的圖形也開始於 Q_0，但急遽下降，趨近於其漸近線 t 軸。例題 4.4.4 是一個與指數衰減有關的商業模型。

例題 4.4.4　求出指數性的銷售率

雷斯特是一位行銷經理，他發現一旦某種產品的廣告活動終止，該產品的銷售量將呈指數衰減。雷斯特發現當廣告活動終止時，銷售量是 21,000 單位，而 5 週後的銷售量是 19,000 單位。

a. 若 $S(t) = S_0e^{-kt}$ 表示廣告活動中止後 t 週的銷售量，求出 S_0 和 k。雷斯特應預期在廣告活動終止後 8 週的銷售量為何？

b. 在廣告活動終止後 t 週，雷斯特應預期銷售量的變化率為何？百分比變化率為何？

■ **解**

為了簡單起見，銷售量 S 以千為單位。

a. 已知當 $t = 0$ 時，$S = 21$；當 $t = 5$ 時，$S = 19$。將 $t = 0$ 代入 $S(t) = S_0e^{-kt}$，可得到

$$S(0) = 21 = S_0e^{-k(0)} = S_0(1) = S_0$$

所以 $S_0 = 21$，且對所有的 t，$S(t) = 21e^{-kt}$。代入 $S = 19$ 和 $t = 5$，得到 $19 = 21e^{-k(5)}$ 或

$$e^{-5k} = \frac{19}{21}$$

方程式的兩邊同取自然對數，可得到

$$\ln(e^{-5k}) = \ln\frac{19}{21}$$
$$-5k = \ln\frac{19}{21}$$
$$k = -\frac{1}{5}\ln\left(\frac{19}{21}\right) \approx 0.02$$

因此，對所有的 $t > 0$，可得到

$$S(t) = 21e^{-0.02t}$$

當 $t = 8$ 時，

$$S(8) = 21e^{-0.02(8)} \approx 17.9$$

因此，此模型預測在廣告活動終止後 8 週的銷售量約為 17,900 單位。

b. 銷售量的變化率為導函數

$$S'(t) = 21[e^{-0.02t}(-0.02)] = -0.42e^{-0.02t}$$

而百分比變化率 PR 為

$$PR = \frac{100\,S'(t)}{S(t)} = \frac{100[-0.02(21)e^{-0.02t}]}{21e^{-0.02t}}$$
$$= -2$$

也就是說，銷售量以每週 2% 的速度減少。

注意，例題 4.4.4(*b*) 所求出的百分比變化率正好等於表示成百分比的 k。這不是偶然，因為對於任何形式為 $Q(t) = Q_0e^{rt}$ 的函數，其百分比變化率是

$$PR = \frac{100Q'(t)}{Q(t)} = \frac{100[Q_0e^{rt}(r)]}{Q_0e^{rt}} = 100r$$

例如，若一項投資以年利率 5% 連續複利的方式計息，其未來價值是 $B = Pe^{0.05t}$。因此，未來價值的百分比變化率為 100(0.05) = 5%，這正是我們所預期的。

學習曲線

形式為 $Q(t) = B - Ae^{-kt}$ 的函數，其中 A、B 和 k 皆為正的常數，其圖形有時被稱為**學習曲線 (learning curve)**。心理學家發現，當 $t \geq 0$ 時，獨立執行任務的效率和訓練時間之間的關係，或「學習者」常經歷的經驗，可以藉由這個形式的函數真實地模擬出來，故稱為學習曲線。

對所有 $t \geq 0$，要描繪 $Q(t) = B - Ae^{-kt}$ 的圖形，注意到

$$Q'(t) = -Ae^{-kt}(-k) = Ake^{-kt}$$

和

$$Q''(t) = Ake^{-kt}(-k) = -Ak^2e^{-kt}$$

因為 A 和 k 皆為正數，故對所有的 t 而言，$Q'(t) > 0$ 且 $Q''(t) < 0$，所以 $Q(t)$ 的圖形永遠上升且永遠凹向下。此外，垂直（Q 軸）截距為 $Q(0) = B - A$，而且 $Q = B$ 為水平漸近線，因為

$$\lim_{t \to +\infty} Q(t) = \lim_{t \to +\infty} (B - Ae^{-kt}) = B - 0 = B$$

具有這些特徵的圖形如圖 4.13 所示。當 $t \to +\infty$ 時，學習曲線的行為反應出一個事實：長期下來，每個人會逐漸接近自己的學習能力，而額外的訓練時間只能增加少許的表現效率。例題 4.4.5 檢視一個典型的學習模型。

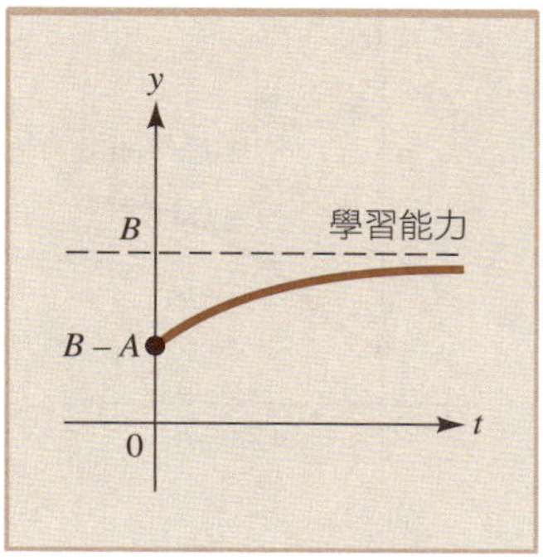

圖 4.13　學習曲線 $y = B - Ae^{-kt}$。

例題 4.4.5　檢視學習模型

郵政人員分類郵件的工作效率與其經驗有關。假設某大城市的郵政局長估計，在開始工作 t 個月後，一般的郵政人員平均每小時可以分類 $Q(t) = 700 - 400e^{-0.5t}$ 封信件。

a. 一位新進人員每小時可以分類多少封信件？

b. 一位有 6 個月經驗的人員每小時可以分類多少封信件？

c. 一般的郵政人員，最終每小時可以分類大約多少封信件？

■ **解**

a. 一位新進人員每小時可以分類的信件數量為

$$Q(0) = 700 - 400e^0 = 300$$

b. 一位有 6 個月經驗的人員每小時可以分類的信件數量為

$$Q(6) = 700 - 400e^{-0.5(6)} = 700 - 400e^{-3} \approx 680$$

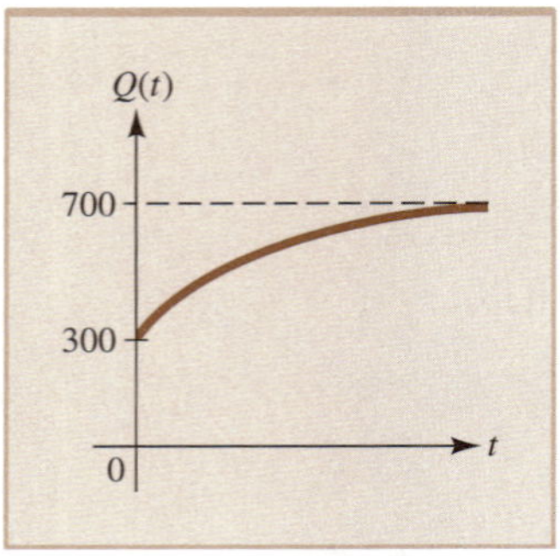

圖 4.14 工作效率 $Q(t) = 700 - 400e^{-0.5t}$。

c. 當 t 無限地增加時，$Q(t)$ 趨近於 700，因此，一般的郵政人員最終每小時可以分類約 700 封信件，函數 $Q(t)$ 的圖形如圖 4.14 所示。

羅吉斯曲線

形式為 $Q(t) = \dfrac{B}{1 + Ae^{-Bkt}}$ 的函數，其中 A、B 和 k 皆為正的常數，其圖形稱為**羅吉斯曲線 (logistic curve)**。一個典型的羅吉斯曲線如圖 4.15 所示。注意，此圖形一開始陡峭地上升，如同指數曲線，然後反轉，並且逐漸平緩，趨近於水平漸近線，如同學習曲線。羅吉斯曲線的漸近線代表其表示數量的「滿足程度」，稱為該數量的**攜帶能力 (carrying capacity)**。例如，在人口模型中，攜帶能力表示環境可支持的最大個體數量，而在傳染病蔓延的羅吉斯模型中，攜帶能力表示可能感染到該疾病的個體總數，例如未接種疫苗的個體，或者更嚴重地，代表整個社群。

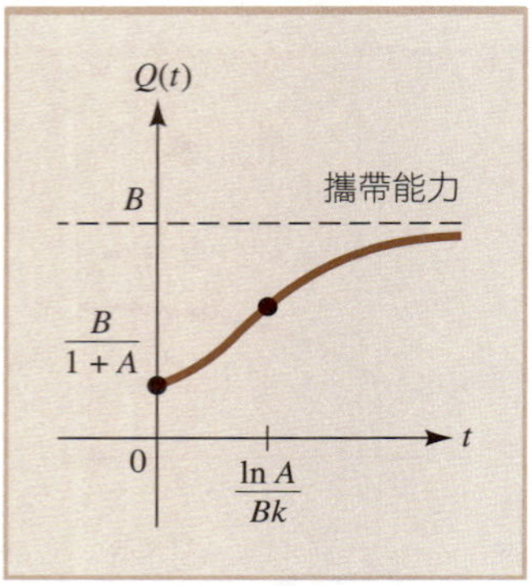

圖 4.15 羅吉斯曲線 $Q(t) = \dfrac{B}{1 + Ae^{-Bkt}}$。

對所有的 $t \geq 0$，要描繪 $Q(t) = \dfrac{B}{1 + Ae^{-Bkt}}$ 的圖形，注意到

$$Q'(t) = \frac{AB^2ke^{-Bkt}}{(1 + Ae^{-Bkt})^2}$$

和

$$Q''(t) = \frac{AB^3k^2e^{-Bkt}(-1 + Ae^{-Bkt})}{(1 + Ae^{-Bkt})^3}$$

對所有的 t，驗證這些公式以及 $Q'(t) > 0$ 的事實，可知 $Q(t)$ 的圖形永遠為上升。方程式 $Q''(t) = 0$ 只有一個解，發生在

$$-1 + Ae^{-Bkt} = 0 \qquad \text{兩邊同加 1，並除以 } A$$

$$e^{-Bkt} = \frac{1}{A} \qquad \text{兩邊同取對數}$$

$$-Bkt = \ln\left(\frac{1}{A}\right) = -\ln A \qquad \text{兩邊同除以 } -Bk$$

$$t = \frac{\ln A}{Bk}$$

如下圖所示，在 $t = \dfrac{\ln A}{Bk}$ 處有反曲點，因為凹性在此處發生變化（由向上變為向下）。

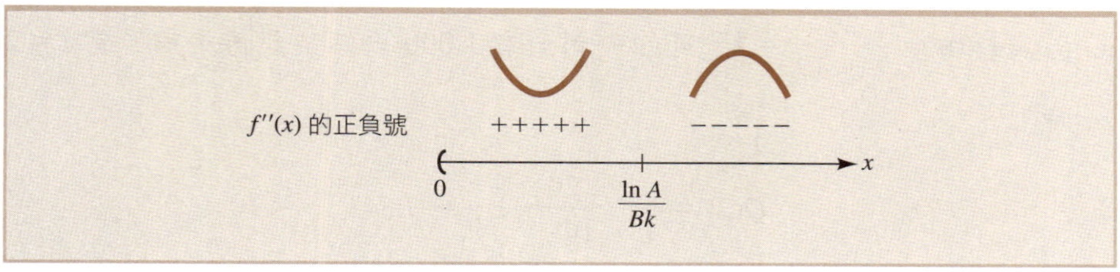

羅吉斯曲線的垂直截距為

$$Q(0) = \frac{B}{1 + Ae^0} = \frac{B}{1 + A}$$

因為對所有 $t \geq 0$，$Q(t)$ 皆有定義，因此羅吉斯曲線沒有垂直漸近線，但有一水平漸近線 $y = B$，因為

$$\lim_{t \to +\infty} Q(t) = \lim_{t \to +\infty} \frac{B}{1 + Ae^{-Bkt}} = \frac{B}{1 + A(0)} = B$$

總結如下：如圖 4.15 所示，羅吉斯曲線開始於 $Q(0) = \frac{B}{1 + A}$，圖形快速上升（凹向上），且在 $t = \frac{\ln A}{Bk}$ 時到達反曲點後翻轉，之後繼續向水平漸近線 $y = B$ 爬升，但漸漸趨於平緩（凹向下），所以 B 是羅吉斯曲線所表示數量 $Q(t)$ 的攜帶能力，在 $t = \frac{\ln A}{Bk}$ 處的反曲點可以解釋為成長衰減點。

當環境因素，例如生活空間受限、食物供應不足或市區污染，形成可能人口數量的上限時，經常可以利用羅吉斯曲線得到精確的人口成長模型。羅吉斯曲線也經常用於描述隱私資訊或社區內謠言的擴散，其限制為可能接收到這些訊息的個體數量。以下是一個利用羅吉斯曲線描述傳染病蔓延的例子。

例題 4.4.6 研究傳染病的發展

公共衛生紀錄顯示，在某種流行性感冒爆發 t 週後，大約有 $Q(t) = \frac{20}{1 + 19e^{-1.2t}}$ 千人受到感染。

a. 當此傳染病爆發時，有多少人已經受到感染？2 週後有多少人受到感染？

b. 傳染速率在何時開始減緩？

c. 若繼續此趨勢，最終大約將有多少人感染此傳染病？

■ **解**

a. 因為 $Q(0) = \dfrac{20}{1 + 19} = 1$，可知一開始有 1,000 人感染此傳染病。當 $t = 2$ 時，

$$Q(2) = \frac{20}{1 + 19e^{-1.2(2)}} \approx 7.343$$

所以 2 週後約有 7,343 人受到感染。

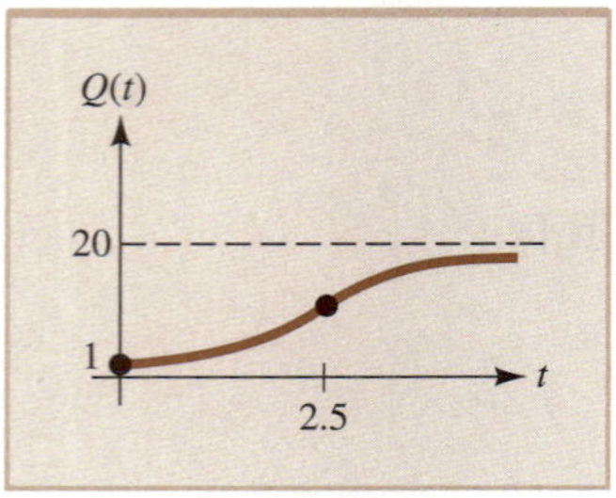

圖 4.16 傳染病的擴散：$Q(t) = \dfrac{20}{1 + 19e^{-1.2t}}$。

b. 傳染的速率會在 $Q(t)$ 圖形的反曲點處開始減緩。比較所給的式子和羅吉斯曲線公式 $Q(t) = \dfrac{B}{1 + Ae^{-Bkt}}$，可得到 $B = 20$、$A = 19$ 和 $Bk = 1.2$。因此，反曲點發生在

$$t = \frac{\ln A}{Bk} = \frac{\ln 19}{1.2} \approx 2.454$$

時，所以該傳染病的傳染速率約在爆發後 2.5 週開始減緩。

c. 因為當 t 無限制地增加時，$Q(t)$ 會趨近於 20，所以最終約有 20,000 人受到感染。$Q(t)$ 的圖形如圖 4.16 所示。

最佳繁殖年齡

某些生物，例如太平洋鮭魚或竹子，在一生中只繁殖一次，稱為**單次繁殖** (semelparous)。生物學家可以利用以下函數，測量這類生物的個體繁殖率*：

$$R(x) = \frac{\ln[p(x)f(x)]}{x}$$

其中 $p(x)$ 是該生物存活年齡 x 的機率，$f(x)$ 是該生物在年齡 x 時繁殖出來的雌性個體數目。$R(x)$ 愈大，產生的後代將愈多。因此，使得 $R(x)$ 最大的年齡，稱為最佳繁殖年齡。

例題 4.4.7 求出最佳繁殖年齡

假設某單次繁殖的生物存活到年齡 x 的機率為 $p(x) = e^{-0.15x}$，且在年齡 x 時繁殖出來的雌性數量為 $f(x) = 3x^{0.85}$，則該生物的最佳繁殖年齡為何？

* 摘自 Claudia Neuhauser, *Calculus for Biology and Medicine*, Upper Saddle River, NJ: Prentice-Hall, 2000, p. 199 (Problem 22)。

■ 解

此模型的個體增加率函數是

$$\begin{aligned} R(x) &= \frac{\ln[e^{-0.15x}(3x^{0.85})]}{x} && \text{對數的積的公式} \\ &= x^{-1}(\ln e^{-0.15x} + \ln 3 + \ln x^{0.85}) && \text{對數的冪次公式} \\ &= x^{-1}(-0.15x + \ln 3 + 0.85 \ln x) && \text{將 } x^{-1} \text{ 乘入括號內} \\ &= -0.15 + (\ln 3 + 0.85 \ln x)x^{-1} \end{aligned}$$

使用積的公式微分 $R(x)$，可得到

$$\begin{aligned} R'(x) &= 0 + (\ln 3 + 0.85 \ln x)(-x^{-2}) + \left[0.85\left(\frac{1}{x}\right)\right]x^{-1} \\ &= \frac{-\ln 3 - 0.85 \ln x + 0.85}{x^2} \end{aligned}$$

因此，$R'(x) = 0$ 發生在

$$\begin{aligned} -\ln 3 - 0.85 \ln x + 0.85 &= 0 \\ \ln x &= \frac{0.85 - \ln 3}{0.85} \approx -0.2925 \\ x &= e^{-0.2925} \approx 0.7464 \end{aligned}$$

時。欲證明這個臨界數對應到極大值，可以使用二階導函數測試：

$$R''(x) = \frac{1.7 \ln x + 2 \ln 3 - 2.55}{x^3}$$

又因為

$$R''(0.7464) \approx -2.0441 < 0$$

可以得知 $R(x)$ 的極大值發生在 $x \approx 0.7464$ 時，所以該生物的最佳繁殖年齡為 0.7464 歲（約 9 個月大）。

習題 ■ 4.4

第 1 題到第 4 題，每一條曲線是下列六個函數之一的圖形，將每一題中所給的曲線與適當的函數配對。

$f_1(x) = 2 - e^{-2x}$　　$f_2(x) = x \ln x^5$

$f_3(x) = \dfrac{2}{1 - e^{-x}}$　　$f_4(x) = \dfrac{2}{1 + e^{-x}}$

$f_5(x) = \dfrac{\ln x^5}{x}$　　$f_6(x) = (x - 1)e^{-2x}$

1.

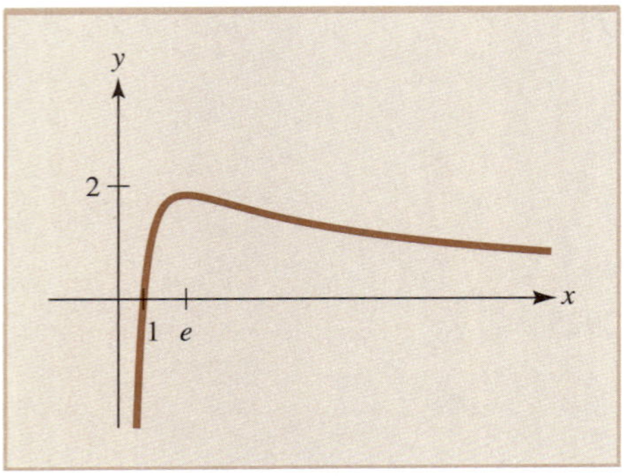

2.

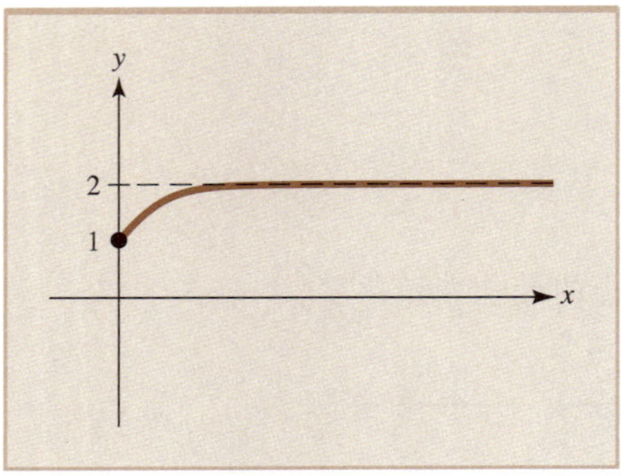

3.

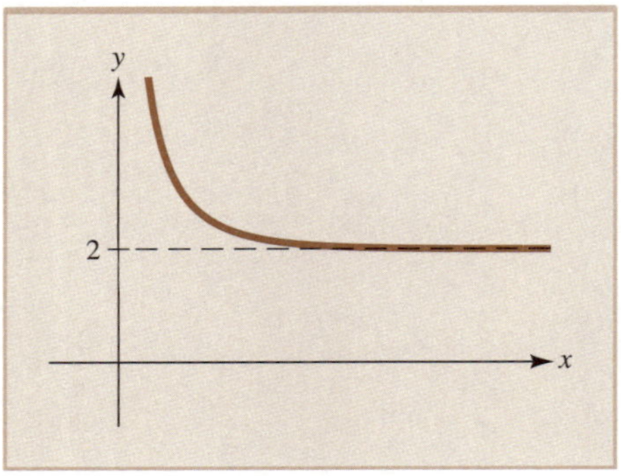

4.

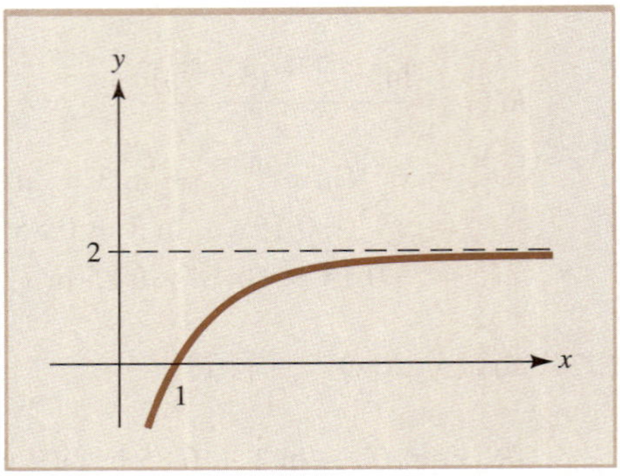

第 5 題到第 20 題，判斷給定函數何時遞增？何時遞減？函數圖形何時凹向上？何時凹向下？描繪函數的圖形，盡可能地將函數的關鍵特徵標示出來（最高點與最低點、反曲點、垂直與水平漸近線、截距、尖點、垂直切線）。

5. $f(t) = 2 + e^t$
6. $g(x) = 3 + e^{-x}$
7. $g(x) = 2 - 3e^x$
8. $f(t) = 3 - 2e^t$
9. $f(x) = \dfrac{2}{1 + 3e^{-2x}}$
10. $h(t) = \dfrac{2}{1 + 3e^{2t}}$
11. $f(x) = xe^x$
12. $f(x) = xe^{-x}$
13. $f(x) = xe^{2-x}$
14. $f(x) = e^{-x^2}$
15. $f(x) = x^2e^{-x}$
16. $f(x) = e^x + e^{-x}$
17. $f(x) = \dfrac{6}{1 + e^{-x}}$
18. $f(x) = x - \ln x$　（當 $x > 0$）
19. $f(x) = (\ln x)^2$　（當 $x > 0$）
20. $f(x) = \dfrac{\ln x}{x}$　（當 $x > 0$）

商業與經濟應用問題

21. **零售銷售**　一間全國性速食連鎖店的漢堡總銷售量呈指數成長。若在 2005 年銷售 40 億個漢堡，而在 2010 年銷售 120 億個，則 2015 年將會銷售多少個？

22. 銷售 一旦新書的宣傳活動結束後，精裝本的銷售量往往會呈指數衰減。在某本書的宣傳活動結束時，該書每個月銷售 25,000 本；一個月後，其銷售量已下降到每個月 10,000 本，則再過一個月以後，其銷售量是多少？

23. 產品可靠度 某玩具製造商發現，其電池驅動的玩具油輪，會在 t 天內沉沒的比例約為 $f(t) = 1 - e^{-0.03t}$。

a. 繪出此可靠度函數的圖形。當時間 t 無限制地增加時，此函數圖形將有何變化？

b. 估計至少能航行 10 天的玩具油輪之比例？

c. 估計在第 15 天到第 20 天期間，有多少比例的玩具油輪會沉沒？

24. 貶值 當某工業機器使用 t 年後，其轉售的價值是 $V(t) = 4{,}800e^{-t/5} + 400$ 元。

a. 描繪 $V(t)$ 的圖形。當 t 無限制地增加時，機器的價值會是多少？

b. 新機器的價值是多少？

c. 使用 10 年之後，機器的價值是多少？

25. 工業效率 德芙是某大工業公司的效率專家，她發現工人在開始工作 t 週後，每天的產量為 $Q(t) = 40 - Ae^{-kt}$。德芙觀察到一般的工人最初每天能生產 20 單位；1 週後每天能生產 30 單位，則德芙預期一般工人在 3 週後，每天能生產多少單位？

26. 人力管理 保羅擁有一間電子公司，他發現當公司僱用 x 千人時，利潤是 $P(x)$ 百萬元，其中

$$P(x) = \ln(4x + 1) + 3x - x^2$$

保羅應該僱用多少人以最大化利潤？最大利潤是多少？

27. 企業培訓 某公司進行一項培訓計畫，已知在接受培訓 t 週後，受訓者的平均生產量為

$$P(t) = 50(1 - e^{-0.15t}) \text{ 單位}$$

而未受訓之新員工的生產量為

$$W(t) = \sqrt{150t} \text{ 單位}$$

a. 在受訓期間的第 3 週，受訓者的平均產量為多少單位？

b. 解釋如何使用函數 $F(t) = P(t) - W(t)$ 來評估此培訓計畫的有效性。若此培訓計畫僅持續 5 週，該計畫是否有效？若持續至少 7 週呢？解釋你的推理。

28. 最佳持有時間 百樂擁有一塊土地，t 年後其價值是 $V(t) = 8{,}000e^{\sqrt{t}}$ 元。如果現行利率是每年固定以 6% 連續複利，則百樂應該在什麼時候銷售土地，以最大化其現值？

29. 最佳持有時間 阿仁的郵票收藏目前的價值是 1,200 元，且其價值每年以線性方式增加 200 元。如果現行利率是每年固定以 8% 連續複利，則阿仁應該在什麼時候賣掉他的郵票，並用所得的資金進行投資最為有利？

30. 邊際分析 某製造商生產數位錄影機每台的成本為 125 元，並估計如果每台售價為 x 元，每週的銷售量大約是 $1{,}000e^{-0.02x}$ 台。

a. 將利潤 P 表示為 x 的函數，並描繪 $P(x)$ 的圖形。

b. 製造商應將錄影機的售價訂為多少，以最大化利潤？

生命與社會科學應用問題

31. 人口成長 根據估計，某國家的人口數呈指數成長。若該國的人口數在 1997 年是 6,000 萬人；而在 2002 年是 9,000 萬人，則其在 2012 年的人口數是多少？

32. 兒童時期的學習 某心理學家以函數

$$L(t) = \frac{\ln(t + 1)}{t + 1}$$

衡量兒童的學習和記憶能力，其中 t 是兒童的年齡，$0 \le t \le 5$。回答下列有關此模型的問題。

a. 兒童在幾歲時的學習能力最大？

b. 兒童在幾歲時，學習能力的成長最快速？

33. 攝氧能力 評估一個 x 歲的人的攝氧能力 (aerobic rating) 之函數是

$$A(x) = \frac{110(\ln x - 2)}{x}\text{，當 } x \ge 10$$

a. 一個人在幾歲時攝氧能力最大？

b. 一個人在幾歲時，其攝氧能力的下降最快速？

34. **臭氧消耗** 已知碳氟化合物會破壞高層大氣的臭氧層。假設已知臭氧層的初始臭氧量為 Q_0，而其在 t 年後的剩餘量為

$$Q = Q_0 e^{-0.0015t}$$

a. 在 t 年時，臭氧量減少的百分比變化率是多少？

b. 消耗 10% 的臭氧需要多少年？此時，臭氧量減少的百分比變化率是多少？

35. **傳染病的蔓延** 公共衛生紀錄顯示，在某種傳染病爆發 t 週後，大約有 $f(t) = \dfrac{2}{1 + 3e^{-0.8t}}$ 千人感染到此疾病。

a. 描繪 $f(t)$ 的圖形。

b. 最初有多少人感染到此疾病？

c. 在傳染病爆發 3 週後，有多少人被感染？

d. 若持續此趨勢，總共約有多少人會受到感染？

36. **毒素的影響** 某醫學研究人員認為，在毒素被引進細菌菌落的 t 小時後，細菌數量將是

$$P(t) = 10{,}000(7 + 15e^{-0.05t} + te^{-0.05t})$$

a. 毒素被引進時，數量是多少？

b. 何時細菌數量最大？最大細菌數量是多少？

c. 當 $t \to \infty$ 時，最終的細菌數量是多少？

37. **最佳繁殖年齡** 假設某單次繁殖的生物存活到年齡 x 的機率為 $p(x) = e^{-0.2x}$，且在年齡 x 時繁殖出來的雌性數量為 $f(x) = 5x^{0.9}$，則該生物的最佳繁殖年齡為何？

38. **人口成長** 根據估計，在地球上有 100 億英畝的耕地，而每一英畝的耕地可以生產足夠養活 4 個人的糧食。因此，有一些人口學家認為，地球最多可以養活 400 億人。地球的人口數在 1960 年時大約是 3 億；而在 1975 年時大約是 4 億。若地球的人口數呈指數成長，則何時它會達到理論上的極限 400 億？

其他問題

39. **冷卻** 在寒冷的冬天，將一杯熱飲料拿到氣溫 –5°C 的室外，根據牛頓冷卻定律的物理原理，在拿到室外 t 分鐘後，飲料的溫度 T 為

$$T(t) = -5 + Ae^{-kt}$$

其中 A 和 k 為常數。假設飲料剛被拿到室外時的溫度是 80°C；而 20 分鐘後是 25°C。

a. 利用這些資訊求出 A 和 k。

b. 描繪溫度函數 $T(t)$ 的圖形。當 t 無限制地增加時（$t \to +\infty$），溫度會是多少？

c. 30 分鐘後的溫度會是多少？

d. 何時溫度會達到 0°C ？

40. **機率密度函數** 一般機率密度函數的形式為

$$f(x) = \frac{1}{\sigma\sqrt{2\pi}} e^{-(x-\mu)^2/2\sigma^2}$$

其中 μ 和 σ 是常數，且 $\sigma > 0$。

a. 證明 $f(x)$ 在 $x = \mu$ 時有絕對極大值，而且反曲點發生在 $x = \mu + \sigma$ 和 $x = \mu - \sigma$ 時 。

b. 證明對任意數 c，$f(\mu + c) = f(\mu - c)$。由此可知，函數 $f(x)$ 的圖形具有什麼特性？

CHAPTER 5

計算曲線下的面積（如在雲霄飛車軌道下方由鷹架所圍成的區域）是積分的一種應用。

積分
Integration

5.1 節　不定積分與微分方程式

學習目標

1. 學習與計算不定積分。
2. 認識微分方程式與初值問題。
3. 設定與求解可分離之微分方程式。

如何利用已知的通貨膨脹率來決定未來的價格呢？如何知道一個正在進行直線運動的物體的加速度呢？知道了人口的變化率，如何預測未來的人口數量呢？在上述的情況中，我們必須先知道某個量和它的導函數（變化率）。要從函數的導函數求得原本的函數時，我們會用到以下名詞。

反微分 ■ 若 $f(x)$ 的定義域中所有的 x 都滿足

$$F'(x) = f(x)$$

則函數 $F(x)$ 稱為 $f(x)$ 的反導函數 (antiderivative)。求解反導函數的過程，稱為反微分或不定積分。

注意　有時候我們可以將下列方程式

$$F'(x) = f(x)$$

寫成

$$\frac{dF}{dx} = f(x) \quad ■$$

在本節中，你將會學到求解反導函數的技巧。每次求出一個函數的反導函數，都可以利用微分來驗算，應該會得到原來的函數。例題 5.1.1 示範如何驗證反導函數。

例題 5.1.1　驗證反導函數

驗證 $F(x) = \frac{1}{3}x^3 + 5x + 2$ 是 $f(x) = x^2 + 5$ 的反導函數。

■ **解**

$F(x)$ 是 $f(x)$ 的反導函數，若且唯若 $F'(x) = f(x)$。對 F 進行微分，會得到

$$\begin{aligned} F'(x) &= \frac{1}{3}(3x^2) + 5 \\ &= x^2 + 5 = f(x) \end{aligned}$$

即為我們所要的結果。

函數的一般反導函數

一個函數的反導函數不只一個，舉例來說，$F(x) = x^3$ 是 $f(x) = 3x^2$ 的一個反導函數，因為

$$F'(x) = 3x^2 = f(x)$$

然而 $x^3 + 12$、$x^3 - 5$ 及 $x^3 + \pi$ 同樣是 $f(x)$ 的反導函數，因為

$$\frac{d}{dx}(x^3 + 12) = 3x^2 \qquad \frac{d}{dx}(x^3 - 5) = 3x^2 \qquad \frac{d}{dx}(x^3 + \pi) = 3x^2$$

一般而言，若 F 是 f 的反導函數，則任何具有 $G(x) = F(x) + C$ 形式的函數也會是 f 的反導函數，其中 C 是常數，因為

$$\begin{aligned} G'(x) &= [F(x) + C]' && \text{導函數的和的公式} \\ &= F'(x) + C' && \text{常數的導函數為 } 0 \\ &= F'(x) + 0 && \text{因為 } F \text{ 是 } f \text{ 的反導函數} \\ &= f(x) \end{aligned}$$

反之，我們也可以證明，若 F 和 G 都是 f 的反導函數，則 $G(x) = F(x) + C$，其中 C 為常數。總結如下：

> **反導函數的基本性質** ■ 若 $F(x)$ 是連續函數 $f(x)$ 的反導函數，則其他任何 $f(x)$ 的反導函數都具有 $G(x) = F(x) + C$ 之形式，其中 C 為常數。

以下由幾何的角度，簡單說明反導函數的基本性質。若 F 和 G 都是 f 的反導函數，則

$$G'(x) = F'(x) = f(x)$$

這表示函數 $y = F(x)$ 在點 $(x, F(x))$ 的切線斜率 $F'(x)$，和函數 $y = G(x)$ 在點 $(x, G(x))$ 的切線斜率 $G'(x)$ 是相同的。既然斜率相同，在 $(x, F(x))$ 的切線和在 $(x, G(x))$ 的切線就會平行，如圖 5.1a 所示。由於這對所有的 x 都成立，整條 $y = G(x)$ 的曲線一定會和 $y = F(x)$ 的曲線平行，因此

即時複習

記住，平行直線之斜率相等。

$$y = G(x) = F(x) + C$$

一般來說，一個函數 f 的所有反導函數圖形的集合，將會是一族平行的曲線。每一條曲線都是另一條曲線的垂直位移，如圖 5.1b 所示。圖 5.1b 中的每一條曲線都是 $f(x) = 3x^2$ 的反導函數。

不定積分

我們剛剛看到，若 $F(x)$ 是一個連續函數 $f(x)$ 的反導函數，則 $f(x)$ 的所

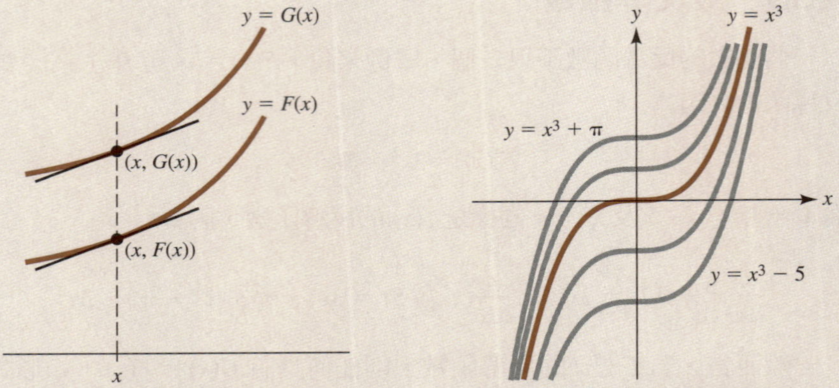

(a) 若 $F'(x) = G'(x)$，則在點 $(x, F(x))$ 與 $(x, G(x))$ 的切線會平行

(b) $f(x) = 3x^2$ 的反導函數族的圖形

圖 5.1 函數 f 的反導函數的圖形形成一族平行的曲線。

有反導函數都具有 $F(x) + C$ 的形式，其中 C 是常數。因此，所有 $f(x)$ 的反導函數的集合可以寫成

$$\int f(x)\,dx = F(x) + C$$

這稱為 $f(x)$ 的**不定積分 (indefinite integral)**。在積分前面加上「不定」，是因為這個積分中包含了一個可能是任何值的常數 C。在 5.3 節中，我們將會介紹**定積分 (definite integral)**，以包含一個特定的數值來表示各種數量，例如面積、平均值、收入流的現值及心臟輸出率等。我們也會將不定積分和定積分以一個重要的結果連結起來，這個結果非常重要，因此稱之為**微積分基本定理 (fundamental theorem of calculus)**。

在不定積分 $\int f(x)\,dx = F(x) + C$ 中，$\int$ 是**積分符號 (integral symbol)**，$f(x)$ 是**被積函數 (integrand)**，C 是**積分常數 (constant of integration)**，而 dx 則是一個差分，代表 x 是**積分變數 (variable of integration)**。這些名詞顯示在下列 $f(x) = 3x^2$ 的不定積分之中。

即時複習

記住，x 的差分 dx 已經在 2.5 節介紹過。

被積函數　　積分常數

$$\int 3x^2\,dx = x^3 + C$$

積分符號　　積分變數

對任何一個可微分的函數 F，可知

$$\int F'(x)\,dx = F(x) + C$$

因為根據定義，$F(x)$ 是 $F'(x)$ 的一個反導函數。同樣地，

$$\int \frac{dF}{dx}\,dx = F(x) + C$$

這也說明了一個函數的導函數之積分是原來的函數。在已知變化率 $F'(x)$，而想求解 $F(x)$ 的應用問題中，這個不定積分的性質特別有用。在本節中，我們會介紹幾個這樣的問題。

如果你已經求解了一個不定積分，得到 $\int f(x)dx = G(x) + C$，可以反過來微分 $G(x)$ 以進行驗算，這一點相當有用，應該要記住：

> 若 $G'(x) = f(x)$，則 $\int f(x)dx = G(x) + C$ 是正確的，
> 否則所得到的不定積分就是錯誤的。

根據微分和積分的這個關係，我們可以逆轉微分公式，得到以下的積分公式。

一般函數的積分公式

常數公式： $\int k\,dx = kx + C$　對所有常數 k

冪次公式： $\int x^n\,dx = \dfrac{x^{n+1}}{n+1} + C$　對所有 $n \neq -1$

對數公式： $\int \dfrac{1}{x}\,dx = \ln|x| + C$　對所有 $x \neq 0$

指數公式： $\int e^{kx}\,dx = \dfrac{1}{k}e^{kx} + C$　對所有常數 $k \neq 0$

要驗證冪次公式的正確性，只需證明 $\dfrac{x^{n+1}}{n+1}$ 的導函數是 x^n 即可：

$$\frac{d}{dx}\left(\frac{x^{n+1}}{n+1}\right) = \frac{1}{n+1}[(n+1)x^n] = x^n \quad \text{微分的冪次公式}$$

要驗證對數公式的正確性，首先考慮當 $x > 0$ 時，$|x| = x$，而且

$$\frac{d}{dx}(\ln|x|) = \frac{d}{dx}(\ln x) = \frac{1}{x}$$

若 $x < 0$ 時，則 $-x > 0$ 且 $\ln|x| = \ln(-x)$，由連鎖律可得到

$$\frac{d}{dx}(\ln|x|) = \frac{d}{dx}[\ln(-x)] = \frac{1}{(-x)}(-1) = \frac{1}{x}$$

所以，對於所有 $x \neq 0$，

$$\frac{d}{dx}(\ln|x|) = \frac{1}{x}$$

因此可得證

$$\int \frac{1}{x}\,dx = \ln|x| + C$$

注意 對數公式正好彌補了冪次公式所沒有考慮到的情況，也就是當 $n = -1$ 的情形。因此你可能會希望把這兩個公式結合在一起，成為以下的組合公式：

$$\int x^n\,dx = \begin{cases} \dfrac{x^{n+1}}{n+1} + C & \text{當 } n \neq -1 \\ \ln|x| + C & \text{當 } n = -1 \end{cases}$$ ■

例題 5.1.2 計算不定積分

求解下列積分：

a. $\int 3\,dx$ **b.** $\int x^{17}\,dx$ **c.** $\int \frac{1}{\sqrt{x}}\,dx$ **d.** $\int e^{-3x}\,dx$

■ **解**

a. 利用常數公式，令 $k = 3$：$\int 3\,dx = 3x + C$

b. 利用冪次公式，令 $n = 17$：$\int x^{17}\,dx = \frac{1}{18}x^{18} + C$

c. 利用冪次公式，令 $n = -\frac{1}{2}$：因為 $n + 1 = \frac{1}{2}$，所以

$$\int \frac{dx}{\sqrt{x}} = \int x^{-1/2}\,dx = \frac{1}{1/2}x^{1/2} + C = 2\sqrt{x} + C$$

d. 利用指數公式，令 $k = -3$：

$$\int e^{-3x}\,dx = \frac{1}{-3}e^{-3x} + C$$

例題 5.1.2 示範了如何積分一些基本函數，但是並未提到如何積分一些比較複雜的函數，例如多項式 $x^5 + 2x^3 + 7$ 或 $5e^{-x} + \sqrt{x}$ 這種函數。以下是一些可以幫助我們直覺地處理這些積分的代數公式。

不定積分的代數公式

常數倍數公式： $\int kf(x)\,dx = k\int f(x)\,dx$ 對所有常數 k

和的公式： $\int [f(x) + g(x)]\,dx = \int f(x)\,dx + \int g(x)\,dx$

差的公式： $\int [f(x) - g(x)]\,dx = \int f(x)\,dx - \int g(x)\,dx$

要證明常數倍數公式，因為若 $\dfrac{dF}{dx} = f(x)$，則

$$\frac{d}{dx}[kF(x)] = k\frac{dF}{dx} = kf(x)$$

所以

$$\int kf(x)\,dx = k\int f(x)\,dx$$

和和差的公式也可以用類似的方法來驗證。

例題 5.1.3 應用代數公式求解積分

求解下列積分：

a. $\int (2x^5 + 8x^3 - 3x^2 + 5)\,dx$

b. $\int \left(\dfrac{x^3 + 2x - 7}{x}\right) dx$

c. $\int (3e^{-5t} + \sqrt{t})\,dt$

■ 解

a. 利用冪次公式，配合和、差和常數倍數的公式，可以得到

$$\begin{aligned}\int (2x^5 + 8x^3 - 3x^2 + 5)\,dx &= 2\int x^5\,dx + 8\int x^3\,dx - 3\int x^2\,dx + \int 5\,dx \\ &= 2\left(\frac{x^6}{6}\right) + 8\left(\frac{x^4}{4}\right) - 3\left(\frac{x^3}{3}\right) + 5x + C \\ &= \frac{1}{3}x^6 + 2x^4 - x^3 + 5x + C\end{aligned}$$

b. 雖然積分沒有「商的公式」，但是在這一題中，我們可以先把分子除以分母，再利用 (a) 小題的方法來進行積分：

$$\int\left(\frac{x^3+2x-7}{x}\right)dx=\int\left(x^2+2-\frac{7}{x}\right)dx$$
$$=\frac{1}{3}x^3+2x-7\ln|x|+C$$

c. $$\int(3e^{-5t}+\sqrt{t})\,dt=\int(3e^{-5t}+t^{1/2})\,dt$$
$$=3\left(\frac{1}{-5}e^{-5t}\right)+\frac{1}{3/2}t^{3/2}+C=-\frac{3}{5}e^{-5t}+\frac{2}{3}t^{3/2}+C$$

例題 5.1.4 利用斜率求解函數

已知函數 $f(x)$ 在任一點 x 的切線斜率均為 $3x^2+1$，而且其圖形通過點 $(2, 6)$，求解 $f(x)$。

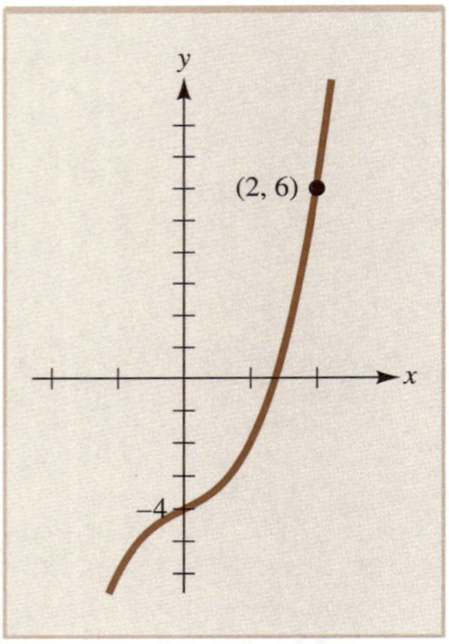

圖 5.2 $y=x^3+x-4$ 的圖形。

■ 解

$f'(x)$ 是在任一點 $(x, f(x))$ 的切線斜率，因此

$$f'(x)=3x^2+1$$

所以 $f(x)$ 是其反導函數

$$f(x)=\int f'(x)\,dx=\int(3x^2+1)\,dx=x^3+x+C$$

利用 $f(x)$ 的圖形通過點 $(2, 6)$ 這個事實，可以求出 C。也就是說，把 $x=2$ 和 $f(2)=6$ 代入 $f(x)$ 的方程式中來求解 C，可得到

$$6=(2)^3+2+C \quad 或 \quad C=-4$$

因此，所要求解的函數是 $f(x)=x^3+x-4$，其圖形如圖 5.2 所示。

例題 5.1.5 說明當邊際成本已知時，如何應用積分求解總成本。

例題 5.1.5 利用邊際成本求解總成本

某製造商發現當生產量是 q 單位時，某產品之邊際成本為每單位 $3q^2-60q+400$ 元，若生產前 2 個單位的總成本是 900 元，則生產前 5 個單位的總成本為何？

■ 解

已知邊際成本是總成本函數 $C(q)$ 的導函數，因此

$$\frac{dC}{dq} = 3q^2 - 60q + 400$$

所以 $C(q)$ 是邊際成本的反導函數

$$C(q) = \int \frac{dC}{dq}\, dq = \int (3q^2 - 60q + 400)\, dq = q^3 - 30q^2 + 400q + K$$

其中 K 為常數。（我們用 K 來代表常數，避免與成本函數 C 混淆。）

K 值可以由所給的初始條件 $C(2) = 900$ 來求出，即

$$900 = (2)^3 - 30(2)^2 + 400(2) + K \quad \text{或} \quad K = 212$$
$$C(q) = q^3 - 30q^2 + 400q + 212$$

所以生產前 5 個單位的成本為

$$C(5) = (5)^3 - 30(5)^2 + 400(5) + 212 = \$1{,}587$$

在 2.2 節中曾提到，當一個物體沿著一直線運動，若在時間 t 的位置為 $s(t)$，則速度為 $v = \frac{ds}{dt}$，加速度為 $a = \frac{dv}{dt}$。反過來說，如果已知該物體的加速度，則可以利用積分求出其速度及位置，例題 5.1.6 是一個例子。

例題 5.1.6 由加速度求解速度與位置

當一輛汽車的駕駛員被迫踩下煞車以避免車禍時，該車正沿著一條筆直、平坦的公路，以每小時 45 英哩（每秒 66 英呎）的速度前進。如果煞車產生的減速度固定，是 22 英呎／平方秒，則從開始煞車到完全停止，該車共前進多遠？

■ 解

令 $s(t)$ 代表該車在煞車後 t 秒內所前進的總距離，因為減速度固定為 22 英呎／平方秒，則 $a(t) = -22$，即

$$\frac{dv}{dt} = a(t) = -22$$

將其積分後，可以得到該車在時間 t 的速度為

$$v(t) = \int \frac{dv}{dt}\, dt = \int -22\, dt = -22t + C_1$$

要求解 C_1，代入當 $t = 0$ 時，$v = 66$，因此

$$66 = v(0) = -22(0) + C_1$$

則 $C_1 = 66$。因此，該車在時間 t 時的速度為 $v(t) = -22t + 66$。

接著，欲求出距離 $s(t)$，因為

$$\frac{ds}{dt} = v(t) = -22t + 66$$

積分後可得到

$$s(t) = \int \frac{ds}{dt}\, dt = \int (-22t + 66)\, dt = -11t^2 + 66t + C_2$$

由 $s(0) = 0$（為什麼？）可得到 $C_2 = 0$，所以

$$s(t) = -11t^2 + 66t$$

最後，再利用車子停止時 $v(t) = 0$，亦即

$$v(t) = -22t + 66 = 0$$

求解此方程式，可得知該車在開始減速 3 秒後停止，此時該車已經前進了

$$s(3) = -11(3)^2 + 66(3) = 99 \quad \text{英呎}$$

微分方程式介紹

微分方程式 (differential equation) 是一種包含微分或導函數的方程式，而滿足這種方程式的函數稱為**解 (solution)**。例如

$$\frac{dy}{dx} = 3x^2 + 5 \qquad \frac{dP}{dt} = kP \qquad \text{及} \qquad \left(\frac{dy}{dx}\right)^2 + 3\frac{dy}{dx} + 2y = e^x$$

是幾個不同的微分方程式。微分方程式被大量使用在應用問題的建模，尤其是在牽涉到變化率的應用問題上。

最簡單的微分方程式之形式如下：

$$\frac{dQ}{dx} = g(x)$$

其中函數 $Q(x)$ 的導函數已知為 x 的函數。這種微分方程式可藉由簡單的找出 $g(x)$ 的不定積分來求解，亦即

$$Q(x) = \int g(x)\, dx$$

舉例來說，微分方程式

$$\frac{dy}{dx} = x^2 + 3x$$

的解為

$$y = \int (x^2 + 3x)\,dx = \frac{1}{3}x^3 + \frac{3}{2}x^2 + C$$

這個解稱為方程式的**一般解 (general solution)**，因為它代表了整群的解，其中每個解都是由任意代入 C 值而產生。

另一類更通用的微分方程式稱為**可分方程式 (separable equations)**，其形式為

$$\frac{dy}{dx} = \frac{h(x)}{g(y)}$$

且可藉由以代數方法分離變數，並將等號兩邊的變數積分而求解。例如：

$$g(y)\,dy = h(x)\,dx$$

因此

$$\int g(y)\,dy = \int h(x)\,dx$$

本節末將簡單證明這個方法，例題 5.1.7 是利用此方法求解可分微分方程式的範例。

例題 5.1.7　求解可分微分方程式

求解微分方程式 $\frac{dy}{dx} = \frac{2x}{y^2}$ 的一般解。

■ 解

要分離變數，先假想導函數 $\frac{dy}{dx}$ 是一個分數，然後利用交叉相乘得到

$$y^2\,dy = 2x\,dx$$

再將等式兩邊積分，得到

$$\int y^2\,dy = \int 2x\,dx$$

$$\frac{1}{3}y^3 + C_1 = x^2 + C_2$$

其中 C_1 和 C_2 是任意常數。接著求解 y，可得

$$\frac{1}{3}y^3 = x^2 + (C_2 - C_1) = x^2 + C_3 \quad \text{其中 } C_3 = C_2 - C_1$$
$$y^3 = 3x^2 + 3C_3 = 3x^2 + C \quad \text{其中 } C = 3C_3$$
$$y = (3x^2 + C)^{1/3}$$

初值問題 (initial value problem) 是微分方程式加上一個初始條件，可以用來求出一般式中的任意常數 C，而得到方程式的一個特定解。例題 5.1.4 到例題 5.1.6 可視為這種初值問題。例題 5.1.8 示範企業經理人如何利用初值問題來建立營收流的模型。

例題 5.1.8　求解微分方程式以得到營收

威利斯擁有一個油井，預期每月可產出 200 桶原油，在此速度下，預計 3 年後油井將會枯竭。根據估計，在 t 個月後，每桶原油的價格將是 $p(t) = 140 + 2.4\sqrt{t}$。如果威利斯可以將所開採的原油立刻售出，則在油井運作的期間內，他將可由原油銷售得到多少總營收？

■ 解

令 $R(t)$ 為油井開始運作後，前 t 個月由原油所產生的營收，因此 $R(0) = 0$。利用以下的變化率關係，可建立相關的微分方程式：

營收相對於時間的變化率（元／月）=（元／桶）（桶／月）

因此可用以下的初值問題建立油井所產生的營收流模型：

$$\underbrace{\frac{dR}{dt}}_{\text{營收變化率}} = \underbrace{(140 + 2.4\sqrt{t})}_{\text{元／桶}}\underbrace{(200)}_{\text{桶／月}} \quad \text{當 } R(0) = 0$$

求解此微分方程式，可得

$$\frac{dR}{dt} = (140 + 2.4\sqrt{t})(200)$$
$$= 28{,}000 + 480t^{1/2}$$

利用積分可得到一般解

$$R(t) = \int (28{,}000 + 480t^{1/2})\,dt = 28{,}000t + 480\left(\frac{t^{3/2}}{3/2}\right) + C$$
$$= 28{,}000t + 320t^{3/2} + C$$

因為 $R(0) = 0$，所以

$$R(0) = 0 = 28{,}000(0) + 320(0)^{3/2} + C$$

因此 $C=0$，且適當的特定解為

$$R(t) = 28{,}000t + 320t^{3/2}$$

最後，因為油井在 36 個月後將會枯竭，油井運作期間所產生的總營收為

$$\begin{aligned} R(36) &= 28{,}000(36) + 320(36)^{3/2} \\ &= \$1{,}077{,}120 \end{aligned}$$

利用微分方程式求解連續複利

在時間 t 時，價值為 $B(t)$ 的存款帳戶，如果該帳戶的百分比變化率等於一般存款的利率，則稱為連續複利。例如，如果利率是 5%，則

$$\underbrace{\frac{100\dfrac{dB}{dt}}{B}}_{B\text{ 的百分比增加率}} = \underbrace{5}_{\text{利率}}$$

利率一般以小數表示，因此 5% 可以 $r=0.05$ 表示，而連續複利公式可以用 $B(t)$ 的相對增加率表示：

$$\frac{100\dfrac{dB}{dt}}{B} = 5 = 100(0.05) \quad \text{兩邊同除以 100}$$

因此

$$\underbrace{\frac{\dfrac{dB}{dt}}{B}}_{\substack{B\text{ 的相對}\\ \text{增加率}}} = \underbrace{0.05}_{\substack{\text{以小數形式}\\ \text{表示的利率}}}$$

即時複習

記得在 2.2 節提到 $Q(t)$ 的百分比變化率是

$$\frac{100\dfrac{dQ}{dt}}{Q}$$

且 $Q(t)$ 的相對變化率是

$$\frac{\dfrac{dQ}{dt}}{Q}$$

在 4.1 節中，我們利用極限來證明如果投資 P 元在年利率為 r 且連續複利的帳戶上，t 年後此帳戶的價值將是 $B(t) = Pe^{rt}$ 元。例題 5.1.9 中，我們將示範如何藉由求解可分初值問題，來得到這個公式。

例題 5.1.9 推導連續複利公式

求解初值問題以證明如果投資 P 元在年利率為 r 且連續複利的帳戶上，則 t 年後此帳戶的（未來）價值將是 $B(t) = Pe^{rt}$ 元，其中 r 以小數形式表示。

■ **解**

根據之前的討論，帳戶價值 $B(t)$ 的相對增加率必等於利率 r，因此可得到以下的初值問題

$$\underbrace{\frac{\frac{dB}{dt}}{B}}_{B\text{ 的相對增加率}} = \underbrace{r}_{\text{以小數形式表示的利率}} \quad \text{其中 } B(0) = P$$

此等同於

$$\frac{dB}{dt} = rB$$

分離變數，並對此微分方程式積分，可得

$$\int \frac{dB}{B} = \int r\,dt$$

$$\ln|B| = \ln B = rt + C_1 \quad |B(t)| = B(t)\text{，因為對於所有的 } t\text{，}B(t) > 0$$

兩邊同取指數，可得

$$B(t) = e^{\ln B} = e^{rt + C_1} = e^{rt}e^{C_1} \quad \text{指數的積的公式}$$
$$= Ce^{rt}$$

其中 $C = e^{C_1}$。因為 $B(0) = P$，所以

$$P = B(0) = Ce^0 = C \qquad e^0 = 1$$

因此可得證 $B(t) = Pe^{rt}$。

任何類似於連續複利的儲蓄帳戶，相對變化率是常數的量 $Q(t)$，如果成長率是正的，稱為**指數成長 (grow exponentially)**；如果成長率是負的，稱為**指數衰退 (decay exponentially)**。另一種說法是，如果導函數與 Q 成正比，則 $Q(t)$ 呈指數性成長或衰退；亦即，

$$\frac{dQ}{dt} = kQ \quad \text{若 } k > 0\text{，指數成長；若 } k < 0\text{，指數衰退}$$

對任何這樣的量，例題 5.1.9 可以用來證明

$$Q(t) = Q_0 e^{kt} \quad \text{對所有的 } t$$

其中 $Q_0 = Q(0)$ 是 $t = 0$ 時的值。指數成長及衰退模型非常重要，並且常出現在各種現象上，例如放射性物質的衰退、人口的成長以及人體血液中藥物的流失。

分離變數方法的證明

要證明分離變數方法，考慮以下的可分微分方程式

$$\frac{dy}{dx}=\frac{h(x)}{g(y)}$$

或者是

$$g(y)\frac{dy}{dx}-h(x)=0$$

等式左邊可以改寫成 g 和 h 的反導數函數。如果 G 是 g 的反導函數，且 H 是 h 的反導函數，由連鎖律可得

$$\frac{d}{dx}[G(y)-H(x)]=G'(y)\frac{dy}{dx}-H'(x)=g(y)\frac{dy}{dx}-h(x)$$

因此，微分方程式 $g(y)\dfrac{dy}{dx}-h(x)=0$ 代表

$$\frac{d}{dx}[G(y)-H(x)]=0$$

但是導函數是 0 的函數必為常數，因此

$$G(y)-H(x)=C$$

其中 C 為常數，亦即

$$G(y)=H(x)+C$$

或者

$$\int g(y)\,dy=\int h(x)\,dx+C$$

因此可得證。

習題 ■ 5.1

第 1 題到第 20 題，求出所給函數的積分，再以微分驗算。

1. $\int -3\,dx$ **2.** $\int dx$

3. $\int x^5\,dx$ **4.** $\int \sqrt{t}\,dt$

5. $\int \frac{1}{x^2}\,dx$ **6.** $\int 3e^x\,dx$

7. $\int \frac{2}{\sqrt{t}}\,dt$ **8.** $\int x^{-0.3}\,dx$

9. $\int u^{-2/5}\,du$ **10.** $\int \left(\frac{1}{x^2}-\frac{1}{x^3}\right)dx$

11. $\int (3t^2-\sqrt{5t}+2)\,dt$

12. $\int (x^{1/3}-3x^{-2/3}+6)\,dx$

13. $\int\left(\frac{e^x}{2}+x\sqrt{x}\right)dx$

14. $\int u^{1.1}\left(\frac{1}{3u}-1\right)du$

15. $\int\left(\frac{x^2+2x+1}{x^2}\right)dx$

16. $\int(x^3-2x^2)\left(\frac{1}{x}-5\right)dx$

17. $\int\sqrt{t}(t^2-1)\,dt$

18. $\int(e^t+1)^2\,dt$

19. $\int\left(\frac{1}{3y}-\frac{5}{\sqrt{y}}+e^{-y/2}\right)dy$

20. $\int t^{-1/2}(t^2-t+2)\,dt$

第 21 題到第 24 題，求解 $y=f(x)$ 的初值問題。

21. $\frac{dy}{dx}=3x-2$　其中當 $x=-1$，$y=2$

22. $\frac{dy}{dx}=e^{-x}$　其中當 $x=0$，$y=3$

23. $\frac{dy}{dx}=\frac{2}{x}-\frac{1}{x^2}$　其中當 $x=1$，$y=-1$

24. $\frac{dy}{dx}=\frac{x+1}{\sqrt{x}}$　其中當 $x=4$，$y=5$

第 25 題到第 28 題，已知曲線 $y=f(x)$ 上每一點 (x, y) 的切線斜率 $f'(x)$，以及曲線上的某一點 (a, b)，利用這些資訊求解 $f(x)$。

25. $f'(x)=4x+1;\ (1, 2)$

26. $f'(x)=-x(x+1);\ (-1, 5)$

27. $f'(x)=x^3-\frac{2}{x^2}+2;\ (1, 3)$

28. $f'(x)=e^{-x}+x^2;\ (0, 4)$

第 29 題到第 32 題，求解所給的可分初值問題。

29. $\frac{dy}{dx}=-2y;\quad y=3$　當 $x=0$

30. $\frac{dy}{dx}=xy;\quad y=1$　當 $x=0$

31. $\frac{dy}{dx}=e^{x+y};\quad y=0$　當 $x=0$

32. $\frac{dy}{dx}=\sqrt{\frac{y}{x}};\quad y=1$　當 $x=1$

商業與經濟應用問題

33. **邊際成本**　某製造商估計，當某產品之生產量是 q 單位時，其邊際成本是每單位 $C'(q)=3q^2-24q+48$ 元。若生產 10 單位的成本是 5,000 元，則生產 30 單位的成本是多少？

34. **廣告**　衛星電視業者估計，在某市區進行一廣告活動 t 個月後，每個月將增加 $N'(t)=154t^{2/3}+37$ 名新客戶，則預計從現在起八個月後將會有多少新客戶？

35. **邊際利潤**　當某商品的生產量是 q 單位時，邊際利潤是 $P'(q)=100-2q$。當生產量是 10 單位時，利潤是 700 元。
    a. 求出利潤函數 $P(q)$。
    b. 當生產量 q 為多少時，其利潤最大？最大利潤是多少？

36. **邊際消費傾向**　假設某國家的消費函數是 $c(x)$，其中 x 是全國可支配收入，則其**邊際消費傾向 (marginal propensity to consume)** 是 $c'(x)$。若 x 和 c 皆以十億元為單位，且

$$c'(x)=0.9+0.3\sqrt{x}$$

若當 $x=0$ 時，$c(x)$ 是 10（十億元），求出 $c(x)$。

37. **邊際分析**　某製造商估計，當生產量是 q 單位時，邊際營收是每單位 $200q^{-1/2}$ 元，而此時的邊際成本是每單位 $0.4q$ 元。若當生產量是 25 單位時，該製造商的利潤是 2,000 元，則當生產量是 36 單位時，該製造商的利潤是多少？

生命與社會科學應用問題

38. **人口成長**　根據預測，從現在起 t 個月後，某鎮的人口以每個月 $4+5t^{2/3}$ 人的速度增加，若該鎮目前的人口數是 10,000，從現在起至 8 個月後的人口數將是多少？

39. **學習**　將一長串的物品給受測者看，則 $f(x)$ 代表經過 x 分鐘後，受測者記住的物品數

量。心理學家將 $y = f(x)$ 的圖形稱為**學習曲線 (learning curve)**，而 $f'(x)$ 稱為**學習速率 (learning rate)**。學習速率最大化的時間稱為**學習巔峰 (peak efficiency)**。假設學習速率是

$$f'(x) = 0.1(10 + 12x - 0.6x^2) \quad 當 0 \leq x \leq 25$$

a. 何時為學習巔峰？此時的學習速率為何？
b. $f(x)$ 為何？你可以假設 $f(0) = 0$。
c. 受測者最多能記住幾件物品？

40. **學習** 鮑伯正在做學習測驗，記錄需要多少時間來記憶清單上的物品。若 $M(t)$ 是他在 t 分鐘內所能記住的物品數，則學習速率為

$$M'(t) = 0.4t - 0.005t^2$$

a. 鮑伯在最初 10 分鐘內可以記住多少物品？
b. 在接下來的 10 分鐘內（由時間 $t = 10$ 到 $t = 20$），他可以再多記住多少物品？

41. **血液流動** 將 Poiseuille 定理應用在動脈血流可知，若 $v(r)$ 是距離動脈中心軸 r 公分處的血流速度，則血流速度減緩的速度與 r 成正比，亦即

$$v'(r) = -ar$$

其中 a 為正的常數 *。假設 $v(R) = 0$，其中 R 是動脈的半徑，求出 $v(r)$。

其他問題

42. **解凍** 將一塊牛肉從冰箱取出，放在流理台上解凍。當牛肉剛從冰箱取出時，溫度是 −4°C，取出後經過 t 小時，其溫度上升速度是

$$T'(t) = 7e^{-0.35t} \text{ °C ／小時}$$

a. 以 t 表示牛肉在取出 t 小時後的溫度為何？
b. 在取出 2 小時後，其溫度是多少？
c. 假設牛肉的溫度在到達 10°C 時完成解凍，則需要多少時間才能將這塊牛肉解凍？

43. **距離與速度** 某移動物體在 t 分鐘後的速度是每分鐘 $v(t) = 3 + 2t + 6t^2$ 公尺，則該物體在第 2 分鐘內移動的距離是多少？

44. 求解 $\int b^x \, dx$，其中 b 為底數（$b > 0$，$b \neq 1$）？（提示：記住，$b^x = e^{x \ln b}$。）

* E. Batschelet, *Introduction to Mathematics for Life Scientists*, 2nd ed., New York: Springer-Verlag, 1979, pp. 101–103.

5.2 節 代換積分

學習目標

1. 利用代換積分求解不定積分。
2. 利用代換求解初值問題。
3. 認識經濟上的價格調整模型。

大部分現實情況中所遇到的函數，皆可以利用公式來微分，例如在第 2 章所學到的公式。但是積分就不同了，某些看起來很簡單的積分，可能需要一些特別的技巧或巧思。

例如，利用冪次公式，可以很容易地得到

$$\int x^7 \, dx = \frac{1}{8}x^8 + C$$

然而，想要求解

$$\int (3x + 5)^7 \, dx$$

即時複習

記住，$y = f(x)$ 的微分是 $dy = f'(x)\,dx$。

雖然我們可以先將 $(3x+5)^7$ 展開，再逐項積分，但是這個過程非常繁瑣。其實，我們可以利用變數變換

$$u = 3x + 5 \quad \text{因此} \quad du = 3\,dx \quad \text{或} \quad dx = \frac{1}{3}\,du$$

再將這些式子代入所要求解的積分，得到

$$\begin{aligned}\int (3x + 5)^7 \, dx &= \int u^7 \left(\frac{1}{3}\,du\right) && \text{冪次公式} \\ &= \frac{1}{3}\left(\frac{1}{8}u^8\right) + C = \frac{1}{24}u^8 + C && \text{代換 } u = 3x + 5 \\ &= \frac{1}{24}(3x + 5)^8 + C\end{aligned}$$

我們可以利用連鎖律微分來進行驗算（2.4 節）：

$$\frac{d}{dx}\left[\frac{1}{24}(3x + 5)^8\right] = \frac{1}{24}[8(3x + 5)^7(3)] = (3x + 5)^7$$

證明 $\frac{1}{24}(3x+5)^8$ 確實是 $(3x+5)^7$ 的反導函數。

以上介紹利用變數變換來進行積分的過程，稱為**代換積分 (integration by substitution)**。事實上，它是微分連鎖律的逆轉，原因說明如下，考慮以下積分

$$\int f(x)\,dx = \int g(u(x))u'(x)\,dx$$

其中 g 和 u 是函數。假設 G 是 g 的一個反導函數，則 $G' = g$。根據連鎖律

$$\begin{aligned}\frac{d}{dx}[G(u(x))] &= G'(u(x))u'(x) \\ &= g(u(x))u'(x)\end{aligned}$$

藉由將等號兩邊同時對 x 積分，可得到

$$\begin{aligned}\int f(x)\,dx &= \int g(u(x))u'(x)\,dx \\ &= \int \left(\frac{d}{dx}[G(u(x))]\right)dx && \int G' = G \\ &= G(u(x)) + C\end{aligned}$$

換句話說，當計算出 $g(u)$ 的反導函數，也同時得到 $f(x)$ 的反導函數。

一個便於記憶的方法，是將代換過程中的 $u = u(x)$ 當成變數變換，而其差分 $du = u'(x)$ 是可以進行代數運算的。因此

$$\begin{aligned}\int f(x)\,dx &= \int g(u(x))u'(x)\,dx && \text{以 } du \text{ 代換 } u'(x)dx\\ &= \int g(u)\,du && G \text{ 是 } g \text{ 的反導函數}\\ &= G(u) + C && \text{以 } u(x) \text{ 代換 } u\\ &= G(u(x)) + C\end{aligned}$$

以下是代換積分的步驟。

利用代換對 $\int f(x)\,dx$ 積分

步驟 1. 選擇適當的代換 $u = u(x)$，以「簡化」被積函數 $f(x)$。

步驟 2. 將整個積分以 u 及 $du = u'(x)\,dx$ 表示。也就是說，所有的 x 和 dx 都必須被轉換成 u 或 du。

步驟 3. 完成步驟 2 後，原來的積分將成為以下形式：

$$\int f(x)\,dx = \int g(u)\,du$$

可能的話，求出 $g(u)$ 的反導函數 $G(u)$，以計算轉換後的積分。

步驟 4. 在 $G(u)$ 中以 $u(x)$ 取代 u，以得到 $f(x)$ 的反導函數 $G(u(x))$，則

$$\int f(x)\,dx = G(u(x)) + C$$

古語說：「煮兔子湯的第一步是先抓到一隻兔子。」同樣地，代換積分的第一步是要找到一個適合的變數變換 $u = u(x)$，以簡化 $\int f(x)\,dx$ 中的被積函數，而且在以 $du = u'(x)\,dx$ 取代 dx 時，不會增加不必要的複雜性。以下是選擇 $u(x)$ 的原則：

1. 可能的話，選擇 u 使得 $u'(x)$ 是被積函數 $f(x)$ 的一部分。
2. 選擇造成被積函數 $f(x)$ 不易直接積分的部分當作 u，例如，根號內的數量、分數中的分母或是指數函數的指數部分。
3. 不要「濫用代換」。例如，本節一開始的 $\int(3x + 5)^7\,dx$，常見的錯誤是選擇 $u = (3x + 5)^7$。這雖簡化了被積函數，但 $du = 7(3x + 5)^6(3)\,dx$，使得代換後的積分比原先的還要複雜。
4. 堅持到底。如果試了一種代換卻不成功，試試看別種代換。

例題 5.2.1 到 5.2.7 說明如何選取代換，以及代換在各種積分上的應用。

例題 5.2.1 利用線性代換積分

求解 $\int \sqrt{2x+7}\,dx$。

■ 解

令 $u = 2x + 7$，則

$$du = 2\,dx \quad \text{因此} \quad dx = \frac{1}{2}\,du$$

所以積分變成

$$\begin{aligned}
\int \sqrt{2x+7}\,dx &= \int \sqrt{u}\left(\frac{1}{2}\,du\right) && \text{把 } \sqrt{u} \text{ 改寫為 } u^{1/2} \\
&= \frac{1}{2}\int u^{1/2}\,du && \text{利用冪次公式} \\
&= \frac{1}{2}\frac{u^{3/2}}{3/2} + C = \frac{1}{3}u^{3/2} + C && \text{以 } 2x+7 \text{ 代換 } u \\
&= \frac{1}{3}(2x+7)^{3/2} + C
\end{aligned}$$

例題 5.2.2 利用二次代換積分

求解 $\int 8x(4x^2-3)^5\,dx$。

■ 解

首先注意到被積函數 $8x(4x^2-3)^5$ 是一個乘積，其中一項 $8x$ 是另一項 $4x^2-3$ 的導函數，因此我們可以令

$$u = 4x^2 - 3 \quad \text{及} \quad du = 4(2x\,dx) = 8x\,dx$$

以得到

$$\begin{aligned}
\int 8x(4x^2-3)^5\,dx &= \int (4x^2-3)^5(8x\,dx) \\
&= \int u^5\,du \\
&= \frac{1}{6}u^6 + C && \text{以 } 4x^2-3 \text{ 代換 } u \\
&= \frac{1}{6}(4x^2-3)^6 + C
\end{aligned}$$

例題 5.2.3 應用代換於指數函數

求解 $\int x^3 e^{x^4+2}\, dx$。

■ **解**

如果被積函數中包含指數函數，通常代換指數部分是有用的。在本題中，我們選擇

$$u = x^4 + 2 \quad \text{因此} \quad du = 4x^3\, dx$$

且

$$\begin{aligned}\int x^3 e^{x^4+2}\, dx &= \int e^{x^4+2}(x^3\, dx) && du = 4x^3\, dx\text{，所以}x^3\, dx = \frac{1}{4}\, du \\ &= \int e^u\left(\frac{1}{4}\, du\right) && \text{利用指數公式} \\ &= \frac{1}{4}e^u + C && \text{以}x^4 + 2\text{代換}u \\ &= \frac{1}{4}e^{x^4+2} + C\end{aligned}$$

例題 5.2.4 應用代換於有理函數

求解 $\int \frac{x}{x-1}\, dx$。

■ **解**

根據之前所提到的原則，我們代換被積函數的分母部分，則 $u = x - 1$ 且 $du = dx$。因為 $u = x - 1$，所以 $x = u + 1$。因此

$$\begin{aligned}\int \frac{x}{x-1}\, dx &= \int \frac{u+1}{u}\, du && \text{相除} \\ &= \int \left[1 + \frac{1}{u}\right] du && \text{利用常數及對數公式} \\ &= u + \ln|u| + C && \text{以 } x-1 \text{ 代換 } u \\ &= x - 1 + \ln|x-1| + C\end{aligned}$$

例題 5.2.5 應用代換於根式函數

求解 $\int \frac{3x+6}{\sqrt{2x^2+8x+3}}\, dx$。

■ **解**

根據之前提到的原則，我們選擇代換分母根號內的數，亦即

$$u = 2x^2 + 8x + 3 \qquad du = (4x + 8)\,dx$$

乍看之下，這個代換似乎沒有用，$du = (4x + 8)\,dx$ 看起來和原式中的 $(3x + 6)$ 並不相同。然而

$$(3x + 6)\,dx = 3(x + 2)\,dx = \frac{3}{4}(4)[(x + 2)\,dx]$$
$$= \frac{3}{4}[(4x + 8)\,dx] = \frac{3}{4}\,du$$

代換之後，可得到

$$\int \frac{3x + 6}{\sqrt{2x^2 + 8x + 3}}\,dx = \int \frac{1}{\sqrt{2x^2 + 8x + 3}}[(3x + 6)\,dx]$$
$$= \int \frac{1}{\sqrt{u}}\left(\frac{3}{4}\,du\right) = \frac{3}{4}\int u^{-1/2}\,du \qquad \text{將 } \frac{1}{\sqrt{u}} \text{ 改寫成 } u^{-1/2}$$
$$= \frac{3}{4}\left(\frac{u^{1/2}}{1/2}\right) + C = \frac{3}{2}\sqrt{u} + C \qquad \text{代換 } u = 2x^2 + 8x + 3$$
$$= \frac{3}{2}\sqrt{2x^2 + 8x + 3} + C$$

例題 5.2.6 應用代換於對數函數

求解 $\displaystyle\int \frac{(\ln x)^2}{x}\,dx$。

■ 解

因為

$$\frac{d}{dx}(\ln x) = \frac{1}{x}$$

被積函數

$$\frac{(\ln x)^2}{x} = (\ln x)^2\left(\frac{1}{x}\right)$$

是一個乘積，其中 $\frac{1}{x}$ 是另一項中的 $\ln x$ 的導函數，因此我們選擇代換 $u = \ln x$，$du = \frac{1}{x}\,dx$，則

$$\int \frac{(\ln x)^2}{x}\,dx = \int (\ln x)^2\left(\frac{1}{x}\,dx\right)$$
$$= \int u^2\,du = \frac{1}{3}u^3 + C \qquad \text{以 } \ln x \text{ 代換 } u$$
$$= \frac{1}{3}(\ln x)^3 + C$$

例題 5.2.7 在代換前先應用代數

求解 $\int \frac{x^2+3x+5}{x+1}\,dx$。

■ **解**

以這個積分目前的情況，並沒有簡單的方法可以用來求解（記住積分並沒有「商的公式」）。然而，如果只是簡單地把分子除以分母：

$$\begin{array}{r} x+2 \\ x+1\overline{)\ x^2+3x+5} \\ \underline{-x(x+1)} \\ 2x+5 \\ \underline{-2(x+1)} \\ 3 \end{array}$$

亦即

$$\frac{x^2+3x+5}{x+1} = x+2+\frac{3}{x+1}$$

我們就可以利用冪次公式直接積分 $x+2$；至於 $\frac{3}{x+1}$，可以利用代換積分，令 $u=x+1$，$du=dx$ 來求解：

$$\begin{aligned}\int \frac{x^2+3x+5}{x+1}\,dx &= \int\left[x+2+\frac{3}{x+1}\right]dx && u=x+1 \\ & && du=dx \\ &= \int x\,dx + \int 2\,dx + \int \frac{3}{u}\,du \\ &= \frac{1}{2}x^2+2x+3\ln|u|+C && \text{以 } x+1 \text{ 代換 } u \\ &= \frac{1}{2}x^2+2x+3\ln|x+1|+C\end{aligned}$$

代換積分不一定都能成功，在例題 5.2.8 中，我們考慮一個與例題 5.2.3 非常相似的積分，但是其差異足以使代換積分失敗。

例題 5.2.8 代換失敗的積分

求解 $\int x^4 e^{x^4+2}\,dx$。

■ **解**

和例題 5.2.3 一樣，最自然的代換方式是 $u=x^4+2$，$du=4x^3\,dx$，所以 $x^3\,dx = \frac{1}{4}\,du$。但是這個被積函數是包含 x^4 而非 x^3，「多出來的」x 的一次方滿足 $x=\sqrt[4]{u-2}$，所以代換後，你可以得到

即時複習

注意到如果 $u=x^4+2$，則 $x^4=u-2$，因此 $x=(u-2)^{1/4}=\sqrt[4]{u-2}$。

$$\int x^4 e^{x^4+2}\,dx = \int x e^{x^4+2}(x^3\,dx) = \int \sqrt[4]{u-2}\,e^u\left(\frac{1}{4}\,du\right)$$

這並不比原來的積分容易！試試其他可能的代換（例如 $u = x^2$ 或 $u = x^3$）來確定沒有任何一種代換方式可以成功。這只是代換失敗而已，並不表示被積函數沒有反導函數。

應用代換於微分方程式

代換方法經常被應用於求解微分方程式，例題 5.2.9 和 5.2.10 是兩個例子。

例題 5.2.9　利用代換求解可分微分方程式

求下列微分方程式的一般解：

$$\frac{dy}{dx} = \frac{\sqrt{4-y^2}}{xy}$$

■ 解

首先分離變數以得到

$$\int \frac{y\,dy}{\sqrt{4-y^2}} = \int \frac{dx}{x}$$

等式右邊的積分很簡單，左邊的積分則可應用代換

$$u = 4 - y^2 \qquad du = -2y\,dy \qquad y\,dy = -\frac{1}{2}\,du$$

積分後可得到

$$\int \frac{y\,dy}{\sqrt{4-y^2}} = \int \frac{dx}{x}$$

$$\int \frac{(-1/2)\,du}{\sqrt{u}} = \int \frac{dx}{x} \qquad \text{將 } \frac{1}{\sqrt{u}} \text{ 改寫為 } u^{-1/2}$$

$$\int -\frac{1}{2}u^{-1/2}\,du = \int x^{-1}\,dx \qquad \text{冪次與對數公式}$$

$$\frac{(-1/2)\,u^{1/2}}{1/2} = \ln|x| + C$$

最後，以 $u = 4 - y^2$ 代換並化簡，可得到

$$-\sqrt{4-y^2} = \ln|x| + C$$

注意　在例題 5.2.9 中，我們用隱式（含有 x 和 y 的函數）表示微分方程式的解，這經常是必須的，因為要求出顯式，亦即用 x 表示 y，也許不可能或是相當耗時。■

例題 5.2.10　由變化率求價格

根據估計，當某商品的需求量是 x（百）單位時，每單位的售價 p（元）的變化率是

$$\frac{dp}{dx} = \frac{-135x}{\sqrt{9 + x^2}}$$

假設每單位的售價為 30 元時，需求量是 400 單位（$x=4$）。

a. 求解需求函數 $p(x)$。

b. 售價為多少時，需求量是 300 單位？售價為多少時，需求量是 0？

c. 當每單位的售價為 20 元時，需求量是多少？

■ 解

a. 將 $\frac{dp}{dx}$ 對 x 積分，即可得到每單位的售價 $p(x)$。利用以下的代換積分，

$$u = 9 + x^2 \qquad du = 2x\,dx \qquad x\,dx = \frac{1}{2}du$$

得到

$$\begin{aligned} p(x) &= \int \frac{-135x}{\sqrt{9 + x^2}}\,dx = \int \frac{-135}{u^{1/2}}\left(\frac{1}{2}\right)du \\ &= -\frac{135}{2}\int u^{-1/2}\,du \\ &= -\frac{135}{2}\left(\frac{u^{1/2}}{1/2}\right) + C \qquad \text{以 } 9+x^2 \text{ 代換 } u \\ &= -135\sqrt{9 + x^2} + C \end{aligned}$$

因為當 $x=4$ 時，$p=30$，可得知

$$\begin{aligned} 30 &= -135\sqrt{9 + 4^2} + C \\ C &= 30 + 135\sqrt{25} = 705 \end{aligned}$$

所以

$$p(x) = -135\sqrt{9 + x^2} + 705$$

b. 當需求量是 300 單位時，$x=3$，而對應的售價是每單位

$$p(3) = -135\sqrt{9 + 3^2} + 705 = \$132.24$$

當需求量是 0 單位時，$x = 0$，其對應的售價是每單位

$$p(0) = -135\sqrt{9 + 0} + 705 = \$300$$

c. 要決定每單位售價是 20 元時的需求量，需要求解以下方程式

$$\begin{aligned} -135\sqrt{9 + x^2} + 705 &= 20 \\ 135\sqrt{9 + x^2} &= 685 \\ \sqrt{9 + x^2} &= \frac{685}{135} \qquad \text{兩邊取平方} \\ 9 + x^2 &\approx 25.75 \\ x^2 &\approx 16.75 \\ x &\approx 4.09 \end{aligned}$$

也就是說，當每單位售價是 20 元時，需求量大約是 4.09 百單位（409 單位）。

價格調整模型

令 $S(p)$ 為某商品的單價是 p 元時的供應量，$D(p)$ 為在此單價時，對應的需求量。在靜態環境下，市場平衡發生於需求量與供應量相等時（於 1.4 節討論過），然而某些經濟模型考慮較為動態的經濟環境，其中價格、供應和需求會隨著時間而改變。其中一個模型稱為*伊凡斯價格調整模型* (Evans price adjustment model)*，此模型假設價格相對於時間 t 的變化率與缺貨量 $D - S$ 成正比，因此

$$\frac{dp}{dt} = k(D - S)$$

其中 k 是一個正的常數。例題 5.2.11 討論這個模型。

例題 5.2.11　價格調整模型

Byung-Soon 是某產品的銷售經理，此產品剛推出時的單價是 5 元。她認為 t 個月後，價格 $p(t)$ 的變化率將是缺貨量 $D - S$ 的 2%，其中產品的供應量 $S(p)$ 和需求量 $D(p)$（千單位）可表示為

$$D = 50 - p \quad \text{和} \quad S = 23 + 2p \qquad \text{當} 0 \le p < 9$$

a. 建立及求解初值問題，以求得單價 $p(t)$。

---

* 伊凡斯價格調整模型和幾個動態經濟模型的驗證請參見 J. E. Draper and J. S. Klingman, *Mathematical Analysis with Business and Economic Applications*, New York: Harper and Row, 1967, pp. 430–434。

b. 6 個月後此產品的預期營收為何？

c. 平衡價格 p_e（當供應量與需求量相等）為何？證明長期而言 $(t \to \infty)$，$p(t)$ 將趨近於 p_e。

■ 解

a. 根據所給資訊，單價 $p(t)$ 滿足初值問題

$$\frac{dp}{dt} = k(D - S) = \underbrace{0.02[(50 - p) - (23 + 2p)]}_{\text{缺貨量 } D-S \text{ 的 } 2\%} \quad \text{且} \quad \underbrace{p(0) = 5}_{\text{初始價格}}$$

$$\frac{dp}{dt} = 0.02(27 - 3p) = 0.06(9 - p)$$

分離變數並積分，可得

$$\int \frac{dp}{9 - p} = \int 0.06\, dt \qquad \text{代換 } u = 9 - p，du = -dp$$

$$-\ln(9 - p) = 0.06t + C_1 \qquad |9 - p| = 9 - p，\text{因為 } p < 9$$

$$9 - p = e^{-0.06t}e^{-C_1} = Ce^{-0.06t} \qquad \text{兩邊乘以 } -1 \text{ 並取指數}$$

$$p = 9 - Ce^{-0.06t} \qquad \text{其中 } C = e^{-C_1}$$

因為當 $t = 0$ 時，$p = 5$，可得知

$$5 = 9 - Ce^0 = 9 - C$$
$$C = 9 - 5 = 4$$

所以對於所有的 $t \geq 0$，

$$p(t) = 9 - 4e^{-0.06t}$$

（見圖 5.3。）

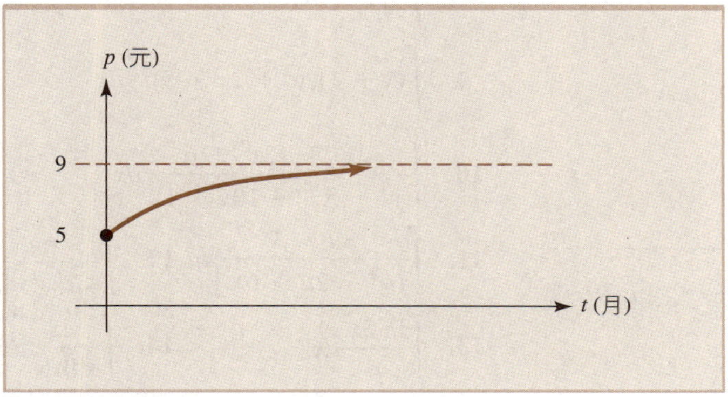

圖 5.3 單價函數 $p(t) = 9 - 4e^{-0.06t}$ 的圖形。

b. 當 $t=6$，該產品價格為

$$p(6) = 9 - 4e^{-0.06(6)} \approx 6.21$$

因為需求量以千為單位，單價 $p=6.21$ 時所產生的營收 $1000D(p)p(t)$ 是

$$\begin{aligned} R(6) &= 1{,}000D[p(6)]p(6) = 1{,}000[50 - p(6)]p(6) \\ &= 1{,}000(50 - 6.21)(6.21) = 1{,}000(271.936) = 271{,}936 \end{aligned}$$

所以 6 個月後的營收大約是 271,936 元。

c. 平衡價格 p_e 滿足

$$\underbrace{23 + 2p_e}_{\text{供應量}} = \underbrace{50 - p_e}_{\text{需求量}}$$

求解後可得

$$p_e = 9$$

當 $t \to \infty$，可得證

$$\begin{aligned} \lim_{t\to\infty} p(t) &= \lim_{t\to\infty} (9 - 6e^{-0.3465t}) = 9 \\ &= p_e \end{aligned}$$

對所有的 $m>0$，當 $t \to +\infty$ 時，$e^{-mt} \to 0$

習題 ■ 5.2

1. 在表格中填上求解各個積分時所使用的變數變換。

積分式	變數變換 u
a. $\int (3x+4)^{5/2}\,dx$	
b. $\int \frac{4}{3-x}\,dx$	
c. $\int te^{2-t^2}\,dt$	
d. $\int t(2+t^2)^3\,dt$	

第 2 題到第 21 題，求解下列積分，並以微分驗算。

2. $\int (2x+6)^5\,dx$

3. $\int \sqrt{4x-1}\,dx$

4. $\int e^{1-x}\,dx$

5. $\int xe^{x^2}dx$

6. $\int t(t^2+1)^5\,dt$

7. $\int x^2(x^3+1)^{3/4}\,dx$

8. $\int \frac{2y^4}{y^5+1}\,dy$

9. $\int (x+1)(x^2+2x+5)^{12}\,dx$

10. $\int \frac{3x^4+12x^3+6}{x^5+5x^4+10x+12}\,dx$

11. $\int \frac{3u-3}{(u^2-2u+6)^2}\,du$

12. $\int \frac{6u-3}{4u^2-4u+1}\,du$

13. $\int \frac{\ln 5x}{x}\,dx$

14. $\int \frac{1}{x\ln x}\,dx$

15. $\int \frac{1}{x(\ln x)^2}\,dx$

16. $\int \frac{2x\ln(x^2+1)}{x^2+1}\,dx$

17. $\displaystyle\int \frac{e^x + e^{-x}}{e^x - e^{-x}}\,dx$　　18. $\displaystyle\int \frac{x}{2x+1}\,dx$

19. $\displaystyle\int x\sqrt{2x+1}\,dx$

20. $\displaystyle\int \frac{1}{\sqrt{x}(\sqrt{x}+1)}\,dx$（提示：令 $u = \sqrt{x} + 1$。）

21. $\displaystyle\int \frac{1}{x^2}\left(\frac{1}{x} - 1\right)^{2/3} dx$（提示：令 $u = \frac{1}{x} - 1$。）

第 22 題到第 24 題，求解 $y = f(x)$ 的初值問題。

22. $\dfrac{dy}{dx} = (3 - 2x)^2$；當 $x = 0$ 時，$y = 0$

23. $\dfrac{dy}{dx} = \dfrac{1}{x+1}$；當 $x = 0$ 時，$y = 1$

24. $\dfrac{dy}{dx} = \dfrac{x+2}{x^2+4x+5}$；當 $x = -1$ 時，$y = 3$

第 25 題到第 28 題，已知曲線 $y = f(x)$ 上每一點 (x, y) 的切線斜率 $f'(x)$，以及曲線上某點 (a, b)，利用這些資訊求出 $f(x)$。

25. $f'(x) = (1 - 2x)^{3/2}$; $(0, 0)$

26. $f'(x) = x\sqrt{x^2 + 5}$; $(2, 10)$

27. $f'(x) = xe^{4-x^2}$; $(-2, 1)$

28. $f'(x) = \dfrac{2x}{1 + 3x^2}$; $(0, 5)$

第 29 題到第 32 題，利用適當的變數變換，求解所給的可分微分方程式。

29. $\dfrac{dy}{dx} = \dfrac{2 - y}{(x+1)^2}$　　30. $\dfrac{dy}{dx} = \dfrac{xy}{2x - 1}$

31. $\dfrac{dy}{dx} = \dfrac{2 - y^2}{xy}$　　32. $\dfrac{dx}{dt} = \dfrac{\ln t}{xt}$

商業與經濟應用問題

33. **邊際成本**　當某工廠的生產量是 q 單位時，其邊際成本是每單位 $3(q - 4)^2$ 元。
 a. 以該工廠的經常費用（生產 0 單位時的成本）及生產量表示其總生產成本。
 b. 如果該工廠的固定經常費用是 436 元，則生產 14 單位的總成本是多少？

34. **營收**　當銷售某商品 x 單位時，其邊際營收是每單位 $R'(x) = 50 + 3.5xe^{-0.01x^2}$ 元，其中 $R(x)$ 是營收，單位為元。
 a. 假設 $R(0) = 0$，求出 $R(x)$。
 b. 銷售該商品 1,000 單位的總營收為何？

35. **需求**　鞋店經理發現，當某流行品牌運動鞋的需求量是 x（百雙）時，每雙運動鞋售價 p（元）的變化率是

$$p'(x) = \frac{-300x}{(x^2 + 9)^{3/2}}$$

當每雙鞋的售價是 75 元時，需求量是 400 雙（$x = 4$）。
 a. 求出需求（售價）函數 $p(x)$。
 b. 當售價是多少時，需求量會是 500 雙？當售價是多少時，需求量會是 0？
 c. 當售價是每雙 90 元時，需求量將會是多少？

生命與社會科學應用問題

36. **樹木成長**　一株被移植的樹，在 x 年後以每年 $1 + \dfrac{1}{(x+1)^2}$ 公尺的速度成長。若移植 2 年後，該樹的高度是 5 公尺，則其在移植時的高度是多少？

37. **藥物濃度**　病患在注射完藥物後，血液中該藥物的濃度 $C(t)$ 是 0.5 毫克／立方公分，在注射完 t 分鐘後，藥物濃度會以每分鐘 $C'(t) = \dfrac{-0.01e^{0.01t}}{(e^{0.01t} + 1)^2}$ 毫克／立方公分的速率減少。當血液中的藥物濃度降到 0.05 毫克／立方公分以下時，就會再注射藥物。
 a. 求出 $C(t)$ 的數學式。
 b. 注射 1 小時後的藥物濃度是多少？3 小時後呢？

38. **空氣污染**　洛杉磯某個郊區早上 7 點的臭氧含量 $L(t)$ 是 0.25 ppm。根據未來 12 小時的天氣預測，臭氧含量在 t 小時後的變化率為

$$L'(t) = \frac{0.24 - 0.03t}{\sqrt{36 + 16t - t^2}} \text{ ppm／小時}$$

將臭氧含量 $L(t)$ 表示成 t 的函數。何時臭氧含量達到最高？此時的臭氧含量是多少？

其他問題

第 39 題到第 42 題，已知某沿著 x 軸移動的物體在時間 t 的速度 $v(t) = x'(t)$ 及其初始位置 $x(0)$，求解下列各小題：

(a) 在時間 t 時的位置 $x(t)$。
(b) 該物體在時間 $t = 4$ 時的位置。
(c) 該物體在位置 $x = 3$ 處的時間。

39. $x'(t) = \dfrac{-1}{1 + 0.5t}$; $x(0) = 5$

40. $x'(t) = -2(3t + 1)^{1/2}$; $x(0) = 4$

41. $x'(t) = \dfrac{-2t}{(1 + t^2)^{3/2}}$; $x(0) = 4$

42. $x'(t) = \dfrac{1}{\sqrt{2t + 1}}$; $x(0) = 0$

43. 求解 $\displaystyle\int \frac{e^{2x}}{1 + e^x}\,dx$。（提示：令 $u = 1 + e^x$。）

44. 求解 $\displaystyle\int x^{1/3}(x^{2/3} + 1)^{3/2}\,dx$。（提示：令 $u = x^{2/3} + 1$，則 $x^{2/3} = u - 1$。）

5.3 節　定積分與微積分基本定理

學習目標

1. 證明如何將曲線下的面積表示成極限的和。
2. 定義定積分並了解其性質。
3. 寫出微積分基本定理並將其應用於計算定積分。
4. 應用微積分基本定理求解涉及淨變化量的應用問題。
5. 以幾何方式證明微積分基本定理。

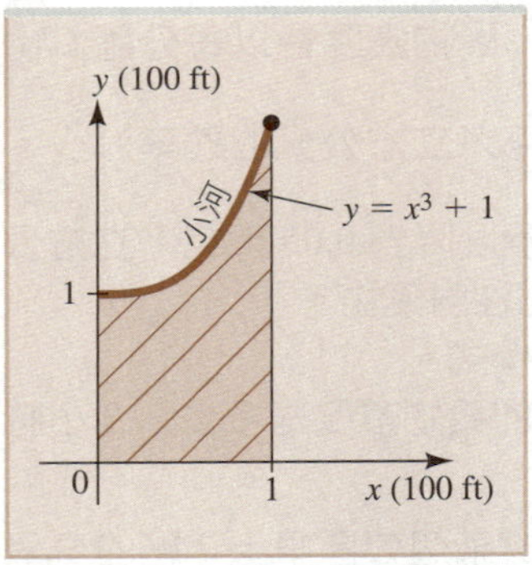

圖 5.4　計算曲線下的面積來估計土地價值。

假設某個地產經紀人想要評估一塊未開發土地的價值，該土地的寬是 100 英呎，三面被馬路包圍，最後一面是一條小河。該經紀人認為，在如圖 5.4 所示的座標系統上，小河可以用曲線 $y = x^3 + 1$ 來表示，其中 x 和 y 是以 100 英呎為單位。如果該土地的面積是 A 平方英呎，經紀人評估的價值是每平方英呎 12 元，則土地的總價值是 $12A$ 元。如果土地是長方形或三角形，甚至是梯形，可以用眾所周知的面積公式計算出面積 A。然而該土地上方的邊界是一條曲線，這位經紀人應如何求出土地面積，以進一步估計價值呢？

本節的目標即在討論如何將曲線下的面積（例如剛剛討論的土地面積 A）表示成一些數量之和的極限，稱為**定積分 (definite integral)**。接下來將介紹一個結果，即**微積分基本定理 (fundamental theorem of calculus)**。這個結果讓我們可以利用 5.1 節和 5.2 節介紹的不定積分（反微分）來計算定積分，而得到面積和其他數量。例題 5.3.3 將說明這個方法，我們會先把上例中的土地面積 A 表示成一個定積分，再利用微積分基本定理求出面積。

以和的極限表示面積

如圖 5.5a 所示，考慮曲線 $y = f(x)$ 下，在 $a \le x \le b$ 區間內的面積，其中 $f(x) \ge 0$，且 f 為連續函數。在計算面積時，我們將遵循以下的通則：

> 當面對不知道如何處理的事情時，試著找出它與我們已知如何處理的事情之關聯。

在這個例子中，我們可能不知道如何計算曲線下的面積，但是我們知道如何計算長方形的面積，因此，我們可以先把曲線下的區域分割成一些長方形的區域，再把這些長方形區域的面積加起來，以估計曲線 $y = f(x)$ 下的區域面積。

更詳細地說，我們先把 $a \le x \le b$ 這個區間分成 n 個相等的子區間，每個子區間的長度都是 $\Delta x = \dfrac{b-a}{n}$，並且令 x_j 為第 j 個子區間左邊的端點，$j = 1, 2, ..., n$，再畫出 n 個長方形，使得第 j 個長方形的底部是第 j 個子區間，且其高度等於 $f(x_j)$，寬是 Δx。圖 5.5b 是這個近似方法的圖示。

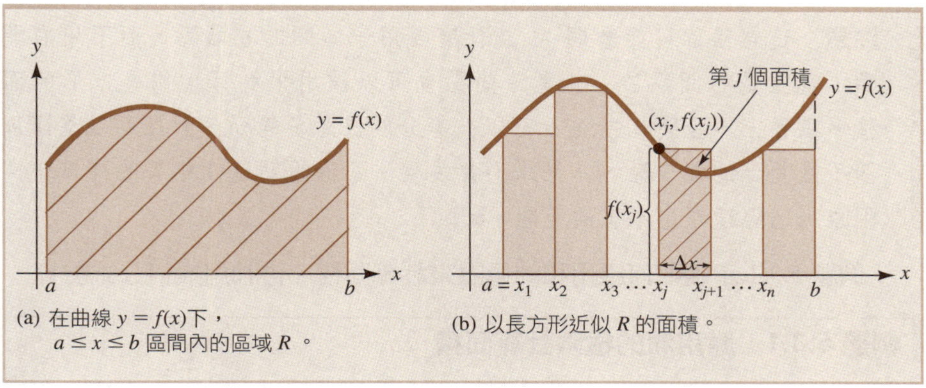

(a) 在曲線 $y = f(x)$ 下，$a \le x \le b$ 區間內的區域 R。

(b) 以長方形近似 R 的面積。

圖 5.5 以長方形近似曲線下的面積。

第 j 個長方形的面積是 $f(x_j)\Delta x$，而且會近似於曲線之下、子區間 $x_j \le x \le x_{j+1}$ 之上的面積。所有 n 個長方形的面積之和為

$$\begin{aligned} S_n &= f(x_1)\Delta x + f(x_2)\Delta x + \cdots + f(x_n)\Delta x \\ &= [f(x_1) + f(x_2) + \cdots + f(x_n)]\Delta x \end{aligned}$$

近似於曲線下的總面積 A。

如圖 5.6 所示，當子區間的數目 n 增加時，近似和 S_n 將愈來愈接近曲線下的面積，因此我們可以合理地定義曲線下的實際面積 A 為這些和的極限。總結如下：

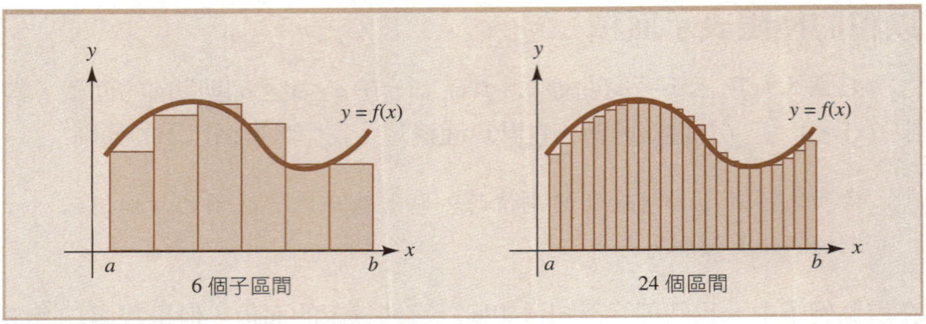

圖 5.6 子區間的數目愈多，近似值會愈接近實際值。

曲線下的面積 ■ 令 $f(x)$ 在區間 $a \leq x \leq b$ 上連續，而且滿足 $f(x) \geq 0$。如果將區間 $a \leq x \leq b$ 分割成 n 等分，每一等分的長度是 $\Delta x = \dfrac{b-a}{n}$，則曲線 $y = f(x)$ 之下，區間 $a \leq x \leq b$ 之上的面積為

$$A = \lim_{n \to +\infty} [f(x_1) + f(x_2) + \cdots + f(x_n)]\Delta x$$

其中 x_j 是第 j 個子區間的左端點。

注意 這時候你可能會問：「為什麼要用子區間的左端點，而不用右端點，甚至是中間點？」其實這些點也可以被用來計算近似長方形的面積。事實上，區間 $a \leq x \leq b$ 可以被等分成任意多等分，而且可以選擇每個子區間上的任一點，其結果不會改變。不過證明這個相等的性質非常困難，已經遠超出本書的範圍。■

例題 5.3.1 示範如何應用和的極限來計算面積，再利用幾何公式驗算。

例題 5.3.1 應用和的極限計算面積

令 R 表示圖形 $f(x) = 2x + 1$ 下，在區間 $1 \leq x \leq 3$ 上的區域，如圖 5.7a 所示，以和的極限計算 R 的面積。

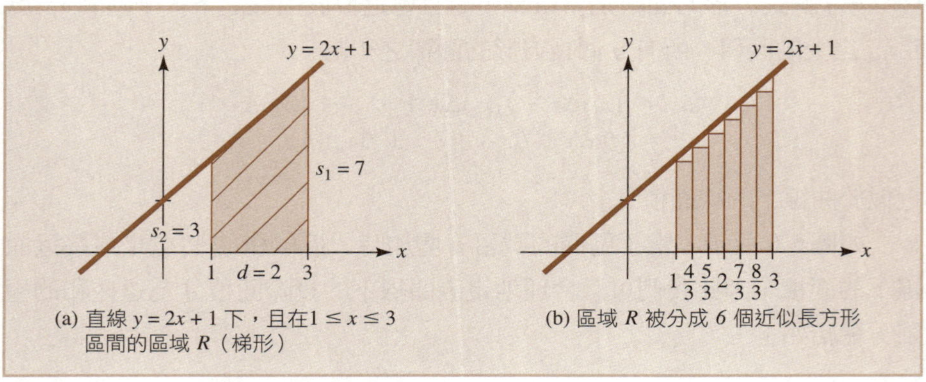

(a) 直線 $y = 2x + 1$ 下，且在 $1 \leq x \leq 3$ 區間的區域 R（梯形）

(b) 區域 R 被分成 6 個近似長方形

圖 5.7 以長方形近似直線下的面積。

■ **解**

圖 5.7b 是以 6 個長方形來近似區域 R，每個長方形的寬度為 $\Delta x = \dfrac{3-1}{6} = \dfrac{1}{3}$，其左端點分別是 $x_1 = 1$，$x_2 = 1 + \dfrac{1}{3} = \dfrac{4}{3}$，$x_3 = \dfrac{5}{3}$，$x_4 = 2$，$x_5 = \dfrac{7}{3}$和 $x_6 = \dfrac{8}{3}$。其對應的 $f(x) = 2x + 1$ 之值如下表所示：

x_j	1	$\frac{4}{3}$	$\frac{5}{3}$	2	$\frac{7}{3}$	$\frac{8}{3}$
$f(x_j) = 2x_j + 1$	3	$\frac{11}{3}$	$\frac{13}{3}$	5	$\frac{17}{3}$	$\frac{19}{3}$

因此，區域 R 的面積 A 可用以下的和來近似：

$$S = \left(3 + \frac{11}{3} + \frac{13}{3} + 5 + \frac{17}{3} + \frac{19}{3}\right)\left(\frac{1}{3}\right) = \frac{28}{3} \approx 9.333$$

如果你繼續用愈來愈多的長方形來分割區域 R，其對應的近似和 S_n 會愈來愈接近該區域的實際面積 A。下表列出利用幾個不同的 n 值（$n = 10, 20, 50, 100$ 及 500）所得到的近似和，包括已計算過的 $n = 6$（如果你可以使用電腦或可輸入程式的計算機，試著寫一個程式，當給定任意一個 n 值時，產生對應的近似和）。

長方形個數 n	6	10	20	50	100	500
近似和 S_n	9,333	9.600	9.800	9.920	9.960	9.992

當 n 愈來愈大時，表中第二列的數字看起來似乎愈來愈接近 10，所以我們可以合理地推測區域 R 的面積為

$$A = \lim_{n \to +\infty} S_n = 10$$

注意到圖 5.7a 中的區域 R 是一個梯形，其寬度 $d = 3 - 1 = 2$，平行邊的長度分別為

$$s_1 = 2(3) + 1 = 7 \quad \text{和} \quad s_2 = 2(1) + 1 = 3$$

因此這個梯形的面積為

$$A = \frac{1}{2}(s_1 + s_2)d = \frac{1}{2}(7 + 3)(2) = 10$$

這與以和的極限計算所得到的結果相同。

定積分

面積只是許多可以表示成和之極限的數量中的一種，要處理所有的這種情形，包括那些不需要 $f(x) \geq 0$ 或沒有用到左端點的情形，我們需要以下所介紹的一些名詞和符號。

定積分 ■ 令 $f(x)$ 是在區間 $a \leq x \leq b$ 上連續的函數，把區間 $a \leq x \leq b$ 分成 n 等分，每個子區間的長度都是 $\Delta x = \frac{b-a}{n}$，再由第 k 個子區間選取一個數 x_k，$k = 1, 2, ..., n$，則以下形式的和

$$[f(x_1) + f(x_2) + \cdots + f(x_n)]\Delta x$$

稱為**黎曼和 (Riemann sum)**。

f 在區間 $a \leq x \leq b$ 上的**定積分 (definite integral)** 表示成 $\int_a^b f(x)\,dx$，是黎曼和在 $n \to +\infty$ 時的極限，亦即

$$\int_a^b f(x)\,dx = \lim_{n\to+\infty}[f(x_1) + f(x_2) + \cdots + f(x_n)]\Delta x$$

函數 f 稱為**被積函數 (integrand)**，a 和 b 分別為**積分下限 ((lower limit of integration))** 和**積分上限 (upper limit of integration)**。求解定積分的過程則稱為**定積分 (definite integration)**。

令人驚訝的是，只要 $f(x)$ 在區間 $a \leq x \leq b$ 是連續的，就能保證用來定義定積分 $\int_a^b f(x)\,dx$ 的極限存在，而且不論如何選取 x_k 來代表子區間，結果都是一樣的。

用來代表定積分的符號 $\int_a^b f(x)\,dx$，基本上和不定積分的符號 $\int f(x)\,dx$ 是一樣的，雖然定積分是一個特定的數字，而不定積分是一群函數（所有 f 的反導函數）的集合。這兩個看起來差異很大的觀念，事實上卻有著密切的關聯。以下是一個利用積分符號所作的精簡定義。

以定積分表示面積 ■ 若 $f(x)$ 在區間 $a \leq x \leq b$ 上是連續的，且 $f(x) \geq 0$，則曲線 $y = f(x)$ 之下，區間 $a \leq x \leq b$ 之上的區域 R 的面積 A，可以表示成定積分 $A = \int_a^b f(x)\,dx$。

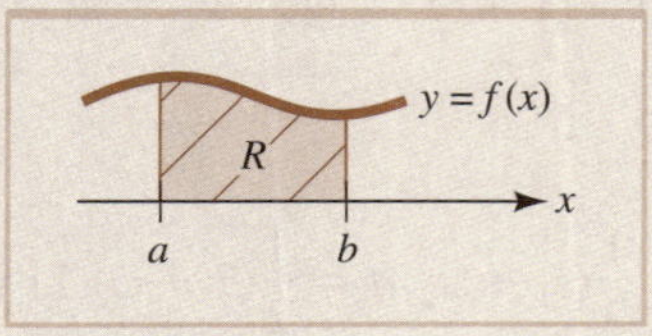

微積分基本定理

如果只能透過計算和的極限來得到定積分，積分方法可能就只不過是一種特別的數學觀念而已，幸好有以下的重要結果，能將定積分與反微分連結起來，提供一種更簡單的方法來計算定積分。

微積分基本定理 ■ 若函數 $f(x)$ 在區間 $a \le x \le b$ 上是連續的，則

$$\int_a^b f(x)\,dx = F(b) - F(a)$$

其中 $F(x)$ 是 $f(x)$ 在區間 $a \le x \le b$ 上的任一個反導函數。

本節最末將會證明一個微積分基本定理的特例。當應用這個基本定理時，我們使用以下的符號

$$F(x)\Big|_a^b = F(b) - F(a)$$

因此

$$\int_a^b f(x)\,dx = F(x)\Big|_a^b = F(b) - F(a)$$

注意 你可能會懷疑，為什麼微積分基本定理可以保證若 $F(x)$ 是 $f(x)$ 的任一個反導函數，則

$$\int_a^b f(x)\,dx = F(b) - F(a)$$

要了解為什麼這是對的，假設 $G(x)$ 是另一個反導函數，則 $G(x) = F(x) + C$，其中 C 是常數，因此 $F(x) = G(x) - C$，而且

$$\begin{aligned}\int_a^b f(x)\,dx &= F(b) - F(a)\\ &= [G(b) - C] - [G(a) - C]\\ &= G(b) - G(a)\end{aligned}$$

因為兩個 C 可以消去。所以定積分的值與所選取的反導函數無關，不會因選取的反導函數不同而有所改變。■

在例題 5.3.1 中，我們以和的極限來估計區域的面積；在例題 5.3.2 中，我們將利用微積分基本定理來計算同一個區域的面積，以顯示微積分基本定理在計算上的重要價值。

例題 5.3.2 應用微積分基本定理計算面積

利用微積分基本定理，求出在圖形 $f(x) = 2x + 1$ 之下，區間 $1 \le x \le 3$ 上的區域面積。

■ 解

因為 $f(x) = 2x + 1$ 在區間 $1 \le x \le 3$ 上滿足 $f(x) \ge 0$，則所欲求的面積是定積

分 $A = \int_1^3 (2x + 1)\,dx$。因為 $F(x) = x^2 + x$ 是 $f(x) = 2x + 1$ 的一個反導函數，由微積分基本定理可知

$$A = \int_1^3 (2x + 1)\,dx = x^2 + x\Big|_1^3$$
$$= [(3)^2 + (3)] - [(1)^2 + (1)] = 10$$

這與例題 5.3.1 所得的結果相同。

例題 5.3.3 示範如何應用定積分求解本節一開始所描述的土地面積。

例題 5.3.3　利用積分求土地面積

某塊土地的寬是 100 英呎，三面被馬路包圍，最後一面是一條小河。某房地產經紀人認為，可以在座標系統上，以直線 $y = 0$、$x = 0$ 及 $x = 1$ 表示馬路，並以曲線 $y = x^3 + 1$ 來表示小河，其中 x 和 y 是以 100 英呎為單位（見圖 5.4）。如果該土地的價值是每平方英呎 12 元，則該塊土地的總價值為何？

■ 解

該土地的面積是以下的定積分

$$A = \int_0^1 (x^3 + 1)\,dx$$

因為 $F(x) = \frac{1}{4}x^4 + x$ 是 $f(x) = x^3 + 1$ 的反導函數，由微積分基本定理可知

$$A = \int_0^1 (x^3 + 1)\,dx = \frac{1}{4}x^4 + x\Big|_0^1$$
$$= \left[\frac{1}{4}(1)^4 + 1\right] - \left[\frac{1}{4}(0)^4 + 0\right] = \frac{5}{4}$$

因為 x 和 y 的單位都是 100 英呎，該土地的總面積為

$$\frac{5}{4} \times 100 \times 100 = 12{,}500 \text{ 平方英呎}$$

由於該土地的價值是每平方英呎 12 元，其總價值為

$$V = (\$12/\text{ft}^3)(12{,}500\ \text{ft}^2) = \$150{,}000$$

我們定義定積分的出發點是計算面積。面積是一個非負的數量，然而定積分的定義中，並未要求 $f(x) \geq 0$，因此定積分的值也可能是負的，例題 5.3.4 和例題 5.3.5 利用微積分基本定理計算兩個定積分。注意到例題 5.3.5

中的定積分為負值，如果它代表的是曲線下的面積，則不可能為負。

例題 5.3.4　計算定積分

求解定積分 $\int_0^1 (e^{-x} + \sqrt{x})\, dx$。

■ 解

$F(x) = -e^{-x} + \frac{2}{3}x^{3/2}$ 是 $f(x) = e^{-x} + \sqrt{x}$ 的一個反導函數，所以欲求解的定積分為

$$\int_0^1 (e^{-x} + \sqrt{x})\, dx = \left(-e^{-x} + \frac{2}{3}x^{3/2}\right)\Bigg|_0^1$$
$$= \left[-e^{-1} + \frac{2}{3}(1)^{3/2}\right] - \left[-e^{0} + \frac{2}{3}(0)\right]$$
$$= \frac{5}{3} - \frac{1}{e} \approx 1.299$$

即時複習

當利用微積分基本定理

$$\int_a^b f(x)\, dx = F(b) - F(a)$$

計算定積分時，記住 F 和 $F(a)$ 兩者都必須要計算，即使是當 $a = 0$ 的時候。

例題 5.3.5　計算定積分

求解 $\int_1^4 \left(\frac{1}{x} - x^2\right) dx$。

■ 解

$F(x) = \ln|x| - \frac{1}{3}x^3$ 是 $f(x) = \frac{1}{x} - x^2$ 的一個反導函數，因此

$$\int_1^4 \left(\frac{1}{x} - x^2\right) dx = \left(\ln|x| - \frac{1}{3}x^3\right)\Bigg|_1^4$$
$$= \left[\ln 4 - \frac{1}{3}(4)^3\right] - \left[\ln 1 - \frac{1}{3}(1)^3\right]$$
$$= \ln 4 - 21 \approx -19.6137$$

積分公式

下表中的公式可以用來簡化定積分的計算。

定積分公式

令 f 和 g 是任何兩個在區間 $a \le x \le b$ 上的連續函數，則

1. **常數倍數公式：** $\int_a^b kf(x)\, dx = k\int_a^b f(x)\, dx$　其中 k 為常數
2. **和的公式：** $\int_a^b [f(x) + g(x)]\, dx = \int_a^b f(x)\, dx + \int_a^b g(x)\, dx$

3. **差的公式：** $\int_a^b [f(x) - g(x)]\, dx = \int_a^b f(x)\, dx - \int_a^b g(x)\, dx$

4. $\int_a^a f(x)\, dx = 0$

5. $\int_b^a f(x)\, dx = -\int_a^b f(x)\, dx$

6. **分段積分公式：** $\int_a^b f(x)\, dx = \int_a^c f(x)\, dx + \int_c^b f(x)\, dx$

公式 4 和公式 5 事實上是定積分定義的特例。前三個公式可以利用微積分基本定理與對應的不定積分公式來證明。例如要證明常數倍數公式，假設 $F(x)$ 是 $f(x)$ 的反導函數，由不定積分的常數倍數公式，可知 $kF(x)$ 是 $kf(x)$ 的反導函數，再由微積分基本定理可得到

$$\begin{aligned}\int_a^b kf(x)\, dx &= kF(x)\Big|_a^b \\ &= kF(b) - kF(a) = k[F(b) - F(a)] \\ &= k\int_a^b f(x)\, dx\end{aligned}$$

如果在區間 $a \le x \le b$ 上，$f(x) \ge 0$，分段積分公式只是幾何上的直覺結果。在這個情形下，曲線 $y = f(x)$ 之下，區間 $a \le x \le b$ 之上的面積，事實上是曲線 $y = f(x)$ 之下，區間 $a \le x \le c$ 之上與 $c \le x \le b$ 之上的面積的和，如圖 5.8 所示。不過必須記住一個重點：即使 $f(x)$ 在區間 $a \le x \le b$ 上並不滿足 $f(x) \ge 0$，分段積分公式仍然是正確的。

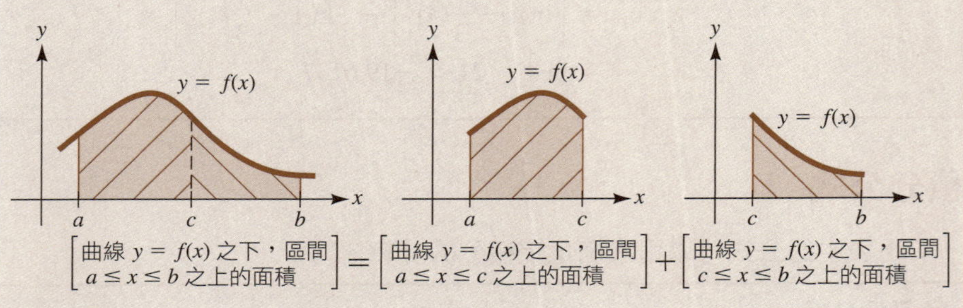

圖 5.8 定積分的分段積分公式（當 $f(x) \ge 0$ 時）。

例題 5.3.6 利用公式求解定積分

令 $f(x)$ 和 $g(x)$ 為兩個在區間 $2 \le x \le 5$ 上的連續函數，並且滿足

$$\int_{-2}^5 f(x)\, dx = 3 \qquad \int_{-2}^5 g(x)\, dx = -4 \qquad \int_3^5 f(x)\, dx = 7$$

利用這些資訊，計算以下的定積分：

a. $\int_{-2}^{5}[2f(x) - 3g(x)]\,dx$　　　**b.** $\int_{-2}^{3} f(x)\,dx$

■ **解**

a. 利用差的公式與常數倍數公式，再代入所給資訊，可得

$$\int_{-2}^{5}[2f(x) - 3g(x)]\,dx = \int_{-2}^{5} 2f(x)\,dx - \int_{-2}^{5} 3g(x)\,dx \qquad \text{差的公式}$$

$$= 2\int_{-2}^{5} f(x)\,dx - 3\int_{-2}^{5} g(x)\,dx \qquad \text{常數倍數公式}$$

$$= 2(3) - 3(-4) = 18 \qquad \text{代入所給資訊}$$

b. 由分段積分公式可知

$$\int_{-2}^{5} f(x)\,dx = \int_{-2}^{3} f(x)\,dx + \int_{3}^{5} f(x)\,dx$$

求解這個方程式，即可得到欲求解的定積分 $\int_{-2}^{3} f(x)\,dx$。代入所給資訊後，可得

$$\int_{-2}^{3} f(x)\,dx = \int_{-2}^{5} f(x)\,dx - \int_{3}^{5} f(x)\,dx$$

$$= 3 - 7 = -4$$

在定積分中使用代換積分

當利用代換 $u = g(x)$ 來求解定積分 $\int_a^b f(x)\,dx$ 時，你可以用下列兩種方式之一來進行：

1. 利用代換，得到 $f(x)$ 的反導函數 $F(x)$，再應用微積分基本定理來計算定積分。
2. 利用代換，以 u 和 du 來表示被積函數及 dx，並以轉換後的積分上、下限 $c = g(a)$ 與 $d = g(b)$ 取代原來的積分上、下限 a 與 b，再將微積分基本定理應用到轉換後的定積分，以計算原來的定積分。

例題 5.3.7 及 5.3.8 是這兩種方法的範例。

例題 5.3.7　利用代換求解定積分

求解 $\int_0^1 8x(x^2 + 1)^3\,dx$。

即時複習

記住在利用微積分基本定理時，任何一個 $f(x)$ 的反導函數都可以用來計算 $\int_a^b f(x)\,dx$，因此，在計算過程中可以暫時省略「$+C$」。

■ **解**

被積函數是一個乘積，其中一項 $8x$ 是另一項 x^2+1 的導函數之常數倍數。可以令 $u=x^2+1$，則 $du=2x\,dx$，所以

$$\int 8x(x^2+1)^3\,dx=\int 4u^3\,du=u^4$$

積分的上、下限 0 與 1 是針對變數 x 而非變數 u，所以可依照上面提到的兩種方式之一繼續進行。你可以重新用 x 來表示反導函數，或者求出對應到 $x=0$ 與 $x=1$ 的 u 之值。

如果採用第一種方式

$$\int 8x(x^2+1)^3\,dx=u^4=(x^2+1)^4$$

可以得到

$$\int_0^1 8x(x^2+1)^3\,dx=(x^2+1)^4\Big|_0^1=16-1=15$$

如果採用第二種方式，利用 $u=x^2+1$ 可以得到當 $x=0$ 時，$u=1$；當 $x=1$ 時，$u=2$，因此

$$\int_0^1 8x(x^2+1)^3\,dx=\int_1^2 4u^3\,du=u^4\Big|_1^2=16-1=15$$

例題 5.3.8 利用代換求解定積分

求解 $\int_{1/4}^{2}\left(\frac{\ln x}{x}\right)dx$。

■ **解**

令 $u=\ln x$，因此 $du=\frac{1}{x}dx$，則

$$\int \frac{\ln x}{x}\,dx=\int \ln x\left(\frac{1}{x}\,dx\right)=\int u\,du$$
$$=\frac{1}{2}u^2=\frac{1}{2}(\ln x)^2$$

所以

$$\int_{1/4}^{2}\frac{\ln x}{x}\,dx=\left[\frac{1}{2}(\ln x)^2\right]\Big|_{1/4}^{2}=\frac{1}{2}(\ln 2)^2-\frac{1}{2}\left(\ln\frac{1}{4}\right)^2$$
$$=-0.721$$

另一種方式是利用代換 $u = \ln x$ 來轉換積分的上、下限：

$$當\ x = \frac{1}{4}\ 時，u = \ln\frac{1}{4}$$

$$當\ x = 2\ 時，u = \ln 2$$

代換後，可得

$$\int_{1/4}^{2} \frac{\ln x}{x}\,dx = \int_{\ln 1/4}^{\ln 2} u\,du = \frac{1}{2}u^2\Big|_{\ln 1/4}^{\ln 2}$$

$$= \frac{1}{2}(\ln 2)^2 - \frac{1}{2}\left(\ln\frac{1}{4}\right)^2 \approx -0.721$$

淨變化量

在某些應用中，已知某個數量 $Q(x)$ 的變化率 $Q'(x)$，要計算當 x 由 $x = a$ 變成 $x = b$ 時，$Q(x)$ 的**淨變化量 (net change)** $Q(b) - Q(a)$。在 5.1 節中，我們是利用求解初值問題來解決這種問題（參見例題 5.1.5 到 5.1.7）。但是，既然 $Q(x)$ 是 $Q'(x)$ 的反導函數，根據微積分基本定理，我們可以用以下的定積分公式來求得淨變化量。

淨變化量 ■ 若 $Q'(x)$ 在區間 $a \le x \le b$ 上連續，則當 x 由 $x = a$ 變成 $x = b$ 時，$Q(x)$ 的**淨變化量 (net change)** 為

$$Q(b) - Q(a) = \int_a^b Q'(x)\,dx$$

例題 5.3.9 求解成本的淨變化量

當某工廠的生產量是 q 單位時，邊際成本是每單位 $3(q-4)^2$ 元，如果生產量由 6 單位提高到 10 單位，總成本將增加多少？

■ 解

令 $C(q)$ 代表生產 q 單位的總成本，則邊際成本是導函數 $\frac{dC}{dq} = 3(q-4)^2$，而生產量由 6 單位提高到 10 單位時所增加的總成本是以下定積分

$$C(10) - C(6) = \int_6^{10} \frac{dC}{dq}\,dq$$

$$= \int_6^{10} 3(q-4)^2\,dq \qquad u = q - 4,\ du = dq$$

$$= (q-4)^3 \Big|_6^{10} = (10-4)^3 - (6-4)^3$$
$$= \$208$$

例題 5.3.10　蛋白質質量的淨變化量

質量 m（克）的蛋白質分解成氨基酸的速率為

$$\frac{dm}{dt} = \frac{-30}{(t+3)^2} \quad \text{克／小時}$$

在前 2 個小時內，蛋白質質量的淨變化量是多少？

■ 解

淨變化量是以下定積分

$$m(2) - m(0) = \int_0^2 \frac{dm}{dt}\,dt = \int_0^2 \frac{-30}{(t+3)^2}\,dt$$

以 $u = t + 3$，$du = dt$ 代換，並改變定積分之上、下限（$t = 0$ 時，$u = 3$；$t = 2$ 時，$u = 5$），可得

$$m(2) - m(0) = \int_0^2 \frac{-30}{(t+3)^2}\,dt = \int_3^5 -30u^{-2}\,du$$
$$= -30\left(\frac{u^{-1}}{-1}\right)\Big|_3^5 = 30\left[\frac{1}{5} - \frac{1}{3}\right]$$
$$= -4$$

因此，前 2 個小時內，蛋白質質量的淨減少量是 4 克。

以面積證明微積分基本定理

在本節最後，我們將證明當 $f(x) \geq 0$ 時，微積分基本定理是正確的。在這個情況下，定積分 $\int_a^b f(x)\,dx$ 代表曲線 $y = f(x)$ 之下，區間 $[a, b]$ 之上的區域面積。對任一個介於 a 與 b 之間的 x，令 $A(x)$ 代表在 $y = f(x)$ 之下，區間 $[a, x]$ 之上的區域面積，則 $A(x)$ 的差商為

$$\frac{A(x+h) - A(x)}{h}$$

而且分子 $A(x+h) - A(x)$ 是曲線 $y = f(x)$ 之下，介於 x 與 $x + h$ 之間的區域面積。如果 h 很小，則這個面積將很接近圖 5.9 中，高為 $f(x)$，寬為 h 的長方形面積，亦即

$$A(x+h) - A(x) \approx f(x)h$$

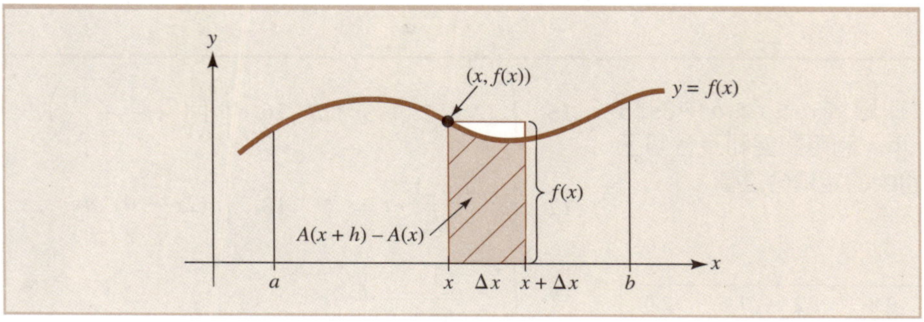

圖 5.9　$A(x+h)-A(x)$ 的面積。

或

$$\frac{A(x+h)-A(x)}{h} \approx f(x)$$

當 h 趨近於 0 時，這個近似值的誤差也將趨近於 0，因此

$$\lim_{h\to 0}\frac{A(x+h)-A(x)}{h} = f(x)$$

然而由導函數的定義可得知

$$\lim_{h\to 0}\frac{A(x+h)-A(x)}{h} = A'(x)$$

所以

$$A'(x) = f(x)$$

換句話說，$A(x)$ 是 $f(x)$ 的一個反導函數。

假設 $F(x)$ 是 $f(x)$ 的其他任一個反導函數，由反導函數的基本性質（5.1 節）可知，對所有在區間 $a \le x \le b$ 中的 x，

$$A(x) = F(x) + C$$

其中 C 是常數。因為 $A(x)$ 代表在 $y = f(x)$ 之下，介於 a 與 x 之間的區域面積，所以 $A(a) = 0$，亦即介於 a 與 a 之間的面積為 0，因此

$$A(a) = 0 = F(a) + C$$

則 $C = -F(a)$。在 $y = f(x)$ 之下，介於 $x = a$ 與 $x = b$ 之間的區域面積是 $A(b)$，且滿足

$$A(b) = F(b) + C = F(b) - F(a)$$

最後，因為 $y = f(x)$ 之下，區間 $a \le x \le b$ 之上的區域面積是定積分 $\int_a^b f(x)\,dx$，可以得證微積分基本定理中的

$$\int_a^b f(x)\,dx = A(b) = F(b) - F(a)$$

習題 ■ 5.3

第 1 題到第 2 題，函數在區間 $a \le x \le b$ 中的點 $(x, f(x))$ 之座標如表格所示，利用黎曼和及各個子區間的左端點，估計各題中的定積分之值。

1. $\int_0^2 f(x)\,dx$

x	0	0.4	0.8	1.2	1.6	2.0
$f(x)$	1.1	1.7	2.3	2.5	2.4	2.1

2. $\int_1^2 f(x)\,dx$

x	1	1.2	1.4	1.6	1.8	2.0
$f(x)$	1.1	1.4	0.8	–0.3	–1.4	–1.1

第 3 題到第 5 題，將區間 $a \le x \le b$ 分成 8 個子區間，利用各個子區間的左端點計算 f 的黎曼和，以估計所給定積分之值，再以微積分基本定理求解實際的定積分值。

3. $f(x) = 4 - x\,;0 \le x \le 4$

4. $f(x) = x^2\,;1 \le x \le 2$

5. $f(x) = \dfrac{1}{x}\,;1 \le x \le 2$

第 6 題到第 8 題，將區間 $0 \le x \le 4$ 分成 8 個子區間，利用各個子區間的左端點計算 f 的黎曼和，以估計圖形 $y = f(x)$ 之下，區間 $0 \le x \le 4$ 之上的區域面積，再以微積分基本定理求解實際面積。

6. $f(x) = x$

7. $f(x) = x^2 + 1$

8. $f(x) = \dfrac{1}{5 - x}$

第 9 題到第 25 題，利用微積分基本定理求解定積分。

9. $\int_{-1}^{2} 5\,dx$

10. $\int_0^5 (3x + 2)\,dx$

11. $\int_{-1}^{1} 3t^4\,dt$

12. $\int_{-1}^{1} (2u^{1/3} - u^{2/3})\,du$

13. $\int_0^1 e^{-x}(4 - e^x)\,dx$

14. $\int_0^1 (x^4 + 3x^3 + 1)\,dx$

15. $\int_2^5 (2 + 2t + 3t^2)\,dt$

16. $\int_1^3 \left(1 + \dfrac{1}{x} + \dfrac{1}{x^2}\right) dx$

17. $\int_{-3}^{-1} \dfrac{t + 1}{t^3}\,dt$

18. $\int_1^2 (2x - 4)^4\,dx$

19. $\int_0^4 \dfrac{1}{\sqrt{6t + 1}}\,dt$

20. $\int_0^1 (x^3 + x)\sqrt{x^4 + 2x^2 + 1}\,dx$

21. $\int_2^{e+1} \dfrac{x}{x - 1}\,dx$

22. $\int_1^{e^2} \dfrac{(\ln x)^2}{x}\,dx$

23. $\int_e^{e^2} \dfrac{1}{x \ln x}\,dx$

24. $\int_{1/3}^{1/2} \dfrac{e^{1/x}}{x^2}\,dx$

25. $\int_1^4 \dfrac{(\sqrt{x} - 1)^{3/2}}{\sqrt{x}}\,dx$

第 26 題到第 31 題，函數 $f(x)$ 與 $g(x)$ 在區間 $-3 \le x \le 2$ 上連續，並且滿足

$$\int_{-3}^{2} f(x)\,dx = 5 \qquad \int_{-3}^{2} g(x)\,dx = -2$$

$$\int_{-3}^{1} f(x)\,dx = 0 \qquad \int_{-3}^{1} g(x)\,dx = 4$$

利用這些條件與定積分公式，求解下列各題。

26. $\int_{-3}^{2} [-2f(x) + 5g(x)]\,dx$

27. $\int_{-3}^{1} [4f(x) - 3g(x)]\,dx$

28. $\int_4^4 g(x)\,dx$

29. $\int_2^{-3} f(x)\,dx$

30. $\int_1^2 [3f(x) + 2g(x)]\,dx$

31. $\int_{-3}^{1} [2f(x) + 3g(x)]\,dx$

第 32 題到第 35 題，計算曲線 $y = f(x)$ 之下，區間 $a \le x \le b$ 之上的區域面積。

32. $y = x^4$; $-1 \le x \le 2$

33. $y = (3x + 4)^{1/2}$; $0 \le x \le 4$

34. $y = e^{2x}$; $0 \le x \le \ln 3$

35. $y = \dfrac{3}{5 - 2x}$; $-2 \le x \le 1$

商業與經濟應用問題

36. 土地價值　根據估計，從現在起 t 年後，某塊土地的價值將以每年 $V'(t)$ 元的速度增加，以數學式表示未來 5 年該土地所增加的價值。

37. 存貨成本　一個零售商收到一批 12,000 磅的黃豆，已知黃豆的消耗率固定是每週 300 磅，如果儲存黃豆的成本是每磅每週 0.2 分錢，則零售商在未來 40 週將支付多少存貨成本？

38. 農業　根據估計，從現在起 t 天後，某農夫的農作物收成將以每天 $0.3t^2 + 0.6t + 1$ 蒲式耳的速度增加。假設市場價格固定為每蒲式耳 3 元，則未來 5 天期間，該農夫的農作物收成之價值將增加多少？

39. 貶值　某種工業用機器的二手價格在 10 年內將隨著時間增加而降低，已知當機器運作 x 年後，價格的變化率是每年 $220(x - 10)$ 元，在第 2 年中，該機器貶值多少？

40. 生產　倍佳公司建置一條生產線以製造一種新型手機。該手機的生產率是

$$\frac{dP}{dt} = 1{,}500\left(2 - \frac{t}{2t + 5}\right) \quad \text{單位／月}$$

則該手機在第三個月內的生產量是多少？

41. 投資　阿沙的投資之價值變化率為

$$V'(t) = 12e^{-0.05t}(e^{0.3t} - 3)$$

其中 V 的單位為千元，t 代表 2006 年之後經過的年數。請問阿沙的投資之價值在以下期間內的變化量為何？

a. 2006 年至 2010 年。

b. 2010 年至 2012 年。

生命與社會科學應用問題

42. 空氣污染　一項針對某社區所作的環境研究顯示，從現在開始 t 年後，空氣中的一氧化碳含量 $L(t)$ 的變化率是每年 $L'(t) = 0.1t + 0.1$ ppm。空氣中的一氧化碳含量在未來 3 年中的變化量是多少？

43. 人口淨成長　研究顯示，從現在起 t 個月後，某鎮的人口將以每個月 $P'(t) = 5 + 3t^{2/3}$ 人的速度增加，則未來 8 個月內，該鎮將增加多少人口？

44. 生物量變化　質量 m（克）的蛋白質分解成氨基酸的速率為

$$\frac{dm}{dt} = \frac{-2}{t + 1} \quad \text{克／小時}$$

2 小時後的蛋白質質量比 5 小時後的蛋白質質量多了多少？

45. 學習速率　在一項學習實驗中，受測者需要記憶所給予的一系列事實，已知在實驗開始 t 分鐘後，一般受測者的學習速率是每分鐘

$$L'(t) = \frac{4}{\sqrt{t + 1}} \quad \text{件事實}$$

其中 $L(t)$ 是在時間 t 內，一般受測者所記下的事實件數。一般受測者在第二個 5 分鐘內（$t = 5$ 與 $t = 10$ 之間），大約可以記住多少件事實？

46. 藥物濃度　患者血液中的藥物濃度，在注射後 t 小時的下降率是每小時

$$C'(t) = \frac{-0.33t}{\sqrt{0.02t^2 + 10}} \quad \text{mg/cm}^3$$

則在注射後的前 4 小時內，該藥物濃度的變化量是多少？

其他問題

47. 拋物運動　由一大廈頂端向上拋擲一球，t 秒後的球速是 $v(t) = -32t + 80$ 英呎／秒，則 3 秒後該球的位置與原來的位置相差多少？

48. 你已經知道定積分可以用來計算曲線下的面積，不過「面積 = 定積分」這個公式是雙向的。

a. 計算 $\int_0^1 \sqrt{1 - x^2}\, dx$。（提示：注意到所求積分是圓 $x^2 + y^2 = 1$ 下方面積的一部分。）

b. 計算 $\int_1^2 \sqrt{2x - x^2}\, dx$。（提示：描繪 $y = \sqrt{2x - x^2}$ 的圖形，再以類似 (a) 小題的幾何方法求解。）

5.4 節　定積分的應用：財富分配與平均值

學習目標

1. 了解使用定積分於應用時的一般步驟。
2. 求解兩曲線間的面積，並應用於計算淨溢利與財富分配（羅倫茲曲線）。
3. 推導及應用函數的平均值公式。
4. 以面積的變化率解釋平均值。

在 5.3 節中，我們透過將面積表示成一種特殊的和的極限，稱為定積分，並且利用微積分基本定理計算定積分，來介紹定積分的方法。我們透過面積來介紹定積分，因為面積很容易觀察，不過除了面積之外，積分還有許多其他重要的應用。

本節將擴充 5.3 節介紹的觀念，以計算兩條曲線間的面積與函數的平均值。在研究曲線間面積的過程中，我們也將探討在社會經濟學上，用來衡量社群相對財富的重要工具，稱為羅倫茲曲線 (Lorentz curve)。

定積分的應用

直覺上，可以將定積分想像成「累積」某數量的無限多個小部分而得到總量的過程，以下是如何在應用問題上利用定積分的步驟。

利用定積分在應用問題上的步驟

要使用定積分在區間 $a \le x \le b$ 上「累積」某個數量 Q 的步驟如下：

步驟 1. 把區間 $a \le x \le b$ 分割成 n 等分，每一等分的長度是 $\Delta x = \dfrac{b-a}{n}$。再由第 j 個子區間中任選一點 x_j，其中 $j = 1, 2, ..., n$。

步驟 2. 以 $f(x_j)\Delta x$ 這個形式的乘積來近似 Q 的一小部分，其中 $f(x)$ 是在 $a \le x \le b$ 上連續的一個適當函數。

步驟 3. 把每個乘積加總起來，以黎曼和來近似總量 Q，即

$$[f(x_1) + f(x_2) + \cdots + f(x_n)]\Delta x$$

步驟 4. 令 $n \to +\infty$ 以得到步驟 3 中的黎曼和的極限，如此可由近似值得到實際值，以將 Q 表示成定積分，亦即

$$Q = \lim_{n \to +\infty} [f(x_1) + f(x_2) + \cdots + f(x_n)]\Delta x = \int_a^b f(x)\, dx$$

接著再利用微積分基本定理來計算 $\int_a^b f(x)\, dx$，以得到想要的數量 Q。

符號 當以定積分來表示某一數量時，可以利用加總符號來代表黎曼和。要描述

$$a_1 + a_2 + \cdots + a_n$$

這個和只要表示出一般項 a_j 以及有 n 個這種形式的一般項，需要從 $j = 1$ 加總到 $j = n$，就足夠了。通常我們用大寫的希臘字母 sigma (Σ)，將和寫成 $\sum_{j=1}^{n} a_j$，亦即

$$\sum_{j=1}^{n} a_j = a_1 + a_2 + \cdots + a_n$$

黎曼和

$$[f(x_1) + f(x_2) + \cdots + f(x_n)]\Delta x$$

可以寫成以下的簡單形式

$$\sum_{j=1}^{n} f(x_j)\Delta x$$

因此，用來定義定積分的極限

$$\lim_{n \to +\infty} [f(x_1) + f(x_2) + \cdots + f(x_n)]\Delta x = \int_a^b f(x)\, dx$$

可以寫成

$$\lim_{n \to +\infty} \sum_{j=1}^{n} f(x_j)\Delta x = \int_a^b f(x)\, dx \quad ■$$

即時複習

加總符號的複習及一些例題可參見附錄 A.4。注意符號中使用的項目符號「j」並沒有特別的意義，i、j 和 k 是最常用的項目符號。

兩曲線間的面積

在一些實際應用上，你可能會發現用兩條曲線間的面積來代表一個數量是很有用的。首先，假設 f 與 g 在區間 $a \le x \le b$ 上連續、非負（亦即 $f(x) \ge 0$ 且 $g(x) \ge 0$），而且滿足 $f(x) \ge g(x)$，如圖 5.10a 所示。

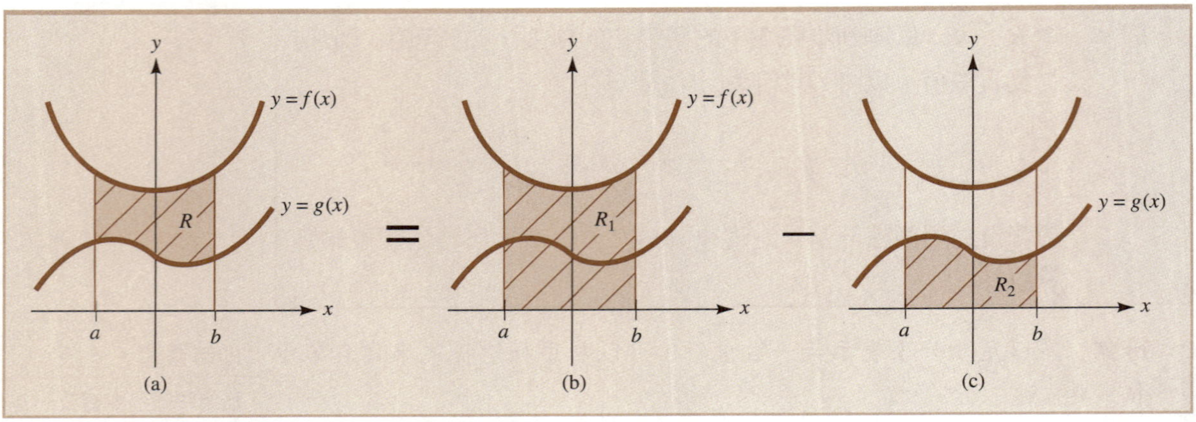

圖 5.10 R 的面積 = R_1 的面積 − R_2 的面積。

接下來，要計算在區間 $a \le x \le b$ 上，曲線 $y = f(x)$ 與 $y = g(x)$ 之間的區域 R 的面積，只要簡單地用較高的曲線 $y = f(x)$ 下的面積（圖 5.10b）減去較低的曲線 $y = g(x)$ 下的面積（圖 5.10c），即可得到

$$\begin{aligned} R \text{ 的面積} &= [\, y = f(x) \text{ 下的面積}\,] - [\, y = g(x) \text{ 下的面積}\,] \\ &= \int_a^b f(x)\,dx - \int_a^b g(x)\,dx = \int_a^b [f(x) - g(x)]\,dx \end{aligned}$$

只要在區間 $a \le x \le b$，$f(x) \ge g(x)$，即使曲線 $y = f(x)$ 和 $y = g(x)$ 並非一直在 x 軸上方，這個公式仍然適用。我們將以本節一開始所描述的定積分步驟來證明這是正確的。

步驟 1. 把區間 $a \le x \le b$ 分割成 n 等分，每一等分的長度是 $\Delta x = \dfrac{b-a}{n}$。令 x_j 是第 j 個子區間的左端點，$j = 1, 2, ..., n$。

步驟 2. 建構寬為 Δx，高為 $f(x_j) - g(x_j)$ 的近似矩形。因為在區間 $a \le x \le b$ 上，$f(x) \ge g(x)$，因此高不會是負數，亦即 $f(x_j) - g(x_j) \ge 0$。對每一個 $j = 1, 2, ..., n$，我們所建構的矩形面積是 $[f(x_j) - g(x_j)]\Delta x$，近似於在第 j 個子區間上，兩條曲線間的面積，如圖 5.11a 所示。

步驟 3. 加總所有近似矩形的面積 $[f(x_j) - g(x_j)]\Delta x$，以黎曼和估計兩條曲線間，區間 $a \le x \le b$ 之上的總面積 A：

$$\begin{aligned} A &\approx [f(x_1) - g(x_1)]\Delta x + [f(x_2) - g(x_2)]\Delta x + \cdots + [f(x_n) - g(x_n)]\Delta x \\ &= \sum_{j=1}^{n} [f(x_j) - g(x_j)]\Delta x \end{aligned}$$

（參見圖 5.11b。）

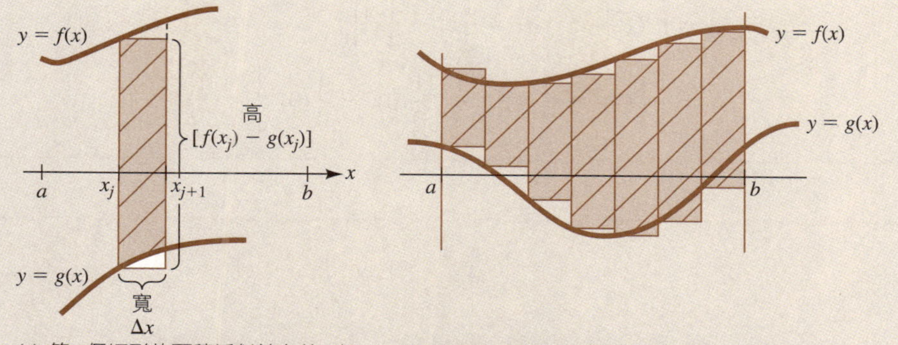

(a) 第 j 個矩形的面積近似於在第 j 個子區間上，兩條曲線間的面積。　(b) 將所有近似矩形的面積加總，以估計兩條曲線間的總面積。

圖 5.11　利用定積分計算曲線間的面積。

步驟 4.　令 $n \to +\infty$ 以得到步驟 3 中黎曼和的極限，如此可由近似值得到實際值，以將 A 表示成定積分，亦即

$$A = \lim_{n\to+\infty} \sum_{j=1}^{n} [f(x_j) - g(x_j)]\Delta x = \int_a^b [f(x) - g(x)]\,dx$$

總結如下：

兩曲線間的面積 ■ 若 $f(x)$ 與 $g(x)$ 在區間 $a \le x \le b$ 上連續，且 $f(x) \ge g(x)$，則在此區間上，曲線 $y = f(x)$ 與 $y = g(x)$ 間之面積 A 為

$$A = \int_a^b [f(x) - g(x)]\,dx$$

例題 5.4.1　求解兩曲線間的面積

求解曲線 $y = x^3$ 及 $y = x^2$ 所圍成區域 R 的面積。

■ 解

求解聯立方程式，以得到兩曲線的交點：

$$\begin{aligned} x^3 &= x^2 && \text{兩邊同減 } x^2 \\ x^3 - x^2 &= 0 && \text{提出因式 } x^2 \\ x^2(x-1) &= 0 && uv = 0 \text{ 若且唯若 } u = 0 \text{ 或 } v = 0 \\ x &= 0, 1 \end{aligned}$$

對應的點 (0, 0) 和 (1, 1) 是兩曲線唯二的交點。

兩曲線所圍成的區域 R，其上方的邊界是 $y = x^2$，下方的邊界是 $y = x^3$，並位於區間 $0 \le x \le 1$ 之上（參見圖 5.12）。其面積可由以下積分得到

即時複習

注意，對所有的 $0 \le x \le 1$，$x^2 \ge x^3$。例如，

$$\left(\frac{1}{3}\right)^2 > \left(\frac{1}{3}\right)^3$$

這說明了在 $x = 0$ 與 $x = 1$ 之間，$y = x^2$ 的圖形在 $y = x^3$ 的圖形上方。

$$A = \int_0^1 (x^2 - x^3)\,dx = \frac{1}{3}x^3 - \frac{1}{4}x^4\Big|_0^1$$
$$= \left[\frac{1}{3}(1)^3 - \frac{1}{4}(1)^4\right] - \left[\frac{1}{3}(0)^3 - \frac{1}{4}(0)^4\right] = \frac{1}{12}$$

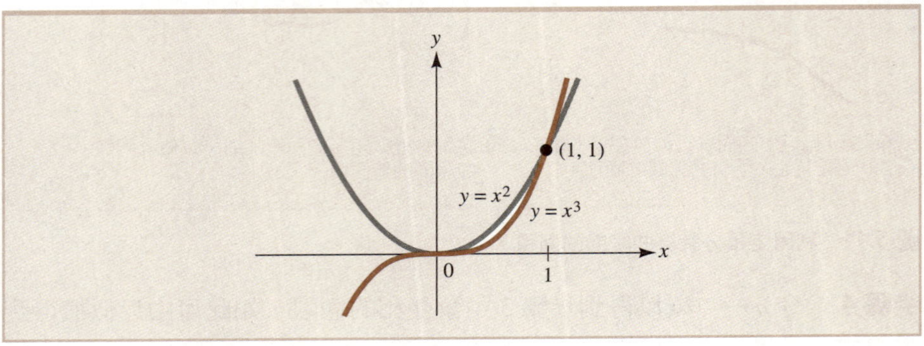

圖 5.12 $y = x^2$ 與 $y = x^3$ 所圍成的區域。

在某些應用中，你可能需要計算在區間 $a \le x \le b$ 上、介於兩曲線 $y = f(x)$ 與 $y = g(x)$ 之間的區域面積 A，其中在區間 $a \le x \le c$ 上，$f(x) \ge g(x)$，但是在區間 $c \le x \le b$ 上，$g(x) \ge f(x)$。在這種情況下，

$$A = \underbrace{\int_a^c [f(x) - g(x)]\,dx}_{\text{當 } a \le x \le c \text{ 時，} f(x) \ge g(x)} + \underbrace{\int_c^b [g(x) - f(x)]\,dx}_{\text{當 } c \le x \le b \text{ 時，} g(x) \ge f(x)}$$

參考例題 5.4.2。

例題 5.4.2 求解兩曲線間的面積

求出直線 $y = 4x$ 與曲線 $y = x^3 + 3x^2$ 所圍成的區域之面積。

■ 解

求解聯立方程式，以得到兩曲線的交點：

$$x^3 + 3x^2 = 4x \quad \text{兩邊同減 } 4x$$
$$x^3 + 3x^2 - 4x = 0 \quad \text{提出因式 } x$$
$$x(x^2 + 3x - 4) = 0 \quad \text{因式分解 } x^2 + 3x - 4$$
$$x(x - 1)(x + 4) = 0 \quad uv = 0 \text{ 若且唯若 } u = 0 \text{ 或 } v = 0$$
$$x = 0, 1, -4$$

對應的交點是 (0, 0)、(1, 4) 和 (–4, –16)。曲線和直線的圖形顯示於圖 5.13 中。

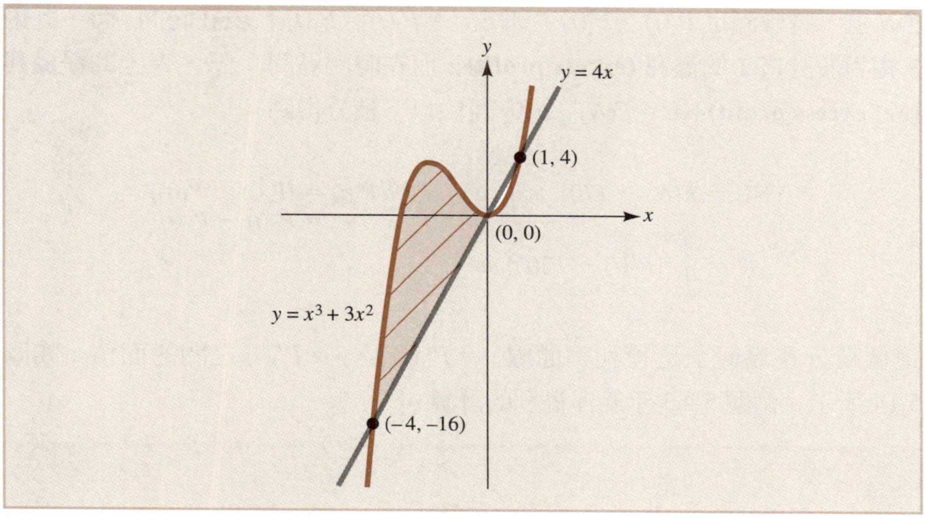

圖 5.13　直線 $y = 4x$ 與曲線 $y = x^3 + 3x^2$ 所圍成的區域。

在區間 $-4 \le x \le 0$ 上，曲線在直線的上方，因此 $x^3 + 3x^2 \ge 4x$，所以曲線與直線所圍成的區域之面積為

$$A_1 = \int_{-4}^{0} [(x^3 + 3x^2) - 4x]\, dx = \frac{1}{4}x^4 + x^3 - 2x^2 \Big|_{-4}^{0}$$
$$= \left[\frac{1}{4}(0)^4 + (0)^3 - 2(0)^2\right] - \left[\frac{1}{4}(-4)^4 + (-4)^3 - 2(-4)^2\right] = 32$$

在區間 $0 \le x \le 1$ 上，直線在曲線的上方，因此曲線與直線所圍成的區域之面積為

$$A_2 = \int_{0}^{1} [4x - (x^3 + 3x^2)]\, dx = 2x^2 - \frac{1}{4}x^4 - x^3 \Big|_{0}^{1}$$
$$= \left[2(1)^2 - \frac{1}{4}(1)^4 - (1)^3\right] - \left[2(0)^2 - \frac{1}{4}(0)^4 - (0)^3\right] = \frac{3}{4}$$

因此，直線與曲線所圍成的區域之總面積為

$$A = A_1 + A_2 = 32 + \frac{3}{4} = 32.75$$

淨溢利

曲線間的面積有時可以用來衡量在某個過程中所累積的量。舉例來說，假設從現在開始 t 年後，兩個投資計畫所產生的利潤分別是 $P_1(t)$ 及 $P_2(t)$，其獲利率分別是 $P_1'(t)$ 及 $P_2'(t)$，而且在未來 N 年內，亦即在區間 $0 \le t$

$\le N$ 上，將會滿足 $P_2'(t) \ge P_1'(t)$，則 $E(t) = P_2(t) - P_1(t)$ 代表在時間 t 時，計畫 2 相對於計畫 1 的**溢利 (excess profit)**，而在時間區間 $0 \le t \le N$ 上的**淨溢利 (net excess profit)** $\text{NE} = E(N) - E(0)$ 可由以下積分得到：

$$\text{NE} = E(N) - E(0) = \int_0^N E'(t)\,dt \qquad E'(t) = [P_2(t) - P_1(t)]' = P_2'(t) - P_1'(t)$$

$$= \int_0^N [P_2'(t) - P_1'(t)]\,dt$$

這個積分在幾何上是獲利率曲線 $y = P'_1(t)$ 及 $y = P'_2(t)$ 之間的面積，如圖 5.14 所示。例題 5.4.3 示範淨溢利的計算。

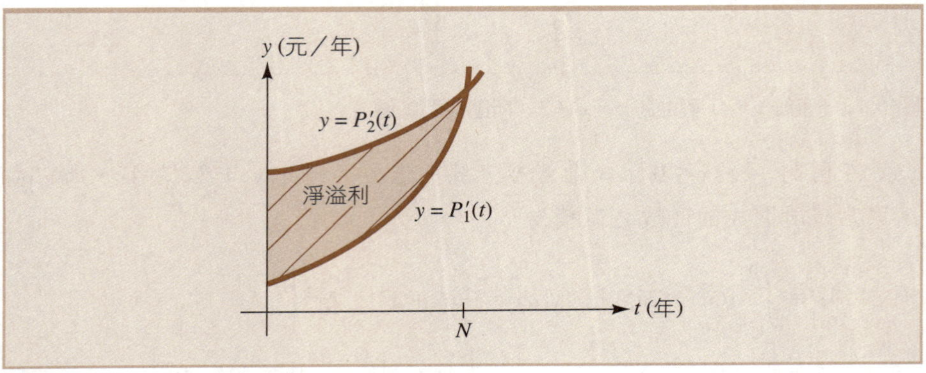

圖 5.14 以獲利率曲線間的面積表示淨溢利。

例題 5.4.3 求解淨溢利

假設從現在開始 t 年後，第 1 個投資的獲利率是每年 $P_1'(t) = 50 + t^2$（百元），第 2 個投資的獲利率是每年 $P_2'(t) = 200 + 5t$（百元）。

a. 第 2 個投資的獲利率大於第 1 個投資的時間有多少年？

b. 計算 (a) 小題中所求得的期間中之淨溢利，並以面積來解釋淨溢利。

■ **解**

a. 第 2 個投資的獲利率大於第 1 個投資，直到

$$P_1'(t) = P_2'(t)$$
$$50 + t^2 = 200 + 5t \qquad \text{兩邊同減 } 200 + 5t$$
$$t^2 - 5t - 150 = 0 \qquad \text{因式分解}$$
$$(t - 15)(t + 10) = 0 \qquad uv = 0 \text{ 若且唯若 } u = 0 \text{ 或 } v = 0$$
$$t = 15, -10 \qquad \text{負值時間 } t = -10 \text{ 不合}$$
$$t = 15 \text{ 年}$$

b. 第 2 個投資相對於第 1 個投資的淨溢利是 $E(t) = P_2(t) - P_1(t)$，而 (a) 小題所求得的期間 $0 \le t \le 15$ 中之淨溢利 NE 可由以下定積分得到

$$\begin{aligned}
\text{NE} &= E(15) - E(0) = \int_0^{15} E'(t)\,dt && \text{微積分基本定理}\\
&= \int_0^{15} [P_2'(t) - P_1'(t)]\,dt && \text{因為 } E(t) = P_2(t) - P_1(t)\\
&= \int_0^{15} [(200 + 5t) - (50 + t^2)]\,dt && \text{合併同類項}\\
&= \int_0^{15} [150 + 5t - t^2]\,dt\\
&= \left[150t + 5\left(\frac{1}{2}t^2\right) - \left(\frac{1}{3}t^3\right)\right]\Bigg|_0^{15}\\
&= \left[150(15) + \frac{5}{2}(15)^2 - \frac{1}{3}(15)^3\right] - \left[150(0) + \frac{5}{2}(0)^2 - \frac{1}{3}(0)^3\right]\\
&= 1{,}687.50 \text{ 百元}
\end{aligned}$$

所以淨溢利是 168,750 元。

圖 5.15 描繪了獲利率函數 $P_1'(t)$ 及 $P_2'(t)$ 的圖形。淨溢利

$$\text{NE} = \int_0^{15} [P_2'(t) - P_1'(t)]\,dt$$

可以解釋成在區間 $0 \le t \le 15$ 上，獲利率曲線間的（陰影）區域面積。

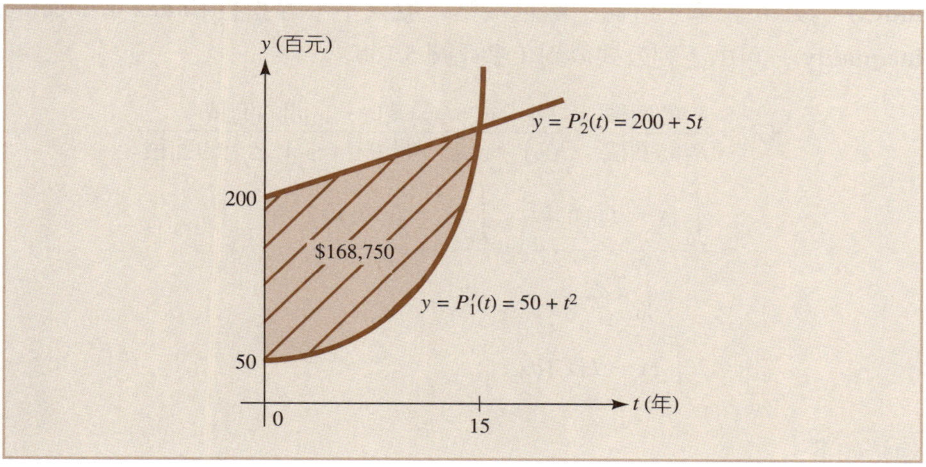

圖 5.15 一個投資相對於另一個投資的淨溢利。

羅倫茲曲線

在研究**羅倫茲曲線 (Lorentz curve)** 時，面積也扮演著重要的角色。經濟學家和社會學家利用羅倫茲曲線來測量一個社會有多少百分比的財富掌握在某個百分比的人手中。更進一步，某個社會經濟的羅倫茲曲線是函數

$L(x)$ 的圖形，對於每一個 $0 \le x \le 1$，$L(x)$ 代表全國年收入中，收入最低的 $100x\%$ 者的收入所佔的比例。舉例來說，如果收入最低的 30% 之人的總收入佔了整個社會總收入的 23%，則 $L(0.3) = 0.23$。

注意到 $L(x)$ 在區間 $0 \le x \le 1$ 上是一個遞增函數，並具有下列特性：

1. $0 \le L(x) \le 1$，因為 $L(x)$ 是一個百分比。
2. $L(0) = 0$，因為沒有人就沒有收入。
3. $L(1) = 1$，因為所有的收入是所有人的收入。
4. $L(x) \le x$，因為收入最低的 $100x\%$ 的人的總收入不能高於總收入的 $100x\%$。

圖 5.16a 是一個典型的羅倫茲曲線。

直線 $y = x$ 代表在理想的狀況下，收入的分配完全平等（收入最低的 $100x\%$ 之人的收入是該社會 $100x\%$ 的財富）。羅倫茲曲線愈接近這條線，代表該社會的財富分配愈平均。我們以羅倫茲曲線 $y = L(x)$ 和直線 $y = x$ 間的區域 R_1 之面積，來表示實際財富分配與完全平等之間的差異。這個面積和完全平等線 $y = x$ 之下，區間 $0 \le x \le 1$ 之上的區域 R_2 之面積的比例，可以用來衡量社會中財富分配的不平均程度。這個比例也稱為**基尼指數 (Gini index)**，以 GI 表示。這個指數也被稱為**收入不平等指數 (index of income inequality)**，可由下列公式得到（參見圖 5.16b）：

$$\text{GI} = \frac{R_1\text{的面積}}{R_2\text{的面積}} = \frac{y = L(x) \text{ 和 } y = x \text{ 間的面積}}{\text{在 } y = x \text{ 之下且 } 0 \le x \le 1 \text{ 之上的面積}}$$

$$= \frac{\int_0^1 [x - L(x)]\,dx}{\int_0^1 x\,dx} = \frac{\int_0^1 [x - L(x)]\,dx}{1/2}$$

$$= 2\int_0^1 [x - L(x)]\,dx$$

總結如下：

基尼指數 ■ 若 $y = L(x)$ 是羅倫茲曲線的方程式，則其對應之財富分配的不平等性可以用基尼指數來衡量，其公式為

$$\text{基尼指數} = 2\int_0^1 [x - L(x)]\,dx$$

基尼指數永遠在 0 和 1 之間。當其為 0 時，表示財富分配完全平等；當其為 1 時，則表示完全不平等（所有的財富屬於 0% 的人）。指數的值愈

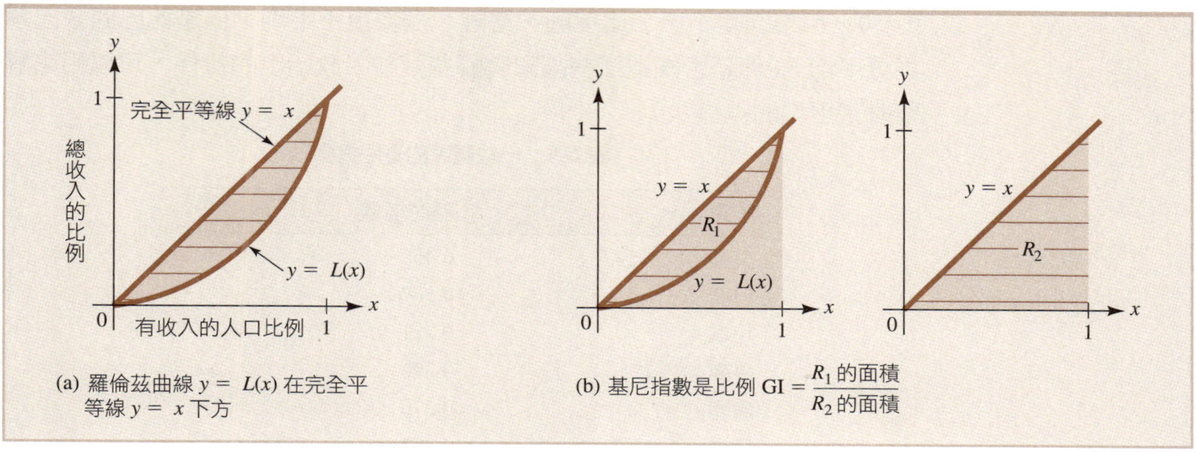

圖 5.16 羅倫茲曲線 $y = L(x)$ 及其基尼指數。

小，代表財富分配愈平等；指數的值愈大，代表財富愈集中在少數人的手上。例題 5.4.4 中，我們利用羅倫茲曲線和基尼指數來比較兩種不同職業的收入分配之相對平等性。

例題 5.4.4 收入分配

某政府機關發現，某州的牙醫和包商收入分佈的羅倫茲曲線分別為

$$L_1(x) = x^{1.7} \quad 及 \quad L_2(x) = 0.8x^2 + 0.2x$$

則哪一種職業的收入分佈較平均？

■ **解**

兩種職業的基尼指數分別為

$$G_1 = 2\int_0^1 (x - x^{1.7})\,dx = 2\left(\frac{x^2}{2} - \frac{x^{2.7}}{2.7}\right)\Bigg|_0^1 = 0.2593$$

及

$$G_2 = 2\int_0^1 [x - (0.8x^2 + 0.2x)]\,dx$$

$$= 2\left[-0.8\left(\frac{x^3}{3}\right) + 0.8\left(\frac{x^2}{2}\right)\right]\Bigg|_0^1 = 0.2667$$

因為牙醫的基尼指數比較小，因此其收入分佈較包商平均。

利用基尼指數，我們可以了解美國的收入分佈和其他國家的比較。表 5.1 列出數個工業國家和新興國家的基尼指數。注意到美國的指數值是

0.450，和泰國差不多，比英國、德國、丹麥更不平均，但是比巴西、巴拿馬更平均。(你是否知道這些國家有哪些社會、政治上的特性，可以用來解釋財富平均的差異？)

表 5.1　一些國家的基尼指數

國家	基尼指數
美國	0.450
巴西	0.567
加拿大	0.321
丹麥	0.290
德國	0.270
日本	0.381
南非	0.650
巴拿馬	0.561
泰國	0.430
英國	0.340

資料來源：CIA World Factbook.

函數的平均值

定積分的另一個應用是計算函**數的平均值 (average value of a function)**，這在許多情形都需要用到。首先，先澄清我們所理解的平均值。若老師想要計算考試的平均分數，只需要簡單地把所有人的個別成績加總，再除以參加考試的學生總人數。但是如何計算某個城市白天時的平均污染程度呢？困難之處在於時間是連續的，用一般的方法計算，會有「太多」的污染程度需要加總，所以該怎麼進行？

考慮一個一般的情形，我們想要得到一個函數 $f(x)$ 在區間 $a \le x \le b$ 上的平均值，$f(x)$ 在這個區間上是連續的。首先將區間 $a \le x \le b$ 分成 n 等分，每一等分的長度是 $\Delta x = \dfrac{b-a}{n}$，如果 x_j 是一個由第 j 個子區間選取的數字，$j = 1, 2, ..., n$，則對應之函數值 $f(x_1), f(x_2), ..., f(x_n)$ 的平均值為

$$V_n = \frac{f(x_1) + f(x_2) + \cdots + f(x_n)}{n} \qquad \text{分子分母同乘以 } (b-a)$$

$$= \frac{b-a}{b-a}\left[\frac{f(x_1) + f(x_2) + \cdots + f(x_n)}{n}\right] \qquad \text{提出因式 } \frac{b-a}{n}$$

$$= \frac{1}{b-a}[f(x_1) + f(x_2) + \cdots + f(x_n)]\left(\frac{b-a}{n}\right) \qquad \text{以 } \Delta x = \frac{b-a}{n} \text{ 代換}$$

$$= \frac{1}{b-a}[f(x_1) + f(x_2) + \cdots + f(x_n)]\Delta x$$

$$= \frac{1}{b-a} \sum_{j=1}^{n} f(x_j)\Delta x$$

可以看出這是一個黎曼和。

如果使用更多分割點，把區間 $a \le x \le b$ 分割得更細，則 V_n 將愈來愈接近我們直覺上所理解的，$f(x)$ 在整個區間 $a \le x \le b$ 上的平均值 V。因此，我們可以合理地把平均值 V 定義為當為當 $n \to +\infty$ 時，黎曼和 V_n 的極限，也就是以下的定積分

$$V = \lim_{n\to+\infty} V_n = \lim_{n\to+\infty} \frac{1}{b-a} \sum_{j=1}^{n} f(x_j)\Delta x$$
$$= \frac{1}{b-a}\int_a^b f(x)\,dx$$

總結如下：

函數的平均值 ■ 令 $f(x)$ 是一個在區間 $a \le x \le b$ 上連續的函數，則 $f(x)$ 在區間 $a \le x \le b$ 上的平均值 V 是以下的定積分

$$V = \frac{1}{b-a}\int_a^b f(x)\,dx$$

例題 5.4.5 求解每月銷售額的平均值

某製造商判斷，在某產品上市 t 個月後，公司的銷售額將是 $S(t)$ 千元，其中

$$S(t) = \frac{750t}{\sqrt{4t^2+25}}$$

在該產品上市後的前 6 個月中，該公司的每月平均銷售額是多少？

■ 解

時間 $0 \le t \le 6$ 內的每月平均銷售額 V 是以下的定積分

$$V = \frac{1}{6-0}\int_0^6 \frac{750t}{\sqrt{4t^2+25}}\,dt$$

利用代換積分求解

$$u = 4t^2 + 25 \qquad \text{積分的範圍：}$$
$$du = 4(2t\,dt) \qquad \text{當 } t=0 \text{ 時，} u = 4(0)^2 + 25 = 25$$
$$t\,dt = \frac{1}{8}du \qquad \text{當 } t=6 \text{ 時，} u = 4(6)^2 + 25 = 169$$

可得

$$V = \frac{1}{6}\int_0^6 \frac{750}{\sqrt{4t^2+25}}(t\,dt)$$
$$= \frac{1}{6}\int_{25}^{169} \frac{750}{\sqrt{u}}\left(\frac{1}{8}du\right) = \frac{750}{6(8)}\int_{25}^{169} u^{-1/2}\,du$$
$$= \frac{750}{6(8)}\left(\frac{u^{1/2}}{1/2}\right)\Bigg|_{25}^{169} = \frac{750(2)}{6(8)}[(169)^{1/2} - (25)^{1/2}]$$
$$= 250$$

因此，在新產品上市後的前 6 個月，該公司的每月平均銷售額是 250,000 元。

例題 5.4.6 求解氣溫的平均值

愛倫．麥奎爾教授將某個北部城市上午 6 點到下午 6 點的氣溫 T（單位℃）以下列函數表示：

$$T(t) = 3 - \frac{1}{3}(t-4)^2 \quad \text{其中} 0 \leq t \leq 12$$

其中 t 是上午 6 點之後經過的小時數。

a. 該城市在上班時間（從上午 8 點到下午 5 點）的平均氣溫是多少？

b. 在上班時間中，何時氣溫與 (a) 小題所得到的平均氣溫相同？

■ 解

即時複習

華氏溫度 F 與攝氏溫度 C 之關係式為

$$F = \frac{9}{5}C + 32$$

a. 上午 8 點和下午 5 點分別是上午 6 點過後 $t = 2$ 和 $t = 11$ 小時，因此我們想求的是 $T(t)$ 在區間 $2 \leq t \leq 11$ 的平均值，這可由以下的積分求出：

$$T_{\text{ave}} = \frac{1}{11-2}\int_2^{11}\left[3 - \frac{1}{3}(t-4)^2\right]dt$$
$$= \frac{1}{9}\left[3t - \frac{1}{3}\frac{1}{3}(t-4)^3\right]\Bigg|_2^{11}$$
$$= \frac{1}{9}\left[3(11) - \frac{1}{9}(11-4)^3\right] - \frac{1}{9}\left[3(2) - \frac{1}{9}(2-4)^3\right]$$
$$= -\frac{4}{3} \approx -1.33$$

因此，上班時間的平均氣溫大約是 −1.33℃（或是 29.6 °F）。

b. 欲求得一個時間 $t = t_a$，滿足 $2 \leq t_a \leq 11$，且 $T(t_a) = -\frac{4}{3}$。求解此方程式，可得

$$3 - \frac{1}{3}(t_a - 4)^2 = -\frac{4}{3}$$ 兩邊同時減 3

$$-\frac{1}{3}(t_a - 4)^2 = -\frac{4}{3} - 3 = -\frac{13}{3}$$ 兩邊同時乘以 −3

$$(t_a - 4)^2 = (-3)\left(-\frac{13}{3}\right) = 13$$ 兩邊同時取平方根

$$t_a - 4 = \pm\sqrt{13}$$ 兩邊同時加 4

$$t_a = 4 \pm \sqrt{13}$$
$$\approx 0.39 \quad 或 \quad 7.61$$

因為 $t = 0.39$ 不在區間 $2 \le t_a \le 11$ 內（上午 8 點到下午 5 點），所以只有當 $t = 7.61$ 時，該城市的氣溫與平均氣溫相同，也就是大約在下午 1 點 37 分的時候。

即時複習

因為 1 小時有 60 分鐘，0.61 小時等於 0.61(60) ≈ 37 分鐘。所以上午 6 點之後 7.61 小時是下午 1 點再經過 37 分鐘，也就是下午 1 點 37 分。

平均值的兩種解釋

一個函數的平均值有幾種有用的解釋。首先，注意到若 $f(x)$ 在區間 $a \le x \le b$ 上連續，且 $F(x)$ 是 $f(x)$ 在同一區間上的任一反導函數，則 $f(x)$ 在區間 $a \le x \le b$ 上的平均值 V 會滿足

$$V = \frac{1}{b-a}\int_a^b f(x)\,dx$$
$$= \frac{1}{b-a}[F(b) - F(a)] \quad \text{微積分基本定理}$$
$$= \frac{F(b) - F(a)}{b-a}$$

可以看出這個差商是 $F(x)$ 在區間 $a \le x \le b$ 上的平均變化率（參見 2.1 節）。因此，我們有以下的解釋：

以變化率解釋平均值 ■ 若 $f(x)$ 是一個在區間 $a \le x \le b$ 上連續的函數，則 $f(x)$ 在區間 $a \le x \le b$ 上的平均值等於 $f(x)$ 在同一區間上的任一反導函數 $F(x)$ 的平均變化率。

舉例來說，因為生產某商品的總成本 $C(x)$ 是邊際成本 $C'(x)$ 的反導函數，所以生產量在區間 $a \le x \le b$ 時的平均成本變化率等於邊際成本在同一區間上的平均值。

若 $f(x) \ge 0$，將平均值的積分公式

$$V = \frac{1}{b-a}\int_a^b f(x)\,dx$$

改寫成

$$(b-a)V=\int_a^b f(x)\,dx$$

則可由幾何學來解釋 $f(x)$ 在區間 $a \le x \le b$ 上的平均值。若在區間 $a \le x \le b$ 上，$f(x) \ge 0$，則右邊的積分可以被解讀為曲線 $y=f(x)$ 之下，區間 $a \le x \le b$ 之上的面積，而左邊的乘積是高度為 V，寬度等於區間長度 $b-a$ 的矩形面積，也就是說：

平均值在幾何上的意義 ■ 令 V 為 $f(x)$ 在區間 $a \le x \le b$ 的平均值，$f(x)$ 在此區間連續且 $f(x) \ge 0$，則高為 V，底是區間 $a \le x \le b$ 的矩形面積等於曲線 $y=f(x)$ 之下，區間 $a \le x \le b$ 之上的區域之面積。

圖 5.17 是這個幾何意義的圖示。

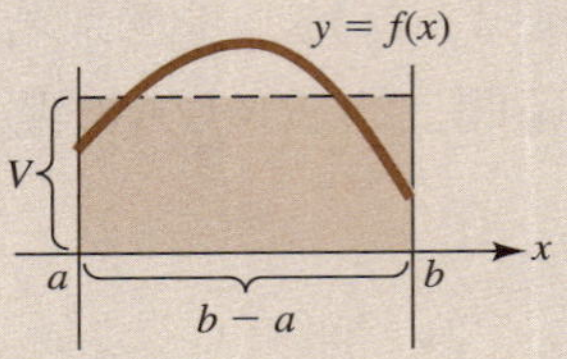

以區間 $a \le x \le b$ 為底，高度為 V 的矩形之面積等於曲線 $y=f(x)$ 之下的區域之面積。

圖 5.17 平均值 V 的幾何意義。

習題 ■ 5.4

第 1 題到第 4 題，求解陰影區域的面積。

1.

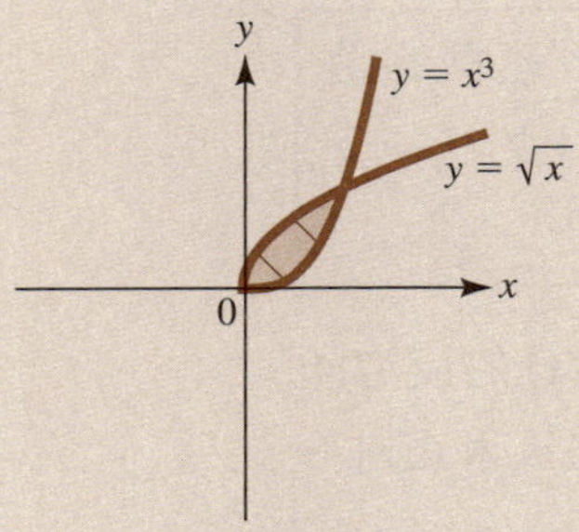

2.

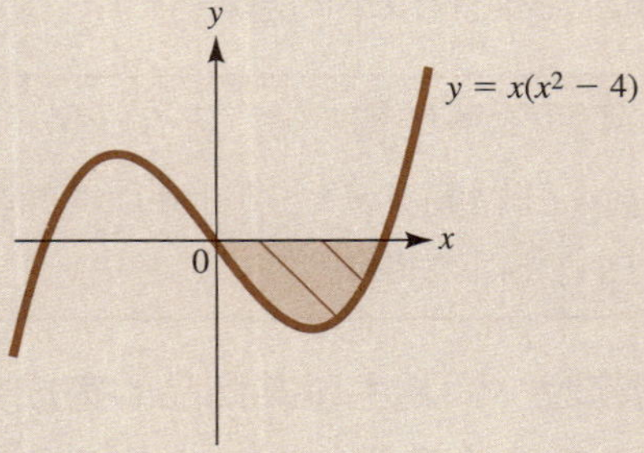

3.

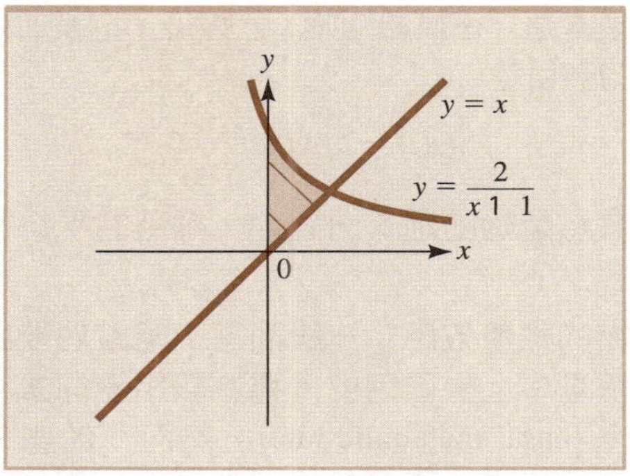

4.

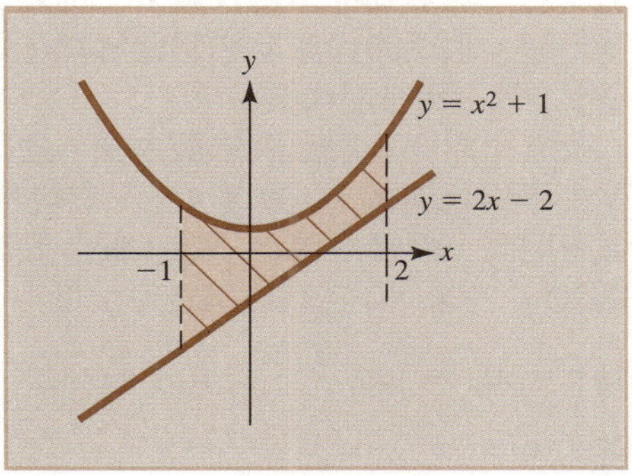

第 5 題到第 12 題，描繪所給的區域 R，並計算其面積。

5. R 是直線 $y = x$、$y = -x$ 與 $x = 1$ 所圍成的區域。

6. R 是 x 軸與曲線 $y = -x^2 + 4x - 3$ 所圍成的區域。

7. R 是 x 軸與曲線 $y = x^2 - 2x$ 所圍成的區域。(提示：注意到這個區域在 x 軸下方。)

8. R 是曲線 $y = x^2 - 2x$ 與 $y = -x^2 + 4$ 所圍成的區域。

9. R 是曲線 $y = x^3 - 3x^2$ 與 $y = x^2 + 5x$ 所圍成的區域。

10. R 是頂點為 $(-4, 0)$、$(2, 0)$ 及 $(2, 6)$ 的三角形。

11. R 是直線 $y = x + 6$ 與 $x = 2$ 及座標軸所圍成的梯形。

12. R 是直線 $y = x + 2$、$y = 8 - x$、$x = 2$ 與 y 軸所圍成的梯形。

第 13 題到第 17 題，求解函數 $f(x)$ 在給定區間 $a \leq x \leq b$ 上的平均值。

13. $f(x) = 1 - x^2 ; -3 \leq x \leq 3$

14. $f(x) = x^2 - 3x + 5 ; -1 \leq x \leq 2$

15. $f(x) = e^{-x}(4 - e^{2x}) ; -1 \leq x \leq 1$

16. $f(x) = e^{2x} + e^{-x} ; 0 \leq x \leq \ln 2$

17. $f(x) = \dfrac{e^x - e^{-x}}{e^x + e^{-x}} ; 0 \leq x \leq \ln 3$

第 18 題到第 21 題，求解所給函數在給定區間上的平均值 V，描繪函數的圖形，以及底為給定區間且高度是平均值 V 的矩形。

18. $f(x) = 2x - x^2 ; 0 \leq x \leq 2$

19. $f(x) = x ; 0 \leq x \leq 4$

20. $h(u) = \dfrac{1}{u} ; 2 \leq u \leq 4$

21. $g(t) = e^{-2t} ; -1 \leq t \leq 2$

商業與經濟應用問題

羅倫茲曲線 第 22 題到第 27 題，求解所給羅倫茲曲線的基尼指數。

22. $L(x) = x^3$

23. $L(x) = x^2$

24. $L(x) = 0.55x^2 + 0.45x$

25. $L(x) = 0.7x^2 + 0.3x$

26. $L(x) = \dfrac{2}{3}x^{3.7} + \dfrac{1}{3}x$

27. $L(x) = \dfrac{e^x - 1}{e - 1}$

28. **平均供應量** 當某商品的定價是每單位 p 元時，製造商將供應 $S(p) = 0.5p^2 + 3p + 7$ 百單位到市場。求出當該商品的價格由 $p = 2$ 增加到 $p = 5$ 時的平均供應量。

29. **存貨** 某商品有 60,000 公斤庫存，以固定的速度消耗，將在一年後完全用完，則全年的平均庫存量為何？

30. **食品售價** 紀錄顯示，從新年開始 t 個月後，本地超市的牛絞肉售價是每磅

$$P(t) = 0.09t^2 - 0.2t + 4 \text{ 元}$$

在年初的 3 個月中，牛絞肉的平均售價是多少？

31. 房地產價值 某方形木屋所在的土地與湖相鄰，如下圖所示。如果設定一個如圖所示的座標系統，距離以碼為單位，則該地產在湖畔的邊界是曲線 $y = 10e^{0.04x}$ 的一部分。假設木屋的價值是每平方碼 2,000 元，而木屋外土地的價值（圖中的斜線部分）是每平方碼 800 元，則這個渡假地產的總價值是多少？

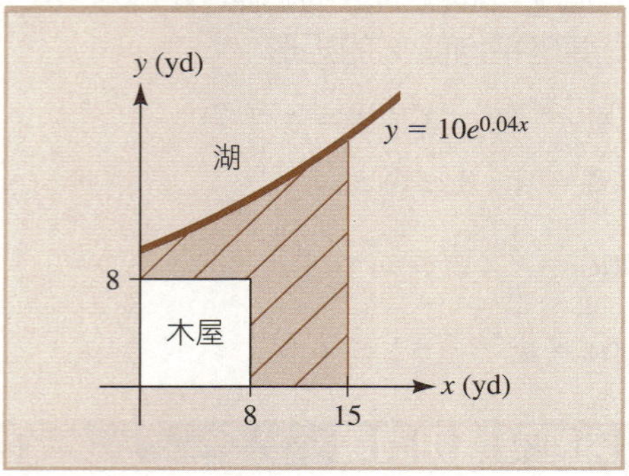

習題 31

32. 收入分佈 某研究顯示，職業棒球選手的收入分佈是羅倫茲曲線 $y = L_1(x)$，其中

$$L_1(x) = \frac{2}{3}x^3 + \frac{1}{3}x$$

而職業足球選手和籃球選手的收入分佈分別是 $y = L_2(x)$ 和 $y = L_3(x)$，其中

$$L_2(x) = \frac{5}{6}x^2 + \frac{1}{6}x$$

$$L_3(x) = \frac{3}{5}x^4 + \frac{2}{5}x$$

求出每種職業運動選手的基尼指數，並指出哪種職業運動選手的收入分佈最平均？哪種最不平均？

生命與社會科學應用問題

33. 平均人口數 某社區在 2000 年後 t 年的人口數為

$$P(t) = \frac{e^{0.2t}}{4 + e^{0.2t}}$$

單位為百萬人。從 2000 年到 2010 年，該社區的平均人口數是多少？

34. 細菌繁殖 在實驗開始 t 分鐘後，培養皿中細菌的數目是

$$Q(t) = 2{,}000e^{0.05t}$$

在實驗開始的前 5 分鐘內，細菌的平均數目是多少？

35. 食物的熱量效應 一般而言，組織功能的代謝率基本上是固定的，稱為該組織的**基礎代謝率** (basal metabolic rate)。然而，代謝率可能由於組織的活動而增加或減少，例如在攝取養分後，組織的代謝率通常會激增，然後再慢慢地恢復到基礎代謝率。

蜜雪兒剛剛享用過感恩節大餐，她的代謝率由基礎代謝率 M_0 激增，並在之後的 12 個小時期間，慢慢地消化那頓大餐。假設用餐完畢 t 小時後，她的代謝率是每小時

$$M(t) = M_0 + 50te^{-0.1t^2} \qquad 0 \le t \le 12$$

千焦耳 (kJ/hr)。

a. 蜜雪兒在這 12 個小時內的平均代謝率為何？

b. 描繪 $M(t)$ 的圖形。最高代謝率是多少？發生於何時？（提示：圖形及最高代謝率都將含有 M_0。）

36. 交通管理 高速公路管理局記錄過去幾週，經過某個市中心交流道出口的車流速度。資料顯示，在上班日的下午 1 點與 6 點之間，該出口的車流速度大約是每小時 $S(t) = t^3 - 10.5t^2 + 30t + 20$ 英哩，其中 t 是中午後所經過的小時數。

a. 計算下午 1 點與 6 點之間的平均車流速度。

b. 在下午 1 點與 6 點之間，何時車流速度與 (a) 小題所得到平均車流速度相同？

37. 平均藥物濃度 某病患在注射藥物 t 小時後，血液中殘餘的藥物濃度為

$$C(t) = \frac{3t}{(t^2 + 36)^{3/2}} \quad \text{毫克／立方公分}$$

在注射藥物後的前 8 小時，該病患血液中的平均藥物濃度是多少？

38. 藥物反應 在某些生物模型中，人體對藥物的反應是以下列形式的函數來測量

$$F(M) = \frac{1}{3}(kM^2 - M^3) \qquad 0 \le M \le k$$

其中 k 是正的常數，M 是血液中吸收的藥物量。身體對藥物的敏感度則是以導函數 $S = F'(M)$ 來測量。

a. 證明當 $M = \frac{k}{3}$ 時，身體對藥物最敏感。

b. 當 $0 \le M \le \frac{k}{3}$ 時，身體對該藥物的平均反應是多少？

其他問題

39. 氣溫　某研究者將北部某個城市上午 6 點到下午 6 點的氣溫 T(°C) 表示為以下函數：

$$T(t) = 3 - \frac{1}{3}(t-5)^2 \quad 當 0 \le t \le 12$$

其中 t 是上午 6 點之後所經過的小時數。

a. 該城市在上午 8 點到下午 5 點的上班時間中，平均氣溫為何？

b. 在上班時間中，何時氣溫與 (a) 小題所得到的平均氣溫相同？

40. 考慮一個正在沿直線運動的物體，說明為什麼該物體在任一時間區間內的平均速度等於它在同一時間區間內之速度的平均值。

5.5 節　積分在商業與經濟上的進階應用

學習目標

1. 應用積分計算收入流的未來價值與現值。
2. 以定積分定義消費者的消費意願，並應用於了解消費者與生產者的盈餘。

本節將探討一些定積分在商業與經濟上的重要應用，例如收入流的未來價值與現值、消費者的消費意願、消費者與生產者的盈餘等。

收入流的未來價值與現值

商業營運所產生的營收，通常可視為連續的收入流，可以用於投資以產生更多的收入。收入流在某約定期限的未來價值是指在此期限內所累積的總金額（轉入帳戶的資金加上利息）。

年金 (annuity) 是一種特殊的收入流，在某特定期限內的固定間隔時間付款 (或收款)，房屋貸款的償還及一些退休金的給付方式都是年金的例子，年金給付通常是固定金額（例如每月的車貸還款）。例題 5.5.1 說明如何藉由求解年金的未來價值，計算收入流的未來價值。

例題 5.5.1　年金的未來價值

媛熙有一筆每年給付 1,200 元的年金，並且以年利率 8% 的連續複利賺取利息。假設年金是連續存入媛熙的帳戶，則 2 年後該帳戶內的價值為何？

■ **解**

由 4.1 節可知，若以連續複利 8% 投資 P 元，t 年後的價值將是 $P_e^{0.08t}$ 元。

要近似收入流的未來價值，先將兩年 $0 \le t \le 2$ 的時間分成 n 等分，每一子區間的長度為 Δt 年，並令 t_j 為第 j 個子區間的起點，則在第 j 個子區間（長度為 Δt 年）中，

$$\text{存入資金} = (\text{每年存入資金})(\text{年數}) = \Delta 1{,}200\ t$$

如果資金都是在子區間的起點（時間 t_j）存入，則其留在帳戶內的時間是 $2 - t_j$ 年，所以會增值成 $(1{,}200\,\Delta t)e^{0.08(2-t_j)}$ 元。因此

$$\text{在第 } j \text{ 個子區間所存入資金的未來價值} \approx 1{,}200e^{0.08(2-t_j)}\Delta t$$

這個情況如圖 5.18 所示。

整個收入流的未來價值是在 n 個子區間內存入資金的未來價值的和，因此

$$\text{收入流的未來價值} \approx \sum_{j=1}^{n} 1{,}200e^{0.08(2-t_j)}\Delta t$$

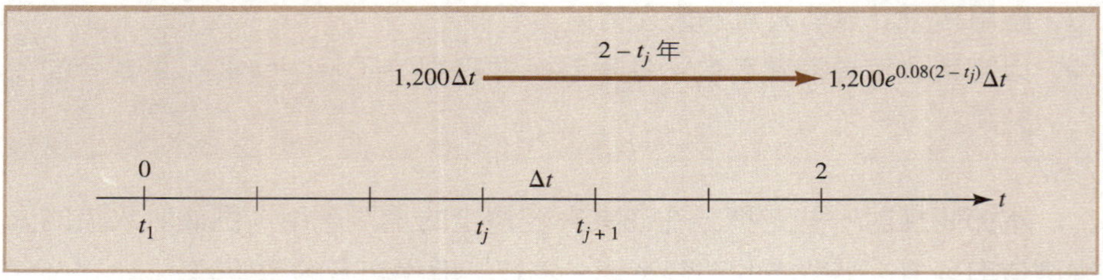

圖 5.18 在第 j 個子區間所存入資金的（近似）未來價值。

（注意，這只是一個近似值，因為我們假設所有的 $1{,}200\Delta t_n$ 元都是在時間 t_j 存入，而非在該區間內連續存入。）

當 n 無限制地增大，每一個子區間的長度將趨近於 0，則這個近似值也將愈接近收入流真正的未來價值。因此

$$\begin{aligned}
\text{收入流的未來價值} &= \lim_{n\to+\infty} \sum_{j=1}^{n} 1{,}200e^{0.08(2-t_j)}\Delta t \\
&= \int_0^2 1{,}200e^{0.08(2-t)}\,dt = 1{,}200e^{0.16}\int_0^2 e^{-0.08t}\,dt \\
&= -\frac{1{,}200}{0.08}e^{0.16}(e^{-0.08t})\Big|_0^2 = -15{,}000e^{0.16}(e^{-0.16} - 1) \\
&= -15{,}000 + 15{,}000e^{0.16} \approx 2{,}602.66
\end{aligned}$$

所以，2 年期限後，此年金帳戶的價值大約是 2,602.66 元。

延伸例題 5.5.1，我們可得到以下的積分公式，可以用來計算收入流的未來價值，其中資金流入的速度是 $f(t)$，約定期限是 T 年，利率是 r：

$$\begin{aligned} FV &= \int_0^T f(t)\, e^{r(T-t)}\, dt \qquad e^{r(T-t)} = e^{(rT-rt)} = e^{rT}e^{-rt} \\ &= \int_0^T f(t)\, e^{rT}\, e^{-rt}\, dt \qquad \text{將因式 } e^{rT} \text{ 提出至積分外} \\ &= e^{rT}\int_0^T f(t)\, e^{-rt}\, dt \end{aligned}$$

第一個和最後一個未來價值的公式形式皆列在下方以便參考。

收入流的未來價值 ▪ 假設資金在時間 $0 \le t \le T$ 內，連續轉入某個帳戶，資金轉入的速度是函數 $f(t)$，且這個帳戶的年利率是 r，以連續複利方式計息，則這個收入流在 T 年後的**未來價值 (future value) FV** 為

$$FV = \int_0^T f(t)\, e^{r(T-t)}\, dt = e^{rT}\int_0^T f(t)\, e^{-rt}\, dt$$

在例題 5.5.1 中，已知 $f(t) = 1{,}200$，$r = 0.08$，$T = 2$，因此

$$FV = e^{0.08(2)}\int_0^2 1{,}200e^{-0.08t}\, dt$$

一個以 $f(t)$ 的速率，在某個約定期限 T 年間，連續產生的收入流之**現值 (present value)**，是現在以公告利率，在同樣的 T 年間，可以產生相同收入的資金 A。投資 A 元以年利率 r 連續複利 T 年後的價值是 Ae^{rT} 元，所以可知

$$\begin{aligned} Ae^{rT} &= e^{rT}\int_0^T f(t)\, e^{-rt}\, dt \qquad \text{兩邊同除以 } e^{rT} \\ A &= \int_0^T f(t)\, e^{-rt}\, dt \end{aligned}$$

總結如下：

收入流的現值 ▪ 若收入流的**現值 PV** 以速率 $f(t)$，在約定期限 T 年間，連續存入年利率 r 並在 T 年內連續複利的帳戶，則其現值 PV 為

$$PV = \int_0^T f(t)\, e^{-rt}\, dt$$

例題 5.5.2 說明現值如何應用在財務決策上。

例題 5.5.2 利用現值比較兩種收入流

珍正在考慮兩種投資，第一種投資的成本是 9,000 元，預期會產生速率為每年 $f_1(t) = 3{,}000e^{0.03t}$ 元的連續收入流；第二種投資是年金，其成本是 12,000 元，預期會產生每年固定為 $f_2(t) = 4{,}000$ 元的收入。若公告年利率固定為 5%，在未來 5 年間連續複利，則哪一種投資在此期間的表現比較好？

■ 解

每一種投資 5 年後的淨值是現值減去初期成本。對每一種投資，我們已知 $r = 0.05$ 及 $T = 5$。

第一種投資的淨值為

$$\begin{aligned}
\text{PV} - \text{成本} &= \int_0^5 (3{,}000e^{0.03t})e^{-0.05t}\,dt - 9{,}000 \\
&= 3{,}000\int_0^5 e^{0.03t-0.05t}\,dt - 9{,}000 \\
&= 3{,}000\int_0^5 e^{-0.02t}\,dt - 9{,}000 \\
&= 3{,}000\left(\frac{e^{-0.02t}}{-0.02}\right)\Bigg|_0^5 - 9{,}000 \\
&= -150{,}000[e^{-0.02(5)} - e^0] - 9{,}000 \\
&= 5{,}274.39
\end{aligned}$$

年金的淨值為

$$\begin{aligned}
\text{PV} - \text{成本} &= \int_0^5 (4{,}000)e^{-0.05t}\,dt - 12{,}000 \\
&= 4{,}000\left(\frac{e^{-0.05t}}{-0.05}\right)\Bigg|_0^5 - 12{,}000 \\
&= -80{,}000[e^{-0.05(5)} - e^0] - 12{,}000 \\
&= 5{,}695.94
\end{aligned}$$

因此，第一種投資所產生的淨收入是 5,274.39 元，而年金所產生的淨收入是 5,695.94 元，所以年金比第一種投資稍好。

消費者的消費意願及消費者盈餘

假設一對年輕夫婦願意至多花費 500 元來購買一部電視機，為了第二部電視機所能帶來的方便性（例如不用為了要看哪一台而爭吵），他們願意再多花 300 元來多購買一部電視機。不過因為擁有超過兩部電視機的好處很少，他們只願意多花 50 元來買第三部電視機。因此，這對夫婦對電視機的需求函數 $p = D(q)$ 將會滿足

$$500 = D(1) \qquad 300 = D(2) \qquad 50 = D(3)$$

而且他們對於購買三部電視機的總消費意願是

$$\$500 + \$300 + \$50 = \$850$$

現在考量某種類似穀物的商品，銷售量可以是不大於 q_0 單位的任何數量（因此 $0 \le q \le q_0$）。令 $p = D(q)$ 代表此商品的需求函數。欲求消費者購買 q_0 單位的消費意願，不能像電視機的例子一樣，只簡單地加總潛在的購買金額（需求價值），因為在 0 與 q_0 之間，有太多可能的生產量 q，所以需要利用定積分。

如圖 5.19 所示，我們將區間 $0 \le q \le q_0$ 分割成 n 個大小相等的子區間，並假設對任何在第 k 個子區間內的 q 值，需求量是 $D(q_{k-1})$，其中 q_{k-1} 是該子區間的左端點，$k = 1, 2, \ldots, n$。則消費者購買數量在 q_{k-1} 與 q_k 單位之間的消費意願約為 $D(q_{k-1})\Delta q$，其中 $\Delta q = \dfrac{q_0 - 0}{n}$ 是每個子區間的寬度。因此可利用總和 $\sum_{k=1}^{n} D(q_{k-1})\Delta q$ 來估計消費者購買至多 q_0 單位的總消費意願。於是我們可以利用極限來定義總消費意願

$$\text{WS} = \lim_{n\to\infty} \sum_{k=1}^{n} D(q_{k-1})\Delta q$$

可以看出這是需求函數 $P = D(q)$ 在區間 $0 \le q \le q_0$ 的定積分。注意到因為需求函數一定在 q 軸之上，這個積分可以被視為需求函數之下的面積。總結如下。

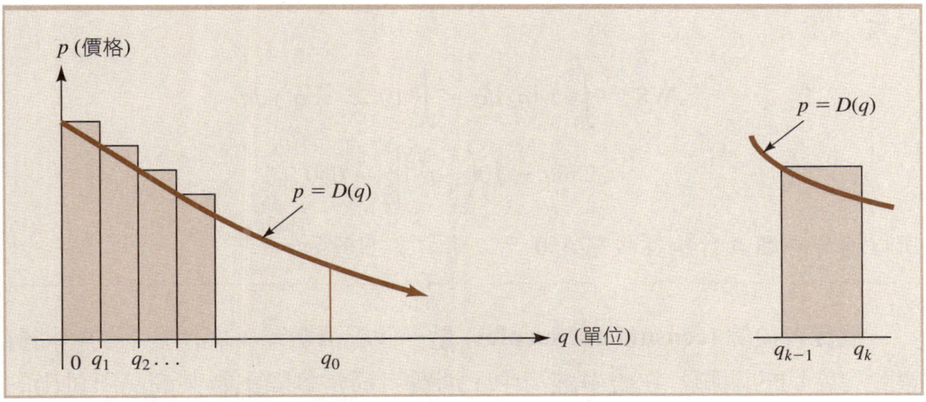

圖 5.19 計算總消費意願。

消費者的消費意願 ■ 消費者購買至多 q_0 單位的某商品之**總消費意願 (total consumer willingness to spend)** 為

$$\text{WS} = \int_0^{q_0} D(q)\, dq$$

其中 $p = D(q)$ 是該商品的需求函數。幾何上，這是在銷售量範圍 $0 \le q \le q_0$ 上，需求函數之下的面積。

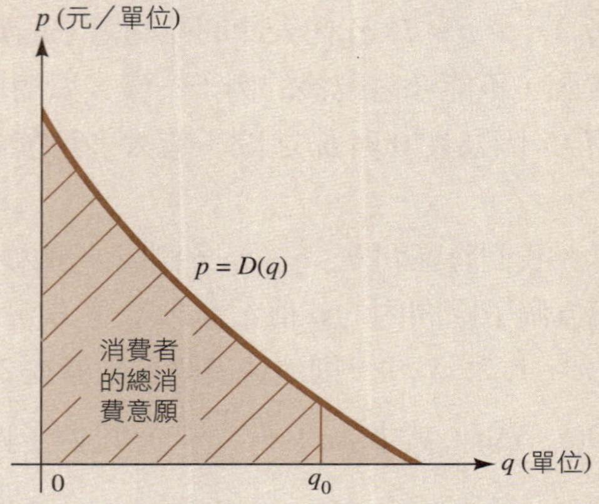

例題 5.5.3 計算消費者的消費意願

某農場經理拉希德發現 q 噸的穀物能以每噸 $p = 10(25 - q^2)$ 元的價格售出，求出消費者願意為 3 噸穀物付出的總金額。

■ **解**

因為需求函數是 $p = 10(25 - q^2)$，所以消費者願意為 $q_0 = 3$ 噸所付出的總金額是

$$\begin{aligned} \text{WS} &= \int_0^{q_0} D(q)\, dq = \int_0^3 10(25 - q^2)\, dq \\ &= 250q - 10\left(\frac{1}{3}q^3\right)\Bigg|_0^3 = 660 \end{aligned}$$

所以消費者願意付給拉希德 660 元以購買 3 噸穀物。

消費者盈餘 (consumers' surplus) 是一個經濟數量，與消費者的總消費意願有密切的關聯。在競爭經濟中，消費者通常實際上為某商品所付出的總金額通常少於他們預期會為該商品付出的總金額。例如你可能預期需要

付出 60 元來購買新的電視遊戲，因此會因該遊戲的售價只有 40 元而感到驚喜。在這個情況下，你所感受到的節省金額是 60 元 − 40 元 = 20 元，此即為你的消費者盈餘。

一般而言，假設當某商品的需求函數是 $p = D(q)$ 時，消費者願意購買 q_0 單位，消費者（團體）願意為 q_0 單位付出的金額是 $WS = \int_0^{q_0} D(q)\,dq$ 元，但他們實際上付出的金額只有 p_0q_0 元，其中 $p_0 = D(q_0)$。消費者盈餘即為這中間的差距

$$\text{CS} = \int_0^{q_0} D(q)\,dq - p_0q_0$$

總結如下：

消費者盈餘 ■ 若 q_0 單位的某商品以單價 p_0 元售出，且 $p = D(q)$ 是該商品的消費者需求函數，則

$$\begin{bmatrix}\text{消費者}\\\text{盈餘}\end{bmatrix} = \begin{bmatrix}\text{消費者願意為 } q_0\\\text{單位所付出的總金額}\end{bmatrix} - \begin{bmatrix}\text{消費者實際上為 } q_0\\\text{單位所付出的總金額}\end{bmatrix}$$

$$\text{CS} = \int_0^{q_0} D(q)\,dq - p_0q_0$$

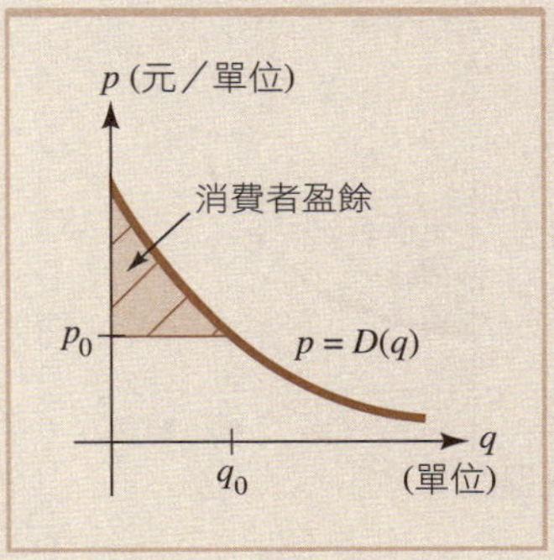

消費者盈餘有一個簡單的幾何意義，如圖 5.20 所示。圖 5.20a 中，在需求曲線下，區間 $0 \le q \le q_0$ 上的面積代表消費者願意為 q_0 單位商品所付出的總金額。圖 5.20b 中的矩形面積代表消費者實際上以每單位 p_0 元來購

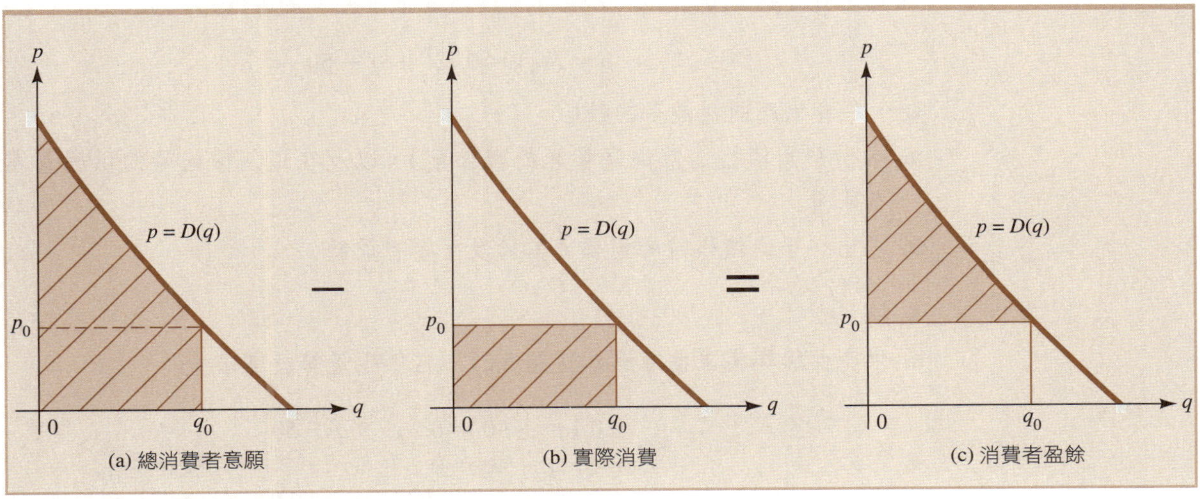

圖 5.20　消費者盈餘的幾何意義。

買 q_0 單位的商品的實際消費金額。因此，這兩個面積的差代表消費者盈餘，如圖 5.20c 所示。注意到消費者盈餘是需求曲線之下、水平線 $p = p_0$ 之上的區域面積。

生產者盈餘 (producers' surplus) 是生產者版本的消費者盈餘。供應函數 (supply function) $p = S(q)$ 代表生產者願意接受，以供應 q 單位商品到市場的價格。如果此商品的市場價格是每單位 $p_0 = S(q_0)$，則任何願意以較低的價格供貨的生產者都能獲利。生產者盈餘是生產者願意供應 q_0 單位的總價與實際收到總價之間的差異。如同消費者盈餘可以由需求函數的積分得到，對供應函數積分可以得到生產者盈餘，以下是計算生產者盈餘的公式：

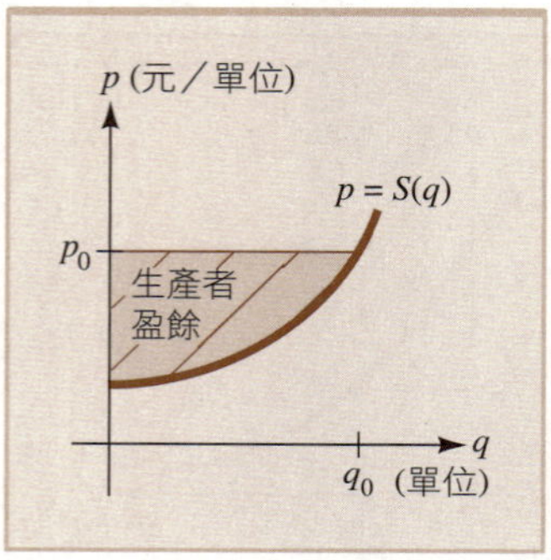

生產者盈餘 ■ 若 q_0 單位的商品以單價 p_0 元售出，且 $p = S(q)$ 是該商品的供應函數，則生產者盈餘為

$$\text{PS} = p_0q_0 - \int_0^{q_0} S(q)\,dq$$

如附圖所示，生產者盈餘是價格直線 $p = p_0$ 之下、供應函數 $p = S(q)$ 之上，在區間 $0 \le q \le q_0$ 上的區域面積。

例題 5.5.4 消費者盈餘與生產者盈餘

某輪胎製造商估計，若每個輪胎的價格為

$$p = D(q) = -0.1q^2 + 90$$

批發商將會購買 q（千）個輪胎；對製造商而言，當價格為

$$p = S(q) = 0.2q^2 + q + 50$$

時，將會供應同樣數目的輪胎。

a. 求出平衡價格（當供應量等於需求量），以及在這個價格時的供應量與需求量。

b. 求出在平衡價格時的消費者盈餘及生產者盈餘。

■ **解**

a. 供應曲線與需求曲線顯示在圖 5.21，當供應量等於需求量時

$$-0.1q^2 + 90 = 0.2q^2 + q + 50$$
$$0.3q^2 + q - 40 = 0$$
$$q = 10 \quad（q \approx -13.33 \text{ 不合}）$$

每個輪胎的價格是 $p = -0.1(10)^2 + 90 = 80$ 元。因此，平衡價格是每個輪胎 80 元，在此價格時，需求量與供應量均為 10,000 個輪胎。

b. 利用 $p_0 = 80$ 及 $q_0 = 10$，可得到消費者盈餘為

$$\begin{aligned} CS &= \int_0^{10} (-0.1q^2 + 90)\,dq - (80)(10) \\ &= \left[-0.1\left(\frac{q^3}{3}\right) + 90q\right]\Bigg|_0^{10} - (80)(10) \\ &\approx 866.67 - 800 = 66.67 \end{aligned}$$

或是 66,670 元（因為 $q_0 = 10$ 事實上是 10,000）。圖 5.21 中標示為 CS 的陰影區域，即為消費者盈餘。

生產者盈餘為

$$\begin{aligned} PS &= (80)(10) - \int_0^{10} (0.2q^2 + q + 50)\,dq \\ &= (80)(10) - \left[0.2\left(\frac{q^3}{3}\right) + \left(\frac{q^2}{2}\right) + 50q\right]\Bigg|_0^{10} \\ &\approx 800 - 616.67 = 183.33 \end{aligned}$$

或是 183,330 元。圖 5.21 中標示為 PS 的陰影區域，即為生產者盈餘。

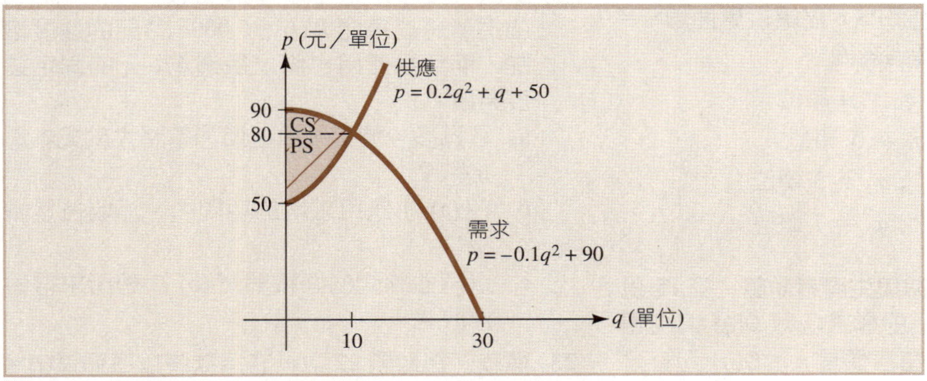

圖 5.21 例題 5.5.4 中之需求函數與供應函數的消費者盈餘與生產者盈餘。

習題 ■ 5.5

消費意願 第 1 題到第 6 題，針對消費者需求函數 $D(q)$：

(a) 求解消費者願意為 q_0 單位商品付出的總金額。

(b) 描繪需求曲線，並以面積解釋 (a) 小題得到的消費意願。

1. $D(q) = 2(64 - q^2)$ 元／單位；$q_0 = 6$ 單位

2. $D(q) = \dfrac{300}{(0.1q + 1)^2}$ 元／單位；$q_0 = 5$ 單位

3. $D(q) = \dfrac{400}{0.5q + 2}$ 元／單位；$q_0 = 12$ 單位

4. $D(q) = \dfrac{300}{4q + 3}$ 元／單位；$q_0 = 10$ 單位

5. $D(q) = 40e^{-0.05q}$ 元／單位；$q_0 = 10$ 單位

6. $D(q) = 50e^{-0.04q}$ 元／單位；$q_0 = 15$ 單位

消費者盈餘　第 7 題到第 10 題，$p = D(q)$ 是當某商品的市場需求量為 q 單位時的單價（元／單位），也就是說，所有的 q 單位皆能以這個價錢售出。在每一題中，求出市場需求量是 q_0 時的單價 $p_0 = D(q_0)$，並計算此時的消費者盈餘 CS。描繪需求曲線 $y = D(q)$，並以陰影顯示消費者盈餘。

7. $D(q) = 2(64 - q^2)$; $q_0 = 3$ 單位

8. $D(q) = 150 - 2q - 3q^2$; $q_0 = 6$ 單位

9. $D(q) = 40e^{-0.05q}$; $q_0 = 5$ 單位

10. $D(q) = 75e^{-0.04q}$; $q_0 = 3$ 單位

生產者盈餘　第 11 題到第 14 題，$p = S(q)$ 是製造商願意提供 q 單位商品到市場時的單價（元／單位），而 q_0 是某個特定的生產量。在每一題中，求出當供應量是 q_0 單位時的單價 $p_0 = S(q_0)$，並計算此時的生產者盈餘 PS。描繪供應曲線 $y = S(q)$，並以陰影顯示生產者盈餘。

11. $S(q) = 0.3q^2 + 30$; $q_0 = 4$ 單位

12. $S(q) = 0.5q + 15$; $q_0 = 5$ 單位

13. $S(q) = 10 + 15e^{0.03q}$; $q_0 = 3$ 單位

14. $S(q) = 17 + 11e^{0.01q}$; $q_0 = 7$ 單位

供需平衡時的消費者盈餘與生產者盈餘　第 15 題到第 19 題，已知某商品的需求函數 $D(q)$ 與供應函數 $S(q)$，也就是說，當售價是 $p = D(q)$ 元時，該商品的需求（銷售）量是 q 千單位，而售價是 $p = S(q)$ 元時，該商品的供應量是 q 千單位，在每一題中：

(a) 求出供需平衡時的售價，亦即當需求量與供應量相等時的售價。

(b) 求出供需平衡時的消費者盈餘與生產者盈餘。

15. $D(q) = 131 - \dfrac{1}{3}q^2$; $S(q) = 50 + \dfrac{2}{3}q^2$

16. $D(q) = 65 - q^2$; $S(q) = \dfrac{1}{3}q^2 + 2q + 5$

17. $D(q) = -0.3q^2 + 70$; $S(q) = 0.1q^2 + q + 20$

18. $D(q) = \sqrt{245 - 2q}$; $S(q) = 5 + q$

19. $D(q) = \dfrac{16}{q + 2} - 3$; $S(q) = \dfrac{1}{3}(q + 1)$

20. **機器有效壽命期間的利潤**　假設一工業機器在開始運作 t 年後，其產生盈收的速度是每年 $R'(t) = 6{,}025 - 8t^2$ 元，而其運作及維修的成本則以每年 $C'(t) = 4{,}681 + 13t^2$ 元的速度累積。
   a. **有效壽命 (useful life)** 是機器所產生的利潤開始降低前，所經過的年數。求出該機器的有效壽命。
   b. 計算該機器在其有效壽命期間所產生的淨利潤。
   c. 描繪盈收率曲線 $y = R'(t)$ 及成本率曲線 $y = C'(t)$，以陰影區域表示 (b) 小題所得的淨利潤。

21. **機器有效壽命期間的利潤**　在習題 20 中，若產生盈收的速度是每年 $R'(t) = 7{,}250 - 18t^2$ 元，而其成本則以每年 $C'(t) = 3{,}620 + 12t^2$ 元的速度累積，重作該題。

22. **募款**　據估計，從現在起 t 週後，某募款活動的捐款將以每週 $R'(t) = 5{,}000e^{-0.2t}$ 元的速度增加，而活動費用也將以每週 676 元的固定速度累積。
   a. 經過多少週後，收益增加率將大於成本增加率？
   b. 在 (a) 小題所求得的期間內，淨收益是多少？
   c. 以兩曲線間的面積解釋 (b) 小題所求得的淨收益。

23. **募款**　在習題 22 中，若捐款將以每週 $R'(t) = 6{,}537e^{-0.3t}$ 元的速度增加，而費用也將以每週 593 元的固定速度累積，重作該題。

24. **收入流**　資金以每年固定 2,400 元的速度連續匯入某個帳戶，該帳戶的年利率是 6%，且以連續複利方式計息，則 5 年後該帳戶將有多少資金？

25. **收入流**　資金以每年固定 1,000 元的速度連續匯入某個帳戶，該帳戶的年利率是 10%，且以連續複利方式計息，則 10 年後該帳戶將有多少資金？

26. **退休年金**　湯姆在 25 歲時，開始每年存入

2,500 元到以年利率 5% 連續複利計息的個人退休帳戶。如果以連續收入流的方式存款，當他在 60 歲退休時，帳戶內會有多少錢？如果 65 歲退休，會有多少錢？

27. 退休年金　蘇在 30 歲時，開始每年存入 2,000 元到以年利率 8% 連續複利計息的債券基金。如果以連續收入流的方式存款，當她在 55 歲退休時，帳戶內會有多少錢？

28. 投資的現值　一項投資將在未來 5 年，以每年 1,200 元的固定速率產生收入流，若年利率維持在 5% 不變，並且為連續複利，則該項投資的現值是多少？

29. 連鎖店的現值　某全國性速食連鎖店的管理者，即將出售已經營 10 年，位於俄亥俄州克里夫蘭市的一間連鎖店，依過去在類似地區的經驗，t 年後該連鎖店每年將產生 $f(t) = 100{,}000$ 元的利潤。若年利率維持在 4% 不變，並且為連續複利，則該連鎖店的現值是多少？

30. 投資分析　菲利浦正在考慮兩種投資：第一種的成本是 50,000 元，預期可以產生每年 15,000 元的連續收入流；第二種的成本是 30,000 元，預期可以產生每年 9,000 元的收入。若年利率維持在 6% 不變，並且為連續複利，則在未來 5 年的期限內，對菲利浦而言，哪一種投資比較好？

31. 消費者盈餘　某機器零件製造商發現，當某產品的價格是 $p = 110 - q$ 元時，可以賣出 q 單位，而生產 q 單位的總成本是 $C(q)$ 元，其中

$$C(q) = q^3 - 25q^2 + 2q + 3{,}000$$

a. 以價格 p 元賣出 q 單位的利潤是多少？（提示：先求出營收 $R = pq$，則利潤 = 營收 − 成本。）

b. q 是多少時，利潤最大？

c. 利潤最大時的生產量 q_0 為何？此時的消費者盈餘是多少？

32. 消費者盈餘　在習題 31 中，若 $C(q) = 2q^3 - 59q^2 + 4q + 7{,}600$，且 $p = 124 - 2q$，重作該題。

33. 能源消耗　油田開始產油 t 年後，石油的生產速度是每年 $P'(t) = 1.3e^{0.04t}$（十億桶）。假設該油田的石油蘊藏量是 20（十億桶），而且石油價格維持在每桶 112 元不變。

a. 求出在時間 t 時該油田的石油產量 $P(t)$。在開始產油的前 3 年，石油的總產量是多少？接下來的 3 年又是多少？

b. 若 T 年後該油田將會枯竭，求解 T？

c. 若年利率固定在 5%，連續複利，則在該油田的運作期限 $0 \le t \le T$ 間，連續收入流 $V = 112P'(t)$ 的現值是多少？

d. 若油田的擁有者在油田運作的第 1 天就決定賣出油田，你覺得 (c) 小題所得的現值是合理的要價嗎？說明你的理由。

34. 能源消耗　在習題 33 中，若油田的石油生產速度是每年 $P'(t) = 1.5e^{0.03t}$（十億桶），石油蘊藏量是 16（十億桶）。假設石油價格維持在每桶 112 元不變，且年利率是 5%，重作該題。

35. 能源消耗　在習題 33 中，若油田的石油生產速度是每年 $P'(t) = 1.2e^{0.02t}$（十億桶），石油蘊藏量是 12（十億桶）。假設年利率仍然是 5%，但是 t 年後的石油價格是 $A(t) = 112e^{0.015t}$，重作該題。

36. 樂透領款　樂透公司提供兩種領款方式的選擇給中獎者。第一種是現在一次領取 1,000 萬元獎金；第二種是在未來 6 年中，每年領取 A 元的連續收入流。若年利率維持在 5% 不變，並且為連續複利，當這兩種付款方式的價值一樣時，請問 A 是多少？

37. 投資的現值　一項投資在時間 t 時，將產生每年 $A(t)$（千元）的連續收入流，其中

$$A(t) = 10e^{1-0.05t}$$

若年利率是 5%，且以連續複利方式計息。

a. 若投資 5 年（$0 \le t \le 5$），該項投資的未來價值是多少？

b. 該項投資在 $1 \le t \le 3$ 期間的現值是多少？

38. 總營收　考慮以下的問題：一座每月生產 300 桶原油的油井將在 3 年後枯竭，根據估計，從現在起 t 個月後，原油的價格是每桶 $P(t) = 118 + 0.3\sqrt{t}$ 元。如果原油在採出後立即售出，則該油井的未來營收是多少？

a. 以定積分求解此問題。〔提示：將 3 年（36 個月）的時間 $0 \le t \le 36$ 分成 n 等

分，每一等分的長度是 Δt，再令 t_j 為第 j 個子區間的起點，寫出估計第 j 個子區間內所得收入 $R(t_j)$ 的數學式，再將總收入表示成和的極限。)

b. 閱讀一篇石油產業的相關文章，並寫一小段有關數學模型應用於石油生產的報告 *。

39. 存貨成本 某製造商收到 N 單位的原料，先將其存放於倉庫，再以固定的速率將其取出使用，直到一年後將原料全部用完。假設存貨成本固定為每年每單位 p 元，利用定積分求出該製造商在這一年內的總存貨成本。(提示：先令 $Q(t)$ 為 t 年後的存貨量，求出其公式。再將區間 $0 \le t \le 1$ 分成 n 個等長的子區間，並將總存貨成本表示為和的極限。)

40. 年金的現值與未來價值 以每年固定 M 元的收入流，進行為期 T 年，年利率是 r 且以連續複利方式計息的投資。

a. 證明此投資的未來價值是

$$\text{FV} = \frac{M}{r}(e^{rT} - 1)$$

b. 證明此投資的現值是

$$\text{PV} = \frac{M}{r}(1 - e^{-rT})$$

* 參見 J. A. Weyland and D. W. Ballew, "A Relevant Calculus Problem: Estimation of U.S. Oil Reserves," *The Mathematics Teacher*, Vol. 69, 1976, pp. 125–126.

5.6 節 積分在生命與社會科學上的進階應用

學習目標

1. 檢驗生存函數與更新函數。
2. 應用定積分，由人口密度計算人口及了解動脈中的血液流量。
3. 推導旋轉體的體積公式，並以其估計腫瘤的大小。

我們已經看到如何應用定積分來計算社會科學和生命科學上的數量，例如，淨變化量、平均值、羅倫茲曲線的基尼指數。本節將介紹一些其他應用，包括群體中的生存與更新、流經動脈的血液及估計腫瘤的大小。

生存與更新

生存函數 (survival function) 是一個群體或族群中，預期在特定的時間內會存留在該群體中的個體的比例；**更新函數 (renewal function)** 則是新成員到達的速度。在例題 5.6.1 中，這兩個函數皆為已知，目的在於預測未來某個時間的群體大小。這種問題在許多領域都很常見，包括社會學、生態學、人口學，甚至財務學。在財務學中，「人口」是投資帳戶內的金額，而「生存與更新」是投資策略的特性。

例題 5.6.1 生存與更新

一間新的公立精神醫院剛剛啟用，由類似機構的統計得知，患者在初診 t

個月後，仍在該院接受治療的比例是 $f(t) = e^{-t/20}$。該院一開始接受 300 名患者，並且計畫以固定每個月 $g(t) = 10$ 人的速率來接受新患者，則 15 個月後在該院接受治療的患者大約有多少？

■ 解

$f(15)$ 代表連續接受 15 個月治療的患者比例，因此目前的 300 名患者，在 15 個月後，只有 $300f(15)$ 名仍在該院接受治療。

欲估計 15 個月後仍在接受治療的新患者人數，將 15 個月的時間 $0 \le t \le 15$ 分成 n 等分，每一等分的長度是 Δt 個月，並令 t_j 為第 j 個子區間的起點，因為接受新患者的速率是每個月 10 名，第 j 個子區間所接受的患者數目是 $10\Delta t$。15 個月後，從這 $10\Delta t$ 名患者接受初診的時間算起，大約經過了 $15 - t_j$ 個月，因此其中大約有 $(10\Delta t)f(15 - t_j)$ 名患者仍在接受治療（見圖 5.22）。所以，從現在算起，15 個月後仍在接受治療的新患者人數可以用以下的和來近似：

$$\sum_{j=1}^{n} 10f(15 - t_j)\Delta t$$

加上目前患者中 15 個月後仍在接受治療的人數，可得

$$P \approx 300f(15) + \sum_{j=1}^{n} 10f(15 - t_j)\Delta t$$

其中 P 是 15 個月後，正在接受治療的所有患者總數。

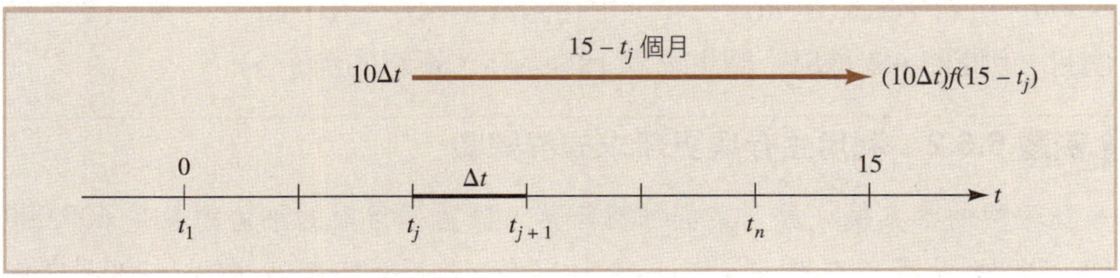

圖 5.22　第 j 個子區間內的新患者。

當 n 無限制地增大，這個近似值將更接近 P 的實際值。因此

$$P = 300f(15) + \lim_{n\to+\infty} \sum_{j=1}^{n} 10f(15 - t_j)\Delta t$$
$$= 300f(15) + \int_0^{15} 10f(15 - t)\, dt$$

由 $f(t) = e^{-t/20}$ 可得知 $f(15) = e^{-3/4}$ 與 $f(15 - t) = e^{-(15-t)/20} = e^{-3/4}e^{t/20}$。因此

$$
\begin{aligned}
P &= 300e^{-3/4} + 10e^{-3/4}\int_0^{15} e^{t/20}\,dt \\
&= 300e^{-3/4} + 10e^{-3/4}\left(\frac{e^{t/20}}{1/20}\right)\Bigg|_0^{15} \\
&= 300e^{-3/4} + 200(1 - e^{-3/4}) \\
&\approx 247.24
\end{aligned}
$$

也就是說，從現在開始 15 個月後，該醫院約有 247 名患者在接受治療。

例題 5.6.1 中，我們考慮一個變動的生存函數 $f(t)$ 和一個固定更新率的函數 $g(t)$。基本上，當更新率也是變動的函數時，分析方法也是一樣，見下列結果。注意，為了明確定義，我們所用的時間單位是年，不過當時間單位改變時，同樣的公式也適用，例如，分、秒、週或例題 5.6.1 中所使用的月。

生存與更新 ■ 假設一個族群一開始有 P_0 個成員，而且增加新成員的（更新）速率是每年 $R(t)$ 個，更進一步假設到達 t 年後，仍留在族群中的比例是（生存）函數 $S(t)$，則在 T 年後，成員個數將是

$$P(T) = P_0S(T) + \int_0^T R(t)\,S(T - t)\,dt$$

在例題 5.6.1，每段時間的長度是 1 個月，一開始的「人口」（患者）是 $P_0 = 300$，更新率函數是 $R(t) = 10$，生存函數是 $S(t) = f(t) = e^{-t/20}$，期限 $T = 15$ 個月。例題 5.6.2 是另一個生物學上的生存／更新的例子。

例題 5.6.2 利用生存與更新求族群總數

一種輕微的毒素被施放到某個細菌菌落，該菌落目前的細菌總數是 600,000 個。根據觀察，在時間 t 時，該菌落每小時會繁殖出 $R(t) = 200e^{0.01t}$ 個新細菌；在繁殖 t 小時後，仍然存活的細菌比例是 $S(t) = e^{-0.015t}$。10 小時後，該菌落的細菌總數是多少？

■ 解

將 $P_0 = 600{,}000$，$R(t) = 200e^{0.01t}$ 及 $S(t) = e^{-0.015t}$ 代入生存與更新的公式，可知在 $T = 10$ 小時後的細菌總數為

$$P(10) = \underbrace{600{,}000}_{P_0}\underbrace{e^{-0.015(10)}}_{S(10)} + \int_0^{10} \underbrace{200e^{0.01t}}_{R(t)}\underbrace{e^{-0.015(10-t)}}_{S(T-t)}\,dt \qquad e^{a-b} = e^a e^{-b}$$

$$\approx 516{,}425 + \int_0^{10} 200e^{0.01t}\,[e^{-0.015(10)}e^{0.015t}]\,dt$$

將因式 $200e^{-0.015(10)}$ 提出至積分外

$$\approx 516{,}425 + 200e^{-0.015(10)}\int_0^{10}[e^{0.01t}e^{0.015t}]\,dt$$

$e^{a+b} = e^a e^b$ 及 $200e^{-0.015(10)} \approx 172.14$

$$\approx 516{,}425 + 172.14\int_0^{10} e^{0.025t}\,dt$$

積分的冪次公式

$$\approx 516{,}425 + 172.14\left[\frac{e^{0.025t}}{0.025}\right]\Bigg|_0^{10}$$

$$\approx 516{,}425 + \frac{172.14}{0.025}[e^{0.025(10)} - e^0]$$

$$\approx 518{,}381$$

因此，在施放毒素後的前 10 小時內，該菌落的細菌個數從 600,000 減少到大約 518,381。

人口密度

市區的**人口密度 (population density)** $p(r)$ 代表距離市中心 r 英哩處，每平方英哩的人口數，我們可以利用積分來計算距離市中心 R 英哩以內區域的人口總數 P。

把 $0 \le r \le R$ 分成 n 等分，每一個子區間的寬度都是 $\Delta r = \dfrac{R}{n}$，並且令 r_k 表示第 k 個子區間的起始點（左端點），$k = 1, 2, \ldots, n$。這些子區間形成了 n 個同心環，其中心點為市中心，如圖 5.23 所示。

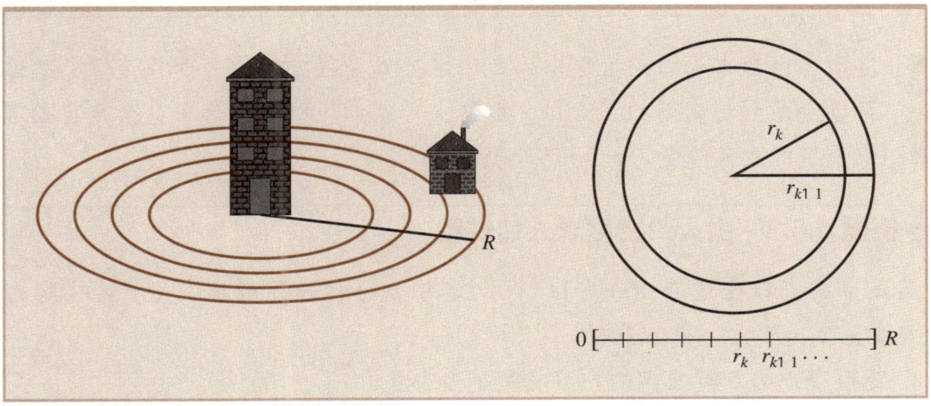

圖 5.23　將市區分割成一群同心環。

如圖 5.24 所示，如果把第 k 個環切開並展開，所得到的圖形將非常接近長度是該環內圓圓周的矩形。（此圖形並不是真正的矩形，因為兩個長邊分別是該環內圓圓周與外圓圓周，其長度有一點差距。）該環的寬度是 Δr，所以

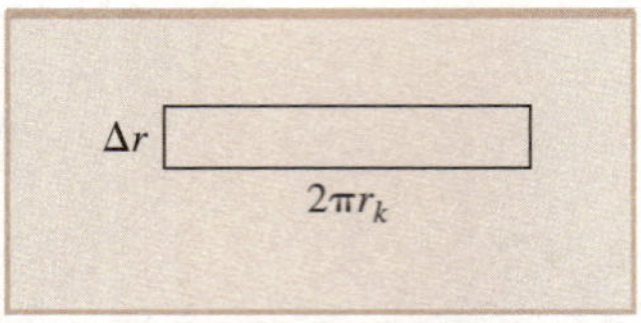

圖 5.24 第 k 個環的面積大約等於長度為 $2\pi r_k$（圓周）且寬度為 Δr 的矩形面積。

$$\text{第 } k \text{ 個環的面積} \approx 2\pi r_k \Delta r$$

因為人口密度是每平方英哩 $p(r)$ 人，所以

$$\text{第 } k \text{ 個環的面積} \approx \underbrace{p(r_k)}_{\text{每單位面積內之人口數}} \cdot \underbrace{[2\pi r_k \Delta r]}_{\text{環的面積}} = 2\pi r_k p(r_k)\Delta r$$

如果將這些同心環內的人口數加總起來，就可以估計出半徑為 R 的區域內之人口總數的近似值，也就是以下的黎曼和

$$\begin{bmatrix} \text{在半徑 } R \text{ 內} \\ \text{的人口總數} \end{bmatrix} = P(R) \approx \sum_{k=1}^{n} 2\pi r_k p(r_k)\Delta r$$

當 $n \to \infty$ 時，這個近似值將非常接近人口總數的實際值 P。由於黎曼和的極限是一個定積分，所以

$$P(R) = \lim_{n\to\infty} \sum_{k=1}^{n} 2\pi r_k p(r_k)\Delta r = \int_0^R 2\pi r p(r)\, dr$$

總結如下：

> **由人口密度計算總人口** ■ 如果一個群聚之人口密度 $p(r)$ 代表距離群聚中心 r 單位處，每平方單位內的人口數，則距離群聚中心點 R 單位內之人口總數 $P(R)$ 為
>
> $$P(R) = \int_0^R 2\pi r p(r)\, dr$$

注意 由都市人口來推導出人口密度公式是很方便的，而且這個公式還可以應用到更廣泛的「人口」群聚上，例如，細菌菌落，甚至是自動灑水系統的水滴總量。■

例題 5.6.3 由人口密度求人口總數

某城市的人口密度為 $p(r) = 3e^{-0.01r^2}$，其中 $p(r)$ 代表距離市中心 r 英哩處的人口密度（千人／平方英哩）。

a. 距離市中心 5 英哩內的人口總數是多少？

b. 若距離市中心 R 英哩處是市區的邊界，而且該處的人口密度是每平方英哩 1,000 人，則該市的人口總數是多少？

■ **解**

a. 距離市中心 5 英哩內的人口總數為

$$P(5) = \int_0^5 2\pi r(3e^{-0.01r^2})\,dr = 6\pi\int_0^5 e^{-0.01r^2} r\,dr$$

利用代換 $u=-0.01r^2$ 可以得到

$$du = -0.01(2r\,dr) \quad 或 \quad r\,dr = \frac{du}{-0.02} = -50\,du$$

而積分範圍可進行以下的轉換：

當 $r=5$ 時，$u = -0.01(5)^2 = -0.25$
當 $r=0$ 時，$u = -0.01(0)^2 = 0$

因此可以得到

$$\begin{aligned} P(5) &= 6\pi\int_0^5 e^{-0.01r^2} r\,dr \\ &= 6\pi\int_0^{-0.25} e^u(-50\,du) \\ &= 6\pi(-50)[e^u]\Big|_{u=0}^{u=-0.25} \\ &= -300\pi[e^{-0.25} - e^0] \\ &\approx 208.5 \end{aligned}$$

代換 $u = -0.01r^2$
$-50\,du = r\,dr$

所以大約有 208,500 人居住在離市中心 5 英哩的範圍內。

b. 因為市區邊界處的人口密度為 1（千人），而該處距市中心的距離為 R，所以可以求解下列方程式來得到 R，即

$$\begin{aligned} 3e^{-0.01R^2} &= 1 \\ e^{-0.01R^2} &= \frac{1}{3} \\ -0.01R^2 &= \ln\left(\frac{1}{3}\right) \\ R^2 &= \frac{\ln\left(\frac{1}{3}\right)}{-0.01} = 109.86 \\ R &\approx 10.48 \end{aligned}$$

兩邊同取自然對數

最後利用 (a) 小題中的代換 $u=-0.01r^2$，可以得到市區範圍內的人口總數為

$$\begin{aligned} P(10.48) &= 6\pi\int_0^{10.48} e^{-0.01r^2} r\,dr \\ &= 6\pi\int_0^{-1.1} e^u(-50\,du) \\ &\approx -300\pi[e^u]\Big|_{u=0}^{u=-1.1} \end{aligned}$$

積分範圍：
當 $r=10.48$ 時，$u=-0.01(10.48)^2\approx-1.1$
當 $r=0$ 時，$u=0$

$$\approx -300\pi[e^{-1.1} - e^{0}]$$
$$\approx 628.75$$

所以，大約有 628,750 人居住在該市的範圍。

通過動脈的血液流動

生理學家發現動脈中血液流動的速度是血液與動脈中心軸之距離的函數。根據 Poiseuille 定理，距離中心軸 r 公分的血液，其速度是 $S(r) = k(R^2 - r^2)$（公分／秒），其中 R 是動脈的半徑，而 k 是常數。在例題 5.6.4 中，你將看到如何利用這些資訊來計算血液通過動脈的速率。

例題 5.6.4　求解通過動脈的血流量公式

已知距離動脈中心軸 r 公分的血液的速度是 $S(r) = k(R^2 - r^2)$，其中 k 是常數。以數學式表示血流通過半徑為 R 之動脈的速率（立方公分／秒）。

■ **解**

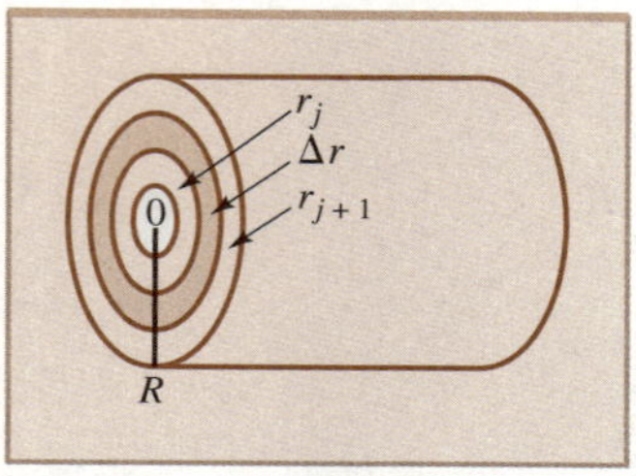

圖 5.25　將動脈的剖面分成數個同心環。

計算血流量的作法類似於剛才在例題 5.6.3 中，由人口密度計算人口總數的作法。

要近似每秒通過一個動脈剖面的血液流量，將區間 $0 \le r \le R$ 分成 n 等分，每一等分的長度是 Δr 公分，並令 r_j 為第 j 個子區間的起點，這些子區間形成 n 個同心環，如圖 5.25 所示。

如果 Δr 很小，將第 j 個環切開並展開（參考圖 5.24），可以看出第 j 個環的面積近似於長度為環的內圓圓周且寬度為 Δr 的矩形面積，亦即

$$\text{第 } j \text{ 個環的面積} \approx 2\pi r_j \, \Delta r$$

如果將第 j 個環的面積（平方公分）乘以血液通過這個環的速度（公分／秒），你可以得到通過第 j 個環的血流量變化率（立方公分／秒）。因為血液通過第 j 個環的速度大約是每秒 $S(r_j)$ 公分，所以

$$\begin{aligned}\begin{pmatrix}\text{通過第 } j \text{ 個環的}\\ \text{血流量變化率}\end{pmatrix} &\approx \begin{pmatrix}\text{第 } j \text{ 個環}\\ \text{的面積}\end{pmatrix}\begin{pmatrix}\text{血液通過第 } j\\ \text{個環的速度}\end{pmatrix}\\ &\approx (2\pi r_j \, \Delta r)S(r_j)\\ &\approx (2\pi r_j \, \Delta r)[k(R^2 - r_j^2)]\\ &\approx 2\pi k(R^2 r_j - r_j^3)\Delta r\end{aligned}$$

血流通過整個剖面的速率是 n 個這種項的和，每一項來自一個同心環，所以

$$\text{血流量變化率} \approx \sum_{j=1}^{n} 2\pi k(R^2 r_j - r_j^3)\Delta r$$

當 n 無限制地增大，這個近似值將更接近血流速度的實際值。所以

$$\begin{aligned}\text{血流量變化率} &= \lim_{n\to+\infty} \sum_{j=1}^{n} 2\pi k(R^2 r_j - r_j^3)\Delta r \\ &= \int_0^R 2\pi k(R^2 r - r^3)\, dr \\ &= 2\pi k\left(R^2\frac{r^2}{2} - \frac{1}{4}r^4\right)\Bigg|_0^R \\ &= \frac{\pi k R^4}{2}\end{aligned}$$

因此，血流量變化率是每秒 $\frac{\pi k R^4}{2}$ 立方公分。

物體的體積：腫瘤的大小

定積分可用來計算某些立體的體積，本小節將說明計算在 xy 平面上，以 x 軸為中心，旋轉一個區域 R 所形成旋轉體之體積的步驟。

其中的技巧在於將立體的體積，表示成一些近似圓盤的體積之和的極限。假設 S 是一個將函數 $y = f(x)$ 之下，介於 $x = a$ 和 $x = b$ 之間的區域 R，以 x 軸為軸心旋轉後所形成的立體，如圖 5.26a 所示。將區間 $a \le x \le b$ 分割成長度為 Δx 的 n 等分，再以 n 個矩形來近似區域 R，將這些矩形，以 x 軸為軸心旋轉，可以得到對應近似立體 S 的 n 個圓盤。圖 5.26b 是當 $n = 3$ 時，使用這個近似方法的圖示。

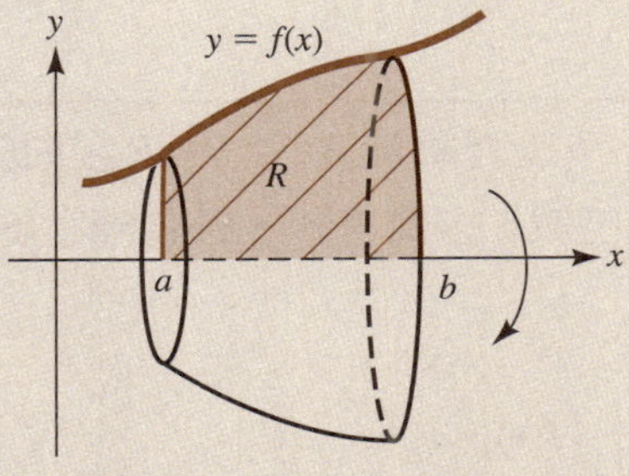

(a) 將函數 $y = f(x)$ 之下，介於 $x = a$ 和 $x = b$ 之間的區域 R，以 x 軸為軸心旋轉後所形成的立體 S。

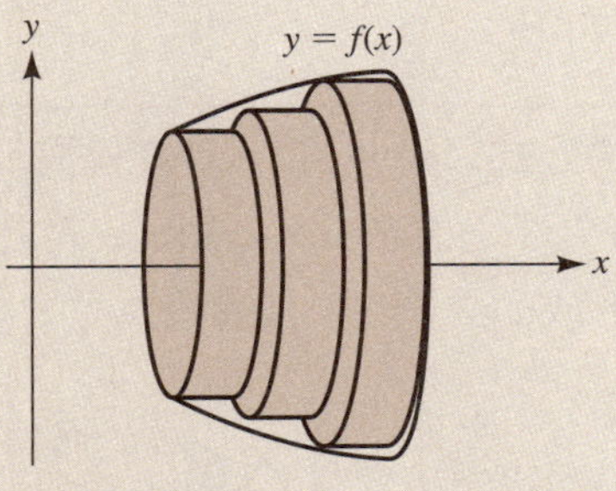

(b) 以矩形來近似區域 R，再以對應的圓盤近似立體 S 的體積。

圖 5.26 將區域 R 以 x 軸為軸心旋轉所形成的立體 S。

若以 x_j 表示第 j 個子區間的起點（左端點），則第 j 個矩形的高是 $f(x_j)$，寬是 Δx，如圖 5.27a 所示。將這個矩形以 x 軸為軸心旋轉後，所得的第 j 個近似圓盤，如圖 5.27b 所示。

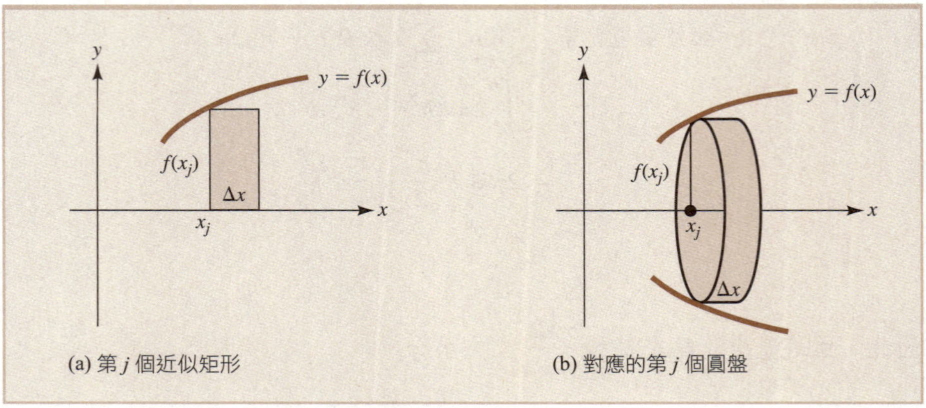

圖 5.27 立體 S 的體積大約等於近似圓盤體積的和。

因為第 j 個近似圓盤的半徑是 $r_j = f(x_j)$，厚度是 Δx，所以其體積為

$$\text{第 } j \text{ 個圓盤的體積} = \text{（圓剖面的面積）（寬）}$$
$$= \pi r_j^2 \text{（寬）} = \pi[f(x_j)]^2 \Delta x$$

則 S 的總體積大約等於這 n 個圓盤的體積之和，亦即

$$S \text{ 的體積} \approx \sum_{j=1}^{n} \pi[f(x_j)]^2 \Delta x$$

當 n 無限制地增大時，這個近似值就愈接近實際值，所以

$$S \text{ 的體積} = \lim_{n\to\infty} \sum_{j=1}^{n} \pi[f(x_j)]^2 \Delta x = \pi \int_a^b [f(x)]^2\, dx$$

總結如下：

體積公式 ■ 假設 $f(x)$ 在區間 $a \le x \le b$ 上連續且 $f(x) \ge 0$，R 是曲線 $y = f(x)$ 之下，介於 $x = a$ 與 $x = b$ 之間的區域，則將 R 以 x 軸為軸心旋轉後所形成的立體 S，其體積為

$$S \text{ 的體積} = \pi \int_a^b [f(x)]^2\, dx$$

例題 5.6.5 和 5.6.6 示範此公式的應用。

例題 5.6.5　求解立體的體積

S 是將曲線 $y = x^2 + 1$ 之下，介於 $x = 0$ 與 $x = 2$ 之間的區域 R，以 x 軸為軸心旋轉後所形成的立體，其體積是多少？

■ 解

圖 5.28 是該區域、旋轉體以及第 j 個圓盤的圖示。

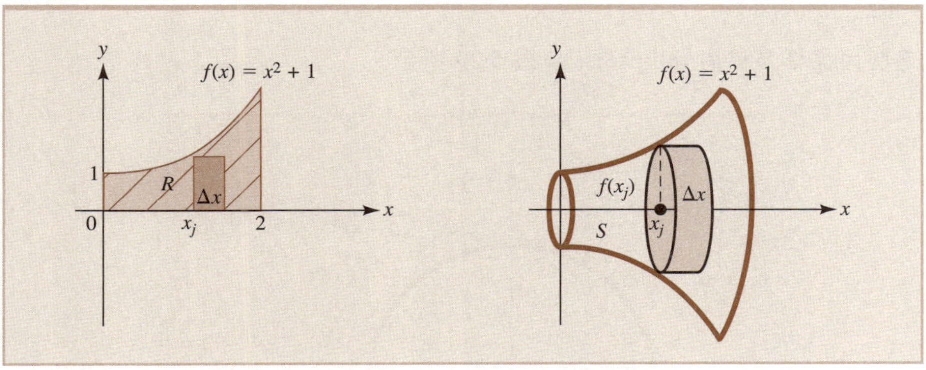

圖 5.28　將曲線 $y = x^2 + 1$ 之下，介於 $x = 0$ 與 $x = 2$ 之間的區域 R，以 x 軸為軸心旋轉後所形成的立體。

第 j 個圓盤的半徑是 $f(x_j) = x_j^2 + 1$，所以

$$\text{第 } j \text{ 個圓盤的體積} = \pi[f(x_j)]^2\Delta x = \pi(x_j^2 + 1)^2\Delta x$$

且

$$\begin{aligned} S \text{ 的體積} &= \lim_{n\to\infty}\sum_{j=1}^{n}\pi(x_j^2 + 1)^2\Delta x \\ &= \pi\int_0^2 (x^2 + 1)^2\,dx \\ &= \pi\int_0^2 (x^4 + 2x^2 + 1)\,dx \\ &= \pi\left(\frac{1}{5}x^5 + \frac{2}{3}x^3 + x\right)\Bigg|_0^2 = \frac{206}{15}\pi \approx 43.14 \end{aligned}$$

例題 5.6.6　估計腫瘤的體積

一個腫瘤的形狀近似於一個將曲線 $y = \frac{1}{3}\sqrt{16 - 4x^2}$ 之下的區域，以 x 軸為軸心旋轉後所形成的立體，其中 x 和 y 的單位是公分，求解該腫瘤的體積。

■ **解**

該曲線在 $y=0$ 時與 x 軸相交，也就是當

$$\frac{1}{3}\sqrt{16-4x^2}=0 \qquad \text{若} \sqrt{a-b}=0\text{，則 } a=b$$
$$16=4x^2$$
$$x^2=4$$
$$x=\pm 2$$

這個曲線稱為橢圓 (ellipse)，如圖 5.29 所示。

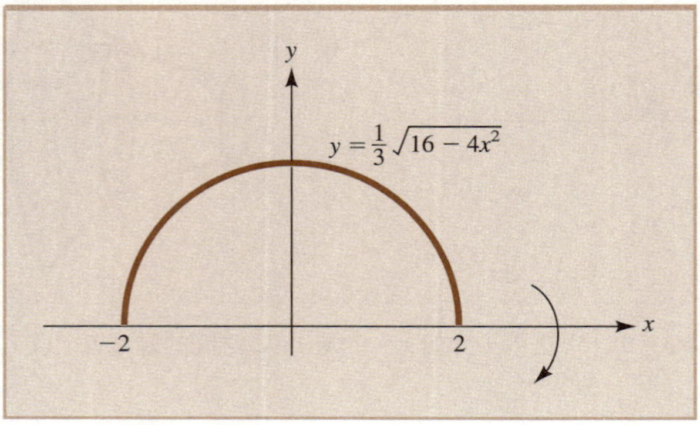

圖 5.29 腫瘤形狀近似於將曲線 $y=\frac{1}{3}\sqrt{16-4x^2}$，以 x 軸為中心旋轉所得的立體。

令 $f(x)=\frac{1}{3}\sqrt{16-4x^2}$，則這個旋轉體的體積為

$$\begin{aligned}
V &= \int_{-2}^{2} \pi[f(x)]^2\,dx = \int_{-2}^{2} \pi\left[\frac{1}{3}\sqrt{16-4x^2}\right]^2 dx \\
&= \int_{-2}^{2} \frac{\pi}{9}(16-4x^2)\,dx \\
&= \frac{\pi}{9}\left[16x-\frac{4}{3}x^3\right]\Bigg|_{-2}^{2} \\
&= \frac{\pi}{9}\left[16(2)-\frac{4}{3}(2)^3\right]-\frac{\pi}{9}\left[16(-2)-\frac{4}{3}(-2)^3\right]=\frac{128}{27}\pi \\
&\approx 14.89
\end{aligned}$$

所以，這個腫瘤的體積大約為 15 立方公分。

習題 ■ 5.6

生存與更新 第 1 題到第 6 題，已知初始人口總數 P_0、更新率 R 及生存函數 $S(t)$。利用各題的資料，計算在所給的期間 T 結束時的人口總數。

1. $P_0 = 50{,}000$; $R(t) = 40$; $S(t) = e^{-0.1t}$，t 的單位是月；期間 $T = 5$ 個月。

2. $P_0 = 100{,}000$; $R(t) = 300$; $S(t) = e^{-0.02t}$，t 的單位是天；期間 $T = 10$ 天。

3. $P_0 = 500{,}000$; $R(t) = 800$; $S(t) = e^{-0.011t}$，t 的單位是年；期間 $T = 3$ 年。

4. $P_0 = 800{,}000$; $R(t) = 500$; $S(t) = e^{-0.005t}$，t 的單位是月；期間 $T = 5$ 個月。

5. $P_0 = 500{,}000$; $R(t) = 100e^{0.01t}$; $S(t) = e^{-0.013t}$，t 的單位是年；期間 $T = 8$ 年。

6. $P_0 = 300{,}000$; $R(t) = 150e^{0.012t}$; $S(t) = e^{-0.02t}$，t 的單位是月；期間 $T = 20$ 個月。

旋轉體的體積 第 7 題到第 14 題，計算將區域 R 以 x 軸為軸心旋轉後，所得到旋轉體的體積。

7. R 是直線 $y = 3x + 1$ 之下，介於 $x = 0$ 與 $x = 1$ 之間的區域。

8. R 是曲線 $y = \sqrt{x}$ 之下，介於 $x = 1$ 與 $x = 4$ 之間的區域。

9. R 是曲線 $y = x^2 + 2$ 之下，介於 $x = -1$ 與 $x = 3$ 之間的區域。

10. R 是曲線 $y = 4 - x^2$ 之下，介於 $x = -2$ 與 $x = 2$ 之間的區域。

11. R 是曲線 $y = \sqrt{4 - x^2}$ 之下，介於 $x = -2$ 與 $x = 2$ 之間的區域。

12. R 是直線 $y = \dfrac{1}{x}$ 之下，介於 $x = 1$ 與 $x = 10$ 之間的區域。

13. R 是曲線 $y = \dfrac{1}{\sqrt{x}}$ 之下，介於 $x = 0$ 與 $x = e^2$ 之間的區域。

14. R 是曲線 $y = e^{-0.1x}$ 之下，介於 $x = 0$ 與 $x = 10$ 之間的區域。

15. **淨人口成長** 根據預測，某國家從現在起 t 年後，人口數的變化率是每年 $e^{0.02t}$ 百萬人。若目前的人口數是 50 百萬人，則從現在起 10 年後的人口數是多少？

16. **淨人口成長** 研究顯示，某鎮從現在起 x 個月後，人口數將以每個月 $10 + 2\sqrt{x}$ 人的速度增加。未來 9 個月期間，該鎮將增加多少人口？

17. **團體會員** 某國消費者協會的統計顯示，在加入協會 t 個月後，仍然活躍的會員數是 $f(t) = e^{-0.2t}$。若一個新成立的地方分會有 200 個創始會員，而且預期新會員加入的速度是每個月 10 人。在成立 8 個月後，該分會的會員總數是多少？

18. **疾病擴散** 一種新的流行性感冒剛被官方宣告為傳染病，目前已有 5,000 人感染，而且正以每天 60 個新感染者的速度擴散。如果在被傳染 t 天後，仍未痊癒的患者比例是 $f(t) = e^{-0.02t}$，從現在開始算起 30 天後，仍患有感冒的患者人數是多少？

19. **核能廢料** 某核能發電廠每年固定產生 500 磅的放射性廢料鍶 90，該廢料的半衰期是 28 年，則 140 年後，該發電廠所產生的放射性廢料將剩下多少？（提示：將此問題視為生存／更新問題。）

20. **能源消耗** 某小國政府估計，原油的需求量正以每年 10% 的指數性成長增加。若目前的原油需求量是每年 300 億桶，則未來 10 年期間將消耗多少原油？

21. **人口成長** 某鎮公所估計，在遷入該鎮 t 年後，仍然居住在該鎮的人口比例可以函數 $f(t) = e^{-0.04t}$ 表示。若該鎮目前的人口數是 20,000 人，且每年遷入 500 位新鎮民，則從現在起 10 年後，該鎮將有多少人口？

22. **電腦交友** 某新設立的電腦交友服務公司負責人預測，維持會員資格至少 t 個月的會員比例可以函數 $f(t) = e^{-t/10}$ 表示。若該公司有 8,000 位創始會員，且負責人預期每個月將增加 200 位新會員，則從現在起 10 個月後，該公司將有多少會員？

23. **血液流動** 若距離動脈中心軸 r 公分處的血液流動速度是每秒 $8 - 800r^2$ 公分，求出通過半徑為 0.1 公分的動脈之血液流動率（立方公分／秒）。

24. 人口密度 距離市中心 r 英哩處的人口密度為

$$D(r) = 25{,}000e^{-0.05r^2} \quad 人／平方英哩$$

居住處距離市中心在 1 英哩和 2 英哩之間的人口總數是多少？

25. 膽固醇控制 在血液中流動的脂肪會附著在蛋白質上而形成脂蛋白 (lipoprotein)，低密度的脂蛋白 (low-density lipoprotein, LDL) 將膽固醇從肝臟輸送到細胞，多餘的膽固醇則殘留在動脈壁上。血液中 LDL 含量過高，將提高罹患心臟疾病和中風的風險。某 LDL 過高的患者接受一項治療，該療程降低 LDL 的速率為

$$L'(t) = -\ 0.3t(49 - t^2)^{0.4} \quad 單位／天$$

其中 t 是開始接受治療後的天數，$0 \le t \le 7$。

a. 在開始接受治療後的前 3 天中，該患者的 LDL 含量改變多少？

b. 若在開始接受治療時，該患者的 LDL 含量是 120，求出 $L(t)$。

c. 建議的「安全」LDL 含量是 100，需要經過多少天，該患者的 LDL 含量才能降低到「安全」含量。

26. 團體會員 某新成立的團體有 10,000 名創始會員，假設加入該團體 t 年後，仍然維持會員身份的比例是 $S(t) = e^{-0.03t}$，且在時間 t 時，新會員增加的速度是每年 $R(t) = 10e^{0.017t}$ 人，則從現在起 5 年後，該團體將有多少會員？

27. 瀕臨絕種生物的繁殖 環境專家估計，某瀕臨絕種生物目前的總數是 3,000 隻，預期從現在起 t 年，該生物將以每年 $R(t) = 10e^{0.01t}$ 的速度成長，若該生物壽命超過 t 年的比例是 $S(t) = e^{-0.07t}$，則 10 年後該生物的總數為何？

28. 人口趨勢 某小鎮目前的人口數為 85,000。某項由市長辦公室委託進行的研究發現，遷入該鎮人口的速率是每年 $R(t) = 1{,}200e^{0.01t}$，且在遷入 t 年後，仍然居住在該鎮的比例是 $S(t) = e^{-0.02t}$，則 10 年後該鎮將有多少人口？

29. 人口趨勢 在習題 28 中，若更新速率固定為 $R = 1{,}000$，且生存函數是 $S(t) = \dfrac{1}{t+1}$，重作該題。

30. 測量呼吸 呼吸速度紀錄器是醫師用來記錄患者呼吸時，肺部空氣進出速度的儀器。下圖為該儀器所繪某患者吸氣時的圖形。在圖形下的面積，代表該患者在一個呼吸循環中，吸氣階段所吸入空氣的總量。假設該患者的吸氣速度是

$$R(t) = -0.41t^2 + 0.97t \quad 公升／秒$$

a. 吸氣階段需時多久？

b. 吸氣階段所吸入的空氣總量是多少？

c. 在吸氣階段，吸入肺部的空氣之平均流動率是多少？

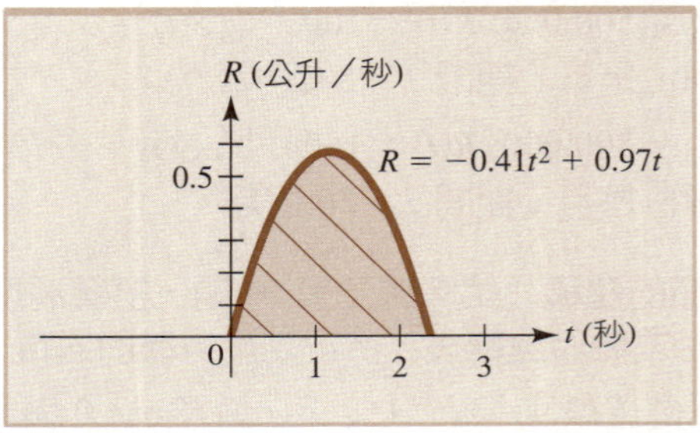

習題 30

31. 測量呼吸 在習題 30 中，若吸氣速度為

$$R(t) = -\ 1.2t^3 + 5.72t \quad 公升／秒$$

重作該題，並描繪 $R(t)$ 的圖形。

32. 水污染 外海油井中破裂的油管，產生一層圓形的浮油，在距離破裂處 r 英呎處的浮油厚度是 T 英呎，其中

$$T(r) = \frac{3}{2+r} \quad r \ge 0$$

當石油的溢出被控制時，浮油的厚度是 7 英呎，欲計算溢出石油的體積。

a. 描繪 $T(r)$ 的圖形。注意，欲計算的體積是將曲線 $T(r)$，以 T 軸（縱軸）為軸心，而非以 r 軸（橫軸）為軸心，旋轉後所得的旋轉體。

b. 求解方程式 $T = \dfrac{3}{2+r}$，將 r 表示成 T 的函數，再以 T 為橫軸，描繪 $r(T)$ 的圖形。

c. 將 (b) 小題所得的 $r(T)$，以 T 軸為軸心旋轉，計算欲求的體積。

33. 水污染　在習題 32 中，若浮油厚度為

$$T(r) = \frac{2}{1 + r^2}$$

（T 與 r 的單位均為英呎。）浮油半徑為 9 英呎，重作該題。

34. 空氣污染　某煙囪排放出微粒物質，在距離煙囪 r 英哩處的污染程度是 $p(r)$ 單位／平方英哩，其中

$$p(r) = \frac{200}{5 + 2r^2}$$

a. 距離煙囪 3 英哩範圍內的污染總量是多少？

b. 假設某政府衛生部門發現，距離煙囪 L 英哩範圍內的污染量至少是每平方英哩 4 單位，居住在此範圍內並不安全，則 L 是多少？該不安全範圍內的污染總量又是多少？

35. 腫瘤體積　一個腫瘤的形狀近似於將曲線 $y = x(4 - x)$，以 x 軸為軸心旋轉後所得之立體，其中 x 和 y 的單位都是公分。利用積分估計該腫瘤的體積。

36. 腫瘤體積　一個腫瘤的形狀近似於將曲線 $y = \sqrt{x}\,(3 - x)$，以 x 軸為軸心旋轉後所得之立體，其中 x 和 y 的單位都是公分。利用積分估計該腫瘤的體積。

37. 腫瘤體積　一個腫瘤的形狀近似於將曲線 $y = \sqrt{x}\,(A - x)$，以 x 軸為軸心旋轉後所得之立體，其中 x 和 y 的單位都是公分，A 為常數。若該腫瘤的體積是 67 立方公分，求出 A。

38. 細菌增殖　一項實驗研究兩個細菌總數均為 100,000 的菌落。在第一個菌落中，施放輕微的毒素，使其細菌增殖速度為每天 50 個新細菌，且存活 t 天以上的細菌比例為 $f(t) = e^{-0.011t}$。在第二個菌落中，則是間接地抑制其增殖，限制其食物供應及生存空間，在 t 天後，發現這個菌落的細菌總數是

$$P(t) = \frac{5{,}000}{1 + 49e^{0.009t}} \text{（千個）}$$

則在 50、100 及 300 天後，哪一個菌落的細菌總數較多？

39. 球體的體積　利用積分證明，半徑為 r 的球體體積是

$$V = \frac{4}{3}\pi r^3$$

（提示：將該球體視為將圖中半圓下的區域，以 x 軸為軸心旋轉，所得的立體。）

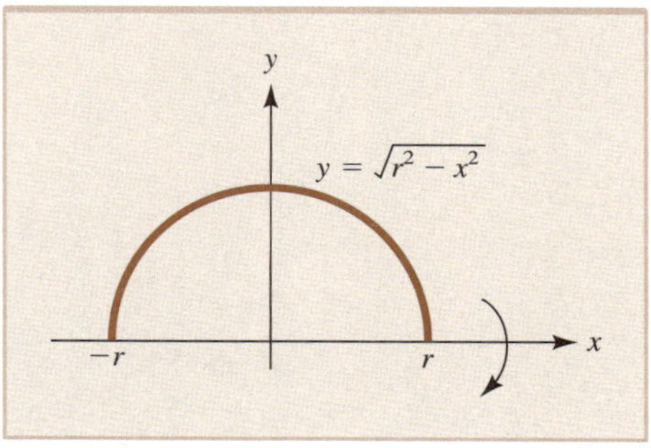

習題 39

40. 錐體的體積　利用積分證明，高度為 h 且底部半徑為 r 的正圓錐體體積是

$$V = \frac{1}{3}\pi r^2 h$$

（提示：將該正圓錐體視為將圖中的三角形，以 x 軸為軸心旋轉，所得的立體。）

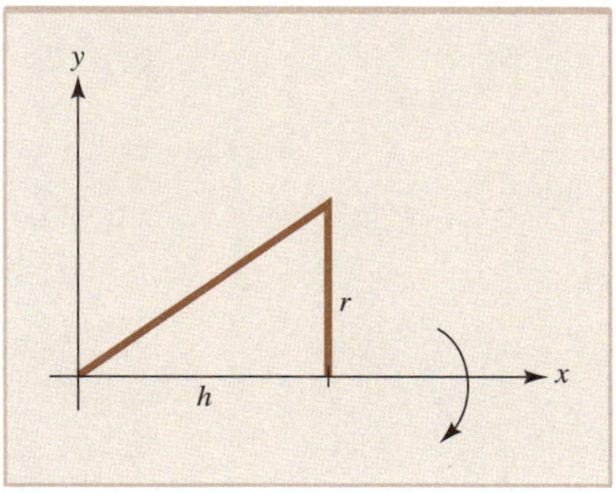

習題 40

CHAPTER 6

這是位於俄羅斯科拉半島的核廢料處理場，累積核廢料的長期效應可使用瑕積分來研究。

積分的進階主題
Additional Topics in Integration

6.1 節 分部積分與積分表

學習目標

1. 應用分部積分求解積分及應用問題。
2. 檢驗及應用積分表。

分部積分是以微分的乘法公式為基礎的一種積分技巧。若 $u(x)$ 與 $v(x)$ 都是 x 的可微分函數，則

$$\frac{d}{dx}[u(x)v(x)] = u(x)\frac{dv}{dx} + v(x)\frac{du}{dx}$$

所以

$$u(x)\frac{dv}{dx} = \frac{d}{dx}[u(x)v(x)] - v(x)\frac{du}{dx}$$

將等號兩邊同時對 x 積分，可以得到

$$\begin{aligned}\int\left[u(x)\frac{dv}{dx}\right]dx &= \int\frac{d}{dx}[u(x)v(x)]\,dx - \int\left[v(x)\frac{du}{dx}\right]dx \\ &= u(x)v(x) - \int\left[v(x)\frac{du}{dx}\right]dx\end{aligned}$$

因為 $u(x)v(x)$ 是 $\frac{d}{dx}[u(x)v(x)]$ 的反導函數。由於

$$dv = \frac{dv}{dx}dx \quad \text{和} \quad du = \frac{du}{dx}dx$$

我們可以將這個積分寫成更精簡的形式，即

$$\int u\,dv = uv - \int v\,du$$

方程式 $\int u\,dv = uv - \int v\,du$ 稱為**分部積分公式 (integration by parts formula)**。這個公式最大的價值在於，若能找出函數 u 和 v，將所給的積分 $\int f(x)\,dx$ 表示成 $\int f(x)\,dx = \int u\,dv$ 的形式，就可以得到

$$\int f(x)\,dx = \int u\,dv = uv - \int v\,du$$

等於將所給的積分轉換成另一個積分 $\int v\,du$。若積分 $\int v\,du$ 比 $\int u\,dv$ 更容易計算，這個轉換就有助於求解 $\int f(x)\,dx$。例題 6.1.1 示範如何應用分部積分。

例題 6.1.1　應用分部積分

求解 $\int x^2 \ln x\,dx$。

■ 解

我們的作法是選擇適當的 u 和 v，將 $\int x^2 \ln x\,dx$ 表示成 $\int u\,dv$，而且 $\int v\,du$ 比 $\int u\,dv$ 更容易計算。因此我們選擇

$$u = \ln x \qquad \text{和} \qquad dv = x^2\,dx$$

因為

$$du = \frac{1}{x}\,dx$$

比 $\ln x$ 簡單，而且 v 可以透過相對簡單的積分得到

$$v = \int x^2\,dx = \frac{1}{3}x^3$$

（為了方便起見，在最後一步之前，我們將在計算過程中省略「$+ C$」。）把我們選擇的 u 和 v 代入分部積分公式後，可以得到

$$\begin{aligned}\int x^2 \ln x\,dx &= \int \underbrace{(\ln x)}_{u}\underbrace{(x^2\,dx)}_{dv} = \underbrace{(\ln x)}_{u}\underbrace{\left(\frac{1}{3}x^3\right)}_{v} - \int \underbrace{\left(\frac{1}{3}x^3\right)}_{v}\underbrace{\left(\frac{1}{x}\,dx\right)}_{du}\\ &= \frac{1}{3}x^3 \ln x - \frac{1}{3}\int x^2\,dx = \frac{1}{3}x^3 \ln x - \frac{1}{3}\left(\frac{1}{3}x^3\right) + C\\ &= \frac{1}{3}x^3 \ln x - \frac{1}{9}x^3 + C\end{aligned}$$

以上說明的內容總結如下。

分部積分

利用分部積分求解 $\int f(x)\,dx$ 的步驟如下：

步驟 1.　選擇函數 u 和 v，使得 $f(x)\,dx = u\,dv$。盡可能選擇 du 比 u 簡單的 u，以及容易積分的 dv。

步驟 2. 將 du 和 v 的計算寫成

$$\begin{array}{ll} u & dv \\ du & v = \int dv \end{array}$$

步驟 3. 求解 $\int v\,du$ 來完成積分，則

$$\int f(x)\,dx = \int u\,dv = uv - \int v\,du$$

最後才加上「$+C$」。

需要有充分的經驗和對問題的理解，才能選出適當的 u 和 dv。舉例來說，在例題 6.1.1 中，若選擇 $u = x^2$ 和 $dv = \ln x\,dx$，可能就不會這麼順利。雖然 $du = 2x\,dx$ 比 $u = x^2$ 簡單，但是 $v = \int \ln x\,dx$ 呢？事實上，求解這個積分的難度和原來的積分 $\int x^2 \ln x\,dx$ 是一樣的（見例題 6.1.4）。例題 6.1.2 至例題 6.1.4 將說明一些利用分部積分求解積分時，選擇 u 和 dv 的方法。

例題 6.1.2 應用分部積分

求解 $\int xe^{2x}\,dx$。

■ 解

雖然兩個乘項 x 和 e^{2x} 都很容易積分，但是只有 x 在微分後變得比較簡單，所以選擇 $u = x$ 和 $dv = e^{2x}\,dx$，則

$$\begin{array}{ll} u = x & dv = e^{2x}\,dx \\ du = dx & v = \dfrac{1}{2}e^{2x} \end{array}$$

即時複習

記住在 5.1 節中曾提到

$$\int e^{kx}\,dx = \frac{1}{k}e^{kx} + C$$

代入分部積分公式後，可以得到

$$\begin{aligned} \int \underbrace{x}_{u}\underbrace{(e^{2x}\,dx)}_{dv} &= \underbrace{x}_{u}\underbrace{\left(\frac{1}{2}e^{2x}\right)}_{v} - \int \underbrace{\left(\frac{1}{2}e^{2x}\right)}_{v}\underbrace{dx}_{du} \\ &= \frac{1}{2}xe^{2x} - \frac{1}{2}\left(\frac{1}{2}e^{2x}\right) + C \qquad \text{提出 } \frac{1}{2}e^{2x} \\ &= \frac{1}{2}\left(x - \frac{1}{2}\right)e^{2x} + C \end{aligned}$$

例題 6.1.3 應用分部積分

求解 $\int x\sqrt{x+5}\,dx$。

解

乘項 x 和 $\sqrt{x+5}$ 都很容易微分和積分，但是只有 x 在微分以後變得比較簡單，而 $\sqrt{x+5}$ 的導函數反而變得比本身更複雜。根據這個觀察，選擇

$$u = x \qquad dv = \sqrt{x+5}\,dx = (x+5)^{1/2}\,dx$$

所以

$$du = dx \qquad v = \frac{2}{3}(x+5)^{3/2}$$

代入分部積分公式後可以得到

$$\int \underbrace{x}_{u}(\underbrace{\sqrt{x+5}\,dx}_{dv}) = \underbrace{x}_{u}\underbrace{\left[\frac{2}{3}(x+5)^{3/2}\right]}_{v} - \int \underbrace{\left[\frac{2}{3}(x+5)^{3/2}\right]}_{v}\underbrace{dx}_{du}$$

$$= \frac{2}{3}x(x+5)^{3/2} - \frac{2}{3}\left[\frac{2}{5}(x+5)^{5/2}\right] + C$$

$$= \frac{2}{3}x(x+5)^{3/2} - \frac{4}{15}(x+5)^{5/2} + C$$

注意 有些積分，用代換積分或分部積分皆可計算出來，例如例題 6.1.3 可以利用以下的代換求得：

令 $u = x + 5$，因此 $du = dx$ 且 $x = u - 5$，則

$$\int x\sqrt{x+5}\,dx = \int (u-5)\sqrt{u}\,du = \int (u^{3/2} - 5u^{1/2})\,du$$

$$= \frac{u^{5/2}}{5/2} - \frac{5u^{3/2}}{3/2} + C$$

$$= \frac{2}{5}(x+5)^{5/2} - \frac{10}{3}(x+5)^{3/2} + C$$

這個積分結果的形式和例題 6.1.3 所得到的並不相同，要證明這兩種形式是相等的，注意例題 6.1.3 所得到之反導函數可以寫成

$$\frac{2x}{3}(x+5)^{3/2} - \frac{4}{15}(x+5)^{5/2} = (x+5)^{3/2}\left[\frac{2x}{3} - \frac{4}{15}(x+5)\right]$$

$$= (x+5)^{3/2}\left(\frac{2x}{5} - \frac{4}{3}\right) = (x+5)^{3/2}\left[\frac{2}{5}(x+5) - \frac{10}{3}\right]$$

$$= \frac{2}{5}(x+5)^{5/2} - \frac{10}{3}(x+5)^{3/2}$$

這和利用代換積分所得到的結果是一樣的。這也表示，很可能你的作法都正確，得到的答案卻和書上的不同。■

定積分的分部積分

分部積分的公式只要再加上積分範圍，便可以應用到定積分

$$\int_a^b u\,dv = uv\Big|_a^b - \int_a^b v\,du$$

例題 6.1.4 將利用分部積分求解定積分來計算面積。

例題 6.1.4 利用分部積分求解面積

計算曲線 $y=\ln x$、x 軸和直線 $x=e$ 之間的區域面積。

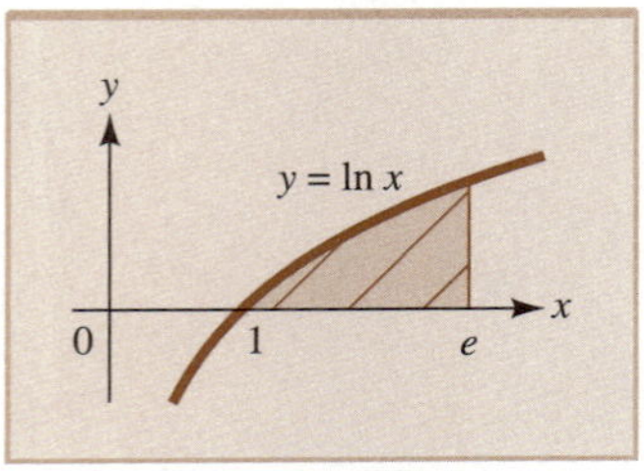

圖 6.1 曲線 $y=\ln x$ 之下，區間 $1\le x\le e$ 之上的區域。

■ 解

所求區域如圖 6.1 所示。因為對於所有的 $1\le x\le e$，$\ln x\ge 0$，所以所求的面積是以下定積分

$$A=\int_1^e \ln x\,dx$$

要利用分部積分求解這個積分，將 $\ln x\,dx$ 看成 $(\ln x)(1\,dx)$，再利用

$$u=\ln x \qquad dv=1\,dx$$
$$du=\frac{1}{x}dx \qquad v=\int 1\,dx=x$$

則所求的面積為

$$\begin{aligned}
A &= \int_1^e \ln x\,dx = x\ln x\Big|_1^e - \int_1^e x\left(\frac{1}{x}\,dx\right)\\
&= x\ln x\Big|_1^e - \int_1^e 1\,dx = (x\ln x - x)\Big|_1^e\\
&= [e\ln e - e] - [1\ln 1 - 1] \qquad \ln e = 1 \text{ 且 } \ln 1 = 0\\
&= [e(1) - e] - [1(0) - 1]\\
&= 1
\end{aligned}$$

例題 6.1.5 是利用分部積分求解應用問題的另一個例子，我們利用它來計算連續收入流的未來價值（見 5.5 節）。

例題 6.1.5　計算投資的未來價值

蕾莎正在考慮一項為期 5 年的投資，她估計 t 年後，這項投資將能產生每年 $3{,}000 + 50t$ 元的連續收入流。如果在未來 5 年間，年利率維持固定在 4% 且連續複利，則這項投資在 5 年後的價值將是多少？

■ **解**

我們以 5 年期間內收入流的未來價值來評估蕾莎投資的「價值」。由 5.5 節的討論中，我們知道若一個收入流以 $f(t)$ 的速率在 T 年間連續存入一個年利率為 r 且連續複利的帳戶中，其未來價值是 FV 是以下定積分：

$$\text{FV} = \int_0^T f(t)e^{r(T-t)}\,dt$$

對這項投資而言，我們已知 $f(t) = 3{,}000 + 50t$、$r = 0.04$ 以及 $T = 5$，所以未來價值是以下定積分

$$\text{FV} = \int_0^5 (3{,}000 + 50t)e^{0.04(5-t)}\,dt$$

令

$$u = 3{,}000 + 50t \qquad dv = e^{0.04(5-t)}\,dt$$

$$du = 50\,dt \qquad v = \frac{e^{0.04(5-t)}}{-0.04} = -25e^{0.04(5-t)}$$

由分部積分可得到

$$\begin{aligned}
\text{FV} &= [(3{,}000 + 50t)(-25)e^{0.04(5-t)}]\Big|_0^5 - \int_0^5 (50)(-25)e^{0.04(5-t)}\,dt \\
&= [(-75{,}000 - 1{,}250t)e^{0.04(5-t)}]\Big|_0^5 + 1{,}250\left[\frac{e^{0.04(5-t)}}{-0.04}\right]\Big|_0^5 \qquad \text{合併各項} \\
&= [(-106{,}250 - 1{,}250t)e^{0.04(5-t)}]\Big|_0^5 \\
&= [-106{,}250 - 1{,}250(5)]e^0 - [-106{,}250 - 1{,}250(0)]e^{0.04(5)} \\
&\approx 17{,}274.04
\end{aligned}$$

因此，蕾莎的投資在 5 年後的價值大約是 17,274 元。

重複使用分部積分

有時候利用分部積分所得到的結果，也是一個需要利用分部積分求解的積分，如例題 6.1.6 所示。

例題 6.1.6 使用兩次分部積分

求解 $\int x^2e^{2x}\,dx$。

■ **解**

由於因式 e^{2x} 很容易積分，而 x^2 在微分後變得更簡單，所以選擇

$$u = x^2 \qquad dv = e^{2x}\,dx$$

則

$$du = 2x\,dx \qquad v = \int e^{2x}\,dx = \frac{1}{2}e^{2x}$$

利用分部積分，可以得到

$$\begin{aligned}\int x^2e^{2x}\,dx &= x^2\left(\frac{1}{2}e^{2x}\right) - \int\left(\frac{1}{2}e^{2x}\right)(2x\,dx)\\ &= \frac{1}{2}x^2e^{2x} - \int xe^{2x}\,dx\end{aligned}$$

其中的積分 $\int xe^{2x}dx$ 可以再以分部積分求解，事實上在例題 6.1.2 中，我們已計算出

$$\int xe^{2x}\,dx = \frac{1}{2}\left(x - \frac{1}{2}\right)e^{2x} + C$$

因此

$$\begin{aligned}\int x^2e^{2x}\,dx &= \frac{1}{2}x^2e^{2x} - \int xe^{2x}\,dx\\ &= \frac{1}{2}x^2e^{2x} - \left[\frac{1}{2}\left(x - \frac{1}{2}\right)e^{2x}\right] + C\\ &= \frac{1}{4}(2x^2 - 2x + 1)e^{2x} + C\end{aligned}$$

積分表的應用

大部分在社會學、管理學和生命科學領域上所遇到的積分，皆可以利用 5.1 節的基本積分公式，配合代換積分和分部積分來求解。不過有時你可能會遇到無法用這些方法求解的積分，例如 $\int \frac{e^x}{x}\,dx$ 就無法以任何方法求解，但是某些積分可以利用**積分表 (table of integral)** 求解。

386 ～ 387 頁的表 6.1 是一個比較簡單的積分表 *。這個表是以類似

* 較完整的積分表可以在網路上找到，或是參考 Murray R. Spiegel, *Mathematical Handbook of Formulas and Tables*, Schaum Outline Series, New York: McGraw-Hill.

「含有 $u^2 - a^2$ 的形式」的方式來分類，而公式是以常數 a、b 和 n 來表示。例題 6.1.7 到 6.1.10 將說明如何使用積分表。

例題 6.1.7　應用積分表

求解 $\int \frac{1}{6 - 3x^2}\,dx$。

■ 解

若 x^2 的係數是 1 而不是 3，可以使用公式 16 來求解。因此，應該先把被積函數改寫成

$$\frac{1}{6 - 3x^2} = \frac{1}{3}\left(\frac{1}{2 - x^2}\right)$$

令 $a = \sqrt{2}$，再使用公式 16 求解：

$$\int \frac{1}{6 - 3x^2}\,dx = \frac{1}{3}\int \frac{1}{2 - x^2}\,dx$$
$$= \frac{1}{3}\left(\frac{1}{2\sqrt{2}}\right)\ln\left|\frac{\sqrt{2} + x}{\sqrt{2} - x}\right| + C$$

例題 6.1.8　不在積分表內的積分

求解 $\int \frac{1}{3x^2 + 6}\,dx$。

■ 解

我們很自然地就會把這個積分改寫成

$$\int \frac{1}{3x^2 + 6}\,dx = -\frac{1}{3}\int \frac{1}{-2 - x^2}\,dx$$

再利用公式 16 來求解。不過因為 −2 是負數，不能寫成任何實數 a 的平方 a^2，所以無法使用這個公式。

例題 6.1.9　應用積分表

求解 $\int \frac{1}{\sqrt{4x^2 - 9}}\,dx$。

■ 解

若欲把這個積分轉換成公式 20 的形式，需要先將被積函數改寫成

表 6.1　積分公式表

含有 $a + bu$ 的形式

1. $$\int \frac{u\,du}{a+bu} = \frac{1}{b^2}[a + bu - a\ln|a+bu|] + C$$

2. $$\int \frac{u^2\,du}{a+bu} = \frac{1}{2b^3}[(a+bu)^2 - 4a(a+bu) + 2a^2\ln|a+bu|] + C$$

3. $$\int \frac{u\,du}{(a+bu)^2} = \frac{1}{b^2}\left[\frac{a}{a+bu} + \ln|a+bu|\right] + C$$

4. $$\int \frac{u\,du}{\sqrt{a+bu}} = \frac{2}{3b^2}(bu - 2a)\sqrt{a+bu} + C$$

5. $$\int \frac{du}{u\sqrt{a+bu}} = \frac{1}{\sqrt{a}}\ln\left|\frac{\sqrt{a+bu}-\sqrt{a}}{\sqrt{a+bu}+\sqrt{a}}\right| + C \qquad a > 0$$

6. $$\int \frac{du}{u(a+bu)} = \frac{1}{a}\ln\left|\frac{u}{a+bu}\right| + C$$

7. $$\int \frac{du}{u^2(a+bu)} = \frac{-1}{a}\left[\frac{1}{u} + \frac{b}{a}\ln\left|\frac{u}{a+bu}\right|\right] + C$$

8. $$\int \frac{du}{u^2(a+bu)^2} = \frac{-1}{a^2}\left[\frac{a+2bu}{u(a+bu)} + \frac{2b}{a}\ln\left|\frac{u}{a+bu}\right|\right] + C$$

含有 $a^2 + u^2$ 的形式

9. $$\int \sqrt{a^2+u^2}\,du = \frac{u}{2}\sqrt{a^2+u^2} + \frac{a^2}{2}\ln|u + \sqrt{a^2+u^2}| + C$$

10. $$\int \frac{du}{\sqrt{a^2+u^2}} = \ln|u + \sqrt{a^2+u^2}| + C$$

11. $$\int \frac{du}{u\sqrt{a^2+u^2}} = \frac{-1}{a}\ln\left|\frac{\sqrt{a^2+u^2}+a}{u}\right| + C$$

12. $$\int \frac{du}{(a^2+u^2)^{3/2}} = \frac{u}{a^2\sqrt{a^2+u^2}} + C$$

13. $$\int u^2\sqrt{a^2+u^2}\,du = \frac{u}{8}(a^2+2u^2)\sqrt{a^2+u^2} - \frac{a^4}{8}\ln|u + \sqrt{a^2+u^2}| + C$$

含有 $a^2 - u^2$ 的形式

14. $\displaystyle\int \frac{du}{u\sqrt{a^2 - u^2}} = \frac{-1}{a} \ln \left| \frac{a + \sqrt{a^2 - u^2}}{u} \right| + C$

15. $\displaystyle\int \frac{du}{u^2\sqrt{a^2 - u^2}} = -\frac{\sqrt{a^2 - u^2}}{a^2 u} + C$

16. $\displaystyle\int \frac{du}{a^2 - u^2} = \frac{1}{2a} \ln \left| \frac{a + u}{a - u} \right| + C$

17. $\displaystyle\int \frac{\sqrt{a^2 - u^2}}{u}\, du = \sqrt{a^2 - u^2} - a \ln \left| \frac{a + \sqrt{a^2 - u^2}}{u} \right| + C$

含有 $u^2 - a^2$ 的形式

18. $\displaystyle\int \sqrt{u^2 - a^2}\, du = \frac{u}{2}\sqrt{u^2 - a^2} - \frac{a^2}{2} \ln |u + \sqrt{u^2 - a^2}| + C$

19. $\displaystyle\int \frac{\sqrt{u^2 - a^2}}{u^2}\, du = \frac{-\sqrt{u^2 - a^2}}{u} + \ln |u + \sqrt{u^2 - a^2}| + C$

20. $\displaystyle\int \frac{du}{\sqrt{u^2 - a^2}} = \ln |u + \sqrt{u^2 - a^2}| + C$

21. $\displaystyle\int \frac{du}{u^2\sqrt{u^2 - a^2}} = \frac{\sqrt{u^2 - a^2}}{a^2 u} + C$

含有 e^{au} 與 $\ln u$ 的形式

22. $\displaystyle\int u e^{au}\, du = \frac{1}{a^2}(au - 1)e^{au} + C$

23. $\displaystyle\int \ln u\, du = u \ln u - u + C$

24. $\displaystyle\int \frac{du}{u \ln u} = \ln |\ln u| + C$

25. $\displaystyle\int u^m \ln u\, du = \frac{u^{m+1}}{m + 1}\left(\ln u - \frac{1}{m + 1}\right) \qquad m \neq -1$

簡化公式

26. $\displaystyle\int u^n e^{au}\, du = \frac{1}{a} u^n e^{au} - \frac{n}{a} \int u^{n-1} e^{au}\, du$

27. $\displaystyle\int (\ln u)^n\, du = u(\ln u)^n - n \int (\ln u)^{n-1}\, du$

28. $\displaystyle\int u^n \sqrt{a + bu}\, du = \frac{2}{b(2n + 3)}\left[u^n (a + bu)^{3/2} - na \int u^{n-1} \sqrt{a + bu}\, du \right] \qquad n \neq -\frac{3}{2}$

$$\frac{1}{\sqrt{4x^2-9}}=\frac{1}{\sqrt{4(x^2-9/4)}}=\frac{1}{2\sqrt{x^2-9/4}}$$

令 $a^2=\frac{9}{4}$，再以公式求解可以得到

$$\int\frac{1}{\sqrt{4x^2-9}}\,dx=\frac{1}{2}\int\frac{1}{\sqrt{x^2-9/4}}\,dx=\frac{1}{2}\ln|x+\sqrt{x^2-9/4}|+C$$

若微分方程式之通式為

$$\frac{dQ}{dt}=kQ(M-Q)$$

其中 k 和 M 為常數，則稱為**羅吉斯方程式 (logistic equation)**，其解 $y=Q(t)$ 之圖形稱為**羅吉斯曲線 (logistic curve)**。羅吉斯方程式可應用於建立傳染病、成長受限的人口總數及各種其他相關數量的擴散模型。例題 6.1.10 利用積分表內的公式，求解有關謠言擴散的羅吉斯方程式。

例題 6.1.10 應用積分表研究謠言的擴散

在上午 6 點時，證券公司的 2 位初級營業員聽到一個謠言，表示一種新的證券將在中午發行。這個謠言在該公司的 26 位初級營業員中流傳的速率為

$$\frac{dN}{dt}=0.025\,N(26-N)$$

其中 $N(t)$ 是上午 6 點的 t 小時後，聽到這個謠言的營業員人數。

a. 求解 $N(t)$。

b. 在中午時，有多少位初級營業員還沒有聽到這個謠言？

■ **解**

a. 分離微分方程式中的變數並積分，可得

$$\int\frac{dN}{N(26-N)}=\int 0.025\,dt$$ 積分表公式 6，其中 $u=N$，$a=26$，$b=-1$

$$\frac{1}{26}\ln\left|\frac{N}{26-N}\right|=0.025t+C_1$$ 兩邊同乘以 26；因為 $N\le 26$，所以 $|26-N|=26-N$

$$\ln\left(\frac{N}{26-N}\right)=0.65t+26C_1$$ 兩邊同取指數；$e^{26C_1}=C$

$$\frac{N}{26-N}=e^{0.65t}e^{26C_1}=Ce^{0.65t}$$ 兩邊同乘以 $(26-N)$

$$N=(26-N)Ce^{0.65t}$$ 求解 N

$$(1+Ce^{0.65t})N=26Ce^{0.65t}$$

因此
$$N(t) = \frac{26Ce^{0.65t}}{1 + Ce^{0.65t}}$$

要計算常數 C，利用一開始有 $N(0) = 2$ 位初級營業員知道這個謠言，所以

$$N(0) = 2 = \frac{26Ce^0}{1 + Ce^0} \quad \text{兩邊同乘以 } (1 + C)$$
$$2 + 2C = 26C \quad \text{求解 } C$$
$$C = \frac{1}{12} \quad \text{代入 } N(t) \text{ 的公式，並化簡}$$

且
$$N(t) = \frac{26\left(\frac{1}{12}\right)e^{0.65t}}{1 + \left(\frac{1}{12}\right)e^{0.65t}} = \frac{26e^{0.65t}}{12 + e^{0.65t}}$$

b. 在中午時 ($t = 6$)，有

$$N(6) = \frac{26e^{0.65(6)}}{12 + e^{0.65(6)}} \approx 21$$

位初級營業員聽過這個謠言，所以有 $26 - 21 = 5$ 位還沒有聽到這個謠言。

習題 ■ 6.1

第 1 題到第 20 題，利用分部積分求解所給積分。

1. $\int xe^{-x}\,dx$
2. $\int (1 - x)e^x\,dx$
3. $\int (3 - 2x)e^{-x}\,dx$
4. $\int t \ln 2t\,dt$
5. $\int ve^{-v/5}\,dv$
6. $\int we^{0.1w}\,dw$
7. $\int x\sqrt{x - 6}\,dx$
8. $\int x(x + 1)^8\,dx$
9. $\int (x + 1)(x + 2)^6\,dx$
10. $\int \frac{x}{\sqrt{x + 2}}\,dx$
11. $\int_{-1}^{4} \frac{x}{\sqrt{x + 5}}\,dx$
12. $\int_0^2 \frac{x}{\sqrt{4x + 1}}\,dx$
13. $\int_0^1 \frac{x}{e^{2x}}\,dx$
14. $\int_1^{e^2} x \ln \sqrt[3]{x}\,dx$
15. $\int_0^1 x(e^{-2x} + e^{-x})\,dx$
16. $\int_{1/2}^{e/2} t \ln 2t\,dt$
17. $\int \frac{\ln x}{x^2}\,dx$
18. $\int x(\ln x)^2\,dx$
19. $\int x^3 e^{x^2}\,dx$

    （提示：利用 $dv = xe^{x^2}\,dx$。）
20. $\int \frac{x^3}{\sqrt{x^2 + 1}}\,dx$

    （提示：利用 $dv = \frac{x}{\sqrt{x^2 + 1}}\,dx$。）

第 21 題到第 26 題，利用積分表（表 6.1），求解所給積分。

21. $\int \frac{x\,dx}{3-5x}$

22. $\int \frac{\sqrt{4x^2-9}}{x^2}\,dx$

23. $\int \frac{dx}{x(2+3x)}$

24. $\int \frac{du}{16-3u^2}$

25. $\int (\ln x)^3\,dx$

26. $\int \frac{dx}{x^2(5+2x)^2}$

第 27 題到第 30 題，求解所給的 $y=f(x)$ 之初值問題。注意到第 29 題和第 30 題中含有可分微分方程式。

27. $\frac{dy}{dx}=xe^{-2x}$；當 $x=0$，$y=0$

28. $\frac{dy}{dx}=x^2\ln x$；當 $x=1$，$y=0$

29. $\frac{dy}{dx}=\frac{xy}{\sqrt{x+1}}$；當 $x=0$，$y=1$

30. $\frac{dy}{dx}=xye^{x/2}$；當 $x=0$，$y=1$

31. 已知某函數在任一點 x 的切線斜率均為 $(x+1)e^{-x}$，且其圖形通過點 $(1, 5)$，求出此函數。

商業與經濟應用問題

第 32 題到第 35 題涵蓋 5.4 節和 5.5 節所介紹過的應用。

32. 投資的未來價值 資金在 10 年期間，以每年 $R(t)=3{,}000+5t$ 元的速率匯入某個帳戶，其中 t 是 2000 年後的年數。如果該帳戶以年利率 5% 連續複利，則在 10 年的投資期限結束時（2010 年），該帳戶內的資金有多少？

33. 投資的現值 某項投資將在 5 年內，連續產生每年 $R(t)=20+3t$（百元）的收入。如果年利率是 7% 且連續複利，則該投資的現值是多少？

34. 消費者盈餘 某製造商發現，當商品的生產量是 q 千單位時，單位售價是 $p=D(q)$ 元，其中 D 是需求函數

$$D(q)=10-qe^{0.02q}$$

a. 單位售價是多少時，其需求量會是 5,000（$q_0=5$）單位？

b. 計算需求量是 5,000 單位時的消費者盈餘。

35. 羅倫茲曲線 某收入分佈的羅倫茲曲線是函數 $L(x)=xe^{x-1}$ 在區間 $0\le x\le 1$ 上的圖形，計算其基尼指數。

生命與社會科學應用問題

36. 人口成長 根據預測，某城市在 t 年後的人口總數 $P(t)$ 的變化率將是每年 $P'(t)=t\ln\sqrt{t+1}$ 千人。若目前人口總數是 200 萬人，則 5 年後該市的人口總數將是多少？

37. 募款 在募款活動舉行 t 週後，捐款的速率是每週 $2{,}000te^{-0.2t}$ 元，則在活動的前 5 週內，所募得的總金額是多少？

第 38 題和第 39 題涵蓋 5.4 節和 5.6 節所介紹過的應用。

38. 平均藥物濃度 在注射藥物 t 小時後，患者血液中的藥物濃度是 $C(t)=4te^{(2-0.3t)}$ 毫克／毫升，則在注射後的前 6 小時中，該患者血液中的藥物平均濃度是多少？

39. 團體會員 丹妮絲是某個新成立的全國性圖書俱樂部的主編，她進行一項統計，顯示在加入會員 t 個月後，仍然活躍的會員之比例是 $S(t)=e^{-0.02t}$，若該俱樂部目前有 5,000 位會員，且丹妮絲預期新會員加入的速率是每個月 $R(t)=5t$ 人，則丹妮絲可以預期，從現在算起 9 個月後，該俱樂部會有多少會員？（提示：將此問題視為生存／更新問題。）

其他問題

40. 距離 在 t 秒後，某物體的運動速度將是每秒 $te^{-t/2}$ 公尺，將其位置表示為時間的函數。

41. 求出 $\int \frac{e^{kx}}{x^n}\,dx$ 的化簡公式。

6.2 節 數值積分

學習目標

1. 了解數值積分的梯形公式和辛普森公式。
2. 應用數值積分的誤差上限。
3. 應用數值積分解釋資料。

在本節中，你將學到一些近似定積分的技巧，當被積函數沒有基本的反導函數時，就需要用到這類數值方法，舉例來說，$\sqrt{x^3+1}$ 和 $\frac{e^x}{x}$ 都沒有基本的反導函數。

以矩形近似

若 $f(x)$ 在區間 $a \le x \le b$ 上為正，則定積分 $\int_a^b f(x)\,dx$ 等於 f 的圖形下、介於 $x = a$ 和 $x = b$ 之間的區域面積。如 5.3 節所討論的，估計此區域面積的方法之一是使用 n 個矩形，如圖 6.2 所示。你可以將區間 $a \le x \le b$ 區間分成 n 等分，每個子區間的寬均為 $\Delta x = \frac{b-a}{n}$，再令 x_j 為第 j 個子區間的起點，則第 j 個矩形的底是第 j 個子區間，且高為 $f(x_j)$。因此，第 j 個矩形的面積是 $f(x_j)\Delta x$，而所有 n 個矩形面積的和近似於曲線下的面積，所以對應的定積分大約為

$$\int_a^b f(x)\,dx \approx f(x_1)\Delta x + \cdots + f(x_n)\Delta x$$

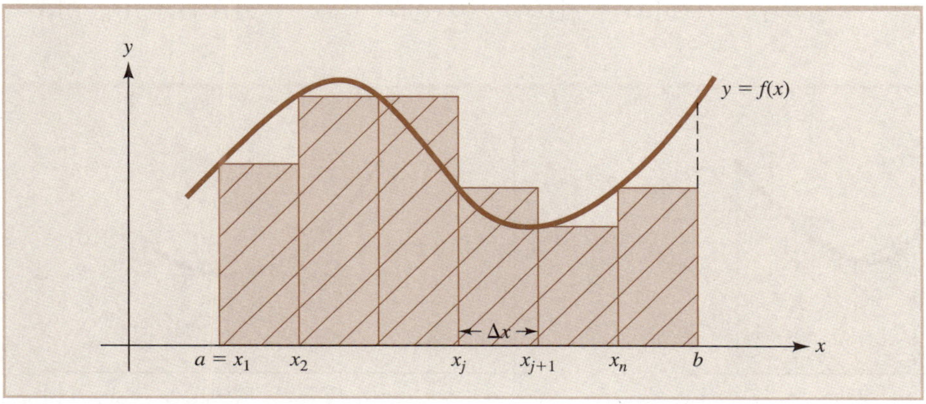

圖 6.2 以矩形近似曲線下的面積。

這個近似的效果隨著矩形數目的增加而提升，因此只要使用足夠大的 n，你可以估計這個定積分到任何你想要的準確度，不過由於要得到合理的準確度，n 的值通常需要很大，所以實際上很少利用矩形來估計面積。

以梯形近似

利用梯形來近似，可以大幅提升近似值的準確度。圖 6.3a 是以 n 個梯形來估計圖 6.2 中的區域面積，你可以發現，利用這個方法近似的效果提升許多。

圖 6.3b 是第 j 個梯形更詳細的圖示，注意到它包含一個矩形和矩形上方的一個直角三角形。因為

$$\text{矩形的面積} = f(x_{j+1})\Delta x$$

及

$$\text{三角形的面積} = \frac{1}{2}[f(x_j) - f(x_{j+1})]\Delta x$$

因此

$$\begin{aligned}\text{第 } j \text{ 個梯形的面積} &= f(x_{j+1})\Delta x + \frac{1}{2}[f(x_j) - f(x_{j+1})]\Delta x \\ &= \frac{1}{2}[f(x_j) + f(x_{j+1})]\Delta x\end{aligned}$$

所有 n 個梯形的面積和近似於曲線下的面積，也就是近似於對應的定積分，因此

$$\int_a^b f(x)\,dx$$
$$\approx \frac{1}{2}[f(x_1) + f(x_2)]\Delta x + \frac{1}{2}[f(x_2) + f(x_3)]\Delta x + \cdots + \frac{1}{2}[f(x_n) + f(x_{n+1})]\Delta x$$

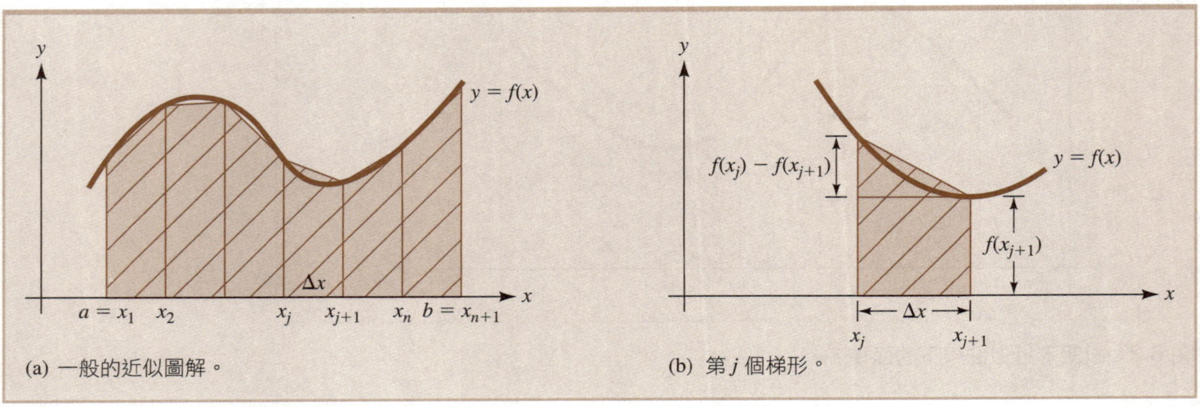

圖 6.3 以梯形近似曲線下的面積。

$$= \frac{\Delta x}{2}[f(x_1) + 2f(x_2) + \cdots + 2f(x_n) + f(x_{n+1})]$$

這個近似公式稱為**梯形公式 (trapezoidal rule)**，而且在 f 不為正時也可以使用它。

梯形公式

$$\int_a^b f(x)\,dx \approx \frac{\Delta x}{2}[f(x_1) + 2f(x_2) + \cdots + 2f(x_n) + f(x_{n+1})]$$

注意到梯形公式裡的第一個和最後一個函數值乘以 1，而其他各項的函數值則是乘以 2。例題 6.2.1 是應用梯形公式的例子。

例題 6.2.1　應用梯形公式

利用梯形公式，令 $n = 10$ 來近似 $\int_1^2 \frac{1}{x}\,dx$。

■ 解

因為

$$\Delta x = \frac{2-1}{10} = 0.1$$

區間 $1 \le x \le 2$ 被下列 11 個點分割成 10 個子區間，即

$$x_1 = 1, x_2 = 1.1, x_3 = 1.2, \ldots, x_{10} = 1.9, x_{11} = 2$$

如圖 6.4 所示。

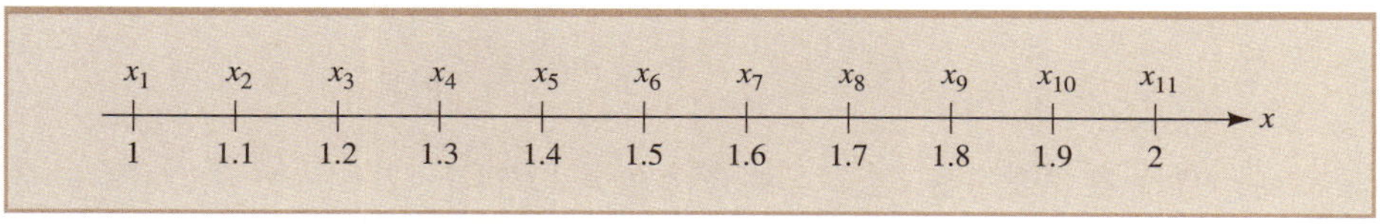

圖 6.4　區間 $1 \le x \le 2$ 被分割成 10 個子區間。

接下來再利用梯形公式，其中 $f(x) = \frac{1}{x}$，代入 x_1 到 x_{11}，可得

$$\int_1^2 \frac{1}{x}\,dx \approx \frac{0.1}{2}\left(\frac{1}{1} + \frac{2}{1.1} + \frac{2}{1.2} + \frac{2}{1.3} + \frac{2}{1.4} + \frac{2}{1.5} + \frac{2}{1.6} + \frac{2}{1.7} + \frac{2}{1.8} + \frac{2}{1.9} + \frac{1}{2}\right)$$
$$\approx 0.693771$$

我們也可以直接計算例題 6.2.1 中的定積分，即

$$\int_1^2 \frac{1}{x}\,dx = \ln|x|\Big|_1^2 = \ln 2 \approx 0.693147$$

因此，利用梯形公式，取 $n = 10$ 所得到的近似值準確到小數第二位（在四捨五入之後）。

梯形公式的準確度

若 E_n 表示當使用 n 個子區間時，積分 $\int_a^b f(x)\,dx$ 的實際值與利用梯形公式所得到的近似值之差，以下公式可用來估計 E_n 的絕對值，證明將留到更進階的課程中再做說明。

估計梯形公式的誤差估計 ■ 若 K 是 $|f''(x)|$ 在區間 $a \le x \le b$ 上的最大值，則

$$|E_n| \le \frac{K(b-a)^3}{12n^2}$$

例題 6.2.2 是這個公式的應用。

例題 6.2.2 應用梯形公式的誤差估計

估計利用梯形公式，取 $n = 10$ 來近似 $\int_1^2 \frac{1}{x}\,dx$ 的誤差。

即時複習

記住，$\frac{1}{x}$ 可利用冪次公式微分

$$\frac{d}{dx}\left(\frac{1}{x^n}\right) = \frac{d}{dx}(x^{-n}) = -nx^{-n-1} = \frac{-n}{x^{n+1}}$$

■ **解**

先求出 $f(x) = \frac{1}{x}$ 的一階與二階導函數

$$f'(x) = -\frac{1}{x^2} \quad \text{和} \quad f''(x) = \frac{2}{x^3}$$

觀察到 $|f''(x)|$ 在區間 $1 \le x \le 2$ 上的最大值是 $|f''(1)| = 2$。

令

$$K = 2 \qquad a = 1 \qquad b = 2 \qquad \text{和} \qquad n = 10$$

利用誤差公式，可以得到

$$|E_{10}| \le \frac{2(2-1)^3}{12(10)^2} \approx 0.00167$$

所以可保證例題 6.2.1 中的近似值的誤差不會大於 0.00167（事實上，與例題 6.2.1 的結果比較，將 ln 2 以小數表示，可以知道至小數第五位的誤差是 0.00062，遠小於 0.00167）。

當利用梯形公式來估計定積分時，盡量減少近似值的誤差是很重要的。若欲達到某種程度的準確度，你可以決定需要使用多少子區間來達到目標，如例題 6.2.3 所示。

例題 6.2.3　保證準確程度

在利用梯形公式近似 $\int_1^2 \frac{1}{x}\,dx$ 時，需要使用多少個子區間，才能保證誤差小於 0.00005 ？

■ 解

由例題 6.2.2 可知 $K = 2$，$a = 1$ 以及 $b = 2$，所以

$$|E_n| \le \frac{2(2-1)^3}{12n^2} = \frac{1}{6n^2}$$

我們需要找出最小的 n，使得

$$\frac{1}{6n^2} < 0.00005$$

亦即

$$n^2 > \frac{1}{6(0.00005)}$$

或是

$$n > \sqrt{\frac{1}{6(0.00005)}} \approx 57.74$$

最小的整數為 $n = 58$，所以需要使用 58 個子區間才能保證得到所想要的準確度。

使用拋物線求近似值：辛普森公式

在例題 6.2.3 中，我們需要使用相當多子區間才能保證誤差不超過 0.00005，因此利用梯形的近似方法，在某些應用上可能不夠有效率。另一種稱為**辛普森公式 (Simpson's rule)** 的近似方法，不比梯形公式困難，而且通常只需較少的計算，就可以達到想要的準確度。和梯形公式類似，它也是以柱形來近似曲線下的面積，不同之處在於，在柱形上端使用的是拋物線而非線段。

利用拋物線來近似定積分的步驟如下（圖 6.5 所示為 $n = 6$ 的情形）：先將區間 $a \le x \le b$ 分割成偶數個子區間，使得相鄰的子區間可以被配對，而不會剩下多餘的子區間。以通過 $(x_1, f(x_1))$、$(x_2, f(x_2))$ 及 $(x_3, f(x_3))$ 這三點的拋物線來近似圖形在第一對子區間上的部分，以這個拋物線之下且介於

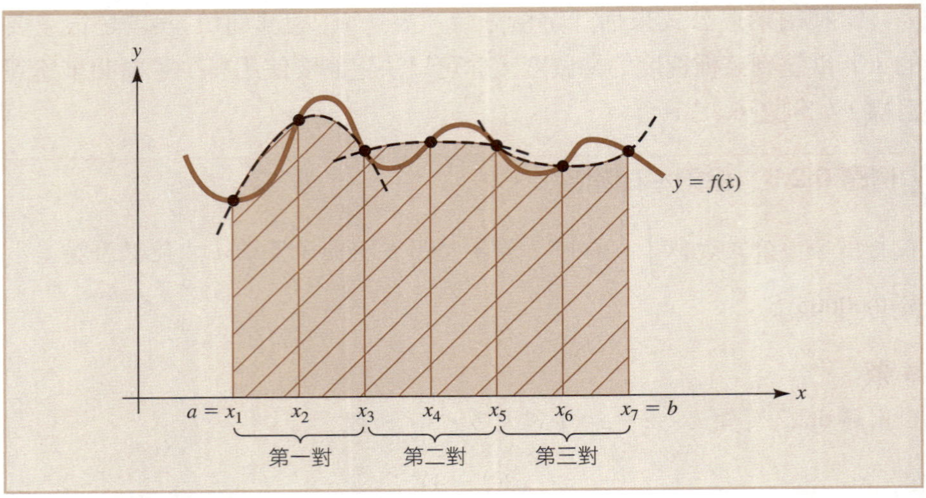

圖 6.5 以拋物線近似。

x_1 與 x_3 之間的面積來近似對應的曲線下面積，在其他的成對子區間上以同樣的方式進行，再將所得到的面積加總，以近似圖形下的總面積。以下是這個方法的公式。

> **辛普森公式** ■ 對任何偶數 n，
>
> $$\int_a^b f(x)\,dx \approx \frac{\Delta x}{3}[f(x_1)+4f(x_2)+2f(x_3)+4f(x_4)+\cdots+2f(x_{n-1})+4f(x_n)+f(x_{n+1})]$$

注意，在辛普森公式的近似和中，第一項和最後一項函數值乘以 1，而其他各項的函數值則是輪流乘以 4 和 2。

辛普森公式可用以下事實來證明。因為拋物線的方程式形式是 $y = Ax^2 + Bx + C$，對任何一對子區間而言，可以由給定的三個點來計算出係數 A、B 和 C，將所得的多項式積分後，可以得到對應的面積，這個證明雖然很簡單，卻非常繁瑣，所以我們省略不談。

例題 6.2.4 應用辛普森公式

利用辛普森公式，取 $n = 10$ 來近似 $\int_1^2 \frac{1}{x}\,dx$。

■ **解**

和例題 6.2.1 一樣，$\Delta x = 0.1$，所以區間 $1 \le x \le 2$ 被下列各點分割成 10 個子區間：

$$x_1 = 1, x_2 = 1.1, x_3 = 1.2, \ldots, x_{10} = 1.9, x_{11} = 2$$

由辛普森公式可以得到

$$\int_1^2 \frac{1}{x}\,dx \approx \frac{0.1}{3}\left(\frac{1}{1}+\frac{4}{1.1}+\frac{2}{1.2}+\frac{4}{1.3}+\frac{2}{1.4}+\frac{4}{1.5}+\frac{2}{1.6}+\frac{4}{1.7}+\frac{2}{1.8}+\frac{4}{1.9}+\frac{1}{2}\right)$$
$$\approx 0.693150$$

注意到這個近似值準確到小數點以下六位（$\ln 2 = 0.693147$），是一個很好的近似值。

辛普森公式的準確度

要估計辛普森公式的誤差，需要使用到四階導函數 $f^{(4)}(x)$，非常類似於利用二階導函數 $f''(x)$ 來估計梯形公式誤差的方法，以下是估計的公式。

估計辛普森公式的誤差 ■ 若 M 是 $|f^{(4)}(x)|$ 在區間 $a \le x \le b$ 上的最大值，則

$$|E_n| \le \frac{M(b-a)^5}{180n^4}$$

例題 6.2.5　應用辛普森公式的誤差估計

估計利用辛普森公式，取 $n = 10$ 來近似 $\int_1^2 \frac{1}{x}\,dx$ 的誤差。

■ **解**

先求出 $f(x) = \frac{1}{x}$ 的各階導函數

$$f'(x) = -\frac{1}{x^2} \qquad f''(x) = \frac{2}{x^3} \qquad f^{(3)}(x) = -\frac{6}{x^4} \qquad f^{(4)}(x) = \frac{24}{x^5}$$

觀察到 $|f^{(4)}(x)|$ 在區間 $1 \le x \le 2$ 上的最大值是 $|f^{(4)}(x)| = 24$。

令 $M = 24$，$a = 1$，$b = 2$ 及 $n = 10$，利用誤差公式，可以得到

$$|E_{10}| \le \frac{24(2-1)^5}{180(10)^4} \approx 0.000013$$

所以可以保證例題 6.2.4 中的近似值的誤差不會大於 0.000013。

例題 6.2.6 中，我們利用誤差估計來決定，要達到指定的準確度，至少需要使用多少個子區間。

例題 6.2.6 保證準確程度

在利用辛普森公式近似 $\int_1^2 \frac{1}{x}\,dx$ 時，需要使用多少個子區間，才能保證誤差小於 0.00005 ？

■ 解

由例題 6.2.5 可知 $M = 24$，$a = 1$ 及 $b = 2$，所以

$$|E_n| \le \frac{24(2-1)^5}{180n^4} = \frac{2}{15n^4}$$

我們需要找出最小的正整數（偶數）n，使得

$$\frac{2}{15n^4} < 0.00005$$

亦即

$$n^4 > \frac{2}{15(0.00005)}$$

或是

$$n > \left[\frac{2}{15(0.00005)}\right]^{1/4} \approx 7.19$$

最小的這種整數（偶數）是 $n = 8$，所以需要使用 8 個子區間才能保證得到所想要的準確度。與例題 6.2.3 的結果比較，在該例題中，我們發現使用梯形公式時，需要 58 個子區間才能保證達到同樣的準確度。

以數值積分解釋資料

當所有對 $f(x)$ 的了解只有一組實驗所得的資料時，經常使用數值積分估計 $\int_a^b f(x)\,dx$，例題 6.2.7 示範如何應用數值積分求解面積。

例題 6.2.7 應用數值積分求解面積

傑克需要知道游泳池的面積，才能購買泳池的遮蓋布，但是這相當困難，因為泳池的形狀是不規則的。若傑克以圖 6.6 中的方式，在泳池底端，每隔 4 英呎測量一次（所有單位都是英呎），應如何使用梯形公式來估計泳池的面積？

■ 解

若傑克可以找到函數 $f(x)$ 及 $g(x)$ 來分別表示泳池的遠端邊緣及近端邊緣，則泳池的面積是定積分 $A = \int_0^{36} [f(x) - g(x)]\,dx$。因為泳池的形狀不規則，

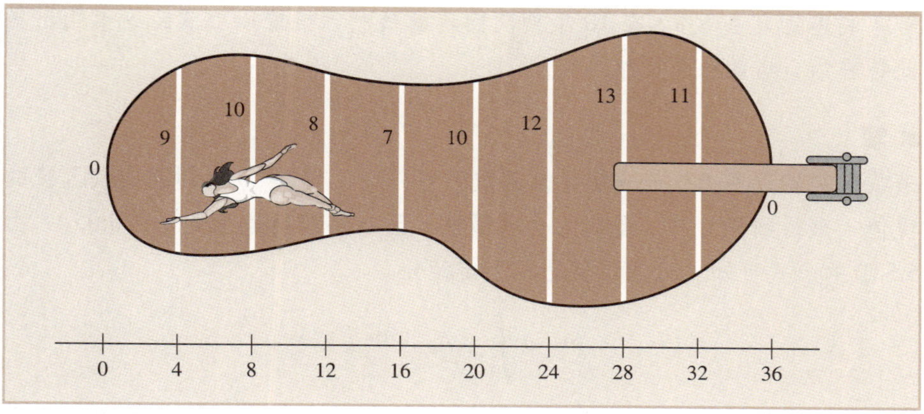

圖 6.6 橫跨泳池的測量。

所以要找到 f 和 g 的式子非常困難，也不實際，但是由傑克的測量結果，可以知道

$$f(0)-g(0)=0 \qquad f(4)-g(4)=9 \qquad f(8)-g(8)=10\ldots f(36)-g(36)=0$$

把這些資料及 $\Delta x=\dfrac{36-0}{9}=4$（泳池分割成幾個長條後，每個長條的寬度）代入梯形近似公式，傑克可以得到

$$\begin{aligned}A&=\int_0^{36}[f(x)-g(x)]\,dx\\&=\frac{4}{2}[0+2(9)+2(10)+2(8)+2(7)+2(10)+2(12)+2(13)+2(11)+0]\\&=\frac{4}{2}(160)=320\end{aligned}$$

所以傑克估計泳池面積大約是 320 平方英呎。

注意 例題 6.2.7 中，由於泳池的形狀是曲線，使用拋物線估計可能可以得到更正確的面積估計值，然而因為所給資料是使用奇數個區間的測量結果，因此辛普森公式不適用。■

例題 6.2.8 應用數值積分求解合理價格

某寵物用品連鎖店的經理卡門，正計畫要出售一間 10 年特許的加盟店，根據類似地區過去的經驗，在 t 年後，該特許加盟店產生收入的速率將是每年 $f(t)$ 千元，下表是 $f(t)$ 在 10 年內的值。

第 t 年	0	1	2	3	4	5	6	7	8	9	10
收入流速率 $f(t)$	510	580	610	625	654	670	642	610	590	573	550

若年利率固定在 5%，在 10 年期間內連續複利，根據以上資訊，卡門出售此特許加盟店的合理價格為何？

■ **解**

若收入流的速率 $f(t)$ 是一個連續函數，可以透過計算 10 年期間內收入流的現值，來得到該特許加盟店的合理價格。因為年利率是 5%（$r = 0.05$），由 5.5 節的公式可知，這個現值是以下定積分

$$\text{PV} = \int_0^{10} f(t)e^{-0.05t}\,dt$$

然而我們沒有連續函數 $f(t)$，所以利用辛普森公式，取 $n = 10$ 和 $\Delta t = 1$ 來近似現值的積分。得到

$$\begin{aligned}
\text{PV} &= \int_0^{10} f(t)e^{-0.05t}\,dt \\
&\approx \frac{\Delta t}{3}[f(0)e^{-0.05(0)} + 4f(1)e^{-0.05(1)} + 2f(2)e^{-0.05(2)} + \cdots + 4f(9)e^{-0.05(9)} \\
&\quad + f(10)e^{-0.05(10)}] \\
&\approx \frac{1}{3}[(510)e^{-0.05(0)} + 4(580)e^{-0.05(1)} + 2(610)e^{-0.05(2)} + 4(625)e^{-0.05(3)} \\
&\quad + 2(654)e^{-0.05(4)} + 4(670)e^{-0.05(5)} + 2(642)e^{-0.05(6)} + 4(610)e^{-0.05(7)} \\
&\quad + 2(590)e^{-0.05(8)} + 4(573)e^{-0.05(9)} + (550)e^{-0.05(10)}] \\
&\approx \frac{1}{3}(14{,}387) \approx 4{,}796
\end{aligned}$$

所以 10 年期限內收入流的現值大約是 4,796 千元（4,796,000 元）。該公司可以利用這個估計值，作為特許加盟店的合理價格。

習題 ■ 6.2

第 1 題到第 14 題，利用 (a) 梯形公式；(b) 辛普森法則，以指定的子區間數目，求出積分的近似值。

1. $\int_1^2 x^2\,dx;\ n = 4$
2. $\int_4^6 \frac{1}{\sqrt{x}}\,dx;\ n = 10$
3. $\int_0^1 \frac{1}{1 + x^2}\,dx;\ n = 4$
4. $\int_2^3 \frac{1}{x^2 - 1}\,dx;\ n = 4$
5. $\int_{-1}^0 \sqrt{1 + x^2}\,dx;\ n = 4$
6. $\int_0^3 \sqrt{9 - x^2}\,dx;\ n = 6$
7. $\int_0^1 e^{-x^2}\,dx;\ n = 4$
8. $\int_0^2 e^{x^2}\,dx;\ n = 10$
9. $\int_2^4 \frac{dx}{\ln x};\ n = 6$
10. $\int_1^2 \frac{\ln x}{x + 2}\,dx;\ n = 4$
11. $\int_0^1 \sqrt[3]{1 + x^2}\,dx;\ n = 4$
12. $\int_0^1 \frac{dx}{\sqrt{1 + x^3}};\ n = 6$
13. $\int_0^1 e^{-\sqrt{x}}\,dx;\ n = 8$
14. $\int_1^2 \frac{e^x}{x}\,dx;\ n = 4$

第 15 題到第 20 題，利用 (a) 梯形公式；(b) 辛普森法則，以指定的子區間數目，求出積分的近似值並估計其誤差 $|E_n|$。

15. $\int_1^2 \frac{1}{x^2}\,dx;\ n = 4$

16. $\int_0^2 x^3\,dx;\ n = 8$

17. $\int_1^3 \sqrt{x}\,dx;\ n = 10$

18. $\int_1^2 \ln x\,dx;\ n = 4$

19. $\int_0^1 e^{x^2}\,dx;\ n = 4$

20. $\int_0^{0.6} e^{x^3}\,dx;\ n = 6$

第 21 題到第 26 題，求出利用 (a) 梯形公式；(b) 辛普森法則近似所給積分時，需要使用多少個子區間，才能保證估計的誤差小於 0.00005？

21. $\int_1^3 \frac{1}{x}\,dx$

22. $\int_0^4 (x^4 + 2x^2 + 1)\,dx$

23. $\int_1^2 \frac{1}{\sqrt{x}}\,dx$

24. $\int_1^2 \ln(1 + x)\,dx$

25. $\int_{1.2}^{2.4} e^x\,dx$

26. $\int_0^2 e^{x^2}\,dx$

27. 一個 1/4 圓的半徑是 1，其方程式為 $y = \sqrt{1 - x^2}$，$0 \le x \le 1$，面積是 $\frac{\pi}{4}$，所以可知 $\int_0^1 \sqrt{1 - x^2}\,dx = \frac{\pi}{4}$。利用此公式，取 $n = 8$ 個子區間，以下列方法估計 π：
   a. 梯形公式。
   b. 辛普森法則。

28. 利用梯形公式，取 $n = 8$ 來估計曲線 $y = \sqrt{x^3 + 1}$、x 軸及直線 $x = 0$ 和 $x = 1$ 所圍成之區域的面積。

29. 利用梯形公式，取 $n = 10$ 來估計函數 $f(x) = \frac{e^{-0.4x}}{x}$ 在區間 $1 \le x \le 6$ 上的平均值。

30. 利用梯形公式，取 $n = 6$ 來估計函數 $y = \sqrt{\ln x}$ 在區間 $1 \le x \le 4$ 上的平均值。

31. 利用梯形公式，取 $n = 7$ 來估計將曲線 $y = \frac{x}{1 + x}$ 之下，介於 $x = 0$ 與 $x = 1$ 之間的區域，以 x 軸為軸心旋轉所得的立體體積。

32. 利用辛普森法則，取 $n = 6$ 來估計將曲線 $y = \ln x$ 之下，介於 $x = 1$ 和 $x = 2$ 之間的區域，以 x 軸為軸心旋轉所得的立體體積。

商業與經濟應用問題

33. **投資的未來價值**　一項投資在時間 t（年）時，產生連續收入流的速率是每年 $f(t) = \sqrt{t}$ 千元。如果年利率是 6% 且連續複利，利用梯形公式，取 $n = 5$ 來估計這項投資在 10 年期間末的未來價值。（參考例題 5.5.2。）

34. **投資的未來價值**　馬克的投資可以產生變動的連續收入流，存入一個年利率 4% 且連續複利的帳戶中，他於 1 年內，在每兩個月的第 1 天記錄這項投資的每月收入流速率，結果如下：

月	1 月	3 月	5 月	7 月	9 月	11 月	1 月
收入流速率	\$437	\$357	\$615	\$510	\$415	\$550	\$593

舉例來說，在 5 月 1 日時，收入流進帳戶的速率是每月 615 元，但是 2 個月後，收入流的速率只剩下每月 510 元。利用這些資料與辛普森法則，估計這個收入流 1 年期間內的未來價值。（提示：參考例題 5.5.2。）

35. **由資料計算生產者盈餘**　一位經濟學家研究某種商品的供應，並蒐集到下列資料，表中列出當單位售價是 p 元時，生產者將供應到市場的商品數為 q（千單位）。利用這些資料和梯形公式，估計當供應量是 7,000 單位（$q_0 = 7$）時的生產者盈餘。

q（千單位）	0	1	2	3	4	5	6	7
p（元／單位）	1.21	3.19	3.97	5.31	6.72	8.16	9.54	11.03

36. **由資料計算消費者盈餘**　一位經濟學家研究某種商品的需求，並蒐集到下列資料，表中列出當單位售價是 p 元時，該商品的需求（銷售）量為 q（千單位）。利用這些資料和辛普森法則，估計當生產量是 24,000 單位（q_0 = 24）時的消費者盈餘。

q（千單位）	0	4	8	12	16	20	24
p（元／單位）	49.12	42.90	31.32	19.83	13.87	10.58	7.25

生命與社會科學應用問題

37. **疾病擴散**　一種新型的流行性感冒剛被官方宣告為傳染病，目前已經有 3,000 人感染，並且正以每週新增 $R(t) = 50\sqrt{t}$ 個感染者的速度擴散。此外，被傳染 t 週後仍然沒有痊癒的患者比例是 $S(t) = e^{-0.01t}$，利用辛普森法則，取 $n = 8$ 來估計 8 週後感染此感冒的患者人數。（提示：將此問題視為生存／更新問題，如例題 5.6.2。）

38. **污染控制**　一間工廠的污染物溢出到河流中，污染物隨著水流往下游流動而擴散，3 小時後，溢出物形成下圖中的形狀，每隔 5 英呎，跨越溢出物所作的測量（單位為英呎）也顯示在下圖。利用這些資料和梯形公式，估計溢出物形成的區域面積。

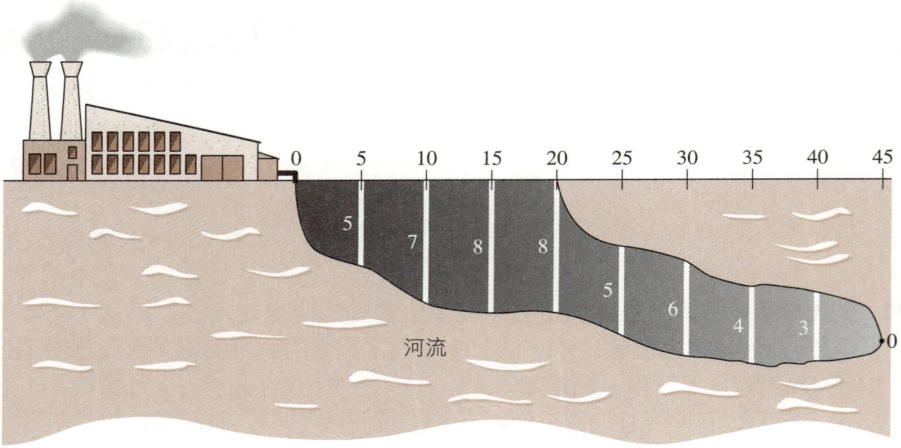

習題 38

39. **平均氣溫**　求出一天的平均氣溫的方法之一是在 24 小時期間內，每隔一段相同的時間測量一次氣溫，再計算這些氣溫量測值的平均。更精確的方法是利用辛普森公式及 5.4 節的函數的平均值公式。某天的氣溫量測值如下表所示：

時間	12 (A.M.)	2	4	6	8	10	12 (P.M.)	2	4	6	8	10	12 (A.M.)
氣溫 (°F)	68	64	61	60	71	74	78	81	81	79	75	70	65

a. 計算氣溫量測值的平均值，以估計這一天的平均氣溫。將答案四捨五入至小數點後第二位。

b. 利用辛普森公式及函數的平均值公式，估計這一天的平均氣溫。將答案四捨五入至小數點後第二位。與 (a) 小題的結果比較作比較，你覺得哪一個答案比較能代表平均氣溫？請解釋。

c. 使用 12 A.M. 開始，每間隔 6 小時取得的氣溫量測值，重作 (a) 小題和 (b) 小題。這個結果會改變你對哪個方法比較有效的看法嗎？

40. 人口密度　一項人口研究發現，距離某市中心 r 英哩處的人口密度是每平方英哩 $D(r)$ 人，在區間 $0 \le r \le 10$ 上，每隔 2 英哩的 D 值如下表所示。

距市中心的距離 r（英哩）	0	2	4	6	8	10
人口密度 $D(r)$（人／平方英哩）	3,120	2,844	2,087	1,752	1,109	879

利用梯形公式估計距離市中心 10 英哩範圍內的人口總數。（提示：參考例題 5.6.3。）

6.3 節　瑕積分

學習目標

1. 利用積分的無窮極限計算瑕積分。
2. 應用瑕積分於應用問題。

在 5.3 節定積分 $\int_a^b f(x)\,dx$ 的定義中，積分範圍 $a \le x \le b$ 必須是有界的，但是在某些應用中，考慮無界的區間（例如 $x \ge a$）會很有幫助。本節將定義這種**瑕積分 (improper integral)**，並討論其一些性質和應用。

瑕積分 $\int_a^{+\infty} f(x)\,dx$

我們以 $\int_a^{+\infty} f(x)\,dx$ 來表示 $f(x)$ 在無界區間 $x \ge a$ 上的瑕積分。若當 $x \ge a$ 時，$f(x) \ge 0$，則這個積分可以看成是曲線 $y = f(x)$ 之下，在 $x = a$ 右方的區域面積，如圖 6.7a 所示。雖然這個區域可以無限延伸，但是面積可能是有限或無限的，端視當 x 無限制地增加時，$f(x)$ 趨近於 0 的速度有多快。要計算這個區域的面積，一個合理的策略是先利用定積分，計算出由 $x = a$ 到某個有限數 $x = N$ 之間的面積，再令所得的結果中的 N 趨近於無限大；亦即

$$\text{總面積} = \lim_{N \to +\infty}（\text{由 } a \text{ 到 } N \text{ 的面積}）= \lim_{N \to +\infty} \int_a^N f(x)\,dx$$

這個策略說明於圖 6.7b，並根據這個策略發展出瑕積分的定義。

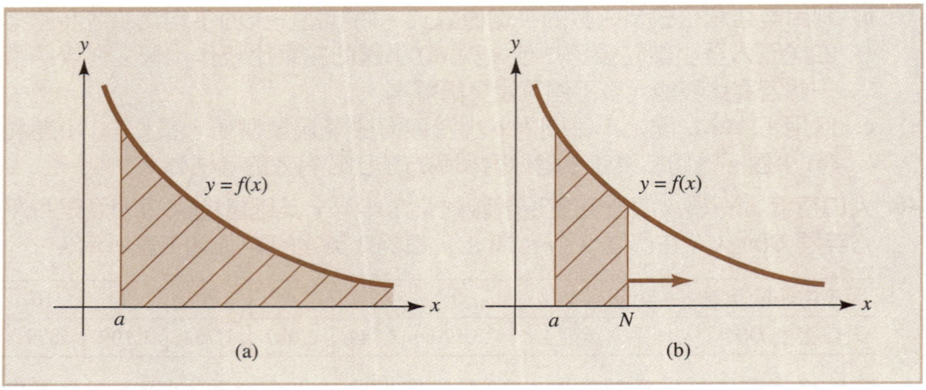

圖 6.7 面積 $= \int_a^{+\infty} f(x)\,dx = \lim_{N\to+\infty}\int_a^N f(x)\,dx$。

瑕積分 $\int_a^{+\infty} f(x)\,dx$ ■ 若 $f(x)$ 在區間 $x \geq a$ 上連續，則

$$\int_a^{+\infty} f(x)\,dx = \lim_{N\to+\infty}\int_a^N f(x)\,dx$$

若極限存在，我們稱這個瑕積分**收斂 (converge)** 到極限值；若極限不存在，則稱為**發散 (diverge)**。

例題 6.3.1 計算瑕積分

計算瑕積分 $\int_1^{+\infty} \frac{1}{x^2}\,dx$ 的值，或證明其為發散。

■ **解**

如以下之作法，先算出從 1 到 N 的積分，再令 N 趨近於無限大：

$$\int_1^{+\infty} \frac{1}{x^2}\,dx = \lim_{N\to+\infty}\int_1^N \frac{1}{x^2}\,dx = \lim_{N\to+\infty}\left(-\frac{1}{x}\Big|_1^N\right) = \lim_{N\to+\infty}\left(-\frac{1}{N}+1\right) = 1$$

例題 6.3.2 計算瑕積分

計算瑕積分 $\int_1^{+\infty} \frac{1}{x}\,dx$ 的值，或證明其為發散。

■ **解**

$$\int_1^{+\infty} \frac{1}{x}\,dx = \lim_{N\to+\infty}\int_1^N \frac{1}{x}\,dx = \lim_{N\to+\infty}\left(\ln|x|\Big|_1^N\right) = \lim_{N\to+\infty} \ln N = +\infty$$

因為極限（有限值）不存在，所以瑕積分為發散。

注意 例題 6.3.1 的瑕積分 $\int_1^{+\infty} \frac{1}{x^2}\,dx$ 收斂，而例題 6.3.2 的瑕積分 $\int_1^{+\infty} \frac{1}{x}\,dx$ 發散。從幾何上來說，這表示在曲線 $y=\frac{1}{x^2}$ 之下，$x=1$ 右方的區域面積是有限的；而在曲線 $y=\frac{1}{x}$ 之下，$x=1$ 右方的區域面積是無限的。結果不同之原因在於，當 x 無限制地增加時，$\frac{1}{x^2}$ 趨近於 0 的速度比 $\frac{1}{x}$ 快。這些觀察如圖 6.8 所示。■

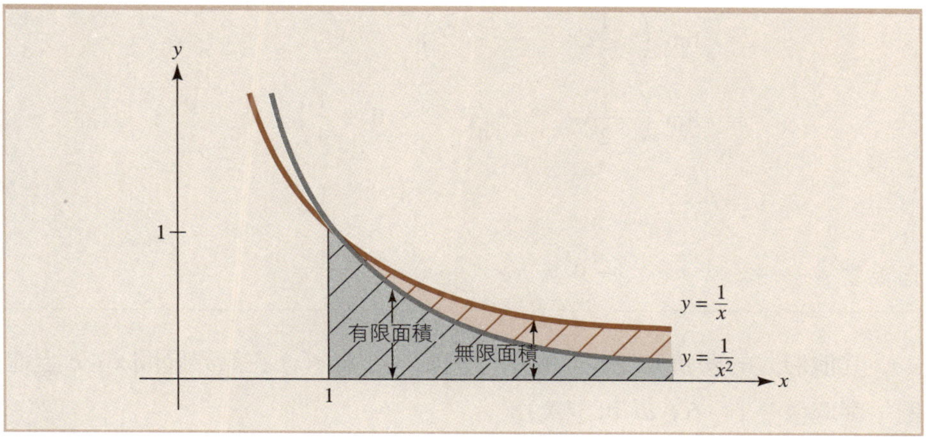

圖 6.8 $y=\frac{1}{x}$ 下之面積與 $y=\frac{1}{x^2}$ 下之面積的比較。

計算實際問題的瑕積分時，通常會涉及到以下形式的極限：

$$\lim_{N\to\infty} \frac{N^p}{e^{kN}} = \lim_{N\to\infty} N^p e^{-kN} \quad (\text{對 } k>0)$$

一般來說，指數項 e^{kN} 增加的速度比任何冪次項 N^p 快很多，所以「長期而言」，

$$N^p e^{-kN} = \frac{N^p}{e^{kN}}$$

將變得很小。總結如下：

求解瑕積分時有用的極限 ■ 對任何次方 p 及正數 k，

$$\lim_{N\to\infty} N^p e^{-kN} = 0$$

例題 6.3.3 利用分部積分計算瑕積分

計算瑕積分 $\int_0^{+\infty} xe^{-2x}\,dx$ 的值，或證明其為發散。

■ **解**

$$\int_0^{+\infty} xe^{-2x}\,dx = \lim_{N\to+\infty}\int_0^N xe^{-2x}\,dx \qquad \text{分部積分}$$

$$= \lim_{N\to+\infty}\left(-\frac{1}{2}xe^{-2x}\Big|_0^N + \frac{1}{2}\int_0^N e^{-2x}\,dx\right) \qquad \int e^{-2x}\,dx = \frac{-1}{2}e^{-2x} + C$$

$$= \lim_{N\to+\infty}\left(-\frac{1}{2}xe^{-2x} - \frac{1}{4}e^{-2x}\right)\Big|_0^N$$

$$= \lim_{N\to+\infty}\left(-\frac{1}{2}Ne^{-2N} - \frac{1}{4}e^{-2N} + 0 + \frac{1}{4}\right)$$

$$= \frac{1}{4}$$

因為當 $N \to +\infty$ 時，$e^{-2N} \to 0$ 且 $Ne^{-2N} \to 0$。

其他形式的瑕積分也相當有用。例如，如果 $f(x)$ 在無界區間 $x \le b$ 上連續，則瑕積分 $\int_{-\infty}^{b} f(x)\,dx$ 可定義為

$$\int_{-\infty}^{b} f(x)\,dx = \lim_{N\to-\infty}\int_N^b f(x)\,dx$$

更廣泛地說，如果 $f(x)$ 在所有的 x 上都連續，則其瑕積分可定義於整個 x 軸上，如下：

瑕積分 $\int_{-\infty}^{\infty} f(x)\,dx$ ■ 若存在常數 c，使得 $\int_c^{\infty} f(x)\,dx$ 和 $\int_{-\infty}^{c} f(x)\,dx$ 皆收斂，則 $f(x)$ 在無界區間 $\infty < x < \infty$ 的瑕積分可定義為

$$\int_{-\infty}^{\infty} f(x)\,dx = \int_c^{\infty} f(x)\,dx + \int_{-\infty}^{c} f(x)\,dx$$

例題 6.3.4 計算區間 $-\infty < x < \infty$ 上的瑕積分

計算瑕積分 $\int_{-\infty}^{\infty} xe^{-0.1x^2}\,dx$ 的值，或證明其為發散。

■ **解**

首先求解不定積分 $\int xe^{-0.1x^2}\,dx$。

$$\int xe^{-0.1x^2}\,dx = \int e^u\left[\frac{du}{-0.2}\right] \qquad \text{令 } u = -0.1x^2\text{，}du = -0.2x\,dx$$
$$= -5e^u + C = -5e^{-0.1x^2} + C$$

接著在 $\int_{-\infty}^{\infty} f(x)\,dx$ 的定義中令 $c = 0$，可得

$$\int_0^\infty xe^{-0.1x^2}\,dx = \lim_{N\to\infty}\int_0^N xe^{-0.1x^2}\,dx$$
$$= \lim_{N\to\infty}[-5e^{-0.1x^2}]_0^N$$
$$= \lim_{N\to\infty}[-5e^{-0.1N^2} - (-5e^0)] = 5$$

同樣地，

$$\int_{-\infty}^0 xe^{-0.1x^2}\,dx = \lim_{N\to-\infty}[-5e^{-0.1x^2}]_N^0$$
$$= \lim_{N\to-\infty}[(-5e^0) - (-5e^{-0.1N^2})] = -5$$

因此

$$\int_{-\infty}^\infty xe^{-0.1x}\,dx = \int_0^\infty xe^{-0.1x}\,dx + \int_{-\infty}^0 xe^{-0.1x}\,dx$$
$$= 5 + (-5) = 0$$

瑕積分的應用

接下來，我們將延伸第 5 章所討論過的應用，介紹兩個瑕積分的應用。這兩個應用所使用的策略是將數量表示成有一個變動的上界，因而可無限制地增加的定積分。在研讀這些應用時，若能複習第 5 章中對應的例題將很有幫助。

無窮收入流的現值

5.5 節曾介紹如何利用定積分來計算一個能在有限時期內，產生連續收入流的投資之現值。若該投資可以無限期地產生收入，我們就需要利用瑕積分來計算現值，如例題 6.3.5 所示。

例題 6.3.5 求解收入流的現值

優碟希望捐贈一筆捐款給當地的大學以成立獎學金，這筆捐款將永遠以每年 25,000 + 1,200t 元的速率產生連續收入流。若年利率維持在 5% 且連續複利，則這筆捐款至少需為多少才能維持這個獎學金？

■ **解**

優碟的捐款應等於無窮收入流的現值。由 5.5 節可知，一個在 T 年的期限內，以每年 $f(t)$ 的速率，連續存入一個年利率為 r 且連續複利的帳戶之收入流，其現值為積分

$$\text{PV} = \int_0^T f(t)e^{-rt}\,dt$$

對優碟的捐款而言，我們已知 $f(t) = 25{,}000 + 1{,}200t$ 及 $r = 0.05$，所以捐款 T 年的現值為

$$\text{捐款 } T \text{ 年的現值 PV} = \int_0^T (25{,}000 + 1{,}200t)e^{-0.05t}\,dt$$

利用分部積分，令

$$u = 25{,}000 + 1{,}200t \qquad dv = e^{-0.05t}\,dt$$
$$du = 1{,}200\,dt \qquad v = \frac{e^{-0.05t}}{-0.05} = -20e^{-0.05t}$$

可以計算出現值如下：

$$\begin{aligned}
\text{PV} &= \int_0^T (25{,}000 + 1{,}200t)e^{-0.05t}\,dt \\
&= [(25{,}000 + 1{,}200t)(-20e^{-0.05t})]\Big|_0^T - \int_0^T 1{,}200(-20e^{-0.05t})\,dt \\
&= [(-500{,}000 - 24{,}000t)e^{-0.05t}]\Big|_0^T + 24{,}000\left(\frac{e^{-0.05t}}{-0.05}\right)\Big|_0^T \\
&= [(-980{,}000 - 24{,}000t)e^{-0.05t}]\Big|_0^T \\
&= [(-980{,}000 - 24{,}000T)e^{-0.05T}] - [(-980{,}000 - 24{,}000(0))e^0] \\
&= (-980{,}000 - 24{,}000T)e^{-0.05T} + 980{,}000
\end{aligned}$$

令 $T \to +\infty$，以求得無窮收入流的現值，亦即以下的瑕積分

$$\begin{aligned}
\text{捐款的現值} &= \int_0^{+\infty} (25{,}000 + 1{,}200t)e^{-0.05t}\,dt \\
&= \lim_{T \to +\infty} [(-980{,}000 - 24{,}000T)e^{-0.05T} + 980{,}000] \\
&= 0 + 980{,}000 \\
&= 980{,}000
\end{aligned}$$

因為當 $T \to +\infty$ 時，$e^{-0.05T} \to 0$ 且 $Te^{-0.05T} \to 0$

因此，需要捐贈 980,000 元才能設立這個獎學金。

無窮生存／更新

在 5.6 節中，我們討論了有限期間內的生存與更新問題，其中更新率是固定的。在例題 6.3.6 中，我們將考慮一個類似的問題，其中生存／更新的過程是無限期持續進行的。

例題 6.3.6　核廢料最終累積量

根據估計，某核子發電廠在 t 年後將以每年 400 磅的速度產生放射性廢料。若該廢料的衰退率是以每年 2% 的指數衰退，則最終累積的放射性廢料數量為何？

■ 解

更新函數是 $R(t) = 400$，且生存函數是 $S(t) = e^{-0.02t}$。假設目前的核廢料累積量是 A_0 磅，則根據 5.6 節的公式，可知 T 年期間的核廢料累積量是

$$\begin{aligned}
A(T) &= A_0S(T) + \int_0^T R(t)S(T-t)\,dt \\
&= A_0e^{-0.02T} + \int_0^T 400e^{-0.02(T-t)}\,dt \\
&= A_0e^{-0.02T} + 400e^{-0.02T}\int_0^T e^{0.02t}\,dt \\
&= A_0e^{-0.02T} + 400e^{-0.02T}\left[\frac{e^{0.02t}}{0.02}\right]_0^T \\
&= A_0e^{-0.02T} + 20{,}000e^{-0.02T}[e^{0.02T} - 1] \\
&= A_0e^{-0.02T} + 20{,}000[1 - e^{-0.02T}]
\end{aligned}$$

要求出最終的核廢料累積量 W，令 $T \to \infty$ 以求解 $A(T)$ 的極限：

$$\begin{aligned}
W &= \lim_{T\to\infty} A(T) = \lim_{T\to\infty} [A_0e^{-0.02T} + 20{,}000(1 - e^{-0.02T})] \\
&= 0 + 20{,}000 - 20{,}000(0) = 20{,}000
\end{aligned}$$

當 $T \to \infty$ 時，$e^{-0.02T} \to 0$

所以我們可以預期，長期而言，最終的核廢料累積量是 20,000 磅。

市區的人口總數

在 5.6 節中，我們證明了如果距離市中心 r 英哩處的人口密度是每平方英哩 $p(r)$ 人，則在市中心 R 英哩範圍內的人口總數是

$$P(R) = \int_0^R 2\pi r p(r)\,dr$$

在例題 6.3.7 中，我們把半徑 R 延伸至無限大，以利用瑕積分估計市區的人口總數。

例題 6.3.7 估計市區人口總數

如果距離市中心 r 英里處的人口密度是每平方英里 $p(r) = 1{,}100e^{-0.002r^2}$ 人，估計該市區的人口總數。

■ 解

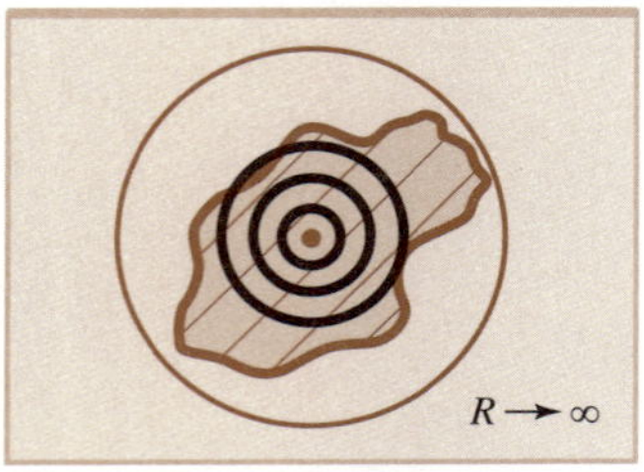

圖 6.9 某市區（不規則邊界）被包含於半徑為 R 的大圓內。

我們可以先求出距離市中心 R 英里範圍內的人口總數，再把 R 延伸至無限大，以估計該市區的人口總數，如圖 6.9 所示。亦即，人口總數 TP 可以利用瑕積分

$$TP = \int_0^\infty 2\pi r p(r)\,dr = \lim_{R\to\infty}\int_0^R 2\pi r(1{,}100e^{-0.002r^2})\,dr$$

來估計。為了簡化起見，先另外計算不定積分

$$\int 2\pi r(1{,}100e^{-0.002r^2})\,dr$$

代換 $u = -0.002r^2$，$du = -0.004r\,dr$，以得到 $r\,dr = \dfrac{1}{-0.004}du = -250\,du$

$$= 2{,}200\pi\int e^u[-250\,du]$$

積分並以 $u = -0.002r^2$ 代換

$$= -550{,}000\pi e^u + C = -550{,}000\pi e^{-0.002r^2} + C$$

再計算瑕積分

$$TP = \int_0^\infty 2\pi r(1{,}100e^{-0.002r^2})\,dr = \lim_{R\to\infty}\int_0^R 2{,}200\pi r e^{-0.002r^2}\,dr$$

$$= \lim_{R\to\infty}[-550{,}000\pi e^{-0.002r^2}]_0^R = -550{,}000\pi \lim_{R\to\infty}[e^{-0.002R^2} - e^0]$$

$$= -550{,}000\pi[0 - 1]$$

$\lim_{R\to\infty} e^{-0.002R^2} = 0$ 且 $e^0 = 1$

$$\approx 1{,}727{,}876$$

所以該市區的人口總數約為 1,727,876 人。

習題 ■ 6.3

第 1 題到第 30 題，計算瑕積分的值，或證明其為發散。

1. $\displaystyle\int_1^{+\infty} \frac{1}{x^3}\,dx$
2. $\displaystyle\int_1^{+\infty} x^{-3/2}\,dx$
3. $\displaystyle\int_1^{+\infty} \frac{1}{\sqrt{x}}\,dx$
4. $\displaystyle\int_1^{+\infty} x^{-2/3}\,dx$
5. $\displaystyle\int_3^{+\infty} \frac{1}{2x-1}\,dx$
6. $\displaystyle\int_3^{+\infty} \frac{1}{\sqrt[3]{2x-1}}\,dx$
7. $\displaystyle\int_3^{+\infty} \frac{1}{(2x-1)^2}\,dx$
8. $\displaystyle\int_0^{+\infty} e^{-x}\,dx$
9. $\displaystyle\int_0^{+\infty} 5e^{-2x}\,dx$
10. $\displaystyle\int_1^{+\infty} e^{1-x}\,dx$
11. $\displaystyle\int_1^{+\infty} \frac{x^2}{(x^3+2)^2}\,dx$
12. $\displaystyle\int_1^{+\infty} \frac{x^2}{x^3+2}\,dx$
13. $\displaystyle\int_1^{+\infty} \frac{x^2}{\sqrt{x^3+2}}\,dx$
14. $\displaystyle\int_0^{+\infty} xe^{-x^2}\,dx$

15. $\int_1^{+\infty} \frac{e^{-\sqrt{x}}}{\sqrt{x}}\,dx$

16. $\int_0^{+\infty} xe^{-x}\,dx$

17. $\int_0^{+\infty} 2xe^{-3x}\,dx$

18. $\int_0^{+\infty} xe^{1-x}\,dx$

19. $\int_1^{+\infty} \frac{\ln x}{x}\,dx$

20. $\int_1^{+\infty} \frac{\ln x}{x^2}\,dx$

21. $\int_2^{+\infty} \frac{1}{x\ln x}\,dx$

22. $\int_2^{+\infty} \frac{1}{x\sqrt{\ln x}}\,dx$

23. $\int_0^{+\infty} x^2e^{-x}\,dx$

24. $\int_1^{+\infty} \frac{e^{1/x}}{x^2}\,dx$

25. $\int_{-\infty}^{0} 3e^{4x}\,dx$

26. $\int_{-\infty}^{1} e^{1-x}\,dx$

27. $\int_{-\infty}^{-1} \frac{1}{x^2}\,dx$

28. $\int_{-\infty}^{0} \frac{1}{(2x-1)^2}\,dx$

29. $\int_{-\infty}^{\infty} xe^{-x}\,dx$

30. $\int_{-\infty}^{\infty} \frac{x}{(x^2+1)^{3/2}}\,dx$

商業與經濟應用問題

31. **投資的現值**　一項投資將永久產生每年 2,400 元的收入，如果收入是在整年裡連續產生，並固定以年利率 4% 連續複利，則該投資的現值是多少？

32. **出租物業的現值**　根據估計，從現在起 t 年後，某出租公寓社區將為其業主永久帶來每年 $f(t) = 80{,}000 + 500t$ 元的利潤。若年利率固定維持在 5%，且連續複利，則該物業的現值為何？

33. **連鎖店的現值**　某全國性速食連鎖店的管理者將出售一間位於華盛頓州西雅圖市的永久特許經營店，根據過去的經驗，在 t 年後，該特許經營店產生利潤的速率是每年 $f(t) = 100{,}000 + 900t$ 元，若利潤無限期地產生，利率固定在 5% 且連續複利，則該特許經營店的現值是多少？

34. **捐贈**　哈雷特是某些小型私立學院的校友，他想要捐贈給母校一筆捐款以成立一個數學講座。假設講座數學家每年可得到的薪水及福利總共是 70,000 元。若這筆捐款可以放在一項年利率 8% 且連續複利的投資上，則哈雷特必須捐贈多少金額，才能維持這個講座？

35. **資產的使用成本**　某資產的**使用成本 (capitalized cost)** 是原始成本與維護成本的現值之和。假設某公司正在考慮購買兩部不同的機器，機器 1 的成本是 10,000 元，且 t 年後的維護成本是每年 $M_1(t) = 1{,}000(1 + 0.06t)$ 元；機器 2 的成本只有 8,000 元，但是在時間 t 時，其維護成本是每年 $M_2(t) = 1{,}100$ 元。如果資金成本是每年 9%，且連續複利，則兩部機器的使用成本各為多少？該公司應該購買哪一部機器？

36. **現值**　在 t 年後，一項投資每年將產生 $f(t) = A + Bt$ 元，其中 A 和 B 是常數。假設收入永遠以一固定年利率 r 連續複利，證明這項投資的現值是 $\frac{A}{r} + \frac{B}{r^2}$ 元。

37. **現值**　一項投資將永遠以每年 Q 元的固定速率產生連續收入，若年利率固定在 r 且連續複利，以瑕積分證明該投資的現值是 $\frac{Q}{r}$ 元。

38. **產品可靠度**　根據某電子公司管理者的估計，壽命超過 t 個月的元件所占比例，可表示為瑕積分

$$\int_t^{\infty} 0.008e^{-0.008x}\,dx$$

則壽命超過 5 年（60 個月）的元件所占比例與壽命低於 10 年的元件所占比例，何者較大？

生命與社會科學應用問題

39. **醫療**　某診所患者在初診 t 個月後，仍在接受治療的比例是 $f(t) = e^{-t/20}$。若該診所以每個月 10 人的速率接受新患者，長期而言，大約有多少患者在該診所接受治療？

40. **人口成長**　某市進行的人口統計結果顯示，將會居住在該市至少 t 年的人口比例是 $f(t) = e^{-t/20}$。該市目前的人口數為 200,000，且預期每年將會有 100 人遷入該市。若此預測正確，長期而言，該市的人口狀況將會如何？

41. **醫藥**　馬特每小時由靜脈接受 5 單位的某藥物，該藥物會以指數性衰退的速度消失，因此在 t 小時後，仍殘留在馬特體內的藥物比例是 $f(t) = e^{-t/10}$。若該治療無限期地繼續下去，

長期而言，馬特體內的藥物大約是多少單位？

42. **核能廢料**　某核能發電廠每年產生 600 磅的放射性廢料，該廢料的衰退率是每年 2% 的指數衰退。長期下來，該發電廠所產生的放射性廢料將剩下多少單位？

43. **流行病學**　某流行病爆發後 t 週，在容易受感染的人中，實際受到感染的比例 P 可表示為積分

$$\int_0^t C(e^{-ax} - e^{-bx})\,dx$$

其中 a 和 b 為參數，其值與該流行病有關，而 C 為常數。假設所有容易受感染的人最終都受到感染，求解 C（以 a 和 b 表示）。

CHAPTER 7

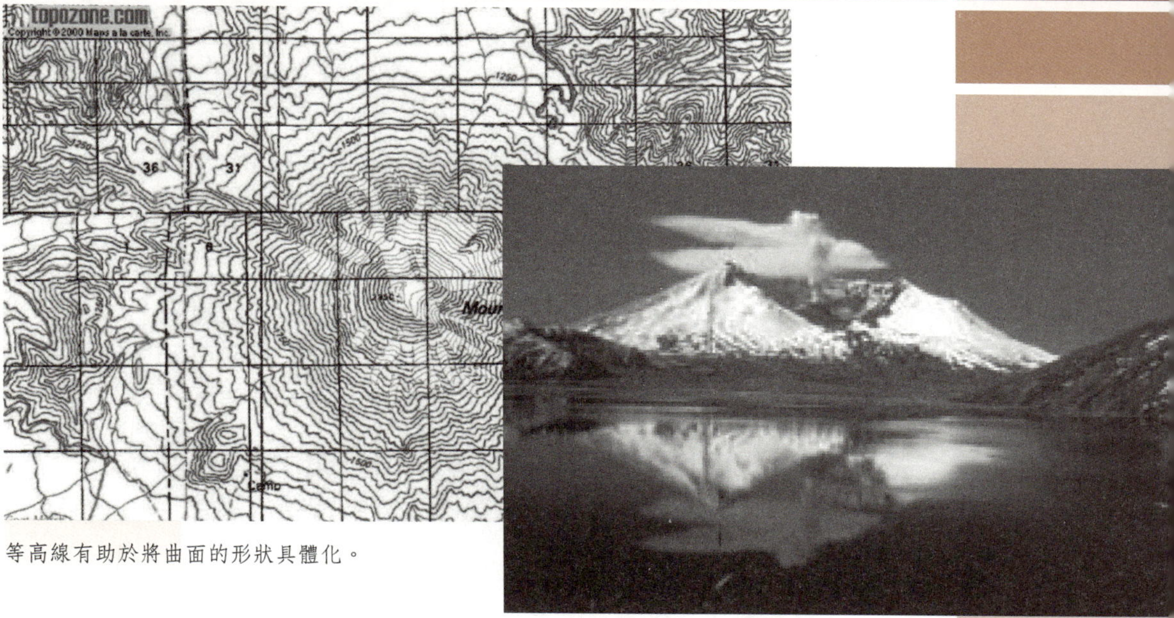

等高線有助於將曲面的形狀具體化。

多變數函數的微積分

Calculus of Several Variables

7.1 節　多變數函數

學習目標

1. 定義及檢驗兩個以上變數的函數。
2. 了解二元函數的圖形及等高線。
3. 學習經濟學上的古柏 - 道格拉斯生產函數、等量線及無異曲線。

在商業上，若製造商知道某商品可以在國內市場以 90 元售出 x 單位，在國外市場以 110 元售出 y 單位，則總收入為

$$R = 90x + 110y$$

在心理學中，一個人的智商 (IQ) 是用以下比例來衡量

$$\text{IQ} = \frac{100m}{a}$$

其中 a 和 m 分別是個人的實際年齡和心智年齡。一位木工正在製作一個長 x 英呎，寬 y 英呎，深 z 英呎的儲存箱，則箱子體積 V 和表面積 S 分別為

$$V = xyz \qquad \text{及} \qquad S = 2xy + 2xz + 2yz$$

這些欲求的數量會隨著兩個或更多個變數改變的情況，在實際上相當常見。其他例子包括某社區蓄水池池水的體積可能會隨著雨量和社區人口而變；工廠的產出可能會隨著投入工廠的資金、員工人數和原料成本而改變。

在本章中，我們將微積分方法延伸到含有兩個或更多自變數的函數。我們會用較多的篇幅討論兩個變數的函數（二元函數），在幾何上，這種函數可以用三維空間中的曲面表示，而非平面上的曲線。我們將由一個定義和一些專有名詞開始。

二元函數 ■ 一個含有兩個自變數 x 和 y 的函數 f 是一種規則，將給定集合 D（f 的**定義域 (domain)**）中每一對有序的 (x, y) 指派到一個實數，以 $f(x, y)$ 表示。

注意　定義域的習慣用法 (domain convention)：除非特別說明，否則假設 f 的定義域是所有使 $f(x, y)$ 有定義的 (x, y) 之集合。■

和單變數函數的情形一樣，一個二元函數 $f(x, y)$ 可以視為一部「機器」，對於每一個「輸入」(x, y)，產生一個唯一的「輸出」$f(x, y)$，如圖 7.1 所示。f 的定義域是所有可能輸入的集合，而所有相應的輸出的集合是 f 的**值域 (range)**。三個自變數的函數 $f(x, y, z)$ 或四個自變數的函數 $f(x, y, z, t)$

等，也可以用同樣的方式定義。

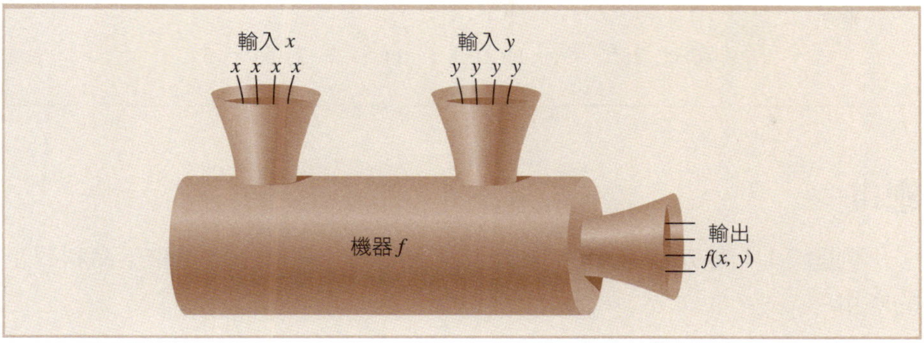

圖 7.1　把二元函數想像成是一部「機器」。

例題 7.1.1　計算二元函數

假設 $f(x, y) = \dfrac{3x^2 + 5y}{x - y}$。

a. 求出 f 的定義域。　　**b.** 計算 $f(1, -2)$。

■ **解**

a. 因為可以除以任何非 0 的數，所以對任何使得 $x - y \neq 0$ 或者 $x \neq y$ 的有序數對 (x, y)，$f(x, y)$ 皆有定義。從幾何上來看，其定義域是所有 xy 平面上，不在直線 $y = x$ 上的點。

b. $f(1, -2) = \dfrac{3(1)^2 + 5(-2)}{1 - (-2)} = \dfrac{3 - 10}{1 + 2} = -\dfrac{7}{3}$

例題 7.1.2　計算二元函數

假設 $f(x, y) = xe^y + \ln x$。

a. 求出 f 的定義域。　　**b.** 計算 $f(e^2, \ln 2)$。

■ **解**

a. 因為 xe^y 對所有的實數 x 和 y 都有定義，而且 $\ln x$ 只有當 $x > 0$ 時才有定義，所以 f 的定義域包括所有使 $x > 0$ 的有序數對 (x, y)。

b. $f(e^2, \ln 2) = e^2 e^{\ln 2} + \ln e^2 = 2e^2 + 2 = 2(e^2 + 1) \approx 16.78$

例題 7.1.3　計算三個變數的函數

$f(x, y, z) = xy + xz + yz$ 是一個有三個變數的函數，計算 $f(-1, 2, 5)$。

■ **解**

將 $x=-1$，$y=2$，$z=5$ 代入 $f(x, y, z)$ 的式子，得到

$$f(-1, 2, 5) = (-1)(2) + (-1)(5) + (2)(5) = 3$$

應用

例題 7.1.4 到 7.1.7 示範多變數函數在商業、經濟、財務和生命科學上的應用。

例題 7.1.4　以二元函數表示營收

一間位於聖路易市的運動用品店販售兩種網球拍，分別是 Serena Williams 和 Maria Sharapova 代言的品牌。每一種球拍的顧客需求量不僅會受其售價的影響，也會受到另一種球拍售價的影響。銷售資料顯示，當 Williams 代言球拍的單價是 x 元，Sharapova 代言球拍的單價是 y 元時，Williams 球拍的需求量是每年 $D_1 = 300 - 20x + 30y$ 支，而 Sharapova 球拍的需求量是每年 $D_2 = 200 + 40x - 10y$ 支。將該店每年銷售這兩種球拍所得的收入表示成售價 x 和 y 的函數。

■ **解**

令 R 代表總收入，則

$R =$（Williams 球拍的銷售量）（Williams 球拍的單價）
　　+（Sharapova 球拍的銷售量）（Sharapova 球拍的單價）

所以

$$\begin{aligned} R(x, y) &= (300 - 20x + 30y)(x) + (200 + 40x - 10y)(y) \\ &= 300x + 200y + 70xy - 20x^2 - 10y^2 \end{aligned}$$

工廠的生產量 Q 經常被視為資本投資 K 和勞動力 L 的函數，其形式為

$$Q(K, L) = AK^{\alpha}L^{\beta}$$

其中 A、α 和 β 都是正的常數，且 $\alpha + \beta = 1$；這個生產函數在經濟分析上相當有用，稱為**古柏 - 道格拉斯生產函數 (Cobb-Douglas production function)**。例題 7.1.5 是這個函數的範例。

例題 7.1.5　以二元函數表示生產量

假設某工廠的產出是古柏 - 道格拉斯生產函數 $Q(K, L) = 60K^{1/3}L^{2/3}$ 單位，其中 K 是資本額，單位為千元；L 是勞動力，單位為工時 (worker-hours)。

a. 若資本投資是 512,000 元，勞動力是 1,000 工時，計算產出。

b. 證明若資本額和勞動力皆加倍，則 (a) 小題中的產出也會加倍。

■ **解**

a. 將 $K = 512$（千元），$L = 1{,}000$ 代入 $Q(K, L)$，可得

$$\begin{aligned} Q(512, 1{,}000) &= 60(512)^{1/3}(1{,}000)^{2/3} \\ &= 60(8)(100) = 48{,}000 \text{ 單位} \end{aligned}$$

b. 將 $K = 2(512)$，$L = 2(1{,}000)$ 代入 $Q(K, L)$，可得

$$\begin{aligned} Q[2(512), 2(1{,}000)] &= 60[2(512)]^{1/3}[2(1{,}000)]^{2/3} \\ &= 60(2)^{1/3}(512)^{1/3}(2)^{2/3}(1{,}000)^{2/3} = 96{,}000 \text{單位} \end{aligned}$$

為 $K = 512$，$L = 1{,}000$ 時的產出的 2 倍。

例題 7.1.6　以四個變數的函數表示現值

4.1 節中曾提到，若投資 B 元在為期 t 年，年利率 r 且每年複利 k 次的投資，其現值為

$$P(B, r, k, t) = B\left(1 + \frac{r}{k}\right)^{-kt}$$

求投資 10,000 元在為期 5 年，年利率 6% 且每季複利的項目上之現值為何？

■ **解**

我們已經知道 $B = 10{,}000$，$r = 0.06$（每年 6%），$k = 4$（每年複利 4 次）及 $t = 5$。所以現值為

$$\begin{aligned} P(10{,}000, 0.06, 4, 5) &= 10{,}000\left(1 + \frac{0.06}{4}\right)^{-4(5)} \\ &\approx 7{,}424.7 \end{aligned}$$

或者大約為 7,425 元。

例題 7.1.7 以三個變數的函數表示人口總數

指數性成長的人口總數會滿足

$$P(A, k, t) = Ae^{kt}$$

其中 P 是時間 t 時的人口總數，A 是初始人口總數（當 $t = 0$），k 是相對（每人）成長率。若某國家目前的人口總數是 500 萬人，增加率是每年 3%，則 7 年後的人口總數是多少？

■ **解**

令 P 的單位為 100 萬人，將 $A = 5$，$k = 0.03$（年增率 3%）和 $t = 7$ 代入人口總數函數，可得

$$P(5, 0.03, 7) = 5e^{0.03(7)} \approx 6.16839$$

所以，7 年後的人口總數約為 6,168,400 人。

二元函數的圖形

二元函數 $f(x, y)$ 的**圖形 (graph)** 是所有點 (x, y, z) 的集合，其中 (x, y) 在 f 的定義域中，且 $z = f(x, y)$。我們需要建構一種**三維座標系統 (three dimensional coordinate system)**，才能「描繪」出這種圖形。建構的第一步是加上第三個座標軸（z 軸），使其垂直於我們早已熟悉的 xy 座標平面，如圖 7.2 所示。注意到 xy 平面是水平的，而 z 軸的正向是「向上」。

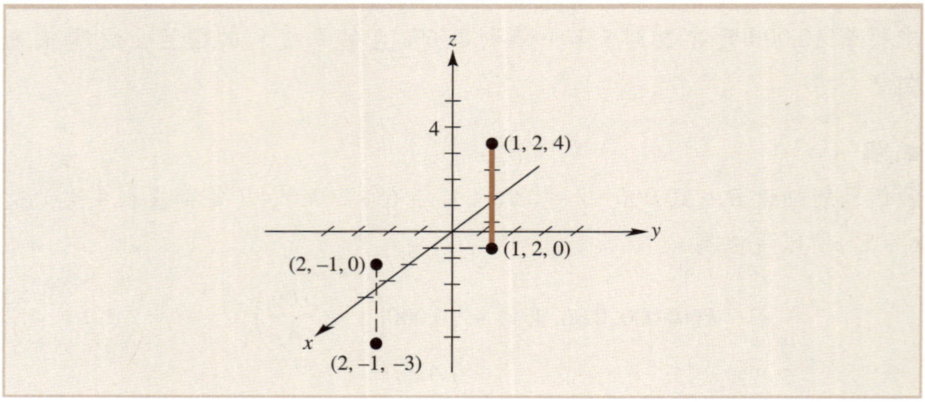

圖 7.2 三維座標系統。

你可藉由指定三個座標來描述三維空間中的點，例如在 xy 平面上的點 $(x, y) = (1, 2)$ 正上方 4 個單位的點，座標是 $(x, y, z) = (1, 2, 4)$。同樣地，$(2, -1, -3)$ 代表在 $(2, -1)$ 正下方 3 個單位的點。這些點顯示在圖 7.2 中。

描繪兩個自變數 x 與 y 的函數 $f(x, y)$ 的圖形時，通常會以字母 z 來代表應變數，寫成 $z = f(x, y)$（如圖 7.3 所示）。把 f 的定義域中的有序數對 (x, y) 看成是 xy 平面上的點，而函數 f 指定一個「高度」z 給每一個這種點（如果為負，則想像成「深度」）。因此，如果 $f(1, 2) = 4$，幾何上會在三維座標空間中描繪點 $(1, 2, 4)$，以表示這個事實。函數指定不同的高度給定義域中不同的點，通常其圖形是三維空間中的一個曲面。

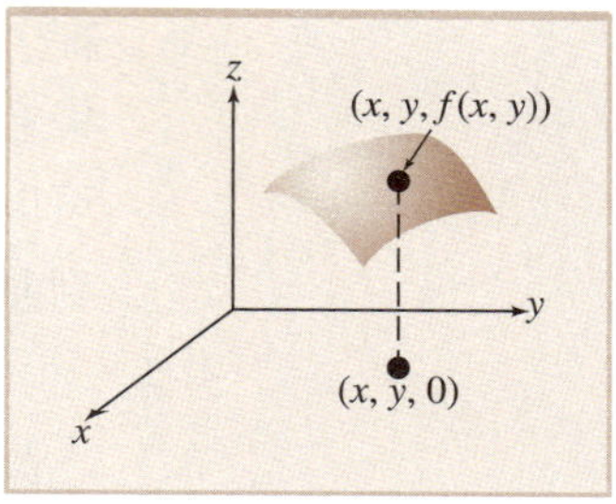

圖 7.3　$z = f(x, y)$ 的圖形。

圖 7.4 是四種三維空間中的曲面。圖 7.4a 是一個**錐面 (cone)**，圖 7.4b 是一個**拋物面 (paraboloid)**，圖 7.4c 是一個**橢面 (ellipsoid)**，而圖 7.4d 是所謂的**鞍面 (saddle surface)**，這些曲面在本章的例題和習題中扮演著重要的角色。

等高線

二元函數的圖形通常不容易描繪，圖 7.5 是一種將曲面視覺化的方法。注意到當平面 $z = C$ 和曲面 $z = f(x, y)$ 相交時，會形成一個空間中的曲

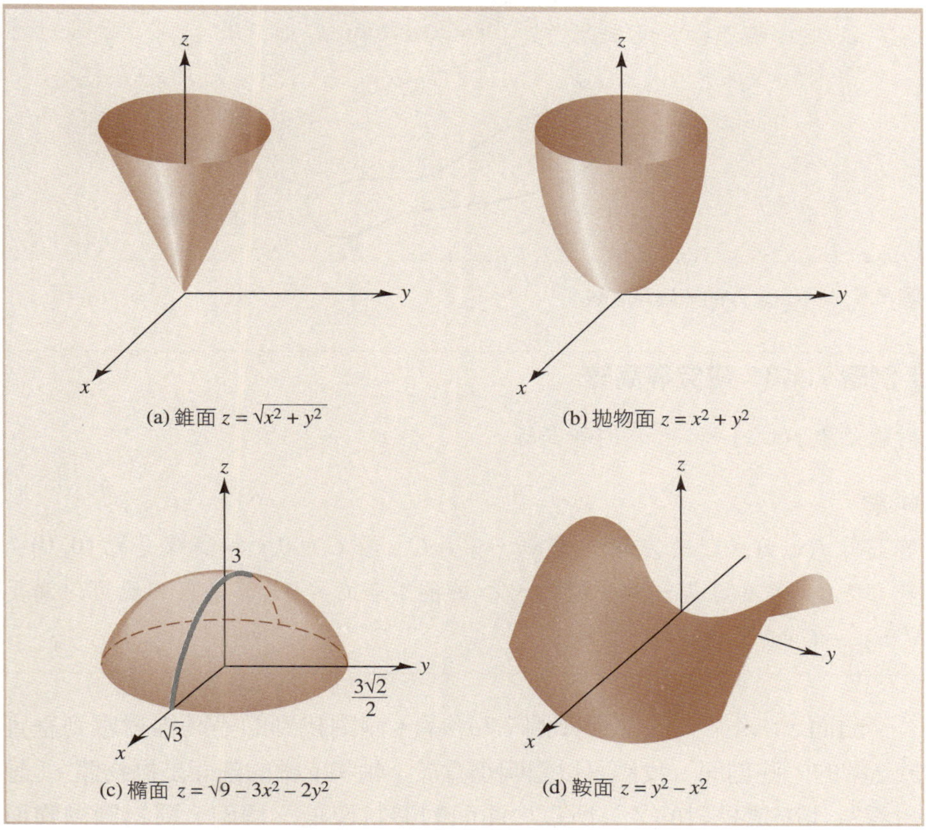

圖 7.4　三維空間中的曲面。

線，其對應的 xy 平面上點 (x, y) 會滿足 $f(x, y) = C$，我們把這些點 (x, y) 的集合稱為 f 在 C 的**等高線 (level curve)**，把 C 設定成一些不同的數字，就可以產生一群對應的等高線，再把這群等高線描繪在 xy 平面上，你可以得到曲面 $z = f(x, y)$ 的一個有用的表示方式。

舉例來說，把曲面 $z = f(x, y)$ 想像成一座「山」，這座山在點 (x, y) 的「高度」是 $f(x, y)$，如 421 頁的圖 7.6a 所示。等高線 $f(x, y) = C$ 在一條高度永遠是 C 的路徑的正下方。你可以利用一群固定高度的路徑來描繪這座山，作法是先在平面上描繪一群等高線，再在每條等高線上插上一面標示高度的「旗子」(圖 7.6b)，這個「平面」圖被稱為曲面 $z = f(x, y)$ 的**地形圖 (topographical map)**。

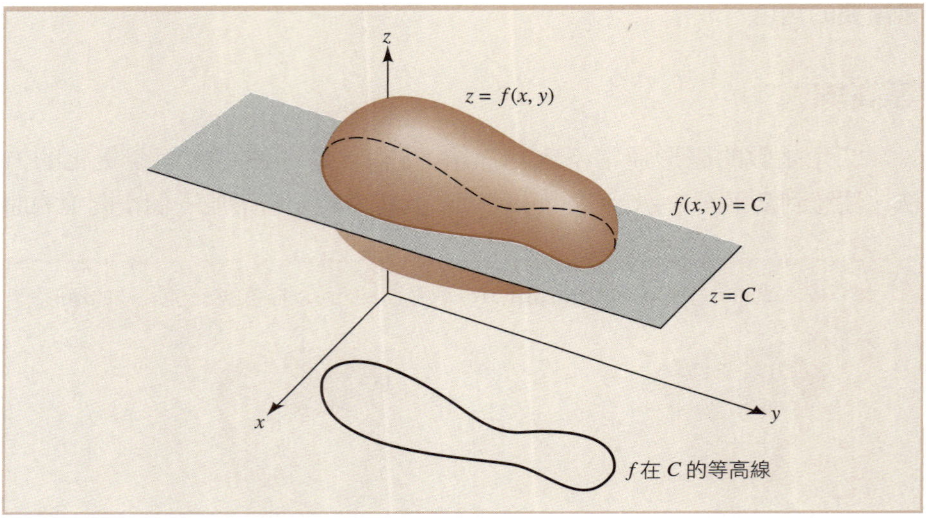

圖 7.5 $z = f(x, y)$ 的一條等高線。

即時複習

記得方程式 $(x - h)^2 + (y - k)^2 = r^2$ 代表圓心為 (h, k) 且半徑為 r 之圓，這表示例題 7.1.8 中的方程式 $x^2 + y^2 = C$ 代表圓心為 $(0, 0)$ 且半徑為 $\sqrt{C}$ 之圓。

例題 7.1.8 研究等高線

討論函數 $f(x, y) = x^2 + y^2$ 的等高線。

■ **解**

等高線 $f(x, y) = C$ 的方程式是 $x^2 + y^2 = C$。若 $C = 0$，等高線是點 $(0, 0)$；若 $C > 0$，等高線是一個半徑為 $\sqrt{C}$ 的圓；若 $C < 0$，沒有任何點可以滿足 $x^2 + y^2 = C$。

曲面 $z = x^2 + y^2$ 的圖形如圖 7.7 所示，剛剛找到的等高線對應到垂直於 z 軸的一些剖面。我們可以證明垂直於 x 軸和 y 軸的剖面是拋物體。(想想看為什麼這是對的？) 所以，曲面的形狀像是一個碗，稱為**圓拋物面 (circular paraboloid)** 或**回轉拋物面 (paraboloid of revolution)**。

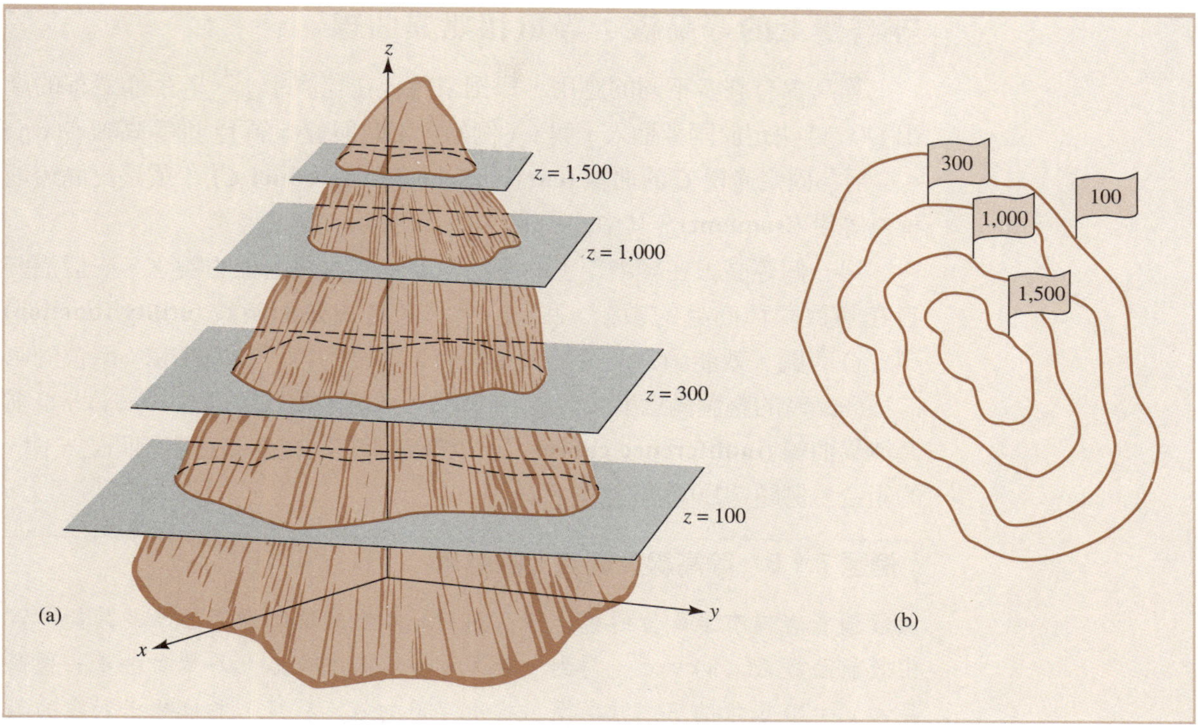

圖 7.6　(a) 將曲面 $z = f(x, y)$ 看成一座山；(b) 利用等高線可以描繪出 $z = f(x, y)$ 的地形圖。

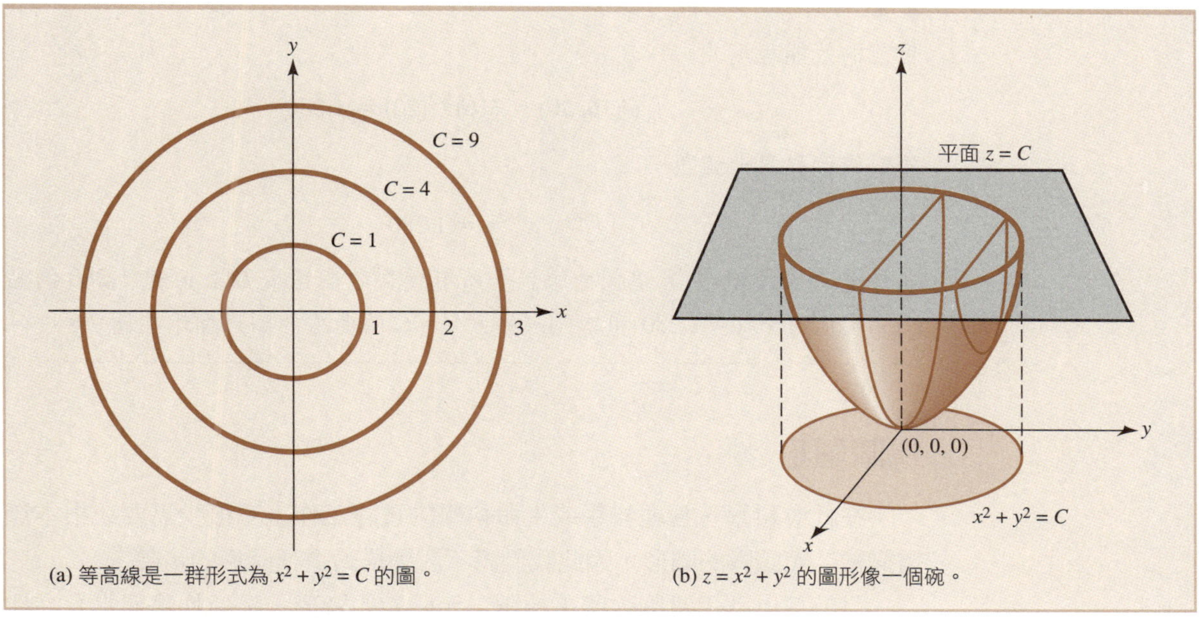

圖 7.7　等高線有助於將曲面的形狀視覺化。

經濟學上的等高線：等量和無異曲線

等高線有許多不同的應用，舉例來說，在經濟學上，若生產過程的產出 $Q(x, y)$ 決定於兩種輸入 x 與 y（例如，工時與資本額），則等高線 $Q(x, y) = C$ 稱為**固定產量 C 的曲線 (curve of constant product C)**，或是更簡短地稱為**等量 (isoquant)**，其中的「iso」是「相等」的意思。

另一個等高線在經濟學上的應用，涉及到無異曲線的觀念。一個消費者在購買兩種商品的數量 x 和 y 時，其考量與**效能函數 (utility function)** $U(x, y)$ 有關。效能函數測量消費者擁有 x 單位的第一種商品和 y 單位的第二種商品時的整體滿意度或**效能 (utility)**。效能函數的等高線 $U(x, y) = C$ 稱為**無異曲線 (indifference curve)**，可以得到所有消費者滿意度相同之 x 與 y 的組合。例題 7.1.9 說明這些名詞。

例題 7.1.9 等高線於經濟上的應用

假設消費者擁有 x 單位的第一種商品和 y 單位的第二種商品時的效能，可由效能函數 $U(x, y) = x^{3/2}y$ 得到。若消費者目前擁有 $x = 16$ 單位的第一種商品和 $y = 20$ 單位的第二種商品，找出目前的效能程度，並描繪出對應的無異曲線。

■ 解

目前的效能程度為

$$U(16, 20) = (16)^{3/2}(20) = 1,280$$

其對應的無異曲線為

$$x^{3/2}y = 1,280$$

或者是 $y = 1,280x^{-3/2}$。這個曲線包含所有使得效能程度 $U(x, y)$ 是 1,280 的點 (x, y)。曲線 $x^{3/2}y = 1,280$ 和其他一些 $x^{3/2}y = C$ 的曲線的圖形顯示在圖 7.8 中。

電腦圖形

在社會科學、管理科學或生命科學的實際工作上，很少需要或根本無需描繪二元函數的圖形，因此我們將不討論描繪這種圖形的步驟。

目前可以利用電腦軟體來繪製二元函數的圖形，這種軟體通常允許你為每個座標軸選擇不同的尺度，也可以從各種不同的角度來觀看一個給定的曲面。這些功能讓你可以得到更詳細的圖形，圖 7.9 是一些電腦產生的圖形。

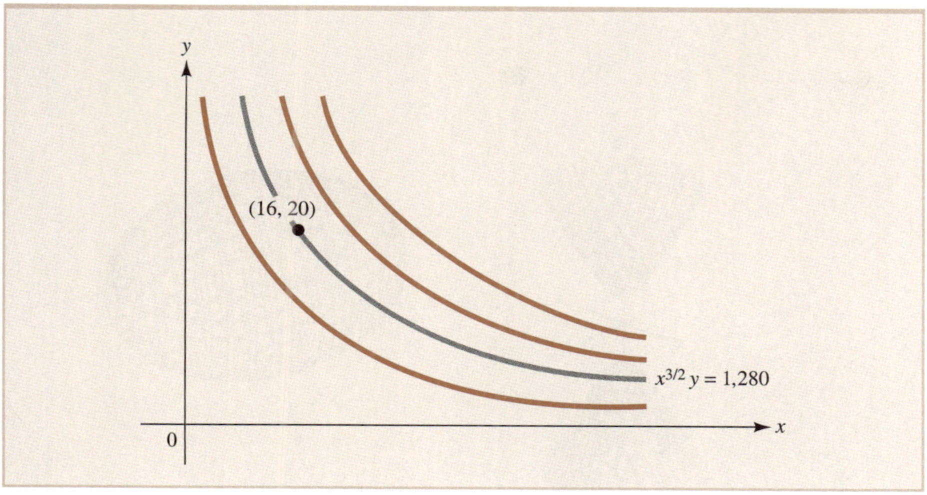

圖 7.8　效能函數 $U(x, y) = x^{3/2}y$ 的無異曲線。

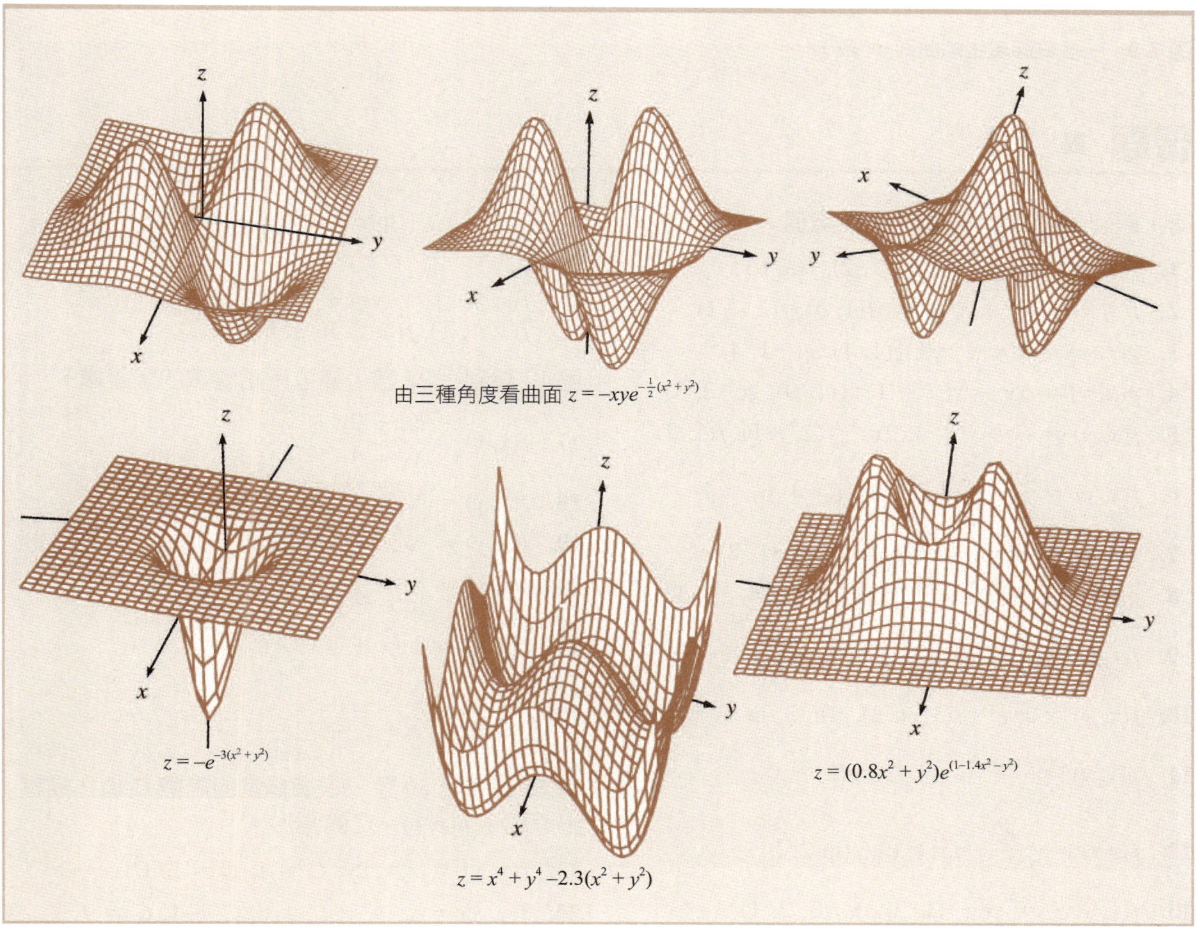

圖 7.9　一些電腦產生的曲面。

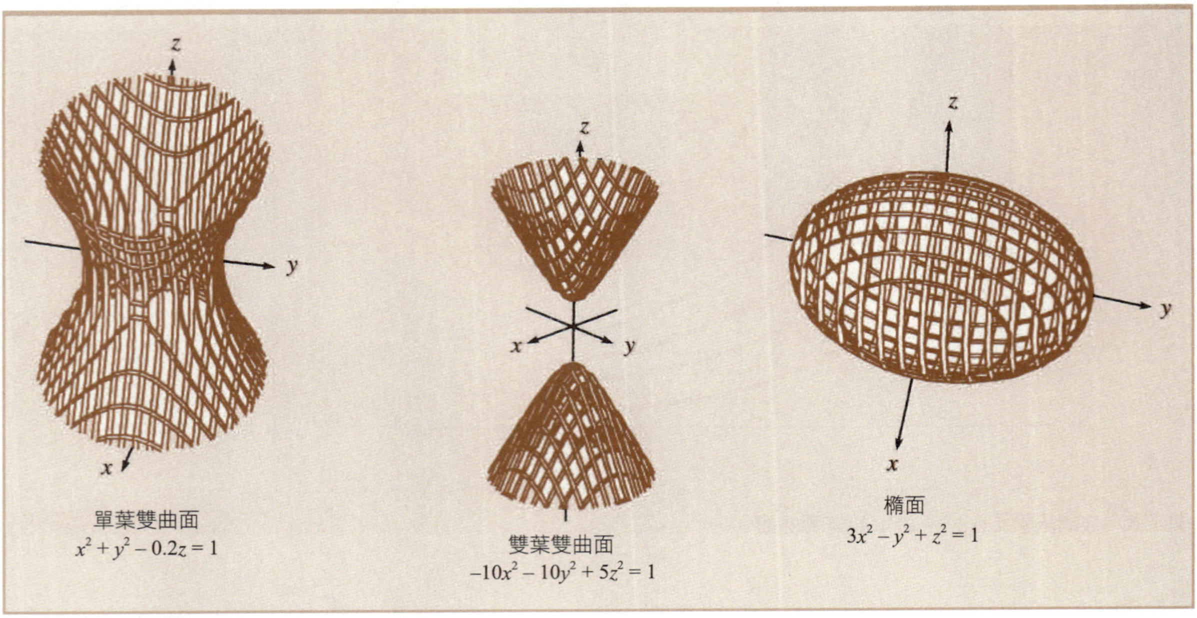

圖 7.9 一些電腦產生的曲面。(續)

習題 ■ 7.1

第 1 題到第 16 題，計算所給函數值。

1. $f(x, y) = 5x + 3y$; $f(-1, 2)$, $f(3, 0)$
2. $f(x, y) = x^2 + x - 4y$; $f(1, 3)$, $f(2, -1)$
3. $g(x, y) = x(y - x^3)$; $g(1, 1)$, $g(-1, 4)$
4. $g(x, y) = xy - x(y + 1)$; $g(1, 0)$, $g(-2, 3)$
5. $f(x, y) = (x - 1)^2 + 2xy^3$; $f(2, -1)$, $f(1, 2)$
6. $f(x, y) = \dfrac{3x + 2y}{2x + 3y}$; $f(1, 2)$, $f(-4, 6)$
7. $g(x, y) = \sqrt{y^2 - x^2}$; $g(4, 5)$, $g(-1, 2)$
8. $g(u, v) = 10u^{1/2}v^{2/3}$; $g(16, 27)$, $g(4, -1{,}331)$
9. $f(r, s) = \dfrac{s}{\ln r}$; $f(e^2, 3)$, $f(\ln 9, e^3)$
10. $f(x, y) = xye^{xy}$; $f(1, \ln 2)$, $f(\ln 3, \ln 4)$
11. $g(x, y) = \dfrac{y}{x} + \dfrac{x}{y}$; $g(1, 2)$, $g(2, -3)$
12. $f(s, t) = \dfrac{e^{st}}{2 - e^{st}}$; $f(1, 0)$, $f(\ln 2, 2)$
13. $f(x, y, z) = xyz$; $f(1, 2, 3)$, $f(3, 2, 1)$
14. $g(x, y, z) = (x + y)e^{yz}$; $g(1, 0, -1)$, $g(1, 1, 2)$
15. $F(r, s, t) = \dfrac{\ln(r + t)}{r + s + t}$; $F(1, 1, 1)$, $F(0, e^2, 3e^2)$
16. $f(x, y, z) = xye^z + xze^y + yze^x$; $f(1, 1, 1)$, $f(\ln 2, \ln 3, \ln 4)$

第 17 題到第 22 題，描述所給函數的定義域。

17. $f(x, y) = \dfrac{5x + 2y}{4x + 3y}$
18. $f(x, y) = \sqrt{9 - x^2 - y^2}$
19. $f(x, y) = \sqrt{x^2 - y}$
20. $f(x, y) = \dfrac{x}{\ln(x + y)}$
21. $f(x, y) = \ln(x + y - 4)$
22. $f(x, y) = \dfrac{e^{xy}}{\sqrt{x - 2y}}$

第 23 題到第 30 題，根據指定的常數 C 值，描繪出等高線 $f(x, y) = C$ 的圖形。

23. $f(x, y) = x + 2y$; $C = 1$, $C = 2$, $C = -3$
24. $f(x, y) = x^2 + y$; $C = 0$, $C = 4$, $C = 9$
25. $f(x, y) = x^2 - 4x - y$; $C = -4$, $C = 5$

26. $f(x, y) = \frac{x}{y}$; $C = -2$, $C = 2$

27. $f(x, y) = xy$; $C = 1$, $C = -1$, $C = 2$, $C = -2$

28. $f(x, y) = ye^x$; $C = 0$, $C = 1$

29. $f(x, y) = xe^y$; $C = 1$, $C = e$

30. $f(x, y) = \ln(x^2 + y^2)$; $C = 4$, $C = \ln 4$

商業與經濟應用問題

31. **生產**　當僱用 x 名技術工人和 y 名一般工人時，製造商的生產量是每天 $Q(x, y) = 10x^2y$ 單位。目前該製造商僱用 20 名技術工人和 40 名一般工人。
   a. 目前每天的生產量是多少單位？
   b. 如果多僱用一名技術工人，每天的生產量會改變多少？
   c. 如果多僱用一名一般工人，每天的生產量會改變多少？
   d. 如果多僱用一名技術工人和一名一般工人，每天的生產量會改變多少？

32. **零售**　某油漆店銷售兩種牌子的乳膠漆，銷售數字顯示，當第一種牌子的售價是每加侖 x_1 元，第二種牌子的售價是每加侖 x_2 元時，第一種牌子的每月需求量是 $D_1(x_1, x_2) = 200 - 10x_1 + 20x_2$ 加侖，第二種牌子的每月需求量是 $D_2(x_1, x_2) = 100 + 5x_1 - 10x_2$ 加侖。
   a. 將該油漆店每月從銷售這兩種漆所得到的總收入表示成售價 x_1 與 x_2 的函數。
   b. 如果第一種牌子的售價是每加侖 21 元，第二種牌子是每加侖 16 元，利用 (a) 小題得到的式子，計算總收入。

33. **生產**　易高農業公司估計，當使用 $100x$ 工時的人力在 y 英畝的土地上時，小麥的產量是 $f(x, y) = Ax^ay^b$ 蒲式耳，其中 A、a 及 b 是正的常數。假設該公司決定將生產因素 x 與 y 加倍，根據以下各小題中所給的參數，計算這個決定對小麥產量有何影響？
   a. $a + b > 1$
   b. $a + b < 1$
   c. $a + b = 1$

34. **零售**　某製造商擁有一種全新精密工業機器的獨佔製造權，該製造商計劃限量銷售該機器給國內和國外的公司，機器的預期售價將受到供應量的影響。根據估計，如果國內與國外市場的供應量分別是 x 部與 y 部時，國內與國外的單位售價將分別是 $60 - \frac{x}{5} + \frac{y}{20}$ 千元和 $50 - \frac{y}{10} + \frac{x}{20}$ 千元。將營收 R 表示成 x 與 y 的函數。

35. **固定生產曲線**　在僱用 x 名技術工人和 y 名一般工人時，某製造商每天的生產量是 $Q(x, y) = 3x + 2y$ 單位，目前該製造商僱用了 10 名技術工人和 20 名一般工人。
   a. 計算目前每天的生產量。
   b. 以方程式表示在生產量維持不變的條件下，技術工人人數與一般工人人數的關係。
   c. 在一個二維座標系統上，描繪出對應於目前產量的等量（固定生產）曲線。
   d. 如果增加 2 名技術工人，應如何調整一般工人的人數才能維持目前的生產量？

36. **無異曲線**　碧芙莉估計，當她經常與 x 位好友聯絡，並參與 y 個有趣的專案時，她的總滿意度可以表示為效能函數 $U(x, y) = (x + 1)(y + 2)$。如果碧芙莉目前經常與 25 位好友聯絡，並參與 8 個有趣的專案，則她的滿意程度為何？描繪出對應的無異曲線，並解釋「無異」在此情況下的意義。

37. **攤還債務**　A 元的貸款分 n 年攤還，年利率是 r，每月複利一次。月利率為 $i = \frac{r}{12}$，則每月攤還的金額是 M 元，其中

$$M(A, n, i) = \frac{Ai}{1 - (1 + i)^{-12n}}$$

   a. 愛莉森的房屋貸款金額是 250,000 元，年利率固定為 5.2%，貸款期限是 15 年。她平均每月攤還的金額是多少？總共付出多少利息？
   b. 納森也有 250,000 元的房屋貸款，但是年利率固定為 5.6%，貸款期限是 30 年。他平均每月攤還金額是多少？總共付出多少利息？

生命與社會科學應用問題

38. **人體的表面積**　小兒科醫師和醫學研究人員有時候會應用以下的經驗公式來表示人體表

面積 S（平方公尺）與人的體重 W（公斤）及身高 H（公分）的關係：

$$S(W, H) = 0.0072W^{0.425}H^{0.725}$$

a. 求出 $S(15.83, 87.11)$。描繪 $S(W, H)$ 通過 $(15.83, 87.11)$ 的等高線。描繪數條其他的 $S(W, H)$ 等高線。這些等高線有什麼意義？

b. 如果馬克的體重是 18.37 公斤，身體表面積是 0.648 平方公尺，則你可以預期他的身高大概是多少？

c. 假設在某個時間，珍妮的體重是她出生時的六倍，且身高是出生時的兩倍，則她的身體表面積和出生時相比的變化百分率是多少？

39. 每日消耗能量 根據 *Harris-Benedict* 公式，一個年紀 A 歲，體重 w 公斤，身高 h 公分的人，若為男性，則每日的基本消耗能量為

$$B_m(w, h, A) =$$
$$66.47 + 13.75w + 5.00h - 6.77A \text{ 千卡}$$

若為女性，則每日的基本消耗能量為

$$B_f(w, h, A) =$$
$$655.10 + 9.60w + 1.85h - 4.68A \text{ 千卡}$$

a. 計算體重 90 公斤，身高 190 公分的 22 歲男性的基本消耗能量。

b. 計算體重 61 公斤，身高 170 公分的 27 歲女性的基本消耗能量。

c. 某男性在成年後，一直維持在體重 85 公斤，身高 193 公分，則他在幾歲時的每日基本消耗能量是 2,018 千卡？

d. 某女性在成年後，一直維持在體重 67 公斤，身高 173 公分，則她在幾歲時的每日基本消耗能量是 1,504 千卡？

40. 血液流動 根據 Poiseuille 公式，在半徑為 R 且長度為 L 的血管中，距離中心軸 r 處的血流速度 V 為

$$V(P, L, R, r) = \frac{9.3P}{L}(R^2 - r^2)$$

其中 P 是血壓（達因／平方公分）。假設某一段血管的半徑是 0.0075 公分，長度是 1.675 公分。

a. 若血管的血壓是 3,875 達因／平方公分，則距血管中心 0.004 公分處的血流速度是多少？

b. 因為 R 和 L 在這段血管中是固定的，所以 V 實際上是 P 和 r 的函數，描繪出數條 $V(P, r)$ 的等高線，並解釋它們所代表的意義。

其他問題

41. 逆滲透 在製造半導體時，必須使用礦物質含量極低的水，而且需要將水與污染物質分離，通常會使用一種逆滲透 (reverseosmosis) 的處理方法。影響處理效率的關鍵因素之一是滲透壓 (osmotic pressure)，這可以由 van't Hoff 方程式 * 決定：

$$P(N, C, T) = 0.075NC(273.15 + T)$$

其中 P 是滲透壓（單位為大氣壓），N 是每個溶質分子中的離子數，C 則是溶質的濃度（克 - 莫耳／公升），T 是溶質的溫度（°C）。當濃度是 0.53 克 - 莫耳／公升，溫度是 23°C 時，計算氯化鈉滷水的滲透壓。（你需要知道每一個氯化鈉分子中包含兩個離子：$NaCl = Na^+ + Cl^-$。）

42. 化學 根據凡德瓦 (Van der Waal) 的狀態方程式，1 莫耳的密封氣體將會滿足方程式

$$T(P, V) = 0.0122\left(P + \frac{a}{V^2}\right)(V - b) - 273.15$$

其中 T（°C）是氣體的溫度，V（立方公分）是氣體的體積，P（大氣壓）是氣體作用在容器壁的壓力，a 和 b 是與氣體特性有關的常數。

a. 描繪出數條 T 的等高線。這些曲線稱為**固定溫度曲線（curves of constant temperature）或等溫線（isotherms）**。

b. 若密封氣體是氯，實驗顯示 $a = 6.49 \times 10^6$ 且 $b = 56.2$。求出 $T(1.13, 31.275 \times 10^3)$，亦即 31,275 立方公分的氯氣在 1.13 大氣壓下的溫度。

* M. D. LaGrega, P. L. Buckingham, and J. C. Evans, *Hazardous Waste Management*, New York: McGraw-Hill, 1994, pp. 530–543.

7.2 節　偏導函數

學習目標

1. 計算及解釋偏導函數。
2. 應用偏導函數於經濟上的邊際分析問題研究。
3. 計算二階偏導函數。
4. 應用偏導函數的連鎖律以求解變化率及近似增量。

在許多涉及二元函數的問題中，目的是要找出當其中一個變數固定不變時，函數相對於另一個變數的變化率。也就是說，目的在於固定一個變數，將函數對另一個變數微分。這種過程稱為**偏微分 (partial differentiation)**，而得到的導函數稱為該函數的**偏導函數 (partial derivative)**。

舉例來說，假設某製造商發現，當僱用 x 名技術工人及 y 名一般工人時，某商品的生產量為

$$Q(x, y) = 5x^2 + 7xy$$

當一般工人的數量維持不變時，將 y 固定，把 $Q(x, y)$ 對 x 微分，就可以得到生產量相對於技術工人數量的變化率；我們以 $Q_x(x, y)$ 表示 **Q 對 x 的偏導函數 (partial derivative of Q with respect to x)**，因此

$$Q_x(x, y) = 5(2x) + 7(1)y = 10x + 7y$$

同樣地，如果技術工人的數量維持不變，由 **Q 對 y 的偏導函數 (partial derivative of Q with respect to y)** 可以得到生產量相對於非技術工人數量的變化率。這可由將 x 固定，把 $Q(x, y)$ 對 y 微分得到，亦即

$$Q_y(x, y) = (0) + 7x(1) = 7x$$

以下是偏導函數的一般定義和一些不同的表示方法。

偏導函數 ■　假設 $z = f(x, y)$，則 f 對 x 的偏導函數為

$$\frac{\partial z}{\partial x} \quad \text{或} \quad f_x(x, y)$$

這是把 y 看成是常數，將 f 對 x 微分所得到的函數。f 對 y 的偏導函數為

$$\frac{\partial z}{\partial y} \quad \text{或} \quad f_y(x, y)$$

這是把 x 看成是常數，將 f 對 y 微分所得到的函數。

注意 回想在第 2 章中，我們將單變數函數 $f(x)$ 的導函數定義為差商的極限，亦即

$$f'(x) = \lim_{h \to 0} \frac{f(x+h) - f(x)}{h}$$

從這個定義可知，偏導函數 $f_x(x, y)$ 為

$$f_x(x, y) = \lim_{h \to 0} \frac{f(x+h, y) - f(x, y)}{h}$$

而偏導函數 $f_y(x, y)$ 為

$$f_y(x, y) = \lim_{h \to 0} \frac{f(x, y+h) - f(x, y)}{h}$$ ■

偏導函數的計算

計算偏導函數不需要任何新公式。要計算 f_x，只需要簡單地將 y 視為常數，再把 f 對單一變數 x 微分即可；要計算 f_y，只需要將 x 視為常數，再把 f 對單一變數 y 微分即可。以下是幾個例題。

例題 7.2.1 求解偏導函數

若 $f(x, y) = x^2 + 2xy^2 + \dfrac{2y}{3x}$，計算偏導函數 f_x 和 f_y。

■ **解**

為了簡化計算，先將函數改寫成

$$f(x, y) = x^2 + 2xy^2 + \frac{2}{3}yx^{-1}$$

要計算 f_x，將 f 當作是 x 的函數，而 y 為常數，逐項微分，可以得到

$$f_x(x, y) = 2x + 2(1)y^2 + \frac{2}{3}y(-x^{-2}) = 2x + 2y^2 - \frac{2y}{3x^2}$$

要計算 f_y，將 f 當作是 y 的函數，而 x 為常數，逐項微分，可以得到

$$f_y(x, y) = 0 + 2x(2y) + \frac{2}{3}(1)x^{-1} = 4xy + \frac{2}{3x}$$

例題 7.2.2 求解偏導函數

若 $z = (x^2 + xy + y)^5$，計算偏導函數 $\dfrac{\partial z}{\partial x}$ 和 $\dfrac{\partial z}{\partial y}$。

■ 解

將 y 固定，再利用連鎖律，把 z 對 x 微分，可以得到

$$\begin{aligned}\frac{\partial z}{\partial x} &= 5(x^2 + xy + y)^4\frac{\partial}{\partial x}(x^2 + xy + y)\\ &= 5(x^2 + xy + y)^4(2x + y)\end{aligned}$$

將 x 固定，再利用連鎖律，把 z 對 y 微分，可以得到

$$\begin{aligned}\frac{\partial z}{\partial y} &= 5(x^2 + xy + y)^4\frac{\partial}{\partial y}(x^2 + xy + y)\\ &= 5(x^2 + xy + y)^4(x + 1)\end{aligned}$$

例題 7.2.3 求解偏導函數

若 $f(x, y) = xe^{-2xy}$，計算偏導函數 f_x 和 f_y。

■ 解

由積的公式及指數函數的公式，可得到

$$f_x(x, y) = x(-2ye^{-2xy}) + e^{-2xy} = (-2xy + 1)e^{-2xy}$$

再利用常數倍數公式及指數函數公式，可得到

$$f_y(x, y) = x(-2xe^{-2xy}) = -2x^2e^{-2xy}$$

偏導函數的幾何意義

7.1 節中曾提到，二元函數的圖形可以用三維座標系統中的曲面來表示，若 $z = f(x, y)$，f 的定義域中的任意有序數對 (x, y)，皆可以在 xy 平面上找到一個對應的點，函數值 $z = f(x, y)$ 可以看成一個指定給這個點的「高度」。f 的圖形是一個曲面，包含三維空間中所有高度 z 等於 $f(x, y)$ 的點 (x, y, z)。

一個二元函數的偏導函數在幾何上的意義如下：對每一個固定的數 y_0，所有的點 (x, y_0, z) 形成一個縱剖面，其方程式是 $y = y_0$。若 $z = f(x, y)$ 且 y 固定在 $y = y_0$ 不變，則相對應的所有點 $(x, y_0, f(x, y_0))$ 形成一個三維空間中的曲線，剛好是曲面 $z = f(x, y)$ 和平面 $y = y_0$ 的交集。在這個曲線上任一點的偏導函數 $\frac{\partial z}{\partial x}$，就是在平面 $y = y_0$ 上，與曲線在這個點相切的直線的斜率。也就是說，是「在 x 方向上」的切線斜率。這個情況如圖 7.10a 所示。

同樣地，若 x 固定在 $x = x_0$，對應的點 $(x_0, y, f(x_0, y))$ 形成的曲線是曲

面 $z = f(x, y)$ 和垂直平面 $x = x_0$ 的交集。這個曲線上的每一個點的偏導函數 $\frac{\partial z}{\partial y}$ 是平面 $x = x_0$ 上的切線斜率。也就是說，$\frac{\partial z}{\partial y}$ 是「在 y 方向上」的切線斜率。這個情況如圖 7.10b 所示。

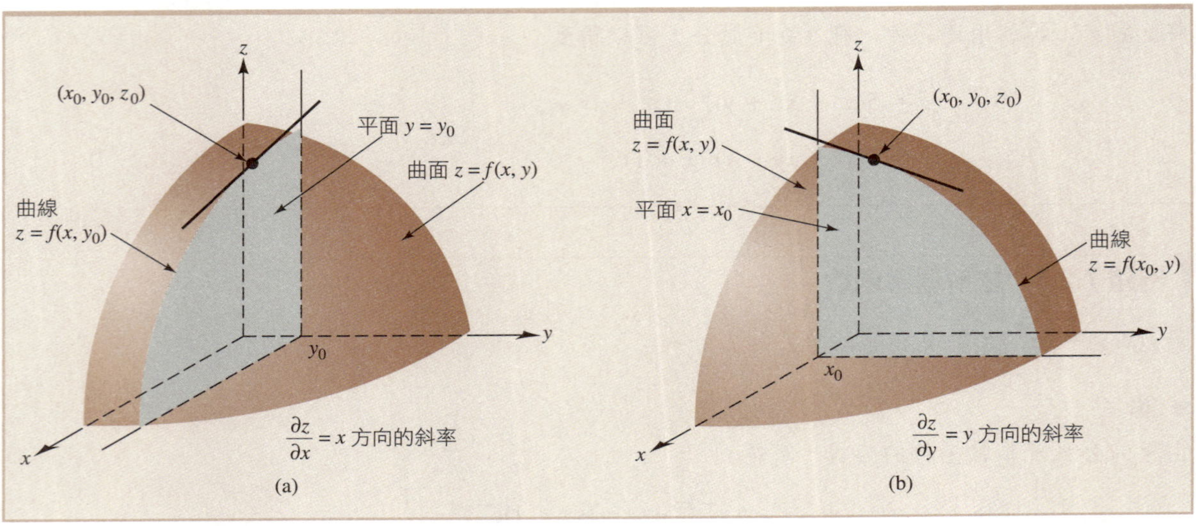

圖 7.10 偏導函數的幾何意義。

邊際分析

在經濟學上，**邊際分析 (marginal analysis)** 這個名詞是指利用導函數來估計，當函數中的某個變數增加 1 單位時，其函數值的變化。在 2.5 節中，你已經看到一些單變數函數的邊際分析例子。例題 7.2.4 是一個偏導函數的類似應用。

例題 7.2.4 應用邊際分析研究產出

根據估計，某工廠的每週產出是 $Q(x, y) = 1{,}200x + 500y + x^2y - x^3 - y^2$ 單位，其中 x 是該工廠所僱用的技術工人人數，y 是該工廠所僱用的一般工人人數。目前該工廠僱用 30 名技術工人和 60 名一般工人，利用邊際分析估計，當增加 1 名技術工人，而一般工人人數不變時，每週產出的變化。

■ 解

偏導函數

$$Q_x(x, y) = 1{,}200 + 2xy - 3x^2$$

為該產出相對於技術工人人數的變化率。對任何的 x 和 y，這是當技術工

人人數由 x 增加到 $x+1$，而一般工人人數維持在 y 時，每週所增加產量的估計值。所以，如果勞動力由 30 名技術工人和 60 名一般工人，變成 31 名技術工人和 60 名一般工人時，產出的變化大約為

$$Q_x(30, 60) = 1{,}200 + 2(30)(60) - 3(30)^2 = 2{,}100 \text{ 單位}$$

練習計算實際的變化量 $Q(31, 60) - Q(30, 60)$，請問這個估計的效果好嗎？

若 $Q(K, L)$ 是某生產過程在資本額 K 及勞動力 L 下所得到的產出，則偏導函數 $Q_K(K, L)$ 稱為**資本邊際生產力 (marginal productivity of capital)**，用來測量當勞動力不變時，產出 Q 相對於資本額的變化率。類似地，偏導函數 $Q_L(K, L)$ 稱為**勞動邊際生產力 (marginal productivity of labor)**，用來測量當資本額固定時，產出相對於勞動力的變化率。例題 7.2.5 是這些偏導函數在經濟分析上的應用範例。

例題 7.2.5　資本與勞動邊際生產力

某製造商估計每月產出的古柏 - 道格拉斯函數為

$$Q(K, L) = 50K^{0.4}L^{0.6}$$

其中 K 是資本額，單位為千元；L 是勞動力，單位為工時。

a. 計算當資本額是 750,000 元、勞動力是 991 工時的資本邊際生產力 Q_K 及勞動邊際生產力 Q_L。

b. 若該製造商欲增加產出，應該增加資本額或是勞動力？

■ 解

a.
$$Q_K(K, L) = 50(0.4K^{-0.6})L^{0.6} = 20K^{-0.6}L^{0.6}$$

且

$$Q_L(K, L) = 50K^{0.4}(0.6L^{-0.4}) = 30K^{0.4}L^{-0.4}$$

代入 $K = 750$（750,000 元）和 $L = 991$，可以得到

$$Q_K(750, 991) = 20(750)^{-0.6}(991)^{0.6} \approx 23.64$$

和

$$Q_L(750, 991) = 30(750)^{0.4}(991)^{-0.4} \approx 26.84$$

b. 由 (a) 小題可知，增加 1 單位（即 1 千元）的資本額，產出將增加 23.64 單位，這低於增加 1 單位勞動力所增加的產出 26.84 單位，因此製造商應該增加 1 工時（從 991 工時增加到 992 工時），以加速目前的產出。

替代性商品與互補性商品

如果兩種商品中任何一種的需求量增加時，另一種的需求量會減少，則這兩種商品稱為**替代性商品 (substitute commodity)**。替代性商品是競爭性商品，例如奶油和乳瑪琳。

相反地，如果其中任何一種的需求量減少時，另一種的需求量也會減少，則這兩種商品稱為**互補性商品 (complementary commodity)**，例如，數位相機和記憶卡。如果消費者購買的數位相機數量減少，則他們所購買的記憶卡數量很可能也會減少。

我們可以利用偏導函數來判斷兩種商品是替代性商品或互補性商品。假設第一種商品和第二種商品的單價分別是 p_1 和 p_2 時，需求量分別是 $D_1(p_1, p_2)$ 單位和 $D_2(p_1, p_2)$ 單位。我們可以合理地預期當價格增加時，需求量將會減少，所以

$$\frac{\partial D_1}{\partial p_1} < 0 \qquad \text{且} \qquad \frac{\partial D_2}{\partial p_2} < 0$$

對替代性商品而言，需求量將隨著另一種產品的價格增加而增加，所以

$$\frac{\partial D_1}{\partial p_2} > 0 \qquad \text{且} \qquad \frac{\partial D_2}{\partial p_1} > 0$$

但是對互補性商品來說，當另一種產品的價格增加時，需求量會減少，所以

$$\frac{\partial D_1}{\partial p_2} < 0 \qquad \text{且} \qquad \frac{\partial D_2}{\partial p_1} < 0$$

例題 7.2.6 說明如何利用這些條件來判斷兩種商品是替代性商品或互補性商品，或者都不是。

例題 7.2.6　替代性及互補性商品

假設某社區的麵粉需求函數為

$$D_1(p_1, p_2) = 500 + \frac{10}{p_1 + 2} - 5p_2$$

而對應的麵包需求函數為

$$D_2(p_1, p_2) = 400 - 2p_1 + \frac{7}{p_2 + 3}$$

其中 p_1 是麵粉每磅的價格，p_2 是每條麵包的價格。判斷麵粉和麵包是替代性商品或互補性商品，或者都不是。

■ **解**

麵粉需求相對於麵包價格的偏導函數及麵包需求相對於麵粉價格的偏導函數分別為

$$\frac{\partial D_1}{\partial p_2} = -5 < 0 \qquad 及 \qquad \frac{\partial D_2}{\partial p_1} = -2 < 0$$

因為對任何的 p_1 和 p_2，這兩個偏導函數都是負的，所以麵粉和麵包是互補性商品。

二階偏導函數

偏導函數本身仍可以微分，結果稱為**二階偏導函數 (second-order partial derivative)**。以下是二元函數四種可能的二階偏導函數的定義及符號。

二階偏導函數 ■ 若 $z = f(x, y)$，f_x 相對於 x 的偏導函數為

$$f_{xx} = (f_x)_x \quad 或 \quad \frac{\partial^2 z}{\partial x^2} = \frac{\partial}{\partial x}\left(\frac{\partial z}{\partial x}\right)$$

f_x 相對於 y 的偏導函數為

$$f_{xy} = (f_x)_y \quad 或 \quad \frac{\partial^2 z}{\partial y\,\partial x} = \frac{\partial}{\partial y}\left(\frac{\partial z}{\partial x}\right)$$

f_y 相對於 x 的偏導函數為

$$f_{yx} = (f_y)_x \quad 或 \quad \frac{\partial^2 z}{\partial x\,\partial y} = \frac{\partial}{\partial x}\left(\frac{\partial z}{\partial y}\right)$$

f_y 相對於 y 的偏導函數為

$$f_{yy} = (f_y)_y \quad 或 \quad \frac{\partial^2 z}{\partial y^2} = \frac{\partial}{\partial y}\left(\frac{\partial z}{\partial y}\right)$$

例題 7.2.7 說明二階偏導函數的計算。

例題 7.2.7　計算二階偏導函數

計算下列函數的四個二階偏導函數。

$$f(x, y) = xy^3 + 5xy^2 + 2x + 1$$

■ **解**

因為 $$f_x = y^3 + 5y^2 + 2$$

所以

$$f_{xx} = 0 \quad 且 \quad f_{xy} = 3y^2 + 10y$$

因為 $$f_y = 3xy^2 + 10xy$$

所以

$$f_{yy} = 6xy + 10x \quad 且 \quad f_{yx} = 3y^2 + 10y$$

注意 偏導函數 f_{xy} 和 f_{yx} 有時稱為 f 的**混合二階偏導函數 (mixed second-order partial derivative)**。注意到例題 7.2.7 中的兩個混合二階偏導函數是相等的，這並非偶然，事實上幾乎所有你在實務上會見到的函數 $f(x, y)$，其混合二階偏導函數皆相等，亦即

$$f_{xy} = f_{yx}$$

這表示說，如果 $f(x, y)$ 先對 x 微分，再對 y 微分，其結果將會和以相反順序微分所得到的結果一樣。■

例題 7.2.8 將說明二階偏導函數在實際上如何傳達有用的資訊。

例題 7.2.8 解釋二階偏導函數

假設某工廠的產出 Q 取決於投資在工廠和設備的資本額 K，以及以工時為單位的勞動力 L，解釋二階偏導函數的正負號在經濟上的意義。

■ **解**

若 $\dfrac{\partial^2 Q}{\partial L^2}$ 是負的，勞動力的邊際產出 $\dfrac{\partial Q}{\partial L}$ 將隨著 L 的增加而減少，也就是說，對於某個固定的資本額，增加 1 個工時的效果，在現有勞動力較少時比較大。

同理，若 $\dfrac{\partial^2 Q}{\partial L^2}$ 是正的，則對於某個固定的資本額，增加 1 個工時的效果，在現有勞動力較多時比較大。

一般而言，在一個勞動力適當的工廠，導函數 $\dfrac{\partial^2 Q}{\partial L^2}$ 將會是負的，你可以由經濟學的觀點解釋這個現象嗎？

偏導函數的連鎖律

在許多實際狀況中，某個特定的量是兩個或更多個變數的函數，其中

每一個變數又可以視為另一個變數的函數，而目標在於找出這個量相對於另一個變數的變化率。舉例來說，某種商品的需求量可能決定於售價和競爭商品的售價，這兩個售價又會隨著時間而增加，而目標在於找出該商品之需求量相對於時間的變化率。這時候你可以延伸 2.4 節討論的連鎖律

$$\frac{dz}{dt} = \frac{dz}{dx}\frac{dx}{dt}$$

來解決這類問題。

偏導函數的連鎖律 ■ 假設 z 是 x 和 y 的函數，而 x 和 y 又分別是 t 的函數，則 z 可以視為 t 的函數，且

$$\frac{dz}{dt} = \frac{\partial z}{\partial x}\frac{dx}{dt} + \frac{\partial z}{\partial y}\frac{dy}{dt}$$

觀察到 $\frac{dz}{dt}$ 的表示式是兩項的和，其中每一項都可以用單變數函數的連鎖率來解釋，亦即

$$\frac{\partial z}{\partial x}\frac{dx}{dt} = \text{當 } y \text{ 固定時，} z \text{ 相對於 } t \text{ 的變化率}$$

以及

$$\frac{\partial z}{\partial x}\frac{dx}{dt} = \text{當 } x \text{ 固定時，} z \text{ 相對於 } t \text{ 的變化率}$$

由偏導函數的連鎖律可知，z 相對於 t 的總變化率是這兩個「偏」變化率的和。例題 7.2.9 是一個偏導函數連鎖律的實際應用。

例題 7.2.9　應用連鎖律計算需求率

蒂雅管理某健康食品商店，該商店販售兩種品牌的維他命液：A 品牌和 B 品牌。銷售統計顯示，如果 A 品牌的售價是每瓶 x 元，而 B 品牌的售價是每瓶 y 元時，A 品牌的需求量將是每月

$$Q(x, y) = 300 - 20x^2 + 30y \quad \text{瓶}$$

她估計從現在開始 t 個月後，A 品牌的售價將會是每瓶

$$x = 2 + 0.05t \quad \text{元}$$

而 B 品牌的售價將會是每瓶

$$y = 2 + 0.1\sqrt{t} \quad \text{元}$$

蒂雅可以預期，從現在開始 4 個月後，A 品牌的需求量相對於時間的變化率是多少？她應預期當時的需求量是在增加還是減少？

■ 解

蒂雅的目標是要找出 $t=4$ 時的 $\frac{dQ}{dt}$。利用連鎖律，她可以得到

$$\frac{dQ}{dt} = \frac{\partial Q}{\partial x}\frac{dx}{dt} + \frac{\partial Q}{\partial y}\frac{dy}{dt} = -40x(0.05) + 30(0.05t^{-1/2})$$

當 $t=4$ 時，

$$x = 2 + 0.05(4) = 2.2$$

所以

$$\frac{dQ}{dt} = -40(2.2)(0.05) + 30(0.05)(0.5) = -3.65$$

也就是說，4 個月後，A 品牌的每月需求量將會以每月 3.65 瓶的速度減少。

2.5 節介紹了如何利用增量來估計自變數的微小改變所導致的函數變化。更進一步來說，若 y 是 x 的函數，則

$$\Delta y \approx \frac{dy}{dx}\Delta x$$

其中 Δx 是變數 x 的一個微小變化（差分），而Δy 是 y 的相對變化量。以下是根據偏導函數的連鎖律，所得到類似的二元函數增量近似公式。

二元函數的增量近似公式 ■ 若 z 是 x 和 y 的函數，如果 Δx 代表變數 x 的微小變化，Δy 代表變數 y 的微小變化，則 z 的相對變化量大約是

$$\Delta z \approx \frac{\partial z}{\partial x}\Delta x + \frac{\partial z}{\partial y}\Delta y$$

例題 7.2.4 和 7.2.5 中所作的邊際分析估計，皆涉及到單位增量，不過增量近似公式比較有彈性，可以用來計算更多型態的邊際分析，如例題 7.2.10 所示。

例題 7.2.10　產出的增量近似

某工廠的每日產出是 $Q = 60K^{1/2}L^{1/3}$ 單位，其中 K 代表資本額，單位為千元；L 是勞動力，單位為工時。目前的資本額是 900,000 元，每日的勞動力是 1,000 工時，若資本額增加 1,000 元，並且增加 2 工時，估計產出的變化。

■ **解**

令 $K = 900$，$L = 1{,}000$，$\Delta K = 1$（1,000 元），$\Delta L = 2$，由近似公式可以得到

$$\begin{aligned}\Delta Q &\approx \frac{\partial Q}{\partial K}\Delta K + \frac{\partial Q}{\partial L}\Delta L \\ &= 30K^{-1/2}L^{1/3}\Delta K + 20K^{1/2}L^{-2/3}\Delta L \\ &= 30\left(\frac{1}{30}\right)(10)(1) + 20(30)\left(\frac{1}{100}\right)(2) \\ &= 22 \text{ 單位}\end{aligned}$$

所以，產出將增加大約 22 單位。

習題 ■ 7.2

第 1 題到第 10 題，計算給定函數的所有一階偏導函數。

1. $f(x, y) = 7x - 3y + 4$

2. $f(x, y) = 4x^3 - 3x^2y + 5x$

3. $f(x, y) = 2xy^5 + 3x^2y + x^2$

4. $z = (3x + 2y)^5$

5. $f(s, t) = \dfrac{3t}{2s}$

6. $z = xe^{xy}$

7. $f(x, y) = \dfrac{e^{2-x}}{y^2}$

8. $f(x, y) = \dfrac{2x + 3y}{y - x}$

9. $z = u \ln v$

10. $f(x, y) = \dfrac{\ln(x + 2y)}{y^2}$

第 11 題到第 14 題，計算在點 (x_0, y_0) 的偏導函數 $f_x(x, y)$ 及 $f_y(x, y)$。

11. $f(x, y) = x^2 + 3y$；$(1, -1)$

12. $f(x, y) = \dfrac{y}{2x + y}$；$(0, -1)$

13. $f(x, y) = 3x^2 - 7xy + 5y^3 - 3(x + y) - 1$；$(-2, 1)$

14. $f(x, y) = xe^{-2y} + ye^{-x} + xy^2$；$(0, 0)$

第 15 題到第 17 題，計算二階偏導函數（包括混合偏導函數）。

15. $f(x, y) = 5x^4y^3 + 2xy$

16. $f(x, y) = e^{x^2y}$

17. $f(s, t) = \sqrt{s^2 + t^2}$

第 18 題到第 20 題，利用連鎖律計算 $\dfrac{dz}{dt}$，並將結果以 x、y 和 t 表示。

18. $z = 2x + 3y$; $x = t^2$, $y = 5t$

19. $z = \dfrac{3x}{y}$; $x = t$, $y = t^2$

20. $z = xy$; $x = e^{2t}$, $y = e^{-3t}$

商業與經濟應用問題

替代性與互補性商品　第 21 題到第 23 題，已知兩種商品的需求函數，利用偏導函數來決定這兩種商品是替代性商品或互補性商品，或者都不是。

21. $D_1 = 500 - 6p_1 + 5p_2$; $D_2 = 200 + 2p_1 - 5p_2$

22. $D_1 = 3{,}000 + \dfrac{400}{p_1 + 3} + 50p_2$;

$D_2 = 2{,}000 - 100p_1 + \dfrac{500}{p_2 + 4}$

23. $D_1 = \dfrac{7p_2}{1 + p_1^2}$; $D_2 = \dfrac{p_1}{1 + p_2^2}$

24. **邊際分析**　某工廠的每日產出是 $Q(K, L) = 60K^{1/2}L^{1/3}$ 單位，其中 K 代表資本額，單位是 1,000 元，L 代表勞動力，單位是工時。假設目前的資本額是 900,000 元，每天的勞動力是 1,000 工時，利用邊際分析來估計，如果勞動力不變，資本額每增加 1,000 元對產出的影響是多少？

25. 國家生產力 某國家的年生產力為

$$Q(K, L) = 150[0.4K^{-1/2} + 0.6L^{-1/2}]^{-2}$$

其中 K 是資本額，單位是百萬元；L 是勞動力，單位是 1,000 工時。

a. 計算資本邊際生產力和人工邊際生產力。

b. 目前該國的資本額是 50.41 億元（$K = 5{,}041$），勞動力是 4,900,000 工時（$L = 4{,}900$），求出此時的資本邊際生產力和人工邊際生產力。

c. 若政府想盡快增加生產力，鼓勵增加資本額或就業人力，哪一種的效果較快？

26. 顧客需求 某自行車經銷商發現當十段變速自行車的價格是 x 元，汽油價格是每加侖 y 分錢時，自行車的每月銷售量大約是 $F(x, y)$，其中

$$F(x, y) = 200 - 24\sqrt{x} + 4(0.1y + 3)^{3/2}$$

目前自行車價格是 324 元，而汽油價格是每加侖 3.80 元，利用邊際分析來估計，當自行車的價格維持不變，而汽油每加侖的價格下降 1 分時，自行車需求量的變化。

27. 顧客需求 兩種競爭品牌的割草機在同一個小鎮上銷售，第一個牌子的割草機售價是 x 元，而第二個牌子的割草機售價是 y 元，第一個牌子的割草機在當地的需求量是函數 $D(x, y)$。

a. 當 x 增加時，對第一種牌子割草機的需求量會有什麼影響？當 y 增加時又如何呢？

b. 以偏導函數 D 的正負情況來說明 (a) 小題中所得到的答案。

c. 若 $D(x, y) = a + bx + cy$，b 與 c 的符號需要滿足什麼條件，(a) 小題和 (b) 小題中所得到的結果才能成立？

28. 邊際生產力 某工廠的產出 $Q = 120K^{1/2}L^{1/3}$ 單位，其中 K 代表資本額，單位是 1,000 元；L 是勞動力，單位是工時。

a. 判斷二階導函數 $\dfrac{\partial^2 Q}{\partial L^2}$ 的正負號，並說明其在經濟學上的意義。

b. 判斷二階導函數 $\dfrac{\partial^2 Q}{\partial K^2}$ 的正負號，並說明其在經濟學上的意義。

第 29 題到第 32 題會用到偏導函數的連鎖律或二元函數的增量近似公式。

29. 人力分配 當某製造商採用 x 小時的技術工人和 y 小時的一般工人，可以生產 $Q(x, y) = 10xy^{1/2}$ 單位。目前該製造商採用 30 小時的技術工人和 36 小時的一般工人，利用微積分來判斷，假設將技術工人的工時減少 3 小時，一般工人的工時增加 5 小時，這些變化對產量會有什麼影響？

30. 消費者需求 某產品的需求函數是每月

$$Q(x, y) = 200 - 10x^2 + 20xy$$

單位，其中 x 是產品價格，y 是競爭產品的價格。根據估計，t 個月後該產品的單位價格將是 $x(t) = 10 + 0.5t$ 元，而競爭產品的單位價格將是 $y(t) = 12.8 + 0.2t^2$ 元。

a. 4 個月後，該產品的需求量對時間的變化率是多少？

b. 4 個月後，該產品的需求量對時間的百分比變化率 $\dfrac{100Q'(t)}{Q(t)}$ 是多少？

31. 人力分配 某工廠的每日產量是

$$Q(x, y) = 0.08x^2 + 0.12xy + 0.03y^2$$

單位，其中 x 是製造商採用的技術工人的時數，y 是製造商採用的一般工人的時數。目前每天採用技術工人時數是 80 小時，非技術工人時數是 200 小時，利用微積分來估計，如果每天增加 $\dfrac{1}{2}$ 小時的技術工人及 2 小時的一般工人，則產量的變化量是多少？

32. 出版銷售 某編輯估計，若在製作上花費 x 千元，在行銷上花費 y 千元，則一本新書的銷售量大約是 $Q(x, y) = 20x^{3/2}y$ 本。目前計劃在製作上花費 36,000 元，在行銷上花費 25,000 元。利用微積分估計，若製作預算增加 500 元，銷售預算減少 1,000 元，對銷售量有什麼影響？

生命與社會科學應用問題

33. 血液流動　血管中的血流阻力愈小，心臟所耗費的能量就愈少，根據 Poiseuille 定理*，血管中的血流阻力會滿足

$$F(L, r) = \frac{kL}{r^4}$$

其中 L 是血管長度，r 是血管半徑，k 是由血液黏性所決定的常數。

a. 當 $L = 3.17$ 公分，$r = 0.085$ 公分，計算 F、$\frac{\partial F}{\partial L}$ 及 $\frac{\partial F}{\partial r}$，將結果以 k 表示。

b. 假設 (a) 小題的血管被窄化及伸長後，新的半徑比原來小了 20%，而新的長度比原來長了 20%，這些變化對血流 $F(L, r)$ 有什麼影響？對 $\frac{\partial F}{\partial L}$ 及 $\frac{\partial F}{\partial r}$ 的值又有什麼影響？

34. 血液循環　血液由動脈流入微血管的公式為

$$F(x, y, z) = \frac{c\pi x^2}{4}\sqrt{y - z} \quad \text{立方公分／秒}$$

其中 c 是正的常數，x 是微血管的直徑，y 是動脈中的血壓，z 是微血管中的血壓。假設動脈的血壓和微血管直徑固定不變，則血流相對於微血管血壓的變化率的函數為何？這個變化率是遞增或遞減？

35. 心臟病學　心臟病學家利用經驗公式

$$P(x, y, u, v) = \frac{100xy}{xy + uv}$$

來估計流經病人肺部的血液量，其中 P 是血液總流量的百分比，x 是肺的二氧化碳輸出量，y 是肺的動、靜脈中之二氧化碳的差，u 是另一個肺的二氧化碳輸出量，v 是另一個肺的動、靜脈中之二氧化碳的差。

已知血液流入肺中以取得氧氣，並留下二氧化碳，所以動、靜脈中的二氧化碳差可以用來測量這種交換 實際上是利用一種稱為**心臟分流器 (cardiac shunt)** 的裝置來測量，然後二氧化碳由肺呼出，才能再吸入含氧的空氣。

計算偏導函數 P_x、P_y、P_u 和 P_v，並且說明每一個偏導函數在生理學上的意義。

其他問題

拉普拉斯方程式　若 $z_{xx} + z_{yy} = 0$，則稱函數 $z = f(x, y)$ 滿足**拉普拉斯方程式 (Laplace's equation)**。滿足此方程式的函數，在物理學的應用上扮演著非常重要的角色，尤其是電磁學。在第 36 題和第 37 題中，驗證所給函數是否滿足拉普拉斯方程式。

36. $z = x^2 - y^2$

37. $z = xe^y - ye^x$

38. 包裝　高為 H 公分，半徑為 R 公分的圓柱體飲料罐體積是 $V = \pi R^2 H$。若有一罐子的高度是 12 公分，半徑是 3 公分，利用微積分估計，當半徑增加 1 公分，高度維持在 12 公分時，該罐子體積的變化。

39. 包裝　若習題 38 的圓柱體飲料罐表面積是 $S = 2\pi R^2 + 2\pi RH$，利用微積分來估計在下列情形下，該罐子表面積的變化。

a. 半徑由 3 公分增加至 4 公分，高度維持在 12 公分。

b. 高度由 12 公分減少至 11 公分，半徑維持在 3 公分。

40. 包裝　某飲料罐的高度是 H 公分，半徑是 R 公分，罐子的製造成本是每平方公分 0.0005 分錢，飲料本身的成本是每立方公分 0.001 分錢。

a. 以函數 $C(R, H)$ 來表示每罐飲料的包裝與內容物成本（你需要用到習題 38 和習題 39 中的體積公式和面積公式）。

b. 若飲料罐目前的高度是 12 公分，半徑是 3 公分，利用微積分來估計，當半徑增加 0.3 公分，高度減少 0.2 公分時，成本有什麼變化？

---

* E. Batschelet, *Introduction to Mathematics for Life Scientists*, 2nd ed., New York: Springer-Verlag, 1979, p. 279.

7.3 節 最佳化二元函數

學習目標

1. 利用二階偏導函數測試，找出及歸類二元函數的相對極值。
2. 檢驗涉及最佳化二元函數的應用問題。
3. 討論及應用二元函數的極值性質，在封閉、有界區域上求解絕對極值。

假設某製造商生產兩種藍光放映機：豪華型與標準型，生產 x 單位豪華型及 y 單位標準型的總生產成本是函數 $C(x, y)$。如何求出使生產成本最小的生產量 $x = a$ 和 $y = b$ 呢？或者，生產過程的產出是函數 $Q(K, L)$，其中 K 和 L 分別代表資本與勞動力的投資，則使得產出最大的 K_0 和 L_0 是多少？

3.4 節中曾介紹如何利用導函數 $f'(x)$ 計算單變數函數 $f(x)$ 的最大值和最小值，本節的目的在於延伸這些方法到二元函數 $f(x, y)$ 上，先從以下的定義開始。

相對極值 ■ 若點 (a, b) 在函數 $f(x, y)$ 的定義域中，而且在以 (a, b) 為中心的一個圓盤中的所有點 (x, y)，皆滿足 $f(a, b) \geq f(x, y)$，則稱函數 $f(x, y)$ 在點 (a, b) 有一個**相對極大值 (relative maximum)**。同理，若點 (c, d) 在函數 $f(x, y)$ 的定義域中，而且在以 (c, d) 為中心的一個圓盤中的所有點 (x, y)，皆滿足 $f(c, d) \leq f(x, y)$，則稱函數 $f(x, y)$ 在點 (c, d) 有一個**相對極小值 (relative minimum)**。

從幾何上來說，若曲面 $z = f(x, y)$ 在點 $(a, b, f(a, b))$ 有一個「峰點」，也就是說，如果 $(a, b, f(a, b))$ 至少和曲面上任何一個與其鄰近的點一樣高，則 $f(x, y)$ 在 (a, b) 有一個相對極大值。同理，如果點 $(c, d, f(c, d))$ 是在一個「山谷」底部，即 $(c, d, f(c, d))$ 至少和曲面上任何一個與其鄰近的點一樣低，則 $f(x, y)$ 在 (c, d) 有一個相對極小值。這些特性顯示在圖 7.11 中。

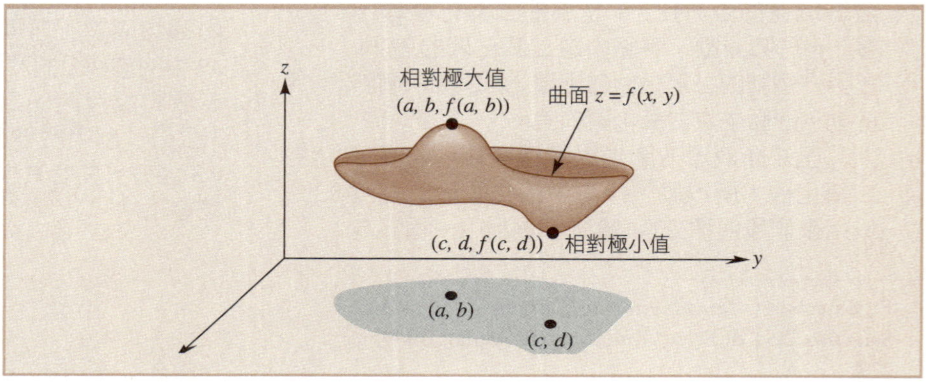

圖 7.11 函數 $f(x, y)$ 的相對極值。

臨界點

$f(x, y)$ 定義域中，同時滿足 $f_x(a, b) = 0$ 和 $f_y(a, b) = 0$ 的點 (a, b)，稱為 f 的**臨界點 (critical point)**。和單變數函數的臨界點一樣，這些臨界點在研究相對極大值與相對極小值上，扮演著重要的角色。

要知道臨界點與相對極值的關係，假設 $f(x, y)$ 在 (a, b) 有一個相對極大值，則曲面 $z = f(x, y)$ 與垂直平面 $y = b$ 相交所形成的曲線上，在 $x = a$ 處有一個相對極大值，所以有一條水平的切線（圖 7.12a）。因為偏導函數 $f_x(a, b)$ 是這條切線的斜率，所以 $f_x(a, b) = 0$。同理，曲面 $z = f(x, y)$ 與平面 $x = a$ 相交所形成的曲線上，在 $y = b$ 處有一個相對極大值（圖 7.12b），所以 $f_y(a, b) = 0$。這證明了若二元函數在某個點有相對極大值，這個點一定是一個臨界點。同理可知，若二元函數在某個點有相對極小值，這個點也一定是一個臨界點。

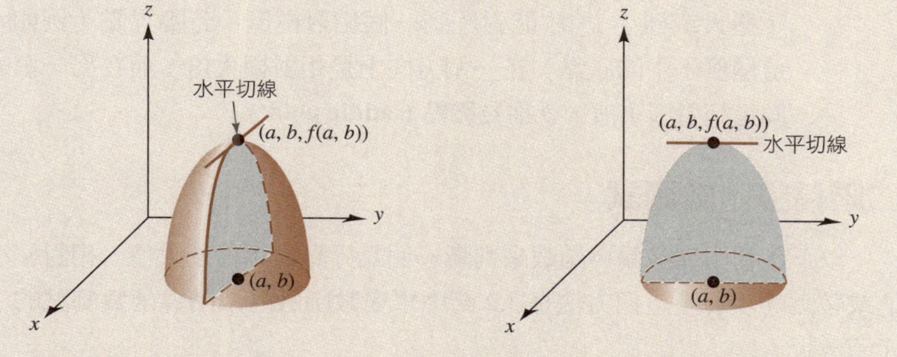

(a) 當 $y = b$，斜率 $f_x(a, b) = 0$。 (b) 當 $x = a$，斜率 $f_y(a, b) = 0$。

圖 7.12 在產生相對極值的地方，偏導函數為 0。

以下是一個較精確的定義。

臨界點與相對極值 ■ 點 (a, b) 在 $f(x, y)$ 的定義域中，且偏導函數 f_x 與 f_y 在 (a, b) 皆存在，若下式同時成立，即

$$f_x(a, b) = 0 \qquad 且 \qquad f_y(a, b) = 0$$

則點 (a, b) 稱為 f 的臨界點。

若 f 的一階導函數，在 xy 平面上的某個區域 R 中所有的點都存在，則 f 在 R 中的相對極值只能發生在臨界點。

鞍點

雖然一個函數的所有相對極值一定發生在臨界點，但並非所有的臨界點都對應到一個相對極值，例如，若 $f(x, y) = y^2 - x^2$，則

$$f_x(x, y) = -2x \qquad \text{且} \qquad f_y(x, y) = 2y$$

所以 $f_x(0, 0) = f_y(0, 0) = 0$，則原點 (0, 0) 是 $f(x, y)$ 的一個臨界點，而且曲面 $z = y^2 - x^2$ 在原點的地方，沿著 x 軸的方向以及沿著 y 軸的方向，各有一條水平切線。但是，在 xz 平面上（當 $y = 0$），曲面的方程式是 $z = -x^2$，是一個開口向下的拋物面，而在 yz 平面上（當 $x = 0$），是一個開口向上的拋物面 $z = y^2$。這表示在原點處，曲面 $z = y^2 - x^2$ 在 x 的方向上有一個相對極大值，而在 y 的方向上則有一個相對極小值。

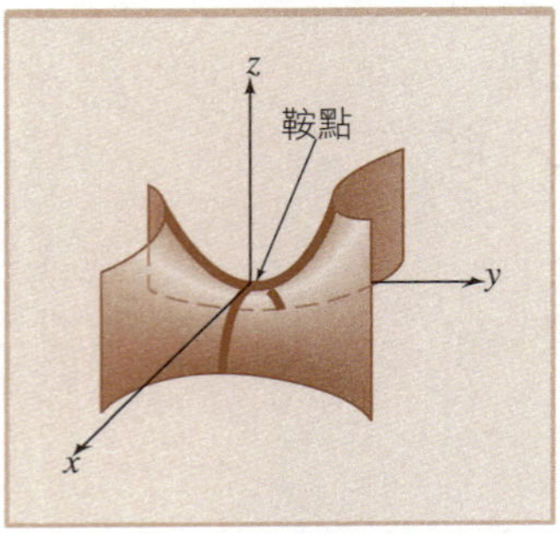

圖 7.13　鞍面 $z = y^2 - x^2$。

曲面 $z = y^2 - x^2$ 在臨界點 (0, 0) 的地方，沒有峰點或谷底，而是像一個馬鞍的形狀，如圖 7.13 所示，因此稱為**鞍面 (saddle surface)**。一個臨界點，必須在所有的方向都有同樣的極值行為（極大或極小），才能對應到一個相對極值。若臨界點（例如，這個例子中的原點）在一個方向上是相對極大值，而在另一個方向是相對極小值，就稱為**鞍點 (saddle point)**。

二階偏導函數測試

以下是利用二階偏導函數來判斷一個臨界點是相對極大值、相對極小值或鞍點的步驟，這個方法是 3.2 節中單變數函數的二階導函數測試的二元函數版。

二階偏導函數測試

令 $f(x, y)$ 為一個 x 和 y 的函數，偏導函數 f_x、f_y、f_{xx}、f_{yy} 及 f_{xy} 皆存在，令 $D(x, y)$ 為函數

$$D(x, y) = f_{xx}(x, y)\, f_{yy}(x, y) - [f_{xy}(x, y)]^2$$

步驟 1. 求出 $f(x, y)$ 所有的臨界點，也就是滿足

$$f_x(a, b) = 0 \qquad \text{及} \qquad f_y(a, b) = 0$$

的所有點 (a, b)。

步驟 2. 對於步驟 1 所得到的每個臨界點 (a, b)，計算 $D(a, b)$。

步驟 3. 若 $D(a, b) < 0$，則 (a, b) 是一個**鞍點 (saddle point)**。

步驟 4. 若 $D(a, b) > 0$，計算 $f_{xx}(a, b)$：

> 若 $f_{xx}(a, b) > 0$，則在 (a, b) 有一個**相對極小值 (relative minimum)**。
>
> 若 $f_{xx}(a, b) < 0$，則在 (a, b) 有一個**相對極大值 (relative maximum)**。
>
> 若 $D(a, b) = 0$，則此測試沒有結論，f 在 (a, b) 可能有相對極值，或是一個鞍點。

注意在二階偏導函數的測試中，只有當 D 為負，臨界點 (a, b) 才有鞍點。若 D 為正，則在所有的方向上，都有一個相對極大值或相對極小值。要判斷是哪一種情形，你可以把注意力集中在任何一個方向（例如 x 的方向），再利用二階偏導函數 f_{xx} 的正負號來判斷。這個作法和第 3 章中所用的二階導函數測試是一樣的，亦即

若 $f_{xx}(a, b) > 0$，有相對極小值；

若 $f_{xx}(a, b) < 0$，有相對極大值。

下表的整理可能有助於記憶二階偏導函數測試的結論。

D 的正負號	f_{xx} 的正負號	在 (a,b) 的行為
+	+	相對極小值
+	−	相對極大值
−		鞍點

二階偏導函數測試的證明超出本書範圍，所以略過不談。例題 7.3.1 到 7.3.3 是如何應用此測試的範例。

例題 7.3.1　歸類臨界點

求出函數 $f(x, y) = x^2 + y^2$ 所有的臨界點，並將每一個臨界點歸類為相對極大值、相對極小值或鞍點。

■ 解

因為

$$f_x = 2x \qquad 及 \qquad f_y = 2y$$

f 只有一個臨界點 $(0, 0)$。要測試這個點，利用二階偏導函數

$$f_{xx} = 2 \qquad f_{yy} = 2 \qquad 及 \qquad f_{xy} = 0$$

得到

$$D(x, y) = f_{xx}f_{yy} - (f_{xy})^2 = (2)(2) - 0^2 = 4$$

也就是說，對所有的點 (x, y) 而言，$D(x, y) = 4$，而且

$$D(0, 0) = 4 > 0$$

因此，f 在點 (0, 0) 有一個相對極值，此外，因為

$$f_{xx}(0, 0) = 2 > 0$$

所以在 (0, 0) 的相對極值是一個相對極小值，f 的圖形如圖 7.14 所示。

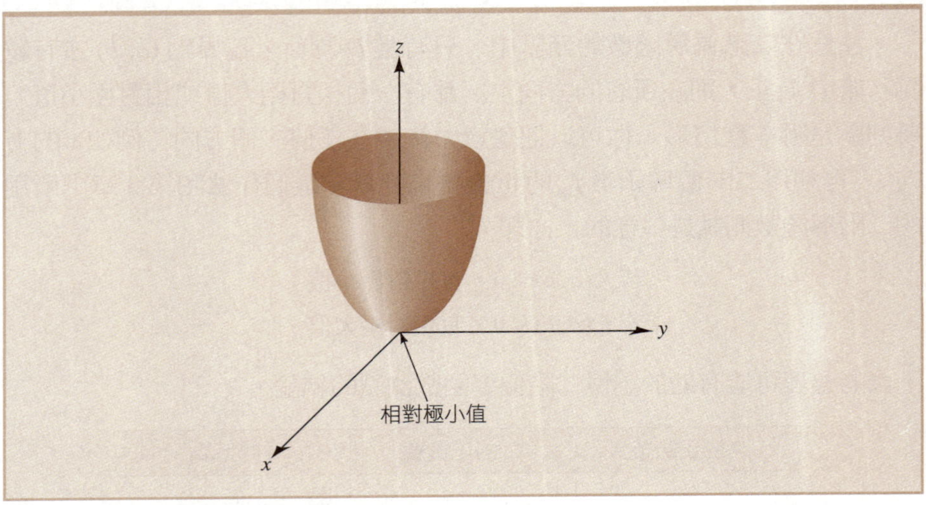

圖 7.14 曲面 $z = x^2 + y^2$ 在點 (0, 0) 有一個相對極小值。

相對極小值

例題 7.3.2 歸類臨界點

求出函數 $f(x, y) = 12x - x^3 - 4y^2$ 所有的臨界點，並將每一個臨界點歸類為相對極大值、相對極小值或鞍點。

■ 解

因為

$$f_x = 12 - 3x^2 \qquad 及 \qquad f_y = -8y$$

同時求解以下的兩個方程式

$$\begin{aligned} 12 - 3x^2 &= 0 \\ -8y &= 0 \end{aligned}$$

可以得到臨界點。由第二個方程式，可以得到 $y = 0$，再由第一個方程式得到

$$3x^2 = 12$$
$$x = 2 \quad \text{或} \quad -2$$

所以有兩個臨界點 (2, 0) 和 (−2, 0)。

要判斷這些點的性質，首先計算出

$$f_{xx} = -6x \qquad f_{yy} = -8 \qquad \text{及} \qquad f_{xy} = 0$$

再得到函數

$$D = f_{xx}f_{yy} - (f_{xy})^2 = (-6x)(-8) - 0 = 48x$$

應用二階偏導函數測試於這兩個臨界點，可發現

$$D(2, 0) = 48(2) = 96 > 0 \qquad \text{及} \qquad f_{xx}(2, 0) = -6(2) = -12 < 0$$

且

$$D(-2, 0) = 48(-2) = -96 < 0$$

所以在 (2, 0) 有一個相對極大值，而在 (−2, 0) 有一個鞍點，這些結果整理在下表中。

臨界點 (a, b)	$D(a, b)$ 的正負號	$f_{xx}(a, b)$ 的正負號	在 (a, b) 的行為
(2, 0)	+	−	相對極大值
(−2, 0)	−		鞍點

同時求解兩個方程式 $f_x = 0$ 和 $f_y = 0$ 以找出欲求解二元函數的臨界點，很少像例題 7.3.1 和 7.3.2 這麼容易，例題 7.3.3 的代數計算才是比較常見的。在繼續研讀前，可以參考附錄 A.2，其中有一些求解二元聯立方程式的技巧。

例題 7.3.3　歸類臨界點

求出函數 $f(x, y) = x^3 - y^3 + 6xy$ 所有的臨界點，並將每一個臨界點歸類為相對極大值、相對極小值或鞍點。

即時複習

記住，

$a^3 - b^3$
$= (a - b)(a^2 + ab + b^2)$

所以

$x^3 - 8$
$= (x - 2)(x^2 + 2x + 4)$

因為 $x^2 + 2x + 4 = 0$ 沒有實數解（利用二次方程式即可得知），所以 $x^3 - 8 = 0$ 只有一個實數解 $x = 2$。

■ 解

因為

$$f_x = 3x^2 + 6y \qquad \text{及} \qquad f_y = -3y^2 + 6x$$

同時求解以下兩個方程式

$$3x^2 + 6y = 0 \qquad \text{及} \qquad -3y^2 + 6x = 0$$

可以得到臨界點。由第一個方程式求解 y，可以得到 $y = -\dfrac{x^2}{2}$，將其代入第

二個方程式中，可以得到

$$-3\left(\frac{-x^2}{2}\right)^2 + 6x = 0$$

$$-\frac{3x^4}{4} + 6x = 0 \quad \text{兩邊同乘以}\frac{4}{3}\text{，並提出因式}-x$$

$$-x(x^3 - 8) = 0$$

這個方程式的解是 $x = 0$ 和 $x = 2$。這些是 f 的臨界點的 x 座標，把這些 x 代入方程式 $y = -\frac{x^2}{2}$（或是原來的兩個方程式中的任何一個），可以得到對應的 y 座標。你會發現當 $x = 0$ 時，$y = 0$；當 $x = 2$ 時，$y = -2$，所以 f 的臨界點是 (0, 0) 和 (2, −2)。

f 的二階偏導函數為

$$f_{xx} = 6x \qquad f_{yy} = -6y \qquad \text{及} \qquad f_{xy} = 6$$

所以

$$D(x, y) = f_{xx}f_{yy} - (f_{xy})^2 = -36xy - 36 = -36(xy + 1)$$

因為

$$D(0, 0) = -36[(0)(0) + 1] = -36 < 0$$

所以 f 在 (0, 0) 有一個鞍點。因為

$$D(2, -2) = -36[2(-2) + 1] = 108 > 0$$

且

$$f_{xx}(2, -2) = 6(2) = 12 > 0$$

可以得知 f 在 (2, −2) 有一個相對極小值。總結如下：

臨界點 (a, b)	$D(a, b)$	$f_{xx}(a, b)$	在 (a, b) 的行為
(0,0)	−		鞍點
(2,−2)	+	+	相對極小值

例題 7.3.4 和 7.3.5 示範如何將此方法應用於實際的最佳化問題。

例題 7.3.4 最大化利潤

杰莫管理一間雜貨店，此店銷售兩種貓食，當地品牌的取得成本價格是每罐 30 分，而知名的全國性品牌的取得成本價格是每罐 40 分。雜貨店的老闆估計，若當地品牌的售價是每罐 x 分，全國性品牌的售價是每罐 y 分時，大約每天可以賣出 $70 - 5x + 4y$ 罐的當地品牌和 $80 + 6x - 7y$ 罐的全國

性品牌，杰莫應該如何訂定每種品牌的售價，才能從貓食的銷售得到最大利潤？（假設相對極大值即為最大每日利潤。）

■ 解

因為

$$(\text{總利潤}) = \begin{pmatrix}\text{由當地品牌所}\\\text{得到的利潤}\end{pmatrix} + \begin{pmatrix}\text{由全國性品牌}\\\text{所得到的利潤}\end{pmatrix}$$

所以由銷售貓食所得到的總利潤函數為

$$f(x, y) = \underbrace{(70 - 5x + 4y)}_{\text{銷售量}} \cdot \underbrace{(x - 30)}_{\text{每罐的利潤}} + \underbrace{(80 + 6x - 7y)}_{\text{銷售量}} \cdot \underbrace{(y - 40)}_{\text{每罐的利潤}}$$

當地品牌 **全國性品牌**

$$= -5x^2 + 10xy - 20x - 7y^2 + 240y - 5{,}300$$

偏導函數為

$$f_x = -10x + 10y - 20 \quad \text{及} \quad f_y = 10x - 14y + 240$$

再令以上兩式為 0，可以得到

$$-10x + 10y - 20 = 0 \quad \text{及} \quad 10x - 14y + 240 = 0$$

或

$$-x + y = 2 \quad \text{及} \quad 5x - 7y = -120$$

同時求解這些方程式，可以得到

$$x = 53 \quad \text{及} \quad y = 55$$

所以 (53, 55) 是 f 唯一的臨界點。

接下來進行二階偏導函數測試，因為

$$f_{xx} = -10 \quad f_{yy} = -14 \quad \text{及} \quad f_{xy} = 10$$

可以得到

$$D(x, y) = f_{xx}f_{yy} - (f_{xy})^2 = (-10)(-14) - (10)^2 = 40$$

由於已知

$$D(53, 55) = 40 > 0 \quad \text{及} \quad f_{xx}(53, 55) = -10 < 0$$

因此當 $x = 53$，$y = 55$ 時，f 有一個相對極大值（可以證明此亦為絕對極大值），所以雜貨店的老闆可以把當地品牌的售價定為每罐 53 分，全國性品牌的售價定為每罐 55 分，以得到最大利潤。

例題 7.3.5 求解倉庫的最佳位址

高點公司的營運經理在該公司服務範圍的地圖上畫了格子，發現三個最重要的客戶的位置在點 A、B 和 C，其座標分別為 (1, 5)、(0, 0) 和 (8, 0)，單位為英哩。該公司的倉庫應該設立在哪一點 $W(x, y)$，才能將 W 到 A、B 和 C 之距離的平方和最小化（見圖 7.15）？

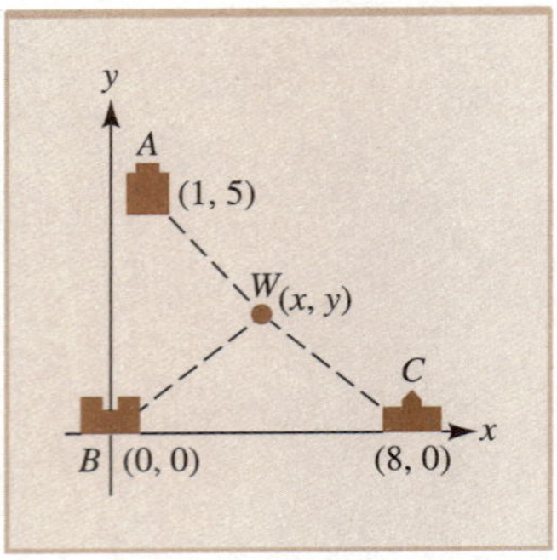

圖 7.15 顧客 A、B、C 及倉庫 W 的位置。

■ **解**

從 W 到 A、B 及 C 之距離的平方和為下列函數，即

$$\underbrace{S(x, y)}_{\text{距離的平方和}} = \underbrace{[(x-1)^2 + (y-5)^2]}_{\text{從 } W \text{ 到 } A \text{ 的距離之平方}} + \underbrace{(x^2 + y^2)}_{\text{從 } W \text{ 到 } B \text{ 的距離之平方}} + \underbrace{[(x-8)^2 + y^2]}_{\text{從 } W \text{ 到 } C \text{ 的距離之平方}}$$

要將 $S(x, y)$ 最小化，首先計算偏導函數

$$S_x = 2(x-1) + 2x + 2(x-8) = 6x - 18$$
$$S_y = 2(y-5) + 2y + 2y = 6y - 10$$

則 $S_x = 0$ 及 $S_y = 0$ 發生在

$$6x - 18 = 0$$
$$6y - 10 = 0$$

即 $x = 3$，$y = \frac{5}{3}$ 時。因為 $S_{xx} = 6$，$S_{xy} = 0$，$S_{yy} = 6$，你可以得到

$$D = S_{xx}S_{yy} - S_{xy}^2 = (6)(6) - 0^2 = 36 > 0$$

且

$$S_{xx}\left(3, \frac{5}{3}\right) = 6 > 0$$

所以，在地圖上的點 $W\left(3, \frac{5}{3}\right)$處，距離的平方和最小。

在封閉、有界區域上求解極值

到目前為止，我們只討論了二元函數的相對極值。在 xy 平面上的區域 R 中，如果對 R 中所有的點 (x, y)，$f(x_0, y_0) \ge f(x, y)$，則稱函數 $f(x, y)$ 在點 (x_0, y_0) 有**絕對極大值 (absolute maximum)**。同理，如果對 R 中所有的點 (x, y)，$f(x_0, y_0) \le f(x, y)$，則在點 (x_0, y_0) 有**絕對極小值 (absolute minimum)**。

在 3.4 節中，我們利用極值性質求解這種絕對極值，其定義如下：

> 函數 $f(x)$ 在閉區間 $a \leq x \leq b$ 上連續，則其絕對極大值和絕對極小值產生於 $a \leq x \leq b$ 上。這些極值產生於此區間的端點（a 或 b）或是在區間 $a < c < b$ 內部的臨界點 c。

極值性質可以延伸到二元函數，其形式如下：

二元函數的極值性質 ■ 函數 $f(x, y)$ 在 xy 平面中的封閉、有界的區域 R 上連續，則其絕對極大值及絕對極小值產生於 R 中。這些極值產生在 R 的邊界上或是 R 內部的臨界點。

但是「封閉、有界的區域 R」和「R 的邊界」的精確意義是什麼呢？首先，任何一個 R 的**邊界點 (boundary point)** (c, d) 都具有以下性質：每一個圓心在 (c, d) 的圓，不論其半徑多小，都包含了 R 內部及 R 外部的點。而所有 R 的邊界點所成的集合即稱為其**邊界 (boundary)**。所以如果 R 包含其邊界且本身可以包含於一個半徑有限的圓內（如圖 7.16），則 R 是一個封閉、有界的區域。

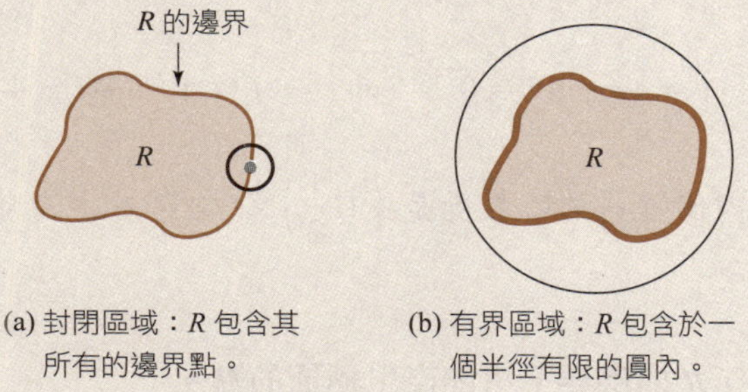
R 的邊界
R
R
(a) 封閉區域：R 包含其所有的邊界點。
(b) 有界區域：R 包含於一個半徑有限的圓內。

圖 7.16　xy 平面上的封閉、有界區域 R。

有了極值性質，我們可以利用以下步驟，在封閉、有界的區域 R 上，求解連續函數的絕對極值：

在封閉、有界區域 R 上，求解函數 $f(x, y)$ 的絕對極值之步驟

步驟 1. 找出 $f(x, y)$ 在區域 R 中的臨界點。

步驟 2. 找出所有 R 的邊界上可能產生極值的點。

步驟 3. 對於每個步驟 1 和步驟 2 中所找到的點 (x_0, y_0)，計算 $f(x_0, y_0)$ 之值。這些值中的最大值即為 $f(x, y)$ 在 R 上的極大值，而這些值中的最小值即為極小值。

一般而言，封閉有界區域可能非常複雜，而找出可能產生極值的邊界點（步驟 2）也可能相當困難。然而，在實際應用上的邊界經常是線段或簡單函數（例如圓）的曲線。例題 7.3.6 示範當 R 是三角形區域時，求解極值的方法。例題 7.3.7 接著應用此方法求解應用最佳化問題。

例題 7.3.6 求解函數的絕對極值

求解函數

$$f(x, y) = 4xy - x^2 - 4y + 9$$

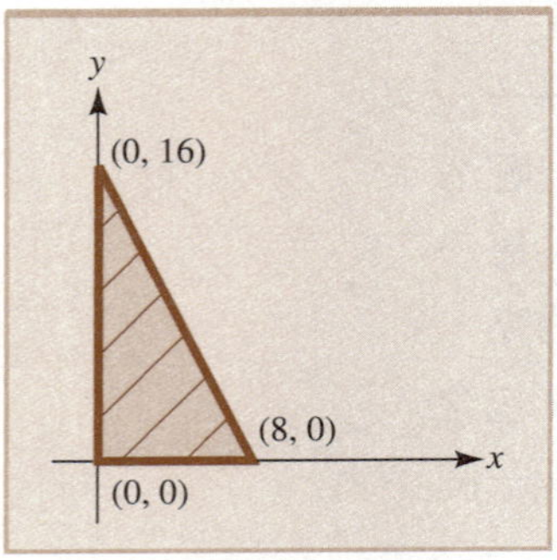

圖 7.17 例題 7.3.6 的區域 R。

在頂點為 (0, 0)、(8, 0) 和 (0, 16) 的三角形區域 R 上之絕對極大值和極小值。R 的圖形如圖 7.17 所示。

■ **解**

步驟 1. 找出 $f(x, y)$ 在區域 R 中的臨界點。

f 的偏導函數是

$$f_x(x, y) = 4y - 2x \qquad 和 \qquad f_y(x, y) = 4x - 4$$

這些偏導函數對所有的 x 和 y 都有定義，且只有當 $x = 1$，$y = \frac{1}{2}$ 時，

$$f_x(x, y) = 4y - 2x = 0 \qquad 和 \qquad f_y(x, y) = 4x - 4 = 0$$

所以 R 內部唯一的臨界點是 $\left(1, \frac{1}{2}\right)$。〔你可看出為什麼 $\left(1, \frac{1}{2}\right)$ 在 R 內部嗎？〕

步驟 2. 找出所有 R 的邊界上可能產生極值的點。

R 的邊界線方程式為 $y = -2x + 16$，$x = 0$ 和 $y = 0$。邊界包含了三條線段，我們分別檢驗每一條線段：

在 (0, 0) 和 (8, 0) 之間的水平線段。在這條線段上，$y = 0$ 且 $f(x, y)$ 是僅含有變數 x 的函數：

$$u(x) = f(x, 0) = -x^2 + 9，對於所有的 0 \le x \le 8$$

因為在此區間中，只有當 $x = 0$ 時，亦即在點 (0, 0) 時，才有 $u'(x) = -2x = 0$，所以在這個情況下，$u(x)$ 的極值只能產生於端點 (0, 0) 和 (8, 0)。

在 (0, 0) 和 (0,16) 之間的垂直線段。因為在此線段上，$x = 0$，$f(x, y)$ 是僅含有變數 y 的函數：

$$v(y) = -4y + 9\text{，對於所有的 } 0 \le y \le 16$$

因為對所有的 y，$v'(y) = -4 \ne 0$，$f(x, y)$ 在這條線段上的極值只能產生於端點 (0, 0) 和 (0, 16)。

在 (0, 16) 和 (8, 0) 之間的線段。已知在這線段上，$y = -2x + 16$，以此代換 $f(x, y)$ 公式的 y，可得到

$$\begin{aligned} w(x) &= 4x(-2x + 16) - x^2 - 4(-2x + 16) + 9 \\ &= -9x^2 + 72x - 55 \quad \text{對於所有的 } 0 \le x \le 8 \end{aligned}$$

可知 $w'(x) = -18x + 72$，且當 $w'(x) = 0$ 時，

$$x = 4 \quad \text{和} \quad y = -2(4) + 16 = 8$$

所以 $w(x)$ 的極值產生在邊界上的臨界點 (4, 8) 或是端點 (0, 16) 或 (8, 0) 上。

步驟 3. 對於每個步驟 1 和步驟 2 中所找到的點 (x_0, y_0)，計算並比較其 $f(x_0, y_0)$ 值。

在下表中，第一列列出步驟 1 和步驟 2 所找到的所有內部和邊界臨界點以及三角形區域 R 的三個頂點，最後一列則列出函數 $f(x, y) = 4xy - x^2 - 4y + 9$ 在每一個點的值。

點 (x_0, y_0)	$\left(1, \frac{1}{2}\right)$	(4, 8)	(0, 0)	(8, 0)	(0, 16)
$f(x_0, y_0)$ 之值	8	89	9	−55	−55

比較表中第二列的值，可以看出在三角形區域 R 中，函數 $f(x, y)$ 在點 (4, 8) 產生絕對極大值 89，而在 (8, 0) 和 (0, 16) 產生絕對極小值 −55。

例題 7.3.7　應用極值性質於商業問題

保羅強森是一個銷售員，其負責區域的邊界是一個湖，且可在平面座標上，表示為被曲線 $y = x^2$（湖邊）、直線 $y = 0$ 和 $x = 3$ 所圍成的區域，如圖 7.18 所示，其中 x 和 y 的單位是英哩。他認為他在其負責區域內的每一個座標點 (x, y) 可以銷售的單位數 $S(x, y)$ 是函數

$$S(x, y) = 4x^2 - 16x + 4y^2 - 4y + 20$$

保羅可以預期在其銷售區域內的哪一點，得到最大銷售量？而此最大銷售量為何？針對最小銷售量回答同樣的問題。

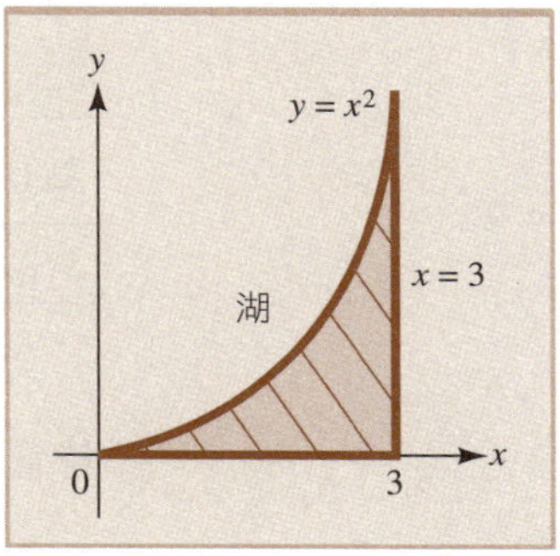

圖 7.18　例題 7.3.7 的負責區域

■ **解**

S 的偏導數函數是

$$S_x(x, y) = 8x - 16 \qquad \text{和} \qquad S_y(x, y) = 8y - 4$$

這些偏導數函數對所有的 x 和 y 都有定義，且當 $x = 2$ 和 $y = \frac{1}{2}$ 時，

$$S_x(x, y) = 8x - 16 = 0 \qquad \text{和} \qquad S_y(x, y) = 8y - 4 = 0$$

所以 $\left(2, \frac{1}{2}\right)$ 是 R 內部唯一的臨界點。銷售區域的邊界包括 (0, 0) 和 (3, 0) 之間的水平線段、(3, 0) 和 (3, 9) 之間的垂直線段和曲線 $y = x^2$ 在 (0, 0) 和 (3, 9) 之間的部分。

在水平邊界線 $y = 0$ 上，銷售函數為

$$u(x) = 4x^2 - 16x + 20$$

因為當 $x = 2$ 時，$u'(x) = 8x - 16 = 0$，$S(x, y)$ 在 $y = 0$ 上的極值只能產生於 (2, 0) 或是線段的端點 (0, 0) 及 (3, 0)。

同樣地，在 (3, 0) 和 (3, 9) 之間的垂直線段上，已知 $x = 3$，且銷售函數為

$$v(y) = 4(3)^2 - 16(3) + 4y^2 - 4y + 20 = 4y^2 - 4y + 8$$

且只有在 $y = \frac{1}{2}$ 時，才有 $v'(y) = 8y - 4 = 0$。在這一部分的邊界上，$S(x, y)$ 的極值只能產生於邊界上的臨界點 $\left(3, \frac{1}{2}\right)$ 或是端點 (3, 0) 和 (3, 9)。

在曲線部分的邊界上，$y = x^2$，我們將 $y = x^2$ 代入銷售函數的公式中，可得到

$$w(x) = 4x^2 - 16x + 4(x^2)^2 - 4(x^2) + 20 = 4x^4 - 16x + 20$$

唯一滿足 $w'(x) = 16x^3 - 16 = 0$ 的實數是 $x = 1$，所以在這部分邊界上，$S(x, y)$ 的極值只能產生於邊界上的臨界點 (1, 1) 或是在曲線的端點 (0, 0) 和 (3, 9)。

最後，我們在每一個可能產生極值的點計算 $S(x, y)$ 的值：

點 (x_0, y_0)	$\left(2, \frac{1}{2}\right)$	(0, 0)	(2, 0)	(3, 0)	$\left(3, \frac{1}{2}\right)$	(3, 9)	(1, 1)
$S(x_0, y_0)$ 之值	3	20	4	8	7	296	8

比較表中第二列的值，可以看出保羅將可以在 (3, 9) 的位置得到最大銷售量 296 單位，而在 $\left(2, \frac{1}{2}\right)$ 的位置得到最小銷售量 3 單位。

習題 ■ 7.3

第 1 題到第 22 題，求出函數的臨界點，並判斷每一個臨界點是相對極大值、相對極小值或鞍點。（注意：第 19 題到第 22 題的代數運算比較困難。）

1. $f(x, y) = 5 - x^2 - y^2$
2. $f(x, y) = 2x^2 - 3y^2$
3. $f(x, y) = xy$
4. $f(x, y) = x^2 + 2y^2 - xy + 14y$
5. $f(x, y) = \dfrac{16}{x} + \dfrac{6}{y} + x^2 - 3y^2$
6. $f(x, y) = xy + \dfrac{8}{x} + \dfrac{8}{y}$
7. $f(x, y) = 2x^3 + y^3 + 3x^2 - 3y - 12x - 4$
8. $f(x, y) = (x - 1)^2 + y^3 - 3y^2 - 9y + 5$
9. $f(x, y) = x^3 + y^2 - 6xy + 9x + 5y + 2$
10. $f(x, y) = -x^4 - 32x + y^3 - 12y + 7$
11. $f(x, y) = xy^2 - 6x^2 - 3y^2$
12. $f(x, y) = x^2 - 6xy - 2y^3$
13. $f(x, y) = (x^2 + 2y^2)e^{1-x^2-y^2}$
14. $f(x, y) = e^{-(x^2+y^2-6y)}$
15. $f(x, y) = x^3 - 4xy + y^3$
16. $f(x, y) = (x - 4)\ln(xy)$
17. $f(x, y) = 4xy - 2x^4 - y^2 + 4x - 2y$
18. $f(x, y) = 2x^4 + x^2 + 2xy + 3x + y^2 + 2y + 5$
19. $f(x, y) = \dfrac{1}{x^2 + y^2 + 3x - 2y + 1}$
20. $f(x, y) = xye^{-(16x^2+9y^2)/288}$
21. $f(x, y) = x\ln\left(\dfrac{y^2}{x}\right) + 3x - xy^2$
22. $f(x, y) = \dfrac{x}{x^2 + y^2 + 4}$

第 23 題到第 25 題，在給定的有界、封閉區域 R 上，求出函數 $f(x, y)$ 所有內部與邊界上的臨界點及其極大值、極小值。

23. $f(x, y) = xy - x - 3y$；R 是頂點為 (0, 0)、(5, 0) 及 (5, 5) 的三角形區域。
24. $f(x, y) = 2x^2 + y^2 + xy^2 - 2$；$R$ 是頂點為 (5, 5)、(−5, 5)、(5, −5) 及 (−5, −5) 的正方形區域。
25. $f(x, y) = x^4 + 2y^3$；R 是 $x^2 + y^2 = 1$ 所圍成的圓形區域。

商業與經濟應用問題

第 26 題到第 29 題，假設所求的極值是相對極值。

26. **零售**　某 T 恤商店銷售兩種競爭性的簽名 T 恤，一種有 Tim Duncan 的簽名，另一種有 LeBron James 的簽名，這兩種商品的取得價格皆為每件 2 元，該店老闆估計，如果 Duncan T 恤的售價是每件 x 元，James T 恤的售價是每件 y 元，則消費者每天會買 $40 - 50x + 40y$ 件 Duncan T 恤和 $20 + 60x - 70y$ 件 James T 恤，老闆應該如何定價，才能得到最大利潤？
27. **零售**　某公司生產 x 單位的 A 商品及 y 單位的 B 商品，所有的 A 商品都可以用每單位 $p = 100 - x$ 元的價格售出，而所有的 B 商品都可以用每單位 $q = 100 - y$ 元的價格售出，生產這些單位的總成本是 $C(x, y) = x^2 + xy + y^2$ 元，則 x 和 y 各應是多少，才能得到最大利潤？
28. **零售**　令 $p = 20 - 5x$，$q = 4 - 2y$，$C(x, y) = 2xy + 4$，重作習題 27。
29. **寡佔利潤**　某製造商擁有一種全新精密工業機器的獨佔製造權，該製造商計劃限量銷售該機器給國內和國外的公司，機器的預期售價將受到供應量的影響（例如，若只有少量的機器銷售到市場，購買者之間的競價通常會提高售價）。根據估計，如果國內與國外市場的供應量分別是 x 部與 y 部時，國內與國外的單位售價將分別是 $60 - \dfrac{x}{5} + \dfrac{y}{20}$ 千元和 $50 - \dfrac{y}{10} + \dfrac{x}{20}$ 千元。若製造商生產該機器的單位成本為 10,000 元，則在國內與國外市場的供應量各應是多少，才能產生最大可能利潤？

生命與社會科學應用問題

第 30 題到第 37 題，假設所求的極值是相對極值。

30. 刺激反應 考慮一種實驗，受測者在進行一項工作的同時，會接受到兩種刺激（例如，聲音和光線）。刺激量少的時候，可能反而會提高受測者的工作表現；但是當刺激量增加時，受測者終究會分心，工作表現也會降低。假設在某個實驗中，受測者接受 x 單位的刺激 A 以及 y 單位的刺激 B 時的工作表現函數為

$$f(x, y) = C + xye^{1-x^2-y^2}$$

其中 C 是正的常數，則每一種刺激各應是多少單位，才能得到最佳的工作表現？

31. 維修 在一幅長方形的格狀地圖上，四座油井的位置分別是點 (–300, 0)、(–100, 500)、(0, 0) 和 (400, 300)，地圖的單位為英呎，則維修場的設置地點 $M(a, b)$ 應該在哪裡，才能使 $M(a, b)$ 到四座油井之距離的平方和最小？

32. 都市計畫 四個農業地區的小鎮希望將資源集中，以設置一個電視台。如果在一幅長方形的格狀地圖上，這幾個小鎮的位置分別是點 (–5, 0)、(1, 7)、(9, 0) 和 (0, –8)，地圖的單位為英哩，則電視台的設置地點 $S(a, b)$ 應該在哪裡，才能使 $S(a, b)$ 到四個小鎮之距離的平方和最小？

33. 學習 在一項學習實驗中，先讓受測者研讀需要記憶的事實清單 x 分鐘，然後拿走清單。接下來受測者有 y 分鐘可以作好心理準備，以接受根據清單所設計的測驗。若實驗發現，某受測者的得分可表示為與 x、y 相關的函數

$$S(x, y) = -x^2 + xy + 10x - y^2 + y + 15$$

a. 若受測者直接接受測驗（未給予任何研讀或準備的時間），則其得分是多少？

b. 受測者應花多少時間在研讀及準備上，才能得到最高分數？最高得分是多少？

34. 基因 基因的各種替代形式稱為等位基因 (alleles)，三種等位基因 A、B 和 O 決定了人類的四種血型 A、B、O 和 AB。假設 p、q 和 r 分別是某特定族群中，基因 A、B 和 O 所佔的比例，且 $p + q + r = 1$。根據 Hardy-Weinberg 的基因定律，這個族群中，帶有兩種不同的等位基因的個體數目是 $P = 2pq + 2pr + 2rq$，則 P 的最大值是多少？

35. 可居住空間 建築物的可居住空間，是指建築物中身高 6 英呎的人可以（直立）行走的空間體積，A 字型的木屋長度是 y 英呎，側面是邊長為 x 的正三角形，如圖所示。若木屋的表面積是（屋頂和兩邊）是 500 平方英呎，則 x 和 y 應是多少，才能得到最大的可居住空間？

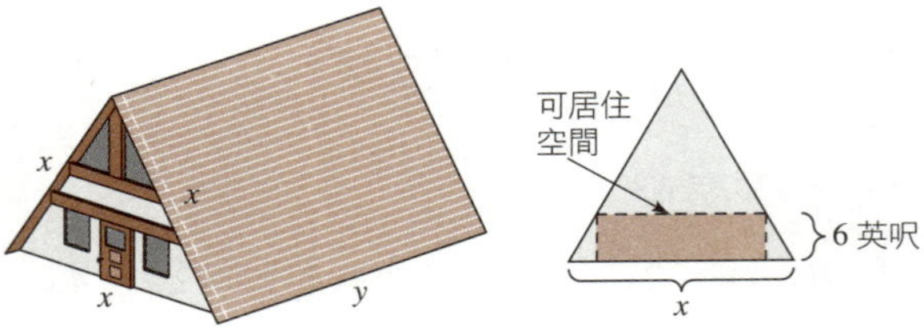

習題 35

其他問題

第 36 題到第 38 題，假設所求的極值是相對極值。

36. 建造 某農夫想要沿著河岸圍出一塊面積 6,400 平方碼的長方形牧場，靠河岸的一邊不需要圍籬，則牧場的長與寬各為多少時，所使用的圍籬最少？

37. 製作 假設想製作一個體積為 32 立方英呎的長方體箱子，製作過程中需使用到三種不同材料，用在側邊的材料之成本是每平方英呎 1 元，底部的材料之成本是每平方英呎 3 元，而頂部的之材料成本是每平方英呎 5 元，則製作成本最小的箱子其長、寬和高各為多少？

38. 粒子物理 一個質量為 m 的粒子，位在一個長、寬和高分別是 x、y 和 z 的長方體盒子中，其基態能量為

$$E(x, y, z) = \frac{k^2}{8m}\left(\frac{1}{x^2} + \frac{1}{y^2} + \frac{1}{z^2}\right)$$

其中 k 是物理學上的常數。若盒子的體積滿足 $xyz = V_0$，而 V_0 是常數，找出使基態能量最小的 x、y 和 z。

39. 令 $f(x, y) = x^2 + y^2 - 4xy$，證明 f 在其臨界點 (0, 0) 沒有相對極小值，雖然它在 x 的方向與

y 的方向都有相對極小值。(提示:考慮直線 $y = x$ 所定義的方向,也就是說,在 f 的公式中以 x 代換 y,再分析所得之 x 的函數。)

第 40 題到第 43 題,求出偏導函數 f_x 和 f_y,再使用繪圖工具來決定每個函數的臨界點。

40. $f(x, y) = (x^2 + 3y - 5)e^{-x^2 - 2y^2}$

41. $f(x, y) = \dfrac{x^2 + xy + 7y^2}{x \ln y}$

42. $f(x, y) = 6x^2 + 12xy + y^4 + x - 16y - 3$

43. $f(x, y) = 2x^4 + y^4 - x^2(11y - 18)$

7.4 節 最小平方法

學習目標

1. 藉由二元函數的最佳化問題,了解資料的最小平方近似。
2. 利用資料的最小平方近似,檢驗一些應用問題。
3. 利用最小平方近似,探討非線性曲線配適技巧。

本書已經介紹過一些應用函數,有許多是由已發表的研究中衍生出來的,你可能會想知道,這些研究者是怎麼想出這些函數的?要把函數與觀察到的物理現象連結起來,常見的過程是蒐集資料、繪製資料的圖形,再用一些數學上有意義的方法來找出圖形與資料「最相似」的函數。一種這樣的過程稱為**最小平方法 (method of least-square)** 或**迴歸分析 (regression analysis)**,在 1.3 節的例題 1.3.8 已提到過,以直線來配適失業資料。

最小平方法

假設你想要找出與某些資料配適得很好的函數 $y = f(x)$,第一步是決定要嘗試哪一種類型的函數,有時候這可以由觀察現象的理論分析得知,有時候則可以藉由檢視描繪的資料圖形得知,圖 7.19 是兩組資料的圖形,稱為**散佈圖 (scatter diagram)**。圖 7.19a 的點大致上是分佈在一條直線附近,所以可以嘗試直線函數 $y = mx + b$;圖 7.19b 的點似乎是分佈在一條指數函數曲線附近,所以形式是 $y = Ae^{-kx}$ 的函數可能比較適合。

一旦決定函數的型態,下一步便是找出一個圖形與所給的資料點「最接近」的函數。一種簡便的方法是計算資料點到曲線的垂直距離之平方和 $d_1^2 + d_2^2 + d_3^2$,以測量曲線與給定的資料點的接近程度,例如圖 7.20 中的距離平方和,曲線與資料點愈近,這個和就愈小,而根據**最小平方法則 (least-squares criterion)**,這個平方和最小的曲線就稱為配適得最好。

例題 7.4.1 使用最小平方法則來配適線性函數到一個點集合,並且會使用到 7.3 節的一些最小化二元函數的技巧。

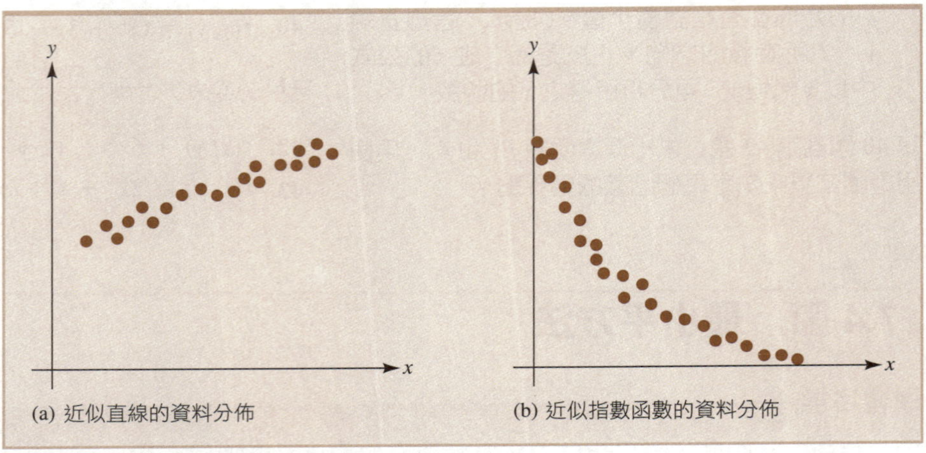

圖 7.19 兩個散佈圖。

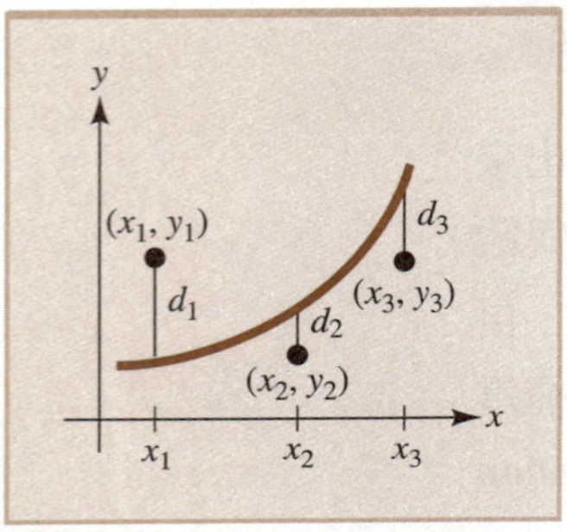

圖 7.20 垂直距離的平方和 $d_1^2 + d_2^2 + d_3^2$。

例題 7.4.1 應用最小平方法則

使用最小平方法則，找出與 (1, 1)、(2, 3) 和 (4, 3) 這三點最接近的直線方程式。

■ 解

如圖 7.21 所示，從所給的三個點到直線 $y = mx + b$ 的垂直距離之平方和為

$$d_1^2 + d_2^2 + d_3^2 = (m + b - 1)^2 + (2m + b - 3)^2 + (4m + b - 3)^2$$

這個平方和取決於定義這條直線的係數 m 與 b，所以可以視為 m 和 b 的函數 $S(m, b)$，因此目標在於求出使函數

$$S(m, b) = (m + b - 1)^2 + (2m + b - 3)^2 + (4m + b - 3)^2$$

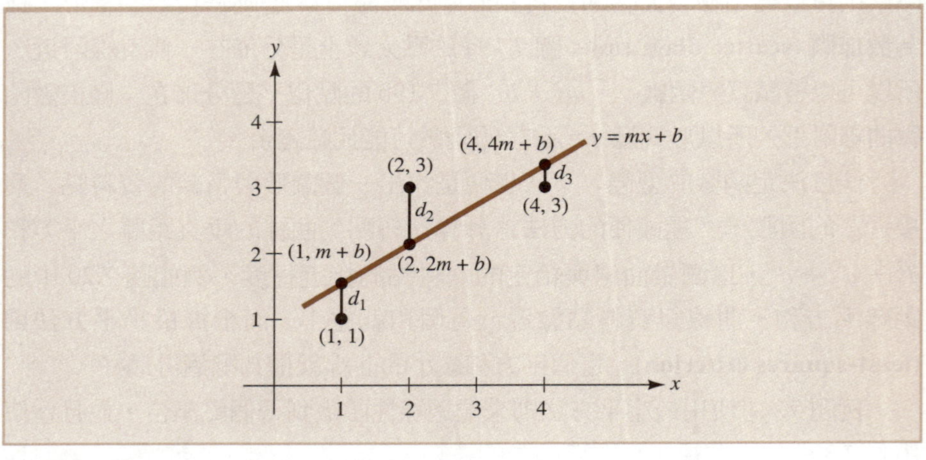

圖 7.21 將平方和 $d_1^2 + d_2^2 + d_3^2$ 最小化。

最小的 m 與 b 之值。

可以藉由將偏導函數 $\frac{\partial S}{\partial m}$ 和 $\frac{\partial S}{\partial b}$ 設為 0，而求得

$$\frac{\partial S}{\partial m} = 2(m + b - 1) + 4(2m + b - 3) + 8(4m + b - 3)$$
$$= 42m + 14b - 38 = 0$$

和
$$\frac{\partial S}{\partial b} = 2(m + b - 1) + 2(2m + b - 3) + 2(4m + b - 3)$$
$$= 14m + 6b - 14 = 0$$

即

$$42m + 14b = 38$$
$$14m + 6b = 14$$

同時求解所得的方程式以求出 m 和 b，可得

$$m = \frac{4}{7} \quad \text{和} \quad b = 1$$

我們可以證明函數 $S(m, b)$ 在臨界點 $(m, b) = \left(\frac{4}{7}, 1\right)$ 處確實有極小值，所以

$$y = \frac{4}{7}x + 1$$

是最接近這三個點的直線方程式。

最小平方線

根據最小平方法則，與一群點的集合最接近的直線，被稱為是這些點的**最小平方線 (least-square line)**。(有時候也稱為**迴歸線 (regression line)**，尤其是在統計工作上。) 將例題 7.4.1 中的步驟一般化，可以得到任何 n 個點 $(x_1, y_1), (x_2, y_2), ..., (x_n, y_n)$ 的集合之最小平方線的斜率 m 和 y 截距 b 的公式。這些公式中含有 x 值和 y 值的和，而所有的和都是由 $j = 1$ 加總到 $j = n$，為了簡化，我們省略下標，例如以 Σx 取代 $\sum_{j=1}^{n} x_j$。

最小平方線 ■ n 個點 $(x_1, y_1), (x_2, y_2), ..., (x_n, y_n)$ 的最小平方線方程式是 $y = mx + b$，其中

$$m = \frac{n\Sigma xy - \Sigma x\Sigma y}{n\Sigma x^2 - (\Sigma x)^2} \quad \text{和} \quad b = \frac{\Sigma x^2\Sigma y - \Sigma x\Sigma xy}{n\Sigma x^2 - (\Sigma x)^2}$$

例題 7.4.2 求解最小平方線

利用公式，求出例題 7.4.1 中點 (1, 1)、(2, 3) 和 (4, 3) 的最小平方線。

■ **解**

先以下列方式，計算所需用到的量：

x	y	xy	x^2
1	1	1	1
2	3	6	4
4	3	12	16
$\Sigma x = 7$	$\Sigma y = 7$	$\Sigma xy = 19$	$\Sigma x^2 = 21$

再令 $n = 3$，利用公式可以得到

$$m = \frac{3(19) - 7(7)}{3(21) - (7)^2} = \frac{4}{7} \qquad \text{和} \qquad b = \frac{21(7) - 7(19)}{3(21) - (7)^2} = 1$$

由此可得到最小平方線的方程式

$$y = \frac{4}{7}x + 1$$

這與例題 7.4.1 的結果相同。

最小平方預測

利用蒐集過去資料得到的最配適最小平方線（或曲線），可以概略地預測未來的情況，如例題 7.4.3 所示。

例題 7.4.3 成績的最小平方預測

身為某個小學院的入學事務職員，藍諾夏門整理出下列資料，可以看出學生的高中成績與大學成績之間的關聯性：

高中成績	2.0	2.5	3.0	3.0	3.5	3.5	4.0	4.0
大學成績	1.5	2.0	2.5	3.5	2.5	3.0	3.0	3.5

求出這些資料的最小平方線，並以其預測高中成績是 3.7 的學生的大學成績。

■ **解**

令 x 代表高中成績，y 代表大學成績，先以下列方式，計算需要用到的一些量：

x	y	xy	x^2
2.0	1.5	3.0	4.0
2.5	2.0	5.0	6.25
3.0	2.5	7.5	9.0
3.0	3.5	10.5	9.0
3.5	2.5	8.75	12.25
3.5	3.0	10.5	12.25
4.0	3.0	12.0	16.0
4.0	3.5	14.0	16.0
$\Sigma x = 25.5$	$\Sigma y = 21.5$	$\Sigma xy = 71.25$	$\Sigma x^2 = 84.75$

再令 $n = 8$，由最小平方公式可以得到

$$m = \frac{8(71.25) - 25.5(21.5)}{8(84.75) - (25.5)^2} \approx 0.78$$

和

$$b = \frac{84.75(21.5) - 25.5(71.25)}{8(84.75) - (25.5)^2} \approx 0.19$$

所以最小平方線方程式為

$$y = 0.78x + 0.19$$

想要預測高中成績是 3.7 的學生的大學成績 y，將 $x = 3.7$ 代入最小平方線的方程式，可以得到

$$y = 0.78(3.7) + 0.19 \approx 3.08$$

所以該學生的大學成績大約是 3.1。

圖 7.22 描繪了原始資料以及最小平方線 $y = 0.78x + 0.19$，其實在實際應用上，最好先描繪出資料，再進行計算，因為通常可以由圖形判斷直線是否適合這些資料，也許利用某種型態的曲線會更適合這些資料。

非線性曲線配適

在例題 7.4.1、例題 7.4.2 和 7.4.3 中，我們使用最小平方法則來將線性函數配適到所給的資料集合，這個步驟也可以用來將非線性函數配適到資料，例題 7.4.4 即為一種修改過的曲線配適步驟。

例題 7.4.4　求解指數需求函數

某製造商收集以下資料，以了解某產品的生產量 x（百單位）與需求價格 p（元／單位）的關係：

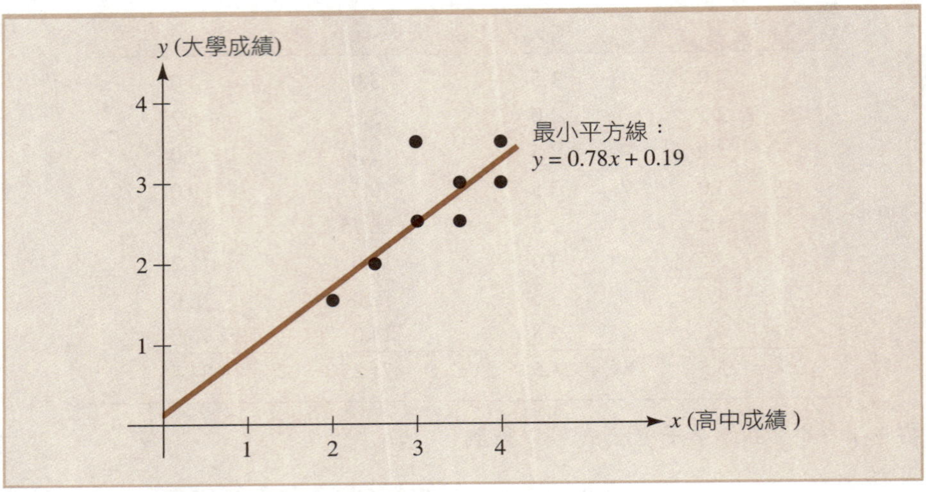

圖 7.22 高中成績與大學成績的最小平方線。

生產量 x（百單位）	需求價格 p（元／單位）
6	743
10	539
17	308
22	207
28	128
35	73

a. 以生產量為 x 軸，需求價格為 y 軸，描繪出這些資料的散佈圖。

b. 由 (a) 小題中的散佈圖，可以看出需求函數是指數函數。修改最小平方法的步驟，以找出最適合表中資料，形式是 $p = Ae^{mx}$ 的曲線。

c. 利用 (b) 小題中所得到的指數需求函數，預測當產量是 4,000（$x = 40$）單位時，該製造商的預期收入。

■ **解**

即時複習

回想對數的積的公式：
$\ln(ab) = \ln a + \ln b$

a. 圖 7.23 是根據表中資料所繪的散佈圖。

b. 在等式 $p = Ae^{mx}$ 兩邊同取對數，可以得到

$$\begin{aligned}\ln p &= \ln(Ae^{mx}) \\ &= \ln A + \ln(e^{mx}) \quad \text{對數的積的公式} \\ &= \ln A + mx \quad \ln e^u = u\end{aligned}$$

或者是 $y = mx + b$，其中 $y = \ln p$，$b = \ln A$。因此，要找出最適合所給的資料點 (x_k, p_k)，$k = 1, \ldots, 6$，形式是 $p = Ae^{mx}$ 的曲線，首先要找出資料點 $(x_k, \ln p_k)$ 的最小平方線 $y = mx + b$。先計算所需要用到的量如下：

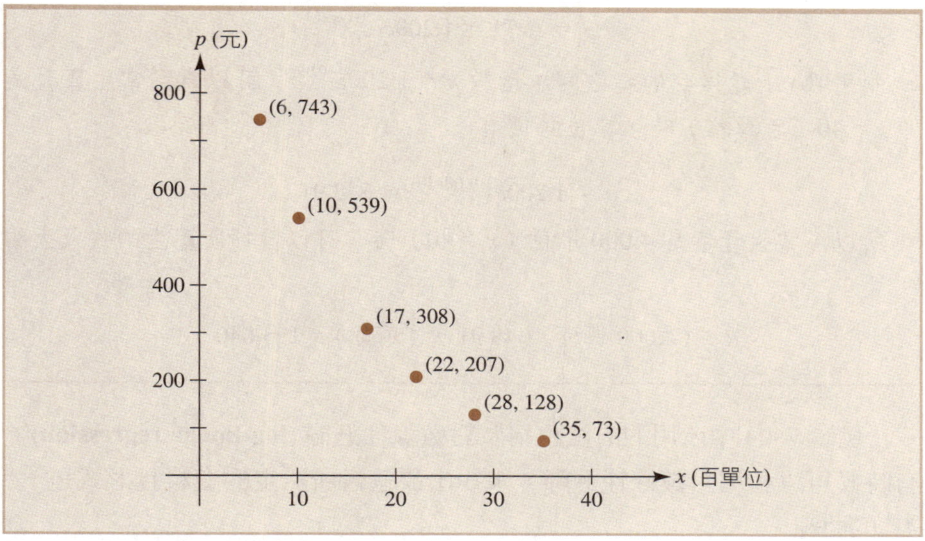

圖 7.23　例題 7.4.4 之需求資料的散佈圖。

k	x_k	p_k	$y_k = \ln p_k$	$x_k y_k$	x_k^2
1	6	743	6.61	39.66	36
2	10	539	6.29	62.90	100
3	17	308	5.73	97.41	289
4	22	207	5.33	117.26	484
5	28	128	4.85	135.80	784
6	35	73	4.29	150.15	1,225
	$\Sigma x = 118$		$\Sigma y = 33.10$	$\Sigma xy = 603.18$	$\Sigma x^2 = 2{,}918$

令 $n = 6$，由最小平方公式可以得到

$$m = \frac{6(603.18) - (118)(33.10)}{6(2{,}918) - (118)^2} = -0.08$$

和

$$b = \frac{2{,}918(33.10) - (118)(603.18)}{6(2{,}918) - (118)^2} = 7.09$$

所以最小平方線的方程式為

$$y = -0.08x + 7.09$$

最後，回到指數曲線 $p = Ae^{mx}$，因為 $\ln A = b$，所以

$$\ln A = b = 7.09$$
$$A = e^{7.09} = 1{,}200$$

所以，最適合所給的需求資料的指數函數為

$$p = Ae^{mx} = 1{,}200e^{-0.08x}$$

c. 利用 (b) 小題得到的指數需求函數 $p = 1{,}200e^{-0.08x}$，可以得到當生產量是 $x = 40$（百單位）時，單位售價為

$$p = 1{,}200e^{-0.08(40)} = \$48.91$$

所以，當生產量是 4,000 單位（$x = 40$）時，可以預期所產生的收入大約為

$$R = (4{,}000\text{ 單位})(48.91\text{ 元 / 單位}) = 195{,}640\text{ 元}$$

例題 7.4.4 中所用的方法也稱為**對數線性迴歸 (log-linear regression)**。有時候可以利用對數線性迴歸，來找出最適合所給定的資料且形式是 $y = Ax^k$ 的曲線。

最小平方法也可以用來配適其他非線性函數到資料，例如，要找到最配適所給資料集合，而且圖形是拋物線的二次函數 $y = Ax^2 + Bx + C$，可依例題 7.4.1 的步驟進行，將由所給的點到圖形的垂直距離之平方和最小化，這些計算在代數上非常複雜，通常需要使用電腦或繪圖計算機。大部分的繪圖計算機都有內建的指令，可以搜尋各種不同形式的迴歸函數，讓你可以選擇最配適給定資料的函數。

習題 ■ 7.4

第 1 題到第 4 題，利用例題 7.4.1 的方法，找出對應的最小平方線。

1. (0, 1), (2, 3), (4, 2)

2. (1, 1), (2, 2), (6, 0)

3. (1, 2), (2, 4), (4, 4), (5, 2)

4. (1, 5), (2, 4), (3, 2), (6, 0)

第 5 題到第 12 題，利用公式找出對應的最小平方線。

5. (1, 2), (2, 2), (2, 3), (5, 5)

6. (−4, −1), (−3, 0), (−1, 0), (0, 1), (1, 2)

7. (−2, 5), (0, 4), (2, 3), (4, 2), (6, 1)

8. (−6, 2), (−3, 1), (0, 0), (0, −3), (1, −1), (3, −2)

9. (0, 1), (1, 1.6), (2.2, 3), (3.1, 3.9), (4, 5)

10. (3, 5.72), (4, 5.31), (6.2, 5.12), (7.52, 5.32), (8.03, 5.67)

11. (−2.1, 3.5), (−1.3, 2.7), (1.5, 1.3), (2.7, −1.5)

12. (−1.73, −4.33), (0.03, −2.19), (0.93, 0.15), (3.82, 1.61)

第 13 題到第 16 題，如例題 7.4.4 所示，修改最小平方法的步驟，以求出最配適所給定的資料，而且形式是 $y = Ae^{mx}$ 的曲線。

13. (1, 15.6), (3, 17), (5, 18.3), (7, 20), (10, 22.4)

14. (5, 9.3), (10, 10.8), (15, 12.5), (20, 14.6), (25, 17)

15. (2, 13.4), (4, 9), (6, 6), (8, 4), (10, 2.7)

16. (5, 33.5), (10, 22.5), (15, 15), (20, 10), (25, 6.8), (30, 4.5)

商業與經濟應用問題

17. **需求與營收**　某製造商蒐集以下資料，以顯示某產品的生產量 x（百單位）與需求價格 p（元／單位）的關係：

生產量 x（百單位）	5	10	15	20	25	30	35
需求價格 p（元／單位）	44	38	32	25	18	12	6

a. 描繪這些資料的圖形。
b. 求出這些資料的最小平方線方程式。
c. 若生產量是 4,000 單位（$x = 40$），利用 (b) 小題所得到的最小平方線，預測該製造商的預期收入。

18. **銷售**　某公司在開始營運後的前 5 年全年銷售金額（單位為十億元）資料如下表所示：

年	1	2	3	4	5
銷售金額	0.9	1.5	1.9	2.4	3.0

a. 描繪這些資料的圖形。
b. 求出最小平方線的方程式。
c. 利用最小平方線預測該公司第 6 年的銷售金額。

19. **投資分析**　珍妮佛有幾種不同的投資，在開始投資後的第 t 年年初，所有投資的總價值是 $V(t)$（千元），其中 $1 \le t \le 10$，如下表所示：

第 t 年	1	2	3	4	5	6	7	8	9	10
所有投資的總價值是 $V(t)$	57	60	62	65	62	65	70	75	79	85

a. 參考例題 7.4.4，修改最小平方法，以得到最能配適這些資料，形式是 $V(t) = Ae^{rt}$ 的函數。她的投資大約是以多少的年利率連續複利？投資總價值是否在增加？
b. 利用 (a) 小題得到的函數，預測在開始投資後第 20 年初的投資總價值。
c. 珍妮佛估計在退休時需要 300,000 元，利用 (a) 小題得到的函數，計算她需要多久才能達到這個目標。
d. 珍妮佛的朋友法蘭克看了她的投資分析之後，嘲笑她說：「真是浪費時間！你只要使用 $V(1) = 57$、$V(10) = 85$ 和一點點代數，就可以計算出 $V(t) = Ae^{rt}$ 中的 A 和 r。」使用法蘭克的方法來計算 A 和 r，並討論這兩種作法的相對優點。

20. **可支配所得與消費**　美國在 2003 年至 2008 年期間，個人消費金額及可支配所得（單位為十億元）的關係如下表所示：

年份	2003	2004	2005	2006	2007	2008
可支配所得	9,759.5	10,436.9	11,158.9	11,929.7	12,321.6	12,493.8
個人消費	7,804.0	8,285.1	8,819.0	9,322.7	9,806.3	10,104.5

資料來源：U.S. Department of Commerce, Bureau of Economic Analysis, "Personal Consumption ExpenDitures by Major Type of ProDuct" (http://www.bea.gov).

a. 以可支配所得為 x 軸，消費金額為 y 軸，描繪這些資料的圖形。

b. 求出這些資料的最小平方線方程式。

c. 利用最小平方線，預測當可支配所得是 13 兆元（130,000 億元）時的個人消費金額。

d. 寫一小段報告，探討可支配所得與消費金額的關係。

21. 汽油價格 從 1992 年至 2010 年，每隔三年，普通無鉛汽油每加侖的平均售價（單位為分）如下表所示：

年份	1992	1995	1998	2001	2004	2007	2010
每加侖售價（分）	109	111	103	142	185	280	276

資料來源：U.S. Department of Energy (http://www.eia.Doe.gov).

a. 以 1992 年後所經過的年數為 x 軸，汽油平均售價為 y 軸，描繪這些資料的圖形。

b. 求出這些資料的最小平方線方程式。此線的配適效果是否良好？

c. 利用最小平方線，預測在 2015 年時，你需要花多少錢買一加侖的普通無鉛汽油？

22. 股市平均 每年第一個交易日收盤時的道瓊工業平均指數 (DJIA) 如下表所示：

年份	2001	2002	2003	2004	2005	2006
DJIA	10,646	10,073	10,454	10,783	10,178	12,463

資料來源：Dow Jones (http://www.djindexes.com).

a. 以 2001 年後所經過的年數為 x 軸，DJIA 為 y 軸，描繪這些資料的圖形。

b. 求出這些資料的最小平方線方程式。

c. 利用最小平方線，預測 2008 年第一個交易日的 DJIA。上網搜尋當天（2008 年 1 月 2 日）收盤時的 DJIA 是多少，並與預測值作比較。

d. 寫一小段報告，評論是否能找出一條非常適配 DJIA 的曲線，可以有效地預測未來的市場行為。

23. 國內生產毛額 下表列出中國從 2004 年到 2009 年的國內生產毛額 (gross domestic product, GDP)，單位為十億元人民幣：

年份	2004	2005	2006	2007	2008	2009
GDP	15,988	18,494	21,631	26,581	31,405	34,051

資料來源：Chinese government website (http://www.china.org.cn).

a. 求出這些資料的最小平方線 $y = mt + b$，其中 y 是中國在 2004 年後的第 t 年的 GDP。

b. 利用 (a) 小題得到的最小平方線，預測中國在 2020 年的 GDP。

生命與社會科學應用問題

24. 藥物濫用 下表顯示 8 個不同年度的資料，每年的資料代表高中學生到該年為止，曾經使用古柯鹼至少一次的百分比：

年份	1991	1993	1995	1997	1999	2001	2003	2005	2007
使用古柯鹼至少一次的百分比	6.0	4.9	7.0	8.2	9.5	9.4	8.7	7.6	7.2

資料來源：The White House Office of National Drug Control Policy, "2002 National Drug Control Strategy," (http://www.whitehouseDrugpolicy.gov).

a. 以 1991 年之後經過的年數為 x 軸，古柯鹼使用者百分比為 y 軸，描繪這些資料的圖形。

b. 求出這些資料的最小平方線方程式。

c. 利用最小平方線，預測到 2013 年為止，高中生曾經使用古柯鹼至少一次的百分比。

25. 大學入學　在過去 4 年，某大學的入學人員整理出下列資料（單位為 1,000 份），以顯示 12 月 1 日前高中學生所索取的大學資料數量，與 3 月 1 日前已經收到的完整入學申請數量的關係：

索取的資料數量	4.5	3.5	4.0	5.0
收到的完整入學申請數量	1.0	0.8	1.0	1.5

a. 描繪這些資料的圖形。

b. 求出最小平方線的方程式。

c. 若在 12 月 1 日前，高中學生總共索取了 4,800 份資料，利用最小平方線，預測 3 月 1 日前將會收到多少份完整的入學申請。

26. 人口預測　下表是美國於 1950 年至 2000 年所進行十年一次的人口普查資料（單位為百萬人）：

年份	1950	1960	1970	1980	1990	2000
人口	150.7	179.3	203.2	226.5	248.7	291.4

資料來源：U.S. Census Bureau (http://www.census.gov).

a. 求出這些資料的最小平方線 $y = mt + b$，其中 y 是從 1950 年起 t 個 10 年後的美國人口數。

b. 利用 (a) 小題所得到的最小平方線，預測美國在 2010 年的人口數。上網搜尋美國在 2010 年的人口數，並與預測值作比較。

27. 人口預測　參考例題 7.4.4，修改最小平方法，以得到最能配適習題 26 的資料，且形式是 $P(t) = Ae^{rt}$ 的函數，其中 $P(t)$ 是從 1950 年起 t 個 10 年後的美國人口數。

a. 美國人口數的成長百分率約為多少？

b. 利用你所得到的人口函數，預測美國在 2005 年與 2010 年的人口數各為多少？

28. 公共衛生　某研究者在一份研究五個工業地區的資料中，得到顯示空氣中某種污染源的平均單位數與某種疾病發生件數（每 10 萬人）之關係的數據：

污染源的單位數	3.4	4.6	5.2	8.0	10.7
疾病發生件數	48	52	58	76	96

a. 描繪這些資料的圖形。
b. 求出最小平方線的方程式。
c. 某地區的平均污染源單位數是 7.3，利用最小平方線，估計該地區的疾病發生件數。

29. 投票率 在選舉日，某一州的投票在上午 8 點開始，之後每隔 2 小時，選務人員會計算已經完成投票選民的百分比。到下午 6 點為止的資料如下：

時間	10:00	12:00	2:00	4:00	6:00
完成投票比例	12	19	24	30	37

a. 描繪這些資料的圖形。
b. 求出最小平方線的方程式（令 x 代表上午 8 點以後所經過的小時數）。
c. 利用最小平方線，預測在晚上 8 點投票結束時，完成投票的比例。

30. 細菌成長 某生物學家研究一細菌菌落，每小時測量並記錄其細菌數量，如下表所示：

時間 t（小時）	1	2	3	4	5	6	7	8
細菌數量 P（千）	280	286	292	297	304	310	316	323

a. 描繪這些資料的圖形。根據散佈圖，此細菌族群的成長是線性成長或指數成長？
b. 若你認為 (a) 小題的散佈圖代表線性成長，找出最能配適這些資料，形式是 $P(t) = mt + b$ 的成長函數。若你認為該散佈圖代表指數成長，仿照例題 7.4.4，修改最小平方法，找出最能配適這些資料，形式是 $P(t) = Ae^{kt}$ 的成長函數。
c. 利用你在 (b) 小題所得到的成長函數，預測需時多久，該細菌族群才能成長到 400,000？需時多久，該細菌族群才能由 280,000 成長至兩倍？

31. AIDS 的擴散 下表是 1980 年以後，美國每隔四年的 AIDS 申報病例件數：

年份	1980	1984	1988	1992	1996	2000	2004	2008
AIDS 申報案例件數	99	6,360	36,064	79,477	61,109	42,156	37,726	37,991

資料來源：World Health Organization and the United Nations (http://www.unaids.org).

a. 以時間 t（1980 年後所經過的年數）為 x 軸，描繪這些資料的圖形。
b. 求出這些資料的最小平方線。
c. 利用 (b) 小題所得到的最小平方線，預測 2012 年將會有多少件 AIDS 申報病例？
d. 你覺得利用最小平方線配適所給資料的結果好嗎？如果不好，寫一小段報告，分析以下四種型態的曲線，哪一種可以得到比較好的配適結果：
1.（二次函數）$y = At^2 + Bt + C$
2.（三次函數）$y = At^3 + Bt^2 + Ct + D$
3.（指數函數）$y = Ae^{kt}$
4.（冪指數函數）$y = Ate^{kt}$

32. 異速生長 確認特定生物各部位尺寸間的關係，是生物學關心的議題之一，稱為異速生長 (allometry)*。某生物學家觀察到麋鹿的肩膀高度 h（公分）與鹿角尺寸 w（公分）具有下表的關係：

肩膀高度 h（公分）	鹿角尺寸 w（公分）
87.9	52.4
95.3	60.3
106.7	73.1
115.4	83.7
127.2	98.0
135.8	110.2

a. 對於表中每一個資料點 (h, w)，描繪點 $(\ln h, \ln w)$ 的圖形，注意，由散佈圖可以看出 $y = \ln w$ 和 $x = \ln h$ 是線性相關。

b. 求出 (a) 小題得到的 $(\ln h, \ln w)$ 資料之最小平方線 $y = mx + b$。

c. 求出使得 $w = ah^c$ 的數 a 和 c。（提示：將 (a) 小題中的 $y = \ln w$ 和 $x = \ln h$ 代入 (b) 小題所得到的最小平方線方程式。）

33. **異速生長**　下表是招潮蟹的大螯重量 C 與身體其他部分重量 W 的關係，單位皆是毫克：

身體其他部分重量 W（毫克）	57.6	109.2	199.7	300.2	355.2	420.1	535.7	743.3
大螯重量 C（毫克）	5.3	13.7	38.3	78.1	104.5	135.0	195.6	319.2

a. 對表中的每一個資料點 (W, C)，在圖形上描繪點 $(\ln W, \ln C)$，注意，由散佈圖可以看出 $y = \ln C$ 和 $x = \ln W$ 是線性相關。

b. 求出 (a) 小題所得的 $(\ln W, \ln C)$ 資料之最小平方線 $y = mx + b$。

c. 求出使得 $C = aW^k$ 的正數 a 和 k。（提示：將 (a) 小題的 $y = \ln C$ 和 $x = \ln W$，代入 (b) 小題所得到的最小平方線方程式。）

7.5 節　限制最佳化：拉格朗日乘數法

學習目標

1. 學習應用拉格朗日乘數法，在可能產生限制最佳化問題的圖形上找點。
2. 使用拉格朗日乘數法於一些應用問題上，包括運用及分配資源。
3. 討論拉格朗日乘數 λ 的重要性。

在許多應用問題中，一個二元函數需要在符合對於變數的某些規定或

* Roger V. Jean, "Differential Growth, Huxley's Allometric Formula, and Sigmoid Growth," *UMAP Modules 1983: Tools for Teaching*, Lexington, MA: Consortium for Mathematics and Its Applications, Inc., 1984.

限制條件 (constraint) 下最佳化。例如，一位只有 60,000 元固定預算的編輯，可能需要決定如何分配預算到製作和行銷上，以使新書未來的銷售量最大。如果 x 表示花費在製作上的金額，y 表示花費在行銷上的金額，$f(x, y)$ 代表對應的新書銷售量，這位編輯想要在不超過預算的限制 $x + y = 60,000$ 的情況下，將銷售量函數 $f(x, y)$ 最大化。

在限制條件下最佳化一個二元函數的過程，從幾何上來說，可以將函數看作三維空間中的曲面，將限制條件（含有 x 和 y 的方程式）看成 xy 平面上的曲線。當你找到函數在限制條件下的極大值或極小值時，是把注意力侷限於函數曲面在限制曲線上的部分。曲面在這個部分的最高點是限制極大值，而最低點是限制極小值，如圖 7.24 所示。

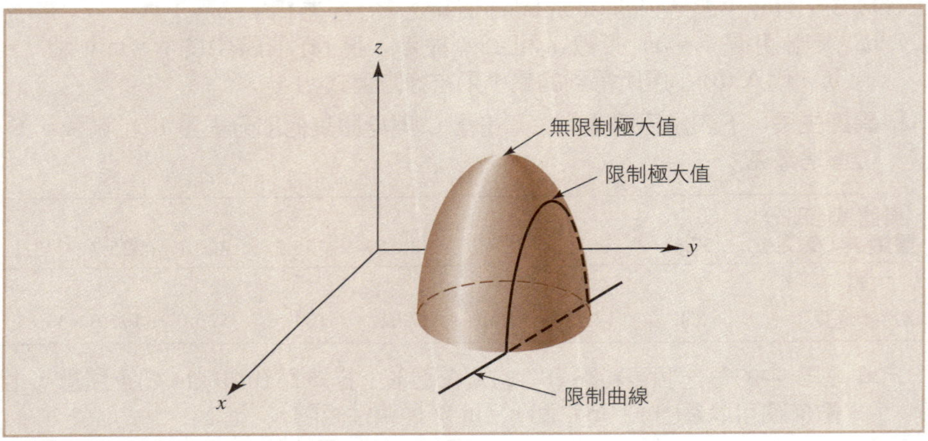

圖 7.24 限制與無限制的極值。

第 3 章已經介紹過一些限制最佳化的問題（例如 3.5 節的例題 3.5.1），當時用來求解這類問題的技巧，是藉由求解限制方程式中的一個變數，再將所得的表示式代入要被最佳化的函數，而將問題簡化成單變數的問題。這個方法能否成功，取決於求解限制方程式的變數是否順利，而這在實務上，通常很困難或根本是不可能的。在本節中，將學到一個更通用的技巧，稱為**拉格朗日乘數法 (method of Lagrange multipliers)**，其中導入的第三個變數（乘數），使我們可以直接求解限制最佳化問題，不需要先求解限制方程式中的某個變數。

進一步來說，拉格朗日乘數法的原理如下：函數 $f(x, y)$ 的任何一個相對極值，在 $g(x, y) = k$ 的限制下，只能發生在下列函數的臨界點 (a, b)，即

$$F(x, y) = f(x, y) - \lambda[g(x, y) - k]$$

其中 λ 是一個新的變數（**拉格朗日乘數 (Lagrange multiplier)**）。要找出 F 的臨界點，先計算偏導函數

$$F_x = f_x - \lambda g_x \qquad F_y = f_y - \lambda g_y \qquad F_\lambda = -(g - k)$$

再同時求解方程式 $F_x = 0$，$F_y = 0$ 和 $F_\lambda = 0$ 如下：

$$\begin{aligned} F_x &= f_x - \lambda g_x = 0 &\quad \text{或} \quad & f_x = \lambda g_x \\ F_y &= f_y - \lambda g_y = 0 &\quad \text{或} \quad & f_y = \lambda g_y \\ F_\lambda &= -(g - k) = 0 &\quad \text{或} \quad & g = k \end{aligned}$$

最後，再計算在每一個 F 的臨界點 (a, b) 的函數值 $f(a, b)$。

注意 拉格朗日乘數法只有說明任何一個限制極值只能發生在函數 $F(x, y)$ 的臨界點，並不能用來證明限制極值存在，或是判斷某個特定的臨界點 (a, b) 對應到一個限制極大值、限制極小值或者都不是。無論如何，對於本書中所考慮的函數，你可以假設，若 f 有一個限制極大（極小）值，它將會是最大（最小）的臨界值 $f(a, b)$。■

以下是利用拉格朗日乘數法，求解函數在限制條件下的最大值和最小值的步驟：

拉格朗日乘數法

步驟 1. （列式）求出在限制式 $g(x, y) = k$ 下，函數 $f(x, y)$ 的最大（或最小）值，假設這個極值存在。

步驟 2. 計算偏導函數 f_x、f_y、g_x 和 g_y，並找出所有滿足聯立方程式

$$\begin{aligned} f_x(a, b) &= \lambda g_x(a, b) \\ f_y(a, b) &= \lambda g_y(a, b) \\ g(a, b) &= k \end{aligned}$$

的 $x = a$，$y = b$ 和 λ，這些方程式稱為**拉格朗日方程式**。

步驟 3. 計算每一個滿足步驟 2 中之聯立方程式的點 (a, b) 之函數值。

步驟 4. （解釋）若 $f(x, y)$ 在限制式 $g(x, y) = k$ 下有最大（或最小）值，將會是步驟 3 所求出的最大（或最小）值。

乘數法的幾何證明附在本節最末，例題 7.5.1 和例題 7.5.2 是此法的範例。例題 7.5.1 示範如何應用乘數法，利用限制方程式消去變數，以求解之前已經求解過的限制最佳化問題（例題 3.5.1）。

例題 7.5.1　應用拉格朗日乘數於營建

高速公路局計畫在一條主要的高速公路旁邊，興建一個面積為 5,000 平方碼的長方形野餐區，除了與高速公路相鄰的那一面外，其他三面都必須圍上圍籬，最少需要多少圍籬？

■ **解**

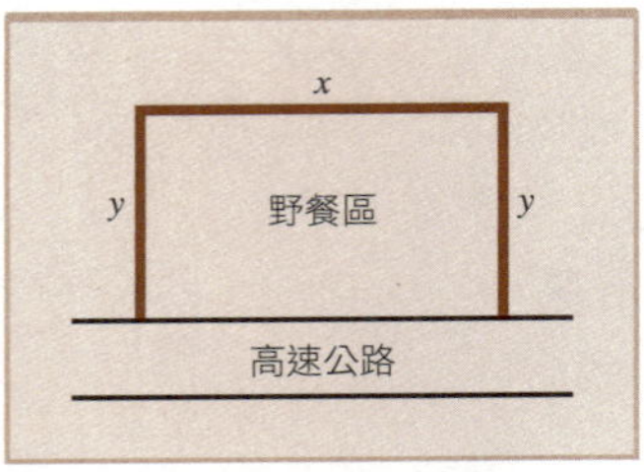

圖 7.25　長方形的野餐區。

如圖 7.25 標記野餐區的各邊邊長，並以 f 代表所需的圍籬，則

$$f(x, y) = x + 2y$$

目標是將 f 最小化，同時必須滿足面積為 5,000 平方碼的需求，也就是受限於

$$g(x, y) = xy = 5{,}000$$

計算偏導函數

$$f_x = 1 \qquad f_y = 2 \qquad g_x = y \qquad \text{和} \qquad g_y = x$$

可以得到三個拉格朗日方程式

$$1 = \lambda y \qquad 2 = \lambda x \qquad \text{和} \qquad xy = 5{,}000$$

由前兩式可以得到

$$\lambda = \frac{1}{y} \qquad \text{和} \qquad \lambda = \frac{2}{x}$$

（因為 $y \neq 0$ 且 $x \neq 0$），所以

$$\frac{1}{y} = \frac{2}{x} \qquad \text{或} \qquad x = 2y$$

把 $x = 2y$ 代入第三個拉格朗日方程式，可以得到

$$2y^2 = 5{,}000 \qquad \text{或} \qquad y = \pm 50$$

再把 $y = 50$ 代入方程式 $x = 2y$，可得到 $x = 100$。所以 $x = 100$ 和 $y = 50$ 將函數 $f(x, y) = x + 2y$ 最小化，並且滿足限制式 $xy = 5{,}000$。最佳的野餐區是 100 碼寬（與高速公路相鄰），向遠離公路的方向延伸 50 碼，總共需要 100 + 50 + 50 = 200 碼的圍籬。

例題 7.5.2　應用拉格朗日乘數

在 $x^2 + y^2 = 8$ 的限制條件下，求出函數 $f(x, y) = xy$ 的極大值與極小值。

■ 解

令 $g(x, y) = x^2 + y^2$，再利用偏導函數

$$f_x = y \qquad f_y = x \qquad g_x = 2x \qquad 和 \qquad g_y = 2y$$

得到三個拉格朗日方程式

$$y = 2\lambda x \qquad x = 2\lambda y \qquad 和 \qquad x^2 + y^2 = 8$$

如果這三個式子同時成立，x 和 y 皆不能為 0（為什麼？），所以可以將前兩個方程式改寫成

$$2\lambda = \frac{y}{x} \qquad 和 \qquad 2\lambda = \frac{x}{y}$$

這表示

$$\frac{y}{x} = \frac{x}{y} \qquad 或 \qquad x^2 = y^2$$

再把 $x^2 = y^2$ 代入第三式，可以得到

$$2x^2 = 8 \qquad 或 \qquad x = \pm 2$$

若 $x = 2$，由方程式 $x^2 = y^2$ 可以得到 $y = 2$ 或 $y = -2$。同理，若 $x = 2$，也可以得到 $y = 2$ 或 $y = -2$。因此，限制極值可以發生在 (2, 2)、(2, −2)、(−2, 2) 和 (−2, −2)。因為

$$f(2, 2) = f(-2, -2) = 4 \qquad 或 \qquad f(2, -2) = f(-2, 2) = -4$$

所以當 $x^2 + y^2 = 8$，$f(x, y)$ 的極大值是 4，發生在點 (2, 2) 和 (−2, −2)；極小值是 −4，發生在 (2, −2) 和 (−2, 2)。

作為練習，以第 3 章的方法求解這個最佳化問題以驗算答案。

注意　在例題 7.5.1 和 7.5.2 中，前兩個拉格朗日方程式被用來消去新的變數，再把所得到的 x 與 y 之關係式代入限制方程式。對於大部分的限制最佳化問題，這個特定順序的步驟通常可以很快地得到你想要的解。■

效能最大化

效能函數 (utility function) $U(x, y)$ 可以測量消費者擁有 x 單位的某商品及 y 單位的另一種商品的整體滿意度或效能。例題 7.5.3 將說明拉格朗日乘數的方法可以用來決定在不超過固定預算的限制下，消費者如何能得到最大效能的商品數量。

例題 7.5.3 最大化效能

伊斯本可以用 600 元來購買兩種商品，第一種的單位售價是 20 元，第二種的單位售價是 30 元。假設由 x 單位的第一種商品和 y 單位的第二種商品所得到的效能是**古柏 - 道格拉斯效能函數 (Cobb-Douglas utility function)** $U(x, y) = 10x^{0.6}y^{0.4}$，則兩種商品的購買數量各應是多少，消費者才能得到最大效能？

■ **解**

以 20 元的單價購買 x 單位的第一種商品，和以 30 元的單價購買 y 單位的第二種商品的總成本是 $20x + 30y$。因為伊斯本只能消費 600 元，他的目的是在預算限制 $20x + 30y = 600$ 下，將效能 $U(x, y)$ 最大化。

三個拉格朗日方程式為

$$6x^{-0.4}y^{0.4} = 20\lambda \qquad 4x^{0.6}y^{-0.6} = 30\lambda \qquad \text{和} \qquad 20x + 30y = 600$$

由前兩個方程式，他可以得到

$$\frac{6x^{-0.4}y^{0.4}}{20} = \frac{4x^{0.6}y^{-0.6}}{30} = \lambda$$

$$9x^{-0.4}y^{0.4} = 4x^{0.6}y^{-0.6}$$

$$9y = 4x \qquad \text{或} \qquad y = \frac{4}{9}x$$

把 $y = \dfrac{4x}{9}$ 代入第三個拉格朗日方程式，他可以得到

$$20x + 30\left(\frac{4}{9}x\right) = 600$$

$$\left(\frac{100}{3}\right)x = 600$$

所以

$$x = 18 \qquad \text{且} \qquad y = \frac{4}{9}(18) = 8$$

也就是說，要最大化效能，伊斯本應該購買 18 單位的第一種商品和 8 單位的第二種商品。

先前 7.1 節曾提過，效能函數的等高線稱為無異曲線 (indifference curve)。圖 7.26 顯示最佳無異曲線 $U(x, y) = C$ 以及預算限制式 $20x + 30y = 600$ 之間的關係，其中 $C = U(18, 8)$。

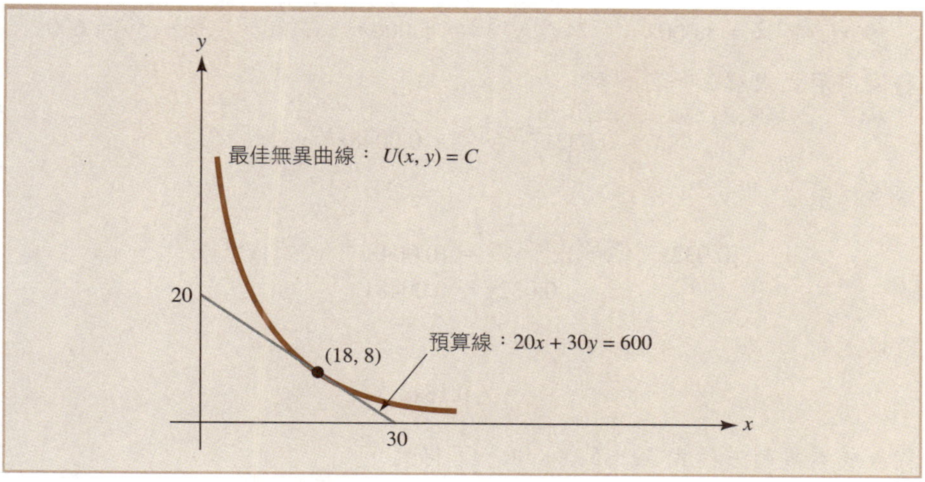

圖 7.26　預算限制式與最佳無異曲線。

資源分配

在資源的限制下，決定資源的最佳分配是商業和經濟上相當重要的問題，如例題 7.5.4 所示。

例題 7.5.4　最佳化資源分配

某製造商有 600,000 元的預算，可以用來生產某產品。已知如果使用 x 單位的資本額及 y 單位的勞動力在生產上，可以生產 P 單位的產品，其中 P 由下列古柏 - 道格拉斯生產函數所決定：

$$P(x, y) = 120x^{4/5}y^{1/5}$$

假設每單位的資本額成本為 3,000 元，而每單位的勞動力成本為 5,000 元，則資本額和勞動力應該如何配置，才能得到最大生產量？

■ 解

總資本額成本是 $3{,}000x$，而總勞動力成本是 $5{,}000y$，所以總成本是 $g(x, y) = 3{,}000x + 5{,}000y$。目標是在 $g(x, y) = 600{,}000$ 的限制下，最大化生產函數 $P(x, y) = 120x^{4/5}y^{1/5}$。對應的拉格朗日方程式是

$$120\left(\frac{4}{5}\right)x^{-1/5}y^{1/5} = 3{,}000\lambda \qquad 120\left(\frac{1}{5}\right)x^{4/5}y^{-4/5} = 5{,}000\lambda$$

和

$$3{,}000x + 5{,}000y = 600{,}000$$

或者是

$$96x^{-1/5}y^{1/5} = 3{,}000\lambda \qquad 24x^{4/5}y^{-4/5} = 5{,}000\lambda \qquad \text{和} \qquad 3x + 5y = 600$$

利用前兩式求解 λ，可得到

$$\lambda = 0.032x^{-1/5}y^{1/5} = 0.0048x^{4/5}y^{-4/5}$$

兩邊同乘以 $x^{1/5}y^{4/5}$，得到

$$[0.032x^{-1/5}y^{1/5}]x^{1/5}y^{4/5} = [0.0048x^{4/5}y^{-4/5}]x^{1/5}y^{4/5}$$
$$0.032y = 0.0048x$$

所以，

$$y = 0.15x$$

代入成本限制方程式 $3x + 5y = 600$，可得到

$$3x + 5(0.15x) = 600$$

因此，

$$x = 160$$

和

$$y = 0.15x = 0.15(160) = 24$$

也就是說，要最大化生產量，該製造商應將預算分配給 160 單位的資本額及 24 單位的勞動力，如此可以生產出

$$P(160, 24) = 120(160)^{4/5}(24)^{1/5} \approx 13{,}138 \text{ 單位}$$

圖 7.27 描繪出成本限制式和最佳生產量的等高曲線之關係。

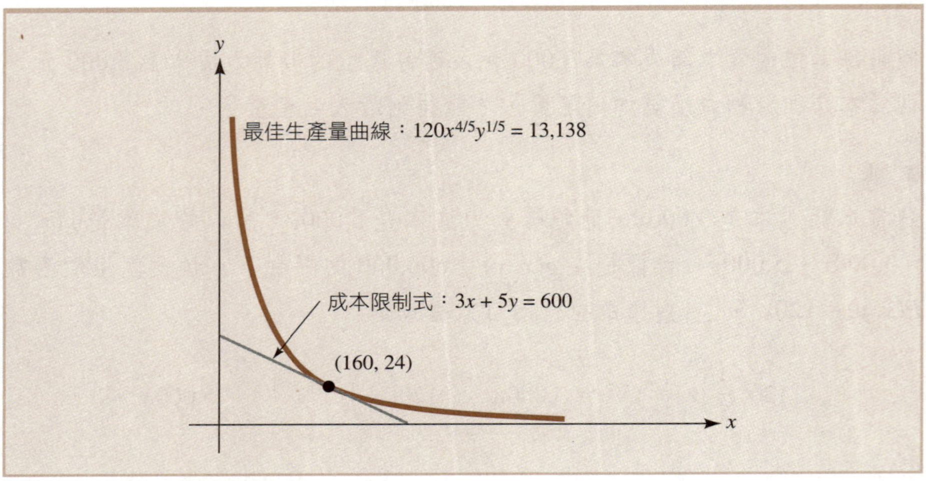

圖 7.27 最佳生產量曲線與成本限制式。

拉格朗日乘數的重要性

通常在使用拉格朗日乘數求解限制最佳化問題時，無需求出拉格朗日乘數的值，但是在某些問題中，可能需要計算出的值，因為其具有以下重要意義：

拉格朗日乘數作為變化率 ■ 假設在 $g(x, y) = k$ 的限制下，$f(x, y)$ 的極大值（極小值）為 M，則拉格朗日乘數是 M 相對於 k 的變化率，亦即

$$\lambda = \frac{dM}{dk}$$

所以

$$\lambda \approx \text{當 } k \text{ 增加 1 單位時，} M \text{ 的變化量}$$

例題 7.5.5 應用拉格朗日乘數作為變化率

假設例題 7.5.4 中製造商得到額外的 1,000 元預算，可以使用在資本額及勞動力上，以生產該產品，亦即總預算增加為 601,000 元，估計這個變化對最大生產量的影響。

■ **解**

在例題 7.5.4 中，我們求得在成本函數 $3{,}000x + 5{,}000y = 600{,}000$ 的限制下，生產量函數 $P(x, y) = 120x^{4/5}y^{1/5}$ 的最大值 M。我們求解以下三個拉格朗日方程式：

$$96x^{-1/5}y^{1/5} = 3{,}000\lambda \qquad 24x^{4/5}y^{-4/5} = 5{,}000\lambda \qquad \text{和} \qquad 3x + 5y = 600$$

得到 $x = 160$，$y = 24$ 及最大生產量

$$P(160, 24) \approx 13{,}138 \text{ 單位}$$

把這些 x 和 y 的值代入第一個或第二個拉格朗日方程式，就可以計算出乘數的值。利用第一個方程式，可以得到

$$\lambda = 0.032x^{-1/5}y^{1/5} = 0.032(160)^{-1/5}(24)^{1/5} \approx 0.0219$$

這表示說，如果預算每增加 1 元，受限於新成本限制的最大生產量將增加 0.0219 單位。因為該限制增加 1,000 元，最大生產量將會增加大約

$$(0.0219)(1{,}000) = 21.9 \text{ 單位}$$

也就是說，最大生產量將增加至

$$13{,}138 + 21.9 = 13{,}159.9 \text{ 單位}$$

若要驗證這個結果，將新的成本限制式

$$3{,}000x + 5{,}000y = 601{,}000$$

依例題 7.5.4 的步驟重新計算，可發現當 $x = 160.27$ 及 $y = 24.04$ 時，可得到最大值（驗證此結果），因此最大生產量是

$$P(160.27, 24.04) = 120(160.27)^{4/5}(24.04)^{1/5} \approx 13{,}159.82$$

基本上和利用拉格朗日乘數所得的估計值一樣。

注意 例題 7.5.4 這類的問題稱為**固定預算問題 (fixed budget problem)**。在這類問題中，拉格朗日乘數 λ 稱為**資金的邊際生產力 (marginal productivity of money)**。類似地，例題 7.5.3 中的乘數稱為**資金的邊際效能 (marginal utility of money)**（見習題 19）。■

三變數函數的拉格朗日乘數

拉格朗日乘數可以推廣到含有兩個以上的變數以及一個以上的限制式的限制最佳化問題，例如，要在限制式 $g(x, y, z) = k$ 下，最佳化 $f(x, y, z)$，可以求解

$$f_x = \lambda g_x \qquad f_y = \lambda g_y \qquad f_z = \lambda g_z \qquad \text{和} \qquad g = k$$

例題 7.5.6 是這種限制最佳化的問題。

例題 7.5.6　最小化製作成本

金妮想製作一個華麗的珍品展示盒，其材料成本是底部每平方英吋 1 元，側面每平方英吋 2 元，頂部每平方英吋 5 元，若總體積必須為 96 立方英吋，則長、寬、高各應是多少才能使製作成本最小？此最小製作成本為何？

■ **解**

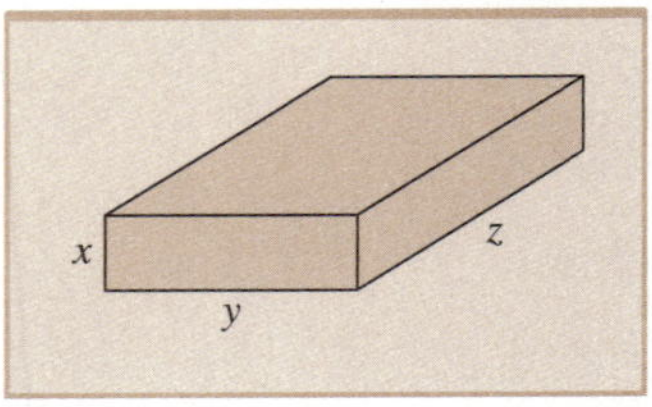

令盒子的高 x 英吋，長 y 英吋，寬 z 英吋，其中 x、y 和 z 皆為正數，如圖所示，則體積是 $V = xyz$，而且總製作成本為

$$C = \underbrace{1yz}_{\text{底部}} + \underbrace{2(2xy + 2xz)}_{\text{側面}} + \underbrace{5yz}_{\text{頂部}} = 6yz + 4xy + 4xz$$

金妮要在 $V = xyz = 96$ 的限制下，將 $C = 6yz + 4xy + 4xz$ 最小化，則拉格朗日方程式為

$$C_x = \lambda V_x \quad \text{或} \quad 4y + 4z = \lambda(yz)$$
$$C_y = \lambda V_y \quad \text{或} \quad 6z + 4x = \lambda(xz)$$
$$C_z = \lambda V_z \quad \text{或} \quad 6y + 4x = \lambda(xy)$$

且 $xyz = 96$。求解前三個方程式的 λ，她可以得到

$$\frac{4y + 4z}{yz} = \frac{6z + 4x}{xz} = \frac{6y + 4x}{xy} = \lambda$$

把每一個式子都乘以 xyz，她得到

$$4xy + 4xz = 6yz + 4yx$$
$$4xy + 4xz = 6yz + 4xz$$
$$6yz + 4yx = 6yz + 4xz$$

等號兩邊約分之後，可以進一步化簡成

$$4xz = 6yz$$
$$4xy = 6yz$$
$$4yx = 4xz$$

把第一個式子的兩邊同除以 z，第二個式子的兩邊同除以 y，第三個式子的兩邊同除以 x，她可以得到

$$4x = 6y \quad \text{和} \quad 4x = 6z \quad \text{和} \quad 4y = 4z$$

所以 $y = \frac{2}{3}x$ 且 $z = \frac{2}{3}x$，把這些值代入限制方程式 $xyz = 96$，她發現

$$x\left(\frac{2}{3}x\right)\left(\frac{2}{3}x\right) = 96$$
$$\frac{4}{9}x^3 = 96$$
$$x^3 = 216 \text{ 所以 } x = 6$$

且

$$y = z = \frac{2}{3}(6) = 4$$

所以，當展示盒的深是 6 英吋，底部是每邊 4 英吋的正方形時，金妮的製作成本最小。此時她的最小成本為

$$C_{\min} = 6(4)(4) + 4(6)(4) + 4(6)(4) = 228 \text{ 元}$$

為什麼拉格朗日乘數法有效？

雖然要嚴格證明拉格朗日乘數法的有效性，需要用到一些超出本書範圍的深奧觀念，不過我們仍然可以從幾何的角度，提出一個簡單可信的解

釋。因為，當 $F_y \neq 0$ 時，等高線 $F(x, y) = C$ 在每一點 (x, y) 的斜率為

$$\frac{dy}{dx} = -\frac{F_x}{F_y}$$

這個公式是來自於偏導函數連鎖律。

現在，考慮限制規劃問題：

最大化 $f(x, y)$ 受限於 $g(x, y) = k$

在幾何上，這表示必須從與限制曲線 $g(x, y) = k$ 相交之 f 的等高線中，找出最高的一條。如圖 7.28 所示，臨界交集發生在限制曲線和等高線相切的點，也就是限制曲線 $g(x, y) = k$ 的斜率和等高線 $f(x, y) = C$ 的斜率相等之處。

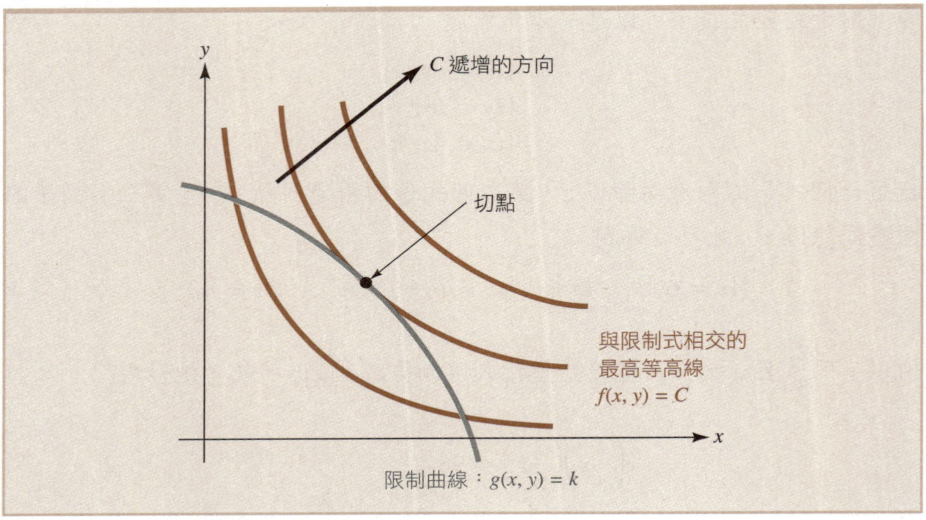

圖 7.28 遞增的等高線與限制曲線。

根據一開始的討論中所提到的公式，可知

限制曲線的斜率 = 等高線的斜率

$$-\frac{g_x}{g_y} = -\frac{f_x}{f_y}$$

或者

$$\frac{f_x}{g_x} = \frac{f_y}{g_y}$$

若以 λ 表示這個共同的比例，則

$$\frac{f_x}{g_x} = \lambda \quad 且 \quad \frac{f_y}{g_y} = \lambda$$

由此可得到前兩個拉格朗日方程式

$$f_x = \lambda g_x \quad \text{和} \quad f_y = \lambda g_y$$

第三個拉格朗日方程式

$$g(x, y) = k$$

只是簡單地陳述一個事實，即切點必須在限制曲線上。

習題 ■ 7.5

第 1 題到第 16 題，假設極限存在，利用拉格朗日乘數法，找出指定的極值。

1. 在 $x + y = 1$ 的限制下，求出 $f(x, y) = xy$ 的極大值。
2. 在 $x^2 + y^2 = 1$ 的限制下，求出 $f(x, y) = xy$ 的極大值和極小值。
3. 在 $xy = 1$ 的限制下，求出 $f(x, y) = x^2 + y^2$ 的極小值。
4. 在 $2x + y = 22$ 的限制下，求出 $f(x, y) = x^2 + 2y^2 - xy$ 的極小值。
5. 在 $x^2 + y^2 = 4$ 的限制下，求出 $f(x, y) = x^2 - y^2$ 的極小值。
6. 在 $8x^2 + y^2 = 1$ 的限制下，求出 $f(x, y) = 8x^2 - 24xy + y^2$ 的極大值和極小值。
7. 在 $x^2 + y^2 = 1$ 的限制下，求出 $f(x, y) = x^2 - y^2 - 2y$ 的極大值和極小值。
8. 在 $x + y^2 = 1$ 的限制下，求出 $f(x, y) = xy^2$ 的極大值。
9. 在 $x + y = 15$ 的限制下，求出 $f(x, y) = 2x^2 + 4y^2 - 3xy - 2x - 23y + 3$ 的極小值。
10. 在 $4x^2 + 4xy = 1$ 的限制下，求出 $f(x, y) = 2x^2 + y^2 + 2xy + 4x + 2y + 7$ 的極小值。
11. 在 $x^2 + y^2 = 4$ 的限制下，求出 $f(x, y) = e^{xy}$ 的極大值和極小值。
12. 在 $2x^2 + 3y^2 = 8$、$x > 0$ 且 $y > 0$ 的限制下，求出 $f(x, y) = \ln(xy^2)$ 的極大值。
13. 在 $x + 2y + 3z = 24$ 的限制下，求出 $f(x, y, z) = xyz$ 的極大值。
14. 在 $z = 2x^2 + y^2$ 的限制下，求出 $f(x, y, z) = x + 3y - z$ 的極大值和極小值。
15. 在 $x^2 + y^2 + z^2 = 16$ 的限制下，求出 $f(x, y, z) = x + 2y + 3z$ 的極大值和極小值。
16. 在 $4x^2 + 2y^2 + z^2 = 4$ 的限制下，求出 $f(x, y, z) = x^2 + y^2 + z^2$ 的極小值。

商業與經濟應用問題

17. **利潤**　某製造商供應電冰箱給 A、B 兩間商店。公司經理估計，若每月供應 x 台電冰箱給 A 商店，y 台電冰箱給 B 商店，則每月的利潤將會是 $P(x, y)$（百元），其中

$$P(x, y) = -0.02x^2 - 0.03xy - 0.05y^2 + 15x + 40y - 3{,}000$$

若該公司每月可以生產 700 台電冰箱，則應該供應各多少台電冰箱給 A 商店及 B 商店，才能使利潤最大？

18. **銷售**　雷吉是一位編輯，他得到 60,000 元的預算來製作和行銷一本新書，他估計如果使用 x（千元）在製作上，y（千元）在行銷上，新書的銷售量大約是

$$S(x, y) = 20x^{3/2}y \text{ 本}$$

a. 雷吉應該如何把預算分配到製作和行銷上，以得到最大銷售量？最大銷售量為何？
b. 假設雷吉得到額外的 1,000 元預算，可以使用在新書的製作和行銷上，他可以預期最大銷售量的變化為何？利用拉格朗日乘數 λ，以得到答案。

19. **資金分配**　當投入 x 千元於人力、y 千元於設備時，某工廠的產量是 Q 單位，其中

$$Q(x, y) = 60x^{1/3}y^{2/3}$$

假設該工廠可投入人力與設備的資金是 120,000 元。

a. 這筆資金應如何分配於人力與設備上，才能獲得最大可能產量？

b. 若該工廠的資金增加到 121,000 元，利用拉格朗日乘數 λ，估計最大產量的變化。

20. 效能　某消費者使用 280 元購買兩種商品，第一種的單位售價是 2 元，第二種的單位售價是 5 元。假設 x 單位第一種商品和 y 單位第二種商品的效能是 $U(x, y) = 100x^{0.25}y^{0.75}$。

a. 兩種商品的購買數量各應為多少，才能得到最大效能？

b. 計算拉格朗日乘數 λ，並從經濟的觀點加以解釋。（在最大化效能時，λ 稱為**資金的邊際效能 (marginal utility of money)**。）

21. 效能　某消費者可以用 k 元來購買兩種商品，第一種商品的單位售價是 a 元，第二種商品的單位售價是 b 元，假設由 x 單位的第一種商品和 y 單位的第二種商品所得到的效能是古柏 - 道格拉斯函數 $U(x, y) = x^{\alpha}y^{\beta}$，其中 $0 < \alpha < 1$，且 $\alpha + \beta = 1$。證明當 $x = \dfrac{k\alpha}{a}$ 且 $y = \dfrac{k\beta}{b}$ 時，可得到最大效能。

22. 在習題 21 中，當 k 增加 1 元時，最大效能的變化為何？

23. 固定預算　令 $Q(x, y)$ 為一生產函數，其中 x 和 y 分別代表勞動力與資本的投入單位數。若勞動力與資本的單位成本分別是 p 和 q，則 $px + qy$ 代表總生產成本。證明在成本固定為 k 的限制下，將產量 $Q(x, y)$ 最大化的投入 x 和 y 會滿足

$$\frac{Q_x}{p} = \frac{Q_y}{q} \quad \text{和} \quad px + qy = k$$

（假設 p 和 q 均不為 0。）此問題稱為**固定預算問題 (fixed budget problem)**。

> CES 生產　固定替代彈性 (constant elasticity of substitution, CES) 生產函數的通式如下：
>
> $$Q(K, L) = A[\alpha K^{-\beta} + (1 - \alpha)L^{-\beta}]^{-1/\beta}$$
>
> 其中 K 是資本額，L 是勞動力，A、α 和 β 是常數，滿足 $A > 0$，$0 < \alpha < 1$，$\beta > -1$，第 24 題到第 26 題與這種生產函數有關。

24. 利用拉格朗日乘數法，在 $2K + 5L = 150$ 的限制下，最大化 CES 生產函數

$$Q = 55[0.6K^{-1/4} + 0.4L^{-1/4}]^{-4}$$

25. 利用拉格朗日乘數法，在 $5K + 2L = 140$ 的限制下，最大化 CES 生產函數

$$Q = 50[0.3K^{-1/5} + 0.7L^{-1/5}]^{-5}$$

26. 假設你想在 $c_1K + c_2L = B$ 的線性限制下，最大化 CES 生產函數

$$Q(K, L) = A[\alpha K^{-\beta} + (1 - \alpha)L^{-\beta}]^{-1/\beta}$$

證明在產量最大時，K 和 L 一定會滿足

$$\left(\frac{K}{L}\right)^{\beta+1} = \frac{c_2}{c_1}\left(\frac{\alpha}{1 - \alpha}\right)$$

27. 邊際分析　令 $P(K, L)$ 為一生產函數，其中 K 與 L 代表某製造程序之資本額與勞動力的需求。假設我們想要在 $C(K, L) = A$ 的限制下（A 是一個常數），將 $P(K, L)$ 最大化。利用拉格朗日乘數法證明，當

$$\frac{\dfrac{\partial P}{\partial K}}{\dfrac{\partial C}{\partial K}} = \frac{\dfrac{\partial P}{\partial L}}{\dfrac{\partial C}{\partial L}}$$

時，亦即當資本額的邊際產量與邊際資本額成本之比例等於勞動力的邊際產量與邊際勞動力成本之比例時，可以得到最佳產量。

生命與社會科學應用問題

28. 有害廢棄物管理　某垃圾處理場進行的一項研究顯示，某地區受污染土壤的形狀大約是橢圓

$$\frac{x^2}{4} + \frac{y^2}{9} = 1$$

的內部，其中 x 和 y 的單位是英哩。該處理場的管理者規劃要興建圓形的圍牆以隔離污染區域。

a. 若該處理場的辦公室位於點 $S(1, 1)$，以 S 為圓心且能包含整個污染區域之最小圓形的半徑為何？（提示：點 $P(x, y)$ 與 $S(1, 1)$ 間之距離的平方可表示為函數

$$f(x, y) = (x - 1)^2 + (y - 1)^2$$

在某些限制條件下最大化 $f(x, y)$，即可得到欲求的半徑。）

b. 閱讀一篇廢棄物管理的文章，並寫一小段報告，說明與垃圾掩埋場及其他垃圾處理場有關的管理決策是如何訂定的。

29. 人體的表面積　7.1 節的習題 38 提到，計算人體表面積的經驗公式是

$$S(W, H) = 0.0072W^{0.425}H^{0.725}$$

其中 W（公斤）是指一個人的體重，H（公分）是其身高。假設在某個短暫期間內，瑪麗亞的體重隨著她的身高改變，使得 $W + H = 160$。在這個限制下，她的身高與體重各為多少時，其身體表面積最大？

第 30 題和第 31 題，你需要知道一個半徑 R 與長度 H 的密閉圓柱體體積 $V = \pi R^2 L$，表面積 $S = 2\pi RL + 2\pi R^2$。一個半徑 R 的半球體體積 $V = \frac{2}{3}\pi R^3$，表面積 $S = 2\pi R^2$。

30. 微生物學　某細菌的形狀像一支圓柱體的棒子，假設該細菌的體積固定，則當這個細菌的表面積最小時，其半徑 R 與長度 H 有什麼關係？

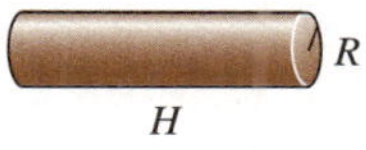

習題 30

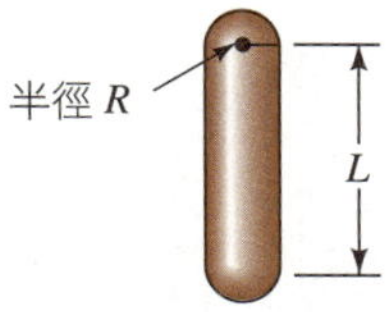

習題 31

31. 微生物學　某細菌的形狀像一支有兩個半圓球形帽子的圓柱形棒子，假設該細菌的體積固定，則當這個細菌的表面積最小時，其半徑 R 與長度 L 必須滿足什麼條件？

其他問題

32. 建造　某農夫想要將河邊的牧場圍上圍籬，牧場的面積是 3,200 平方公尺，靠河的一面不需圍籬，求出使用圍籬最少時的牧場長度和寬度。

33. 建造　320 公尺的籬笆可以用來圍出一個長方形的場地，應該如何使用這些籬笆，才能使所圍面積最大？

34. 郵件包裝　根據郵政法規，以 4 級郵件寄送的包裹，周長加上長度不能超過 108 英吋，則一個兩側是正方形的長方體包裹，其最大體積是多少？（見下圖。）

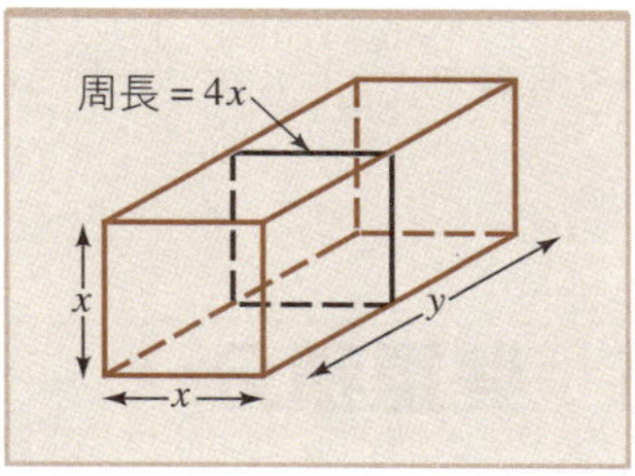

習題 34

35. 郵件包裝　根據習題 34 所述的郵政法規，可以使用 4 級郵件寄送之圓柱體罐子的最大體積為何？（半徑為 R 且長度為 H 的圓柱體體積是 $\pi R^2 H$。）

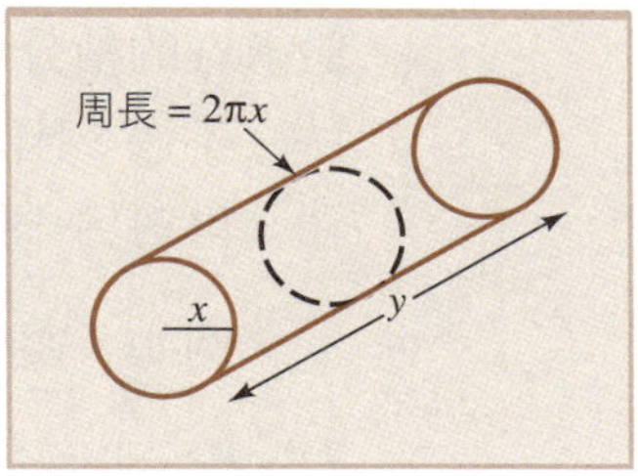

習題 35

36. 包裝　已知 12 盎司大約等於 6.89π 立方英吋，如何利用最少的金屬，製作出容量 12 盎司的汽水罐？（提示：半徑 r 且高度 h 的圓柱體體積是 $\pi r^2 h$；半徑 r 之圓的面積是 πr^2，圓周是 $2\pi r$。）

37. 包裝　一個圓柱體罐子可以盛裝 4π 立方英吋的冰柳橙汁。罐子金屬上蓋及下蓋每平方英吋之製作成本是紙板側邊每平方英吋之製作成本的兩倍，則製作成本最小的圓罐之尺寸為何？（參考習題 36 的尺寸資訊。）

38. 光學　根據光學上的薄鏡片公式可知，薄鏡片的焦距 L 與物體距離 d_o 及影像距離 d_i 的關係符合下列方程式

$$\frac{1}{d_o} + \frac{1}{d_i} = \frac{1}{L}$$

如果 L 維持固定不變，而 d_o 和 d_i 可以變動，則物體與影像間的最大距離 $s = d_o + d_i$ 為何？

39. **粒子物理** 質量為 m 的粒子，位於長、寬、高各為 x、y 和 z 的長方體盒子中，其基態能量是

$$E(x, y, z) = \frac{k^2}{8m}\left(\frac{1}{x^2} + \frac{1}{y^2} + \frac{1}{z^2}\right)$$

其中 k 是一個物理常數。在 7.3 節的習題 38，利用代換積分，在體積固定為 $V_0 = xyz$ 的限制下，將基態能量最小化。利用拉格朗日乘數法，求解同一個受限制的最佳化問題。

40. **建造** 一個儲物室使用三種材料建造，屋頂材料的成本是每平方英呎 15 元，兩側和後面每平方英呎 12 元，前面每平方英呎 20 元。如何以 8,000 元建造一個體積最大的儲物室？

7.6 節 雙重積分

學習目標

1. 定義及計算 xy 平面上，矩形及非矩形區域上的雙重積分。
2. 應用雙重積分於面積、體積、平均值及人口密度之相關問題。

在第 5 章和第 6 章中，我們是將微分的過程逆轉，來計算單變數函數 $f(x)$ 的積分；在計算雙變數函數 $f(x, y)$ 的積分時，也可以使用類似的方法。不過，因為 $f(x, y)$ 的積分涉及兩個變數，我們需要先將一個變數固定住，再對另一個變數積分。

例如，要計算偏積分 $\int_1^2 xy^2\,dx$ 時，把 y 固定，再利用微積分基本定理對 x 積分：

$$\begin{aligned}\int_1^2 xy^2\,dx &= \frac{1}{2}x^2y^2\Big|_{x=1}^{x=2}\\ &= \left[\frac{1}{2}(2)^2y^2\right] - \left[\frac{1}{2}(1)^2y^2\right] = \frac{3}{2}y^2\end{aligned}$$

同理，要計算 $\int_{-1}^1 xy^2\,dy$，需要先將 x 固定，再對 y 積分：

$$\begin{aligned}\int_{-1}^1 xy^2\,dy &= x\left(\frac{1}{3}y^3\right)\Big|_{y=-1}^{y=1}\\ &= \left[x\left(\frac{1}{3}(1)^3\right)\right] - \left[x\left(\frac{1}{3}(-1)^3\right)\right] = \frac{2}{3}x\end{aligned}$$

通常，將一個函數 $f(x, y)$ 對 x 偏積分，結果會是一個只含有變數 y 的函數，接下來就可以把這個函數當作單變數函數來積分，也就是所謂的**疊積分 (iterated integral)** $\int\left[\int f(x, y)\,dx\right]dy$。同樣地，疊積分

$\int\left[\int f(x, y)\, dy\right] dx$ 是先把 x 固定，將函數 $f(x, y)$ 對 y 積分，再對 x 積分所得。回到剛剛的例子，可以得到

$$\int_{-1}^{1}\left(\int_{1}^{2} xy^2\, dx\right) dy = \int_{-1}^{1} \frac{3}{2}y^2\, dy = \frac{1}{2}y^3\Big|_{y=-1}^{y=1} = 1$$

和

$$\int_{1}^{2}\left(\int_{-1}^{1} xy^2\, dy\right) dx = \int_{1}^{2} \frac{2}{3}x\, dx = \frac{1}{3}x^2\Big|_{x=1}^{x=2} = 1$$

在這個例題中，兩個疊積分的結果是相同的，你可以假設這對本書中所有的疊積分皆成立。以下以疊積分定義 $f(x, y)$ 在 xy 平面上的一個矩形上的雙重積分。

矩形區域上的雙重積分 ■ 下圖中矩形區域

$$R: a \le x \le b, c \le y \le d$$

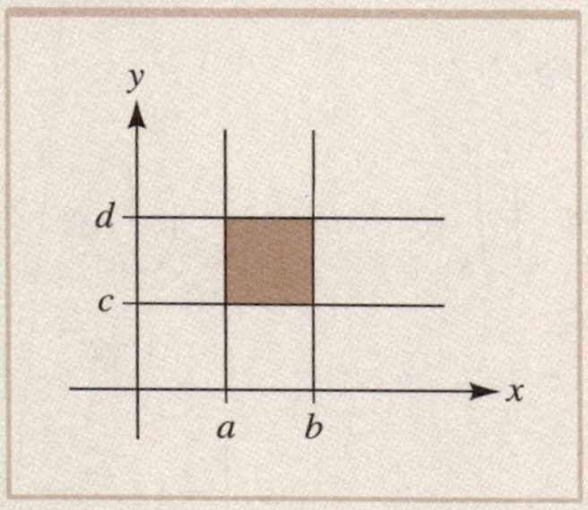

上的**雙重積分 (double integral)** $\iint_R f(x, y)\, dA$ 是以下兩個疊積分的共同值

$$\int_a^b\left[\int_c^d f(x, y)\, dy\right] dx \qquad 和 \qquad \int_c^d\left[\int_a^b f(x, y)\, dx\right] dy$$

亦即

$$\iint_R f(x, y)\, dA = \int_a^b\left[\int_c^d f(x, y)\, dy\right] dx = \int_c^d\left[\int_a^b f(x, y)\, dx\right] dy$$

例題 7.6.1 說明這類雙重積分的計算。

例題 7.6.1 計算雙重積分

計算雙重積分

$$\iint_R xe^{-y}\, dA$$

其中 R 是矩形區域 $-2 \le x \le 1$，$0 \le y \le 5$：

a. 先對 x 積分。

b. 先對 y 積分。

■ **解**

a. 先對 x 積分：

$$\begin{aligned}\iint_R xe^{-y}\,dA &= \int_0^5\left(\int_{-2}^1 xe^{-y}\,dx\right)dy\\&= \int_0^5 \frac{1}{2}x^2e^{-y}\bigg|_{x=-2}^{x=1} dy\\&= \int_0^5 \frac{1}{2}e^{-y}[(1)^2-(-2)^2]\,dy = \int_0^5 -\frac{3}{2}e^{-y}\,dy\\&= -\frac{3}{2}(-e^{-y})\bigg|_{y=0}^{y=5} = \frac{3}{2}(e^{-5}-e^0) = \frac{3}{2}(e^{-5}-1)\end{aligned}$$

b. 先對 y 積分：

$$\begin{aligned}\iint_R xe^{-y}\,dA &= \int_{-2}^1\left(\int_0^5 xe^{-y}\,dy\right)dx\\&= \int_{-2}^1 x(-e^{-y})\bigg|_{y=0}^{y=5} dx = \int_{-2}^1 [-x(e^{-5}-e^0)]\,dx\\&= \left[-(e^{-5}-1)\left(\frac{1}{2}x^2\right)\right]\bigg|_{x=-2}^{x=1}\\&= -\frac{1}{2}(e^{-5}-1)[(1)^2-(-2)^2] = \frac{3}{2}(e^{-5}-1)\end{aligned}$$

在例題 7.6.1 中，積分的順序對結果並沒有影響，不但結果相同，積分的困難程度也差不多，不過有時候積分的順序是有影響的，如例題 7.6.2 所示。

例題 7.6.2 計算雙重積分

計算雙重積分

$$\iint_R xe^{xy}\,dA$$

其中 R 是矩形區域 $0 \le x \le 2$，$0 \le y \le 1$。

■ **解**

如果你用以下的順序來積分

$$\int_0^1\left(\int_0^2 xe^{xy}\,dx\right)dy$$

必須利用分部積分來進行內積分：

$$u = x \qquad dv = e^{xy}\,dx$$
$$du = dx \qquad v = \frac{1}{y}e^{xy}$$

$$\int_0^2 xe^{xy}\,dx = \frac{x}{y}e^{xy}\Big|_{x=0}^{x=2} - \int_0^2 \frac{1}{y}e^{xy}\,dx$$
$$= \left(\frac{x}{y} - \frac{1}{y^2}\right)e^{xy}\Big|_{x=0}^{x=2} = \left(\frac{2}{y} - \frac{1}{y^2}\right)e^{2y} - \left(\frac{-1}{y^2}\right)$$

然後外積分為

$$\int_0^1\left[\left(\frac{2}{y} - \frac{1}{y^2}\right)e^{2y} + \frac{1}{y^2}\right]dy$$

接下來呢？你有什麼看法？

從另一方面來說，如果你先對 y 積分，這兩個積分就會變得很容易：

$$\int_0^2\left(\int_0^1 xe^{xy}\,dy\right)dx = \int_0^2 \frac{xe^{xy}}{x}\Big|_{y=0}^{y=1}dx$$
$$= \int_0^2 (e^x - 1)\,dx = (e^x - x)\Big|_{x=0}^{x=2}$$
$$= (e^2 - 2) - e^0 = e^2 - 3$$

非矩形區域上的雙重積分

在前面的每一個例題，積分的區域都是矩形，不過雙重積分也可以定義在非矩形的區域上，然而在這之前，我們將介紹一個有效率的方式，以不等式來描述這種區域。

垂直剖面

圖 7.29 所示是曲線 $y = g_1(x)$、曲線 $y = g_2(x)$、$x = a$ 和 $x = b$ 所圍成的區域 R，這個區域可以用下列不等式來表示：

$$R: a \le x \le b,\ g_1(x) \le y \le g_2(x)$$

第一個不等式指出 x 所在的區間，而第二個不等式指出在區間中每個 x 上之垂直剖面的上界和下界，也就是說：

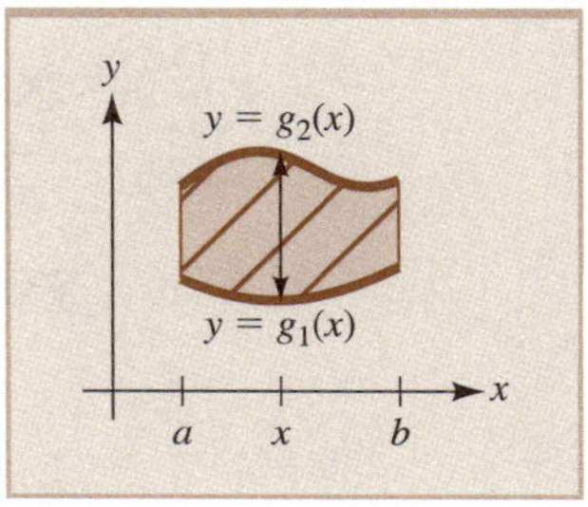

圖 7.29　垂直剖面。區域 R：$a \le x \le b$，$g_1(x) \le y \le g_2(x)$。

R 是一個對於每一個介於 a 與 b 之間的 x，
y 都在 $g_1(x)$ 與 $g_2(x)$ 之間的區域。

例題 7.6.3 說明這種表示區域的方法。

例題 7.6.3　利用垂直剖面表示區域

令 R 為曲線 $y = x^2$ 和直線 $y = 2x$ 所圍成的區域。利用垂直剖面，以不等式表示 R。

解

首先描繪所給的曲線與直線，如圖 7.30 所示。先找出區域 R，再畫上一個垂直剖面以便參考。同時，求解方程式 $y = x^2$ 和 $y = 2x$ 可以得到交點 (0, 0) 和 (2, 4)。在區域 R 上，變數 x 可以是所有從 $x = 0$ 到 $x = 2$ 的值，而對每一個這種 x，垂直剖面的下界和上界分別是 $y = x^2$ 和 $y = 2x$。因此，R 可以用不等式表示成

$$0 \le x \le 2 \qquad 和 \qquad x^2 \le y \le 2x$$

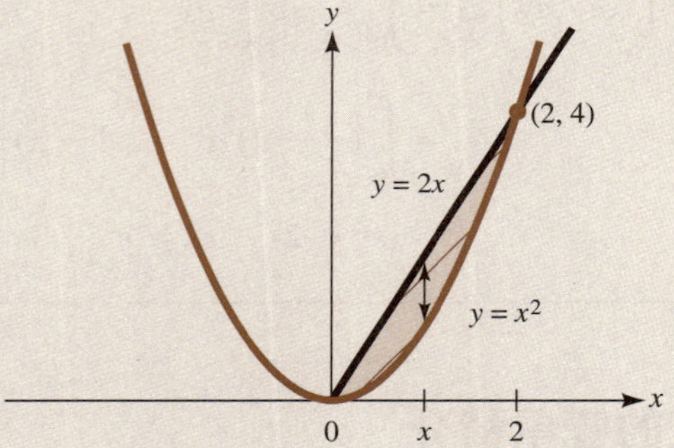

圖 7.30　利用垂直剖面，將 $y = x^2$ 和 $y = 2x$ 之間的區域 R 表示成 $R：0 \le x \le 2，x^2 \le y \le 2x$。

水平剖面

圖 7.31 是曲線 $x = h_1(y)$、$x = h_2(y)$、$y = c$ 和 $y = d$ 所圍成的區域。這個區域可以用以下兩個不等式表示：

$$R: c \le y \le d, h_1(y) \le x \le h_2(y)$$

第一個不等式指出 y 所在的區間，而第二個不等式指出在區間中的每個 y 上之水平剖面的左（後）界和右（前）界，也就是說：

R 是一個對於每一個介於 c 與 d 之間的 y，
x 都在 $h_1(y)$ 與 $h_2(y)$ 之間的區域。

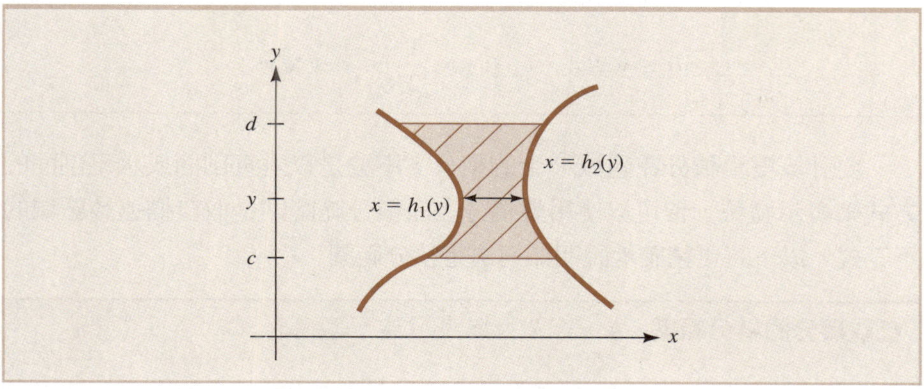

圖 7.31　水平剖面。區域 R：$c \le y \le d$，$h_1(y) \le x \le h_2(y)$。

例題 7.6.4 使用這種表示區域的方法，來表示例題 7.6.3 中以垂直剖面所表示的區域。

例題 7.6.4　利用水平剖面表示區域

令 R 為曲線 $y = x^2$ 和直線 $y = 2x$ 所圍成的區域。利用水平剖面，以不等式表示 R。

■ 解

和例題 7.6.3 一樣，先描繪出該區域，再找出曲線與直線交點，不過這次是要畫出水平剖面（圖 7.32）。

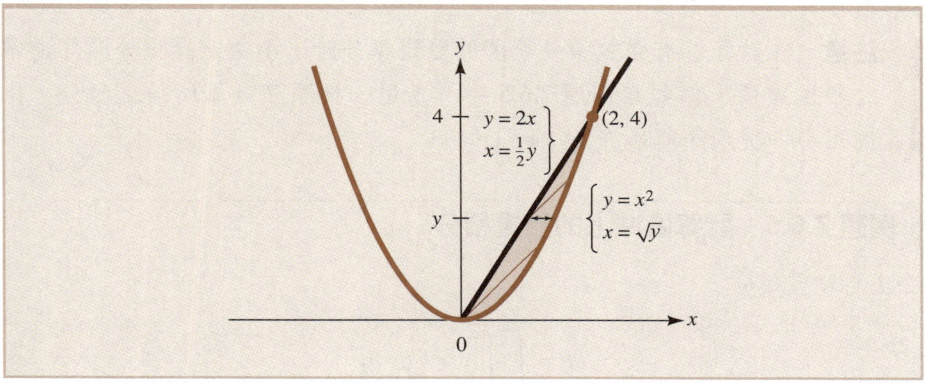

圖 7.32　利用水平剖面，將 $y = x^2$ 和 $y = 2x$ 之間的區域 R 表示成 R：$0 \le y \le 4$，$\frac{1}{2}y \le x \le \sqrt{y}$。

在區域 R 上，變數 y 可以是所有從 $y = 0$ 到 $y = 4$ 的值，而對每一個這樣的 y，水平剖面由左邊的直線 $y = 2x$ 延伸到右邊的 $y = x^2$，因為直線之方

程式可以寫成 $x = \frac{1}{2}y$，而曲線之方程式可以寫成 $x = \sqrt{y}$，所以，利用水平剖面，R 可以用不等式表示成

$$0 \le y \le 4 \qquad \text{和} \qquad \frac{1}{2}y \le x \le \sqrt{y}$$

要計算雙重積分在區域 R 上的積分，不論是以垂直剖面或水平剖面的方式來表示區域，皆可以使用疊積分，而積分範圍則是取自描述該區域的不等式。以下將更精確地說明如何決定積分範圍：

雙重積分的積分範圍 ■ 若 R 可以表示為不等式

$$a \le x \le b \qquad \text{和} \qquad g_1(x) \le y \le g_2(x)$$

則

$$\iint_R f(x, y)\, dA = \int_a^b \left[\int_{g_1(x)}^{g_2(x)} f(x, y)\, dy \right] dx$$

若 R 可以表示為不等式

$$c \le y \le d \qquad \text{和} \qquad h_1(y) \le x \le h_2(y)$$

則

$$\iint_R f(x, y)\, dA = \int_c^d \left[\int_{h_1(y)}^{h_2(y)} f(x, y)\, dx \right] dy$$

注意 在計算含有變數積分範圍的雙重積分時，小心選擇積分順序通常是很關鍵的。例如在例題 7.6.5 中，應用一種順序計算所給之積分，比應用另一種順序簡單許多。■

例題 7.6.5 計算區域上的雙重積分

令 I 為雙重積分

$$I = \int_0^1 \int_0^y y^2 e^{xy}\, dx\, dy$$

a. 描繪積分區域，並以相反的積分順序改寫所給的積分。

b. 以不同的積分順序計算 I。

■ **解**

a. 把 I 與一般形式的順序 $dx\,dy$ 比較，可以看出積分區域為

$$R:\ \underbrace{0 \le y \le 1}_{\text{外積分範圍}},\ \underbrace{0 \le x \le y}_{\text{內積分範圍}}$$

所以，如果 y 是區間 $0 \le y \le 1$ 上的數，R 在 y 的水平剖面從左邊的 $x = 0$ 延伸到右邊的 $x = y$，如圖 7.33a 所示的三角形區域。如圖 7.33b 所示，同一個區域 R 可以用垂直剖面來表示，在每一個區間 $0 \le x \le 1$ 上之 x，下界是 $y = x$，上界是 $y = 1$，以不等式的形式來表示，則

$$R: 0 \le x \le 1, x \le y \le 1$$

所以這個積分也可以寫成

$$I = \int_0^1 \int_x^1 y^2 e^{xy}\, dy\, dx$$

b. 以下以所給的積分順序計算 I：

$$\int_0^1 \int_0^y y^2 e^{xy}\, dx\, dy = \int_0^1 \left(y e^{xy} \Big|_{x=0}^{x=y} \right) dy \qquad \text{因為 } \int e^{xy}\, dx = \frac{1}{y} e^{xy}$$

$$= \int_0^1 (y e^{y^2} - y)\, dy$$

$$= \left(\frac{1}{2} e^{y^2} - \frac{1}{2} y^2 \right) \Big|_0^1$$

$$= \left(\frac{1}{2} e - \frac{1}{2} \right) - \left(\frac{1}{2} - 0 \right) = \frac{1}{2} e - 1$$

試著用與 (a) 小題所得的相反積分順序來計算 I，會發生什麼事？

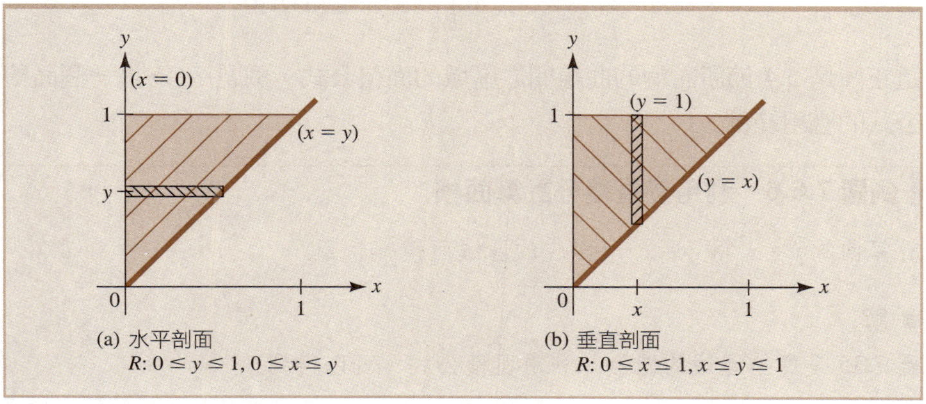

圖 7.33 $I = \int_0^1 \int_0^y y^2 e^{xy}\, dx\, dy$ 的積分區域。

應用

接下來將討論一些雙重積分的應用，所有的這些應用都是單變數函數的定積分應用的延伸，例如我們將會看到如何利用雙重積分來計算面積、體積、平均值以及由人口密度計算人口總數。

平面上的區域面積

在 xy 平面上的區域 R 上，對常數函數 $f(x, y) = 1$ 作雙重積分，可以得到 R 的面積。

面積公式 ■ 在 xy 平面上的區域 R，其面積公式為

$$R \text{ 的面積} = \iint_R 1\, dA$$

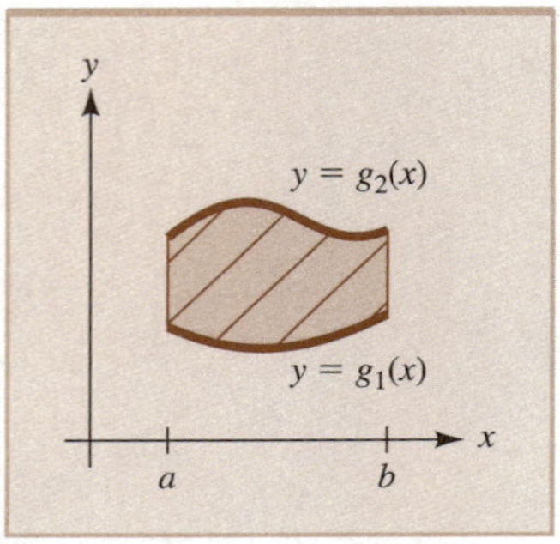

圖 7.34 R 的面積 $= \iint_R 1\, dA$。

想知道這個面積公式為什麼是對的，考慮圖 7.31 中的面積 R，從 $x = a$ 延伸到 $x = b$，其上方受限於曲線 $y = g_2(x)$，下方受限於曲線 $y = g_1(x)$。根據雙重積分的面積公式，得知

$$\begin{aligned} R \text{ 的面積} &= \iint_R 1\, dA \\ &= \int_a^b \int_{g_1(x)}^{g_2(x)} 1\, dy\, dx \\ &= \int_a^b \left[y \Big|_{y=g_1(x)}^{y=g_2(x)} \right] dx \\ &= \int_a^b [g_2(x) - g_1(x)]\, dx \end{aligned}$$

這正好是 5.4 節所討論的曲線間之區域的面積公式。例題 7.6.6 是一個面積公式的應用範例。

例題 7.6.6 利用雙重積分計算面積

計算曲線 $y = x^3$ 和 $y = x^2$ 所圍成的區域面積。

■ **解**

圖 7.35 是所給區域的圖形。利用面積公式，可以得到

$$\begin{aligned} R \text{ 的面積} = \iint_R 1\, dA &= \int_0^1 \int_{x^3}^{x^2} 1\, dy\, dx \\ &= \int_0^1 \left(y \Big|_{y=x^3}^{y=x^2} \right) dx \end{aligned}$$

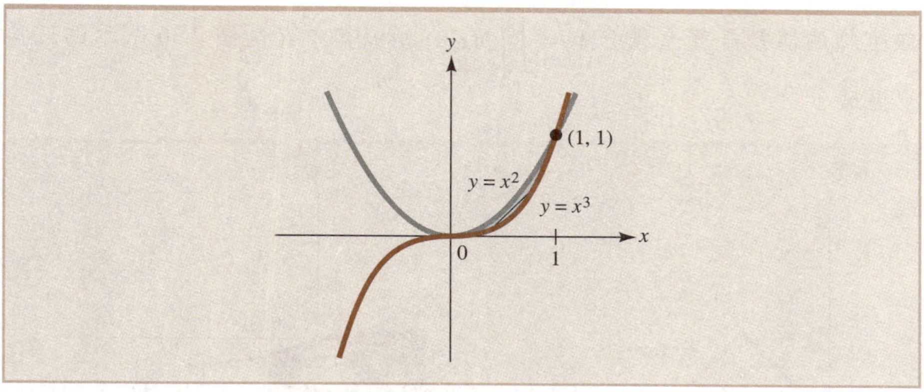

圖 7.35　$y = x^2$ 和 $y = x^3$ 所圍成的區域。

$$= \int_0^1 (x^2 - x^3)\,dx$$
$$= \left[\frac{1}{3}x^3 - \frac{1}{4}x^4\right]\Bigg|_0^1$$
$$= \frac{1}{12}$$

雙重積分的體積公式

5.3 節中曾提到，對於曲線 $y = f(x)$ 之下，區間 $a \le x \le b$ 上的區域，其中 $f(x)$ 連續且 $f(x) \ge 0$，其面積是定積分 $A = \int_a^b f(x)\,dx$。對連續、非負的二元函數作類似的分析，可以得到雙重積分的體積公式。

雙重積分的體積公式 ■ 若 $f(x, y)$ 在區域 R 上連續，且 $f(x, y) \ge 0$，則在曲面 $z = f(x, y)$ 之下，R 之上的立體區域體積為

$$V = \iint_R f(x, y)\,dA$$

例題 7.6.7　應用雙重積分計算生物體積

某種生物覆蓋了一個容器的三角形底部，三角形的頂點分別是 (0, 0)、(6, 0) 和 (3, 3)。在這個區域中的每一點，生物覆蓋的深度是 $h(x, y) = \dfrac{x}{y + 2}$，所有的單位都是公分，則該生物的總體積是多少？

■ **解**

該生物的體積是雙重積分 $V = \iint_R h(x, y)\, dA$，其中 R 是圖 7.36 所示的三角形區域。

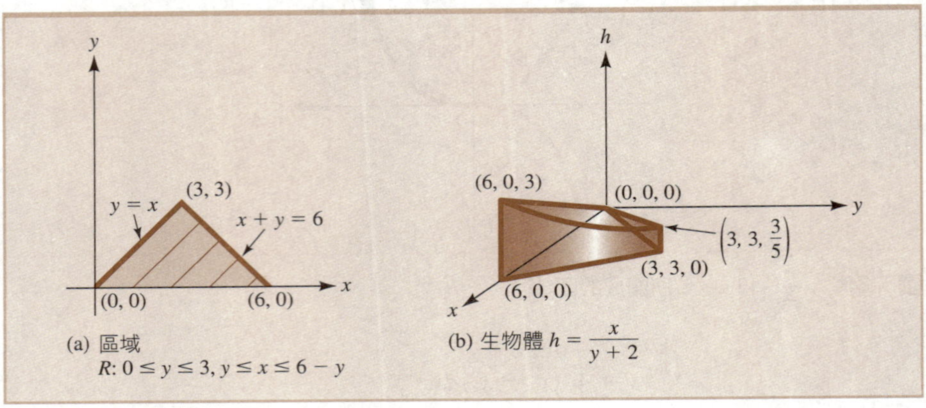

圖 7.36 生物的體積。

注意到這個區域是由 x 軸（$y = 0$）、直線 $x = y$ 和 $x + y = 6$ 所圍成，所以可以表示成

$$R: 0 \le y \le 3, y \le x \le 6 - y$$

因此，該生物的體積為

$$\begin{aligned}
V &= \int_0^3 \int_y^{6-y} \frac{x}{y+2}\, dx\, dy \\
&= \int_0^3 \frac{1}{y+2}\left(\frac{x^2}{2}\right)\Bigg|_y^{6-y} dy = \int_0^3 \frac{1}{2(y+2)}[(6-y)^2 - y^2]\, dy \\
&= \int_0^3 \frac{1}{2(y+2)}[36 - 12y]\, dy \qquad -12y + 36 \text{ 除以 } 2y + 4 \\
&= \int_0^3 \left[-6 + \left(\frac{60}{2y+4}\right)\right] dy \\
&= -6y + 30 \ln|2y + 4|\Bigg|_0^3 \\
&= [-6(3) + 30 \ln(2(3) + 4)] - [-6(0) + 30 \ln(0 + 4)] \\
&\approx 9.489
\end{aligned}$$

所以，該生物的總體積大約是 9.5 立方公分。

函數 $f(x, y)$ 的平均值

在 5.4 節中，提到函數 $f(x)$ 在區間 $a \le x \le b$ 上的平均值可由以下積分公式得到：

$$AV = \frac{1}{b-a}\int_a^b f(x)\,dx$$

也就是說，要找出一個單變數函數在區間上的平均值，可以將該函數在區間上積分，再將結果除以區間長度。兩個變數時的作法也類似，也就是說，要找出一個二元函數 $f(x, y)$ 在區域 R 上的平均值，可以將該函數在 R 上積分，再將結果除以 R 的面積。

平均值公式 ■ 函數 $f(x, y)$ 在區域 R 上的平均值公式為

$$AV = \frac{1}{R\text{ 的面積}}\iint_R f(x, y)\,dA$$

例題 7.6.8 計算每月平均產出

某工廠的產量是古柏 - 道格拉斯生產函數

$$Q(K, L) = 50K^{3/5}L^{2/5}$$

其中 K 是資本額，單位是 1,000 元；L 是勞動力，單位是工時。假設每個月的資本額在 10,000 元到 12,000 元之間變動，而每個月的勞動力在 2,800 到 3,200 工時之間變動，求出該工廠每月平均產量。

■ 解

我們可以合理地估計，每月平均產量是 $Q(K, L)$ 在矩形區域 R：$10 \le K \le 12$，$2{,}800 \le L \le 3{,}200$ 上之平均值。這個區域的面積為

$$\begin{aligned} A = R\text{ 的面積} &= (12 - 10) \times (3{,}200 - 2{,}800) \\ &= 800 \end{aligned}$$

所以平均產量為

$$\begin{aligned} AV &= \frac{1}{800}\iint_R 50K^{3/5}L^{2/5}\,dA \\ &= \frac{1}{800}\int_{2{,}800}^{3{,}200}\left(\int_{10}^{12} 50K^{3/5}L^{2/5}\,dK\right)dL \\ &= \frac{1}{800}\int_{2{,}800}^{3{,}200} 50L^{2/5}\left(\frac{5}{8}K^{8/5}\right)\Bigg|_{K=10}^{K=12} dL \\ &= \frac{1}{800}(50)\left(\frac{5}{8}\right)\int_{2{,}800}^{3{,}200} L^{2/5}(12^{8/5} - 10^{8/5})\,dL \\ &= \frac{1}{800}(50)\left(\frac{5}{8}\right)(12^{8/5} - 10^{8/5})\left(\frac{5}{7}L^{7/5}\right)\Bigg|_{L=2{,}800}^{L=3{,}200} \end{aligned}$$

$$= \frac{1}{800}(50)\left(\frac{5}{8}\right)\left(\frac{5}{7}\right)(12^{8/5} - 10^{8/5})[(3,200)^{7/5} - (2,800)^{7/5}]$$
$$\approx 5,181.23$$

因此，平均產量大約是 5,181 單位。

人口密度

我們在 5.6 節說明了如何利用對人口密度函數積分，求得圓形區域內的人口總數。人口密度函數 $p(r)$ 即為距離一固定中心點 r 英哩處，每平方英哩的人口總數。更廣泛來說，如果我們知道在某區域 R 上任何一點 $p(x, y)$ 上的人口密度 $p(x, y)$，則在該區域上，面積為 ΔA 的小區域內之人口總數 ΔP 是以下乘積：

$$\Delta P = p(x, y) \cdot \Delta A$$

區域內的人數	每平方英哩面積的人數	區域面積

利用雙重積分來「加總」所有這種小區域的人數，則區域 R 內的人口總數 P 可以由以下公式算出。

$$P = \iint_R p(x, y)\, dA$$

同樣的公式也可以用來計算更一般的人數，例如在某測試區域內，受到廣告活動影響的人數，或是在一個社區中，可能感染了某種傳染病的人數。我們在例題 7.6.9 中應用這個公式來預測選舉結果。

例題 7.6.9 由人口密度計算人口總數

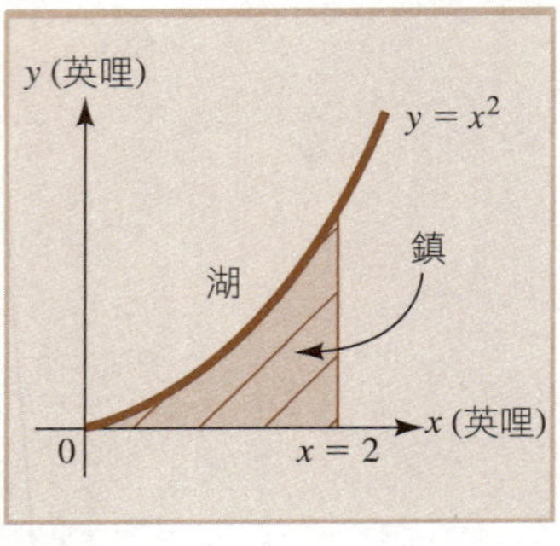

圖 7.37 湖濱社區

某湖濱社區之邊界如圖 7.37 所示，此社區將針對為建立新的市立公園所評定的稅額進行投票。根據一項民調，某顧問估計在圖上的座標點 (x, y) 上，贊成這項稅額的選舉人之密度是 $p(x, y) = 50xe^{-0.04y}$（百人／平方英哩），其中 x 和 y 的單位是英哩。如果投票總人數是 35,000 人，則此評定稅額議案會通過還是失敗？

■ 解

此社區所佔的區域 R，上方的界限是 $y = x^2$，下方的界限是 x 軸，且位於 $x = 2$ 的右邊。我們將利用在 R 上的積分 $\iint p(x, y)\, dA$，計算贊成票的投票者人數 N，首先在 $y = 0$ 和 $y = x^2$ 之間對 y 積分，接著在 $x = 0$ 和 $x = 2$ 之間對 x 積分，可得到

$$N = \iint_R p(x, y)\, dA$$

$$= \int_0^2 \int_0^{x^2} 50xe^{-0.04y}\, dy\, dx \qquad \text{指數公式}$$

$$= \int_0^2 50x \left[\frac{e^{-0.04y}}{-0.04} \right]_{y=0}^{y=x^2} dx$$

$$= \int_0^2 -1{,}250x[e^{-0.04x^2} - e^0]\, dx \qquad \text{代換 } u = -0.04x^2 \text{，} du = -0.08x\, dx \text{ 並利用指數公式}$$

$$= -1{,}250 \left[\frac{e^{-0.04x^2}}{-0.08} - \frac{1}{2}x^2 \right]_0^2$$

$$= -1{,}250[-12.5e^{-0.16} - 2] - (-1{,}250)[-12.5 - 0]$$

$$= 189.75$$

亦即，預計有 18,975 人（189.75 百人）將會去投贊成票，而

$$35{,}000 - 18.975 = 16{,}025 \text{ 人}$$

將會去投反對票，因此此議案將會通過。

習題 ■ 7.6

第 1 題到第 9 題，計算雙重積分。

1. $\int_0^1 \int_1^2 x^2y\, dx\, dy$

2. $\int_0^{\ln 2} \int_{-1}^0 2xe^y\, dx\, dy$

3. $\int_1^3 \int_0^1 \frac{2xy}{x^2 + 1}\, dx\, dy$

4. $\int_0^4 \int_{-1}^1 x^2y\, dy\, dx$

5. $\int_2^3 \int_1^2 \frac{x + y}{xy}\, dy\, dx$

6. $\int_0^4 \int_0^{\sqrt{x}} x^2y\, dy\, dx$

7. $\int_0^1 \int_{y-1}^{1-y} (2x + y)\, dx\, dy$

8. $\int_0^1 \int_0^4 \sqrt{xy}\, dy\, dx$

9. $\int_1^e \int_0^{\ln x} xy\, dy\, dx$

第 10 題到第 12 題，利用垂直剖面和水平剖面，以不等式表示 R。

10. R 是 $y = x^2$ 和 $y = 3x$ 所圍成的區域。

11. R 是頂點為 $(-1, 1)$、$(2, 1)$、$(2, 2)$ 及 $(-1, 2)$ 的矩形。

12. R 是 $y = \ln x$、$y = 0$ 及 $x = e$ 所圍成的區域。

第 13 題到第 18 題，計算在指定區域上的雙重積分。

13. $\iint_R 3xy^2\, dA$，其中 R 是直線 $x = -1$、$x = 2$、$y = -1$ 及 $y = 0$ 所圍成的區域。

14. $\iint_R xe^y\, dA$，其中 R 是頂點為 $(0, 0)$、$(1, 0)$ 及 $(1, 1)$ 的三角形。

15. $\iint_R (2y - x)\, dA$，其中 R 是 $y = x^2$ 和 $y = 2x$ 所圍成的區域。

16. $\iint_R (2x + 1)\, dA$，其中 R 是頂點為 $(-1, 0)$、$(1, 0)$ 及 $(0, 1)$ 的三角形。

17. $\iint_R \frac{1}{y^2 + 1}\, dA$，其中 R 是直線 $y = \frac{1}{2}x$、$y = -x$ 及 $y = 2$ 所圍成的區域。

18. $\iint_R 12x^2e^{y^2}\,dA$，其中 R 是第一象限中，$y = x^3$ 和 $y = x$ 所圍成的區域。

第 19 題到第 22 題，描繪所給的積分區域，並以相反的積分順序改寫積分。

19. $\int_0^2\int_0^{4-x^2} f(x, y)\,dy\,dx$　20. $\int_0^1\int_{x^3}^{\sqrt{x}} f(x, y)\,dy\,dx$

21. $\int_1^{e^2}\int_{\ln x}^{2} f(x, y)\,dy\,dx$　22. $\int_{-1}^1\int_{x^2+1}^{2} f(x, y)\,dy\,dx$

第 23 題到第 27 題，利用雙重積分計算 R 的面積。

23. R 是頂點為 $(-4, 0)$、$(2, 0)$ 及 $(2, 6)$ 的三角形。
24. R 是 $y = \frac{1}{2}x^2$ 和 $y = 2x$ 所圍成的區域。
25. R 是 $y = x^2 - 4x + 3$ 和 x 軸所圍成的區域。
26. R 是 $y = \ln x$、$y = 0$ 及 $x = e$ 所圍成的區域。
27. R 是第一象限中，$y = 4 - x^2$、$y = 3x$ 及 $y = 0$ 所圍成的區域。

第 28 題到第 32 題，求出曲面 $z = f(x, y)$ 之下，所給區域 R 上的立體體積。

28. $f(x, y) = 6 - 2x - 2y$;
$R: 0 \le x \le 1, 0 \le y \le 2$
29. $f(x, y) = \frac{1}{xy}$;
$R: 1 \le x \le 2, 1 \le y \le 3$
30. $f(x, y) = xe^{-y}$;
$R: 0 \le x \le 1, 0 \le y \le 2$
31. $f(x, y) = 2x + y$；R 是 $y = x$、$y = 2 - x$ 及 $y = 0$ 所圍成的區域。
32. $f(x, y) = x + 1$；R 是 $y = 8 - x^2$ 及 $y = x^2$ 所圍成的區域。

第 33 題到第 36 題，求出函數 $f(x, y)$ 在所給區域 R 上的平均值。

33. $f(x, y) = xy(x - 2y)$;
$R: -2 \le x \le 3, -1 \le y \le 2$
34. $f(x, y) = xye^{x^2y}$;
$R: 0 \le x \le 1, 0 \le y \le 2$
35. $f(x, y) = 6xy$；R 是頂點為 $(0, 0)$、$(0, 1)$ 及 $(3, 1)$ 的三角形。
36. $f(x, y) = x$；R 是 $y = 4 - x^2$ 及 $y = 0$ 所圍成的區域。

第 37 題和第 38 題，計算在指定區域 R 上的雙重積分。小心地選擇積分順序。

37. $\iint_R \frac{\ln(xy)}{y}\,dA$; R: $1 \le x \le 3, 2 \le y \le 5$
38. $\iint_R x^3e^{x^2y}\,dA$; R: $0 \le x \le 1, 0 \le y \le 1$

商業與經濟應用問題

39. **平均利潤**　某製造商估計，當銷售某產品 x 單位到國內市場，y 單位到國外市場時，利潤為

$$P(x, y) = (x - 30)(70 + 5x - 4y) + (y - 40)(80 - 6x + 7y) \text{ 百元}$$

若每個月國內的銷售量介於 100 與 125 單位之間，國外的銷售量介於 70 與 89 單位之間，該製造商每個月的平均利潤是多少？

生命與社會科學應用問題

40. **平均海拔**　某小公園的地圖是一個矩形格子，被直線 $x = 0$、$x = 4$、$y = 0$ 和 $y = 3$ 所包圍，其中單位皆為英哩。若每一點 (x, y) 的海拔為

$$E(x, y) = 90(2x + y^2) \text{ 英呎}$$

求出該公園的平均海拔。(1 英哩 = 5,280 英呎。)

41. **製作**　一個儲物箱的頂部是曲面

$$z = 20 - x^2 - y^2$$

底部是 xy 平面，側邊被平面 $y = 0$ 和拋物柱面 $y = 4 - x^2$ 包圍，其中 x、y 和 z 的單位都是公尺，求出此儲物箱的體積。

42. **人口**　在頂點為 $(-5, -2)$、$(0, 3)$ 及 $(5, -2)$ 的三角形區域 R 中，每一點 (x, y) 之人口密度是 $f(x, y) = 2{,}500e^{-0.01x-0.02y}$（人／平方英哩），求出區域 R 的人口總數。

APPENDIX A

附錄 A　代數複習

Algebra Review

附錄 A.1 簡單的代數複習

微積分中需要用到許多基本的代數技巧，我們將由數字系統開始，複習這些代數技巧。

實數

一個**整數 (integer)** 就是一個「完整的數」，整數可以是正的或負的，例如 1、2、875、–15、–83 和 0 都是整數，而 $\frac{2}{3}$、8.71 和 $\sqrt{2}$ 則不是整數。

一個**有理數 (rational number)** 是一個可以表示成兩個整數之商 $\frac{a}{b}$ 的數，其中 $b \neq 0$。例如 $\frac{2}{3}$、$\frac{8}{5}$ 和 $-\frac{4}{7}$ 都是有理數。同樣地，

$$-6\frac{1}{2} = -\frac{13}{2} \qquad 和 \qquad 0.25 = \frac{25}{100} = \frac{1}{4}$$

也是有理數。每一個整數都是有理數，因為它可以表示成它自己除以 1。當以小數表示有理數時，有理數可能是一個有限小數，也可能是一個無窮循環小數。例如，

$$\frac{5}{8} = 0.625 \qquad \frac{1}{3} = 0.33\ldots \qquad 和 \qquad \frac{13}{11} = 1.181818\ldots$$

不能表示成兩個整數之商的數稱為**無理數 (irrational number)**，例如，

$$\sqrt{2} \approx 1.41421356 \qquad 和 \qquad \pi \approx 3.14159265$$

都是無理數。

有理數和無理數組成了**實數 (real numbers)**，幾何上可以將實數視為**實數線 (real number line)** 上的點，要建構這種表示系統，先在一條直線上選定一點作為數字 0 的位置，稱之為**原點 (origin)**，再選定另一個點來代表數字 1，這就決定了數線的尺度，每一個數字則位於距離原點適當距離（1 的倍數）的地方。若數線是水平的，原點右邊的數字是正數，負數則位於原點的左邊，如圖 A.1 所示。在數線上代表某個點的數字，稱為這個點的**座標 (coordinate)**。

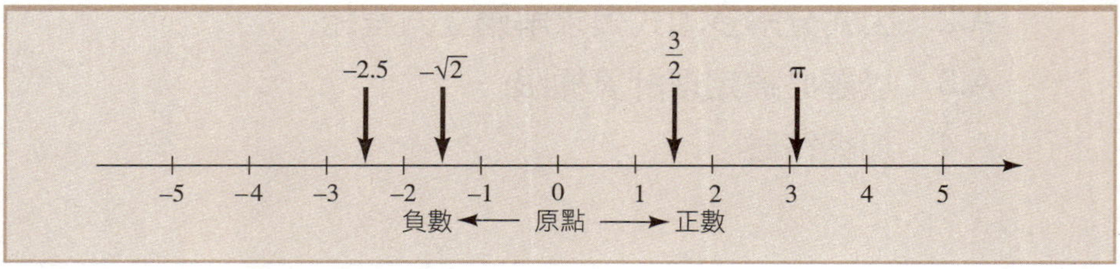

圖 A.1 數線。

不等式

若 a 和 b 都是實數，而且在數線上 a 位於 b 的右邊，則稱 **a 大於 b (a is greater than b)**，寫成 $a > b$；若 a 是在 b 的左邊，則稱 **a 小於 b (a is less than b)**，寫成 $a < b$（圖 A.2）。例如，

$$5 > 2 \quad -12 < 0 \qquad 和 \qquad -8.2 < -2.4$$

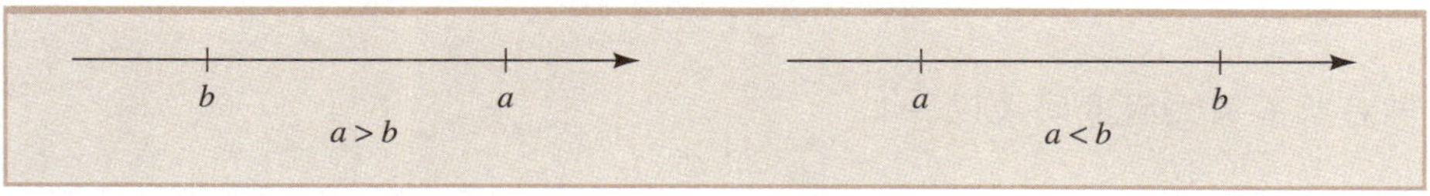

圖 A.2 不等式。

此外，

$$\frac{6}{7} < \frac{7}{8}$$

因為

$$\frac{6}{7} = \frac{48}{56} \qquad 和 \qquad \frac{7}{8} = \frac{49}{56}$$

以下是一些不等式的基本性質。性質 3 指出，若不等式的兩邊同乘以一個正數時，其不等號的方向不變，但是當乘數是負數時，其不等號的方向會相反，應特別注意。

不等式的性質

1. **遞移性質 (transitive property)**：若 $a > b$ 且 $b > c$，則 $a > c$。
2. **加法性質 (additive property)**：若 $a > b$ 且 $c \geq d$，則 $a + c > b + d$。
3. **乘法性質 (multiplicative property)**：若 $a > b$ 且 $c > 0$，則 $ac > bc$；但若 $a > b$ 且 $c < 0$，則 $ac < bc$。

舉例來說，因為 $7 > 3$，所以 $7 - 9 > 3 - 9$ 或 $-2 > -6$。因為 $5 > 2$ 且 $3 > 0$，所以 $5 \cdot 3 > 2 \cdot 3$ 或 $15 > 6$。因為 $5 > 2$ 且 $-2 < 0$，所以 $5(-2) < 2(-2)$ 或 $-10 < -4$。

符號 $\geq$ 表示**大於或等於 (greater than or equal to)**，而符號 $\leq$ 表示**小於或等於 (less than or equal to)**。例如，

$$-3 \geq -4 \qquad -3 \geq -3 \qquad -4 \leq -3 \qquad 和 \qquad -4 \leq -4$$

當不等式中含有一個變數時，若以某個實數代入變數，可以滿足此不等式，則稱該實數滿足此不等式。找到所有滿足不等式的數時，此不等式即被**求解完成 (solved)**。所有解的集合，稱為此不等式的**解集合 (solution set)**。

例題 A.1.1 求解不等式

求解雙邊不等式 $-5 < 2x - 3 \leq 1$。

■ 解

將不等式兩邊同加上 3（性質 2），得到

$$-2 < 2x \leq 4$$

再將新不等式兩邊同乘以 $\frac{1}{2}$：

$$-1 < x \leq 2$$

因此解集合是所有在 -1 和 2 之間的實數，包含 2（但不包含 -1）。

區間

能在數線上以線段表示的實數集合稱為**區間 (interval)**，不等式可以用來描述區間。例如，區間 $a \leq x < b$ 包含所有介於 a 和 b 之間的實數 x，包含 a 但不包含 b，如圖 A.3 所示。實數 a 和 b 稱為此區間的**端點 (endpoints)**。點 a 上的中括號代表此區間包含 a，而在點 b 上的小括號則表示此區間不包含 b。

圖 A.3 區間 $a \leq x < b$。

區間的範圍可以是有限的或無限的，也可能包含或不包含任一端點。可能的情況（包括慣用符號及專有名詞）如圖 A.4 所示。

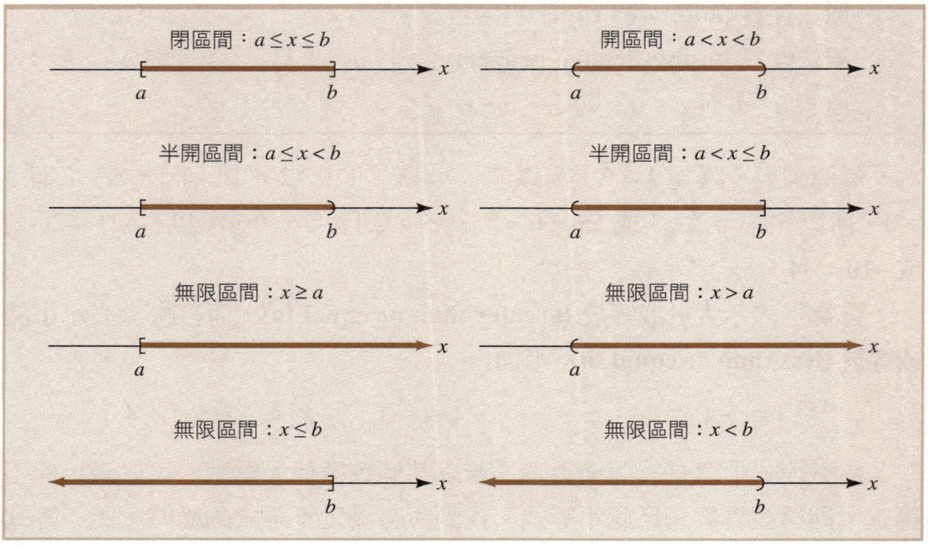

圖 A.4 實數區間。

例題 A.1.2　以不等式描述區間

以不等式描述以下的區間。

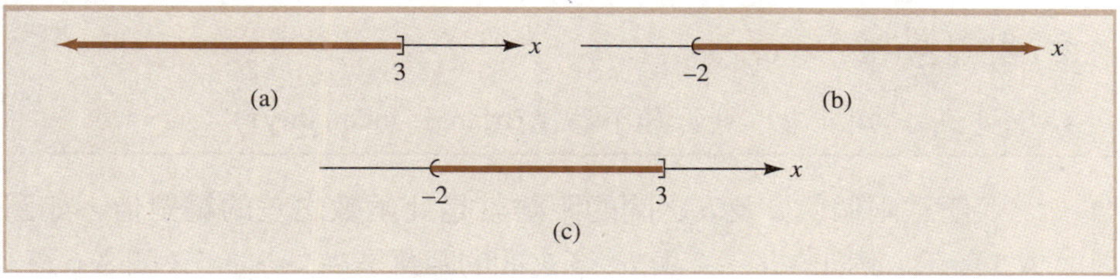

■ **解**

a. $x \le 3$　　**b.** $x > -2$　　**c.** $-2 < x \le 3$

例題 A.1.3　描繪不等式

將下列區間畫在數線上。

a. $x < -1$　　**b.** $-1 \le x \le 2$　　**c.** $x > 2$

■ **解**

a.

b.

c.
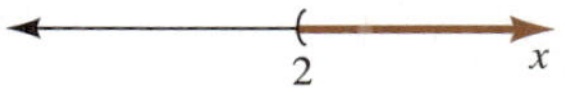

絕對值

一個實數 x 的**絕對值 (absolute value)** 以 $|x|$ 表示，代表在數線上從 x 到 0 的距離。因為距離永遠不會是負值，因此 $|x| \ge 0$。例如，

$$|4| = 4 \qquad |-4| = 4 \qquad |0| = 0 \qquad |5 - 9| = 4 \qquad |\sqrt{3} - 3| = 3 - \sqrt{3}$$

以下是絕對值的一般公式。

絕對值 ■ 對於任何實數 x，其絕對值為

$$|x| = \begin{cases} x & \text{當 } x \ge 0 \\ -x & \text{當 } x < 0 \end{cases}$$

注意到對任何實數 a，$|-a| = |a|$，以下列出絕對值的數個有用性質。

絕對值的性質 ■ 令 a 與 b 為實數，則

1. $|-a| = |a|$
2. $|ab| = |a|\,|b|$
3. $\left|\frac{a}{b}\right| = \frac{|a|}{|b|}$ 當 $b \neq 0$
4. $|a + b| \leq |a| + |b|$ （三角不等式 (triangle inequality)）

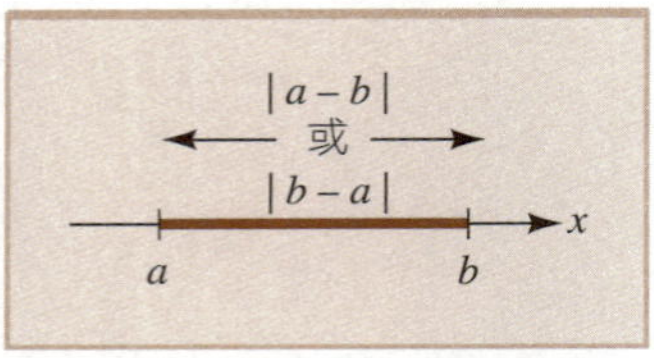

圖 A.5　a 與 b 之間的距離 = $|a-b|$。

任意兩個數 a 及 b 之間的距離就是此兩數之差的絕對值，如圖 A.5 所示。例如，$a=-2$ 與 $b=3$ 之間的距離是 $|-2-3|=5$（圖 A.6）。

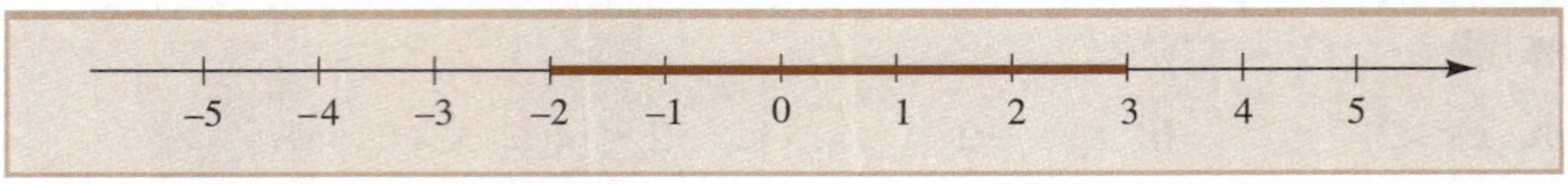

圖 A.6　−2 與 3 之間的距離。

不等式 $|x| \leq c$（其中 $c>0$）的解集合是區間 $-c \leq x \leq c$，也就是 $[-c, c]$。例題 A.1.4 將會用到這個性質。

例題 A.1.4　求解絕對值不等式

求出包含所有滿足 $|x-1| \leq 3$ 之實數 x 的集合。

■ **解**

幾何上來說，滿足 $|x-1| \leq 3$ 的 x 即是與 1 的距離小於或等於 3 的數。如圖 A.7 所示，這些數會滿足 $-2 \leq x \leq 4$。

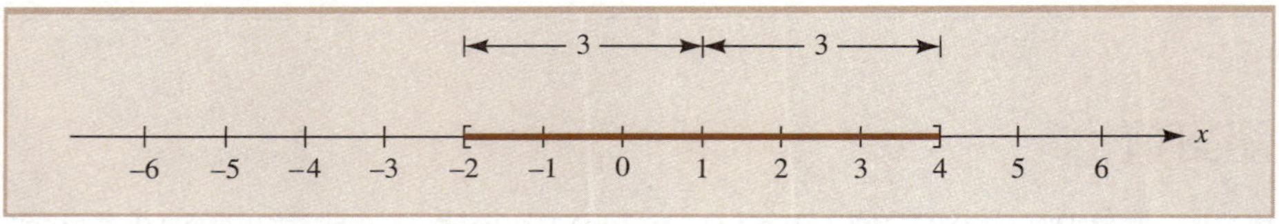

圖 A.7　滿足 $|x-1| \leq 3$ 的區間是 $-2 \leq x \leq 4$。

想要不依靠幾何方法，而以代數方法求得這個區間，先將不等式 $|x-1| \leq 3$ 改寫成

$$-3 \leq x-1 \leq 3$$

接著在每一部分都加上 1，可得到

$$-3+1 \leq x-1+1 \leq 3+1$$

也就是

$$-2 \leq x \leq 4$$

指數與根

若 a 是一個實數，n 是一個正整數，則下式

$$a^n = \underbrace{a \cdot a \cdot \cdot \cdot a}_{n\text{ 項}}$$

代表 a 將自乘 n 次。這個數 a 稱為**指數公式 (exponential expression)** 的**底 (base)**，而 n 稱為**冪次 (exponent)**。若 $a \neq 0$，我們定義

$$a^{-n} = \frac{1}{a^n} \qquad \text{和} \qquad a^0 = 1$$

注意，0^0 沒有定義。

若 m 是一個正整數，則 $a^{1/m}$ 代表 m 次方是 a 的數，稱為 a 的 ***m* 次方根 (*m*th root)**，也可以表示為 $\sqrt[m]{a}$，也就是說，

$$a^{1/m} = \sqrt[m]{a}$$

當 m 是偶數時，負數的 m 次方根沒有定義。例如，$\sqrt[4]{-5}$ 就沒有定義，因為沒有任何實數的四次方是 -5。

習慣上，若 m 是偶數，則將 $a^{1/m}$ 視為正數，即使有一個負數的 m 次方是 a。例如，2^4 和 $(-2)^4$ 都是 16，但是 16 的四次方根定義為 2。因此，

$$\sqrt[4]{16} = 16^{1/4} = 2$$

而非 ± 2。

最後，我們以 $a^{n/m}$ 表示 a 的 m 次方根的 n 次方，或是 a 的 n 次方的 m 次方根。也就是說，

$$a^{n/m} = (a^{1/m})^n = (a^n)^{1/m}$$

例如，

$$8^{-2/3} = (8^{-2})^{1/3} = \left(\frac{1}{8^2}\right)^{1/3} = \left(\frac{1}{64}\right)^{1/3} = \frac{1}{4} \qquad \text{因為 } \left(\frac{1}{4}\right)^3 = \frac{1}{64}$$

或是

$$8^{-2/3} = (8^{1/3})^{-2} = 2^{-2} = \frac{1}{2^2} = \frac{1}{4}$$

以下是指數符號的一些性質整理。

指數符號 ■ 令 a 為實數，m 與 n 均為正整數，則：

整數冪次： $a^n = \underbrace{a \cdot a \cdot \cdots a}_{n\text{ 項}}$ 和 $a^0 = 1$

負整數冪次： $a^{-n} = \dfrac{1}{a^n}$

倒數整數冪次（根）： $a^{1/m} = \sqrt[m]{a}$

分數冪次： $a^{n/m} = (a^{1/m})^n = (a^n)^{1/m}$

例題 A.1.5 計算含有冪次的公式

計算下列各式（不要使用計算機）。

a. $9^{1/2}$ **b.** $27^{2/3}$ **c.** $8^{-1/3}$ **d.** $\left(\dfrac{1}{100}\right)^{-3/2}$ **e.** 5^0

■ **解**

a. $9^{1/2} = \sqrt{9} = 3$

b. $27^{2/3} = (\sqrt[3]{27})^2 = 3^2 = 9$
$= \sqrt[3]{(27)^2} = \sqrt[3]{729} = 9$

c. $8^{-1/3} = \dfrac{1}{8^{1/3}} = \dfrac{1}{\sqrt[3]{8}} = \dfrac{1}{2}$

d. $\left(\dfrac{1}{100}\right)^{-3/2} = 100^{3/2} = (\sqrt{100})^3 = 10^3 = 1{,}000$

e. $5^0 = 1$

以下是一些有用的指數律。

指數律 ■ 對任意實數 a、b 和整數 m、n，當這些數有定義時，以下定律將會成立。

同一定律： 若 $a^m = a^n$，則 $m = n$。

乘法定律： $a^m \cdot a^n = a^{m+n}$。

除法定律： 若 $a \neq 0$，則 $\dfrac{a^m}{a^n} = a^{m-n}$。

冪次定律： $(a^m)^n = a^{mn}$ 且 $(ab)^n = a^n \cdot b^n$。

例題 A.1.6 至 A.1.9 是指數律的應用範例。

例題 A.1.6 計算含有冪次的公式

計算下列各式（不要使用計算機）。

a. $(2^{-2})^3$　　**b.** $\dfrac{3^3}{3^{1/3}(3^{2/3})}$　　**c.** $2^{7/4}(8^{-1/4})$

■ **解**

a. $(2^{-2})^3 = 2^{-6} = \dfrac{1}{2^6} = \dfrac{1}{64}$

b. $\dfrac{3^3}{3^{1/3}(3^{2/3})} = \dfrac{3^3}{3^{1/3+2/3}} = \dfrac{3^3}{3^1} = 3^2 = 9$

c. $2^{7/4}(8^{-1/4}) = 2^{7/4}(2^3)^{-1/4} = 2^{7/4}(2^{-3/4}) = 2^{7/4-3/4} = 2^1 = 2$

例題 A.1.7　求解冪次

求解以下各式中的 n。

a. $\dfrac{a^5}{a^2} = a^n$　　**b.** $(a^n)^5 = a^{20}$

■ **解**

a. 因為 $\dfrac{a^5}{a^2} = a^{5-2} = a^3$，所以 $n=3$。

b. 因為 $(a^n)^5 = a^{5n}$，所以 $5n=20$，亦即 $n=4$。

例題 A.1.8　化簡含有冪次的公式

化簡下列各式，並以正的冪次表示。

a. $(x^3)^{-2}$　　**b.** $(x^{-5})^{-2}$　　**c.** $(x^{-2}y^{-3})^{-4}$

d. $\left(\dfrac{x^{-3}}{y^4}\right)^{-2}$　　**e.** $\dfrac{4x^{-3}y^2}{2x^2y^{-5}}$

■ **解**

a. $(x^3)^{-2} = x^{3(-2)} = x^{-6} = \dfrac{1}{x^6}$

b. $(x^{-5})^{-2} = x^{(-5)(-2)} = x^{10}$

c. $(x^{-2}y^{-3})^{-4} = x^{(-2)(-4)}y^{(-3)(-4)} = x^8y^{12}$

d. $\left(\dfrac{x^{-3}}{y^4}\right)^{-2} = (x^{-3}y^{-4})^{-2} = x^{(-3)(-2)}y^{(-4)(-2)} = x^6y^8$

e. $\dfrac{4x^{-3}y^2}{2x^2y^{-5}} = \dfrac{4}{2}x^{-3-2}y^{2-(-5)} = 2x^{-5}y^7 = \dfrac{2y^7}{x^5}$

例題 A.1.9 化簡根式

化簡下列各根式。

a. $3\sqrt{64}+5\sqrt{72}-9\sqrt{50}$

b. $\sqrt{a^{-5}b^{-8}c^{10}}, a>0, b\neq 0$

c. $\sqrt{\dfrac{36x^3}{y^3}}\sqrt{\dfrac{y^8}{25x}}, x>0, y>0$

■ 解

a.
$$3\sqrt{64}+5\sqrt{72}-9\sqrt{50}=3\sqrt{8^2}+5\sqrt{6^2\cdot 2}-9\sqrt{5^2\cdot 2}$$
$$=3(8)+5(6)\sqrt{2}-9(5)\sqrt{2}=24-15\sqrt{2}$$

b.
$$\sqrt{a^{-5}b^{-8}c^{10}}=\sqrt{\frac{c^{10}}{a^5b^8}}=\frac{c^5}{b^4\sqrt{a^4}\sqrt{a}}=\frac{c^5}{b^4a^2\sqrt{a}}$$

c.
$$\sqrt{\frac{36x^3}{y^3}}\sqrt{\frac{y^8}{25x}}=\sqrt{\frac{36}{25}}\sqrt{\frac{x^3y^8}{xy^3}}=\frac{6}{5}\sqrt{x^2y^5}=\frac{6}{5}\sqrt{x^2(y^4\cdot y)}$$
$$=\frac{6}{5}\sqrt{x^2}\sqrt{y^4}\sqrt{y}=\frac{6}{5}xy^2\sqrt{y}$$

例題 A.1.10 說明如何利用因式分解及消去公因式，化簡微積分中的一類重要代數公式。

例題 A.1.10 化簡代數公式

化簡公式 $\dfrac{4(x+3)^4(x-2)^2-6(x+3)^2(x-2)^3}{(x+3)(x-2)^3}$ 。

■ 解

先提出分子的公因式 $2(x+3)^3(x-2)^2$，得到

$$\frac{4(x+3)^4(x-2)^2-6(x+3)^2(x-2)^3}{(x+3)(x-2)^3}=\frac{2(x+3)^3(x-2)^2[2(x+3)-3(x-2)]}{(x+3)(x-2)^3}$$
$$=\frac{2(x+3)^3(x-2)^2[2x+6-3x+6]}{(x+3)(x-2)^3}$$
$$=\frac{2(x+3)^3(x-2)^2[12-x]}{(x+3)(x-2)^3}$$

現在可以將分母與分子同除以公因式 $(x+3)(x-2)^2$，得到

$$\frac{4(x+3)^4(x-2)^2-6(x+3)^2(x-2)^3}{(x+3)(x-2)^3}=\frac{2(x+3)^2(12-x)}{(x-2)}$$

有理化

有時候我們需要消去分數的分母或分子中的根式，這個代數過程稱為**有理化 (rationalizing)**。以下是一個將根式由分母中消去的例子。

例題 A.1.11　有理化分母

將 $\frac{5}{3\sqrt{x}}$ 的分母有理化。

■ **解**

將分子與分母同乘以$\sqrt{x}$：

$$\frac{5}{3\sqrt{x}} = \frac{5(\sqrt{x})}{3\sqrt{x}(\sqrt{x})} = \frac{5(\sqrt{x})}{3(\sqrt{x})^2}$$
$$= \frac{5\sqrt{x}}{3x}$$

當一個分數的分子或分母中含有 $a + \sqrt{b}$ 這類的因式時，可以利用代數式

$$(x + y)(x - y) = x^2 - y^2$$

來有理化這個分數。關鍵在於乘以補式 $a - \sqrt{b}$ 後可以消去 $a + \sqrt{b}$ 中的根式。這是因為

$$(a + \sqrt{b})(a - \sqrt{b}) = a^2 - (\sqrt{b})^2 = a^2 - b$$

含有$\sqrt{a} + b$的分數也可以利用補式$\sqrt{a} - b$以類似的方法有理化。例題 A.1.12 將示範這個作法。

例題 A.1.12　有理化分子

將$\frac{4 - \sqrt{3}}{7}$的分子有理化。

■ **解**

將分子與分母同乘以 $4 + \sqrt{3}$，得到

$$\frac{4 - \sqrt{3}}{7} = \frac{(4 - \sqrt{3})}{7}\frac{(4 + \sqrt{3})}{(4 + \sqrt{3})} = \frac{4^2 - (\sqrt{3})^2}{7(4 + \sqrt{3})} = \frac{16 - 3}{7(4 + \sqrt{3})} = \frac{13}{7(4 + \sqrt{3})}$$

習題 ■ A.1

第 1 題和第 2 題，以不等式表示下列區間。

1.

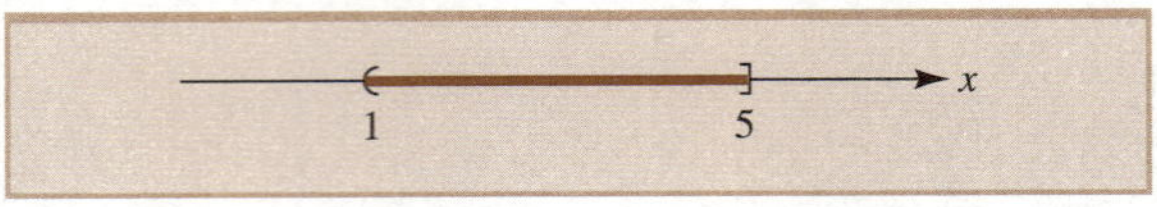

2.

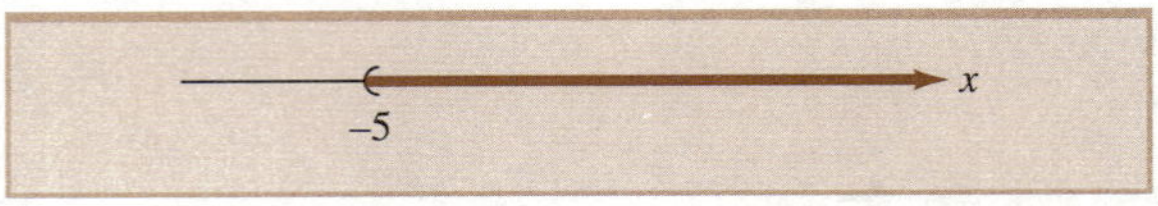

第 3 題和第 4 題，以數線上的線段表示下列區間。

3. $x \geq 2$ **4.** $-2 < x \leq 0$

第 5 題和第 6 題，求出下列各組實數在數線上的距離。

5. 0 和 −4 **6.** −2 和 3

第 7 題到第 9 題，求出包含所有滿足下列不等式之實數 x 的區間。

7. $|x| \leq 3$ **8.** $|x+4| \leq 2$

9. $|x+2| \geq 5$

第 10 題到第 13 題，求出下列各式之值（不要使用計算機）。

10. 5^3 **11.** $16^{1/2}$

12. $8^{2/3}$ **13.** $\left(\dfrac{1}{4}\right)^{1/2}$

第 14 題到第 17 題，求出下列各式之值（不要使用計算機）。

14. $\dfrac{2^5(2^2)}{2^8}$ **15.** $\dfrac{2^{4/3}(2^{5/3})}{2^5}$

16. $\dfrac{2(16^{3/4})}{2^3}$ **17.** $[\sqrt{8}\,(2^{5/2})]^{-1/2}$

第 18 題到第 21 題，求解下列各方程式中的 n 值。（假設 $a>0$ 且 $a \neq 1$。）

18. $a^3a^7 = a^n$ **19.** $a^4a^{-3} = a^n$

20. $(a^3)^n = a^{12}$ **21.** $a^{3/5}a^{-n} = \dfrac{1}{a^2}$

第 22 題到第 38 題，盡可能化簡下列各式。假設 a、b 和 c 均為正實數。

22. $(a^3b^2c^5)(a^2b^6c^3)$ **23.** $\left(\dfrac{a^2c^3}{b}\right)^4$

24. $\left(\dfrac{a^2b^3c^{-3}}{a^{-3}b^4c^4}\right)^2$ **25.** $[(a^3b^2)^{-2}c^2]^{-3}$

26. $\dfrac{a^{-2}b^{-3} + a^{-3}b + bc^{-1}}{ab^2c^3}$

27. $\dfrac{a^{-3} + b^{-1}}{(ab)^{-2}}$

28. $\sqrt[7]{128} + \sqrt[3]{-64}$ **29.** $\sqrt[3]{6^5 5^8 3^6}$

30. $2\sqrt{32} + 5\sqrt{72}$

31. $3\sqrt{24} - 2\sqrt{54} + \sqrt{486}$

32. $\sqrt[5]{a^{15}b^{20}c^{35}}$ **33.** $\sqrt{\dfrac{25a^2}{b}}\sqrt{\dfrac{b^3}{49a^4}}$

34. $\sqrt[3]{\dfrac{a^5}{b^7c^9}}$ **35.** $(a^4b^2c^{12})^{-1/2}$

36. $(a^{1/6}b^{-1/3}c^{1/4})^{12}$

37. $(a^{1/2} + b^{1/4})(a^{1/2} - b^{1/4})$

38. $\sqrt[3]{\dfrac{a^{17}b^9}{c^{11}}}$

第 39 題到第 44 題，盡可能化簡下列各式。假設 a、b 和 c 均為正實數。

39. $x^5 - 4x^4$ **40.** $100 - 25(x-3)$

41. $8(x+1)^3(x-2)^2 + 6(x+1)^2(x-2)^3$

42. $x^{-1/2}(2x+1) + 4x^{1/2}$

43. $\dfrac{(x+3)^3(x+1) - (x+3)^2(x+1)^2}{(x+3)(x+1)}$

44. $\dfrac{4(1-x)^2(x+3)^3 + 2(1-x)(x+3)^4}{(1-x)^4}$

第 45 題到第 48 題，有理化下列各式的根。

45. $\dfrac{\sqrt{3} - \sqrt{2}}{5}$ **46.** $\dfrac{7}{3 - \sqrt{3}}$

47. $\dfrac{\sqrt{5} + 2}{3}$ **48.** $\dfrac{5}{\sqrt{5} + 1}$

49. 證明

$$\sqrt{x+h}-\sqrt{x}=\frac{h}{\sqrt{x+h}+\sqrt{x}}$$

其中 x 和 h 為正實數。

50. 生態　地球表面上每 1 平方公分的範圍，其上方的大氣重量為 1 公斤。

a. 假設地球是一個半徑為 R = 6,440 公里的球體，利用公式 $S = 4\pi R^2$ 計算地球的表面積，並求出大氣的總重量。

b. 氧氣約佔大氣總重量的 22%。根據估計，植物每年會產生大約 0.9×10^{13} 公斤的氧氣。假設植物和動物（或燃燒）都不會消耗這些氧氣，則需經過多久的時間，植物所產生的氧氣量才會等於大氣中所含的氧氣量（(a) 小題的答案）？

附錄 A.2　因式分解多項式與求解聯立方程組

多項式 (polynomial) 的形式如下：

$$a_0 + a_1x + a_2x^2 + \cdots + a_nx^n$$

其中 n 為非負的整數，而 a_n、a_{n-1}、⋯、a_0 為實數，稱為多項式的**係數 (coefficients)**。多項式經常出現在數學中，本節一開始將先介紹多項式的一些重要性質。

若 $a_n \neq 0$，n 稱為多項式的**次方 (degree)**。一個非零的常數通常稱為**零次多項式 (polynomial of degree 0)**。（技術上，數字 0 也是一個多項式，不過它沒有次方。）例如，$3x^5 - 7x + 12$ 是次方為 5 的多項式，包含 $3x^5$、$-7x$ 和 12 等項。兩個多項式中，變數 x 的次方相同的項，稱為**同類項 (similar terms)**。例如，在五次多項式 $3x^5 - 5x^2 + 3$ 和三次多項式 $-2x^3 + 2x^2 + 7x - 9$ 中，$-5x^2$ 項和 $2x^2$ 項是同類項。多項式可以乘以常數及藉由合併同類項相加或相減，如例題 A.2.1 所示。

例題 A.2.1　合併多項式

令 $p(x) = 3x^2 - 5x + 7$ 和 $q(x) = -4x^2 + 9$，求出 $2p(x)$ 和 $p(x) + q(x)$。

■ **解**

$$2p(x) = 2(3)x^2 - 2(5)x + 2(7) = 6x^2 - 10x + 14$$

和

$$\begin{aligned} p(x) + q(x) &= [3 + (-4)]x^2 + [-5 + 0]x + [7 + 9] \\ &= -x^2 - 5x + 16 \end{aligned}$$

利用「前外內後」(FOIL) 法則，可以容易地記住如何將兩個一次多項式 $p(x) = ax + b$ 和 $q(x) = cx + d$ 相乘：

$$(ax+b)(cx+d) = \underbrace{(ac)x^2}_{\substack{\text{F}\\ \text{前項}\\ \text{相乘}}} + \underbrace{(ad)x}_{\substack{\text{O}\\ \text{外項}\\ \text{相乘}}} + \underbrace{(bc)x}_{\substack{\text{I}\\ \text{內項}\\ \text{相乘}}} + \underbrace{(bd)}_{\substack{\text{L}\\ \text{後項}\\ \text{相乘}}}$$

例題 A.2.2 說明其用法。

例題 A.2.2 應用「前外內後」法則於乘積

求出 $(3x+5)(-2x+7)$。

■ 解

利用「前外內後」法則，得到

$$\begin{aligned}(3x+5)(-2x+7) &= \underbrace{(3)(-2)x^2}_{\substack{\text{F}\\ \text{前項}\\ \text{相乘}}} + \underbrace{(3)(7)x}_{\substack{\text{O}\\ \text{外項}\\ \text{相乘}}} + \underbrace{(5)(-2)x}_{\substack{\text{I}\\ \text{內項}\\ \text{相乘}}} + \underbrace{(5)(7)}_{\substack{\text{L}\\ \text{後項}\\ \text{相乘}}} \\ &= -6x^2 + 11x + 35\end{aligned}$$

若要相乘的兩個多項式之次方不全為 1，可以利用實數的分配律，亦即

$$a(b+c) = ab + ac \qquad \text{和} \qquad a(b+c) = ab + ac$$

例題 A.2.3 說明這個方法。

例題 A.2.3 多項式的乘積

求出 $(-x^2+3x+5)(x^2+2x-4)$。

■ 解

欲得到所求之乘積，必須先將 $-x^2+3x+5$ 的每一項乘以 x^2+2x-4 的每一項，再合併同類項，得到

$$\begin{aligned}&(-x^2+3x+5)(x^2+2x-4)\\ &\qquad = -x^2(x^2+2x-4) + 3x(x^2+2x-4) + 5(x^2+2x-4)\\ &\qquad = [-x^4-2x^3+4x^2] + [3x^3+6x^2-12x] + [5x^2+10x-20]\\ &\qquad = -x^4 + (-2+3)x^3 + (4+6+5)x^2 + (-12+10)x - 20\\ &\qquad = -x^4 + x^3 + 15x^2 - 2x - 20\end{aligned}$$

也可以以「垂直」方式進行這個計算：

$$\begin{array}{r} -x^2 + 3x + 5 \\ x^2 + 2x - 4 \\ \hline 4x^2 - 12x - 20 \\ -2x^3 + 6x^2 + 10x \quad \\ -x^4 + 3x^3 + 5x^2 \qquad\qquad \\ \hline -x^4 + x^3 + 15x^2 - 2x - 20 \end{array}$$

以整數係數因式分解多項式

許多實際應用上的多項式（或者是很接近多項式的函數）都有整數係數。例題 A.2.4 和例題 A.2.5 將示範以整數係數因式分解多項式的技巧。每一個例題的目標是將給定之多項式，重新改寫為一些次方較小且仍有整數係數的多項式之乘積。

例題 A.2.4　因式分解多項式

利用整數係數因式分解多項式 $x^2 - 2x - 3$。

■ 解

目的是要將多項式寫成以下形式的乘積：

$$x^2 - 2x - 3 = (x + a)(x + b)$$

其中 a 和 b 都是整數。由分配律可知

$$(x + a)(x + b) = x^2 + (a + b)x + ab$$

因此，我們必須找出滿足下列式子的整數 a 和 b：

$$x^2 - 2x - 3 = x^2 + (a + b)x + ab$$

亦即，

$$a + b = -2 \qquad \text{和} \qquad ab = -3$$

有兩對整數的乘積為 –3，分別是

$$1, -3 \qquad \text{和} \qquad -1, 3$$

其中只有 $a = -3$ 及 $b = 1$ 的和會等於 –2。因此，

$$x^2 - 2x - 3 = (x - 3)(x + 1)$$

你應該將等號右邊的式子乘開以檢查答案是否正確。

例題 A.2.5 因式分解多項式

利用整數係數因式分解多項式 $12x^2 - 11x - 15$。

■ **解**

我們希望將此多項式寫成

$$12x^2 - 11x - 15 = (ax + b)(cx + d)$$

的形式。以「前外內後」法則將乘積展開，得到

$$12x^2 - 11x - 15 = (ac)x^2 + (bc + ad)x + bd$$

我們的目的是要找出整數 a、b、c 及 d，以滿足

$$ac = 12 \qquad bc + ad = -11 \qquad 和 \qquad bd = -15$$

因為 ac 是正數，不妨假設 a 和 c 都是正數。（若兩者都是負數會如何？）係數 12 和 −15 的因數如下所示：

12

a	c
12	1
6	2
4	3
3	4
2	6
1	12

−15

b	d
15	−1
5	−3
3	−5
1	−15

我們試著將左邊的每一對 a、c 與右邊的每一對 b、d 搭配，找出可以使得中間項 $bc + ad = -11$ 的組合，最後得到以下的因式分解：

$$12x^2 - 11x - 15 = (4x + 3)(3x - 5)$$

以下的公式有助於因式分解一些經常出現的多項式。

因式分解公式

和平方：$A^2 + 2AB + B^2 = (A + B)^2$

差平方：$A^2 - 2AB + B^2 = (A - B)^2$

平方差：$A^2 - B^2 = (A - B)(A + B)$

立方差：$A^3 - B^3 = (A - B)(A^2 + AB + B^2)$

立方和：$A^3 + B^3 = (A + B)(A^2 - AB + B^2)$

例題 A.2.6　因式分解立方差

利用整數係數因式分解多項式 $x^3 - 8$。

■ **解**

因為 $8 = 2^3$，我們可以利用立方差公式，令 $A = x$ 及 $B = 2$，得到以下的因式分解：

$$x^3 - 8 = x^3 - 2^3 = (x - 2)(x^2 + 2x + 4)$$

有時候可以藉由策略性地組合一些項來進行多項式的因式分解，示範於例題 A.2.7。

例題 A.2.7　因式分解多項式

因式分解下列多項式：

a. $p(x) = 4(x - 2)^3 + 3(x - 2)^2$

b. $q(x) = 9x^2 - 49$

■ **解**

a. 將公因式 $(x-2)^2$ 提出，可以得到

$$\begin{aligned} 4(x - 2)^3 + 3(x - 2)^2 &= (x - 2)^2[4(x - 2) + 3] \\ &= (x - 2)^2(4x - 5) \end{aligned}$$

b. 令 $A = 3x$ 及 $B = 7$，可以將多項式 $q(x) = 9x^2 - 49$ 寫成平方差 $A^2 - B^2$ 的形式，因此，可以得到

$$9x^2 - 49 = (3x)^2 - 7^2 = (3x - 7)(3x + 7)$$

有理式

兩個多項式之商稱為**有理式 (rational expression)**。例如，

$$\frac{1}{x} \qquad \frac{4}{2x^2 + 3} \qquad \frac{-2x^3 + 7x - 1}{5x^2 + 3x + 9} \qquad \text{和} \qquad \frac{x^3 + x - 6}{2}$$

都是有理式。我們的目標之一是將有理式化簡成最低項 (lowest term)，也就是消去分子與分母中的公因式。在這個過程中，以下的性質相當重要。

有理式的性質

1. **和的公式：** $\frac{a}{b}+\frac{c}{d}=\frac{ad+bc}{bd}$
2. **積的公式：** $\left(\frac{a}{b}\right)\left(\frac{c}{d}\right)=\frac{ac}{bd}$
3. **商的公式：** $\frac{a/b}{c/d}=\frac{a}{b}\cdot\frac{d}{c}=\frac{ad}{bc}$

例題 A.2.8 化簡有理式

將下列各式化簡為最低項的有理式：

a. $\frac{-2}{x^2-1}+\frac{x}{x-1}$ **b.** $\left(\frac{x^3-7x^2+10x}{x^2+6x+9}\right)\left(\frac{x+3}{x-5}\right)$

■ **解**

a.
$$\frac{-2}{x^2-1}+\frac{x}{x-1}=\frac{-2}{x^2-1}+\frac{x}{x-1}\frac{x+1}{x+1}$$
$$=\frac{-2}{x^2-1}+\frac{x^2+x}{x^2-1}=\frac{x^2+x-2}{x^2-1}$$
$$=\frac{(x+2)\cancel{(x-1)}}{(x+1)\cancel{(x-1)}}=\frac{x+2}{x+1}\quad 其中\ x\neq 1,-1$$

b.
$$\left(\frac{x^3-7x^2+10x}{x^2+6x+9}\right)\left(\frac{x+3}{x-5}\right)$$
$$=\frac{x(x^2-7x+10)(x+3)}{(x+3)^2(x-5)}$$
$$=\frac{x(x-2)\cancel{(x-5)}\cancel{(x+3)}}{(x+3)\cancel{(x-5)}\cancel{(x+3)}}=\frac{x^2-2x}{x+3}\quad 其中\ x\neq 5,-3$$

分子及分母都是分式的有理式，稱為**繁分式 (compound fraction)**。一般而言，將繁分式表示成兩個多項式的商是相當有用的。例題 A.2.9 示範這個作法。

例題 A.2.9 化簡繁分式

化簡繁分式

$$\frac{1+3/x-4/x^2}{1+4/x-5/x^2}$$

■ **解**

先將分子與分母都表示成有理式，再加以化簡，可得到

$$\frac{1 + 3/x - 4/x^2}{1 + 4/x - 5/x^2} = \frac{\dfrac{x^2 + 3x - 4}{x^2}}{\dfrac{x^2 + 4x - 5}{x^2}}$$

$$= \frac{(x^2 + 3x - 4)x^2}{(x^2 + 4x - 5)x^2} \quad \text{因為} \quad \frac{a/b}{c/d} = \frac{ad}{bc}$$

$$= \frac{(x + 4)\cancel{(x - 1)x^2}}{(x + 5)\cancel{(x - 1)x^2}}$$

$$= \frac{x + 4}{x + 5} \quad \text{其中 } x \neq 0, 1, -5$$

利用因式分解求解方程式

方程式之**解 (solutions)** 是使得方程式成立的變數值。例如，$x = 2$ 是以下方程式的解：

$$x^3 - 6x^2 + 12x - 8 = 0$$

因為以 2 代入方程式中的 x，可以得到

$$2^3 - 6(2^2) + 12(2) - 8 = 8 - 24 + 24 - 8 = 0$$

例題 A.2.10 及 A.2.11 示範如何利用因式分解來求解方程式。這個技巧的原理是：如果兩項以上的乘積是零，則其中至少有一項必須是零。舉例來說，若 $ab = 0$，則 $a = 0$ 或 $b = 0$（或者兩者皆為零）。

例題 A.2.10 利用因式分解求解方程式

求解方程式 $x^2 - 3x = 10$。

■ 解

兩邊先同減 10，得到

$$x^2 - 3x - 10 = 0$$

再將所得多項式的左邊因式分解，得到

$$(x - 5)(x + 2) = 0$$

因為 $(x - 5)(x + 2)$ 只有在一個（或全部）因式為零時才會是零，因此此方程式之解為 $x = 5$（使得第一個因式為零）及 $x = -2$（使得第二個因式為零）。

例題 A.2.11 求解有理方程式

求解方程式 $1 - \frac{1}{x} - \frac{2}{x^2} = 0$。

■ **解**

將左邊的各項通分，使得分母皆為 x^2，再相加得到

$$\frac{x^2}{x^2} - \frac{x}{x^2} - \frac{2}{x^2} = 0$$

或

$$\frac{x^2 - x - 2}{x^2} = 0$$

再將分子作因式分解，得到

$$\frac{(x + 1)(x - 2)}{x^2} = 0$$

商只有在分子為零且分母不為零時才會是零，因此 $x = -1$ 及 $x = 2$ 是方程式之解。

配方法

二次方程式 (quadratic equation) 的形式如下：

$$ax^2 + bx + c = 0 \qquad \text{其中 } a \neq 0$$

一個二次方程式最多有兩個解。如前所述，將方程式因式分解是求解的方法之一。另一種求解的代數方法稱為**配方法 (completing the square)**，其作法是將方程式改寫成以下的形式：

$$(x + r)^2 = s$$

其中 r 與 s 均為實數。以下是這個方法的步驟。

步驟 1. 將給定的方程式

$$ax^2 + bx + c = 0$$

兩邊同除以 a（$a \neq 0$），得到

$$x^2 + \left(\frac{b}{a}\right)x + \left(\frac{c}{a}\right) = 0$$

再將兩邊同減 $\frac{c}{a}$：

$$x^2 + \left(\frac{b}{a}\right)x = -\frac{c}{a}$$

步驟 2.　兩邊同加 $\frac{1}{2}\left(\frac{b}{a}\right)$ 的平方：

$$x^2 + \left(\frac{b}{a}\right)x + \left(\frac{b}{2a}\right)^2 = -\frac{c}{a} + \left(\frac{b}{2a}\right)^2$$

步驟 3.　注意方程式的左邊是 $\left(x + \frac{b}{2a}\right)^2$。因此，此方程式可以寫成

$$\left(x + \frac{b}{2a}\right)^2 = -\frac{c}{a} + \left(\frac{b}{2a}\right)^2$$

例題 A.2.12　以配方法求解方程式

以配方法求解二次方程式 $x^2 + 5x + 4 = 0$。

■ 解

$$x^2 + 5x + 4 = 0 \qquad \text{兩邊同減 4}$$

$$x^2 + 5x = -4 \qquad \text{兩邊同加} \tfrac{1}{2}(5) \text{的平方}$$

$$x^2 + 5x + \left(\frac{5}{2}\right)^2 = -4 + \left(\frac{5}{2}\right)^2 \qquad x^2 + 5x + (5/2)^2 = (x + 5/2)^2$$

$$\left(x + \frac{5}{2}\right)^2 = \frac{9}{4}$$

所以

$$x + \frac{5}{2} = \sqrt{\frac{9}{4}} = \frac{3}{2} \quad \text{和} \quad x + \frac{5}{2} = -\sqrt{\frac{9}{4}} = -\frac{3}{2}$$

因此解為

$$x = \frac{3}{2} - \frac{5}{2} = -1 \quad \text{和} \quad x = -\frac{3}{2} - \frac{5}{2} = -4$$

例題 A.2.13　以配方法求解方程式

以配方法求解二次方程式 $3x^2 + 5x + 7 = 0$。

■ 解

$$
\begin{aligned}
3x^2 + 5x + 7 &= 0 && \text{兩邊同除以 3} \\
x^2 + \left(\frac{5}{3}\right)x + \left(\frac{7}{3}\right) &= 0 && \text{兩邊同減 } \frac{7}{3} \text{ 的平方} \\
x^2 + \left(\frac{5}{3}\right)x &= -\frac{7}{3} && \text{兩邊同加 } \frac{1}{2}\left(\frac{5}{3}\right) \\
x^2 + \left(\frac{5}{3}\right)x + \left(\frac{5}{6}\right)^2 &= -\frac{7}{3} + \left(\frac{5}{6}\right)^2 \\
\left(x + \frac{5}{6}\right)^2 &= -\frac{59}{36}
\end{aligned}
$$

因為平方項 $\left(x + \frac{5}{6}\right)^2$ 不可能等於負數 $-\frac{59}{36}$，所以給定的二次方程式沒有（實數）解。

二次公式

應用配方法於一般的二次方程式

$$ax^2 + bx + c = 0 \qquad （其中 a \neq 0）$$

可以得到二次方程式的一般解，稱為**二次公式 (quadratic formula)**。

> **二次公式** ■ 二次方程式
>
> $$ax^2 + bx + c = 0 \qquad （其中 a \neq 0）$$
>
> 之解為
>
> $$x = \frac{-b \pm \sqrt{b^2 - 4ac}}{2a}$$

二次公式中的 $b^2 - 4ac$ 項稱為二次方程式的**判別式 (discriminant)**。若判別式為正，則方程式有兩個解，其中一個是以「+」取代公式中的「±」而得到，另一個則是以「−」取代「±」而產生。若判別式為零，則方程式只有一個解，因為公式可以簡化成 $x = \frac{-b}{2a}$。若判別式為負，則方程式沒有實數解，因為負數沒有實數的平方根。

例題 A.2.14 到 A.2.16 示範二次公式的用法。

例題 A.2.14 應用二次公式

求解方程式 $x^2 + 3x + 1 = 0$。

■ **解**

這是一個二次方程式，其中 $a = 1$，$b = 3$ 及 $c = 1$。利用二次公式，得到

$$x = \frac{-3 + \sqrt{5}}{2} \approx -0.38 \quad 和 \quad x = \frac{-3 - \sqrt{5}}{2} \approx -2.62$$

例題 A.2.15　應用二次公式

求解方程式 $x^2 + 18x + 81 = 0$。

■ **解**

這是一個二次方程式，其中 $a = 1$，$b = 18$ 及 $c = 81$。利用二次公式，可以發現判別式為零，因此得到

$$x = \frac{-18 \pm \sqrt{0}}{2} = -\frac{18}{2} = -9$$

例題 A.2.16　應用二次公式

求解方程式 $x^2 + x + 1 = 0$。

■ **解**

這是一個二次方程式，其中 $a = 1$，$b = 1$ 及 $c = 1$。利用二次公式，得到

$$x = \frac{-1 \pm \sqrt{-3}}{2}$$

因為 –3 沒有實數的平方根，所以此方程式沒有實數解。

聯立方程式

一組需要同時求解的方程式稱為**聯立方程式 (systems of equations)**。第 7 章的一些微積分問題即包括一些由兩個（或更多個）方程式求解兩個（或更多個）未知數的問題。舉例來說，你可能會想要找出所有滿足以下聯立方程式的實數 x 及 y：

$$\begin{aligned} 2x + 3y &= 5 \\ x + 2y &= 4 \end{aligned}$$

求解含有兩個未知數的兩個方程式之方法是（暫時）消去其中一個變數，藉此將問題簡化成僅含有一個變數的一個方程式，再解出此方程式中

的變數。一旦得到其中一個變數的值，就可以將其代回原來的任一個方程式，以解出另一個變數的值。

例題 A.2.17 及 A.2.18 示範一些最常用的消去變數技巧。

例題 A.2.17 求解聯立方程式

求解聯立方程式

$$4x + 3y = 13$$
$$3x + 2y = 7$$

■ **解**

要消去 y，將第一個方程式等號的兩邊同乘以 2，並將第二個方程式等號的兩邊同時乘以 –3，則聯立方程式會變成

$$8x + 6y = 26$$
$$-9x - 6y = -21$$

將兩個方程式相加可得到

$$-x + 0 = 5 \qquad 或 \qquad x = -5$$

可以將 $x = -5$ 代入任一個原來的方程式以得到 y。若選擇代入第二個方程式，可得到

$$3(-5) + 2y = 7 \qquad 2y = 22 \qquad 或 \qquad y = 11$$

亦即，此方程式的解為 $x = -5$ 和 $y = 11$。

將 $x = -5$ 和 $y = 11$ 代回原來的兩個方程式以驗證這個答案。代入第一個方程式，可得到

$$4(-5) + 3(11) = -20 + 33 = 13$$

而由第二個方程式可得到

$$3(-5) + 2(11) = -15 + 22 = 7$$

由此可知答案是正確的。

例題 A.2.18 求解聯立方程式

求解聯立方程式

$$2y^2 - x^2 = 14$$
$$x - y = 1$$

■ **解**

求解第二個方程式中的 x，得到

$$x = y + 1$$

將此結果代入第一個方程式以消去 x，得到

$$\begin{aligned} 2y^2 - (y+1)^2 &= 14 \\ 2y^2 - (y^2 + 2y + 1) &= 14 \\ 2y^2 - y^2 - 2y - 1 &= 14 \\ y^2 - 2y - 15 &= 0 \end{aligned}$$

或

$$(y + 3)(y - 5) = 0$$

根據上式，可知

$$y = -3 \qquad \text{或} \qquad y = 5$$

若 $y = -3$，由第二個方程式可得到

$$x - (-3) = 1 \qquad \text{或} \qquad x = -2$$

若 $y = 5$，由第二個方程式可得到

$$x - 5 = 1 \qquad \text{或} \qquad x = 6$$

所以此聯立方程式有兩組解：

$$x = 6, y = 5 \qquad \text{或} \qquad x = -2, y = -3$$

將每組 x、y 代入第一個方程式以驗證這些答案。當 $x = 6$，$y = 5$ 時，可得到

$$2(5^2) - 6^2 = 50 - 36 = 14$$

而當 $x = -2$，$y = -3$ 時，可得到

$$2(-3)^2 - (-2)^2 = 18 - 4 = 14$$

由此可知答案是正確的。

習題 ■ A.2

第 1 題到第 5 題，展開給定的乘積。

1. $3x(x - 9)$

2. $(x - 7)(x + 2)$

3. $(3x - 7)(4 - 2x)$

4. $(x - 1)(x^2 + 2x - 3)$

5 $(x^3 - 3x + 4)(x^2 - 3x + 2)$

第 6 題到第 14 題，化簡給定的有理式。

6. $\dfrac{x+3}{x-3}+\dfrac{x}{x+3}$

7. $\dfrac{-5x-6}{x^2+2x-3}+\dfrac{x+2}{x-1}$

8. $\dfrac{x-2}{2x^2-7x-15}-\dfrac{1}{2x+3}$

9. $\dfrac{4}{x+2}-\dfrac{3}{x-1}-\dfrac{2x}{x^2+x-2}$

10. $\dfrac{4}{x+3}-\dfrac{2}{x+4}-\dfrac{2x+3}{x^2+7x+12}$

11. $\dfrac{1/x-1/3}{1/x+1/3}$

12. $\dfrac{\dfrac{x-3}{x+3}-\dfrac{x+3}{x-3}}{\dfrac{x}{x-3}-\dfrac{x}{x+3}}$

13. $1-\dfrac{1}{1+\dfrac{x}{2x-1}}$

14. $\dfrac{\dfrac{1}{x}-2+\dfrac{x}{x+1}}{\dfrac{3x-1}{x^2+x}}$

第 15 題到第 29 題，以整數係數因式分解給定的多項式。

15. x^2+x-2

16. $x^2-7x+12$

17. x^2-2x+1

18. $16x^2-25$

19. x^3-1

20. x^7-x^5

21. $2x^3-8x^2-10x$

22. x^2+x-12

23. $2x^2-x-15$

24. $x^2-7x-18$

25. $28x^2+2x-6$

26. x^3+2x^2-15x

27. x^3+27

28. x^5+x^2

29. $3(x+2)^3-5(x+2)^2$

第 30 題到第 37 題，利用因式分解求解給定的方程式。

30. $x^2-2x-8=0$

31. $x^2+10x+25=0$

32. $x^2-16=0$

33. $2x^2+3x+1=0$

34. $4x^2+12x+9=0$

35. $1+\dfrac{4}{x}-\dfrac{5}{x^2}=0$

36. $2+\dfrac{2}{x}-\dfrac{4}{x^2}=0$

37. $\dfrac{x}{x-2}-\dfrac{4}{x+3}-\dfrac{10}{x^2+x-6}=0$

第 38 題到第 41 題，利用配方法求解給定的二次方程式。

38. $x^2+2x-3=0$

39. $15x^2-14x+3=0$

40. $x^2+5x+11=0$

41. $6x^2+17x-4=0$

第 42 題到第 44 題，利用二次公式求解給定的方程式。

42. $2x^2+3x+1=0$

43. $x^2-2x+3=0$

44. $4x^2+12x+9=0$

第 45 題到第 47 題，求解給定的聯立方程式。

45. $\begin{aligned} x+5y&=13\\ 3x-10y&=-11\end{aligned}$

46. $\begin{aligned} 5x-4y&=12\\ 2x-3y&=2\end{aligned}$

47. $\begin{aligned} 2y^2-x^2&=1\\ x-2y&=3\end{aligned}$

附錄 A.3　以羅必達定理計算極限

羅必達定理：$\dfrac{0}{0}$ 與 $\dfrac{\infty}{\infty}$ 的形式

在描繪曲線及其他微積分的應用上，經常需要計算以下形式的極限：

$$\lim_{x\to c}\frac{f(x)}{g(x)}$$

其中 c 可以是一個有限的數或 ∞。若 $\lim_{x\to c} g(x) \neq 0$，則可以利用商的極限公式。但是若當 x 趨近於 c 時，$f(x)$ 及 $g(x)$ 會同時趨近於 0，此極限可能為任何值。例如

$$\lim_{x\to\infty} \frac{(1/x^3) - (1/x^2)}{1/x} \qquad \lim_{x\to 0} \frac{2x^3 + 3x^2}{x^5 + x^4} \qquad \text{和} \qquad \lim_{x\to 1} \frac{x - 1}{x^3 - 1}$$

都具有這樣的性質，但是左邊的極限是 0，中間的極限是 ∞，而右邊的極限是 $\frac{1}{3}$。

這種形式的極限稱為 **$\frac{0}{0}$ 的不確定形式 ($\frac{0}{0}$ indeterminate form)**。類似地，若當 $x \to c$ 時，商式中的分子及分母會無限制地增加或減少，則稱此極限形式為 **$\frac{\infty}{\infty}$ 的不確定形式 ($\frac{\infty}{\infty}$ indeterminate form)**。

羅必達定理 (L' Hôpital' s rule) 是一個相當有用的技巧，可以用來分析這些不確定形式的極限。此定理指出，假如商的極限是 $\frac{0}{0}$ 或 $\frac{\infty}{\infty}$ 的不確定形式，在實際計算時，可以分別將分子及分母微分後，再計算其極限。以下是這個方法的數學定義。

羅必達定理

若 $\lim_{x\to c} f(x) = 0$ 且 $\lim_{x\to c} g(x) = 0$，則

$$\lim_{x\to c} \frac{f(x)}{g(x)} = \lim_{x\to c} \frac{f'(x)}{g'(x)}$$

若 $\lim_{x\to c} f(x) = \infty$ 且 $\lim_{x\to c} g(x) = \infty$，則

$$\lim_{x\to c} \frac{f(x)}{g(x)} = \lim_{x\to c} \frac{f'(x)}{g'(x)}$$

例題 A.3.1 到例題 A.3.4 說明羅必達定理的使用方法。在研讀這些例題時，必須特別留意以下兩點：

1. 使用羅必達定理時，是分別對分子及分母微分，一個常犯的錯誤是用除法公式將原本的商式全部加以微分。
2. 羅必達定理只能應用在 $\frac{0}{0}$ 或 $\frac{\infty}{\infty}$ 不確定形式的極限。形式為 $\frac{0}{\infty}$ 或 $\frac{\infty}{0}$ 的極限並非不確定形式的極限（第一個的極限是 0，而第二個的極限是 ∞）。

例題 A.3.1 應用羅必達定理

利用羅必達定理計算極限

$$\lim_{x\to\infty}\frac{x}{(x+1)^2}$$

■ 解：

這是一個 $\frac{\infty}{\infty}$ 的不確定形式，所以可以使用羅必達定理，得到

$$\lim_{x\to\infty}\frac{x}{(x+1)^2}=\lim_{x\to\infty}\frac{(x)'}{[(x+1)^2]'}=\lim_{x\to\infty}\frac{1}{2(x+1)}=0$$

例題 A.3.2 應用羅必達定理

利用羅必達定理計算極限

$$\lim_{x\to 1}\frac{x^5-3x^4+5x-3}{4x^5+2x^3-5x^2-1}$$

■ 解：

將 $x=1$ 代入分母及分子，可看出這是一個 $\frac{0}{0}$ 的不確定形式。我們可以用第 1 章的因式分解方法求得極限，但是使用羅必達定理將更為容易：

$$\begin{aligned}\lim_{x\to 1}\frac{x^5-3x^4+5x-3}{4x^5+2x^3-5x^2-1}&=\lim_{x\to 1}\frac{(x^5-3x^4+5x-3)'}{(4x^5+2x^3-5x^2-1)'}\\&=\lim_{x\to 1}\frac{5x^4-12x^3+5}{20x^4+6x^2-10x}=-\frac{2}{16}=-\frac{1}{8}\end{aligned}$$

例題 A.3.3 辨識非不確定形式的極限

求出 $\lim_{x\to 2}\frac{2x+5}{x^2+3x-10}$ 之值。

■ 解

若你盲目地使用羅必達定理，將會得到

$$\lim_{x\to 2}\frac{2x+5}{x^2+3x-10}=\lim_{x\to 2}\frac{2}{2x+3}=\frac{2}{7}$$

然而若使用計算機計算此商在 x 很接近 2（例如 2.0001）時的值，會發現

所得到的答案遠大於$\frac{2}{7}$，為什麼？答案是因為所求的極限並非不確定形式，所以使用羅必達定理所得到的答案是錯的。事實上，只要簡單地將 $x=2$ 代入原式，就可以得到

$$\lim_{x\to 2}\frac{2x+5}{x^2+3x-10}=\frac{9}{0}$$

所以極限是無限大。

例題 A.3.4 應用羅必達定理

求出 $\lim_{x\to\infty}\frac{3-e^x}{x^2}$之值。

■ 解

這個極限是 $\frac{\infty}{\infty}$ 的不確定形式。利用羅必達定理，得到

$$\lim_{x\to\infty}\frac{3-e^x}{x^2}=\lim_{x\to\infty}\frac{-e^x}{2x}$$

因為這個新的極限也是 $\frac{\infty}{\infty}$ 的不確定形式，再次利用羅必達定理，得到

$$\lim_{x\to\infty}\frac{-e^x}{2x}=\lim_{x\to\infty}\frac{-e^x}{2}=-\infty$$

於是可以結論為

$$\lim_{x\to\infty}\frac{3-e^x}{x^2}=-\infty$$

雖然羅必達定理只能應用於 $\frac{0}{0}$ 或 $\frac{\infty}{\infty}$ 的不確定形式，然而我們經常可以藉由結合羅必達定理和一些代數運算，來計算其他的不確定形式。例題 A.3.5 及 A.3.6 示範這種作法。

例題 A.3.5 應用羅必達定理於 $0\cdot\infty$ 的形式

求出 $\lim_{x\to\infty} e^{-x}\ln x$ 之值。

■ 解

這個極限是 $0\cdot\infty$ 的不確定形式，可以將其改寫成

$$\lim_{x\to\infty}\frac{e^{-x}}{1/\ln x}\qquad\left(\frac{0}{0}\text{ 的形式}\right)$$

或是

$$\lim_{x\to\infty} \frac{\ln x}{e^x} \qquad \left(\frac{\infty}{\infty}\text{ 的形式}\right)$$

利用羅必達定理於較簡單的第二個商式，得到

$$\lim_{x\to\infty} e^{-x}\ln x = \lim_{x\to\infty}\frac{\ln x}{e^x} = \lim_{x\to\infty}\frac{1/x}{e^x} = 0$$

最後一個示範羅必達定理的例題是 4.1 節中用來定義 e 的極限。

例題 A.3.6 應用羅必達定理於 1^∞ 的形式

求出 $\lim_{x\to\infty}\left(1+\frac{1}{x}\right)^x$ 之值。

■ 解

這個極限是 1^∞ 的不確定形式。為簡化這個問題，令

$$y = \left(1+\frac{1}{x}\right)^x$$

則

$$\ln y = x\ln\left(1+\frac{1}{x}\right)$$

$$\lim_{x\to\infty}\ln y = \lim_{x\to\infty} x\ln\left(1+\frac{1}{x}\right) \qquad (\infty\cdot 0)$$

$$\lim_{x\to\infty}\ln y = \lim_{x\to\infty}\frac{\ln(1+1/x)}{1/x} \qquad \left(\frac{0}{0}\right) \qquad \text{羅必達定理}$$

$$= \lim_{x\to\infty}\frac{\frac{d}{dx}[\ln(1+1/x)]}{\frac{d}{dx}[1/x]} = \lim_{x\to\infty}\frac{\frac{(-1/x^2)}{(1+1/x)}}{-1/x^2} \qquad \text{代數化簡}$$

$$= \lim_{x\to\infty}\frac{1}{1+1/x}$$

$$= 1$$

因為 $\ln y \to 1$，所以 $y \to e^1 = e$，亦即

$$\lim_{x\to\infty}\left(1+\frac{1}{x}\right)^x = e$$

習題 ■ A.3

第 1 題到第 8 題，若給定的極限為不確定形式，利用羅必達定理計算其極限。

1. $\lim_{x \to 0} \dfrac{x^3 - 3x^2}{3x^4 + 2x}$

2. $\lim_{x \to \infty} \dfrac{x^2 - 2x + 3}{2x^2 + 5x + 1}$

3. $\lim_{x \to \infty} \dfrac{(1/x) - (2/x^2)}{(1/x^3) + (2/x^2) - (3/x)}$

4. $\lim_{x \to -1} \dfrac{x^3 + 3x^2 + 3x + 1}{2x^3 + 3x^2 - 1}$
（提示：使用兩次羅必達定理。）

5. $\lim_{x \to \infty} \dfrac{e^{-x}}{1 + e^{-2x}}$

6. $\lim_{t \to 0} \dfrac{\sqrt{t}}{e^t}$

7. $\lim_{x \to \infty} \dfrac{(\ln x)^2}{x}$

8. $\lim_{x \to 0} (1 + 2x)^{1/x}$

附錄 A.4　加總符號

數學中經常可以見到 $a_1 + a_2 + \ldots + a_n$ 這種形式的和，因此發展出特別的符號來處理它們。要描述這種和，只需要定義其一般項 a_j，並指出要從第 $j = 1$ 項開始，加總 n 個這種形式的項，一直到第 $j = n$ 項才結束。習慣上使用大寫的希臘字母 Σ (sigma) 來表示加總，並將和表示成以下的簡單形式。

加總符號 ■ 數字 $a_1, \ldots, a_n$ 之和可以表示為

$$a_1 + a_2 + \cdots + a_n = \sum_{j=1}^{n} a_j$$

例題 A.4.1 及 A.4.2 示範加總符號的用法。

例題 A.4.1　計算和

計算以下的和。

a. $\sum_{j=1}^{4} (j^2 + 1)$

b. $\sum_{j=1}^{3} (-2)^j$

■ **解**

a. $\displaystyle\sum_{j=1}^{4}(j^2+1) = (1^2+1)+(2^2+1)+(3^2+1)+(4^2+1)$

$= 2+5+10+17 = 34$

b. $\displaystyle\sum_{j=1}^{3}(-2)^j = (-2)^1+(-2)^2+(-2)^3 = -2+4-8 = -6$

例題 A.4.2　應用加總符號

以加總符號表示以下的和。

a. $1+4+9+16+25+36+49+64$

b. $(1-x_1)^2\Delta x + (1-x_2)^2\Delta x + \cdots + (1-x_{15})^2\Delta x$

■ **解**

a. 這是 8 個 j^2 形式的項之和，從 $j=1$ 開始，到 $j=8$ 結束。因此，

$$1+4+9+16+25+36+49+64 = \sum_{j=1}^{8} j^2$$

b. 這個和的第 j 項是 $(1-x_j)^2\Delta x$。因此，

$$(1-x_1)^2\Delta x + (1-x_2)^2\Delta x + \cdots + (1-x_{15})^2\Delta x = \sum_{j=1}^{15}(1-x_j)^2\Delta x$$

習題 ■ A.4

第 1 題到第 4 題，計算所給之和。

1. $\displaystyle\sum_{j=1}(3j+1)$

2. $\displaystyle\sum_{j=1}^{5} j^2$

3. $\displaystyle\sum_{j=1}^{10}(-1)^j$

4. $\displaystyle\sum_{j=1}^{5} 2^j$

第 5 題到第 10 題，以加總符號表示所給之和。

5. $1+\frac{1}{2}+\frac{1}{3}+\frac{1}{4}+\frac{1}{5}+\frac{1}{6}$

6. $3+6+9+12+15+18+21+24+27+30$

7. $2x_1+2x_2+2x_3+2x_4+2x_5+2x_6$

8. $1-1+1-1+1-1$

9. $1-2+3-4+5-6+7-8$

10. $x-x^2+x^3-x^4+x^5$

數值表

表 1　*e* 的冪次

x	e^x	e^{-x}	x	e^x	e^{-x}	x	e^x	e^{-x}
0.00	1.0000	1.00000	0.50	1.6487	.60653	1.00	2.7183	.36788
0.01	1.0101	0.99005	0.51	1.6653	.60050	1.10	3.0042	.33287
0.02	1.0202	.98020	0.52	1.6820	.59452	1.20	3.3201	.30119
0.03	1.0305	.97045	0.53	1.6989	.58860	1.30	3.6693	.27253
0.04	1.0408	.96079	0.54	1.7160	.58275	1.40	4.0552	.24660
0.05	1.0513	.95123	0.55	1.7333	.57695	1.50	4.4817	.22313
0.06	1.0618	.94176	0.56	1.7507	.57121	1.60	4.9530	.20190
0.07	1.0725	.93239	0.57	1.7683	.56553	1.70	5.4739	.18268
0.08	1.0833	.92312	0.58	1.7860	.55990	1.80	6.0496	.16530
0.09	1.0942	.91393	0.59	1.8040	.55433	1.90	6.6859	.14957
0.10	1.1052	.90484	0.60	1.8221	.54881	2.00	7.3891	.13534
0.11	1.1163	.89583	0.61	1.8404	.54335	3.00	20.086	.04979
0.12	1.1275	.88692	0.62	1.8589	.53794	4.00	54.598	.01832
0.13	1.1388	.87809	0.63	1.8776	.53259	5.00	148.41	.00674
0.14	1.1503	.86936	0.64	1.8965	.52729	6.00	403.43	.00248
0.15	1.1618	.86071	0.65	1.9155	.52205	7.00	1096.6	.00091
0.16	1.1735	.85214	0.66	1.9348	.51685	8.00	2981.0	.00034
0.17	1.1853	.84366	0.67	1.9542	.51171	9.00	8103.1	.00012
0.18	1.1972	.83527	0.68	1.9739	.50662	10.00	22026.5	.00005
0.19	1.2092	.82696	0.69	1.9937	.50158			
0.20	1.2214	.81873	0.70	2.0138	.49659			
0.21	1.2337	.81058	0.71	2.0340	.49164			
0.22	1.2461	.80252	0.72	2.0544	.48675			
0.23	1.2586	.79453	0.73	2.0751	.48191			
0.24	1.2712	.78663	0.74	2.0959	.47711			
0.25	1.2840	.77880	0.75	2.1170	.47237			
0.26	1.2969	.77105	0.76	2.1383	.46767			
0.27	1.3100	.76338	0.77	2.1598	.46301			
0.28	1.3231	.75578	0.78	2.1815	.45841			
0.29	1.3364	.74826	0.79	2.2034	.45384			
0.30	1.3499	.74082	0.80	2.2255	.44933			
0.31	1.3634	.73345	0.81	2.2479	.44486			
0.32	1.3771	.72615	0.82	2.2705	.44043			
0.33	1.3910	.71892	0.83	2.2933	.43605			
0.34	1.4049	.71177	0.84	2.3164	.43171			
0.35	1.4191	.70469	0.85	2.3396	.42741			
0.36	1.4333	.69768	0.86	2.3632	.42316			
0.37	1.4477	.69073	0.87	2.3869	.41895			
0.38	1.4623	.68386	0.88	2.4109	.41478			
0.39	1.4770	.67706	0.89	2.4351	.41066			
0.40	1.4918	.67032	0.90	2.4596	.40657			
0.41	1.5068	.66365	0.91	2.4843	.40252			
0.42	1.5220	.65705	0.92	2.5093	.39852			
0.43	1.5373	.65051	0.93	2.5345	.39455			
0.44	1.5527	.64404	0.94	2.5600	.39063			
0.45	1.5683	.63763	0.95	2.5857	.38674			
0.46	1.5841	.63128	0.96	2.6117	.38289			
0.47	1.6000	.62500	0.97	2.6379	.37908			
0.48	1.6161	.61878	0.98	2.6645	.37531			
0.49	1.6323	.61263	0.99	2.6912	.37158			

資料來源：Excerpted from R. S. Burington, *Handbook of Mathematical Tables and Formulas*, 5th ed.

表 2　自然對數（底數為 e）

x	$\ln x$	x	$\ln x$	x	$\ln x$	x	$\ln x$
.01	−4.60517	0.50	−0.69315	1.00	0.00000	1.5	0.40547
.02	−3.91202	.51	.67334	1.01	.00995	1.6	7000
.03	.50656	.52	.65393	1.02	.01980	1.7	0.53063
.04	.21888	.53	.63488	1.03	.02956	1.8	8779
		.54	.61619	1.04	.03922	1.9	0.64185
.05	−2.99573	.55	.59784	1.05	.04879	2.0	9315
.06	.81341	.56	.57982	1.06	.05827	2.1	0.74194
.07	.65926	.57	.56212	1.07	.06766	2.2	8846
.08	.52573	.58	.54473	1.08	.07696	2.3	0.83291
.09	.40795	.59	.52763	1.09	.08618	2.4	7547
0.10	−2.30259	0.60	−0.51083	1.10	.09531	2.5	0.91629
.11	.20727	.61	.49430	1.11	.10436	2.6	5551
.12	.12026	.62	.47804	1.12	.11333	2.7	9325
.13	.04022	.63	.46204	1.13	.12222	2.8	1.02962
.14	−1.96611	.64	.44629	1.14	.13103	2.9	6471
.15	.89712	.65	.43078	1.15	.13976	3.0	9861
.16	.83258	.66	.41552	1.16	.14842	4.0	1.38629
.17	.77196	.67	.40048	1.17	.15700	5.0	1.60944
.18	.71480	.68	.38566	1.18	.16551	10.0	2.30258
.19	.66073	.69	.37106	1.19	.17395		
0.20	−1.60944	0.70	−0.35667	1.20	.18232		
.21	.56065	.71	.34249	1.21	.19062		
.22	.51413	.72	.32850	1.22	.19885		
.23	.46968	.73	.31471	1.23	.20701		
.24	.42712	.74	.30111	1.24	.21511		
.25	.38629	.75	.28768	1.25	.22314		
.26	.34707	.76	.27444	1.26	.23111		
.27	.30933	.77	.26136	1.27	.23902		
.28	.27297	.78	.24846	1.28	.24686		
.29	.23787	.79	.23572	1.29	.25464		
0.30	−1.20397	0.80	−0.22314	1.30	.26236		
.31	.17118	.81	.21072	1.31	.27003		
.32	.13943	.82	.19845	1.32	.27763		
.33	.10866	.83	.18633	1.33	.28518		
.34	.07881	.84	.17435	1.34	.29267		
.35	−1.04982	.85	−0.16252	1.35	.30010		
.36	.02165	.86	.15032	1.36	.30748		
.37	−0.99425	.87	.13926	1.37	.31481		
.38	.96758	.88	.12783	1.38	.32208		
.39	.94161	.89	.11653	1.39	.32930		
0.40	−0.91629	0.90	−0.10536	1.40	.33647		
.41	.89160	.91	.09431	1.41	.34359		
.42	.86750	.92	.08338	1.42	.35066		
.43	.84397	.93	.07257	1.43	.35767		
.44	.82098	.94	.06188	1.44	.36464		
.45	.79851	.95	.05129	1.45	.37156		
.46	.77653	.96	.04082	1.46	.37844		
.47	.75502	.97	.03046	1.47	.38526		
.48	.73397	.98	.02020	1.48	.39204		
.49	.71335	.99	.01005	1.49	.39878		

資料來源：From S. K. Stein, *Calculus and Analytic Geometry*. Copyright © 1973 by McGraw-Hill, Inc. Used with permission of McGraw-Hill Book Company.

表 3　三角函數

角度	弧度	Sin	Cos	Tan	角度	弧度	Sin	Cos	Tan
0	0.0000	0.0000	1.000	0.0000	45	0.7854	0.7071	0.7071	1.000
1	0.01745	0.01745	0.9998	0.01746	46	0.8028	0.7193	0.6947	1.036
2	0.03491	0.03490	0.9994	0.03492	47	0.8203	0.7314	0.6820	1.072
3	0.05236	0.05234	0.9986	0.05241	48	0.8378	0.7431	0.6691	1.111
4	0.06981	0.06976	0.9976	0.06993	49	0.8552	0.7547	0.6561	1.150
5	0.08727	0.08716	0.9962	0.08749	50	0.8727	0.7660	0.6428	1.192
6	0.1047	0.1045	0.9945	0.1051	51	0.8901	0.7772	0.6293	1.235
7	0.1222	0.1219	0.9926	0.1228	52	0.9076	0.7880	0.6157	1.280
8	0.1396	0.1392	0.9903	0.1405	53	0.9250	0.7986	0.6018	1.327
9	0.1571	0.1564	0.9877	0.1584	54	0.9425	0.8090	0.5878	1.376
10	0.1745	0.1736	0.9848	0.1763	55	0.9599	0.8192	0.5736	1.428
11	0.1920	0.1908	0.9816	0.1944	56	0.9774	0.8290	0.5592	1.483
12	0.2094	0.2079	0.9782	0.2126	57	0.9948	0.8387	0.5446	1.540
13	0.2269	0.2250	0.9744	0.2309	58	1.012	0.8480	0.5299	1.600
14	0.2444	0.2419	0.9703	0.2493	59	1.030	0.8572	0.5150	1.664
15	0.2618	0.2588	0.9659	0.2680	60	1.047	0.8660	0.5000	1.732
16	0.2792	0.2756	0.9613	0.2868	61	1.065	0.8746	0.4848	1.804
17	0.2967	0.2924	0.9563	0.3057	62	1.082	0.8830	0.4695	1.881
18	0.3142	0.3090	0.9511	0.3249	63	1.100	0.8910	0.4540	1.963
19	0.3316	0.3256	0.9455	0.3443	64	1.117	0.8988	0.4384	2.050
20	0.3491	0.3420	0.9397	0.3640	65	1.134	0.9063	0.4226	2.144
21	0.3665	0.3584	0.9336	0.3839	66	1.152	0.9136	0.4067	2.246
22	0.3840	0.3746	0.9272	0.4040	67	1.169	0.9205	0.3907	2.356
23	0.4014	0.3907	0.9205	0.4245	68	1.187	0.9272	0.3746	2.475
24	0.4189	0.4067	0.9136	0.4452	69	1.204	0.9336	0.3584	2.605
25	0.4363	0.4226	0.9063	0.4663	70	1.222	0.9397	0.3420	2.748
26	0.4538	0.4384	0.8988	0.4877	71	1.239	0.9455	0.3256	2.904
27	0.4712	0.4540	0.8910	0.5095	72	1.257	0.9511	0.3090	3.078
28	0.4887	0.4695	0.8830	0.5317	73	1.274	0.9563	0.2924	3.271
29	0.5062	0.4848	0.8746	0.5543	74	1.292	0.9613	0.2756	3.487
30	0.5236	0.5000	0.8660	0.5774	75	1.309	0.9659	0.2588	3.732
31	0.5410	0.5150	0.8572	0.6009	76	1.326	0.9703	0.2419	4.011
32	0.5585	0.5299	0.8480	0.6249	77	1.344	0.9744	0.2250	4.332
33	0.5760	0.5446	0.8387	0.6494	78	1.361	0.9782	0.2079	4.705
34	0.5934	0.5592	0.8290	0.6745	79	1.379	0.9816	0.1908	5.145
35	0.6109	0.5736	0.8192	0.7002	80	1.396	0.9848	0.1736	5.671
36	0.6283	0.5878	0.8090	0.7265	81	1.414	0.9877	0.1564	6.314
37	0.6458	0.6018	0.7986	0.7536	82	1.431	0.9903	0.1392	7.115
38	0.6632	0.6157	0.7880	0.7813	83	1.449	0.9926	0.1219	8.144
39	0.6807	0.6293	0.7772	0.8098	84	1.466	0.9945	0.1045	9.514
40	0.6981	0.6428	0.7660	0.8391	85	1.484	0.9962	0.08716	11.43
41	0.7156	0.6561	0.7547	0.8693	86	1.501	0.9976	0.06976	14.30
42	0.7330	0.6691	0.7431	0.9004	87	1.518	0.9986	0.05234	19.08
43	0.7505	0.6820	0.7314	0.9325	88	1.536	0.9994	0.03490	28.64
44	0.7679	0.6947	0.7193	0.9657	89	1.553	0.9998	0.01745	57.29
45	0.7854	0.7071	0.7071	1.000	90	1.571	1.000	0.0000	——

索引

A

absolute maximum　絕對極大值　448
absolute minimum　絕對極小值　448
accelerating　加速　101
acceleration　加速度　101, 113
advancing　前進　101
annuity　年金　351
area problem　面積問題　82
average cost function　平均成本函數　6
average of rate change　平均變化率　85
average value of a function　函數的平均值　344

B

boundary　邊界　449
boundary point　邊界點　449
break-even analysis　損益平衡分析　47
break-even point　損益平衡點　47

C

capitalized cost　使用成本　411
carbon dating　碳定年法　258
cardiac shunt　心臟分流器　439
carrying capacity　攜帶能力　282
Cartesian coordinate system　笛卡兒座標系統　15
chain rule　連鎖律　118
circular paraboloid　圓拋物面　420
Cobb-Douglas production function　古柏 - 道格拉斯生產函數　416
Cobb-Douglas utility function　古柏 - 道格拉斯效能函數　472
complementary commodity　互補性商品　432
composition of function/functional composition　函數的合成　8
concave downward　凹向下　168
concave upward　凹向上　168
concavity　凹性　168
cone　錐面　419
constant of integration　積分常數　292
constraint　限制條件　468
consumers' surplus　消費者盈餘　356
continuity　連續性　68
continuous　連續　72
converge　收斂　404
coordinates　座標　15
cost function　成本函數　6
critical number　臨界數　156
critical point　臨界點　156, 441
curve of constant product *C*　固定產量 *C* 的曲線　422
curves of constant temperature　固定溫度曲線　426

D

decay exponentially　指數衰退　302
decelerating　減速　101
decreasing　遞減的　89, 152
definite integral　定積分　292, 318, 322
degree　次數　22
demand function　需求函數　6, 45
demand is of unit elasticity　單位彈性需求　209
dependent variable　應變數　3
derivative　導數　12
derivative　導函數　86
derivative of order n　n 階導函數　114
difference quotient　差商　12, 85
differentiable　可微分的　86
differential equation　微分方程式　298
differential of x　x 的差分　136
differential of y　y 的差分　136
differentiation　微分　82, 86
directly proportional　正比　45
discontinuous　不連續　72

diverge 發散 404
domain 定義域 2, 414
domain convention 定義域的習慣用法 414
double integral 雙重積分 483

E

effective interest rate 實際利率 242
elastic 彈性 211
elastic demand 彈性需求 209
ellipsoid 橢面 419
equilibrium 平衡 45
equilibrium price 平衡價格 45
excess profit 溢利 340
explicit form 顯式 139
exponential decay 指數衰減 278
exponential function 指數函數 233
exponential growth 指數成長 278
exponentially 指數 232

F

first derivative 一階導函數 112
fixed budget problem 固定預算問題 476, 480
function 函數 2
fundamental theorem of calculus 微積分基本定理 292, 318
future value 未來價值 239, 240, 353

G

general solution 一般解 299
Gini index 基尼指數 342
graph 圖形 418
grow exponentially 指數成長 302

H

half-life 半衰期 257
horizontal asymptote 水平漸近線 61, 185

I

implicit differentiation 隱微分 139
improper integral 瑕積分 403
increasing 遞增的 89, 152
indefinite integral 不定積分 292
independent variable 自變數 3
index of income inequality 收入不平等指數 342
indifference curve 無異曲線 422
inelastic 非彈性 211
inelastic demand 非彈性需求 209
infinite limit 無窮極限 63
inflection point 反曲點 171
initial value problem 初值問題 300
integral symbol 積分符號 292
integrand 被積函數 292, 322
integration 積分 82
integration by parts formula 分部積分公式 378
integration by substitution 代換積分 306
intermediate value property 中間值性質 75
inverse 反函數 252
inversely proportional 反比 45
isoquant 等產量 143
isotherms 等溫線 426
iterated integral 疊積分 482

J

jointly proportional 聯合比例 45
just-in-time inventory management 及時存貨管理 226

L

Lagrange multiplier 拉格朗日乘數 469
Laplace’s equation 拉普拉斯方程式 439
law of supply and demand 供給和需求法則 45
learning curve 學習曲線 281, 305
learning rate 學習速率 305
least-square line 最小平方線 457
least-squares criterion 最小平方法則 455
least-squares linear approximation of data 資料的最小平方線性近似 35
level curve 等高線 420
limit 極限 54
limit involving infinity 涉及無窮大的極限 183

linear function 線性函數 27
logarithm 對數 247
logarithmic differentiation 對數微分 271
logistic curve 羅吉斯曲線 282, 388
logistic equation 羅吉斯方程式 388
log-linear regression 對數線性迴歸 462
Lorentz curve 羅倫茲曲線 341
lower limit of integration 下限 322

M

marginal analysis 邊際分析 130, 430
marginal cost 邊際成本 130
marginal productivity of capital 資本邊際生產能力 431
marginal productivity of labor 勞動邊際生產力 431
marginal productivity of money 資金的邊際生產力 476
marginal profit 邊際利潤 131
marginal propensity to consume 邊際消費傾向 213, 304
marginal propensity to save 邊際儲蓄傾向 213
marginal rate of technical substitution, MRTS 邊際技術替代率 143
marginal revenue 邊際營收 131
marginal utility of money 資金的邊際效能 476, 480
mathematical model 數學模型 39
mathematical modeling 數學建模 39
maximum likelihood estimate 最大可能估計 214
method of Lagrange multipliers 拉格朗日乘數法 468
method of least-square 最小平方法 455
mixed second-order partial derivative 混合二階偏導函數 434

N

natural domain 自然定義域 4
natural exponential function 自然指數函數 237
natural logarithm 自然對數 251
net change 淨變化量 329
net excess profit 淨溢利 340
nominal rate of interest 名目利率 242
*n*th derivative 第 *n* 次導函數 114

O

one-sided limit 單邊極限 68

P

parabola 拋物線 22
paraboloid 拋物面 419
paraboloid of revolution 回轉拋物面 420
parallel 平行 34
partial derivative 偏導函數 427
partial derivative of Q with respect to x Q 對 x 的偏導函數 427
partial derivative of Q with respect to y Q 對 y 的偏導函數 427
partial differentiation 偏微分 427
peak efficiency 學習巔峰 305
percentage change 百分比變化量 136
percentage error 百分比誤差 136
percentage rate of change 百分比變化率 99
perpendicular 垂直 34
piecewise-defined function 分段定義函數 5
point of diminishing returns 報酬遞減點 167
polynomial 多項式 21
population density 人口密度 365
position 位置 101
power function 冪函數 21
present value 現值 241, 353
price elasticity of demand 需求的價格彈性 207
producers' surplus 生產者盈餘 358
profit function 利潤函數 6
propagated error 傳遞誤差 134

Q

quadrants 象限 15
quadratic function 二次函數 22

R

range 值域 2, 414
rational function 有理函數 22
rectangular coordinate system 直角座標系統 14
regression analysis 迴歸分析 455
regression line 迴歸線 457
related rate 相對變化率 144
relative change 相對變化量 135
relative error 相對誤差 136
relative extrema 相對極值 156
relative maximum 相對極大值 156, 440, 443
relative minimum 相對極小值 156, 440, 443
relative rate of change 相對變化率 99
renewal function 更新函數 362
retreating 後退 101
revenue 營收 6
Riemann sum 黎曼和 321

S

saddle point 鞍點 442
saddle surface 鞍面 419, 442
scatter diagram 散佈圖 455
second derivative 二階導函數 112
second derivative test 二階導函數測試 177
second-order partial derivative 二階偏導函數 433
separable equations 可分方程式 299
shortage 市場短缺 46
Simpson's rule 辛普森公式 395
slope 斜率 27
slope-intercept form 斜距式 30
solution 解 298
standard normal probability density function 表準常態機率密度函數 277
stationary 靜止的 101
substitute commodity 替代性商品 432
supply function 供給函數 6, 45
surplus 市場過剩 46
survival function 生存函數 362

T

table of integrals 積分表 384
tangent problem 切線問題 82
three-dimensional coordinate system 三維座標系統 418
topographical map 地形圖 420
total consumer willingness to spend 總消費意願 356
trapezoidal rule 梯形公式 398

U

unit elasticity 單位彈性 211
upper limit of integration 上限 322
useful life 有效壽命 360
utility 效能 422
utility function 效能函數 422

V

variable 變數 3
variable of integration 積分變數 292
velocity 速度 101
vertex 頂點 23
vertical asymptote 垂直漸近線 184
vertical line test 垂直線測試 20
vertical tangent 垂直切線 193

X

x axis *x* 軸 15
x coordinate / abscissa *x* 座標／橫座標 15
x intercept *x* 截距 20

Y

y axis *y* 軸 15
y coordinate /ordinate *y* 座標／縱座標 16
y intercept *y* 截距 20